现代压铸模

优化设计及案例解析

文根保　熊利军　许赟和　等编著

化学工业出版社

·北京·

内容简介

本书详细讲解了深层次压铸模设计理论，包括：压铸件形体“六要素”分析，压铸模结构方案“三种可行性分析方法”和论证，压铸模最佳优化方案可行性分析和论证，压铸件缺陷预测分析的最终模具结构方案可行性分析和论证，压铸件上模具结构成型痕迹和成型加工痕迹及其痕迹技术。

书中提出制订模具结构方案与缺陷预期分析应同时进行的思路，提出了缺陷以预防为主、整治为辅的策略，为全面解决模具结构问题和根治压铸件上的缺陷提供了新方法和新技巧。通过大量设计案例的解析，总结归纳了对压铸模设计产生影响的几种要素。

本书紧贴实践，突出应用，可为从事压铸模设计和制造相关工作的技术人员提供有针对性的帮助，也可供热处理、表面处理行业的工程技术人员使用，还可作为教材供高校相关专业师生学习参考。

图书在版编目（CIP）数据

现代压铸模优化设计及案例解析/文根保等编著.
—北京：化学工业出版社，2022.6
ISBN 978-7-122-40862-4

Ⅰ.①现… Ⅱ.①文… Ⅲ.①压铸模-设计 Ⅳ.①TG241

中国版本图书馆 CIP 数据核字（2022）第 032444 号

责任编[illegible]：毛振威 贾 娜　　装帧设计：刘丽华
责任[illegible]宋 夏

出[illegible]学工业出版社（北京市东城区青年湖南街 13 号 邮政编码 100011）
印[illegible]河市航远印刷有限公司
装 订：三河市宇新装订厂
787mm×1092mm 1/16 印张 19¼ 字数 507 千字 2022 年 8 月北京第 1 版第 1 次印刷

购书咨询：010-64518888　　售后服务：010-64518899
网 址：http://www.cip.com.cn
凡购买本书，如有缺损质量问题，本社销售中心负责调换。

定 价：128.00 元

前言

压铸是一种高效益、高效率、少或无切削金属的热加工成型工艺方法，近几年发展得十分迅速。压铸零件已广泛应用在航空航天、兵器、汽车、摩托车、船舶、电子通信、电气仪表、家用电器和建筑五金等工业领域的各类产品中。特别是汽车工业的迅速发展，带动了我国压铸行业以前所未有的速度向前发展。

压铸模具是在专用的压铸模锻机上完成压铸工艺的工具。现代压铸模具设计和制造由许多新技术组成。模具结构设计，毫无疑问在众多模具技术中起主导作用。如果模具结构设计出现了错误，其他技术在模具制造过程中将成为空中楼阁。在压铸模具设计过程中，设计人员经过多年实践经验的积累，才能实现模具结构的精准设计。刚接触压铸模具设计的技术人员，大多只了解压铸模设计基础理论，缺乏对压铸模结构方案可行性分析和论证的学习。为了帮助技术人员迅速提高专业技能，缩短摸索压铸模设计经验的时间，我们编写了本书。

压铸模结构是根据压铸件形状、尺寸、精度、合金品种、性能、表面粗糙度和技术要求及压铸件上缺陷来确定的。笔者经过 30 多年摸索，将设计经验总结提升为一种高端深层次压铸模设计理论，包括：压铸件形体“六要素”分析，压铸模结构方案“三种可行性分析方法”和论证，压铸模最佳优化方案可行性分析和论证，压铸件缺陷预测分析的最终模具结构方案可行性分析和论证，压铸件上模具结构成型痕迹和成型加工痕迹及其痕迹技术。这些理论均为复杂压铸模结构设计的辨证方法论，用其可以制订复杂压铸模结构方案，设计和判断模具结构。

压铸件成型痕迹与痕迹技术，为解决压铸模和压铸件复制、修模和网络技术服务寻找到了一条新途径——压铸件缺陷预期分析图解法及缺陷整治排除法和痕迹法。本书提出制订模具结构方案与缺陷预期分析应同时进行的思路，提出了缺陷以预防为主、整治为辅的策略，为全面解决模具结构问题和根治压铸件上的缺陷提供了新方法和新技巧。压铸模设计方法论和压铸件缺陷综合整治方法论是一个完整的、连续的、循环的和系统的辨证方法论。这些理论为压铸模最佳优化结构方案的制订提供了理论和技术支撑，也为压铸模的设计提供了程序、路径和验证方法，还为解释许多模具的结构和成型现象提供了理论依据，为减少压铸模盲目设计和提高试模合格率提供了可操作的保证，使压铸模设计成为一项逻辑性极强而且富有趣味性的工作。

为了让读者更好地理解、掌握和运用该理论中的技巧和方法，本书第 1~4 章对理论知识做了详细论述；第 5~10 章通过案例解析，总结归纳了压铸件形状与障碍体、型孔与型槽及螺孔、运动与运动干涉、外观与缺陷、合金（或材料）与批量、变形与错误要素对压铸模设计的影响。

压铸模设计普遍被认为是模具设计中比较难的一种。其难度在于压铸模设计考虑的因素多，成型对象形状复杂且变化多，压铸材料在成型过程中要控制的因素多，所产生的缺陷也多。如何进行压铸模的设计？如何判断压铸模设计的正确性？应该有一整套的设计规律和程序，遵守了这些规律和程序，模具设计更容易成功。本书通过对相关知识的介绍，详细地阐述了压铸模设计的规律和程序，可为从事压铸模设计和制造相关工作的技术人员提供有针对性的帮助，也可供热处理、表面处理行业的工程技术人员使用，还可作为教材供高校相关专业师生学习参考。

本书由文根保、熊利军、许赞和、史文、文莉、丁杰文、胡军、张佳、文根秀和蔡运莲共同编著。由于笔者水平所限，书中难免存在疏漏和不足之处，恳请广大读者提出宝贵意见。欢迎大家发邮件至 1024647478@qq.com 与我们交流沟通。

编著者

目录

第 1 章　压铸基础知识 / 1

第 2 章　压铸件的形体分析 / 48

第 4 章 压铸模结构方案的可行性分析及论证 / 88

第 5 章 压铸模结构设计案例：形状与障碍体要素 / 128

第6章 压铸模结构设计案例：型孔、型槽及螺孔要素 / 151

第7章　压铸模结构设计案例：运动与运动干涉要素 / 178

第8章　压铸模结构设计案例：外观与缺陷要素 / 214

第9章 压铸模结构设计案例：合金与批量要素 / 235

第10章 压铸模结构设计案例：一模多件成型 / 258

第1章

压铸基础知识

压铸（die casting）是一种金属铸造工艺，其特点是利用模具型腔对熔化的金属施加高压，类似于塑料的注塑成型。压铸特别适合制造大批量的中小型铸件，因此压铸是各种铸造工艺中使用最广泛的一种。同其他铸造技术相比，压铸得到的表面更为平整，拥有更高的尺寸一致性。然而，不规范的操作和参数也会产生种类众多的缺陷。

压铸模是进行压铸生产的主要工艺装备，生产过程能否顺利进行，铸件质量是否优良，在很大程度上取决于模具结构的合理性、技术先进性及制造质量。因此，在压铸模结构设计之前，必须全面了解压铸生产的全过程，掌握模具设计要领，才能设计出高品质的模具。

1.1 压铸加工简介

压力铸造简称压铸，压铸机、压铸合金与压铸模具是压铸生产的三大要素，缺一不可。所谓压铸工艺就是将这三大要素有机地加以综合运用，稳定、有节奏、高效地生产出外观、内在质量良好且尺寸符合图样或协议规定要求的合格铸件，甚至优质铸件。

压铸的实质是将熔融状态或半熔融状态合金浇入压铸机的压室，随后在高压的作用下，以极高的速度填充到压铸模的型腔内，并在高压作用下使熔融合金冷却凝固成型的高效率和高效益的精密铸造方法。

1.1.1 压铸加工的优点

高压力和高速度是压铸时熔融合金填充成型过程中的两大特点，也是压铸与其他铸造方法最根本的区别。压铸加工时常用的压射比压在几兆帕至几十兆帕（MPa）范围内，甚至高达500MPa，填充速度在0.5～120m/s范围内；填充时间很短（与压铸件的大小和壁厚有关），一般为0.1～0.2s，最短仅有千分之几秒。此外，压铸模具有很高的尺寸精度和很低的表面粗糙度。由于压铸加工具有上述特点，使得压铸件的结构、质量、性能和压铸工艺以及压铸生产过程都具有自己的特征。

压铸加工与其他铸造方法相比较，具有以下优点。

① 压铸件尺寸精度和表面粗糙度高。压铸件的尺寸精度为IT11～IT12，表面粗糙度一般为Ra3.2～0.8μm，最低可达0.4μm。因此，一般压铸件可以不经过机械加工或去毛刺，或仅局部加工就可以使用。

② 压铸件的强度和表面硬度较高。由于压铸模受激冷作用，又在压力下结晶，因此，压铸件表面层晶粒较细，组织致密。所以压铸件表面的强度和表面硬度都比较高。压铸件的抗拉

强度一般比砂型铸件高 25%～30%，但伸长率较低。不同铸造方法铝、镁合金的力学性能如表 1-1 所示。

⊡ **表 1-1 不同铸造方法铝、镁合金的力学性能**

合金种类	压力铸造			金属型铸造			砂型铸造		
	抗拉强度 /(kN/m^2)	伸长率 /%	硬度 (HB)	抗拉强度 /(kN/m^2)	伸长率 /%	硬度 (HB)	抗拉强度 /(kN/m^2)	伸长率 /%	硬度 (HB)
铝硅合金	2000～2500	1～2	84	1800～2200	2～5	65	170～1900	4～7	60
铝硅合金(含 Cu 0.8%)	2000～2300	0.5～1	85	1800～2200	2～3	60～70	1700～1900	2～1	65
铝合金	2000～2200	1.5～2.2	85	1400～1700	0.5～1	65	1200～1500	1～2	60
镁合金(含 Al 10%)	1900	1.5	—	—	—	—	1500～1700	1～2	—

③ 可以压铸形状复杂的薄壁件。压铸零件在形成过程中始终处在压力作用下填充熔融合金和凝固，对于压铸件的轮廓峰谷、凸凹、窄槽等薄壁都能清晰地加工出来。压铸最小壁厚，锌合金为 0.3mm，铝合金为 0.5mm；压铸出的孔最小直径为 0.7mm；螺纹最小螺距为 0.75mm。对于形状复杂，难以或不能用切削加工制造的零件，即使产量小，通常也可采用压铸来生产。尤其是当采用其他铸造方法或其他金属成型工艺难以制造时，均可选用压铸加工。

④ 生产效率高。在所有铸造加工工艺中，压铸是生产效率最高的方法。主要是由压铸过程的特点所决定，其效率随着生产工艺过程的机械化、自动化程度的发展而提高。一般冷室压铸机平均每工作班次可压铸 600～700 次，热室压铸机可压铸 3000～7000 次，适用于大批量的生产。每次操作循环一般为 10s～1min，并且可以实现一模多腔的加工，这样产量可以成倍增加。与其他铸造方法相比较，压铸还节约甚至完全省去了零件的机械加工和机床。有资料显示，采用一台压铸机生产某批压铸件，可以节省 15～60 台金属切削机床。

⑤ 可省略装配操作和简化制造工艺。压铸生产时，可以嵌铸其他金属或非金属材料零件，以提高压铸件局部的强度和硬度，满足压铸件某些特殊要求，如耐磨性、绝缘性、导磁性等，可改善铸体结构工艺性。压铸既可获得形状复杂、精度高、尺寸稳定和互换性好的零件，又可镶嵌压铸，代替某些部件的装配，简化制造工序，改善压铸件工作性能，节能省耗。

1.1.2 压铸加工的缺点

任何一种加工工艺方法都不是十全十美的，压铸加工也存在着一些缺点和不足，有待完善。

① 压铸件在成型加工过程中会产生一些气孔。由于液体金属充型速度极快，型腔中的气体很难完全排除，常以气体的形式留存在铸件中。因此，压铸件不能进行热处理，也不适宜在高温条件下工作。这是因为加热温度高时，气孔内气体膨胀会导致压铸件表面鼓包，影响外观。同时也不允许进行机械加工，以免铸件表面显露气孔。

② 压铸的合金类别和牌号有所限制。目前压铸模工作件材料只适用于锌、铝、镁合金的压铸，而铜合金压铸时模具使用寿命短的问题已突出。另外，由于黑色金属熔点高，压铸模使用寿命短，故目前黑色金属压铸难用于实际生产。近年来，研究半固态金属压铸的新工艺，将为黑色金属压铸开辟新途径。至于某一种合金类别中仅限于几种牌号可以制造压铸件，这是由压铸时的激冷产生剧烈收缩成型的填充条件等原因造成的。

③ 压铸生产准备费用较高。压铸机的成本高，压铸模制造周期长、成本高。但压铸模生产效率高，故压铸生产只适用于大批量生产。

1.1.3 压铸应用范围

压铸是近代金属加工工艺中发展较快的高效率、少或无切削的金属成型精密铸造方法。与其他铸造方法比较，压铸生产工艺流程短、工序简单而集中，不需要繁多的设备和庞大的工作场地。压铸加工的铸件质量优、精度高、表面粗糙度低，可以省略大量的机械加工工序、设备和工时，金属工艺出品率高，节能减排，节省原材料，是一种"好、快、省"的高经济效益铸造方法。目前生产的最轻压铸件只有几克，最重的铝合金压铸件达50kg，最大直径可达2m。压铸工艺已广泛应用于汽车、摩托车、兵器、航空航天、电气、仪表、通信、电子、计算机、农业机械、医疗器械、家电、建筑装修和日用五金等各种产品零部件。

目前，压铸广泛应用有色金属的压铸件。由于压铸工艺的特点，使用的合金要求结晶温度范围小，热裂倾向小及收缩系数小，主要压铸材料为铝、锌、镁和部分铜合金。对于黑色金属，由于其熔点高、冷却速度快、凝固温度范围窄、流动性差，压铸工作条件十分恶劣，严重影响压铸模寿命，限制了黑色金属压铸工艺进一步的发展。目前国内外趋向使用高熔点钼基合金及钨基合金制造黑色金属压铸模。钼及其合金的特点是熔点高，在1000℃时的热强度与持久强度高、导热性好、热胀系数小，几乎不发生热裂。铬锆钒铜合金由于铜合金的导热性好，表面接触温度可由3Cr2W8V钢的950～1000℃降低到600℃，改善了模具工作状况。半固态压铸为提高黑色金属压铸模的寿命提供了一种方法。有色金属的压铸加工中，铝合金占30%～60%，锌合金次之，铜合金为1%～2%。镁合金压铸件易产生裂纹，工艺复杂，需慎用。

（1）压铸件形状的分类

压铸件形状是根据其在产品中的作用、功能而决定的，其形状多种多样，大体可分成6大类。

① 圆盘类。号盘座等。

② 圆盖类。表盖、机盖和底盘等。

③ 圆环类。接插件、轴承保持盖和方向盘等。

④ 筒体类。凸缘外套、导管、壳体形状的罩壳、上盖、仪表盖、深腔仪表罩、照相机壳和盖、化油器等。

⑤ 多孔缸体和壳体类。汽车或摩托车的汽缸体、汽缸盖，真空盖、电风扇座、油泵体等多腔结构的复杂壳体，材料一般为铝合金。

⑥ 特殊形状类。叶轮、喇叭、字体压铸件、由筋条组成的装饰性压铸件等。

（2）铝、锌合金压铸件主要范例（表1-2）

表1-2　铝、锌合金压铸件主要范例

铝合金	锌合金
曲柄箱、引擎盖、变速箱、离合器外壳、发动机外壳、托架、外盖、手把、电视座、打字机机台、汽车轮毂、双筒望远镜本体、缝纫机机臂、机床臂、音响零件、钓具、喇叭环、照相机本体、仪表外壳、仪器用台架、放映机、电梯踏板、洗衣机	化油器本体、浮筒室盖、浮筒室本体、瓦斯器具、油泵本体、托架、汽车仪表、建筑用品、门把手、农机具用零件、阀体、阀把手、汽车用装饰品、喇叭环、汽车用后视镜座、灯体、汽车用门把手、家用电器、打火机外壳、领带夹、装饰品

1.2 压铸件的设计

压铸件的设计是压铸生产技术中十分重要的环节，压铸件设计的合理程度和工艺适应性直接影响到分型面的选择、浇口的设置、抽芯机构的设计、脱模位置、数量和机构的设计、收缩规律、精度、缺陷形式和生产效率及销售状况。压铸件的设计都应该按照压铸件工艺要求、结构特点和技术标准进行，还要把压铸生产过程中可能出现的质量（缺陷）问题预先加以考虑并设法排除。

1.2.1 压铸件结构工艺要求

对压铸件结构和形状的设计，在满足使用要求的同时，还需要满足工艺要求。

① 消除压铸件内表面的侧面凸台，以便于压铸模抽芯和制造。

② 改进压铸件壁厚，使其尽量均匀，以消除气孔和缩孔。

③ 改善压铸件结构，消除不易成型的侧面凸台。

④ 充分利用加强筋，防止压铸件变形。

⑤ 改善压铸件结构，消除压铸件尖角或棱角。

⑥ 改善压铸件结构，以便于压铸模抽芯和简化制造。

⑦ 消除深陷，以便于压铸件脱模。

⑧ 改进压铸件结构，避免型芯交叉抽芯产生运动干涉现象。

1.2.2 压铸件结构上的要求

压铸件的结构取决于其使用要求、工艺性能、工艺参数等诸多因素。在通常的情况下，压铸件的力学性能随着壁厚的增加而降低。

1.2.2.1 压铸件的壁厚

压铸件壁厚以薄壁和均匀壁厚为佳，在通常工艺条件下，壁厚不宜超过 4.5mm。壁厚过大时易产生表面凹陷、内部缩孔和填充不良等缺陷；过薄又会使合金熔接和填充不良，表面缺陷增多，降低强度；厚薄连接处易产生裂纹；过厚处难以选择好的填充条件的工艺规范；壁厚不均匀时又易产生内部缩孔和裂纹。

(1) 壁厚影响工艺规范的内容

壁厚是压铸件工艺中的一个重要因素，它与整个工艺规范有着密切的联系。涉及：

① 填充时间的计算；

② 内浇口料流速度的选择；

③ 凝固时间的计算；

④ 压铸模温度梯度的分析；

⑤ 压力（最终比压）的作用；

⑥ 压铸件留模时间的长短；

⑦ 压铸件脱模时温度的高低；

⑧ 压铸加工的效率。

(2) 各种合金压铸件适宜的壁厚

压铸件壁厚的极限范围很难加以限制，通常可按压铸件各个壁的单面表面积的总和来选择适宜的壁厚。各种压铸合金压铸件适宜的壁厚如表 1-3 所示。

表 1-3 各种压铸合金压铸件适宜的壁厚

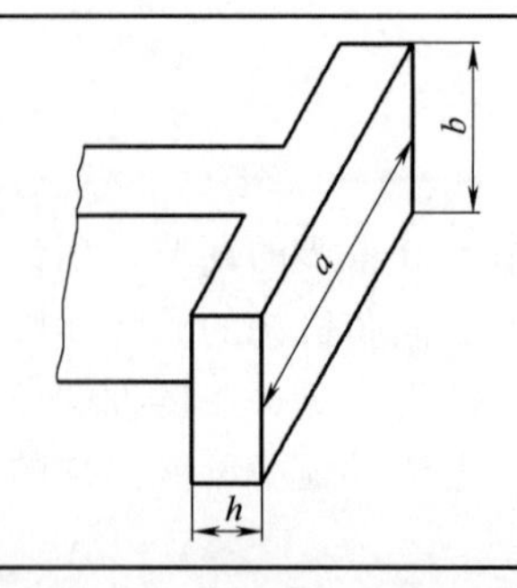

壁厚处的面积 $a \times b/cm^2$	壁厚 h/mm							
	锌合金		铝合金		镁合金		铜合金	
	最小	正常	最小	正常	最小	正常	最小	正常
≤25	0.5	1.5	0.8	2.0	0.8	2.0	0.8	1.5
>25~100	1.0	1.8	1.2	2.5	1.2	2.5	1.5	2.0
>100~500	1.5	2.2	1.8	3.0	1.8	3.0	2.0	2.5
>500	2.0	2.5	2.2	3.5	2.5	3.5	2.5	3.0

1.2.2.2 压铸件筋的设计

筋除了增加刚性和强度之外，也可使金属液流道畅通，消除金属过分集中所引起的缩孔、气孔和裂纹等缺陷。

(1) 筋的作用

筋的结构与壁厚的关系如表 1-4 所示。

① 壁厚改薄后可以提高压铸件刚性和强度，避免压铸件从模具内脱模产生变形；

② 防止或减少收缩、变形和裂纹；

③ 减少壁厚，节省合金。

表 1-4 筋的结构与壁厚的关系

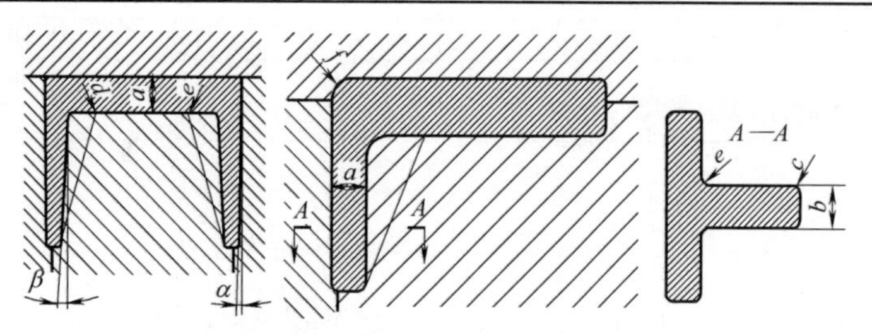

压铸件壁厚 a	压铸件面积不超过 $100cm^2$	0.8~2.5mm
	压铸件面积超过 $100cm^2$	2.0~3.5mm
筋的厚度 b		1.5~3.5mm
筋的圆角 c		≤1/2b
外圆角	壁的圆角 d	0.5~3.0mm
	筋的圆角 e	0.5~2.0mm
在分型线上压铸件圆角 f		在必要时，0.5~2.0mm
壁的斜度	外壁斜度 α	0.5°~1°30′
	内壁斜度 β	0.5°~1°30′，不小于 0.1~0.2mm

注：在设计中，可作为参考数据。

(2) 筋的设计原则

① 筋的布置要对称；

② 筋的厚度要均匀；

③ 筋交叉原则：应避免交叉；错开交叉；在交叉处加孔。

1.2.2.3 压铸件技术条件

压铸件技术条件包括尺寸精度、技术条件和压铸件检验和验收规则。

(1) 尺寸精度

包括线性尺寸、转角圆弧半径和角度及锥度公差。

① 压铸件基本尺寸公差的选用。压铸件基本尺寸公差应按表 1-5 选用；线性尺寸受分型面或活动部位影响尺寸应按表 1-6 和表 1-7 选用，在基本尺寸公差上再加附加公差。

⊡ 表 1-5　压铸件基本尺寸公差

压铸件材料	压铸件线性尺寸/mm			
	≤120		>120～500	
	精度等级(GB/T 1800)			
	一般	个别	一般	个别
锌合金	IT11～IT14	IT10	IT12～IT14	IT11
铝合金	IT12～IT15	IT11	IT14～IT15	IT12
铜合金	IT14～IT15	IT12	IT15～IT16	IT14

⊡ 表 1-6　线性尺寸受分型面影响时的附加公差

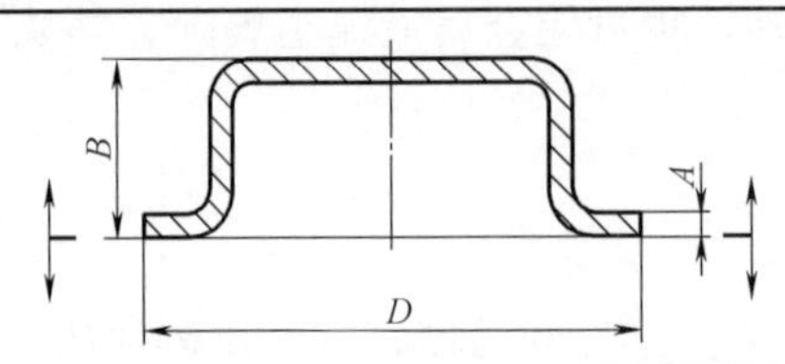

压铸件分型面上的投影面积/cm^2	A 或 B 处附加公差(增或减)/mm		
	锌合金	铝合金	铜合金
0～150	0.08	0.10	0.10
>150～300	0.10	0.15	0.15
>300～600	0.15	0.20	0.20
>600～1200	0.20	0.30	—

⊡ 表 1-7　线性尺寸受活动部位影响时的附加公差

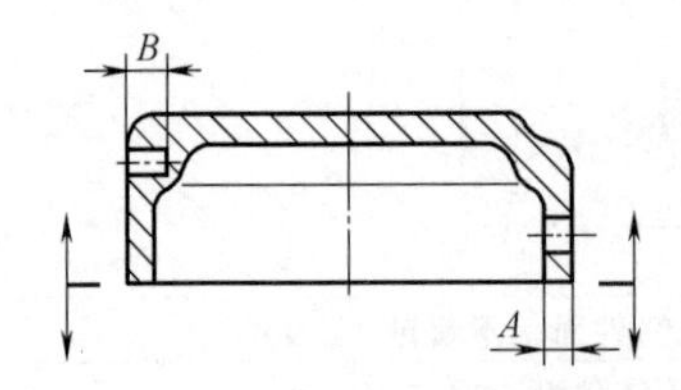

压铸模活动部位的投影面积/cm^2	A 或 B 处附加公差(增或减)/mm		
	锌合金	铝合金	铜合金
0～30	0.10	0.15	0.25
>30～100	0.15	0.20	0.35
>100	0.20	0.30	—

【应用案例】 铝合金压铸件的尺寸 A 为 $5^{+0.12}_{0}$mm（标准公差等级为 IT12），模具活动部分为型芯滑块构成，其投影面积为 34cm^2，由表 1-7 查得其附加公差为 0.2mm，尺寸 A 的公差应为 0.12mm+0.2mm=0.32mm。尺寸 B 为 $4.5^{+0.12}_{0}$mm（标准公差等级为 IT12），模具活动部分为型芯滑块构成，型芯直径为 20mm，其投影面积为 3.14cm^2，由表 1-7 查得其附加公差为 0.15mm，尺寸 B 的公差应为 $4.5^{+0.12}_{-0.15}$mm。

② 尺寸公差带的位置：

a. 不加工配合尺寸，孔取“+”，轴取“−”。

b. 待加工配合尺寸，孔取“−”，轴取“+”，或孔和轴均取双向偏差“±”，但其偏差值为 IT14 级精度公差值的 1/2。

c. 非配合尺寸根据压铸件结构的需要，确定公差带位置取单向或双向，必要时应调整其基本尺寸。

③ 孔中心距尺寸公差，按表 1-8 所示。

表 1-8 孔中心距尺寸公差

mm

压铸件材料	基本尺寸									
	≤18	>18～30	>30～50	>50～80	>80～120	>120～160	>160～210	>210～260	>260～310	>310～360
锌合金、铝合金	0.10	0.12	0.15	0.23	0.30	0.35	0.40	0.48	0.56	0.65
铝合金、铜合金	0.16	0.20	0.25	0.35	0.48	0.60	0.78	0.92	1.08	1.25

注：孔中心距尺寸受分型面或模具活动部位影响时，表内数值应按表 1-6 和表 1-7 的规定加上附加值。

(2) 压铸件转接圆弧半径尺寸的公差

按表 1-9 规定，凸圆弧半径 R 的尺寸偏差取"+"，凹圆弧半径 R 的尺寸偏差取"−"。压铸件铸造圆角半径不小于 0.5mm。

表 1-9 半径尺寸的公差

mm

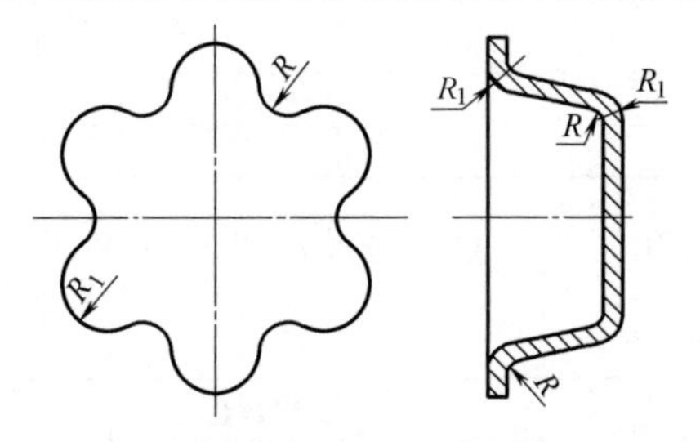

R、R_1 基本尺寸	≤3	>3～6	>6～10	>10～18	>18～30	>30～50	>50～80	>80～120	>120～180	>180～260
偏差 R_1(+) R(−)	0.4	0.48	0.58	0.70	0.84	1.00	1.20	1.40	1.60	1.90

(3) 压铸件壁厚基本尺寸公差

如表 1-10 所示，受分型面或模具活动部位影响壁厚尺寸公差需按表 1-6 和表 1-7 规定，并加上附加公差。

表 1-10 压铸件壁厚尺寸公差

mm

壁厚	0～3	>3～6	>6～10
壁厚偏差(±)	0.15	0.2	0.3

(4) 压铸件角度和锥度公差 (表 1-11)

表 1-11 压铸件角度和锥度公差

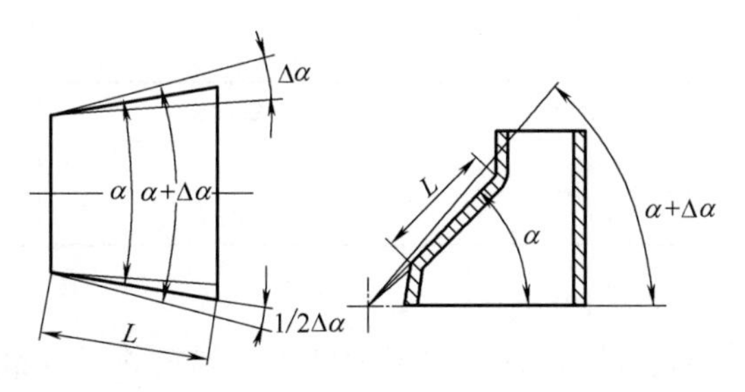

精度等级	基本尺寸 L/mm									
	≤3	>3～6	>6～10	>10～18	>18～30	>30～50	>50～80	>80～120	>120～180	>180～260
	角度和锥度偏差 $\Delta\alpha$(±)									
1	1°30′	1°15′	1°	0°50′	0°40′	0°30′	0°25′	0°20′	0°15′	0°12′
2	2°30′	2°	1°30′	1°15′	1°	0°50′	0°40′	0°30′	0°25′	0°20′

1.2.2.4 技术条件

压铸合金及其压铸件应符合相关国家标准，锌合金含铅量不超过0.005%；铝合金含铁量ZL102不超过1.5%；ZL402不超过1%；其他铝合金含铁量不超过1.3%。

① 铸造斜度。铸造斜度不计入公差范围内。其不加工表面，孔（包容面）以小端为基准，轴（被包容面）以大端为基准；待加工表面，孔以大端为基准，轴小端为基准。

② 各类压铸件斜度。各类合金件内腔的铸造斜度按表1-12规定，压铸件外壁的斜度为内腔的1/2。

表1-12 内腔铸造斜度

铸件材料	铸件内腔深度/mm						
	≤6	>6～8	>8～10	>10～15	>15～20	>20～30	>30～60
锌合金	2°30′	2°	1°45′	1°30′	1°15′	1°	0°45′
铝合金	4°	3°30′	3°	2°30′	2°	1°30′	1°15′
铜合金	5°	4°	3°30′	3°	2°30′	2°30′	1°30′

③ 各类压铸件孔径与最大孔深及斜度的关系，如表1-13所示。

表1-13 压铸件铸孔最大孔深度和铸造斜度

孔的直径 D/mm	锌合金		铝合金		铜合金	
	最大深度/mm	铸造斜度	最大深度/mm	铸造斜度	最大深度/mm	铸造斜度
≤3	9	1°30′	8	2°30′	—	—
>3～4	14	1°20′	13	2°	—	—
>4～5	18	1°10′	16	1°45′	—	—
>5～6	20	1°	18	1°40′	—	—
>6～8	32	0°50′	25	1°30′	14	2°30′
>8～10	40	0°45′	38	1°15′	25	2°
>10～12	50	0°40′	50	1°10′	30	1°45′
>12～16	80	0°30′	80	1°	45	1°15′
>16～20	110	0°25′	110	0°45′	70	1°
>20～25	150	0°20′	150	0°40′	—	—

注：1. 当D>5mm时，锌合金、铝合金、压铸件孔深可达到直径的6倍。
2. 螺纹底孔允许按本表铸造斜度铸出后，经扩孔达到攻螺纹尺寸。
3. 对于孔径小受收缩应力很大的铸孔，表中深度尺寸可适当缩小。

④ 各类压铸件最小铸造斜度，如表1-14所示。

表1-14 压铸件最小铸造斜度

合金种类	锌合金	铝合金	铜合金
压铸件内腔	0°20′	0°30′	0°45′
压铸件外壁	0°10′	0°10′	0°30′

⑤ 文字、符号的铸造斜度为10°～25°。

⑥ 锌合金、铝合金压铸螺纹。按标准《普通螺纹》规定的三级精度，不允许大于螺距的1/10的错扣。

压铸螺纹只允许用通端螺规检验，并允许修正后达到精度要求。压铸外螺纹的最小螺距与最小直径参考表1-15所示数据。允许取出压铸件螺纹的表面所引起的擦伤，螺纹端头的两扣不允许有欠铸或孔穴，此后每五个螺距间不允许有两个齿尖存在深度大于1/5螺距的连接不清晰的轮廓。

⊡ 表 1-15 压铸外螺纹的最小螺距与最小直径

mm

型腔组成形式	由分型面滑块形成的螺纹		由模块整体形成的螺纹	
	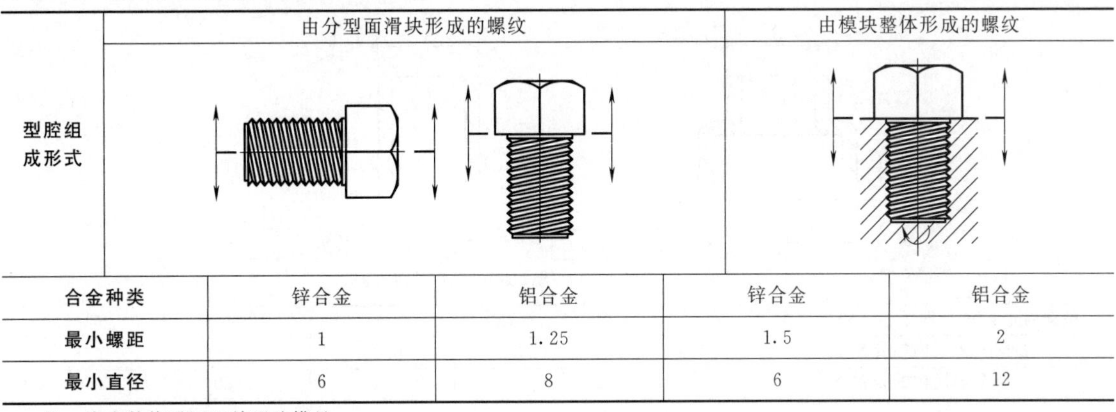			
合金种类	锌合金	铝合金	锌合金	铝合金
最小螺距	1	1.25	1.5	2
最小直径	6	8	6	12

注：表内数值适用于单型腔模具。

⑦ 压铸件机械加工余量，如表 1-16 所示。

⊡ 表 1-16 压铸件机械加工余量

mm

加工面最大尺寸	单面加工余量	加工面最大尺寸	单面加工余量
≤50	0.3～0.5	＞260～400	0.8～1.4
＞50～120	0.4～0.7	＞400～630	1.2～1.8
＞120～260	0.6～1.0		

注：加工面为圆面时最大尺寸为直径，方形、矩形时最大尺寸为对角线。

⑧ 压铸件表面形状及位置公差。不平度的公差按表 1-17 规定；不平行度公差按表 1-18 规定；不同轴度按表 1-19 规定。

⊡ 表 1-17 不平度的公差

mm

基本尺寸	≤25	＞25～63	＞63～100	＞100～160	＞160～250	＞250～400	＞400
整形前公差	0.2	0.3	0.45	0.7	1.0	1.5	2.2
整形后公差	0.1	0.15	0.20	0.25	0.30	0.40	0.5

⊡ 表 1-18 不平行度公差

mm

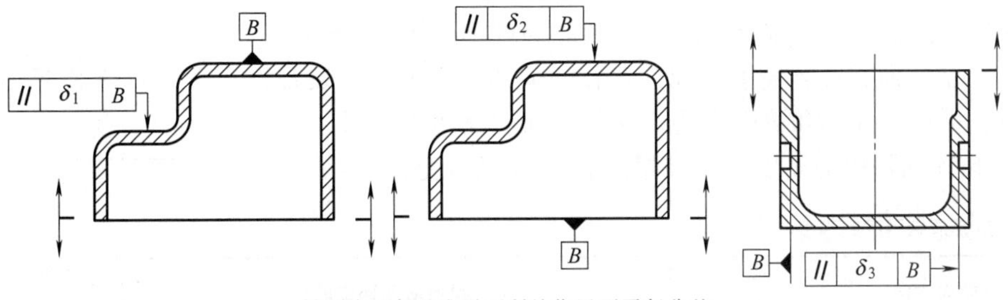

被测表面与基准平面所处位置不平行公差

基本尺寸	在同一半模内的公差 δ_1	在两个半模内的公差 δ_2	在同一半模内两个活动部位时的公差 δ_3
≤25	0.10	0.15	0.2
＞25～63	0.15	0.20	0.3
＞63～160	0.20	0.30	0.45
＞160～250	0.30	0.45	0.70
＞250～400	0.45	0.65	1.20
＞400	0.75	1.00	—

表 1-19 不同轴度公差 mm

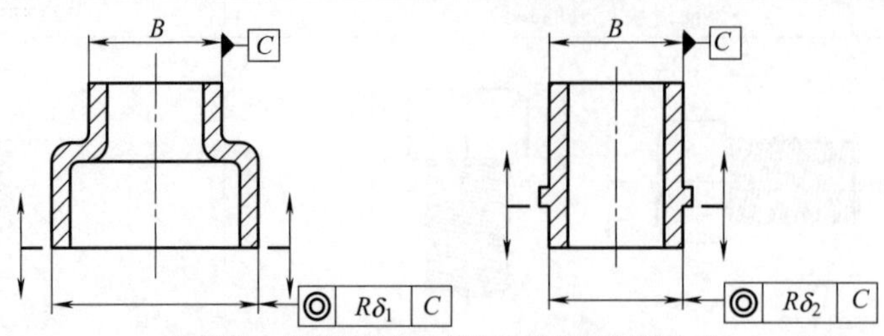

被测轴心线与基准轴心线所处位置不同轴公差

被测轴心线与基准轴心线所处位置	≤18	>18～50	>50～120	>120～260	>260～500
在同一半模内的公差 δ_1	0.10	0.15	0.25	0.35	0.65
在两个半模内的公差 δ_2	0.20	0.25	0.35	0.50	0.80

⑨ 压铸件清理后的表面质量：

a. 压铸件浇口、飞边、溢流口、隔皮等应该清理干净，但允许留有清理痕迹。

b. 顶浇口、端浇口、环形浇口的处理与有关部门协商解决。

c. 在不影响使用的情况下，因去除浇口、溢流口时所形成的缺料或凸出，均不得超过壁厚的 1/4，并且不得超过 1.5mm。

⑩ 压铸件不加工表面的质量：

a. 不允许有裂纹、欠铸和任何穿透性缺陷。

b. 不允许有超过表 1-20 中规定的花纹、麻面和有色斑点。

表 1-20 表面质量等级

压铸件表面质量级别	1 级	2 级	3 级
缺陷面积不超过总面积的百分数/%	5	25	40

c. 在不影响使用和装配的情况下，网状毛刺和痕迹不超过以下规定：锌合金、铝合金压铸件，其高度不大于 0.2mm，铜合金压铸件不大于 0.4mm。

d. 由于模具组合镶拼或受分型面影响，造成的压铸件表面高低不平的偏差，不得超过有关尺寸公差。

e. 推杆痕迹凹入压铸件表面的深度不得超过该处壁厚的 1/10，并不超过 0.4mm。在不影响压铸件使用的情况下，推杆痕迹允许凸起高度不大于 0.2mm。

f. 工艺基准面、配合面上不允许存在任何凸起的痕迹，装饰面上不允许有模具结构痕迹，如分型面、推杆、抽芯和镶嵌痕迹，这类表面应在图中注明。

g. 穿孔顶端隔皮的厚度不允许超过表 1-21 的规定。

表 1-21 穿孔顶端隔皮的厚度

压铸件分型面上的投影面积/cm^2	受分型面影响而形成的隔皮厚度/mm			模具活动部位的投影面积/cm^2	受模具活动部位影响形成的隔皮厚度/mm		
	锌合金	铝合金	铜合金		锌合金	铝合金	铜合金
≤150	0.15	0.20	0.25	≤30	0.20	0.25	0.36
>150～300	0.20	0.25	0.30	>30～100	0.30	0.30	0.45
>300～600	0.30	0.35	—	>100～300	0.40	0.40	—

h. 压铸件上图案、文字、线条、符号必须清晰，文字笔画宽度不小于 0.25mm，高度不大于笔画宽度。

i. 各类压铸件的表面缺陷详见表 1-22。

⊡ 表 1-22 各类压铸件的表面缺陷

缺陷名称	缺陷范围	表面质量级别			备注
		1 级	2 级	3 级	
流痕	深度/mm≤	0.05	0.07	0.15	
	面积不超过总面积的百分数/%	5	15	30	
冷隔	深度/mm≤	不允许	1/5 壁厚	1/4 壁厚	①在同一部位对应处不允许同时存在 ②长度是指缺陷流向的展开长度
	长度不大于压铸件最大轮廓尺寸的/mm		1/10	1/5	
	所在面上不允许超过的数量		2 处	2 处	
	离压铸件边缘距离/mm≤		4	4	
	两冷隔间距/mm≤		10	10	
擦伤	深度/mm≤	0.05	0.10	0.25	除一级表面外，浇口部位允许增加一倍
	面积不超过总面积的百分数/%	3	5	10	
凹陷	凹入深度/mm≤	0.10	0.30	0.50	
黏附物痕迹	带缺陷的表面积占整个压铸件表面的百分数和处数	不允许	1 处	2 处	
			5	10	
气泡 平均直径≤3mm	每 100cm² 缺陷个数不超过的处数	不允许	1	2	允许两种气泡同时存在，但大气泡不超过 3 个，总数不超过 10 个，且其边距不小于 10mm
	整个压铸件不超过的个数		3	7	
	离压铸件边缘距离/mm≥		3	3	
	气泡凸起高度/mm≤		0.2	0.3	
气泡 平均直径>3～6mm	每 100cm² 缺陷个数不超过		1	1	
	整个压铸件不超过的个数		1	3	
	离压铸件边缘距离/mm≥		5	5	
	气泡凸起高度/mm≤		0.3	0.5	
边角残缺深度/mm	压铸件边长≤100mm	0.3	0.5	1.0	残缺长度不超过边的长度的 5%
	压铸件边长>100mm	0.5	0.8	1.2	
各类缺陷总和	面积不超过总面积的百分数/%	5	30	50	

注：对于 1 级或有特殊要求的表面，只允许有经研磨能去除的缺陷。

⑪ 待加工表面的质量：

a. 不允许有超过加工余量范围的表面缺陷和痕迹。

b. 不允许有凸起高度超过 1mm 的推杆痕迹，工艺基准面上不准有凸起推杆痕迹。

⑫ 压铸件机械加工后的表面质量：

a. 不允许有影响使用的局部铸造表皮存在。

b. 不允许有超过表 1-23 所规定的孔穴存在。

⊡ 表 1-23 孔穴级别

表面积/cm²	1 级				2 级				3 级			
	最大直径/mm	最大深度/mm	最多个数	边缘间最小距离/mm	最大直径/mm	最大深度/mm	最多个数	边缘间最小距离/mm	最大直径/mm	最大深度/mm	最多个数	边缘间最小距离/mm
≤25	0.8	0.5	3	4	1.5	1.0	3	4	2.0	1.5	3	3
>25～60	0.8	0.5	4	6	1.5	1.0	4	6	2.0	1.5	4	4
>60～100	1.0	0.5	4	6	2.0	1.5	4	6	2.5	1.5	5	5
>100～350	1.2	0.6	5	8	2.5	1.5	5	8	3.0	2.0	6	6

c. 机械加工螺纹的表面质量。头两扣不允许有任何缺陷，其余螺纹不允许有超过表 1-24 所规定的缺陷。不铸底孔加工后的螺孔表面质量见表 1-25。

⊡ 表 1-24 螺纹孔穴范围

螺距/mm	孔穴范围			
	平均直径/mm≤	深度/mm≤	螺纹工作长度内总个数≤	两孔之间边距/mm≥
≤0.75	1	1	2	2
>0.75	1.5(不超过 2 倍螺距)	1.5(≤1/4 壁厚)	4	5

⊡ 表 1-25　不铸孔螺纹孔穴

螺距/mm	孔穴与端面的最小距离/mm	孔穴长度不超过有效螺纹长度的
≤0.75	3	1/5
＞0.75	5	1/4

1.2.2.5　压铸件检验和验收规则

① 压铸件应根据压铸件图样和有关技术文件的规定，由生产单位技术检查部门进行验收，订货方有权对压铸件复验。

② 压铸件化学成分和力学性能应符合标准的规定（铸件的类别与有关单位商定）。

③ 对化学成分和力学性能有特定要求的压铸件，其检验频率应另行商定。

④ 压铸件化学成分按标准规定，其测定方法按有关标准进行，在保证准确度的情况下，允许用其他方法进行测定。

⑤ 压铸件力学性能、试样的形式尺寸采用本体试样时的切取部位，均由供需双方商定。实验方法应符合 GB/T 228.1—2010《金属材料　拉伸试验　第 1 部分：室温试验方法》的规定。

⑥ 硬度试样取自抗拉试样端部，其测定方法按 GB/T 231.1—2018《金属材料　布氏硬度试验　第 1 部分：试验方法》规定。

⑦ 压铸件的性能不合格时，可用热处理的方法进行调整后再检验，如再检验不合格，即作废品处理。

⑧ 在不影响压铸件使用的条件下允许进行整形和修补，但必须对压铸件做相应的复验。

⑨ 压铸件的表面质量按表 1-22 的规定为检验依据。

⑩ 压铸件的内部质量按商定的技术要求和试验方法检验。

⑪ 压铸件交付验收时，必须有合格证，并写明以下内容：产品代号、产品名称、数量、合格牌号、检验合格印记和交付日期。

1.3　压铸工艺参数

压铸合金、压铸模和压铸机是压铸生产三大基本要素，压铸工艺则是将这三大要素有机联系在一起生产出合格压铸件过程。压铸工艺基本内容包括压铸工艺参数、工艺参数选择、压铸用涂料和压铸件清理。压铸的实质是将熔化好的合金铝液或锌液通过压铸机的压射冲头高速、高压运动而迅速充满模具型腔内，采用模具中冷却水进行循环冷却而快速获得铸件。由于采用金属模具，生产出来的铸件具有光滑表面，能保持铸件尺寸精度，能生产各类形状结构复杂零件，因而被世界各地广泛用于生产制造汽车、摩托车配件、航天航空通信器材、医疗器材、电子产品及建材装饰类等产品。压铸工艺流程如图 1-1 所示。

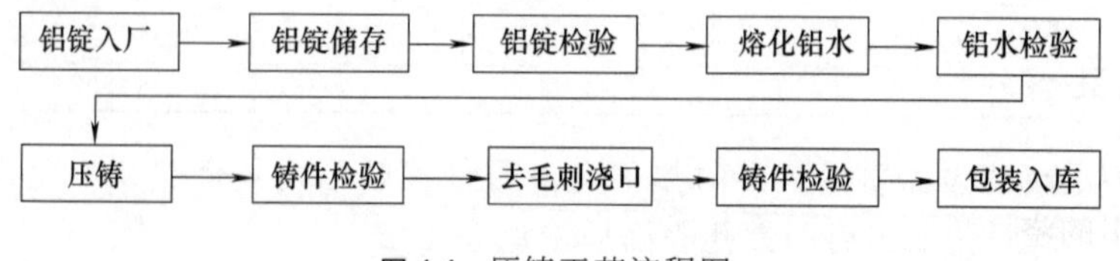

图 1-1　压铸工艺流程图

压铸工艺参数如下：

① 压射压力和压射比压。

② 压射速度和充填速度。

③ 压铸温度：合金浇注温度和压铸模温度。

④ 压铸时间：充填时间、持压时间和压铸件在压铸模中的停留时间。

⑤ 定量浇料和压室充满度。

1.3.1 压射压力和压射比压

压力和速度是压铸过程中的两个基本参数。压力是压铸机压缩机构中推动压射活塞的力，压射比压 P_b 是压力 P 与压射冲头截面积 f 之比，即 $P_b = P/f$。压铸各种合金压铸件的计算压射比压如表 1-26 所示。

表 1-26 压铸各种合金压铸件的计算压射比压

合金种类	不同压铸件结构特点的比压/MPa			
	压铸件壁厚≤3mm		3mm<压铸件壁厚≤6mm	
	压铸件复杂程度		压铸件复杂程度	
	简单的	复杂的	简单的	复杂的
锌合金	20～30	30～40	40～50	50～60
铝合金	25～35	35～45	45～60	60～70
镁合金	30～40	40～50	50～60	60～80
铜合金	40～50	50～60	60～70	70～80

1.3.2 压射速度和充填速度

压射速度是压铸机和压射缸的压力推动压射冲头的速度，亦称冲头速度。各种合金所用压射速度如表 1-27 所示。

表 1-27 各种合金所用压射速度

合金种类	压射冲头空行程压射速度/$m \cdot s^{-1}$	合金种类	压射冲头空行程压射速度/$m \cdot s^{-1}$
锌合金	0.3～0.5	镁合金	0.3～0.8
铝合金	0.5～1.1	铜合金	0.5～0.8

充填速度是液态合金在压力作用下，通过内浇口导入型腔的线速度。常用各种合金的充填速度如表 1-28 所示。

表 1-28 各种合金的充填速度

合金种类	不同压铸件特征的充填速度/$m \cdot s^{-1}$		
	简单壁厚压铸件	一般壁厚压铸件	薄壁复杂压铸件
锌合金	10～15	15	15～20
铝合金	10～15	15～25	25～30
镁合金	20～25	25～35	35～40
铜合金	10～15	15	15～20

注：在可能的条件下，充填速度可以提高。

1.3.3 压铸温度

(1) 浇注温度

各种合金常用的浇注温度，如表 1-29 所示。

表 1-29 各种合金常用的浇注温度

℃

合金		压铸件壁厚≤3mm		压铸件壁厚>3mm	
		结构简单	结构复杂	结构简单	结构复杂
锌合金	含铝的	420～440	430～450	410～430	420～440
	含铜的	520～540	530～550	510～530	520～540

续表

合金		压铸件壁厚≤3mm		压铸件壁厚>3mm	
		结构简单	结构复杂	结构简单	结构复杂
铝合金	含硅的	610～630	640～680	590～630	610～630
	含铜的	620～650	640～700	600～640	620～650
	含镁的	640～660	660～700	620～660	640～670
镁合金		640～680	650～700	620～650	640～670
铜合金	普通黄铜	850～900	870～920	820～850	850～900
	硅黄铜	870～910	880～920	850～900	870～910

注：锌合金、铝合金温度不宜超过450℃，否则结晶粗大。

浇注温度通常用保温坩埚中液态合金的温度来表示。温度过高，凝固收缩大，压铸件容易产生裂纹、晶粒粗大；温度太低，则易产生填充不足、冷隔和表面流纹等缺陷。

合适的浇注温度应当是在保证充满模腔的前提下采用较低的温度为宜。浇注温度确定时应与压射压力、压铸模的温度和充填速度等因素综合进行选定。

在压力较高时可以降低浇注温度，甚至是在合金呈黏稠“粥状”时进行压铸。含硅量高的铝合金不宜用“粥状”压铸，因为硅将大量析出，并以游离状态存在于压铸件中，恶化加工性能。由表1-29可知浇注温度与合金种类、压铸件壁厚及其复杂程度有关。

(2) 压铸模的预热温度与工作温度

① 压铸模的预热温度。在开始压铸前，为了有利于压铸液态合金的充填、成型，保护压铸模及便于喷涂涂料，需要将压铸模加热到预热温度。

② 压铸模工作温度。在生产过程中压铸模工作温度过高或过低，对压铸件质量的影响与合金浇注温度类似。压铸模工作温度能影响压铸模的寿命和生产的正常进行。因此，在生产过程中要严格控制压铸模的温度。

压铸模吸收液体合金的热量若大于散热的热量，导致温度会不断地升高时，可采用空气、循环水或油进行冷却。压铸模工作温度大致可按式(1-1)计算：

$$t_x = 1/3t_j \pm \Delta t \tag{1-1}$$

式中 t_x——压铸模的工作温度，℃；

t_j——合金浇注温度，℃；

Δt——温度波动范围，一般取25℃。

生产各种合金压铸件时，压铸模的预热温度和工作温度可参考表1-30。

表1-30 压铸模的预热温度和工作温度

合金	温度种类	壁厚≤3mm		壁厚>3mm	
		结构简单	结构复杂	结构简单	结构复杂
锡合金	预热温度	85～95	90～100	80～90	85～100
锌合金	预热温度	130～180	150～200	110～140	120～150
	连续工作保持温度	180～200	190～220	140～170	150～200
铝合金	预热温度	150～180	200～230	120～150	150～180
	连续工作保持温度	180～240	250～280	150～180	180～200
铝镁合金	预热温度	170～190	220～240	150～170	170～190
	连续工作保持温度	200～220	260～280	180～200	200～240
镁合金	预热温度	150～180	200～230	120～150	150～180
	连续工作保持温度	180～240	250～280	150～180	180～220
铜合金	预热温度	200～230	230～250	170～200	200～230
	连续工作保持温度	300～330	330～350	250～300	300～350

1.3.4 压铸时间

压铸时间包含充填、持压及压铸件在压铸模中停留的时间。

① 充填时间。自合金液体开始进入压铸模型腔到充满为止所需要的时间。充填时间与压铸件轮廓尺寸、壁厚和形状复杂程度及液体合金和模具温度等因素有关。形状简单的厚壁压铸件及浇注温度与压铸模的温差小时，充填时间可以长些，反之充填时间应短些。充填时间主要通过控制压射比压、压射速度或内浇口尺寸来实现，一般为0.01～0.2s。

② 持压时间。从液体合金充满压铸模型腔产生最终静压力瞬间时起，在这种压力持续作用下至压铸件凝固完毕的时间。在持压时间内应建立自压铸件至内浇口及余料的顺序凝固条件，使压力能传递至正在凝固的合金，以获得组织致密的压铸件。

持压时间与合金特性和压铸件壁厚有关。熔点高、结晶温度范围宽的合金，应有足够的持压时间，若同时又是厚壁压铸件，则持压时间还可以更长些。持压时间如不足，容易造成缩松。若内浇口处的合金尚未完全凝固，当压射冲头退回，未凝固的合金被抽出，常在靠近内浇口处产生孔穴。对于结晶温度范围窄的合金，压铸件壁又薄，持压时间可短些。当采用立式压铸机时，持压时间长，造成切除余量困难。生产中常采用持压时间如表1-31所示。

表1-31 生产中常采用持压时间

压铸件壁厚/mm	持压时间/s			
	锌合金	铝合金	镁合金	铜合金
≤2.5	1～2	1～2	1～2	3～5
2.5～6	3～4	3～5	2～3	5～7

③ 留模时间。压铸件在压铸模中停留时间从持压终了至开启模具并取出压铸件所需要的时间。停留时间的长短，实际上就是与压铸件出模时的温度高低有关。因此，留模时间太短，压铸模出模时温度较高，强度低，自模腔内顶出时会发生变形，压铸件中气体膨胀使得其表面出现气泡。若停留时间过长，压铸件出模时温度低，收缩大，抽芯及顶出时阻力增大，热脆性合金会产生开裂。留模时间与合金种类和压铸件壁厚有关，各种合金常用留模时间如表1-32所示。

表1-32 各种合金常用留模时间

合金种类	留模时间/s		
	壁厚≤3mm	壁厚3～6mm	壁厚>6mm
锌合金	5～10	7～12	20～25
铝合金	7～12	10～15	25～30
镁合金	7～12	10～15	25～30
铜合金	8～15	15～20	20～30

1.3.5 定量浇料和压室充满度

在对各种工艺进行计算和选定的同时，一般还要确定浇入的合金量和压室充满度。

① 定量浇料。压铸工艺中，压铸模热平衡和冲头慢压射行程的计算都与熔融合金浇入量有直接的关系。故对每一个压铸循环要求浇入量必须精确且变化很小。熔融合金浇入量的计算如式（1-2）所示：

$$G_2=G_z+G_g+G_p \tag{1-2}$$

式中 G_2——浇入熔融合金总质量，kg；

G_z——压铸件质量，kg；

G_g——浇注系统（包括余料）的质量，kg；

G_p——排溢系统的质量，kg。

② 压室的充满度。是浇入压室的熔融合金总质量占压室容积质量的百分数，用 ψ 表示。压室充满度对于卧式冷压室压铸机有着重要意义，若充满度过小会造成不良的影响。

a. 增加型腔内空气量，使充填过程包裹气体的现象更严重。

b. 使浇入的熔融合金激冷程度加剧，造成压铸循环中难以控制在适宜的热规范之内。一般压室的充满度应≥40％。以 70％～80％为宜。压室充满度的计算如下：

$$\psi=G_2/G\times100\% \tag{1-3}$$

式中 ψ——压室充满度，％；

G_2——浇入熔融合金总质量，kg；

G——压室内完全充满合金的质量，kg。

$$G=(\pi d^2/4)Lp \tag{1-4}$$

式中 d——压室内径，m；

L——压室有效长度（包括浇口套长度），m；

p——合金液态密度，kg/m³。

1.4 压铸模简介

压铸模是压铸生产主要工艺装备，压铸生产能否顺利进行，压铸件质量有无保证，加工效率和成本高低及后续工艺繁杂程度，在很大程度上取决于压铸模结构的合理性和技术的先进性。

1.4.1 压铸模的结构

压铸模的基本结构一般由 8 个主要部分组成，主要部分又由许多零部件组成，如图 1-2 所示。

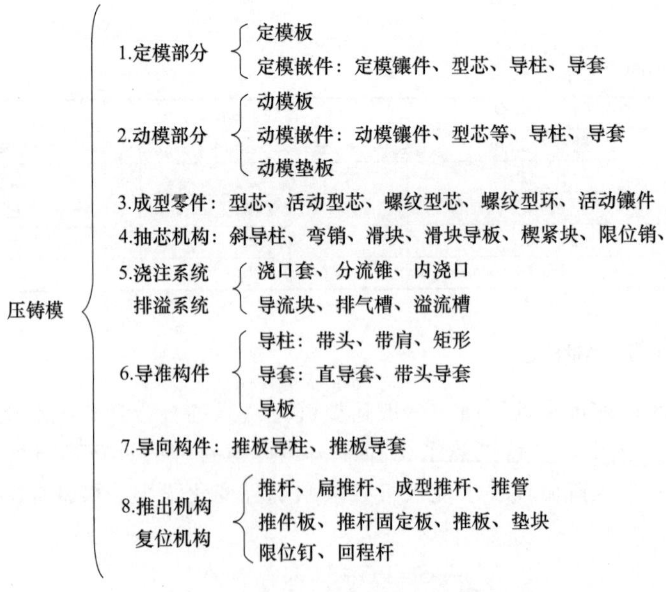

压铸模
- 1.定模部分
  - 定模板
  - 定模嵌件：定模镶件、型芯、导柱、导套
- 2.动模部分
  - 动模板
  - 动模嵌件：动模镶件、型芯等、导柱、导套
  - 动模垫板
- 3.成型零件：型芯、活动型芯、螺纹型芯、螺纹型环、活动镶件
- 4.抽芯机构：斜导柱、弯销、滑块、滑块导板、楔紧块、限位销、弹簧、螺塞
- 5.浇注系统 排溢系统
  - 浇口套、分流锥、内浇口
  - 导流块、排气槽、溢流槽
- 6.导准构件
  - 导柱：带头、带肩、矩形
  - 导套：直导套、带头导套
  - 导板
- 7.导向构件：推板导柱、推板导套
- 8.推出机构 复位机构
  - 推杆、扁推杆、成型推杆、推管
  - 推件板、推杆固定板、推板、垫块
  - 限位钉、回程杆

图 1-2 压铸模的基本结构组成

1.4.2 压铸模设计的基本原则

① 加工的压铸件，应保证产品图纸所规定的尺寸和各项技术要求，减少机械加工部位和加工余量；

② 压铸模应适应压铸生产的工艺要求；

③ 在保证压铸件质量的前提下，模具应采用合理、先进和简单的结构，减少操作程序，使模具动作准确可靠，构件刚性良好，易损件拆换方便，便于维修；

④ 压铸模上各种零件应满足机械加工工艺和热处理工艺的要求，选材适当，配合精度选用合理，能达到各项技术要求；

⑤ 掌握压铸机的技术规范，发挥压铸机的生产能力，准确选定安装尺寸；

⑥ 在条件许可时，压铸模应尽可能实现标准化、通用化，以缩短模具设计和制造周期，管理方便；

⑦ 制造成本低，省工、省料，以达到高效率和高效益。

1.4.3 压铸模设计步骤和主要内容

1.4.3.1 压铸模设计的步骤

（1）对压铸件进行形体要素的可行性分析

① 对压铸件图的形状、尺寸精度、技术要求和使用性能等要素进行分析，找出压铸件形体六大要素（共十二个子要素）的全部要素（详见第2章）；

② 对压铸件图的工艺性（机械加工部位、加工余量和加工措施及定位基准）进行分析。

（2）对压铸模结构方案进行可行性分析

① 根据压铸件形体要素的分析，确定对应压铸件形体要素的解决措施，选定压铸模的机构和结构，初步制订压铸模结构方案。

② 由于压铸模结构方案具有多种结构方案，应找出其中最佳优化方案，舍去错误和结构复杂的方案。

③ 由于压铸模结构与压铸件产生的缺陷相关，必须对压铸件产生的缺陷进行预期分析（含CAE和图解法分析），调整压铸模最终结构方案。

④ 对最终压铸模结构方案进行论证，从压铸模的结构和机构进行分析是否能满足压铸件形体要素的要求，也就是在检验压铸模的结构方案和机构是否可行，还需要对压铸模进行强度和刚性的校核。

在确认压铸模结构和机构及模具的强度和刚性没有问题之后，才能着手对模具结构进行三维造型。造型之后，再将压铸模及其零件造型转换成CAD二维图。

（3）压铸模三维造型

根据压铸模最终结构方案进行可行性分析，进行压铸模三维造型。因为压铸模的许多成型件的加工都需要在数控中心上加工，需要有压铸模零件的三维造型才能进行数控编程。如果仅需要数控中心加工的编程，为简化造型过程，只对压铸模的型腔和型芯进行造型即可，其他部分可以不进行造型。

① 在压铸件三维造型的基础上设置分型面，分型面将压铸件三维造型分成动、定模二部分，分型面要求能将动、定模型腔无阻碍地打开；

② 绘制动、定模型腔和抽芯型芯及镶嵌件型芯的三维造型；

③ 绘制抽芯、限位、脱模和回程机构三维造型；

④ 绘制模架、导准和导向构件三维造型；

⑤ 绘制浇注、排溢与冷却系统三维造型。

(4) 压铸模 CAD 二维设计

压铸模三维造型之后，需要将三维造型转变成 CAD 二维图，用于编制零部件的工艺规程。对于简单的模具、不需要在数控中心上加工的模具，可以直接采用 CAD 设计。

① 需要将压铸模总图三维造型转换成 CAD 二维总图，列出完整的零件明细表、标题栏及技术要求；

② 需要将压铸模各个零部件的三维造型转换成零部件 CAD 二维图，标注出各部分尺寸、制造公差、粗糙度和技术要求；

③ 确定压铸模各个零部件的用材，热处理要求，标准件和外购件型号、品种、数量和规格及技术要求；

④ 打印和校对全部图纸。

(5) 编制压铸模零部件工艺规程

包括压铸模型腔和型芯零件的数控中心、线切割编程和各个零部件加工、装配和检验工序等工艺规程。

① 编制压铸模各个零部件加工、装配和检验工序的工艺过程、使用的刀具、量具、夹具、模具和工具及机床设备的型号、规格；

② 编制压铸模型腔和型芯零件数控中心的程序；

③ 编制压铸模零部件需要采用线切割加工的程序；

④ 编制压铸模装配、试验和检验的工艺规程；

⑤ 打印和校对全部图纸。

1.4.3.2 压铸模设计主要内容

① 按压铸模最终结构方案绘制分型面、型腔、浇注、排溢与冷却系统的布置方案；

② 确定压铸模型芯分割位置、尺寸和固定方法；

③ 确定压铸模成型部分镶块的拼镶方法和固定方法、镶块的形状、尺寸和加工精度；

④ 确定压铸模抽芯机构的形式、结构和各部分的尺寸，计算抽芯力和斜导柱的强度、刚性；

⑤ 确定压铸模推杆、推管、推件板的形式、回程杆的位置和尺寸；

⑥ 布置冷却和加热管道的位置和尺寸；

⑦ 确定动模镶块、定模镶块、定模板和动模板的外形和尺寸（长、宽、高）及导柱、导套的位置和尺寸；

⑧ 确定压铸模脱模机构的形式、位置和各部分尺寸，核算脱模行程，回程机构和尺寸；

⑨ 确定压铸模嵌件装夹、固定方法和尺寸；

⑩ 计算压铸模的厚度，核对压铸机的最大和最小开模距离；

⑪ 根据压铸模外形轮廓尺寸，核对压铸机拉杆间距；

⑫ 根据压铸模动、定模板尺寸，核对压铸机安装槽或孔的位置；

⑬ 根据选用的压射比，计算压铸模分型面上的反压力总和，复核压铸模锁模力；

⑭ 根据选用的压铸机、压室尺寸和容量核算压室充满度。

1.4.4 分型面设计

分型面是定模和动模的接合表面，分型面由压铸件的分型线所决定。压铸模上垂直于锁模力方向的接合面为基本分型面。分型面将压铸模分成定、动模二部分，定、动模闭合之后注入熔融合金才能成型压铸件，定、动模开启之后，才能采用脱模机构顶脱压铸件。

1.4.4.1 分型面及其选择

分型面的选择会影响到开模后的压铸件是滞留在动模型腔中，还是滞留在定模型腔中，这将影响到压铸件脱模是否顺利，还会影响到模具型腔的加工性。因此，需要找到使模具分型面简单，又不会影响压铸件成型精度的方案。分型面处是否会产生“飞边”或分型面的痕迹线而影响到压铸件的尺寸、形状、壁厚、模具的结构、模具的排气及压铸件的脱模。故选择分型面时，必须综合考虑各方面影响因素、条件和要求，合理地选择分型面。

(1) 分型面在图样上的表示方法

在压铸件零件图或压铸模装配图中，分型面延长线的两端，用粗实线画出一小段表示为分型面的位置，用箭头线表示开、闭模的方向。若存在多个分型面，则可在粗实线处及开模方向线的外侧用罗马数字Ⅰ、Ⅱ、Ⅲ等表示不同的分型面，如此还可以表示开模的顺序。

(2) 分型面的基本部位

① 分型面使模具型腔全部处于定模之内，如图 1-3 (a) 所示；

② 分型面使模具型腔分别处于定模和动模之内，如图 1-3 (b) 所示；

③ 分型面使模具型腔全部处于动模之内，如图 1-3 (c) 所示。

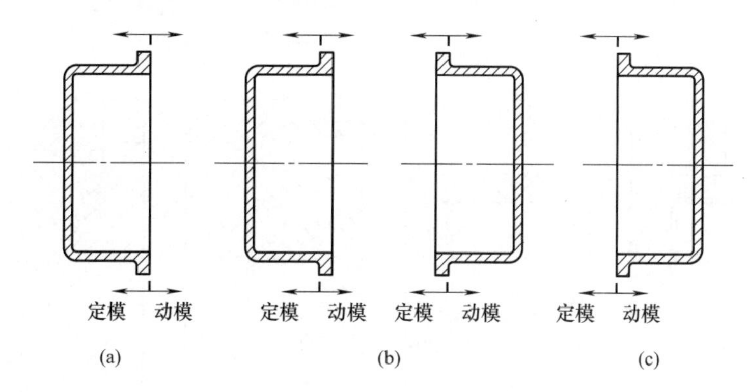

图 1-3 分型面的基本部位

(3) 分型面的分类

分型面的分类可按分型面的数量来区分，也可按分型面剖切线的形式来区分。

1) 按分型面的数量分类

分型面可按数量分为单个分型面和多个分型面。

① 单个分型面。只有一个分型面的压铸件或注塑模。

② 多个分型面和组合分型面。

a. 双分型面。由一个主分型面和一个辅助分型面构成，如图 1-4 所示的溢流管压铸模装配图是由一个主分型面Ⅱ—Ⅱ和一个辅助分型面Ⅰ—Ⅰ构成双分型面。

b. 三分型面。由一个主分型面和两个辅助分型面构成。

c. 组合分型面。由主分型面和一个或数个辅助分型面构成。

2) 按分型面剖切线的形式分类

① 直线分型面。分型面平行于压铸模的动、定模板的大平面，如图 1-5 (a) 所示。

② 斜线分型面。分型面与压铸模的动、定模板的大平面倾斜一角度，如图 1-5 (b) 所示。

③ 折线分型面。分型面不在同一平面上，而是由几个折线平面组成，如图 1-5 (c) 所示。

④ 曲线分型面。分型面由曲线面组成，如图 1-5 (d) 所示。

⑤ 综合分型面。分型面可由直线、斜线、折线和曲线分型面中任何两种及两种以上的分型面组成。

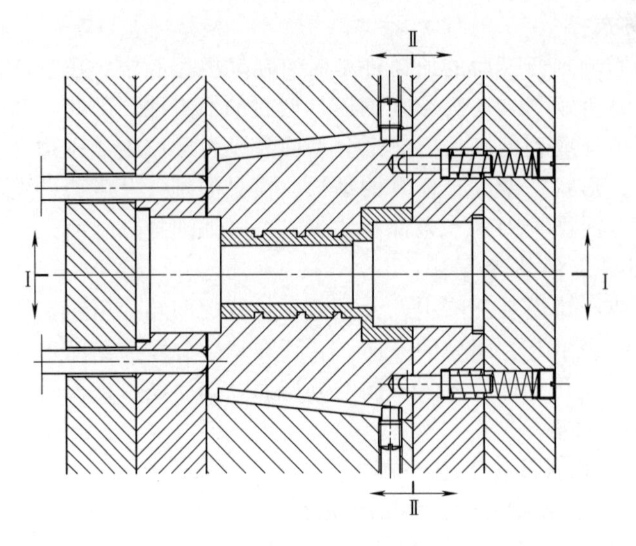

图 1-4　组合分型面

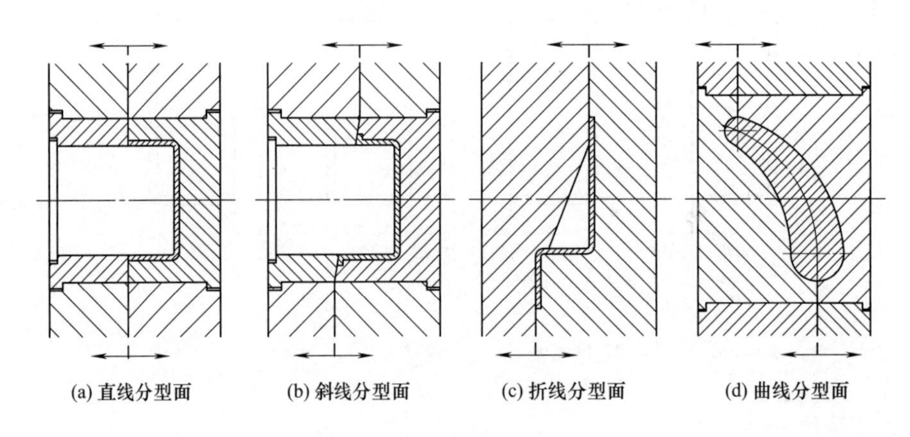

图 1-5　分型面剖切线的形式

1.4.4.2　压铸件分型面设计原则

合理确定分型面，对于决定压铸模结构复杂程度和加工制造是否方便及压铸件质量（尤其是尺寸精度）有着较大的影响，并且对定、动模闭合和开启有着决定性的影响。确定分型面的主要依据如下：

① 模具开启时，能确保压铸件能随动模移动方向脱出定模，使其保留在动模内，并且为便于从动模内脱出压铸件，分型面应取在压铸件最大截面上。

② 有利于浇注系统和排溢系统的合理布置。

③ 为了保证压铸件的尺寸精度，应使尺寸精度要求较高的部分尽可能位于同一半压铸模内。

④ 要使压铸模结构最佳优化，并有利于机械加工。

⑤ 应考虑到压铸合金的性能，避免压铸件承受临界负荷或避免接近额定投影面积。

1.4.4.3　典型压铸件选择分型面的要点

压铸件成型模具设计时，首先是要对分型面的形式和位置方案进行分析。典型压铸件选择分型面的要点如表 1-33 所示。

⊡ 表 1-33　典型压铸件选择分型面的要点

压铸件结构特征	简图	分析
带凸缘不通孔的桶形压铸件	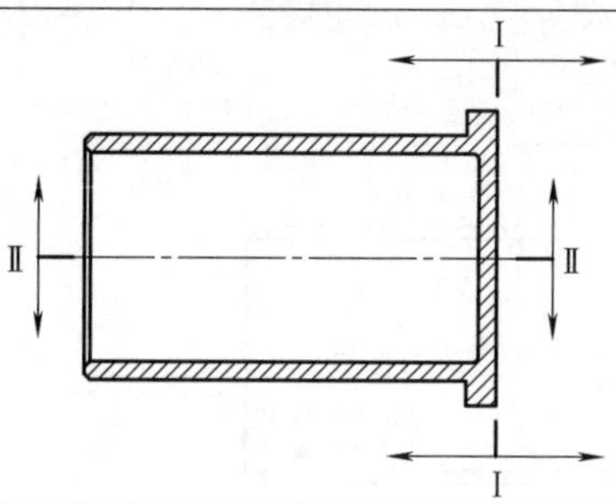	压铸件法兰部位与一般的零件不同，压铸工艺性差。在零件外形较小时选择Ⅰ—Ⅰ分型面，模具结构较简单；当零件轴向尺寸较大时，宜选取Ⅱ—Ⅱ作为分型面，压铸工艺条件会较好
压铸件两端存在着“障碍体”，要求避让“障碍体”	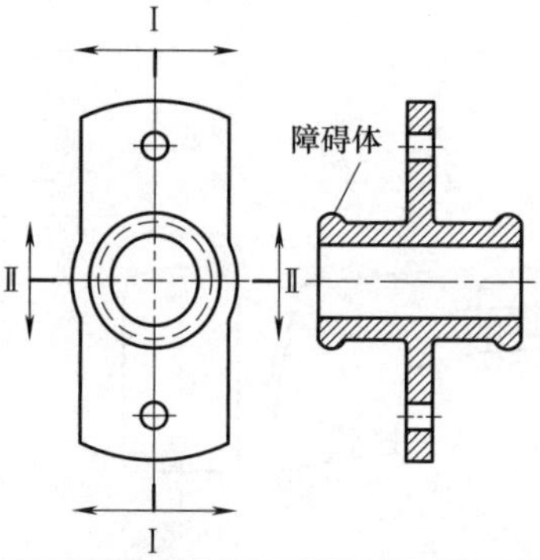	压铸件两端存在着“障碍体”，不管在左视图的哪个位置上选取分型面，都无法避让“障碍体”；只有在主视图Ⅰ—Ⅰ和Ⅱ—Ⅱ位置上选取分型面，才能有效地避让“障碍体”。Ⅰ—Ⅰ位置上分型抽芯距离较Ⅱ—Ⅱ位置上分型抽芯距离短，更有利于抽芯
压铸件有外螺纹，并要求达到互换性	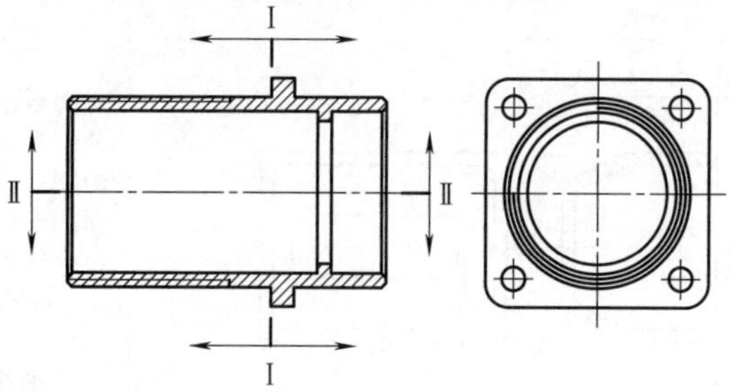	为使压铸件螺纹部分质量好，互换性强，分型面应使浇注系统有较大选择余地。选Ⅰ—Ⅰ分型面压铸件两端排气条件较差。Ⅱ—Ⅱ分型面可在法兰部位采用缝隙浇口和在螺纹部分另一端开设环形或半环形浇口，这两种浇口都能获得较好的压铸件质量和轮廓清晰的螺纹
带短螺纹帽盖类压铸件	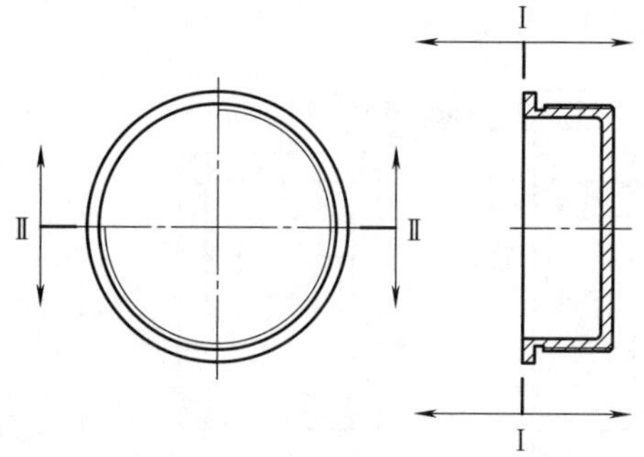	帽盖类零件的直径通常为高度的数倍，而当短螺纹直径较大时，不宜采用环形螺纹镶块，一般都选择Ⅰ—Ⅰ分型面，小零件宜选择Ⅱ—Ⅱ分型面
带凸缘的桶形压铸件	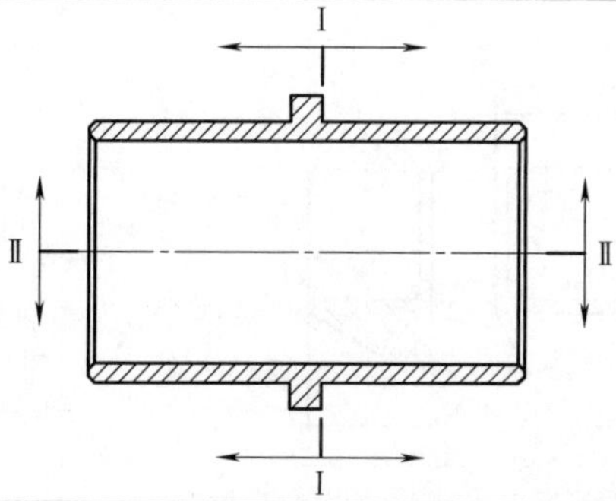	由于压铸件对两端型芯的包紧力十分接近，选择分型面须着重考虑压铸件从定模型腔中脱模的问题。Ⅰ—Ⅰ分型面需要设置定模型腔中脱模的辅助装置，适用于较大零件；Ⅱ—Ⅱ分型面为小型零件所选用，压铸件成型条件也较好

续表

压铸件结构特征	简图	分析
带反向凸缘的压铸件,A 平面有外观要求	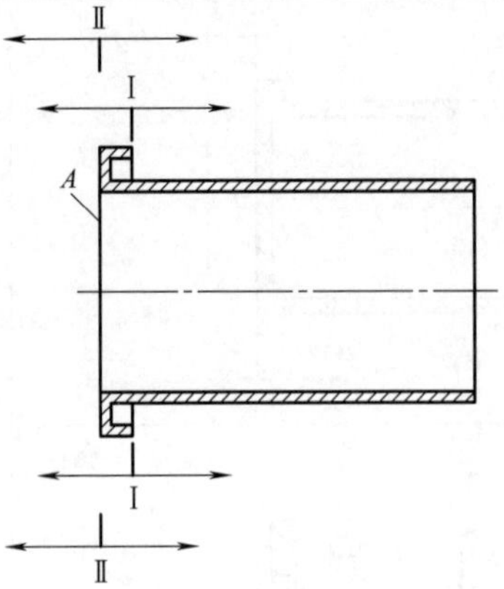 Ⅱ Ⅰ A Ⅰ Ⅱ	Ⅰ—Ⅰ分型面符合将分型面设置在融料流动方向末端的要求,但由于 A 平面有外观要求,不允许留有推杆的痕迹。Ⅱ—Ⅱ分型面可以采用脱件板脱模机构,以满足 A 平面外观要求
带弧形的压铸件	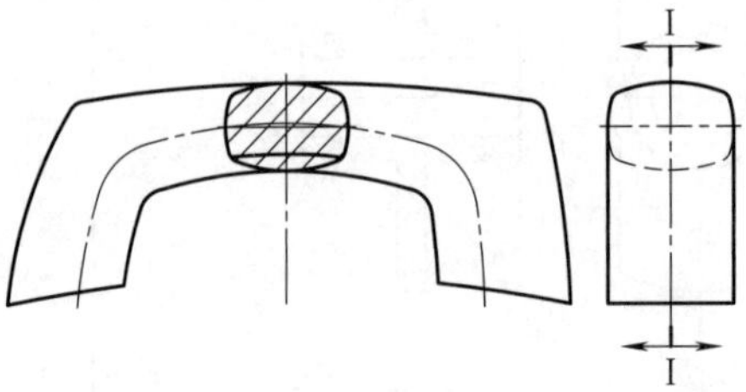 Ⅰ Ⅰ	由于压铸件截面为凸弧形的长方形,形成了弓形"障碍体"。为了避开"障碍体"使压铸件能顺利地脱模,Ⅰ—Ⅰ分型面设置在如左图所示压铸件中心线处,利用注塑模定、动模的开、闭模运动使压铸件敞开并滞留在动模型腔中,以便压铸件脱模
有对应侧孔壳体的压铸件	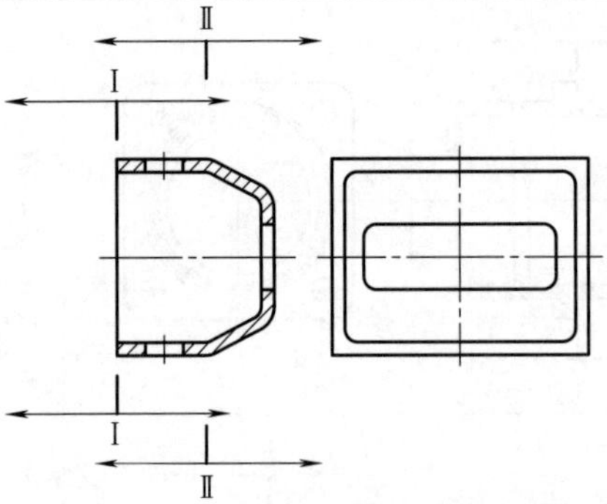 Ⅱ Ⅰ Ⅰ Ⅱ	为了简化模具结构,应把侧抽芯机构尽量设计在动模上。当选择Ⅱ—Ⅱ分型面时,由于压铸件壁薄的特点,需要侧抽芯,型芯在分型面的投影内设置推杆,必须增设推出机构的预复位装置;而选择型面Ⅰ—Ⅰ可利用模具对应测抽芯使压铸件从定模上强行脱模,简化了模具结构,同时具有较好的成型条件
具有单侧孔的方形压铸件	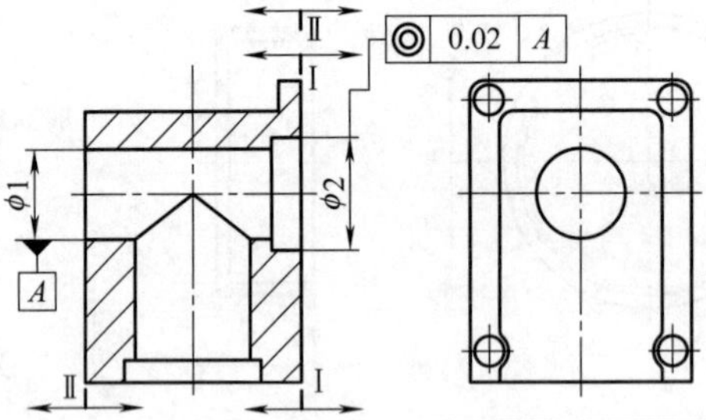 Ⅱ Ⅰ ◎ 0.02 A $\phi1$ $\phi2$ A Ⅱ Ⅰ	Ⅰ—Ⅰ分型面的设置符合简化模具结构的特点,但成型 $\phi1$ 和 $\phi2$ 孔的型芯势必分别设置在定、动模上,不能保证两孔的同轴度。选用折线Ⅱ—Ⅱ分型面,侧抽芯可设在动模上,成型 $\phi1$ 和 $\phi2$ 孔的型芯可设在动模上,可以确保两孔的同轴度;在注塑模顶端开设浇口,更适应压铸要求
曲折外形压铸件	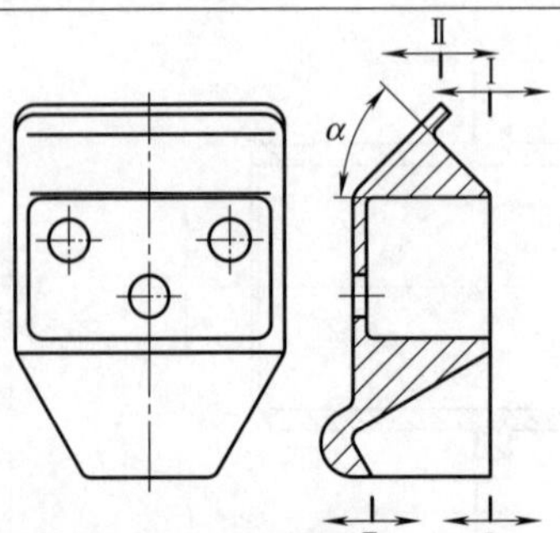 Ⅱ Ⅰ α Ⅱ Ⅰ	Ⅰ—Ⅰ分型面虽然平整,但会造成模具型腔出现较脆弱的锐角 α,从而影响模具的寿命。Ⅱ—Ⅱ折线分型面,模具制造时虽然增加了机械加工的工作量,但机械加工和压铸工艺性较好

续表

压铸件结构特征	简图	分析
带轴圆环	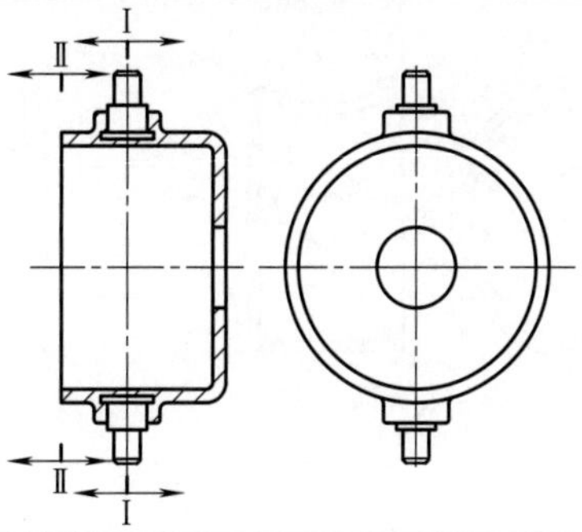	为了方便在压铸模中放置嵌件，选取Ⅰ—Ⅰ分型面。嵌件可以安放在模具抽芯机构的滑块上，嵌件稳定可靠。如选用Ⅱ—Ⅱ分型面，则无法使压铸件脱模
孔轴线交叉成锐角的压铸件	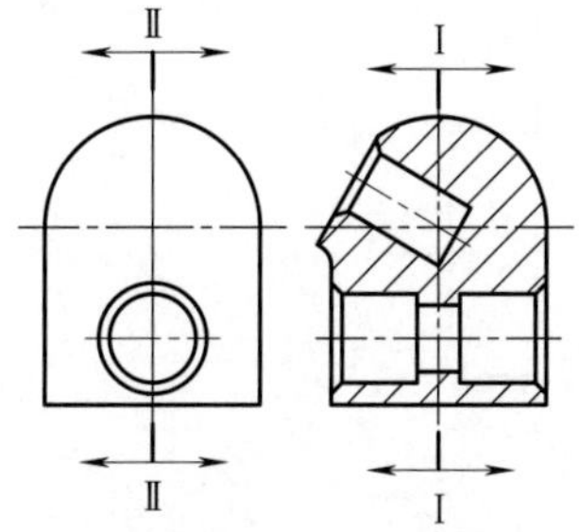	斜孔的轴线在Ⅱ—Ⅱ分型面上，因为零件较小需要设置三个抽芯机构，故无法一模多腔，经济性差。选用Ⅰ—Ⅰ分型面只需要设置一个斜抽芯机构，模具结构虽复杂，但可一模多腔，适用于大批量成型加工生产
转盘形压铸件	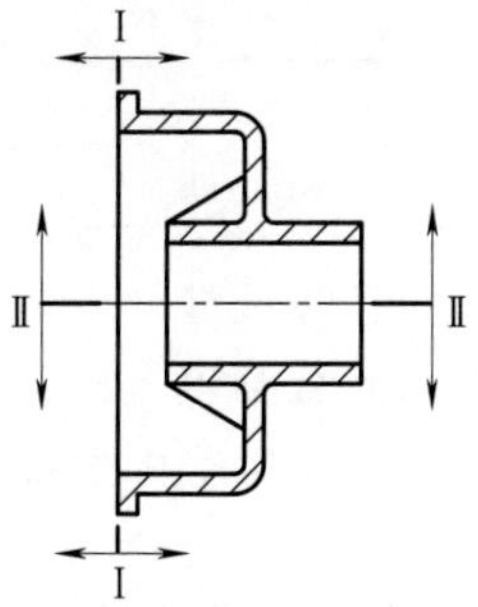	选择Ⅱ—Ⅱ分型面需要设置两个抽芯机构，增加了模具复杂性；而选择Ⅰ—Ⅰ分型面，压铸件可以采用推管和推杆联合脱模，结构简单
套管形压铸件	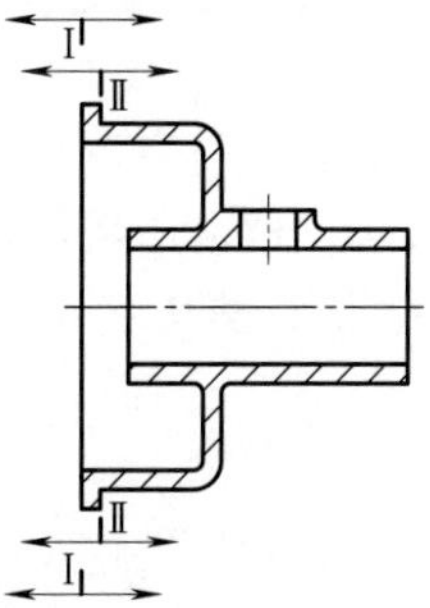	压铸件两孔的连接处，因结构薄弱，需要考虑压铸件脱模时变形问题。选择Ⅰ—Ⅰ分型面时，侧抽芯机构在动模上，而型芯全部在定模内，需要设置动模抽芯机构，还应避免压铸件的变形。选择Ⅱ—Ⅱ分型面，可用推管和脱件板的复合脱模形式来保证大小型芯同步脱模，故可避免压铸件的变形。侧抽芯机构可在开模前，采用预抽芯机构进行抽芯
弯孔压铸件	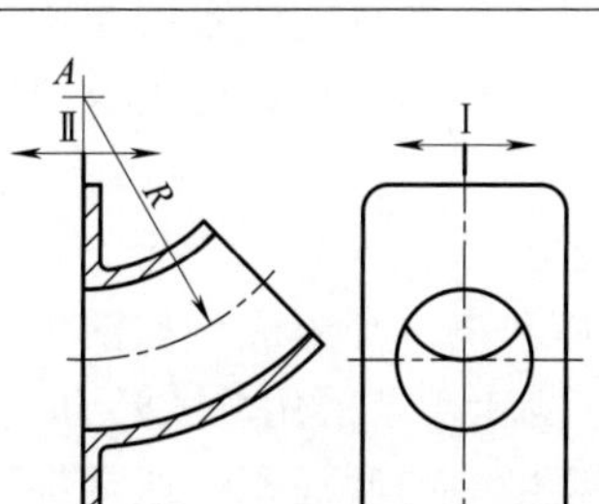	一般应选用Ⅰ—Ⅰ分型面，便于设置弯孔抽芯机构；采用以 A 点为转动中心的旋转脱模结构，可简化模具的结构。对于弯孔不长，弧度适当的压铸件，可选用Ⅱ—Ⅱ分型面

续表

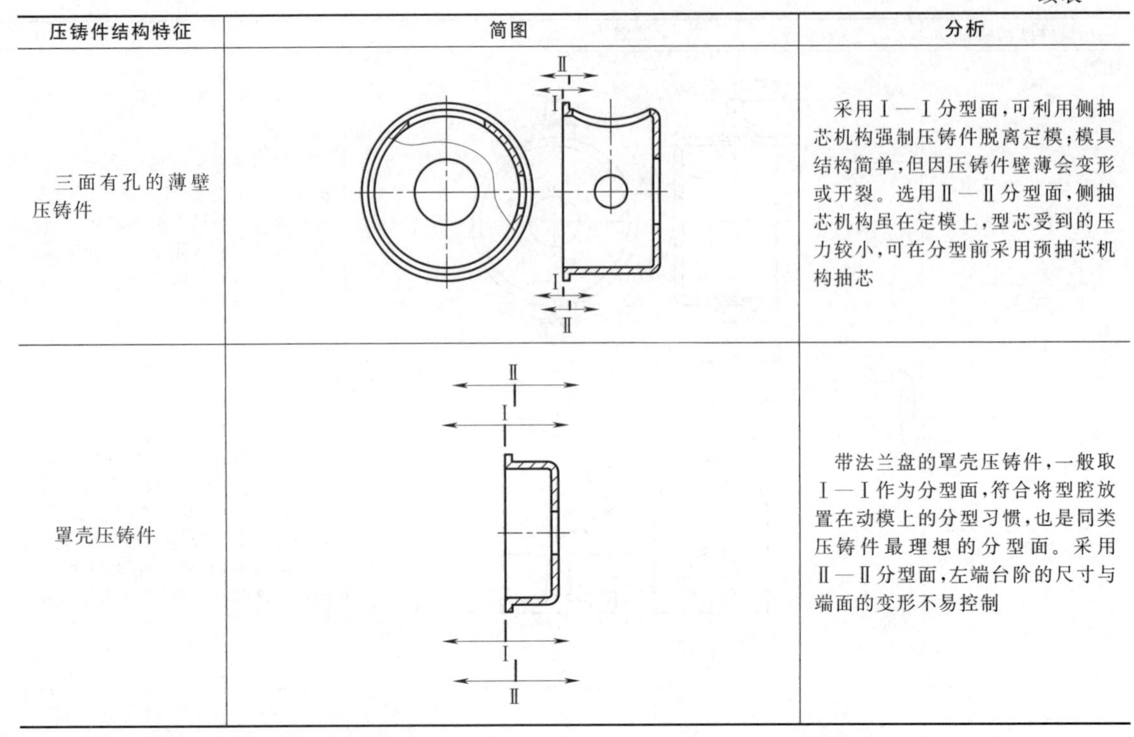

压铸件结构特征	简图	分析
三面有孔的薄壁压铸件		采用Ⅰ—Ⅰ分型面，可利用侧抽芯机构强制压铸件脱离定模；模具结构简单，但因压铸件壁薄会变形或开裂。选用Ⅱ—Ⅱ分型面，侧抽芯机构虽在定模上，型芯受到的压力较小，可在分型前采用预抽芯机构抽芯
罩壳压铸件		带法兰盘的罩壳压铸件，一般取Ⅰ—Ⅰ作为分型面，符合将型腔放置在动模上的分型习惯，也是同类压铸件最理想的分型面。采用Ⅱ—Ⅱ分型面，左端台阶的尺寸与端面的变形不易控制

1.4.5 浇注、排溢系统设计

合理设计浇注系统、排气和溢流系统是压铸模设计中十分重要的环节，压铸件的质量好坏主要是依靠它们的合理性。浇注系统是引导熔融合金填充压铸模型腔的通道，其对熔融合金的流态、速度和压力的传递，排气条件及压铸模热平衡等因素都会产生重要的影响。

1.4.5.1 浇注系统结构

浇注系统设计时，应根据压铸件的结构特点、技术要求、合金性能及压铸机类型和特性等，确定液体合金引入型腔的位置和流向。

① 浇注系统的组成。一般由直浇道、横浇道、内浇口、溢流槽和余量五部分组成。

② 各种压铸机所用的浇注系统的组成形式。根据压铸件形式与引入液态合金的方式不同，浇注系统的形式也有所不同，包括有立式、卧式、热压室和全立式。压铸机采用的浇注系统的组合形式，如图1-6所示。

1.4.5.2 浇注系统各组成部分的设计

浇注系统按合金液进入型腔的部位和内浇口形状，大体可分成：侧浇口、中心浇口、顶浇口、环形浇口、缝隙浇口和点浇口，各种浇注系统适应不同结构压铸件的需要。直浇道是液体合金自压室进入型腔首先要经过的通道。要使压铸件在凝固时能够受到压力的作用，余料和直浇道中液体合金应当是最后凝固。

（1）立式冷压室压铸机直浇道的设计

立式冷压室压铸机直浇道一般由喷嘴和浇口套组成，如图1-7所示。

① 立式冷压室压铸机直浇道结构与设计。当采用立式冷压室压铸机时，为了使液体合金能平稳地改向进入横浇道及改变直流道流出端的截面积，通常都设有分流锥。

a. 根据压铸件质量，选择喷嘴导入口直径，如表1-34所示。

b. 处于浇口套部分直浇道的直径，应比喷嘴部分直浇道的直径单边放大0.5～1mm。

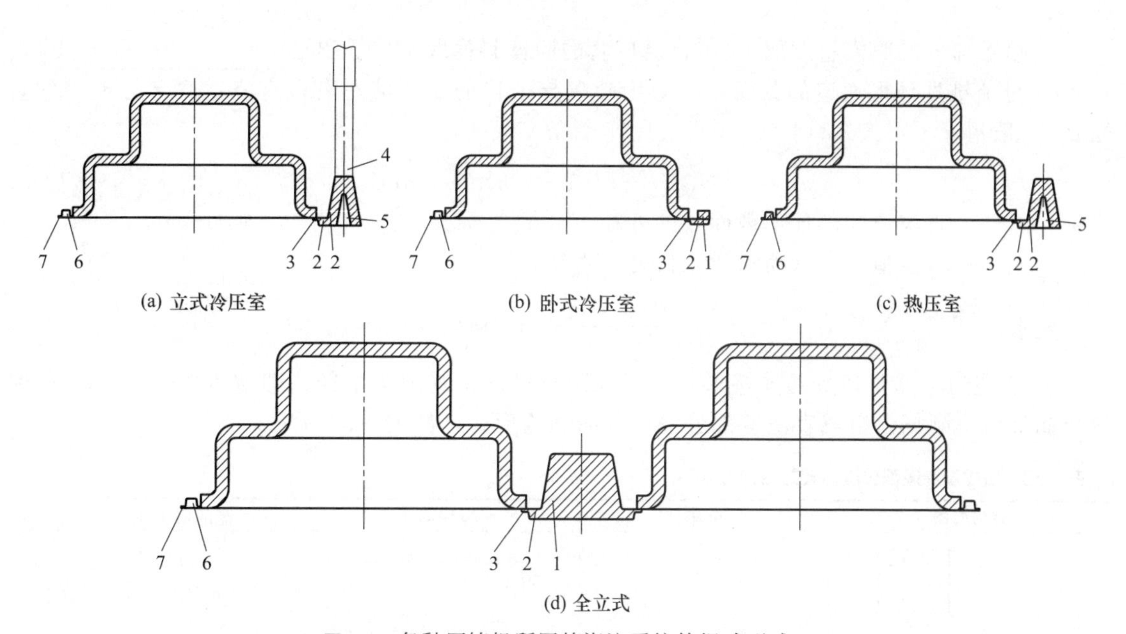

(a) 立式冷压室　(b) 卧式冷压室　(c) 热压室

(d) 全立式

图 1-6　各种压铸机所用的浇注系统的组成形式

1—直浇道；2—横浇道；3—内浇口；4—余料；5—分流锥；6—溢流槽；7—排气槽

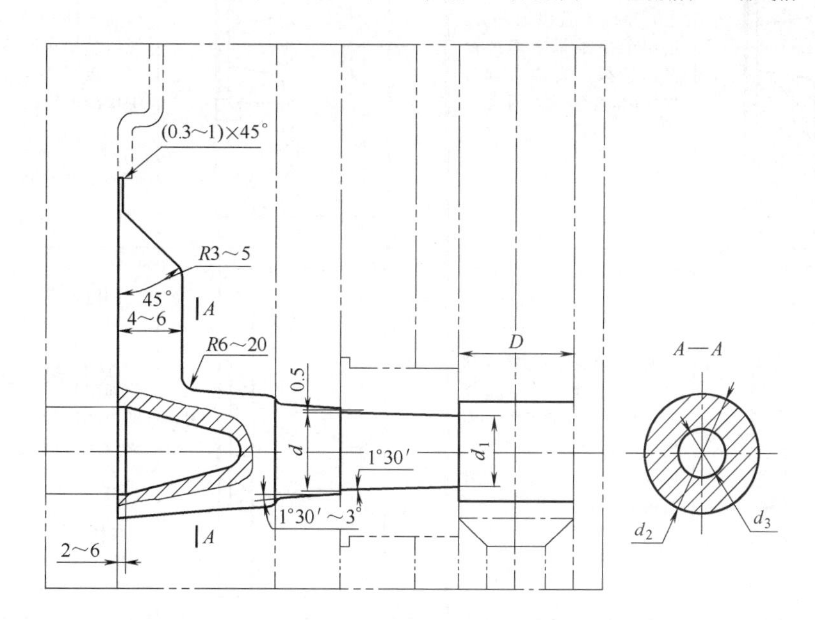

图 1-7　立式冷压室压铸机直浇道结构

D—余料直径；d—喷嘴出口处直浇道直径（浇口套导入口直浇道直径）；d_1—喷嘴导入口处直浇道小端直径；d_2—直浇道底部环形截面外径；d_3—直浇道底部分流锥直径

表 1-34　压铸件质量和喷嘴导入口直径

mm

喷嘴导入口直径 d_1		7~8	9~10	11~12	13~16	17~19	21~22	23~25	27~28	29~30	31~32
锌合金	压铸件质量 G/g	<100	100~250	200~350	350~700	700~1200	1000~2000	—	—	—	—
铝合金		<50	50~120	100~200	180~350	320~700	600~1000	800~1500	1200~1600	1600~200	2000~2500
铜合金		<100	100~250	200~350	300~350	650~1000	800~1500	—	—	—	—

注：压铸件质量包括浇注系统不包括余料及溢流槽冷凝料质量。

c. 喷嘴部分的脱模斜度取1°30′，浇口套的脱模斜度取1°30′～3°。

d. 分流锥处环形通道的截面积一般为喷嘴导入口的1.2倍左右，直浇道底部分流锥的直径d_3一般情况下可按式（1-5）和式（1-6）计算。

$$d_3 \geqslant \sqrt{d_2^2-(1.1 \sim 1.3)d_1^2}\ (\mathrm{mm}) \tag{1-5}$$

式中 d_2——直浇道底部环形截面处的外径，mm；

d_1——直浇道小端（喷嘴导入口处）直径，mm。

要求

$$\frac{d_2-d_3}{2} \geqslant 3\ (\mathrm{mm}) \tag{1-6}$$

② 直浇道与横浇道处的连接形式。要求圆滑过渡，其圆角半径一般取$R6 \sim 20$mm，以便使金属液流道顺畅。组成直浇道部分浇口套的结构形式，如表1-35所示。

表1-35 组成直浇道部分浇口套的结构形式

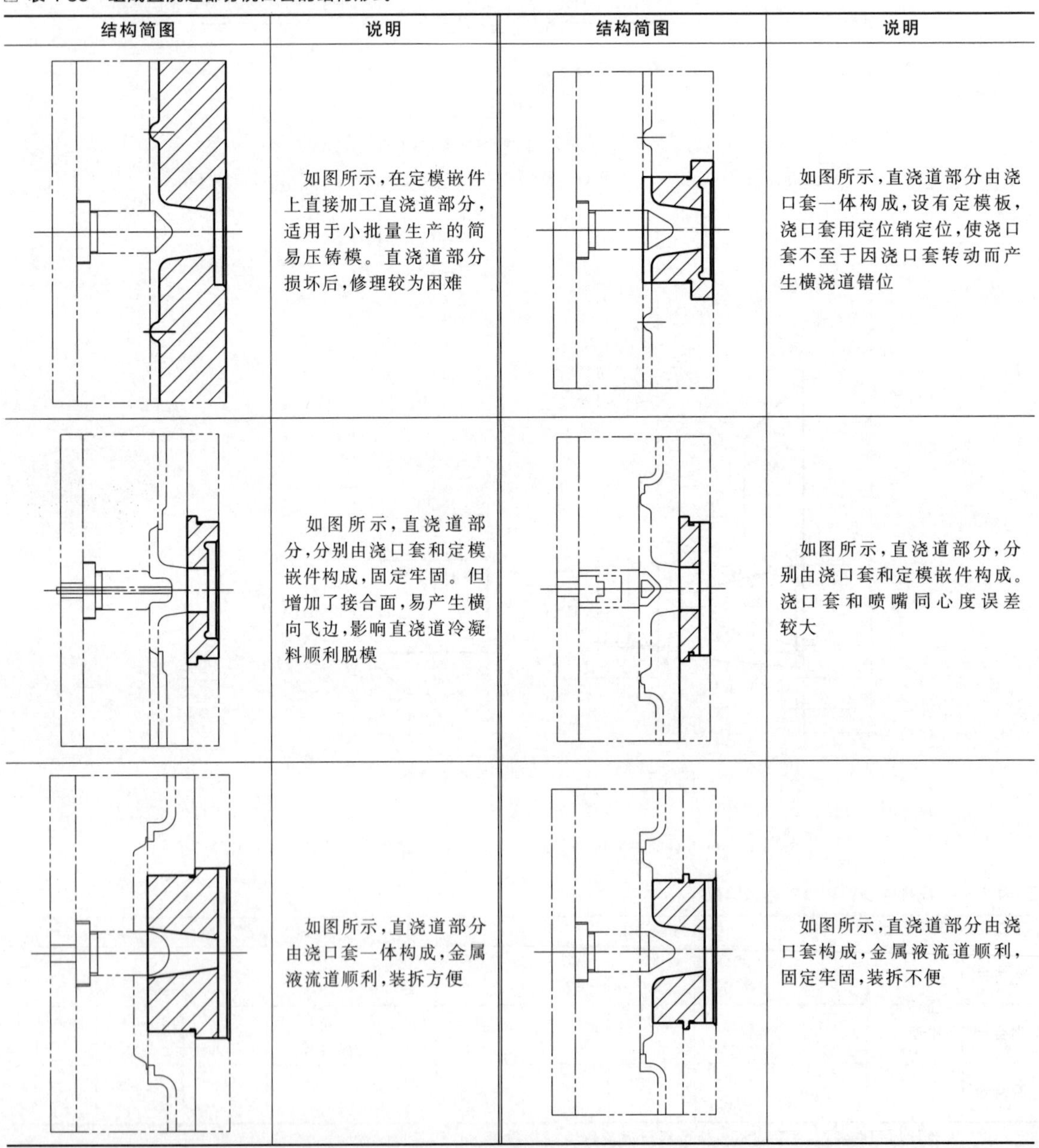

结构简图	说明	结构简图	说明
	如图所示，在定模嵌件上直接加工直浇道部分，适用于小批量生产的简易压铸模。直浇道部分损坏后，修理较为困难		如图所示，直浇道部分由浇口套一体构成，设有定模板，浇口套用定位销定位，使浇口套不至于因浇口套转动而产生横浇道错位
	如图所示，直浇道部分，分别由浇口套和定模嵌件构成，固定牢固。但增加了接合面，易产生横向飞边，影响直浇道冷凝料顺利脱模		如图所示，直浇道部分，分别由浇口套和定模嵌件构成。浇口套和喷嘴同心度误差较大
	如图所示，直浇道部分由浇口套一体构成，金属液流道顺利，装拆方便		如图所示，直浇道部分由浇口套构成，金属液流道顺利，固定牢固，装拆不便

（2）热压室压铸机直浇道的设计

热压室压铸机直浇道由压室、喷嘴和浇口套组成，如图 1-8 所示。

① 根据压铸件结构和质量等要求，选择压室、喷嘴和浇口套尺寸。

② 直浇道中心设有较长的分流锥，以调整直浇道的截面积，改变金属液的流向，减少金属消耗量。

③ 直浇道环形截面处内孔及侧壁之间厚度，小件一般取 2～3mm，中等压铸件一般取 3～5mm。

④ 直浇道单边斜度，根据直浇道不同长度，一般取 2°～6°，浇口套内孔粗糙度取 $Ra0.6$ 以上。

⑤ 为适应高效率热压室压铸件生产的需要，要求在浇口套喷嘴和分流锥内部布置冷却系统。

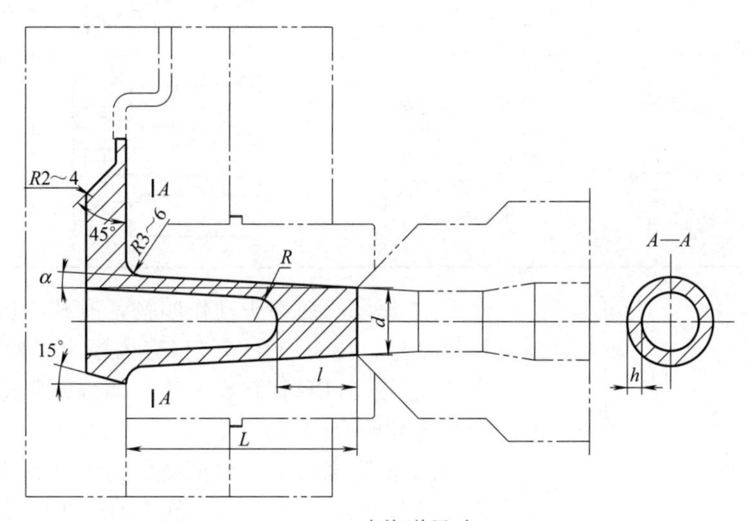

图 1-8　直浇道尺寸

（3）直浇道尺寸的选择（表 1-36）

表 1-36　直浇道尺寸的选择　　mm

名称	尺寸								
直浇道长度 L	40	45	50	55	60	65	70	75	80
直浇道小端直径 d	12				14				
脱模斜度 α	6°				4°				
环形通道壁厚 h	2.5～3.0				3.0～3.5				
浇道端面至分流锥顶端距离 l	10				12	17	22	27	32
分流锥端部圆角半径 R	4				5				
浇口直径	8				10				

（4）直浇道部分浇口套的结构形式（表 1-37）

（5）卧式冷压室压铸机直浇道的设计

直浇道一般由压室和浇口套组成，在直浇道上面一段统称余料，如图 1-9 所示。

1）直浇道设计要求

① 直浇道直径 D 根据压铸件所需比压来选定；

② 直浇道厚度 H 一般取直径 D 的 1/3～1/2；

⊡ 表 1-37　直浇道部分浇口套的结构形式

类型	结构简图	说明	类型	结构简图	说明
整体式浇口套		如图所示，浇口套整体制成，无接合面，金属液流动顺畅。同时采用压板固定，稳固可靠	套接式浇口套		如图所示，浇口套分为两段构成，调换方便，节省材料，但增加了接合面，易产生横向飞边，影响直浇道冷凝料顺利脱模
		如图所示，浇口套整体制成，采用压板固定，无定模板，装拆方便			如图所示，浇口套分为两段构成，并设置环形冷却槽，冷却面积大，冷却效率高，但结构较为复杂
		如图所示，浇口套整体制成，直接插入，靠喷嘴压紧，结构简单，装拆方便，但浇口套易松动			如图所示，浇口套分为两段构成，采用压板固定，便于调换

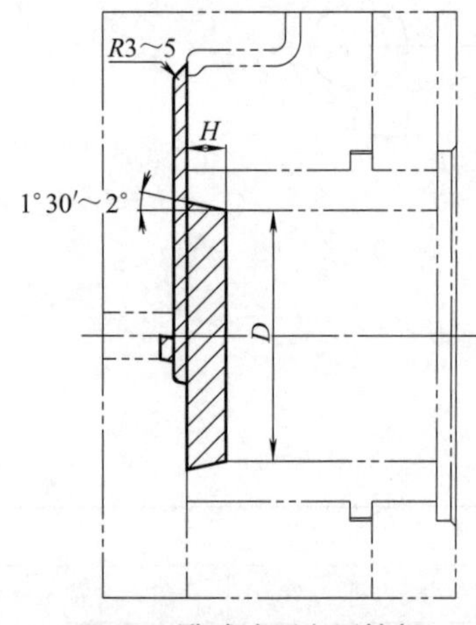

图 1-9　卧式冷压室压铸机直浇道的设计

③ 为了保证压射冲头动作顺畅，有利于压力的传递和金属液充填平稳，压室内径与浇口套内径应保持同轴度；

④ 压室与浇口套宜制成一体，如分开制造，应选择合理的配合精度和配合间隙；

⑤ 为了使直浇道冷凝料从浇口套中顺利脱模，可在靠近分型面一端长度为 15～25mm 范围的内孔处设有 1°30′～2°的脱模斜度；

⑥ 正确选择压室和压射冲头的配合间隙；

⑦ 与直浇道相连接横浇道一般设置在浇口套的上方，以防止金属液在压射前流入型腔；

⑧ 压室和浇口套的内孔应在热处理和精磨后，再在轴线方向进行研磨，其表面粗糙度不低于 $Ra0.6$。

2) 直浇道部分与浇口套的结构形式

直浇道部分与浇口套的结构形式如表 1-38 所示。

⊡ 表 1-38　直浇道部分与浇口套的结构形式

结构简图	说明	结构简图	说明
	接合面少，金属液流动顺畅，装拆方便，但易松动，压室同浇口套不同轴度偏差较大		接合面少，金属液流动顺畅，装拆方便，压室同浇口套不同轴度偏差较小，浇口套耗料较多

续表

结构简图	说明	结构简图	说明
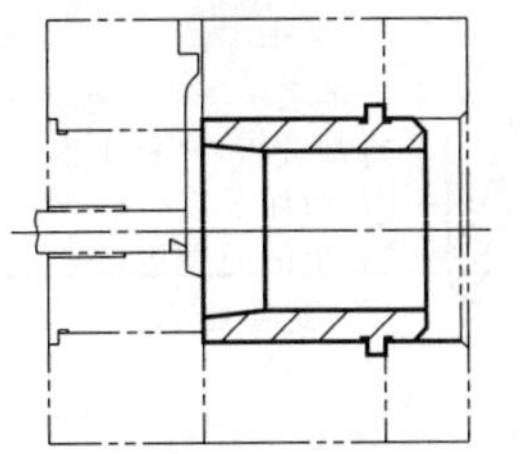	接合面少，金属液流动顺畅，装拆较为不方便	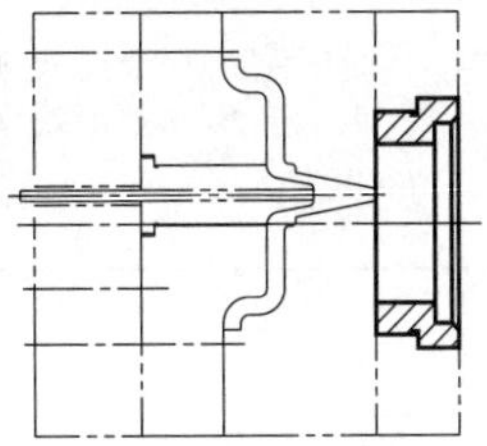	用于卧式冷压铸机采用中心浇口的浇口套
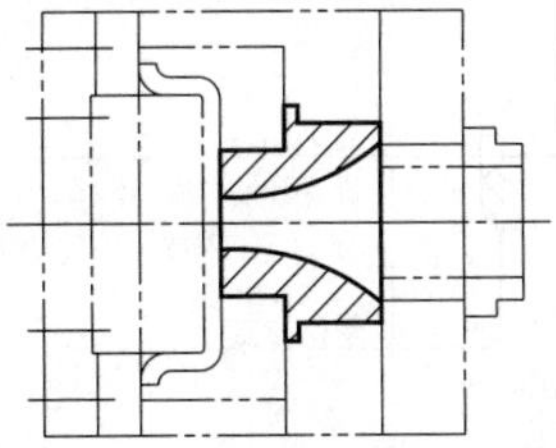	用于卧式冷压铸机采用通用压室时点浇口的浇口套		

1.4.5.3 横浇道设计

横浇道是直浇道的末端到内浇口前端的连接通道，其结构形式取决于压铸件的结构形状和轮廓尺寸、内浇口的位置、方向和流入口的宽度及型腔的分布情况。

1）横浇道设计时的注意事项

① 为防止产生裹气或液态合金流动不平稳，横浇道应制成平直状，而不应制成弯曲状或弧状。

② 为避免在横浇道内液态合金出现低压区域涡流现象，在长度方向上的截面积应保持均匀或缓慢过渡，不应有突然扩大和缩小。横截面积形状一般为梯形，如扁梯形、深梯形或双梯形，其两侧制成5°～15°的斜度，以便横浇道冷凝后脱模。

③ 对于扩张式的横浇道，其入口处与出口处截面积之比一般取1∶1.5。

④ 对于一模多型腔的压铸模，为了便于排出冷金属、氧化夹杂和气体，可将横浇道末端延伸，并在该处设置溢流槽。

⑤ 根据工艺要求，通过设置盲浇道，以调节压铸模的温度分布状况，如对薄壁件可借盲浇道的液态合金热量，提高其周围的温度，以利于薄壁的充满。

横浇道截面形状，如表1-39所示。一般以扁梯形为主，特殊情况下可采用其他五种类型截面。

表1-39 横浇道截面形状

类型	截面简图	说明	类型	截面简图	说明
扁梯形	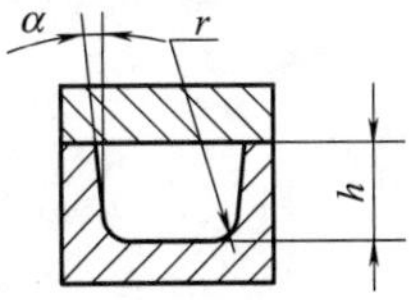 α r h	金属液热量失散少，加工方便，应用最广	双扁梯形	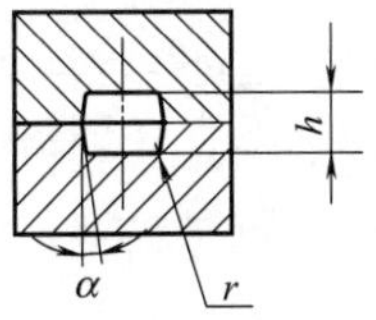 h α r	金属液热量失散更少，适用流程特别长的浇道
长梯形	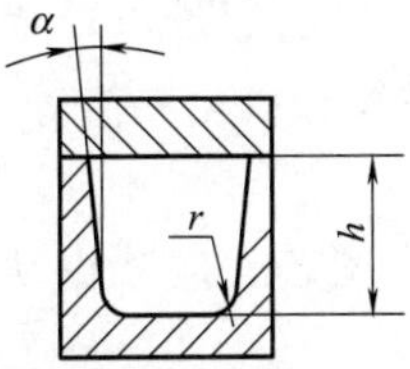 α r h	适用于浇道狭窄，压铸件流程长以及多型腔上分支流道	窄梯形	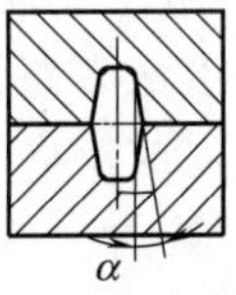 α	适用于隙浇口或浇道特别狭窄处

续表

类型	截面简图	说明	类型	截面简图	说明
圆形		加工不方便，金属液冷却缓慢，影响生产效率，很少采用	半圆形		加工不方便，金属液冷却较缓慢，很少采用

注：横浇道尺寸符号 h、d、r 和 α 见表 1-40。

2）横浇道尺寸的选择

横浇道尺寸的选择如表 1-40 所示。

表 1-40 横浇道尺寸的选择

截面形状	计算公式	说明
	如图所示， $b=3F_{内}/h$（一般） $b=(1.25\sim1.6)F_{内}/h$（最小） $h\geqslant(1.5\sim2)H_{平}$ $\alpha=15°$ $r=2\sim3$	b——横浇道长边尺寸，mm $F_{内}$——内浇口截面积，mm^2 h——横浇道厚度，mm $H_{平}$——压铸件平均壁厚，mm α——脱模斜度，(°) r——圆角半径，mm

1.4.5.4 内浇口的设计

内浇口是压铸模浇注系统进入模腔的最终段，内浇口设置的形式、尺寸、位置和方向会直接影响到压铸件的质量。

（1）内浇口的分类（表 1-41）

表 1-41 内浇口的分类

分类	按导入口位置	按导入口形状	按导入方向
类型	①顶浇口（压铸件顶部无孔） ②中心浇口（压铸件顶部有孔） ③侧浇口	①扁梯形 ②长梯形 ③环形 ④半环形 ⑤缝隙形（缝隙浇口） ⑥圆点形（点浇口） ⑦压边形	①切线 ②割线 ③径向 ④轴向

（2）内浇口设计要点

内浇口设计时，主要是确定内浇口的位置和方向，预计金属液充填时的流态，分析充填过程中有可能出现的死角区和裹气部位，以便布置适当的溢流和排气系统，在设计合理的直浇道和横浇道之后，便构成了完整的浇注系统。内浇口设计注意事项如下：

① 金属液进入型腔后不宜立即封闭分型面，造成排气不良。

② 从内浇口导入的金属液，应首先填充深型腔处难以排气的部位，再流向分型面，以达到较好的排气效果。

③ 除特大型压铸件、箱体及框架类和结构特殊的压铸件外，内浇口的数量以单浇道为主，以防止进入型腔后的金属液从多路汇合造成相互冲击，产生涡流、裹气和氧化夹渣等缺陷。宜从一端进入型腔，形成正向或反向顺序填充的流路。

④ 除低熔点合金外，从内浇口进入型腔的金属液，不宜正面冲击型芯，应减少动能损耗，以防被冲击的部位因受侵蚀而产生粘模现象。

⑤ 内浇口位置应选择填充型腔各部分时，应具有最短流程，防止金属液在填充过程中热量损失过多，造成压铸件花纹、冷隔或其他缺陷。

⑥ 对于薄壁复杂的压铸件，宜采用较薄的内浇口，以保持必要的填充速度，一般结构的压铸件以取较厚的内浇口为主，靠静压力有效地传递、填充平稳，有利于改善排气条件。

⑦ 内浇口的设置部位，有时布置在压铸件的热节处。在较厚的内浇口的配合下可提高补缩效果，对于分散的热节，通过在相应部位布置大容量的溢流槽来转移缩孔的部位。

⑧ 内浇口处热量较集中，温度较高，凡在型腔中带有螺纹的部位，不宜直接布置内浇口，以防螺纹被冲击而受侵蚀。

⑨ 根据压铸件的技术要求，凡精度、粗糙度要求较高且不再加工的部位，不宜布置内浇口，以防除去浇口冷凝料时造成影响。

⑩ 布置内浇口时应考虑压铸件切边或采用其他方法的可能性。

内浇口与横浇道和压铸件之间的连接方式，如表 1-42 所示。

表 1-42 内浇口与横浇道和压铸件之间的连接方式

简图	说明	简图	说明
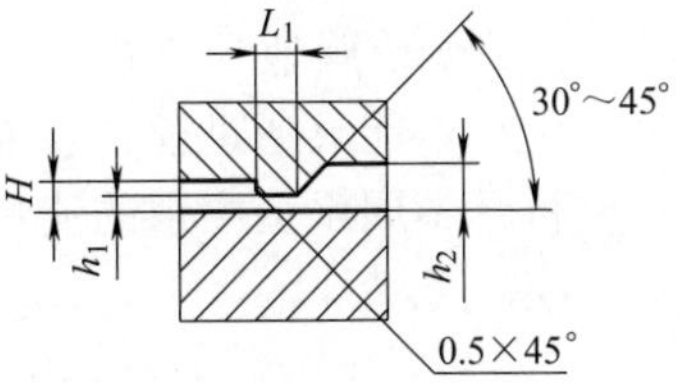	压铸件、内浇口与横浇道均设置在同一模面上	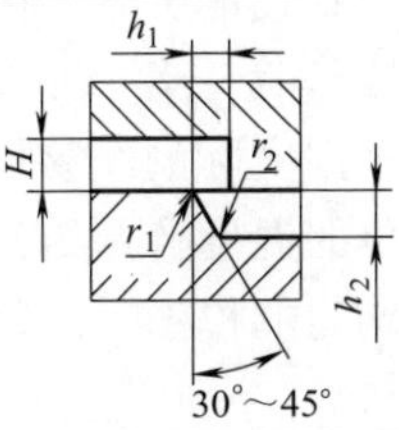	压铸件与横浇道分别设置在定模和动模上，内浇口在结合处
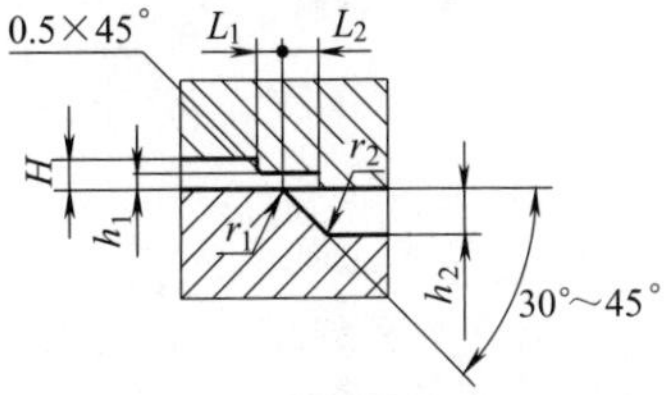	压铸件、内浇口与横浇道分别设置在定模和动模上	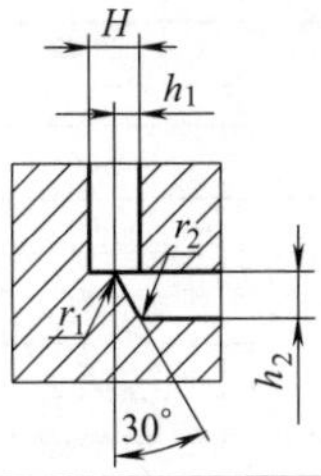	金属液从压铸件底部端面导入，适用于深型腔压铸件
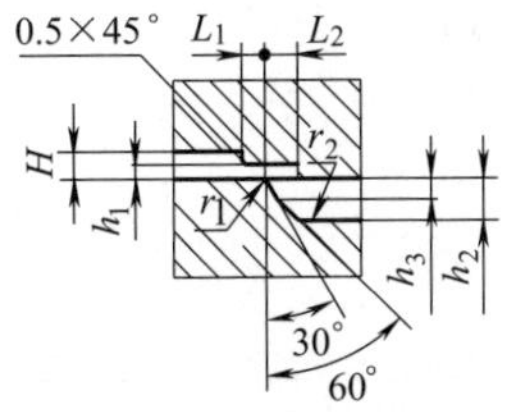	压铸件、内浇口与横浇道分别设置在定模和动模上，适用于薄壁压铸件	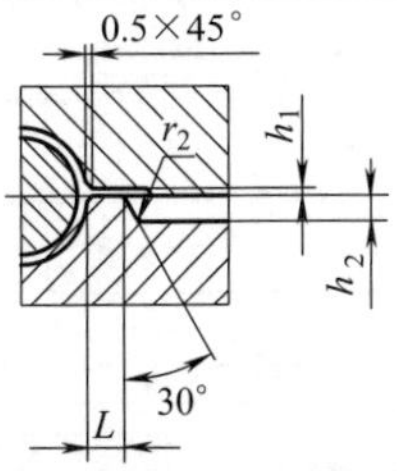	内浇口与横浇道将金属液从切线方向导入型腔，适用于管状压铸件

注：1. 表中，L_1 为内浇口长度，mm；L_2 为内浇口延伸段长度，mm；h_1 为内浇口厚度，mm；h_2 为横浇道厚度，mm；h_3 为横浇道过渡段厚度，mm；r_1 为横浇道倾斜段圆角半径，mm；r_2 为横浇道出口段与内浇口相连接处的圆角半径，mm；H 为压铸件壁厚，mm。

2. 各数据之间的关系如下：

$L_2=3L_1$；$h_2>2h$；$h_3>2L_1$；$r_1=h_1$；$r_2=h_2/2$；$L_1+L_2=8\sim10$（mm）（L_1 一般取 2～3mm）。

1.4.5.5 溢流槽和排气槽的设计

溢流槽、排气槽和浇注系统，在整个型腔填充过程中是一个不可分割的整体。为了提高压铸件质量，消除某些缺陷，经常采用设置溢流槽和排气槽作为重要措施之一。其效果往往与溢流槽和排气槽在型腔周围或局部区域的合理布局、位置和数量的分配、尺寸和容量大小及结构形式有着密切的关系。

① 溢流槽。设置溢流槽除了可作为接纳型腔中气体、气体夹杂物及冷污合金外，还可以起着调

节局部型腔温度、改善填充条件及必要时作为工艺搭子顶出压铸件之用。溢流槽通常设置在液体合金最先冲击或最后填充的部位，或在两股或多股合金液交汇、易裹入气体或产生涡流的部位，以及压铸件局部过厚或过薄的部位，通常还设置在分型面上、型腔内防止金属液倒流的位置。

② 排气槽。一般与溢流槽配合，布置在溢流槽后端，以加强溢流和排气效果。在有些情况下可在型腔的必要部位单独布置排气槽。排气槽设置位置主要是在模具气体集中的部位及液态合金最后填充或难以填充的部位。一般布置在分型面上，或利用型芯或推杆间隙布置排气槽。

1.4.5.6 压铸模冷却系统的设计

压铸件在压铸成型的过程中，开始压铸时模具是冷的状态，由于受到模具型腔中合金液温度传热的影响，模温逐渐升高。压铸成型的材料不同，模具要求的温度也不同。为了获得良好的压铸件质量，应该尽量使模具在工作过程中维持适当和均匀的温度。所以在模具设计时必须考虑设置冷却装置来调节模具温度。当料温使模温超过压铸件成型要求时，则应考虑增设冷却装置。模具设置冷却装置的目的，一是防止压铸件脱模变形；二是缩短成型周期；三是使金属合金不出现过热现象。冷却一般是在型腔和型芯的部位设置通冷却水的水路，并通过调节冷却水的流量及流速来控制模温。冷却水一般为室温，也有采用低温水来加强冷却效率的方法。冷却系统的设计对压铸件质量与成型效率有着直接的关系。由于模具的温度是时间的函数，其在工作的过程中呈周期性变化；又由于压铸是断续性工作，而影响模具温度的因素较多，故无须精确地计算模具温度，一般可根据具体情况采用实际的经验加以处理。最近开发的智能压铸模，能够通过模具各部位的传感器，将模具各部位的温度传递给计算机，再由计算机自动控制模具不同水道中水的流量和流速，从而获得稳定和均匀的模温。冷却水道的布置方式如表 1-43 所示。

⊡ 表 1-43 冷却水道的布置方式

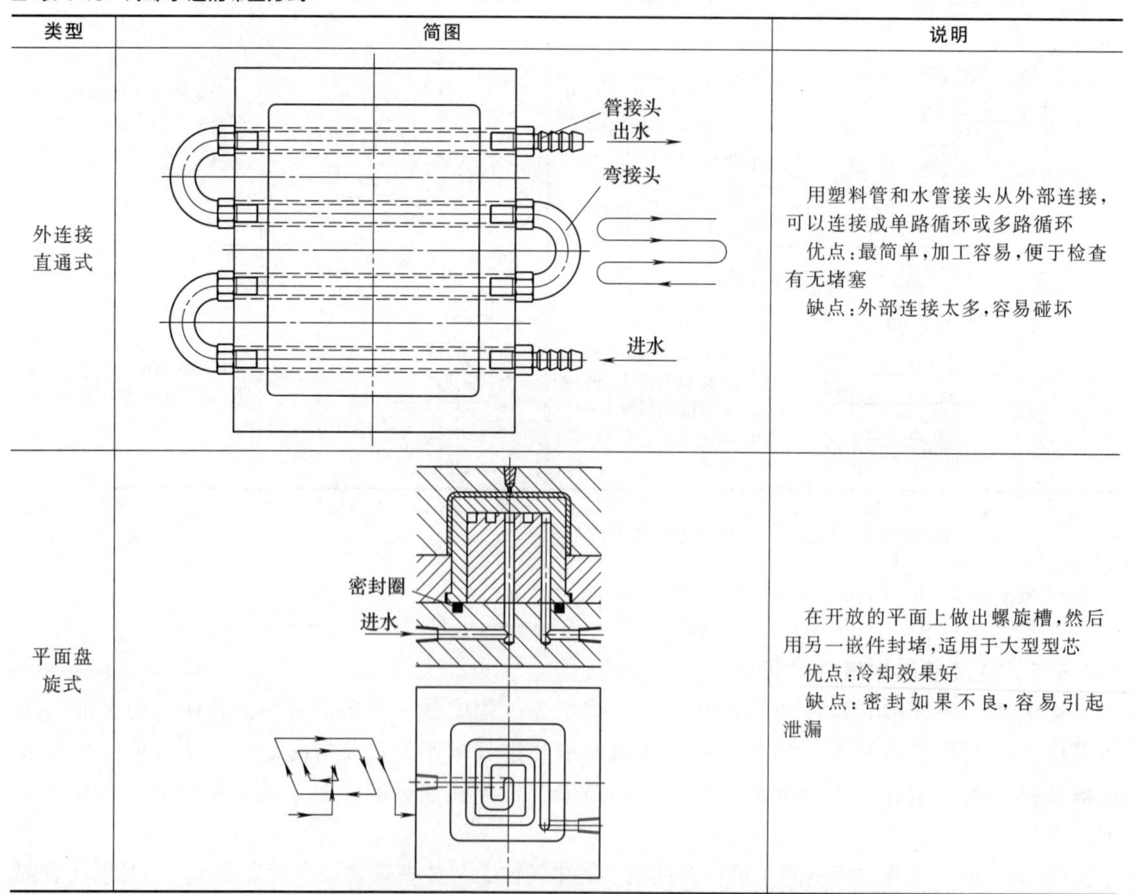

类型	简图	说明
外连接直通式		用塑料管和水管接头从外部连接，可以连接成单路循环或多路循环 优点：最简单，加工容易，便于检查有无堵塞 缺点：外部连接太多，容易碰坏
平面盘旋式		在开放的平面上做出螺旋槽，然后用另一嵌件封堵，适用于大型型芯 优点：冷却效果好 缺点：密封如果不良，容易引起泄漏

续表

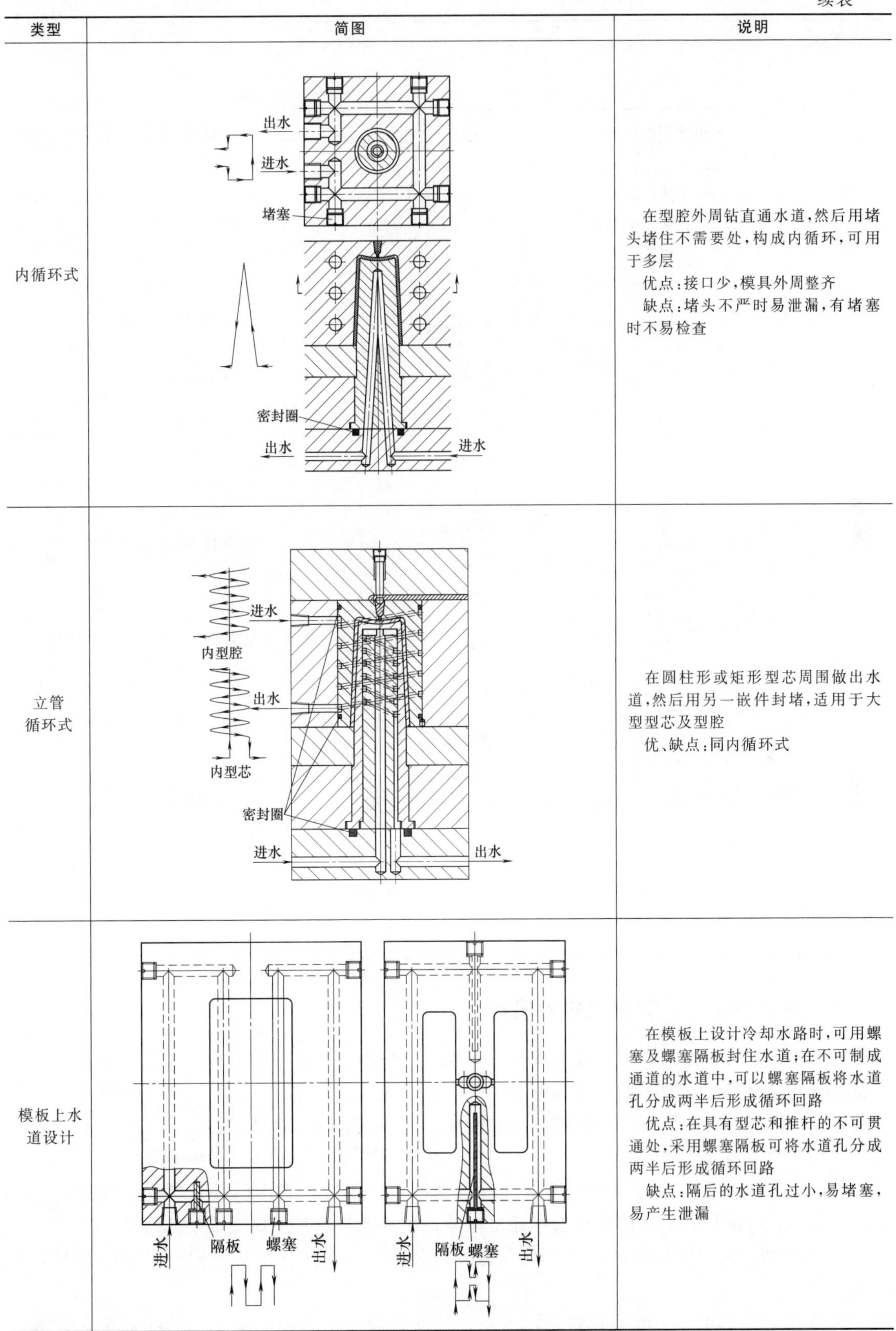

类型	简图	说明
内循环式		在型腔外周钻直通水道，然后用堵头堵住不需要处，构成内循环，可用于多层 优点：接口少，模具外周整齐 缺点：堵头不严时易泄漏，有堵塞时不易检查
立管循环式		在圆柱形或矩形型芯周围做出水道，然后用另一嵌件封堵，适用于大型型芯及型腔 优、缺点：同内循环式
模板上水道设计		在模板上设计冷却水路时，可用螺塞及螺塞隔板封住水道；在不可制成通道的水道中，可以螺塞隔板将水道孔分成两半后形成循环回路 优点：在具有型芯和推杆的不可贯通处，采用螺塞隔板可将水道孔分成两半后形成循环回路 缺点：隔后的水道孔过小，易堵塞，易产生泄漏

续表

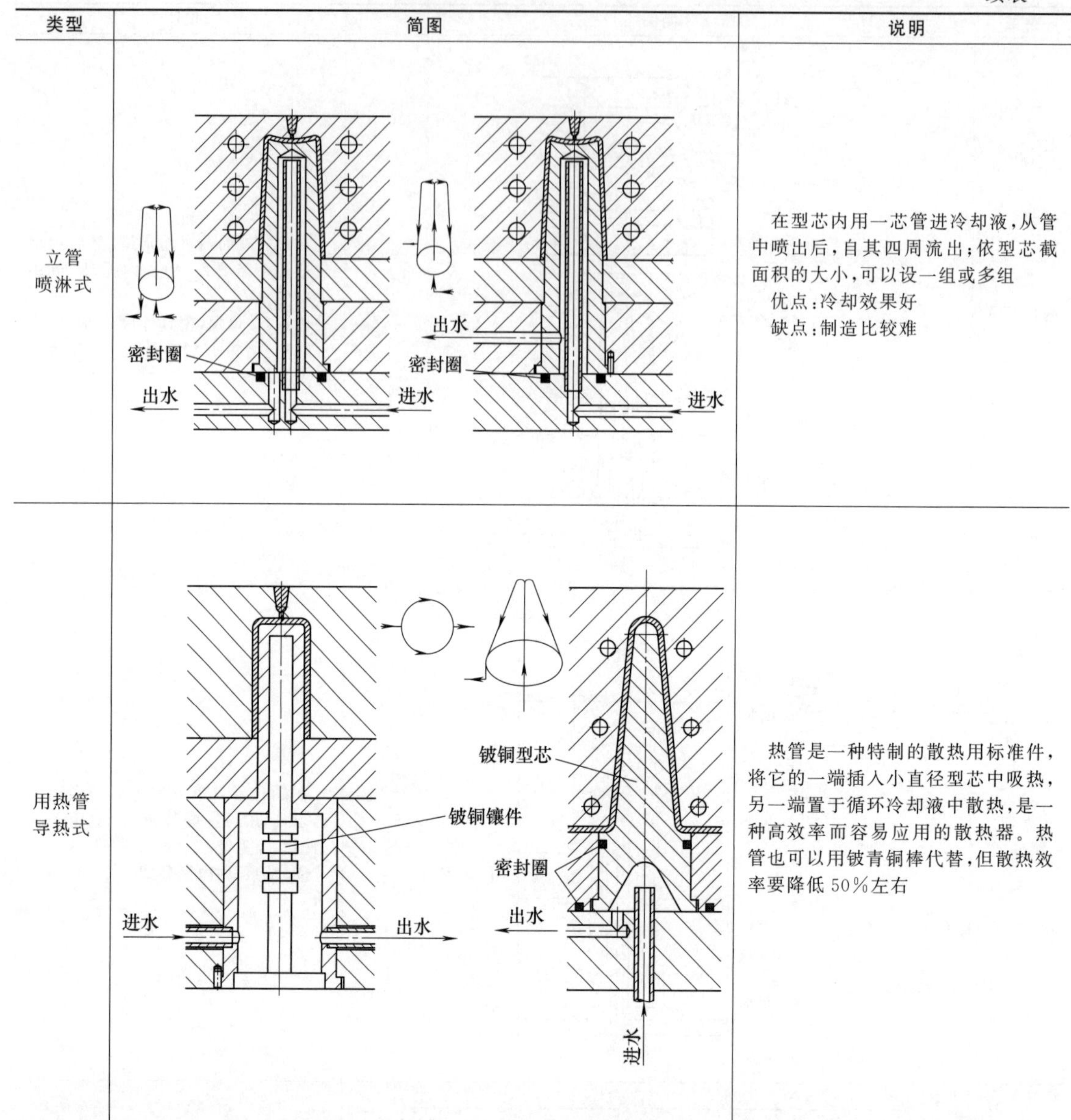

类型	简图	说明
立管喷淋式		在型芯内用一芯管进冷却液，从管中喷出后，自其四周流出；依型芯截面积的大小，可以设一组或多组 优点：冷却效果好 缺点：制造比较难
用热管导热式		热管是一种特制的散热用标准件，将它的一端插入小直径型芯中吸热，另一端置于循环冷却液中散热，是一种高效率而容易应用的散热器。热管也可以用铍青铜棒代替，但散热效率要降低50%左右

1.4.6 压铸模抽芯、脱模机构的设计

压铸件的沿周侧面会因为功能上的需要，设计各种形状和方向的通孔、沉孔或螺孔。压铸件成型时，能够移动的型芯插入模具的型腔中，可以成型这些通孔、沉孔或螺孔；型芯退出模具的型腔，便可以实现压铸件的脱模，这种能够移动的型芯称为抽芯机构。

(1) 抽芯机构的设计要点

① 型芯尽量设置在与分型面相垂直的动（定或中）模内，利用模具开启运动或脱模运动抽出型芯，利用模具闭合运动实现型芯复位运动，尽可能避免采用庞大的抽芯机构。

② 机械抽芯机构借助模具开启的动力完成抽芯动作，为简化模具结构要求尽可能少采用定模抽芯。

③ 在活动型芯上，一般不宜喷刷涂料，在较细长的活动型芯位置上，尽可能避免受到金

属液的直接冲击，以免产生弯曲变形影响抽芯。

④ 存在交叉抽芯运动机构，需要避免运动干涉的发生。

(2) 压铸模抽芯机构的组成

抽芯机构一般由下列几部分组成，如图 1-10 所示。

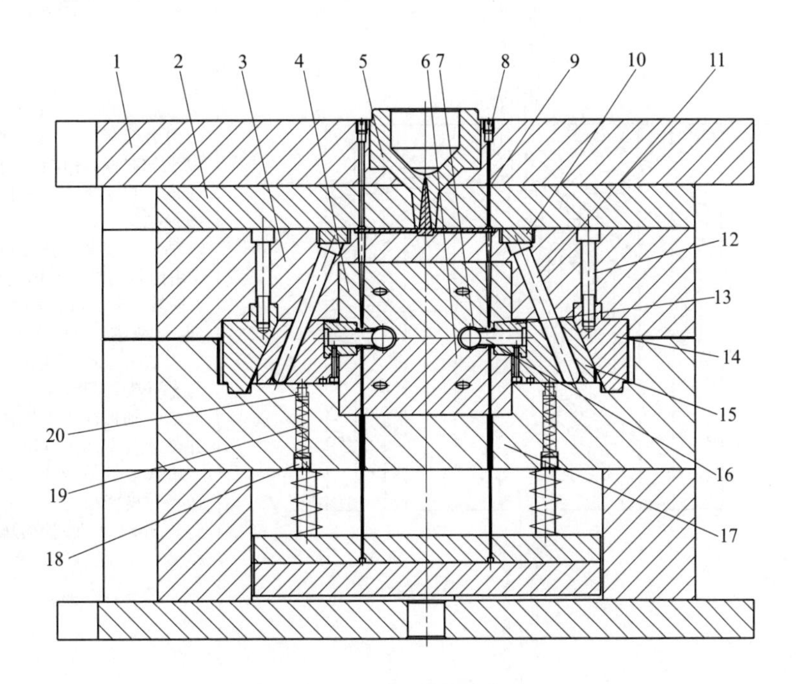

图 1-10 压铸模抽芯机构的组成

1—定模垫板；2—定模板；3—中模板；4—中模嵌件；5—浇口套；6—动模嵌件；7—通管；8,18—螺塞；9—拉料杆；10—垫块；11—斜导柱；12—内六角螺钉；13—型芯安装块；14—楔紧块；15—滑块；16—型芯；17—动模板；19—弹簧；20—限位销

① 成型元件。成型压铸件侧向型孔、凹凸表面或曲面，如型芯 16 和型块等。

② 运动元件。连接并带动型芯或型块，并在动模板 17 或中模板 3 的导滑槽内滑动的元件，如滑块 15、斜滑块和斜推杆等。

③ 传动元件。带动运动元件作抽芯和复位运动的元件，如斜导柱 11、弯销、齿轮和齿条及液压油缸等。

④ 锁紧元件。闭模后压紧运动元件的元件，可以防止压铸加工时受到反压力而产生位移，如锁紧块、楔紧块 14 等。

⑤ 限位元件。使得运动元件在模具开启后，将运动元件限制在要求停留的位置上，确保模具闭合时传动元件工作顺利，如限位块、限位销 20 等。

1.4.6.1 常用的压铸模机动抽芯机构结构类型

① 常用的压铸模机动抽芯机构结构类型如表 1-44 所示。

② 液压抽芯机构如图 1-11 所示，特别适用于压铸件具有多个型孔、需要按时间前后顺序进行抽芯动作要求的压铸模。液压缸 6 通过支架 7 固定于动模板 8 上，液压缸 6 的活塞杆通过连接器 5 与拉杆 4 相连，拉杆 4 又与型芯 2 连接。开模状态时，锁紧块 3 离开型芯 2，此时借助液压缸 6 中活塞的往复运动，使得型芯 2 进行抽芯或复位运动。合模后，锁紧块 3 进入型芯 2 凹槽内，对型芯 2 进行限位锁紧。

⊡ 表 1-44　常用的压铸模机动抽芯机构结构类型

类型	简图	说明
液压及气动抽芯机构	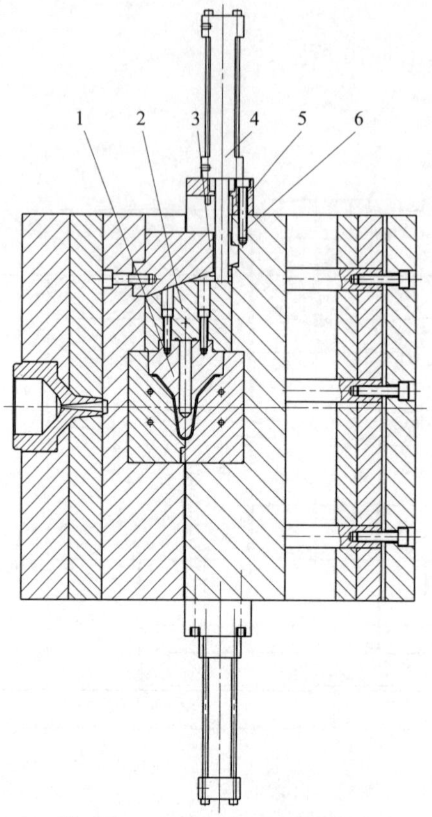 1—锥型芯；2—滑块；3—楔紧块；4—油缸；5—连接板；6—内六角螺钉	只有当模具抽芯距离行程大于45mm以上的时候，才应该选择油缸抽芯。抽芯距离行程小于45mm的斜孔，则可以采用斜导柱滑块或弯销滑块抽芯机构 油缸4安装在连接板5的孔中，连接板5用内六角螺钉6固定在动模板上。油缸4轴端头的螺纹与滑块2的螺孔连接在一起，锥型芯1以内六角螺钉相连 当油缸4尾部注入液压油时，推动活塞与轴并带动锥型芯1可做复位运动。当油缸4轴部注入液压油时，推动活塞与轴并带动锥型芯1可做抽芯运动 滑块2在由两块导向板组成的滑槽中运动。楔紧块的斜面抵紧滑块2的斜面，防止滑块2在压铸力和保压力作用下移动
弯销滑块抽芯机构	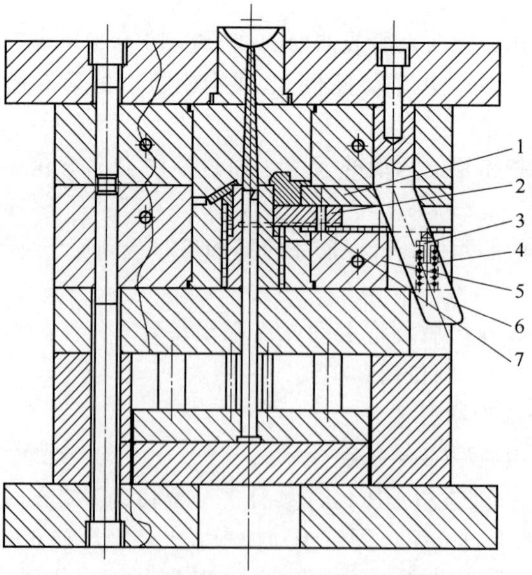 1—滑块；2—型芯；3—限位销；4—弹簧；5—动模板；6—弯销；7—圆柱销	闭模时，滑块1通过圆柱销7与型芯2相连。弯销6插入滑块1的斜孔中，使得滑块1和型芯2向着型腔方向移动，并利用弯销6的斜面楔紧滑块1，可以完成金属合金液对型芯2的型孔成型。开模时，弯销6的斜面作用到滑块1的斜面上，使滑块1产生后退的抽芯运动，直至弯销6完全退出滑块1的斜孔。为了防止滑块1在惯性的作用下滑出模具滑槽，限位销3在弹簧4的作用下进入滑块1的球形凹窝之中限制了滑块1的移动

续表

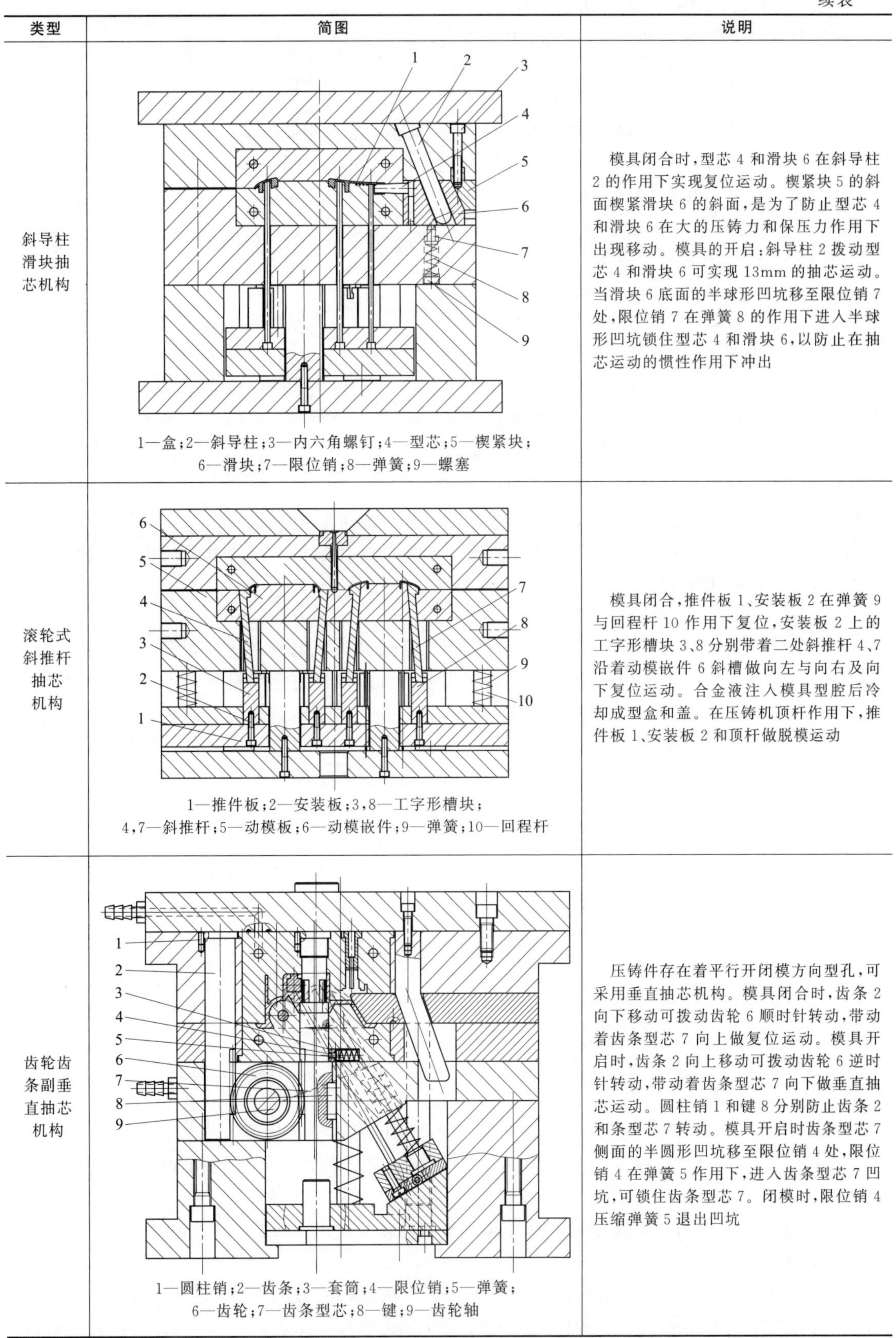

类型	简图	说明
斜导柱滑块抽芯机构	1—盒；2—斜导柱；3—内六角螺钉；4—型芯；5—楔紧块；6—滑块；7—限位销；8—弹簧；9—螺塞	模具闭合时，型芯 4 和滑块 6 在斜导柱 2 的作用下实现复位运动。楔紧块 5 的斜面楔紧滑块 6 的斜面，是为了防止型芯 4 和滑块 6 在大的压铸力和保压力作用下出现移动。模具的开启：斜导柱 2 拨动型芯 4 和滑块 6 可实现 13mm 的抽芯运动。当滑块 6 底面的半球形凹坑移至限位销 7 处，限位销 7 在弹簧 8 的作用下进入半球形凹坑锁住型芯 4 和滑块 6，以防止在抽芯运动的惯性作用下冲出
滚轮式斜推杆抽芯机构	1—推件板；2—安装板；3,8—工字形槽块；4,7—斜推杆；5—动模板；6—动模嵌件；9—弹簧；10—回程杆	模具闭合，推件板 1、安装板 2 在弹簧 9 与回程杆 10 作用下复位，安装板 2 上的工字形槽块 3、8 分别带着二处斜推杆 4、7 沿着动模嵌件 6 斜槽做向左与向右及向下复位运动。合金液注入模具型腔后冷却成型盒和盖。在压铸机顶杆作用下，推件板 1、安装板 2 和顶杆做脱模运动
齿轮齿条副垂直抽芯机构	1—圆柱销；2—齿条；3—套筒；4—限位销；5—弹簧；6—齿轮；7—齿条型芯；8—键；9—齿轮轴	压铸件存在着平行开闭模方向型孔，可采用垂直抽芯机构。模具闭合时，齿条 2 向下移动可拨动齿轮 6 顺时针转动，带动着齿条型芯 7 向上做复位运动。模具开启时，齿条 2 向上移动可拨动齿轮 6 逆时针转动，带动着齿条型芯 7 向下做垂直抽芯运动。圆柱销 1 和键 8 分别防止齿条 2 和条型芯 7 转动。模具开启时齿条型芯 7 侧面的半圆形凹坑移至限位销 4 处，限位销 4 在弹簧 5 作用下，进入齿条型芯 7 凹坑，可锁住齿条型芯 7。闭模时，限位销 4 压缩弹簧 5 退出凹坑

1.4.6.2 脱模、脱浇口和复位机构的设计

压铸件脱模机构也是压铸模中一种十分重要的机构。压铸件脱模机构的结构形式需要根据压铸件的形状、大小、壁厚、精度和外观要求来确定。由于压铸机活动模板一侧装有压铸件脱模顶出机构，在定模型腔已打开和已完成压铸件型孔抽芯的前提下，其作用是将已经成型的冷硬压铸件顶出动模型腔或型芯。由于压铸件的热胀冷缩，冷硬的压铸件会紧紧地包裹在动、定模的型芯上。一般情况下是要求将压铸件滞留在动模型腔中或型芯上，这样便需要脱模机构将具有较大脱模力的压铸件顶出动模型腔或型芯。为了使压铸件更容易脱模和省力，同时也是为了压铸件不被顶出裂纹和变形，一般要求动、定模型腔与型芯都做成具有一定的斜度，即做成具有脱模斜度的型面和型腔。螺纹压铸件的脱模，则需要有相应的螺纹脱模机构。合金液在填充模具型腔之前，先要填充模具的浇道和浇口，熔体冷硬之后的浇注系统的冷凝料也需要清除掉，才能进行下一次的压铸成型。浇道和浇口中的冷凝料，是由浇口脱料机构顶出的方法来清除。

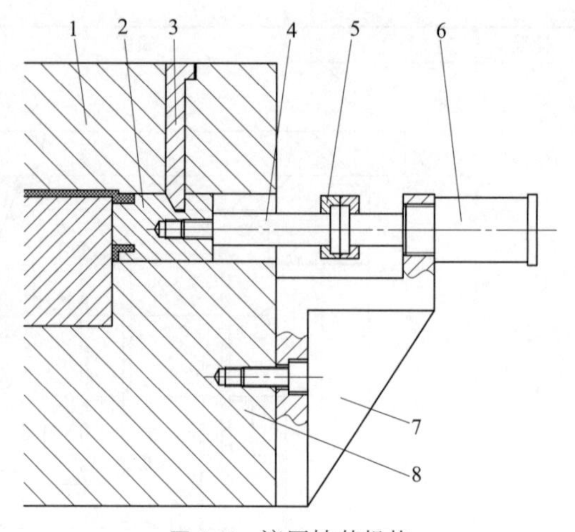

图 1-11 液压抽芯机构

1—定模板；2—型芯；3—锁紧块；4—拉杆；5—连接器；6—液压缸；7—支架；8—动模板

（1）脱模机构的设计

压铸件成型后的脱模过程，是动模随着压铸机活动模板后退到一定的距离，开始由压铸机的脱模机构推动着模具的推板与推杆固定的推垫板，再由推杆将压铸件从动模型腔中或型芯上顶出。通常情况下，顶出压铸件的动作是在动模上完成。由于压铸机的固定模板一侧未设置顶出机构，只有在特殊情况下，才可以在定模上设置脱模机构，以实现压铸件的定模顶出。还有在动、定模上都设置有脱模机构，将压铸件分别从动、定模上脱模的形式。

1）脱模机构的选用原则

① 在设计脱模机构时，必须根据压铸件的几何形状、压铸件的外观特性、压铸件的壁厚、压铸件的变形和压铸机顶出机构的结构等情况，采用不同形式的脱模机构；压铸件脱模时只允许略有弹性变形，而不能产生压铸件的永久变形，更不能使压铸件出现裂纹；

② 推力的分布应依脱模阻力的大小合理安排，分布应均匀，推力面尽可能大，并且要靠近型芯；

③ 推力应设在压铸件承力较大的位置，如加强筋、凸缘、壳体壁厚处和有金属嵌件部位的附近以及有深孔、深槽的部位附近；

④ 推杆的受力不可太大，以免造成压铸件局部被顶，产生裂纹，并且推杆的痕迹尽量不要损伤压铸件的外观；

⑤ 推杆应具有足够的强度和刚度，做顶出动作时推杆不能产生弹性变形；

⑥ 脱模机构的运动应保证灵活、可靠、不发生错误的动作，脱模机构制造应方便，配换容易；

⑦ 脱模运动不能与其他运动形式产生运动干涉。

2）常用脱模结构

压铸件脱模机构和脱螺纹机构的结构种类很多，从机构脱模的形式可分为手动脱模、机械脱模、气动脱模和液压脱模；从脱模机构的结构可分为推杆顶出机构、推管顶出机构、斜推杆

顶出机构、脱件板顶出机构和二次顶出机构等。脱螺纹机构有：手动脱螺纹装置，齿条齿轮脱螺纹机构，液压传动齿轮齿条脱螺纹机构，螺旋杆、齿轮脱螺纹机构，链轮传动脱螺纹机构和推杆、螺旋杆脱螺纹机构等。压铸模常用脱模结构如表 1-45 所示。

表 1-45 压铸模常用脱模结构

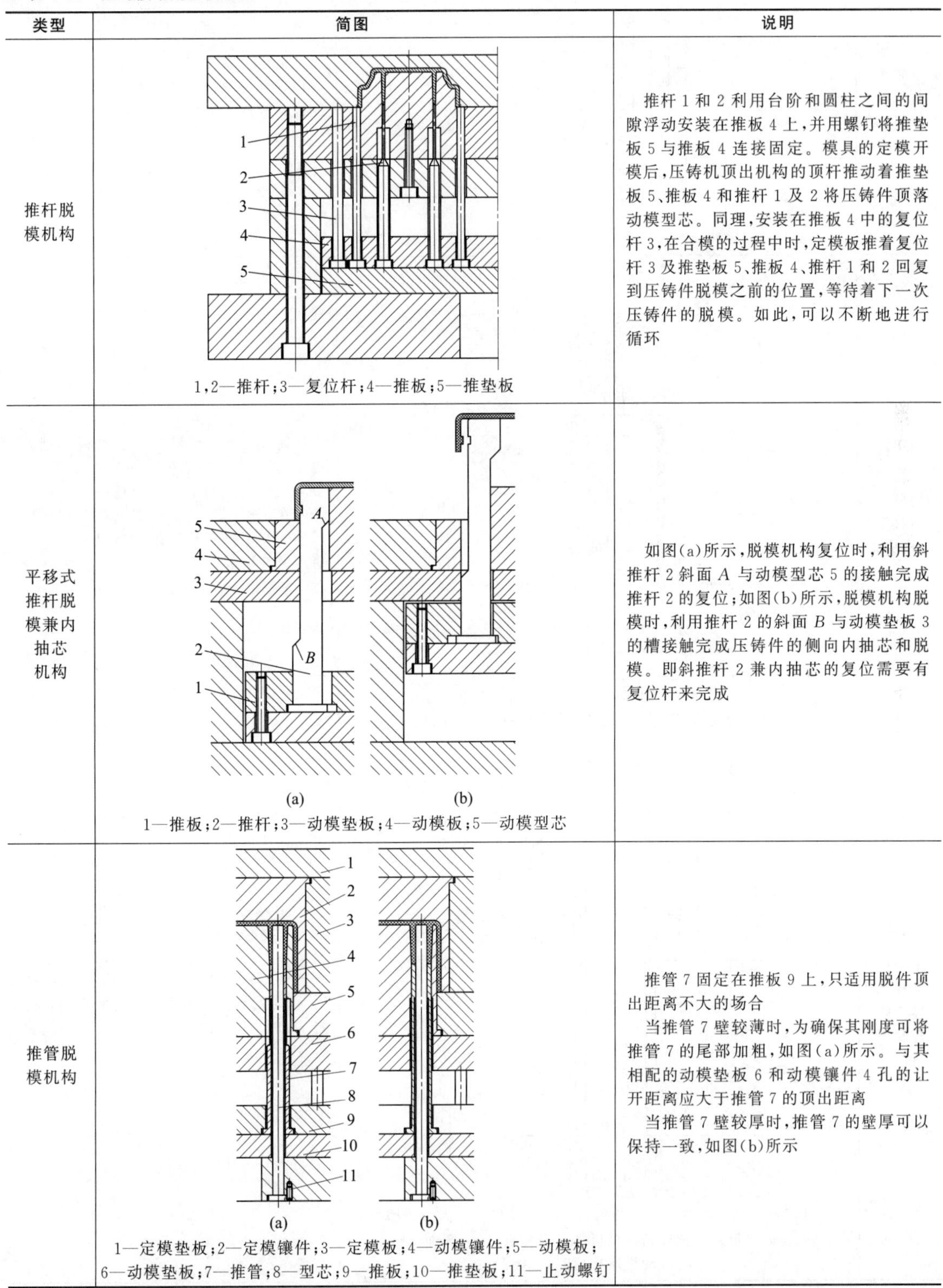

类型	简图	说明
推杆脱模机构	1,2—推杆；3—复位杆；4—推板；5—推垫板	推杆 1 和 2 利用台阶和圆柱之间的间隙浮动安装在推板 4 上，并用螺钉将推垫板 5 与推板 4 连接固定。模具的定模开模后，压铸机顶出机构的顶杆推动着推垫板 5、推板 4 和推杆 1 及 2 将压铸件顶落动模型芯。同理，安装在推板 4 中的复位杆 3，在合模的过程中时，定模板推着复位杆 3 及推垫板 5、推板 4、推杆 1 和 2 回复到压铸件脱模之前的位置，等待着下一次压铸件的脱模。如此，可以不断地进行循环
平移式推杆脱模兼内抽芯机构	(a) (b) 1—推板；2—推杆；3—动模垫板；4—动模板；5—动模型芯	如图(a)所示，脱模机构复位时，利用斜推杆 2 斜面 A 与动模型芯 5 的接触完成推杆 2 的复位；如图(b)所示，脱模机构脱模时，利用推杆 2 的斜面 B 与动模垫板 3 的槽接触完成压铸件的侧向内抽芯和脱模。即斜推杆 2 兼内抽芯的复位需要有复位杆来完成
推管脱模机构	(a) (b) 1—定模垫板；2—定模镶件；3—定模板；4—动模镶件；5—动模板；6—动模垫板；7—推管；8—型芯；9—推板；10—推垫板；11—止动螺钉	推管 7 固定在推板 9 上，只适用脱件顶出距离不大的场合 当推管 7 壁较薄时，为确保其刚度可将推管 7 的尾部加粗，如图(a)所示。与其相配的动模垫板 6 和动模镶件 4 孔的让开距离应大于推管 7 的顶出距离 当推管 7 壁较厚时，推管 7 的壁厚可以保持一致，如图(b)所示

类型	简图	说明
动模脱件板平行式脱模机构	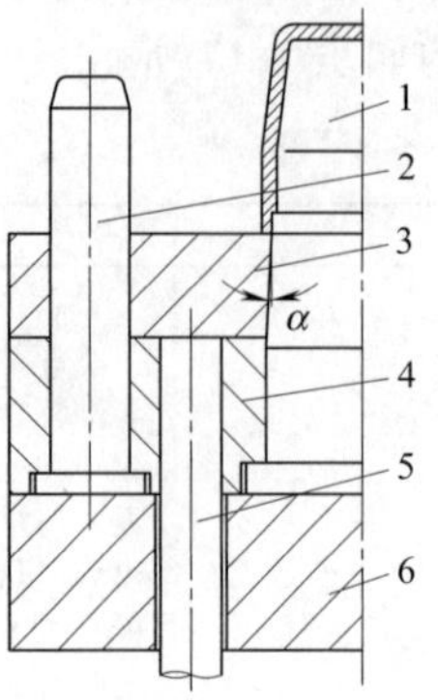 1—型芯；2—导柱；3—脱件板；4—动模板；5—推杆；6—动模垫板	压铸件由脱件板3和推杆5顶出，顶出时以导柱2导向。脱件板3与型芯1之间应为锥面无隙配合，$\alpha=3°\sim5°$
压铸件定模和动模气动脱模机构	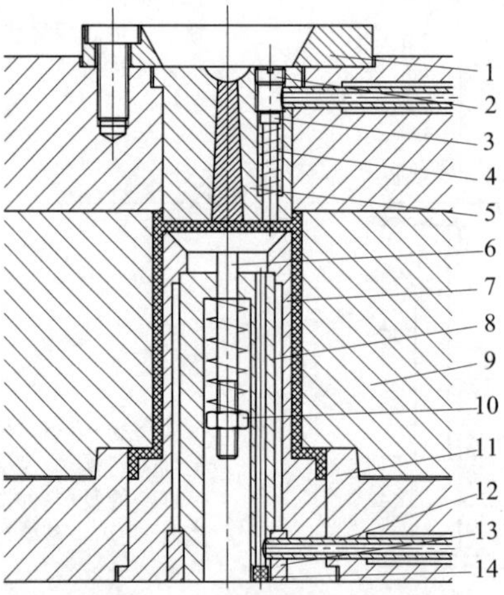 1—定位圈；2—螺塞；3，6—气动推杆；4—弹簧；5—浇口套；7—动模镶件；8—型芯；9—定模板；10—六角螺母；11—动模板；12—通气管；13—嵌件；14—密封垫	压铸件可能时而滞留在定模板9型腔之中，时而滞留在动模镶件7之上；同时，要求压铸件表面上不留脱模痕迹。可以同时在定模和动模上分别设置气动顶出机构。利用压缩空气推动气动推杆3、6将压铸件顶落
压铸件推杆和推管联合脱模机构	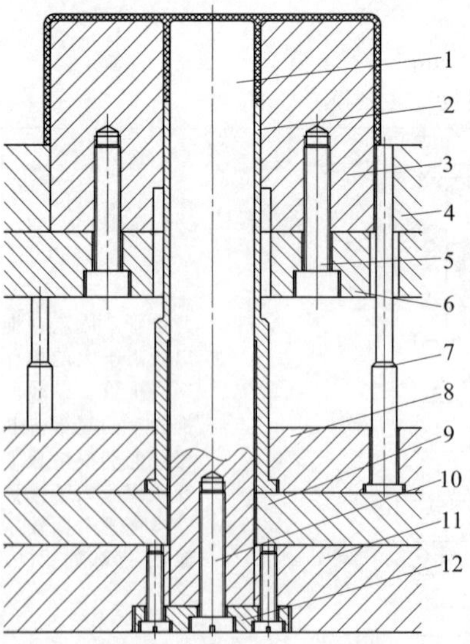 1—动模型芯；2—推管；3—动模镶件；4—动模板；5—内六角螺钉；6—动模垫板；7—推杆；8—推板；9—安装板；10—圆柱螺钉；11—动模座板；12—垫板	当压铸件型腔较深，内型有管状结构时，可采取推杆和推管联合脱出机构。推杆7和推管2可同时将压铸件从动模镶件3上顶出

类型	简图	说明
压铸件推杆螺旋脱模机构	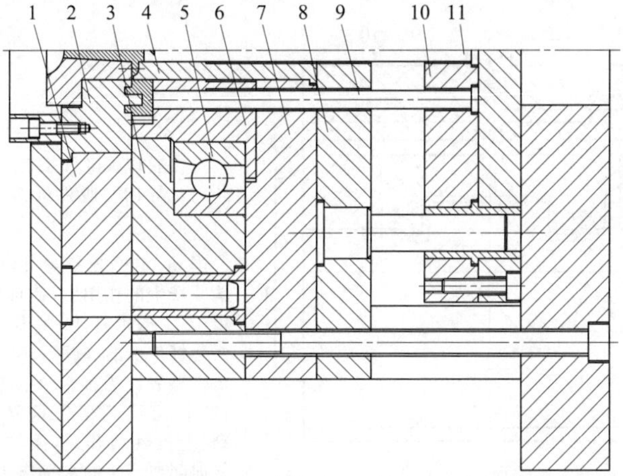 1—定模板；2—定模镶件；3—动模板；4—型芯；5—推力球轴承；6—动模镶件；7—动模垫板；8—垫板；9—推杆；10—导柱；11—拉料杆	开模后，推杆9推动斜齿齿轮，使动模镶件6与推力球轴承5产生转动；同时，使斜齿齿轮产生直线方向的移动。两项运动合成为螺旋运动，从而使得斜齿齿轮顺利地脱模
压铸件弹开式二次脱模机构	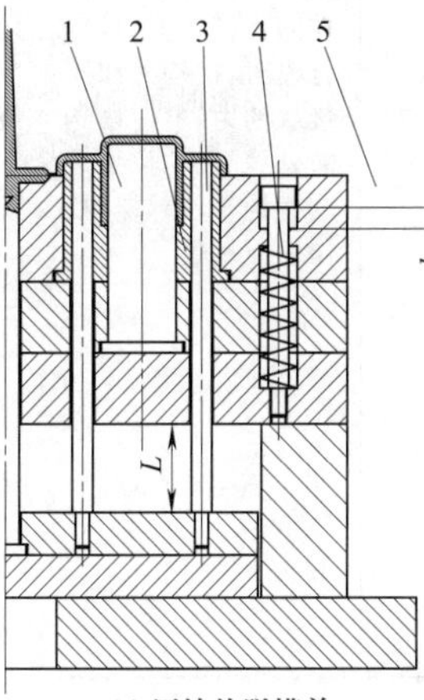 (a) 压铸件脱模前 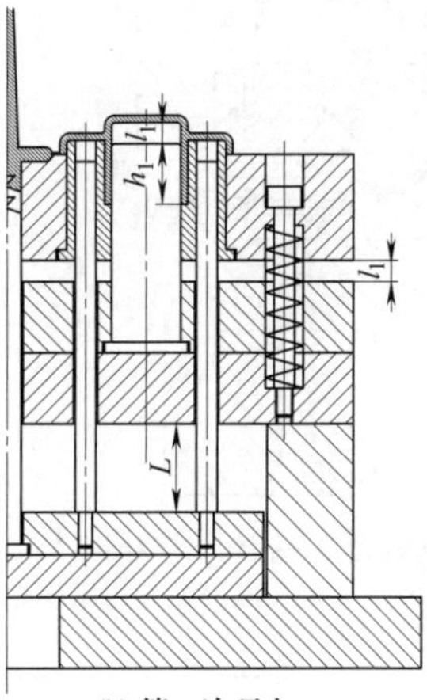 (b) 第一次顶出 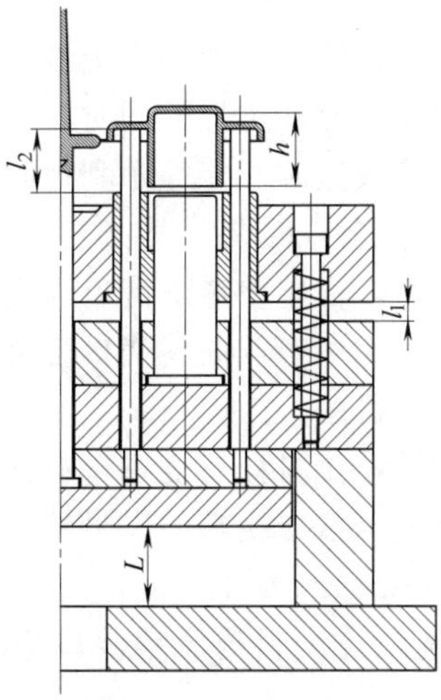 (c) 第二次顶出 1—型芯；2—动模型芯；3—推杆；4—弹簧；5—动模板	压铸件具有两处内型腔，其中内层为较深的型腔。采用一次脱模机构会产生变形和开裂时，可采取如图所示弹开式二次脱模机构。压铸件第一次脱模是依靠弹簧的作用，完成较深的内型腔的脱模；第二次脱模是压铸机顶杆的作用，由推杆3进行脱模。如此，可减少压铸件脱模时的变形 当定、动模开启到一定距离时，由于弹簧4的作用，使得动模板5移动距离l_1；压铸件脱出型芯1的长度也为l_1，因为压铸件存在着脱模斜度，便消除了对型芯1的包紧力。在完成第一次顶出后，由于压铸机顶杆的作用，推杆3便将压铸件完全顶出动模型芯2。合模时，须用回程杆将推杆3复位。采用该机构二次顶出时，应同时设置分型机构，以确保开模至一定的距离后再进行顶出动作，以防压铸件被滞留在定模上。相关尺寸关系为： $l_2 \geqslant h_1, L = l_1 + l_2 \geqslant h$

续表

类型	简图	说明
定模脱模	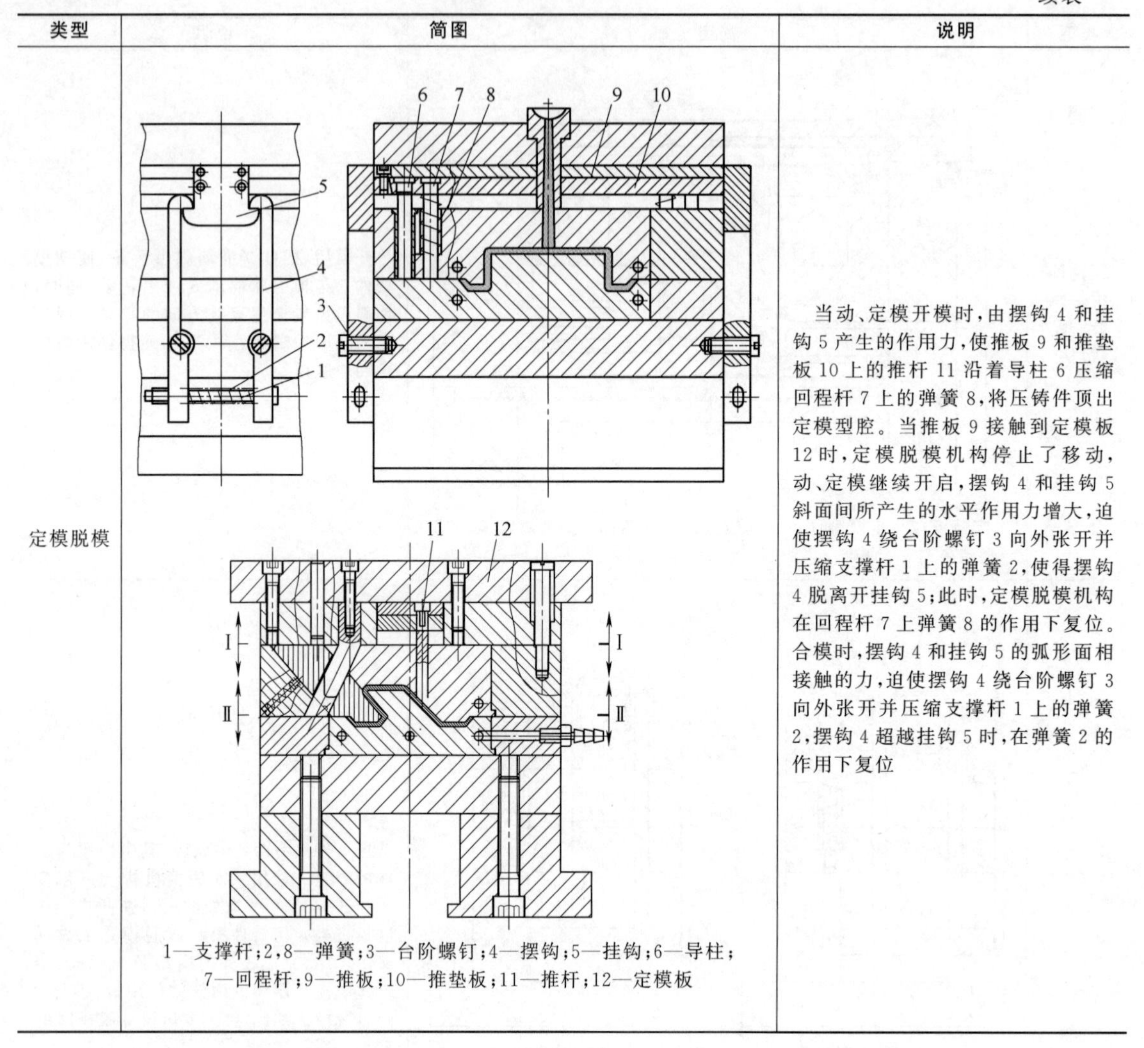 1—支撑杆；2，8—弹簧；3—台阶螺钉；4—摆钩；5—挂钩；6—导柱； 7—回程杆；9—推板；10—推垫板；11—推杆；12—定模板	当动、定模开模时，由摆钩 4 和挂钩 5 产生的作用力，使推板 9 和推垫板 10 上的推杆 11 沿着导柱 6 压缩回程杆 7 上的弹簧 8，将压铸件顶出定模型腔。当推板 9 接触到定模板 12 时，定模脱模机构停止了移动，动、定模继续开启，摆钩 4 和挂钩 5 斜面间所产生的水平作用力增大，迫使摆钩 4 绕台阶螺钉 3 向外张开并压缩支撑杆 1 上的弹簧 2，使得摆钩 4 脱离开挂钩 5；此时，定模脱模机构在回程杆 7 上弹簧 8 的作用下复位。合模时，摆钩 4 和挂钩 5 的弧形面相接触的力，迫使摆钩 4 绕台阶螺钉 3 向外张开并压缩支撑杆 1 上的弹簧 2，摆钩 4 超越挂钩 5 时，在弹簧 2 的作用下复位

(2) 脱浇口机构的设计

合金熔体通过主流道、分流道和浇口流入压铸模的型腔，合金液充满模具型腔之前就已充满了主流道、分流道和浇口。合金液在模具型腔内冷硬定形的同时，合金液在主流道、分流道和浇口中也要冷硬定形。如果压铸件从模具型腔或型芯中能够顺利地脱模，而流道和浇口中合金冷凝料不能正常地脱模，则流道和浇口中的合金冷凝料，势必会影响下一次压铸件成型加工。因此，在压铸模设计压铸件脱模形式的同时，也应该考虑流道和浇口中合金冷凝料的脱模形式。只有如此，压铸件成型加工才能实现自动化生产。脱落浇口合金冷凝料机构形式多种多样，但都要能达到脱落流道和浇口合金冷凝料的目的。

浇口合金冷凝料拉料与脱冷凝料形式的设计：拉料杆有浇口拉料杆和流道拉料杆之分，浇口拉料杆和流道拉料杆都是用于脱落浇口和流道合金冷凝料的。另外，还常在拉料杆端部开设冷料穴，起到储存冷凝料的作用。

① 浇口拉料杆。浇口拉料杆是用于切断浇口冷凝料与脱落浇口冷凝料。浇口拉料杆组合形式如图 1-12 所示。

② 浇口拉料杆端部结构如图 1-13 所示。

③ 浇口拉料杆尺寸如表 1-46 所示。

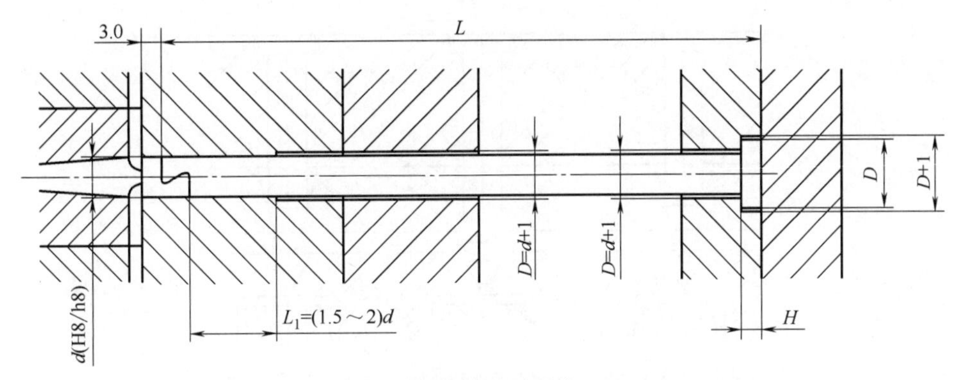

(a) Z字形拉料杆组合形式

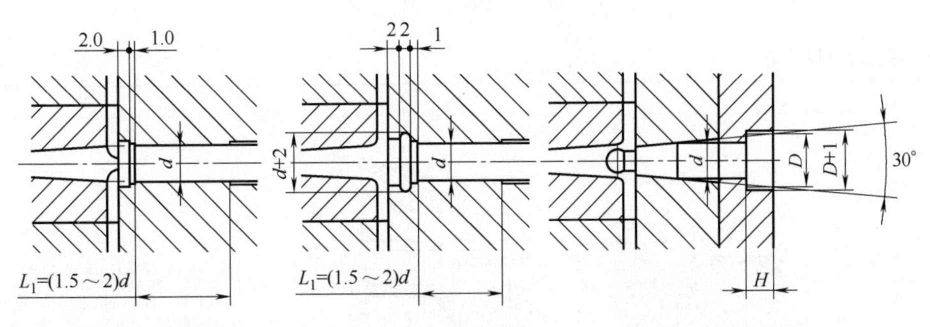

(b) 台阶形拉料杆组合形式　(c) 台阶弧形拉料杆组合形式　(d) 锥球形拉料杆组合形式

图 1-12　浇口拉料杆组合形式

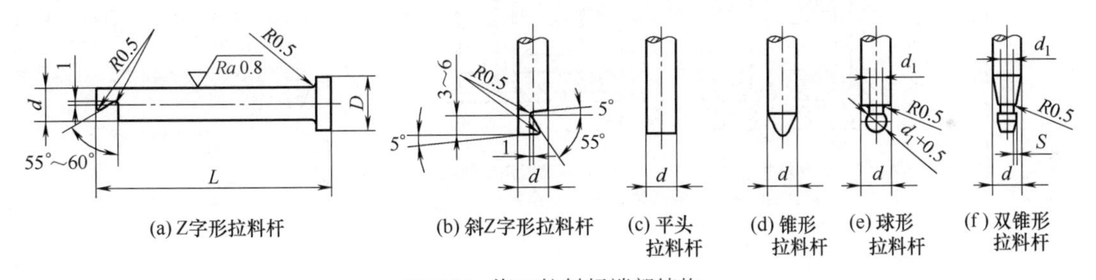

(a) Z字形拉料杆　(b) 斜Z字形拉料杆　(c) 平头拉料杆　(d) 锥形拉料杆　(e) 球形拉料杆　(f) 双锥形拉料杆

图 1-13　浇口拉料杆端部结构

表 1-46　浇口拉料杆尺寸

mm

公称尺寸 d		D	$H_{-0.1}^{0}$	与拉料杆配合的型板孔	
尺寸	公差(f9)		尺寸	D 孔公差(H9)	配合长度 L_1
6	$^{-0.015}_{-0.055}$	10	4	$^{+0.03}_{0}$	10
8	$^{-0.015}_{-0.055}$	13	4	$^{+0.03}_{0}$	15
10	$^{-0.020}_{-0.070}$	15	5	$^{+0.035}_{0}$	15
12	$^{-0.020}_{-0.070}$	17	5	$^{+0.035}_{0}$	20
14	$^{-0.020}_{-0.070}$	19	6	$^{+0.035}_{0}$	22

④ 流道拉料杆是用于脱落浇道冷凝料，其组合形式如图 1-14 所示。

⑤ 脱浇口凝料机构，是对压铸模浇口中冷凝料进行清除的结构，如表 1-47 所示。

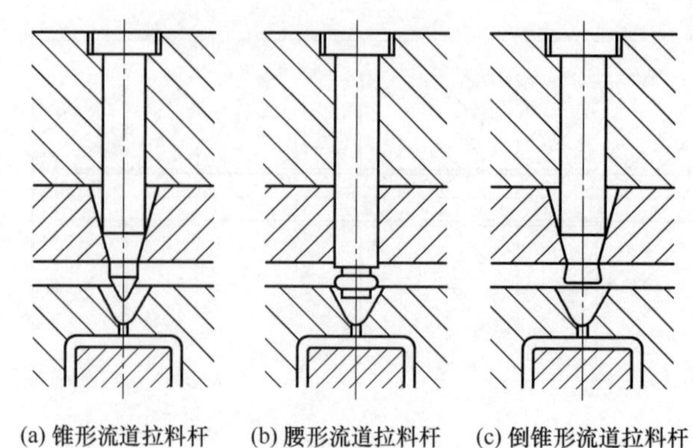

(a) 锥形流道拉料杆　(b) 腰形流道拉料杆　(c) 倒锥形流道拉料杆

图 1-14　流道拉料杆组合形式

表 1-47　脱浇口凝料机构

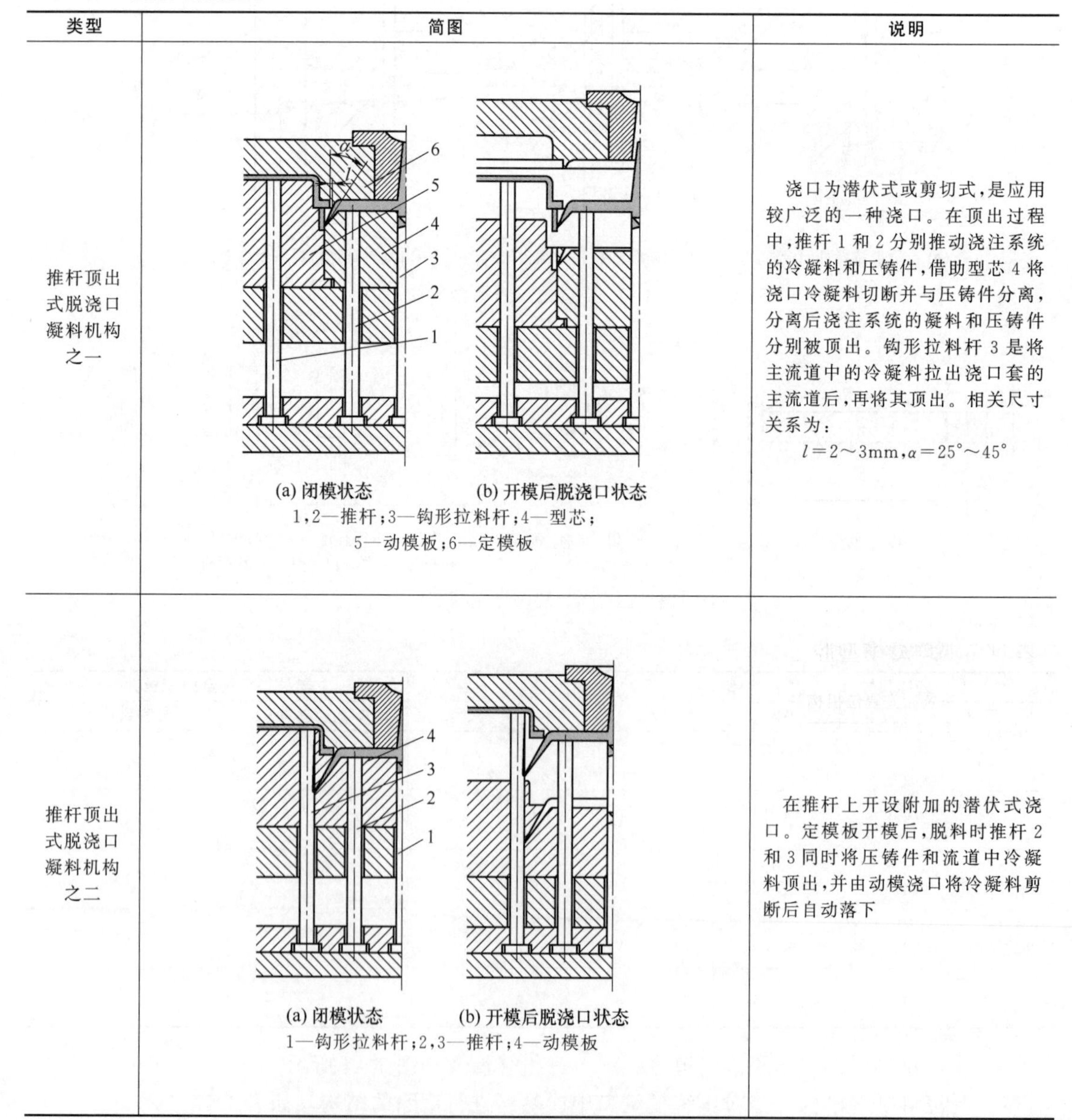

类型	简图	说明
推杆顶出式脱浇口凝料机构之一	(a) 闭模状态　(b) 开模后脱浇口状态 1,2—推杆；3—钩形拉料杆；4—型芯；5—动模板；6—定模板	浇口为潜伏式或剪切式，是应用较广泛的一种浇口。在顶出过程中，推杆 1 和 2 分别推动浇注系统的冷凝料和压铸件，借助型芯 4 将浇口冷凝料切断并与压铸件分离，分离后浇注系统的凝料和压铸件分别被顶出。钩形拉料杆 3 是将主流道中的冷凝料拉出浇口套的主流道后，再将其顶出。相关尺寸关系为： $l=2\sim3\mathrm{mm}, \alpha=25°\sim45°$
推杆顶出式脱浇口凝料机构之二	(a) 闭模状态　(b) 开模后脱浇口状态 1—钩形拉料杆；2,3—推杆；4—动模板	在推杆上开设附加的潜伏式浇口。定模板开模后，脱料时推杆 2 和 3 同时将压铸件和流道中冷凝料顶出，并由动模浇口将冷凝料剪断后自动落下

续表

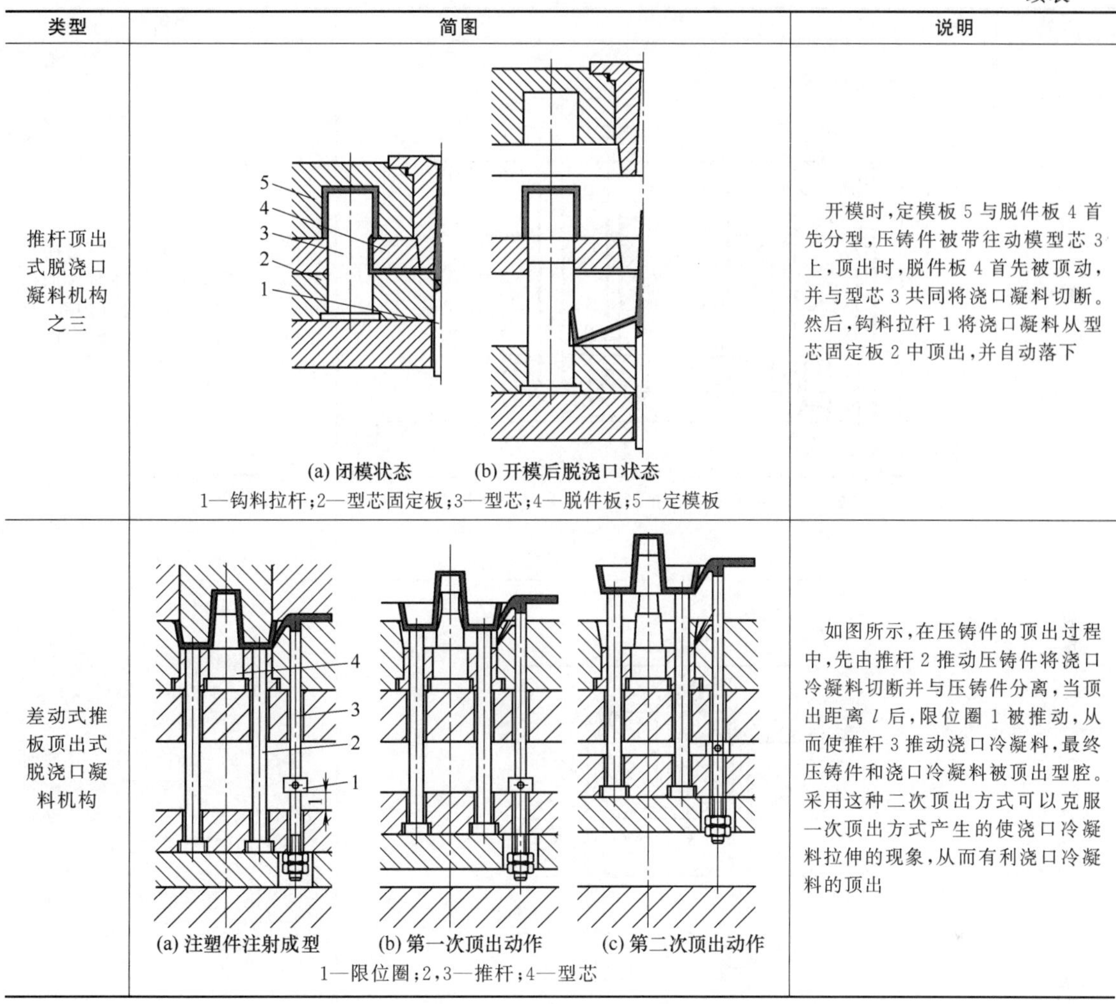

类型	简图	说明
推杆顶出式脱浇口凝料机构之三	(a) 闭模状态 (b) 开模后脱浇口状态 1—钩料拉杆；2—型芯固定板；3—型芯；4—脱件板；5—定模板	开模时，定模板5与脱件板4首先分型，压铸件被带往动模型芯3上，顶出时，脱件板4首先被顶动，并与型芯3共同将浇口凝料切断。然后，钩料拉杆1将浇口凝料从型芯固定板2中顶出，并自动落下
差动式推板顶出式脱浇口凝料机构	(a) 注塑件注射成型 (b) 第一次顶出动作 (c) 第二次顶出动作 1—限位圈；2，3—推杆；4—型芯	如图所示，在压铸件的顶出过程中，先由推杆2推动压铸件将浇口冷凝料切断并与压铸件分离，当顶出距离 l 后，限位圈1被推动，从而使推杆3推动浇口冷凝料，最终压铸件和浇口冷凝料被顶出型腔。采用这种二次顶出方式可以克服一次顶出方式产生的使浇口冷凝料拉伸的现象，从而有利浇口冷凝料的顶出

(3) 复位和先复位机构的设计

压铸模的脱模机构将压铸件顶出模具之外后，脱料机构和脱浇口冷凝料机构必须要恢复到脱模之前的位置，以利于压铸件下一次的成型加工；有些安装在推板上成型压铸件型孔的型芯，也需要与动模型腔保持抽芯之前的位置。复位和先复位机构的设计如表1-48所示。

表1-48 复位和先复位机构的设计

类型	简图	说明
螺钉式复位机构	A 1 2 3 4 1—定模板；2—推杆；3—复位螺钉；4—导柱	闭模时，推杆2的复位，由复位螺钉3来完成。由于复位螺钉3与通过动模板及动模垫板孔的间隙较大，不能保证推杆2的位移度，需要采用导柱4进行导向。为了确保脱模机构的准确复位，动模板的 A 面需要与复位螺钉3组合磨平

续表

类型	简图	说明
回程杆式复位机构	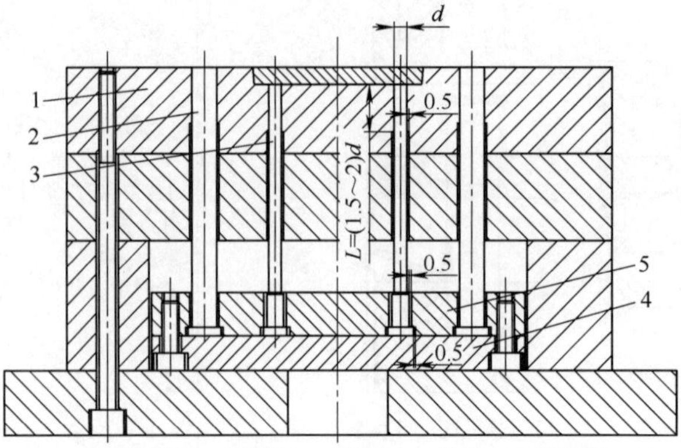 1—动模板；2—回程杆；3—推杆；4—推板；5—推垫板	回程杆2的端面需与分型面平齐。开模后，压铸件在推杆3的作用下，将压铸件顶出模具型腔；合模时，回程杆2在定模板的作用下，推动脱模机构复位
推杆兼复位杆式复位机构	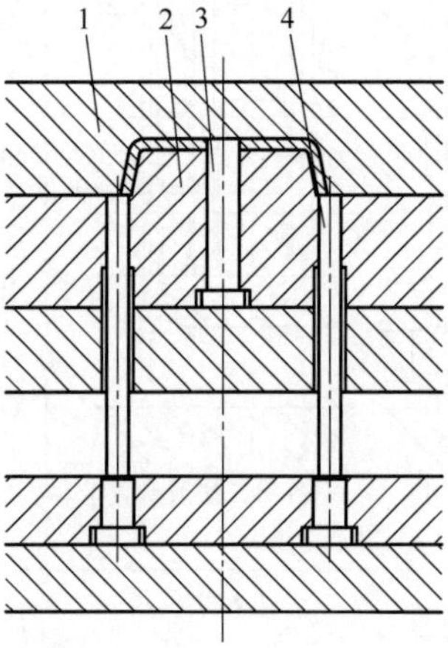 1—定模板；2—动模板；3—型芯；4—推杆	推杆4的上端面必须与分型面平齐。这是一种常用脱模机构的复位机构，其特点是推杆4的端面一部分与压铸件接触，另一部分与定模板1接触，这样顶出时，推杆4起到顶出压铸件的作用。闭模时，推杆4又起到了复位的作用
弹簧先复位机构	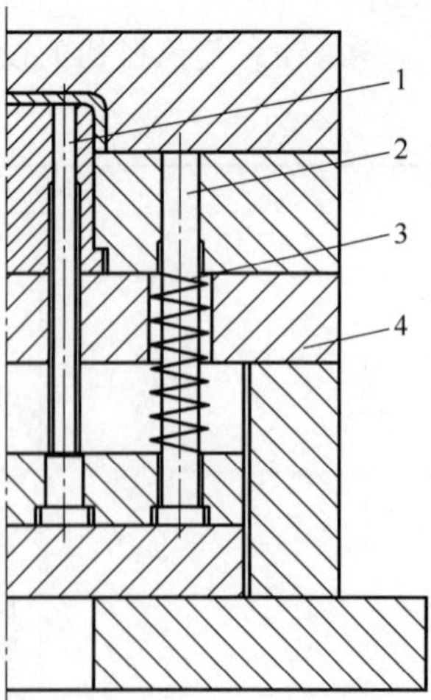 1—推杆；2—回程杆；3—弹簧；4—动模垫板	在回程杆2上装有弹簧3，可用于一般性复位，也可用于先复位。由于弹簧3摩擦、晃动和疲劳等原因，使用时间较久后易产生失效，需要及时地更换。如不及时地更换，失效弹簧就不能实现脱模机构的先复位，将会造成模具推杆1与抽芯机构的型芯碰撞而损坏。推杆1顶出时，弹簧3被压缩。压铸件脱模后，由于脱模力消失，弹簧3恢复长度从而使脱模机构产生先复位；之后回程杆2在定模板的作用下精确复位。该机构的缺点是更换弹簧3复杂，需要将模具的动模部分拆除

续表

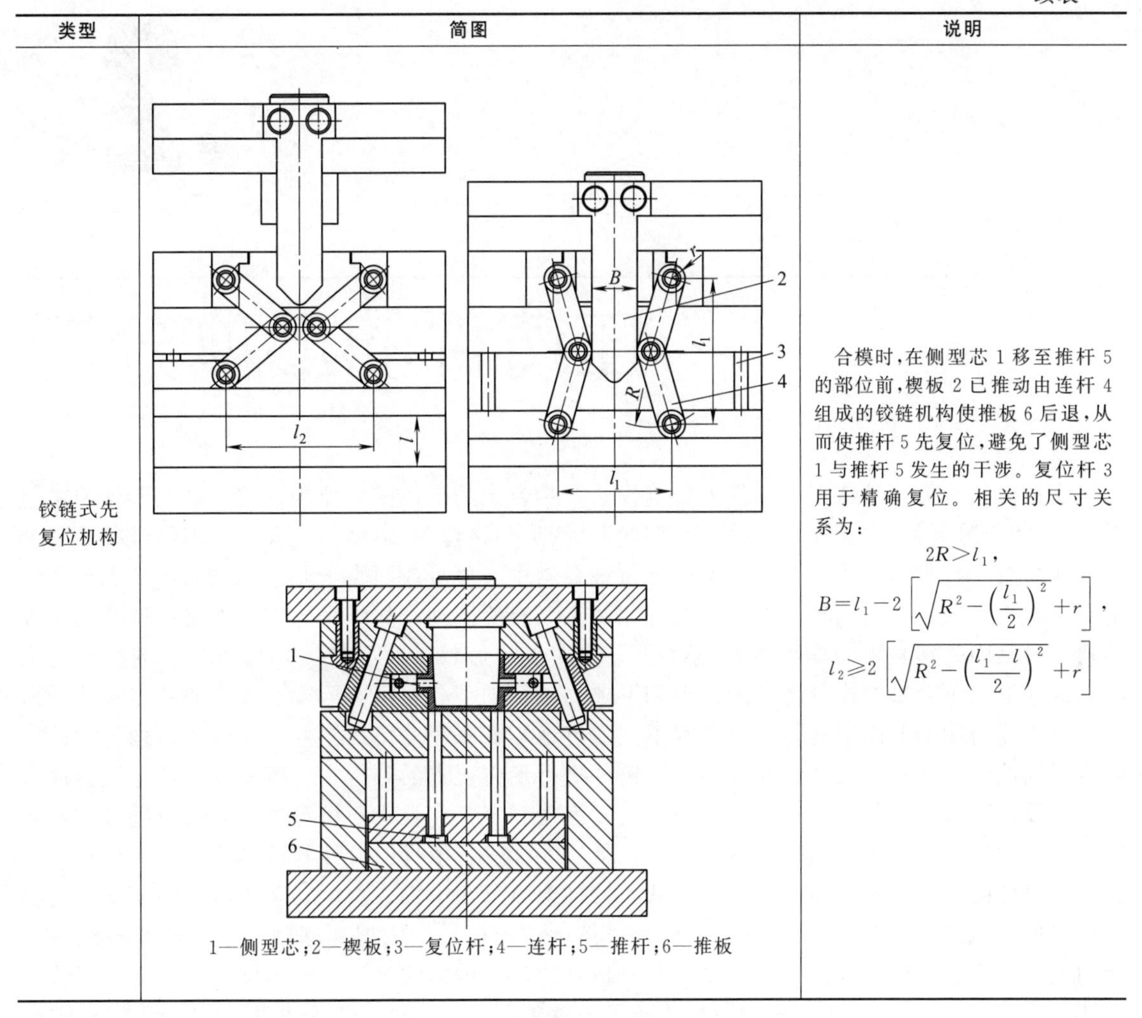

类型	简图	说明
铰链式先复位机构	1—侧型芯；2—楔板；3—复位杆；4—连杆；5—推杆；6—推板	合模时，在侧型芯 1 移至推杆 5 的部位前，楔板 2 已推动由连杆 4 组成的铰链机构使推板 6 后退，从而使推杆 5 先复位，避免了侧型芯 1 与推杆 5 发生的干涉。复位杆 3 用于精确复位。相关的尺寸关系为： $2R>l_1$， $B=l_1-2\left[\sqrt{R^2-\left(\frac{l_1}{2}\right)^2}+r\right]$， $l_2\geqslant 2\left[\sqrt{R^2-\left(\frac{l_1-l}{2}\right)^2}+r\right]$

有些压铸模的脱模机构需要有导向机构准确地引导，还有些压铸件抽芯和脱模时需要准确控制抽芯和脱模的距离时，压铸模需要有限位机构。实现这些动作的机构也是压铸模不可缺少的，缺失了这些机构，压铸模的功能将会受到极大的影响，甚至无法工作。

第2章

压铸件的形体分析

压铸模结构方案是依据压铸件上影响模具结构方案的形体因素而确定的。这些形体因素包括："形状与障碍体""型孔（螺孔）与型槽""变形与错位""运动与干涉""外观与缺陷""合金（或材料）与批量"等六要素。实际上每种要素中又可分成两个子要素，如此，共有十二个子要素。一种要素中的两种子要素，既有相似点又有所区别，如障碍体本身就是压铸件的一种形状，只是障碍体是阻碍模具构件运动和形体加工的形状，而形状仅是指压铸件内、外的形状，这些形状不会影响模具构件的运动和形体加工。如型孔是指圆形或非圆形通孔与盲孔，而型槽是指非封闭的非圆形盲孔。六要素不同程度地影响着压铸模结构方案及各种机构与构件的确定，因此，在压铸模设计之前必须对压铸件进行形体要素的分析。压铸模设计依据压铸件形体"六要素"分析，其他型腔模如橡胶模、发泡模和复合材料成型模等也是通过成型件"六要素"分析才能过渡到模具结构方案的制订，最后才能进行模具的设计与造型。

压铸件的形体分析，通俗地讲就是从压铸件形体分析中提取六大要素中所有的要素，对要素的提取要做到对而全。"六要素"分析是压铸模结构设计的依据和基础，也是压铸模结构设计的关键。只有将压铸件形体"六要素"分析到位，压铸模的设计才能到位。如何提取压铸件形体的"六要素"，具有一定的方法和技巧。压铸件形体"六要素"分析图，是在压铸件零件图的基础，根据分析的结果将压铸件形体"六要素"的符号标注在要素的位置上。

2.1 压铸件形状与障碍体要素

压铸件上的形状与障碍体要素是压铸件影响压铸模的主要因素。压铸件上的形状要素是决定模具型腔与型芯形状、精度、数量和模具大小的主要因素，障碍体要素是决定压铸模开闭模、抽芯和压铸件脱模运动的主要因素，也是影响模具型腔与型芯加工的主要因素。压铸模结构设计与压铸件的"形状"有关，更与压铸件上的"障碍体"有关。而压铸件上的"障碍体"，是压铸件形状中对模具结构方案影响最大的因素。

2.1.1 压铸件形体分析中"形状"要素的分析

由于压铸件在设备中作用和功能不同，压铸件的形状、大小和精度是千变万化的。成型压铸件的型腔和型芯形状与压铸件的形状相同，由于任何物体都具有受热膨胀、冷却收缩的特性，压铸件冷却后的形状一定小于图纸要求的尺寸。为了满足合金在受热膨胀时压铸件形状会增大的特性，对模具型腔与型芯的尺寸需要补充合金种类的收缩量。这样当合金在模具中冷却后，才能保证压铸件与其图纸的尺寸一致。压铸件的形状和大小，主要影响到模具型腔和型芯的形状、数量以及嵌件形式的选取，模具浇注系统形式、位置和尺寸的设置，模具模架形式与尺寸大小的选用，模具分型面、抽芯机构和压铸件脱模机构的选择。任何压铸件都是具有外形或内表面要素，否则就不是具有实体的压铸件。

2.1.2 压铸件形体分析中“障碍体”要素的分析

压铸模结构设计时，需要对压铸件上所存在的“障碍体”要素进行提取。然后，再针对所存在的“障碍体”设置解决的措施，即制订出相应的模具结构可行性方案，这便是模具结构方案可行性方案的分析与论证方法。

2.1.2.1 “障碍体”的种类

“障碍体”是因制品结构需要存留在压铸件上的形体，也可以通过压铸件复制模具型面上的几何体。它能够阻碍压铸件的脱模运动、抽芯运动、开闭模运动，还能影响模具形体的加工。它们的存在可以从压铸件的图样、造型和实物上找到，如不能妥善采取合适的措施化解“障碍体”的不良影响，哪怕只有一处“障碍体”没有得到合理的处置，都会导致模具结构设计的失败。“障碍体”在制品或模具型面中的存在是无可置疑的客观事实，不为人的意志所转移。“障碍体”无处不在且内容丰富多彩，这便造就了压铸模较其他类型模具结构设计时更困难但又无比精彩。

模具型面上的“障碍体”是可用四轴或五轴数铣加工的一种实体，如图 2-1 所示。为了压铸件在脱模时能够滞留在有脱模机构型面上的一种实体，也可称为“障碍体”。行业中有将“障碍体”定义为“暗角”、“内扣”或“倒扣”，这种定义具有一定的局限性，以这个概念去理解，许多模具的结构形式无法得到合理的解释。

［例 2-1］ 球形压铸件如图 2-1（a）所示。选取的分型面Ⅰ—Ⅰ，如图 2-1（b）所示，根据“障碍体”判断线，定模 1 的型腔中存在着弦高 $h>0$ 的“障碍体”，它使得压铸件滞留在定模 1 的型腔中而无法脱模，没有压铸件的模具仍能正常开启和闭合。选取的分型面Ⅰ—Ⅰ如图 2-1（c）所示，在动模 2 的型腔中存在着弦高 $h>0$ 的“障碍体”，压铸件在动模 2 型腔中也无法脱模，没有压铸件的模具仍能正常开启和闭合。可见，由于分型面Ⅰ—Ⅰ选取的位置不对，会导致压铸件无法脱模。选取的分型面Ⅰ—Ⅰ如图 2-1（d）所示，定、动模型腔中的压

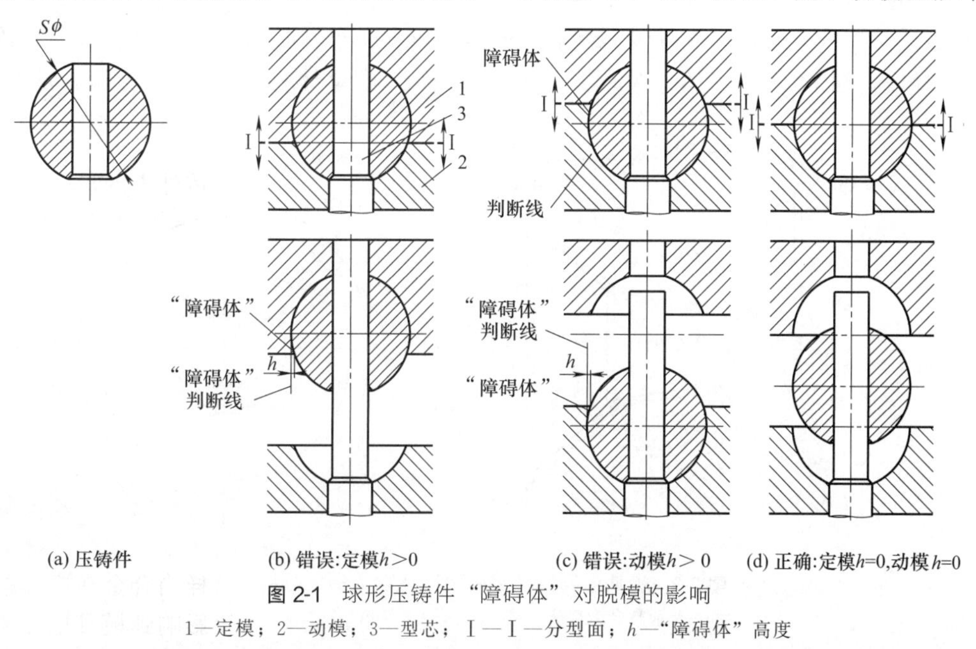

图 2-1 球形压铸件“障碍体”对脱模的影响

1—定模；2—动模；3—型芯；Ⅰ—Ⅰ—分型面；h—“障碍体”高度

铸件“障碍体”高度 $h=0$，所以对压铸件的脱模和模具分型均无影响。

［例 2-2］ 手柄压铸件如图 2-2（a）所示。按如图 2-2（b）所示的Ⅰ—Ⅰ分型面，使模具分成定模与动模的型腔中都存在着“障碍体”，“障碍体”的高度 $h>0$，显然定、动模都无法开启。在此种状况下若强行分型，只会将压铸件拉伤。将分型面Ⅰ—Ⅰ按如图 2-2（c）所示的位置分型，则定模与动模型腔中都消除了“障碍体”，“障碍体”不会影响定、动模的开启和闭合以及压铸件的脱模。

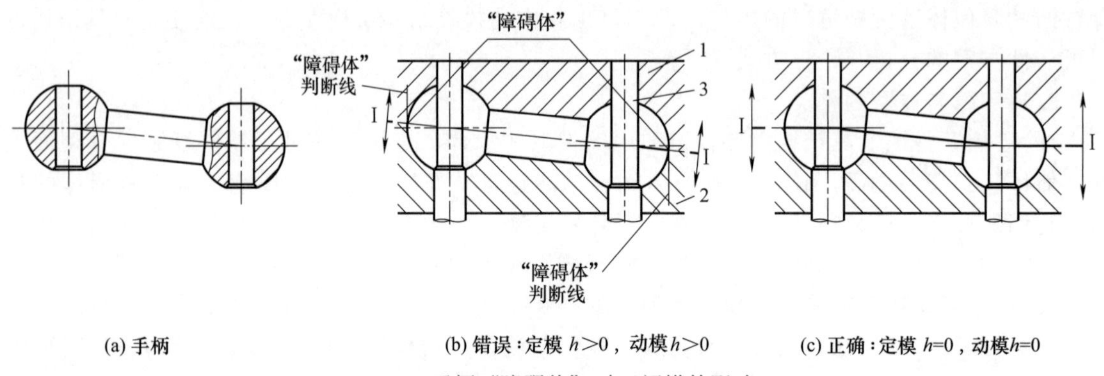

图 2-2 手柄“障碍体”对开闭模的影响

1—定模；2—动模；3—型芯；Ⅰ—Ⅰ—分型面

根据上述两例，可知压铸件上的“障碍体”最终会影响到压铸件的脱模、模具的开闭模和压铸件的抽芯运动。“障碍体”还会影响定、动模型腔的成型面切削加工，这是指三轴加工中心和普通铣削难以加工，但四轴和五轴加工中心还能加工。如图 2-2（b）所示的定模型腔和动模型腔，只能采用四轴和五轴加工中心加工。如图 2-2（c）所示的定、动模型腔，三轴加工中心和普通铣削都能加工。因此“障碍体”不仅使模具不能正常地工作，而且还增加了加工的费用。

“障碍体”存在多种形式：有各种形状形式的“障碍体”，有观察分析难易程度不同的“障碍体”，有功能形式的“障碍体”，还有结构形式的“障碍体”。在压铸件设计时出现的“障碍体”，有凸台、凹坑、暗角、内扣、内外弓形高、有害“障碍体”和有益“障碍体”及结构和差错等形式的“障碍体”。

［例 2-3］ 喇叭形通管“障碍体”要素的形体分析。轿车喇叭形通管简称通管，是轿车上的一种左右件，通管左件如图 2-3 所示，右件对称。通管材料为铝硅铜合金，收缩率为

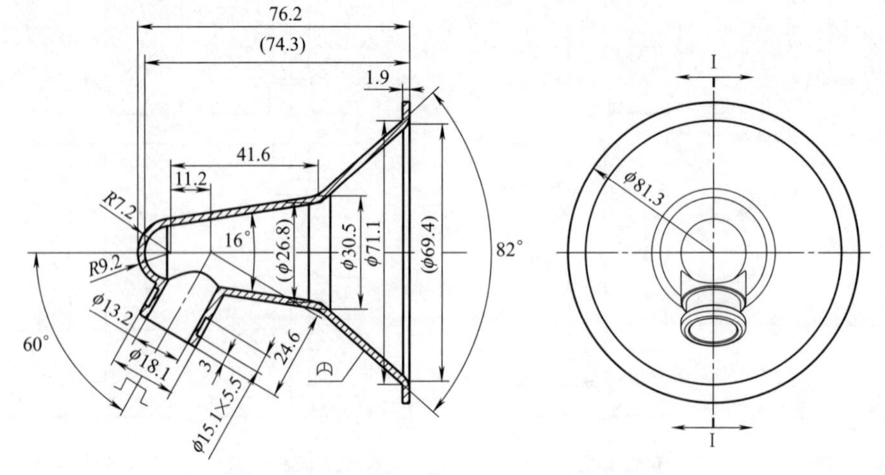

图 2-3 喇叭形通管“障碍体”要素的形体分析

⎍—表示凸台障碍体要素；⌓—表示弓形高“障碍体”

0.4%～0.6%。其形体要素可行性分析如下：如图 2-3 所示，存在着 ϕ18.1mm×60°凸台和 ϕ30.5mm、ϕ71.1mm 和 ϕ81.3mm 弓形高“障碍体”。

[例 2-4] 凸台、凹坑、内扣和内外弓形高“障碍体”，如图 2-4 所示。

① 凸台形式“障碍体”。在制品内外型面上存在着突出的圆形、方形和异形的几何体，这种突出的几何体称为凸台“障碍体”。

② 凹坑形式“障碍体”。在制品内外型面上存在着内凹的圆形、方形和异形的几何体，这种内凹的几何体称为凹坑“障碍体”。

③ 内扣形式“障碍体”。在制品边缘型面上存在着内凹的几何体，这种内凹的几何体称为内扣“障碍体”。

④ 内外弓形高形式“障碍体”。一般制品内外形为圆弧形式的型面，这种圆弧形式型面的几何体称为内外弓形高“障碍体”。

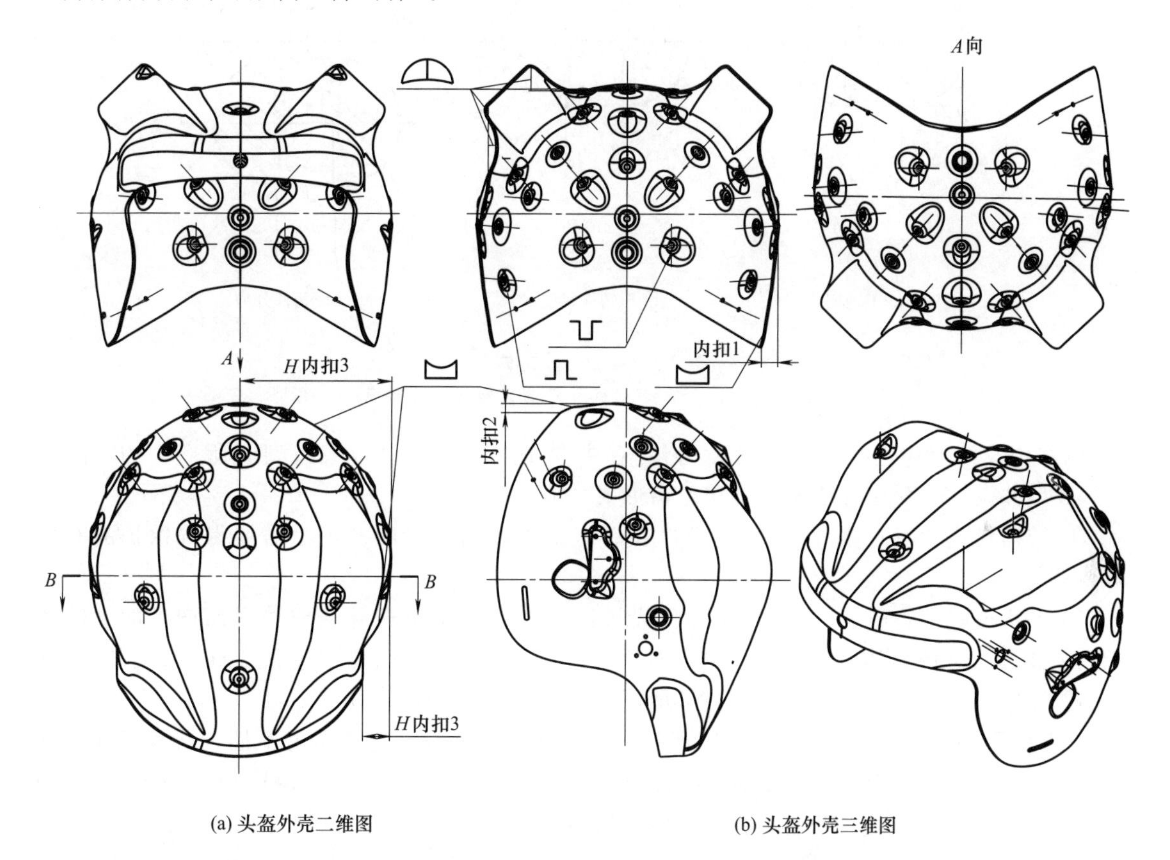

(a) 头盔外壳二维图　　(b) 头盔外壳三维图

图 2-4　凸台、凹坑、内扣和内外弓形高“障碍体”

—凸台形式“障碍体”；—凹坑形式“障碍体”；—内扣形式“障碍体”；—弓形高形式“障碍体”

有害“障碍体”：一般情况下，“障碍体”都是有害的，因为“障碍体”会阻碍模具各种机构的运动，使模具无法进行正常的工作。当然，只要化解这些“障碍体”的措施得当，不会影响到模具正常的工作。

有益“障碍体”：是人为设置让压铸件能滞留在动模部分，以利于压铸件脱模的“障碍体”。

通常“障碍体”存在着两面性，既存在有害的一方面，也存在有利的一方面。

[例 2-5] 有益“障碍体”如图 2-5 所示。图 2-5（a）中，孔 d 与孔 D 具有的同轴度为

ϕ0.04mm。如图 2-5（b）所示，成型 d 孔与 D 孔定模型芯 2 必须安装在定模 1 的一边，而成型 D_1 孔动模型芯 4 必须在动模 5 的一边。压铸件 3 滞留在动模 5 型腔和定模 1 型腔的概率各为 50%，如此，压铸件 3 在动定模分型时就有可能滞留的动模 5 的型腔中，这样有利于顶杆 6 将压铸件 3 顶脱模腔。如果是压铸件 3 滞留定模 1 的型腔中，便很难脱模。此时为了使压铸件 3 能滞留在动模 5 的型腔中，特意在动模型芯 4 上制有 $L_1 \times h$ “障碍体”的槽，这个“障碍体”就是有益“障碍体”。如图 2-5（c）所示，因动模型芯 4 上设置了有益“障碍体”，才能使压铸件 100%滞留在动模型腔中。

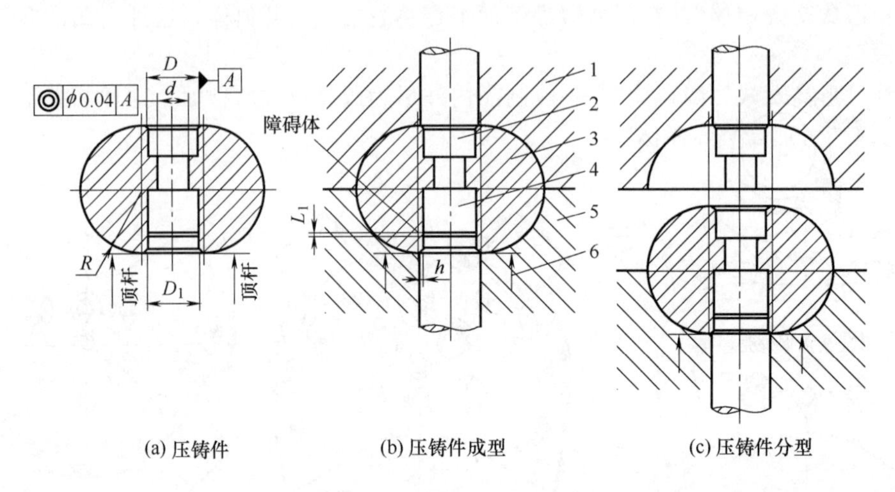

图 2-5 有益“障碍体”

1—定模；2—定模型芯；3—压铸件；4—动模型芯；5—动模；6—顶杆

以结构设计形式进行区分的“障碍体”：主要是在成型件设计或造型时所产生的“障碍体”，成型件设计时存在着结构形式和差错形式“障碍体”。

① 结构形式“障碍体”。是因成型件在功能上需要而设置的，这是需要得到保护的有用“障碍体”。

② 差错形式“障碍体”。是在成型件设计或造型时由于出现差错或失误而产生的“障碍体”。差错形式“障碍体”会严重影响模具机构的运动，这是必须要彻底清除的“障碍体”，并且差错形式“障碍体”不会具有模具的功能性，只会产生负面作用。

［例 2-6］ 面罩外壳如图 2-6（a）所示。由于面罩外壳设计之前考虑不周，造成了面罩外壳上存在着差错形式“障碍体”，影响到模具的正常开闭模和面罩外壳的脱模，如图 2-6（a）中Ⅰ放大图所示。当然，凹模也可以采用拼装结构来让开“障碍体”。但为了简化凹模的结构，改进后的供氧面罩外壳，如图 2-6（b）中Ⅱ放大图所示。消除了面罩外壳上的“障碍体”，凹模便可采用整体的结构。

结构设计形式的“障碍体”是在压铸件设计和造型过程中产生的，对于结构形式的“障碍体”，在模具结构设计应该给予保护；对于差错形式的“障碍体”，在制品造型时就应去除。

2.1.2.2 “障碍体”的影响

压铸件图样型面上的“障碍体”，最终要转换到模具图样的型面上。模具图样型面上的“障碍体”对压铸件在成型过程中的开闭模运动、抽芯运动和脱模的影响如下：

① 阻碍压铸件脱模。

② 阻碍模具的开闭模运动。

③ 阻碍压铸件抽芯运动。

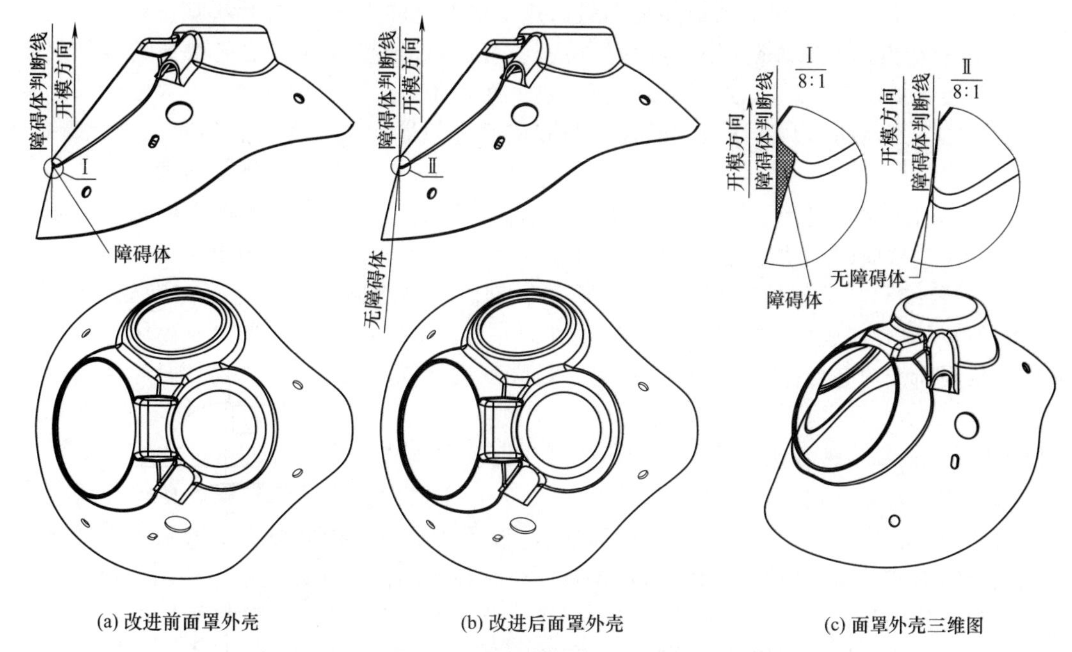

图 2-6 面罩外壳上需要根治的“障碍体”分析

④ 妨碍模具型面的加工（不包括四轴以上的数控加工）。

⑤ 压铸件在脱模时，可使压铸件能够滞留在有脱模机构型面上。

2.1.2.3 “障碍体”的判断和检查方法

“障碍体”在二维图样、三维造型和实体上都可以被检测出来，“障碍体”的高度可通过计算得出，也可在二维图样及三维造型上测量出来。

（1）“障碍体”的判断方法

如何判断“障碍体”？总的来说是根据模具机构的运动方向来判断，凡是起到阻碍模具机构运动的物体都称为“障碍体”。

① 分型面上的“障碍体”。对分型面来说，阻碍模具分型面分型的压铸件上的形体就是分型面上的“障碍体”。不消除分型面上的“障碍体”，自然使模具动、定模无法分型，压铸件就无法从模具中脱模。

② 抽芯运动的“障碍体”。阻碍按照压铸件型孔与型槽的模具常规抽芯运动的压铸件上的形体为抽芯运动的“障碍体”，必须采用适当的抽芯措施来避开抽芯运动的“障碍体”的阻碍作用。

③ 脱模运动的“障碍体”。阻碍压铸件在模具中按正常状态进行脱模的压铸件上的形体为脱模运动的“障碍体”，必须采用适当的脱模措施或强制性脱模来避开脱模运动的“障碍体”阻碍作用。

④ 模具加工的“障碍体”。采用普通加工设备制造模具型面和型腔时，会加工掉模具型面和型腔上的几何体，这种几何体称为模具加工的“障碍体”。应采用适当的措施避开加工的“障碍体”，但是可以采用四轴或五轴加工中心或电火花加工来保留模具上的加工“障碍体”。

（2）“障碍体”的检查方法

① 在压铸件或模具二维图样上的检查方法。在压铸件或模具二维图样上具有凸起或凹进投影线的最高点和最低点处作出与运动方向一致的直线，此直线称为“障碍体”判断线。对凹模来说，“障碍体”判断线以内的实体便是“障碍体”，而对凸模来说“障碍体”判断线以外的

实体便是“障碍体”。直线至凸起或凹进的最高点或最低点的距离是“障碍体”高度。

② 压铸件和模具的三维造型上的检查方法。在压铸件或模具的三维造型上具有凸起或凹进的最高和最低处作出与运动方向一致的直线或平面，此直线称为“障碍体”判断线，此平面称为“障碍体”判断面。判断线或判断面至凸起或凹进的最高点或最低点的距离是“障碍体”的高度。

③ 在模具上的检查方法。在模具型面上用钢板尺贴着型腔或型面，再使用钢板尺或游标卡尺沿着型腔或型面的运动方向摆放后，钢板尺或游标卡尺抬高部分或放低部分的距离，即为“障碍体”判断线和“障碍体”高度。“障碍体”判断线是判断“障碍体”高度的一种直线，“障碍体”判断线要与成型压铸件模具的运动方向一致；判断线的起点为“障碍体”最高点或最低点，从判断线的起点至“障碍体”的另一最高点或最低点的距离就是压铸件“障碍体”的高度。

［例 2-7］ 面罩主体如图 2-7（a）所示。由于面罩主体造型，在凸凹形的转接处制作 R 时的不注意造成了差错形式“障碍体”，如图 2-7（a）中Ⅰ放大图所示。这样就使得面罩主体成型模下模的造型相应地产生差错形式“障碍体”，如图 2-7（b）中Ⅱ放大图所示。成型模下模所出现的差错形式“障碍体”不仅会影响模具的正常地开闭模运动和面罩主体的脱模，还会在制品脱模时划伤制品，甚至会影响到型腔的加工（指三轴加工中心）。模具是按制品造型进行加工的，可以在成型模型腔加工时清除，但清除模具型腔差错形式“障碍体”会使成型的制品与制品设计图产生偏差。所以，压铸件设计，特别是进行三维造型时一定注意制品型面连接处出现的差错形式“障碍体”，发现了这种差错形式“障碍体”应立即做出处理。

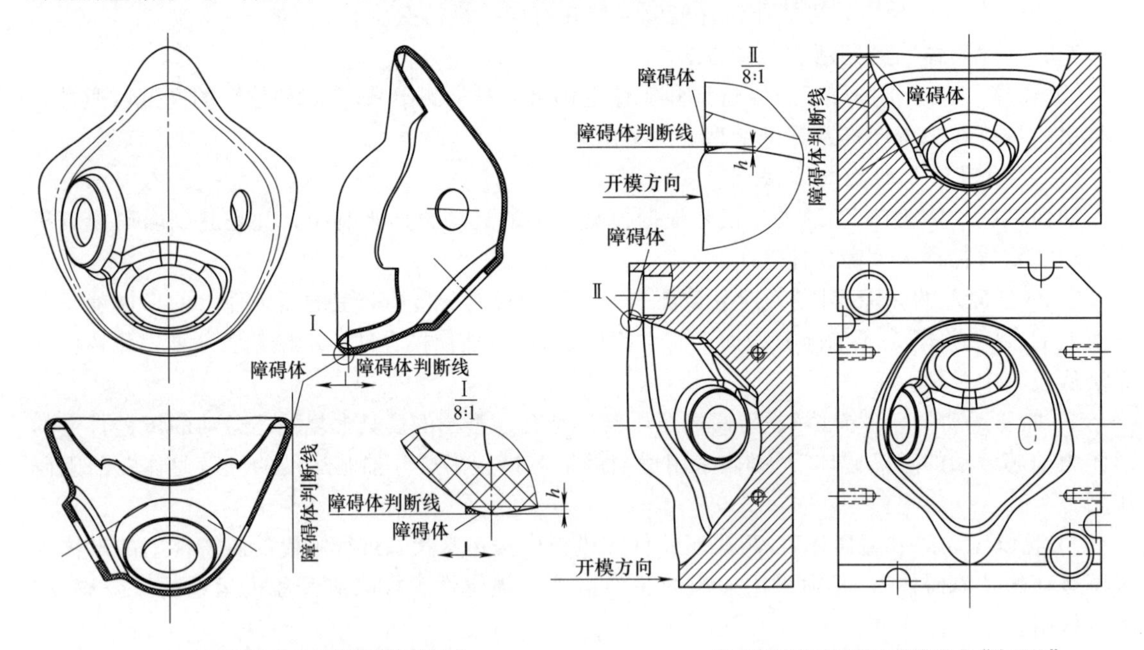

(a) 面罩主体上差错形式“障碍体”　　(b) 面罩主体成型模上差错形式“障碍体”

图 2-7　供氧面罩主体及其成型模下模的“障碍体”分析

2.1.3　获取“障碍体”的方法

用机械加工、电火光加工方法和运动避让方法可以获取“障碍体”。

① 采用机械加工方法获取“障碍体”。通过四轴或五轴的加工中心编程时，应绕开“障碍体”进行切削加工而获得。

② 采用避让的方法获取“障碍体”。通过加工避让和运动避让的方法获得“障碍体”。如在普通的机械加工之后，再采用电火花加工获得“障碍体”。

模具结构方案的分析主要是针对六大要素进行的，六大要素处理与协调妥当了，压铸模的结构设计就不可能出现问题。“障碍体”要素在模具结构设计中具有很大的隐蔽性，所以处理起来要困难一些。有的“障碍体”的高度很小，不易被发现或容易被忽视，因此会造成模具结构设计的失误。而“障碍体”的影响又极其丰富：“障碍体”影响着压铸模的分型面的选取，即影响着动、定模的开启和闭合运动；影响着压铸模的“型孔与型槽”抽芯，即影响着压铸模的抽芯运动；影响着压铸件的脱模及其脱模运动；影响着压铸模的开闭合运动、抽芯运动和压铸件的脱模运动等三大运动及其运动干涉；甚至影响着压铸模型面和型腔的加工。可以说“障碍体”的影响无所不在，“障碍体”为六大要素中的第一大要素，其技巧性也是首屈一指，我们绝不可小视它。对于压铸件的形体分析，只要能够将“障碍体”找对找全就可以了，暂时不需要对“障碍体”制订需采取的措施，即进行模具结构方案分析。前文做了方案的分析，是为了引导出各种“障碍体”的概念。

2.2 压铸件上的型孔与型槽要素

压铸件的形状和结构虽复杂，但无非是由一些几何实体和孔槽组合而成的壳体。因此，型孔（螺孔）与型槽是压铸件上必有的几何形体，也是影响模具结构的主要因素。压铸件上型孔或型槽的形状，就是压铸模的抽芯机构成型型芯的形状；压铸件的型孔或型槽的位置，也就是压铸模抽芯机构型芯的位置；压铸模抽芯机构成型的型芯尺寸，只不过比压铸件的型孔或型槽的尺寸增加了合金品种的收缩量而已；压铸模抽芯机构成型的型芯运动走向，完全取决于压铸件上型孔或型槽的走向；压铸模抽芯机构型芯的运动行程、运动起点和终点，也完全取决于压铸件上型孔或型槽的深度、孔口和孔底的尺寸。可见压铸模抽芯机构的结构内容，完全取决于压铸件“型孔与型槽”要素的内容。

2.2.1 压铸件正、背面上型孔与型槽要素的分析

在进行压铸件正、背面型孔与型槽要素的分析时，应当先找出图样中压铸件正面及背面“型孔与型槽”的形状、位置、方向及其尺寸，可分为以下几类：

① 应找出压铸件图样中正、背面轴线与压铸模开、闭模方向一致通孔（槽）和盲孔（槽）。

② 应找出压铸件图样中正、背面小尺寸螺孔及压铸件中镶嵌金属件小尺寸螺孔及螺杆。

③ 应找出压铸件图样中正、背面轴线与压铸模开、闭模方向倾斜通孔（槽）和盲孔（槽）。

④ 应找出压铸件图样中正、背面的大尺寸螺孔及螺杆。

型孔、型槽与螺孔的方向若平行于开闭模方向，不管是在定模部分还是在动模部分的型孔与型槽，一般情况下都可以采用固定型芯来成型，而螺纹孔则是采用螺纹型芯或螺纹嵌件来成型，再利用模具的开、闭模运动进行型芯的抽芯和复位；也可以采用活块成型，活块可以随着压铸件一起脱模，然后再由人工取出活块；还可以采用垂直抽芯机构进行成型后的抽芯和复位。但是具体情况要具体分析，以便决定压铸模在不同情况下，是采用固定型芯、嵌件和活块，还是采用垂直抽芯机构成型。

2.2.2 压铸件沿周侧面型孔与型槽要素及螺孔的分析

压铸件沿周侧面的型孔或型槽及螺孔，主要是决定压铸模的侧向抽芯机构、活块或螺孔抽

芯机构的选择。侧向抽芯机构是水平抽芯结构，还是斜向抽芯结构，主要取决于型孔与型槽的走向。压铸模的二次抽芯机构的抽芯，则主要取决于压铸件型孔与型槽的变形状况。

（1）压铸件沿周侧面及其正、背面型孔与型槽

应当分别找出压铸件沿周侧面，并找出型孔与型槽截面形状的尺寸及公差、几何公差，还需找出影响型孔与型槽抽芯的“障碍体”，可分为以下几类：

① 压铸件外侧面轴线与压铸模开闭模方向正交的贯通孔（槽）和盲孔（槽）。

② 压铸件外侧面轴线与压铸模开闭模方向斜交的贯通孔（槽）和盲孔（槽）。

③ 压铸件内侧面轴线与压铸模开闭模方向正交的贯通孔（槽）和盲孔（槽）。

④ 压铸件上具有多个截面并且深度较深的孔（槽）和盲孔（槽）。

⑤ 压铸件外侧面的螺孔。

⑥ 压铸件图样中沿周侧面异形孔、台阶孔和多个平行的孔。

可见压铸件沿周侧面的型孔与型槽是决定压铸模水平抽芯、斜向抽芯机构及活块的要素。

（2）找出型孔与型槽尺寸与公差的要求

压铸件型孔与型槽的截面尺寸决定了滑块抽芯机构成型型芯截面的尺寸与精度；压铸件型孔与型槽的深度、孔口和孔底的尺寸，决定了抽芯滑块运动的起点、终点和行程；压铸件型孔与型槽的走向即抽芯机构滑块型芯运动的方向。

2.2.3 压铸件型孔与型槽要素形体分析的关注要点

压铸件上正、反面和沿周侧面方向的型孔与型槽要素及其螺孔，可以从压铸件图样或造型中找到，同时还要找出型孔与型槽的走向，型孔与型槽尺寸和公差、几何公差，型孔与型槽的起始点和终止点，更要找出型孔与型槽的深度或长度；还需要注意成型型孔与型槽要素的型芯，是否会成为调整脱模方向后的“障碍体”。这些都是影响压铸模型孔与型槽抽芯机构的因素。这些要点均与压铸模抽芯机构的结构有关，还与确定抽芯机构的抽芯运动起始点和终止点的计算有关，更与抽芯机构的抽芯方向相关。

2.2.4 成型压铸件四周水平的侧向螺孔或斜向螺孔的加工方案

当压铸件四周存在水平的侧向螺孔或斜向螺孔时，可以有四种成型加工方案。

（1）螺孔的补充加工方法

当压铸件四周存在水平的侧向螺孔或斜向螺孔时，可以先采用水平侧向抽芯或斜向抽芯来成型螺纹底孔，在压铸件脱模后再采用补充加工的方法，即用螺纹丝锥加工出螺纹孔。这种螺孔补充加工的方法既简便，又比较实用，故在实际工作中经常用到。另一螺孔补充加工的方法，就是用钻模加工出螺纹的底孔，再用螺纹丝锥加工出螺纹孔。这种螺孔补充加工的方法，除了要设计和制造出加工螺纹底孔的钻模之外，还要增加钻孔和攻螺纹的工序，因而影响压铸件的加工效率，实际工作中很少采用。

（2）金属镶嵌件成型螺纹孔的方法

在压铸件成型加工中埋入螺纹金属镶嵌件的方法。此法是在模具中以型芯或嵌件杆来支撑金属镶嵌件，型芯或嵌件杆需要利用模具的开闭模运动进行抽芯与复位的动作，而在型芯或嵌件杆上制有螺纹。一般情况下，型芯或嵌件杆随压铸件一起脱模后，由人工取出。该种方法除了会增加压铸件的重量之外，还会影响到压铸件几何形状和尺寸的设计，也会使压铸件产生成型加工的熔接不良和增加熔接痕等缺陷。但金属镶嵌件使螺纹的强度和刚性增加了，耐磨性也会得到提高。

(3) 螺纹型芯成型螺纹孔的方法

可以采用螺纹型芯成型压铸件水平方向、垂直方向、侧向螺孔或斜向螺孔。

［例 2-8］ 自卸螺纹型芯成型螺纹孔如图 2-8 所示。螺纹型芯 4 安装在定模孔中后，依靠弹簧压力的滚珠 5 锁住螺纹型芯 4，合模后压铸成型。动、定模的开启，依靠活块 2 的拉动迫使滚珠 5 压缩弹簧，使得螺纹型芯 4 从定模孔退出，同时可将料把从浇口套中拉出来。在压铸机顶杆作用推件板的推动下，推杆 1 将活块 2 与压铸件 3、螺纹型芯 4 及料把一起从动模型腔中推出。安装螺纹型芯 4 时，还需要将顶出模外的活块 2 放进动模型腔中。

该方法成型压铸件螺孔的模具结构简单而紧凑，但需用气动起螺杆器取出螺纹型芯 4，手动安装螺纹型芯 4 和活块 2 会影响生产效率，故只适用于小批量生产。

(4) 螺纹型芯的水平机动抽芯成型螺纹孔的方法

采用斜销、螺旋杆和齿轮进行机动螺孔抽芯的方法。

［例 2-9］ 螺纹型芯的水平机动抽芯成型螺纹孔如图 2-9 所示。开模时，斜销 1 抽动螺旋杆 2，由于滚珠 3 的作用使大齿轮 5 转动，再通过中齿轮 4 使带有小齿轮的螺纹型芯 6 按旋出的方向旋转从压铸件螺孔中抽芯。螺旋杆 2 制有大导程螺旋槽，其旋转方向根据成型螺纹的螺旋方向及传动级数而定。

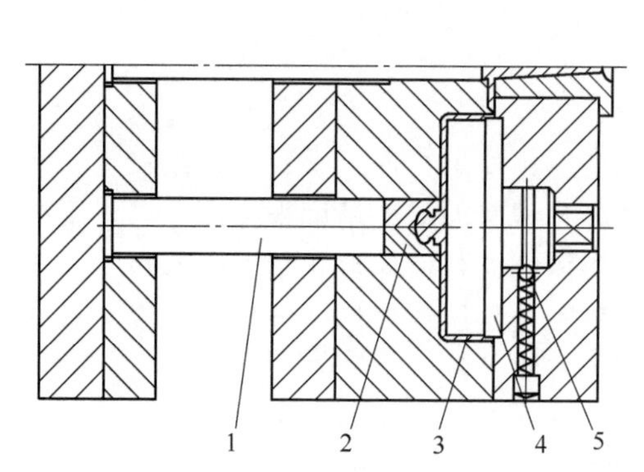

图 2-8 自卸螺纹型芯成型螺纹孔

1—推杆；2—活块；3—压铸件；4—螺纹型芯；5—滚珠

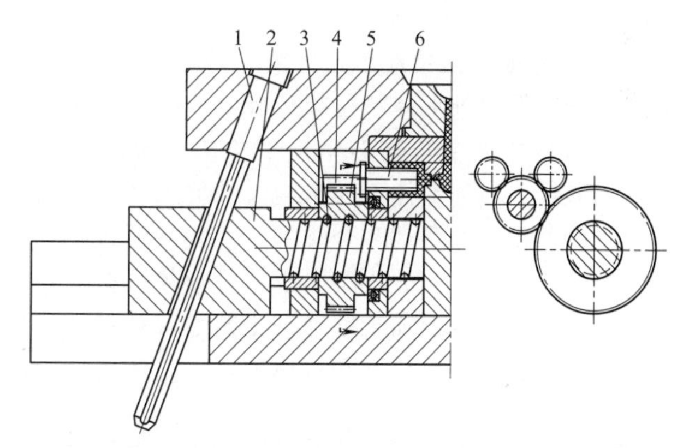

图 2-9 螺纹型芯的水平机动抽芯成型螺纹孔

1—斜销；2—螺旋杆；3—滚珠；4—中齿轮；5—大齿轮；6—带有小齿轮的螺纹型芯

2.3 压铸件上的变形与错位要素

变形是指压铸件的形体发生了内凹、凸起、翘曲、弯曲和扭曲的变化，错位是指压铸件形体的相对位置发生了位移。压铸件的变形与错位要素，是压铸件形体分析的六要素之一，它也是影响和决定压铸模结构方案的因素，并且是不可回避的因素。其中压铸件的变形要素会影响到压铸模分型面的选取、抽芯机构和压铸件脱模机构的结构。压铸件的错位要素会影响压铸模成型型芯与型腔的定位和导向机构的结构。若不考虑变形与错位要素对压铸模结构的影响，必将导致压铸模结构设计的失败，特别是对薄壁型、窄薄长型、精密压铸件以及需要较大脱模力的压铸件。压铸件变形与错位要素的要求，常常不会引起人们的重视，加上压铸件图样也没有这项要求，常常造成薄壁型、窄薄长型、精密压铸件和需要较大脱模力压铸件的压铸模设计时产生失误。对于这类压铸件，若不对压铸模结构（包括浇注系统和温控系统的设置）采用有力措施，必将导致成型的压铸件翘曲和变形，甚至破裂，还可能会使压铸件产生内表面、外形的错位，造成压铸件的壁厚不一致。

如何解决好压铸件的变形和错位，是压铸模设计人员必须注意的问题。如果解决不好这两个问题，就意味着压铸模的结构设计将是失败的。当然，单纯只有变形与错位的事例是较少的，大多数是变形与错位要素、障碍体、型孔与型槽、运动与干涉等要素掺杂在一起的情况。

2.3.1 压铸件变形与错位要素的内涵

压铸件有些技术要求是要依靠压铸模的结构来保证的，有些技术要求是要依靠压铸模结构构件的加工和装配精度来保证的，而有些技术要求则是要依靠辅助的工艺手段和工序安排来保证的。

（1）压铸件的技术要求

压铸件的零件图存在着诸多的技术要求：使用性能上的要求；尺寸和几何精度的要求；装配性能的要求；外观和包装的要求；还可能有对环境、法律及法规的要求。技术要求的内容广泛并且涉及范围也很广，与变形和错位技术要求相关的技术要求如下：

① 平面度。是指对压铸件平面的平直度要求，它是判断压铸件平面弯曲与翘曲等变形的指标。

② 直线度。是指对压铸件直线（或轴线）的要求，它是判断压铸件直线弯曲与翘曲等变形的指标。

③ 对称度。是指对压铸件内、外形体与中心基准线或中心基准面的对称配置的程度，它是判断压铸件内外形体错位的指标。

（2）压铸件上几何形体尺寸及几何精度

压铸件上几何形体尺寸精度及几何形体之间的位置精度，如平行度、垂直度、倾斜度、同轴度、位置度、圆跳动和全跳动，主要是通过模具的型芯和型腔的加工精度来保证，均与压铸模结构的关系不大，故称不上压铸件形体分析的要素。压铸件的几何体形状精度，如圆度、圆柱度，可以依靠成型加工的辅助工艺手段来保证，故也算不上是压铸件形体分析的要素。只有压铸件的平面度、直线度和对称度，才是压铸件变形与错位要素的内容。

2.3.2 决定变形与错位因素压铸件形体上的特征

决定压铸件变形的要素是平面度和直线度，而易产生变形的压铸件是薄壁件和细长薄壁件。影响压铸件变形的因素是动、定模开闭模运动，型孔抽芯运动，压铸件脱模运动时所产生的作用力和反作用力，以及压铸件在成型过程中所产生的内应力。决定压铸件变形的主要因素是压铸件结构设计，压铸件的材料和填充材料的选取，压铸件的浇注系统和压铸件成型加工参数的选择以及压铸模的结构。决定压铸件形体错位的要素是对称度，决定压铸件形体错位主要因素是对开的型腔和型面定位和导向是否出现了偏差。

2.3.3 压铸件变形与错位要素的分析

变形与错位要素的分析，主要从压铸件几何公差和技术要求中去寻找，要找到压铸件上的平面度、直线度和对称度的要求；然后再寻找解决压铸件变形与错位的压铸模结构方案。对于压铸件图纸中没有变形与错位技术要求的，需要模具设计者了解制品在实际使用中是否具有变形与错位技术的要求。就一般规律而言，窄薄长件要注意变形的问题，具有对称性制品要注意错位的问题。

[例 2-10] 顶件板的形体变形要素分析。顶件板如图 2-10 所示。顶件板的形体为“冖”字形，两端带有“门”字形凹槽的支脚是具有多个同心圆弧面的弓形高“障碍体”。顶件板上面具有直角梯形的长筋，下面是一个半圆形长凹槽“障碍体”和一个长方形凸台“障碍体”。

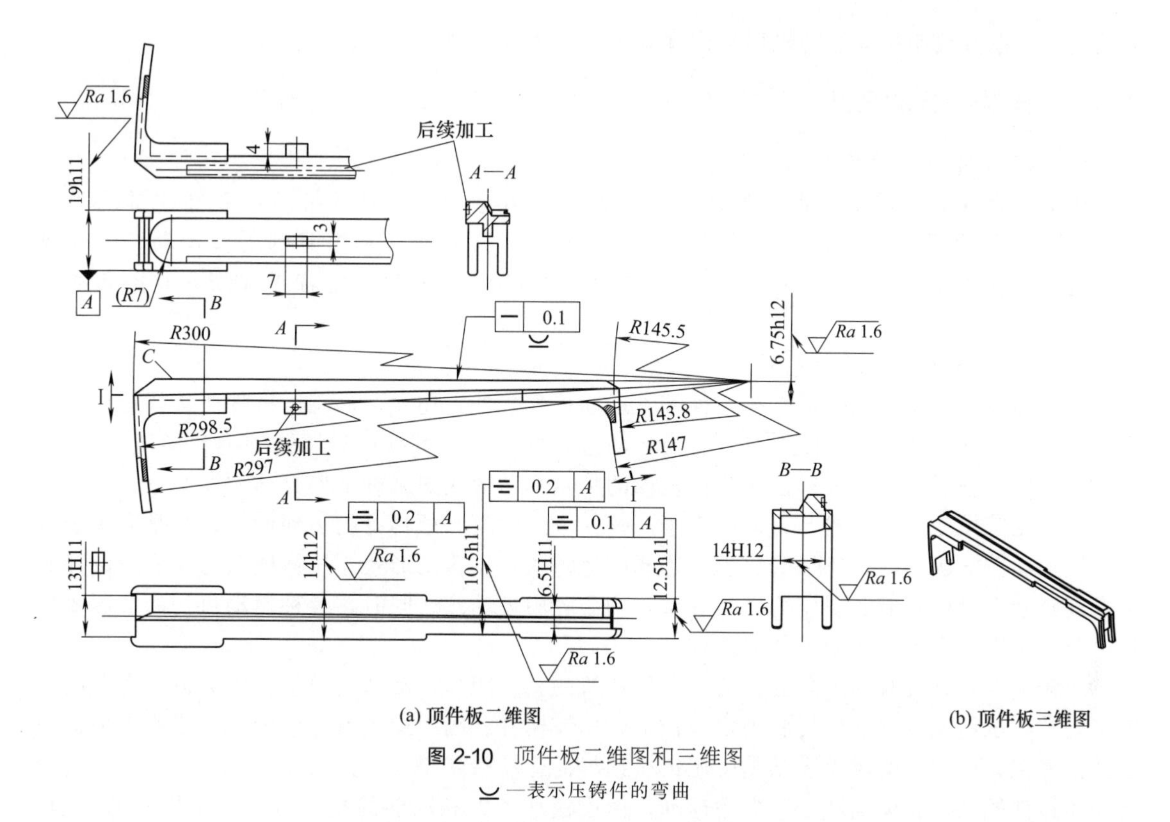

(a) 顶件板二维图

(b) 顶件板三维图

图 2-10 顶件板二维图和三维图

⌣—表示压铸件的弯曲

从俯视方向看，顶件板为四段相连且宽度不同的长方体，对称度均为 0.2mm。顶件板的形体特点是一个薄、窄、长条形的铝硅合金的压铸件，其长度为 160mm，最薄处沿长度范围内仅 1.55mm，而宽度最窄处为 10.5mm，顶件板的平面度仅为 0.1mm，可见这是一种典型易变形的压铸件。两端的“⌐”字形支脚为：一端是长 42mm×宽 19mm×厚 3mm 的长支脚，另一端是长 23mm×宽 12.5mm×厚 3.2mm 的短支脚。

薄壁和细长薄壁以及需要较大拔模力的压铸件是最容易产生变形的压铸件。影响压铸件变形的有压铸件分型面的选取、压铸件的侧向分型和抽芯以及压铸件的脱模形式。对于精度要求很高的压铸件，其重点是确保压铸件不错位的问题。特别是压铸件各处壁厚较薄并且要求均匀，而精度要求很高，这类压铸件制作的关键就是解决变形和错位的问题。压铸件变形与错位要素，也是影响精密压铸模结构的主要因素。

2.4 压铸件形体的运动与干涉要素

运动是指在压铸件成型的过程中，模具的各种机构所需要具备的运动形式；干涉是指模具机构运动时所产生的运动构件之间及运动构件与静止构件之间所发生的碰撞现象。在压铸模结构设计中，存在着多种形式的运动与干涉要素，它也是压铸件形体分析的六大要素之一，不仅影响着压铸模的结构，还影响着压铸模的正常工作，模具会因构件相互撞击而损坏，甚至造成压铸设备的损坏和操作人员的伤亡。所以，运动与干涉要素应引起模具设计人员足够的重视。运动与干涉是压铸模结构设计时不可回避的因素，也是压铸模结构设计的要点。在模具设计时，要预先排除各种运动机构可能产生的运动干涉隐患。

压铸件运动与干涉要素的寻找，比起寻找障碍体要素更有难度，因为压铸件运动与干涉要素更有隐蔽性和困难性。在一般情况下，可以通过绘制压铸件运动与干涉要素的运动分析图或运动造型，以及绘制所有运动机构的构件运动分析图或造型来找到。

2.4.1 压铸模运动形式

（1）压铸模的三种基本运动形式

压铸模存在着三种基本运动形式，即模具的分型运动、模具的抽芯运动和模具的脱模运动。再简单的压铸件成型，压铸模也需要有模具的分型运动和模具的脱模运动，才能成功地进行压铸件的成型加工。在压铸件具有侧向型孔或型槽时，还需要有侧向分型和抽芯运动。

（2）复杂压铸模的运动形式

复杂和精密压铸件，除了具有三种基本运动形式之外，还需要具有压铸件所选择运动执行机构特定的运动形式。为了便于对压铸模运动形式的确定，可以在对压铸件进行形体分析时，绘制压铸件成型要求和所选择运动执行机构的特定运动形式图来确定模具结构方案。

可见压铸模的运动形式，一是取决于压铸件成型时所必须具有的运动形式；二是取决于各运动机构动作的协调性；三是取决于所选择的运动执行机构的形式。压铸模只有完成所设计的全部规定动作后，才能实现压铸件的分型、抽芯和脱模动作。同时，各种运动机构的节奏要相互协调，否则就会出现运动干涉的现象。

压铸模本身是没有动力源的，需要从压铸机的开、闭模运动和脱模运动中获得动力。压铸模是安装在压铸机的移动模板和固定模板上，压铸模开、闭模运动就是借助压铸机移动模板的运动而实现，压铸件的脱模运动是由压铸机顶杆的运动所获得。因此可以说模具的开、闭模运动和压铸件的动模脱模运动是独立的运动。由于消耗动力和功能的是压铸机移动模板的运动，所以模具开、闭模运动是主要运动。而其他运动形式是由两处独立运动所派生的附加运动，如压铸模的抽芯运动和压铸件定模脱模运动。还有一些其他的辅助运动，如抽芯机构的限位机构运动、脱模机构的回程运动等。

2.4.2 压铸件形体运动与干涉要素的定义与种类

压铸件运动与干涉要素影响着压铸模运动形式和运动机构，由于其具有极大的隐蔽性，使我们在对压铸件进行形体分析，甚至在模具设计和造型时，很难发现压铸件运动与干涉要素。由于其破坏性很大，所以在对压铸件进行形体分析、模具设计及造型时，都应该十分仔细和慎重地寻找压铸件运动与干涉要素。

（1）压铸件成型时运动要素的定义

为了顺利地进行压铸件成型加工，压铸模运动机构必须完成压铸模结构方案规定的运动形式，这些运动机构的运动形式会影响模具结构。运动机构不同运动形式称为运动要素。即使是模具要求具有同种的运动形式，也会因运动机构选择的不同而使得模具的结构不同。

（2）压铸件运动干涉要素的定义

压铸件在成型加工时，会造成模具运动机构的构件之间发生的碰撞现象，以及模具运动机构的构件和模具静态构件之间发生的碰撞现象，统称为压铸件运动干涉要素。

压铸件的运动干涉对压铸模和压铸设备具有极大的破坏作用，但压铸件的运动干涉要素是可以采取适当措施避免的。但避免了压铸模的运动干涉，又会反过来影响到压铸模运动机构的运动形式和运动机构的结构。

（3）压铸件产生运动与干涉的种类

压铸件成型加工时产生运动与干涉要素的种类，存在着多种形式：“障碍体”形式的运动与干涉，机构运动形式的运动与干涉，运动构件与静态构件的运动与干涉，如图 2-11 所示。

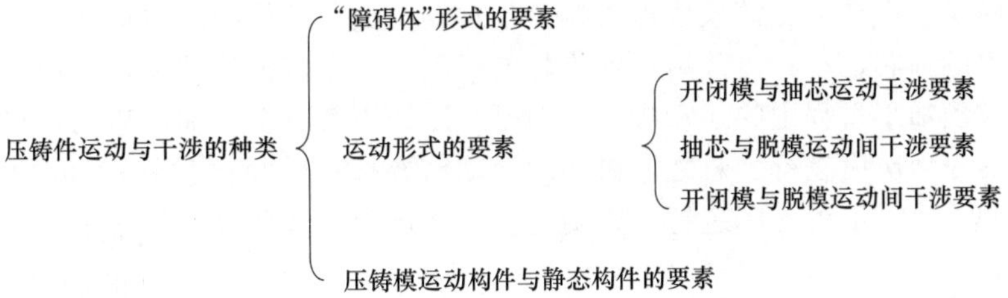

- 压铸件运动与干涉的种类
  - “障碍体”形式的要素
  - 运动形式的要素
    - 开闭模与抽芯运动干涉要素
    - 抽芯与脱模运动间干涉要素
    - 开闭模与脱模运动间干涉要素
  - 压铸模运动构件与静态构件的要素

图 2-11　压铸件成型加工时产生运动与干涉的种类

2.4.3　压铸件运动与干涉要素的分析

在对压铸件进行形体分析时，比较难发现压铸件成型时会发生的运动干涉现象，因为运动干涉要素具有极大的隐蔽性。为了避免模具和压铸设备损坏，在对所设计模具进行结构方案分析时，就应发现会发生的运动干涉现象。最好的方法就是对压铸件的形体进行运动干涉要素的分析，这样能够及时地发现存在着运动干涉的现象；最起码也要在压铸模的图样设计或造型的过程中，发现压铸件成型时存在着运动干涉的现象，此时损失的只是图样设计或造型的时间，而不至于造成模具和设备的损坏。在对压铸件形体分析时，只要能找出运动干涉要素就可以了；至于如何去解决运动干涉要素的影响，则可放到模具结构方案分析时去做。

(1) 绘制压铸件的运动与干涉要素分析图和压铸件成型运动路线分析图

在对压铸件进行形体分析时，要绘制出压铸件运动与干涉要素分析图或压铸件成型运动路线分析图。特别是对存在着“障碍体”要素的运动，以及存在着交叉运动的状况，如型孔成型的型芯抽芯超越了压铸件脱模推杆的位置时，推杆又无先复位运动的情况。通过绘制压铸件运动与干涉要素分析图或压铸件成型运动路线分析图，就可以初步发现压铸件的运动与干涉要素。找到了压铸件的运动与干涉要素，再去找解决的办法就相对容易了。

绘制压铸件运动与干涉要素分析图或压铸件成型运动路线分析图，仍不可能全部地寻找到压铸件的运动与干涉要素，还可在模具图样设计或造型时，绘制所有运动机构的构件运动分析图，从中找到压铸件运动与干涉要素。在此过程的同时，才能解决压铸件运动与干涉的现象。

(2) 压铸件“障碍体”形式运动与干涉要素的分析

找出压铸件在常规成型加工时会产生运动干涉的“障碍体”要素。为了避开“障碍体”的影响，应绘制出新形式压铸件运动与干涉要素分析图或压铸件成型运动路线图。

(3) 压铸件运动形式运动与干涉要素的分析

由于压铸件成型时，存在着模具的开闭运动、抽芯运动和压铸件脱模运动，需要将这些压铸件运动与干涉要素分析图或压铸件成型运动路线分析图绘制出来。然后，进行压铸件运动与干涉要素的分析，就可以初步确定压铸件运动与干涉要素。经过调整的压铸件运动与干涉要素分析图或压铸件成型运动路线，一般可以消除压铸件的运动干涉。再在模具图样设计或造型时，绘制所有运动机构的构件运动分析图，找到压铸模上的运动干涉要素。在压铸模设计或造型的同时，才可以全部解决压铸件运动与干涉的现象。

(4) 压铸模运动构件与静态构件的运动与干涉要素的分析

压铸模运动构件与静态构件的运动与干涉要素的分析，可在模具图样设计或造型时，绘制出所有运动机构的构件运动分析图，从而找到压铸模运动与干涉要素及解决运动与干涉现象。绘制构件运动分析图和造型，就是要将运动机构的构件运动路线、起始位置、终止位置和运动的行程绘制出来，才能将发生碰撞构件的部位确定下来。

压铸模的各种运动机构在成型加工过程中，要严格地按照规定运动机构的先后顺序进行，即由模具的合模运动，产生压铸模脱模机构复位运动及抽芯机构的复位运动；由模具的开模运动，产生压铸模的抽芯运动；由注射机的推杆的运动，产生压铸件的脱模运动。这就是压铸模的运动机构在成型加工过程中的运动排序。但是，压铸模若有多个抽芯运动，有时也要严格地按照抽芯机构的先后次序进行。总之，机构的运动需要按压铸模的机构运动分析的排序进行，要做到动作协调一致，不可无序进行，否则将会产生运动干涉现象。

2.5 压铸件上的外观与缺陷要素分析

压铸件目前已呈现出了大型化、微型化、超薄化、高精密化、复杂化和耐老化的特点，对压铸件的美观性也提出了更高的要求。特别是在日用品和家电产品上，人们对压铸件外观的要求越来越高，甚至达到挑剔的地步。如家电产品的盒与盖，不仅要求精度高，变形少，更要求外表面上不能存在着任何压铸件脱模和浇口的痕迹，不能有镶接的痕迹，盒与盖的合缝也要求极小。这就要求在压铸模设计时，采取适当措施来隐藏或消除模具结构成型痕迹。当然，“外观”要素还应该包括不能存在着压铸件成型加工的痕迹，即缺陷痕迹。这里所说的“外观”要素，仅指压铸件上模具结构成型痕迹，不包括缺陷痕迹。例如采用点浇口形式而不采用其他的浇口形式，因为点浇口的痕迹很小；如采用定模顶出的结构形式，目的是将浇口放置在压铸件的内表面上；又如不允许在压铸件上有顶出的痕迹，压铸件可采用推件板的结构形式。这样做的目的是让压铸件的外观漂亮，这就是压铸件“外观”要素。

压铸件上“缺陷”要素，也是影响压铸模结构的重要因素，“缺陷”要素可以全面地影响压铸件分型面的选取，影响压铸模抽芯机构和脱模机构的选用，影响压铸模浇注系统和温控系统的设计，直至影响整个压铸模的结构方案。考虑到成型加工的痕迹有几十种，而且这些痕迹都是缺陷痕迹，本身就不允许存在。除了外表可见的痕迹之外，还有内在微观的痕迹，如疏松、压铸件内气泡和残余应力等。特别是对一些由于模具结构因素而产生的缺陷，一定要在确定模具结构方案时加以排除。而对于一些非模具结构因素的缺陷，可以通过试模找出缺陷产生原因后采取适当措施加以消除。

2.5.1 压铸件形体“外观”要素

压铸件外表面美观性简称压铸件“外观”要素。设计压铸模结构时，不能忽视压铸件“外观”要素对模具结构方案的影响。用一句通俗的话说，压铸件“外观”要素就是要使压铸件外表面不能存在着各种各样的模具结构痕迹。但是，压铸件浇口的痕迹、模具分型面的痕迹和压铸件脱模的痕迹又是不可缺少的，特别是前两者。要避免出现这些痕迹，在设计模具结构时，应该采用适当的措施去解决导致出现这些痕迹的问题。

如何像前面的各个要素分析那样，从图样上的图形、尺寸精度和技术要求中找出压铸件“外观”要素？应该说在压铸件图样上注明压铸件“外观”要求是完全必要与必须的，因为压铸件的外观问题虽然并不会影响压铸件的使用性能，但是会影响压铸件表面的美观性，进而影响压铸件的价值。凡是用户能够看得到或手能触摸得到的形体都不允许有模具结构成型痕迹的存在。对这种技术要求的分析，就称为压铸件形体“外观”要素的分析。

到目前为止，压铸件设计人员还没有习惯将“外观”的要求标注到压铸件的图样上，并且国家、行业或企业也无相关文件规定。压铸件“外观”要素又确实是影响压铸模结构的因素之一，这就给压铸模的设计带来了难度。

压铸件“外观”要素影响着压铸件分型面的选取，影响着压铸件侧向分型面的选取及抽芯机构的设计，还影响着压铸件脱模的形式。因此，在对压铸件进行形体分析时，对压铸件“外观”要素的分析是不可缺失的内容。对压铸件“外观”要素的分析，若压铸件图样上提出了该项要求更好；若没有提出，则需要模具设计人员根据压铸件实际用途而提出。否则，模具设计会时常发生因为忽视了压铸件“外观”要素而导致压铸件不合格的现象。

［例 2-11］ 喇叭形通管外观要素的形体分析。通管三维图同［例 2-3］一样，对其进行外观要素可行性分析，如图 2-12 所示，通管形体上存在着外观要求。

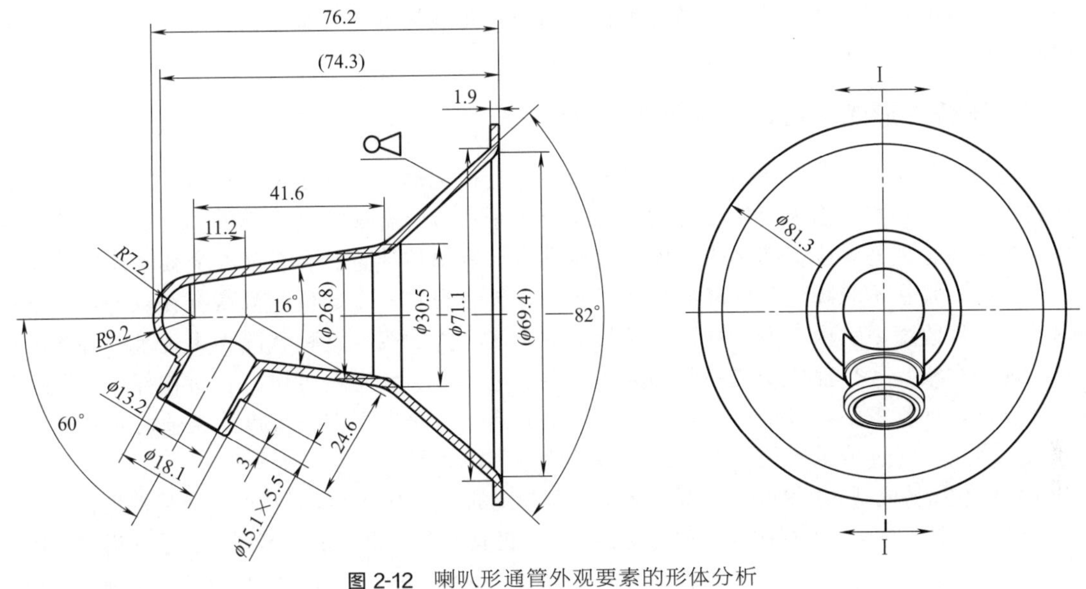

图 2-12 喇叭形通管外观要素的形体分析

—表示压铸件的型面应有“外观”要求

2.5.2 压铸件形体分析“缺陷”要素

压铸件上的模具结构痕迹影响外观，手接触时有刺痛感觉，会磨坏软质材料制品，但不会使合金件强度和刚度降低。而压铸件的成型加工痕迹（即缺陷）就不同了，缺陷不仅影响到合金件的强度和刚度，还会使压铸件产生变形，甚至开裂，当然也会影响压铸件的外观性能。有缺陷的制品就是不合格的合金件，也就是报废的制品，当然是不允许存在的。

压铸件上的“外观”和“缺陷”要素，是影响模具结构的重要因素。在制订压铸模结构方案时，必须充分地考虑到压铸件特定表面“外观”要素对模具结构的影响。压铸件特定表面上模具结构成型痕迹，是不允许存在的。而压铸件上的缺陷（即弊病）除了是影响制品美观的因素，还是影响制品强度、刚度、变形和变性的因素，更是不允许存在的。要满足压铸件上的“外观”要求，只需要将压铸件上所要求的特定表面模具结构痕迹转移到其他表面上即可。而要解决压铸件上的缺陷（弊病），则需要采用缺陷预期分析和试模的方法，找到缺陷产生的原因，再制订出根治缺陷的措施。

2.6 压铸件合金与批量要素

“合金”要素简而言之是指压铸件的所用合金材料，在压铸件图纸上会注明合金的名称或牌号及其收缩率。“批量”要素是指压铸件成型加工的产量，可分成小、中、大和特大四种产量。压铸件形体分析的“合金”要素会影响到熔体加热的温度范围、流动充模状态和冷却收缩性能。

“合金”要素还会影响压铸模的结构，影响最大的是压铸件收缩率和模具温控系统的设计。成型加工时，压铸模的定、动模和型芯是需要冷却的，压铸件的合金品种不同，压铸件收缩率和模具温控系统的结构就不同。合金品种不同，会影响模具用钢和热处理。

压铸件形体分析的“批量”要素不同，同样会影响模具的结构、模具用钢及其热处理。对于大批量和特大批量的制品，模具必须具有高寿命，所采用的模具钢需要耐磨损，所以会影响到模具是采用手动抽芯和手动脱模，还是采用自动抽芯和自动脱模？

故在进行压铸件形体分析时，一定要将压铸件形体分析的“合金与批量”要素寻找出来，以便确定模具的结构方案。若在压铸件形体分析时，不能提取“合金与批量”要素，必定会导致模具结构方案的缺失。

2.6.1 压铸件形体“合金”要素的分析

压铸模的工作温度及其调控系统，对合金液的充模流动、冷硬定型、压铸件质量和生产效率都具有重要的影响。因为任何品种的合金均有一个适合合金液流动充模的温度范围，为了将合金液控制在合理的温度范围之内，模具就必须设计有温控装置。合金液在充模和反复加工过程中的温度，是在不断降低和升高的变化过程中，导致模具各个部位的温度存在着差异，从而影响着压铸件收缩率、内应力、变形和熔接痕的强度。为了改变这种状况，出现了一种智能压铸模，就是在模具各个部位安装一些温度传感器和电热器。传感器可以将它所在部位的温度传递给计算机，计算机则可以将温度降低到某数值时启动电热器加温，温度达某值时再切断电热器电源。当然，通过传感器还可以控制熔体的流速和流量等。

压铸件在压铸成型的过程中，开始注入时模具是冷的，由于受到模具型腔中熔体温度传热的作用，模温会逐渐地升高。根据注入成型的材料不同，模具的温度也要求是不同。为了获得良好的压铸件质量，应该尽量使模具在工作过程中维持适当和均匀的温度。所以在模具设计时必须考虑用冷却装置来调节模具的温度。模温是根据合金品种、压铸件厚度、结晶性合金所要求的性能而决定。

（1）不正常模温对压铸件质量的影响

由于压铸件成型时要求模具有一定的模温，模温过高或过低都会影响压铸件的质量。模温过高会产生缩孔和溢料等缺陷；模温过低会则产生填充不足、熔接痕和表面不光洁等缺陷；模温不均匀会产生变形的缺陷；模温调整不当则会造成压铸件力学性能不良的缺陷。

（2）模温控制

压铸件成型时的温度、压力和时间三大工艺因素，就是通常所指的成型工艺条件。成型工艺条件是除合金品种型号、压铸件结构、压铸机、模具结构和压铸件成型环境之外，影响压铸件质量的主要因素之一。而成型工艺条件的温度中，包括料筒温度、喷嘴温度、注射温度（熔体温度）和模具温度。料筒温度和喷嘴温度是压铸机控制熔体的注射温度，只有模具温度才是模具设计人员需要考虑的部分。

（3）压铸件形体分析的“合金”要素与压铸件的收缩率

压铸件形体分析的“合金”要素与压铸件的收缩率，是决定模具型面和型腔尺寸的主要因素。大多数物质都具有热胀冷缩的性质，合金受热后体积会膨胀，冷却后体积又会收缩。在模具型面和型腔的尺寸设计时，应在压铸件的尺寸之上再加上合金品种的收缩量。

（4）合金与模具用钢

合金品种对模具用钢的影响很大，压铸模主要工作件在加工过程中，成型表面要经受金属液体的冲刷与内部温度梯度所产生的内应力、膨胀量差异所产生的压应力、冷却时产生的拉应力。这种交变应力随着压铸次数增加而增加，当超过模具材料所能承受的疲劳极限时，表面层即产生塑性变形，在晶界处产生裂纹即为热疲劳。成型表面还会被氧化、氢化和气体腐蚀，还会产生冲蚀磨损，金属相型壁黏附或焊合现象。如点火开关锁芯脱模时，还要承受机械载荷作用。故可选用 4Cr5MoSiV1，热处理 43～47HRC，或 3Cr2W8V，46～52HRC。

为了避免锁芯出现畸变、开裂、脱碳、氧化和腐蚀等瑕疵，可在盐浴炉或保护气氛炉装箱保护加热或在真空炉中进行热处理。淬火前应进行一次去除应力退火处理，以消除加工时残留的应力。淬火加热宜采用两次预热，然后加热到规定温度，保温一段时间，再油淬或气淬。压铸模主要工作件淬火后要进行2、3次回火，为防止粘模，可在淬火后进行软氮化处理。压铸加工到一定数量时，应该将主要成型件拆下重新进行软氮化处理。

压铸模除了要正确地进行模具结构最佳优化方案可行性分析与论证以及模具结构设计之外，合理地选择压铸模用钢与热处理，也是压铸模设计中十分重要的一环。模具的耐磨性、耐腐蚀性、加工性能和维修性能，都与模具用钢及热处理的选择息息相关，进而影响模具使用的寿命、模具制造和维修的成本、模具制造的周期。虽然模具用钢成本只占制造成本的10%～20%，但由于上述原因，模具用钢与热处理的选择确实可以决定压铸件的整体经济效益。

近几年来，由于钢材冶炼技术水平的提高，产生了许多优质高性能的钢材和先进的热处理技术，这些钢材价格上要比普通的压铸模用钢高一些，但是却比普通的压铸模用钢性能要高出很多。这样不管是模具的使用寿命，还是整体经济效益都比普通的压铸模用钢都强得多。新型模具用钢和先进的热处理技术，也是模具技术人员应该掌握的知识。常用的新型模具用钢以钨系、铬系、铬钼系和铬钨钼系热作模具钢为主，也有一些其他合金钢或合金结构钢。

用于工作温度较低的压铸模用钢，有40Cr、30CrMnSi、4CrSi、4CrW2Si、5CrW2Si、5CrNiMo、5CrMnMo、4Cr5MoSiV、4Cr5MoSiV1、4Cr5W2VSi、3Cr2W8V和3Cr3Mo3W2V等。其中，3Cr2W8V钢是制造压铸模的典型钢种，常用于制造压铸铝合金和铜合金的压铸模，与其性能和用途相类似的还有3Cr3Mo3W2V（HM1）、4Cr5Mo2MnV1Si（Y10）和4Cr3Mo2MnVNbB（Y4）钢等。

① 中耐热韧性热作模具钢。该钢种主要有5%的铬系和铬钼系热作模具钢。由于含有较多的铬、钼和钒等碳化物元素，其韧性和耐热性介于高韧性及高强性热作模具钢之间。中耐热韧性热作模具钢有4Cr5MoSiV（H11）、4Cr5MoSiV1（H13）、4Cr5W2SiV、3Cr3Mo3W2V（HM1）、25Cr3Mo3VNb（HM3）和2Cr3Mo2NiVSi（PH）等。H13钢既具有3Cr2W8V钢的高温性能，又具有5CrMnMo钢的高韧性特点，也具有较高的热硬性、热强性、抗回火稳定性、耐磨性和抗冷热疲劳性等，在锤锻模、挤压模、压铸模、模锻模等模具中有广泛应用。4Cr5MoSiV1是热作模具钢。

② 高耐热热作模具钢。主要用于在较高温度下工作的热锻模、热挤压模、铜及黑色金属的压铸模和压力机模具等。压力铸造是在高压力下将熔融的金属挤满模具型腔而压铸成型，在工作过程中模具反复与炽热的金属接触，因此，要求有较高的回火抗力和热稳定性。该类钢种有：3Cr2W8V（H21）、5Cr4W5Mo2V、5Cr4Mo3SiMnVAl、4Cr3MoW4VNb、6Cr4Mo3Ni2WV、4Cr3Mo2NiVNbB等。这类钢种的钨、钼含量较高，比前两类热作模具钢在高温下具有更高的强度、硬度，耐磨性、组织稳定性好，但其韧性和抗热疲劳性不及低耐热韧性热作模具钢。3Cr2W8V（H21）具有高的热强度和热稳定性，好的铸造性、锻造性和切削性能，热处理简单。该钢应用广泛，可制作各种热作模具钢，如热压模、热挤模和非铁合金压铸模。

2.6.2 压铸件形体分析的“批量”要素

（1）“批量”要素的影响

压铸件形体分析的“批量”要素是影响模具的结构因素之一。就压铸件的批量而言，批量小的压铸件模具在用钢方面可以选用如45钢，可以不进行热处理，批量大的压铸件模具用钢则应选用新型专用的模具钢。就模具结构而言，批量小的压铸件模具结构能简就简，而批量大的压铸件模具结构则要求具有高自动化、高效率和高寿命，甚至是智能化。可以说压铸件的批量不同，模具的结构也是不同的。压铸件的批量越大，模具的结构可以越完善和越复杂，反之，模具的结构可以简单化。

（2）模具与新型模具钢的应用

模具是由具有各种功能的机构和零部件组成，具体地说，有工作件和结构件两大类型。工作件是指直接与加工产品接触的零部件，如凸模、凹模、型腔与型芯等。结构件是指相对于工作件起到支承和连接作用的零部件，如模架、导柱、导套、定位和连接件等。对于模具工作件，要求它们具有高耐磨性、低变形性、耐腐蚀性、优越的加工性、优良耐热性和长的寿命。对于结构件，为了降低模具成本，均可以采用传统模具材料。部分工作件，如手工裱糊和喷射裱糊的成型模，由于是试制生产或单件生产或小批量生产，模具材料还可以采用非金属材料。对于小批量生产的冲压模和热作模，也可以采用传统的冷作和热作模具钢。

选用不同的模具钢材，对模具使用寿命的影响是巨大的。一般模具材料的费用是整副模具费用的10%～20%。如果对模具工作件采用新型高性能钢材，模具的费用以增加10%计算，模具使用寿命如果提高了10倍，10%的钢材费用换来10副模具，经济效益是显然易见的。哪怕使用寿命提高了1倍，等于多花10%的钢材费而多得到1副模具，经济上也是很划算的。由此可见，对于各种模具来讲，选用适当的新型模具材料及热处理方法，是取得模具最大性能、效率和经济效益的最好途径。SM1钢制作的部分模具使用寿命如表2-1所示。

表2-1 SM1钢制作的部分模具使用寿命

模具名称	原用材料	寿命	现用材料	寿命
量角器、三角尺模具	38CrMoAl	5万件报废	SM1	30万次，尚好无损
牙刷模具	45钢	43万支修模	SM1	259万支开始修模
纱管模具	CrWMn、45钢	5万次报废	SM1	40万次开始修模
出口玩具模	718、8407	—	SM1	满足出口要求
出口保温瓶模具	45钢	5万次	SM1	30万次，满足出口要求

（3）压铸件“批量”要素与压铸模的结构

压铸模的结构是依据压铸件批量而决定的，一般的情况下压铸件批量小，压铸模的结构越简单越好，如压铸件型孔的抽芯能手动抽芯，就不要设计成自动抽芯；能采用活块成型或脱模的，就不要设计成机械抽芯或机械脱模。对于中等批量的压铸件模具，可采用手动与自动相结合的方式。而对于大批量和特大批量的压铸件模具，则应该采用高度自动化、高效率和智能化模具的结构形式。

压铸件形体分析的“合金与批量”要素不太被压铸件设计人员和压铸模设计人员注意。其实“合金与批量”要素不仅影响到模具用钢及其热处理，还影响到模具的结构、价格和制造周期，故“合金与批量”也是压铸件形体分析的要素之一。如何确定压铸件形体分析的“批量”要素，需要模具设计人员深入地了解产品的市场和发展潜力，这样才能确定产品的批量情况，因为压铸件的“批量”一般在压铸件图纸上是不会做出标注或说明的。

2.7 压铸件形体“六要素”综合分析

压铸件的形体六要素的分析，开始是按照六种要素分别进行分析，最终要落实到全面的分析上。具体的形体分析过程可以逐项进行，但最后要汇总，这就是压铸件形体“六要素”综合分析。

2.7.1 六要素与十二子要素的区分

压铸件形体分析归纳为六大要素，具体又分为十二子要素，每两个子要素内容既接近又有区别。如“形体”与“障碍体”要素，它们都是属于压铸件形状方面的因素；“形体”要素只影响压铸模的型腔与型芯的形状、尺寸和数量，不会影响模具机构的运动，“障碍体”要素则反之；或者说“形体”是压铸件宏观的形状，“障碍体”要素是微观的形状。又如“型孔与型槽”要素，它们都属于压铸件上的孔和槽的形体，“型孔”为完整形状的孔，而“型槽”可以存在缺口。又如“外观与缺陷”要素，它们都是痕迹因素，“外观”要素是指模具结构成型痕迹，是可以保留的痕迹，只是不允许遗留在有外观要求的表面上；“缺陷”要素是指缺陷痕迹或弊病痕迹，是不允许存在的痕迹。又如“运动与干涉”要素，它们都有关于运动的因素；“运动”是指模具机构单一运动的形式，如分型运动、抽芯运动、脱模运动和辅助运动，“干涉”是指两种运动发生了运动碰撞的结果。又如“合金与批量”要素，“合金”要素是指压铸件的合金材料的型号，而“批量”要素是指压铸件在一定时间中的产量。

2.7.2 压铸件形体六要素综合分析图解法

为了便于对压铸件形体六要素分析和检验，可以采用图解法。具体是在压铸件的 2D 零件图上，将寻找到的要素用要素符号标注在图上。有关尺寸最好也能标注。如型孔或型槽，可在孔或槽的尺寸线下方注以型孔或型槽的符号；“障碍体”，可在障碍体的高度尺寸线下方注以障碍体的符号。对于没有尺寸的要素，只需要标注要素符号就可以了。

2.7.3 压铸件形体要素综合分析示例

压铸模的设计依据压铸件的形状、尺寸和特征进行，那么压铸件的形状、尺寸和特征必定存在着决定压铸模结构的一些因素。压铸件形体分析存在六大要素（十二子要素），这是在总结归纳压铸件的形状、尺寸和特征的基础上得到的。模具结构设计的第一步就是要进行压铸件的形体分析，只要将压铸件的形体分析透彻和完整了，才会设计出好的压铸模结构。

[例 2-12] 仍以喇叭形通管为例进行综合分析。如图 2-13 所示，通管形体上存在着：ϕ26.8mm×16°×(41.6+R7.2) mm 及 ϕ69.4mm×82°×(74.3−R7.2−41.6) mm 的锥形孔；ϕ13.2mm×60°×24.6mm 的斜向孔；ϕ15.1mm×5.5mm 的型槽；ϕ18.1mm×60°凸台和 ϕ30.5mm、ϕ71.1mm 和 ϕ81.3mm 弓形高“障碍体”；外观要求和大批量要素。

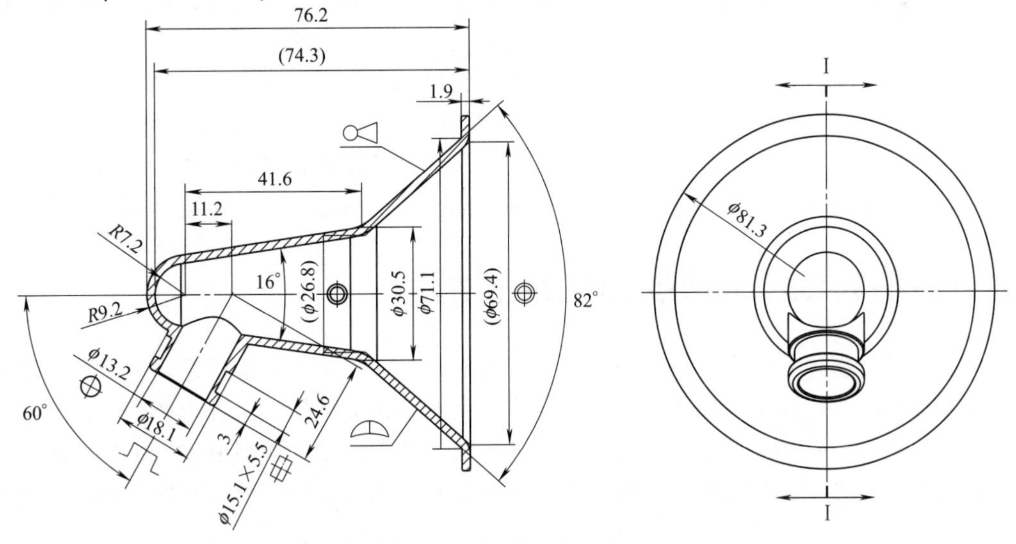

图 2-13 喇叭形通管综合要素的形体分析

—表示锥孔要素；—型槽要素；—凸台障碍体要素；

—弓形高障碍体要素；—压铸件的型面应有外观要求

第3章

压铸件上的痕迹与痕迹技术的应用

压铸件上压铸模结构成型痕迹，是压铸件在成型加工过程中压铸模的结构烙印在熔融合金上的痕迹，简称压铸模结构痕迹，如分型面痕迹、浇口痕迹、顶杆脱模痕迹、抽芯痕迹、镶接痕迹和压铸模构件加工痕迹（包括机械加工、电火花和线切割痕迹）等。压铸模结构痕迹是熔融合金进入压铸模构件配合间隙中冷凝后所形成的痕迹，是眼睛能够看得见，并且具有一定的形状、位置、大小和特征的痕迹。

压铸件成型加工痕迹，简称缺陷痕迹或弊病痕迹，包括流痕、熔接痕、缩痕、银纹、喷射痕、变色、翘曲（变形）和裂纹等几十种痕迹。缺陷痕迹是具有不规则形状、位置、大小和特定特征的痕迹，它们大多数的形状、位置和大小是眼睛能够看得见的，只有少数缺陷痕迹是看不见的，如应力痕、疏松和气泡。缺陷痕迹特征与压铸模结构痕迹有着明显的区别，不同缺陷痕迹之间的区别也是特别大的。只要掌握了缺陷痕迹的特征，区分各种缺陷痕迹并不难。

根据压铸模结构痕迹的特征，就能区分出各种类型压铸模结构的痕迹；利用压铸模结构痕迹的特征，就能确定、验证压铸模的结构，还能复制和修复压铸模以及确定压铸模构件的加工工艺方法。针对因压铸模结构而产生的缺陷痕迹，就可以采用预期分析的方法，以达到预防压铸件上产生缺陷痕迹的目的。这便是我们提倡的以预防为主、整治为辅的根治缺陷痕迹的方针。利用压铸模结构痕迹和缺陷痕迹，还可以进行压铸模设计审核和缺陷整治的网络服务。这些内容就是利用压铸件上的压铸模结构成型痕迹和成型加工痕迹，进行痕迹运用的技术。

3.1 压铸件上的压铸模结构成型痕迹

痕迹是物质、物种和时间遗留下来的信息，人们通过捕捉到的痕迹信息，可以研究许多物质之间的关系和联系，揭示物质的真相。工业成型痕迹是在成型加工过程中产生的，压铸件成型痕迹只是压铸模型腔和型芯成型痕迹中的一种，其实还有注塑件成型痕迹，压塑件成型痕迹和成型件成型痕迹等。型腔模具的型腔和型芯成型痕迹应用也十分广泛，其理论和应用由笔者首次提出。

压铸件上的成型痕迹，是压铸件在成型加工过程中所形成的压铸模结构痕迹和成型加工痕迹的总称。利用这两种痕迹，可以为压铸模结构方案制订和压铸模设计论证及缺陷整治提供参考。

压铸件成型痕迹是一种专门的技术语言，只有通晓这种技术语言的人才能破译和诠释它。知晓成型痕迹语言的人，当他见到一个压铸件时，不需要看到该压铸件的压铸模实物或图纸，就能一眼识别出哪处痕迹是压铸模浇口的痕迹；哪些痕迹是压铸模分型面的痕迹；哪些痕迹是压铸模抽芯的痕迹；哪些是压铸模顶杆的痕迹；对这些模具结构痕迹归总后就能知晓整体压铸模结构。之后，再进一步对压铸件的缺陷痕迹进行分析，就能够识别和判断这些缺陷痕迹产生的原因和整治的方法。

3.1.1 分型面的痕迹

分型面是压铸模动、定模的结合面，侧面分型面是压铸模侧面抽芯时的结合面。因此，分型面痕迹是在压铸件成型加工过程中，熔融合金进入了动、定模结合面间缝隙中冷凝后遗留的痕迹。当压铸模动、定模结合面处制造极精密时，结合面之间缝隙极小，便很难见到具有凸起线状的分型面痕迹。分型面的痕迹可以用眼观察并测绘出来。不管哪种形式的压铸模，都是由压铸模的型腔来成型压铸件。以压铸模型腔成型的压铸件，必须将模腔开启后才能取出压铸件，这样压铸模就必须以分型面将模腔分成动模和定模两个部分，压铸模动、定模开启后才能取出压铸件。分型面一般处于压铸件外形的轮廓转接处，即压铸件正投影外缘处，是一种呈凸起线状封闭的几何形状。盘的分型面痕迹如图 3-1 所示。

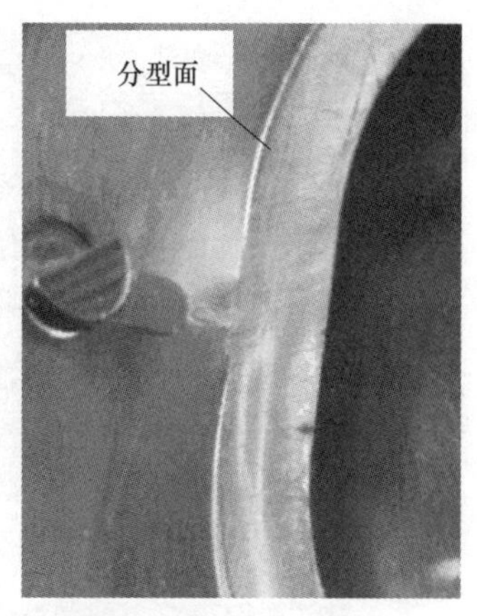

图 3-1 盘的分型面痕迹

3.1.2 浇口的痕迹

浇口痕迹是压铸件在成型加工过程中，熔融合金进入了模腔入口处冷凝后脱浇口冷凝料的痕迹。由于浇口具有多种形式，如点浇口、直接浇口、侧浇口、扇形浇口、宽薄浇口、护耳浇口、环形浇口、伞形浇口、盘形浇口、轮辐式浇口、爪形浇口、阻尼式浇口、微型浇口和二次浇口等。只有熟悉各种浇口的形状和尺寸特点，才能正确地判断各种浇口痕迹。浇口的冷凝料最好要保留在压铸件上，这样观察才最直接。如去除了浇口冷凝料，会造成判断失误，便不好判断出浇口的类型。浇口痕迹，可以通过眼睛观察到并测绘出来。锁扣浇注系统侧浇口冷凝料痕迹，如图 3-2（a）所示；盘的浇注系统直接浇口冷凝料痕迹，如图 3-2（b）所示。

(a) 锁扣浇注系统冷凝料痕迹

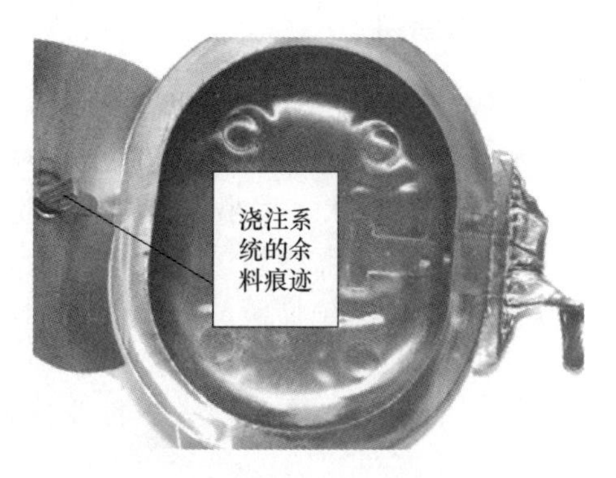

(b) 盘的浇注系统冷凝料痕迹

图 3-2 浇口的痕迹

3.1.3 抽芯的痕迹

压铸件抽芯痕迹一般处于压铸件型孔、型槽或压铸件障碍体处。抽芯痕迹由两种痕迹组成，一是由于压铸模型芯滑块运动所产生的摩擦痕迹，二是压铸件上遗留着型芯滑块与滑槽配合间隙中冷凝料的痕迹。抽芯存在多种形式，如外抽芯、内抽芯、斜抽芯和二次抽芯等，根据抽芯痕迹可以确定抽芯形式。抽芯痕迹，可以通过眼睛观察到并测绘出来。凸台与型孔抽芯痕迹，如图 3-3（a）所示；孔与凸缘抽芯痕迹，如图 3-3（b）所示；斜滑块抽芯痕迹，如图 3-3（c）所示；平行二圆孔与凸缘抽芯痕迹，如图 3-3（d）所示；平行的方、圆形孔与凸缘抽芯痕迹，如图 3-3（e）所示。

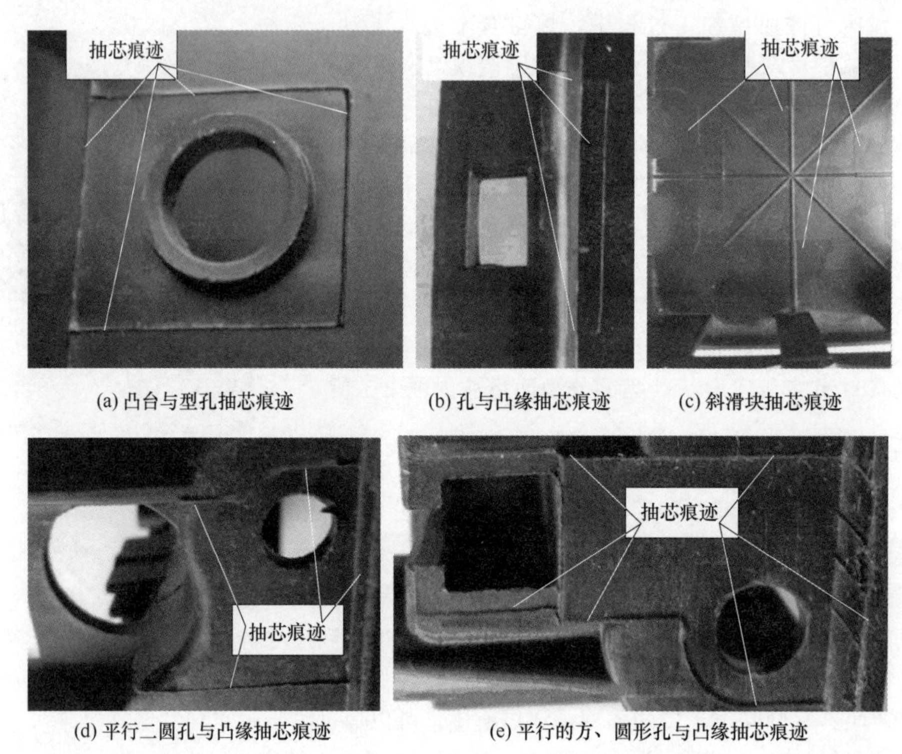

(a) 凸台与型孔抽芯痕迹　(b) 孔与凸缘抽芯痕迹　(c) 斜滑块抽芯痕迹

(d) 平行二圆孔与凸缘抽芯痕迹　(e) 平行的方、圆形孔与凸缘抽芯痕迹

图 3-3　抽芯的痕迹

3.1.4 脱模的痕迹

脱模的痕迹是压铸模在顶脱压铸件时，由脱模构件在压铸件上遗留的冷凝料痕迹。其中以顶杆和推管脱模的痕迹最为清晰，顶杆痕迹能够直接反映出顶杆的形状、大小、位置和数量。脱模板的痕迹是不容易观察到的，脱模位置在镶嵌的金属件上时不存在脱模的痕迹，手动脱模时也不存在脱模的痕迹。脱模痕迹可以通过眼睛观察到并测绘出来。压铸件大顶杆脱模痕迹如图 3-4 所示。

图 3-4　压铸件大顶杆脱模痕迹

3.1.5 活块和镶嵌的痕迹

活块是压铸件在成型加工前放入压铸模之

中的（金属）构件，压铸件在脱模后，需要取出放在压铸件中的活块。镶嵌件是自始至终固定在压铸件中的构件。在成型加工过程中，有些压铸件形体需要采用活块或镶嵌件进行成型。那么，在活块或镶嵌件与压铸模载体之间的配合缝隙中，一定会遗留熔融合金冷凝料的痕迹。活块和镶嵌的痕迹具有一定的形状、尺寸和位置，可以通过眼睛观察到并测绘出来。活块和镶嵌的痕迹，如图 3-5 所示。

图 3-5　镶嵌件痕迹

3.1.6　其他类型的痕迹

在成型加工过程中，压铸件表面还会出现加工纹、飞边、毛刺、磨损痕和碰伤等痕迹。

① 加工纹痕迹。由于压铸模型面要采用车、铣、磨、电火花、线切割、研磨、化学腐蚀和电镀等工序进行加工，各种加工工具在加工过程中所产生的纹痕就会烙印在压铸模型面上。于是这些纹痕就遗留在压铸件的表面上，我们就可以根据压铸件的表面上的加工纹痕判断出压铸模型面的加工工艺。

② 飞边、毛刺和磨损痕。产生的原因，一是压铸模构件在加工时配合面间产生了较大的间隙；二是压铸模使用时间过长，导致配合面间运动磨损，产生了较大的间隙。于是在压铸件成型加工过程中，这些纹痕就会遗留在压铸件表面上，可在压铸件表面通过眼睛观察到。飞边如图 3-6 所示。

图 3-6　飞边

压铸件在成型加工过程中，熔融的合金会将压铸模工作型面的一切状况全面而真实地烙印在压铸件上，于是在压铸件的表面就会出现各种压铸模结构的痕迹。利用这些压铸模结构痕迹，既可还原压铸模的结构，还可以为压铸模结构方案的制订、审核、克隆设计和制造及复制提供有力的物证。这种利用压铸模结构痕迹的技术，就称为压铸件痕迹技术，利用压铸件痕迹技术去分析和解释压铸模结构设计和缺陷形成和整治的理论，就是压铸件痕迹学。有了压铸件痕迹技术和痕迹学，就能诠释压铸件在成型加工过程中的全部机理和现象以及压铸模的结构原理。

3.2　压铸件上的成型加工痕迹

在成型加工过程中，压铸件除了具有压铸模结构成型的痕迹之外，还具有成型加工的痕迹或称缺陷痕迹或弊病痕迹。缺陷痕迹有的是因压铸件设计不当而产生的；有的是因压铸模结构设计不当而产生的；有的是因浇注系统选择不当而产生的；有的是因加工工艺方法不当所产生的；有的是因加工参数选择不适当而产生的；有的是因所用材料型号和质量及添加剂不当而产生的；有的是因前置处理或后处理不当而产生的；还可能因设备、加工环境等原因所产生。其中对压铸模影响最大的，是因压铸件设计、压铸模结构设计和浇注系统设计不当所产生的原因。因为在这种情况下是需要修改压铸模或推倒现有压铸模结构方案，再重新进行压铸模结构的设计和制造，才能消除这些缺陷痕迹。有时不仅要重新设计压铸模，甚至还要重新设计压铸件。对于非压铸件结构、非压铸模结构及非浇注系统所产生缺陷痕迹，只要通过试模，找出缺陷产生的原因，再改进合金品种质量、配方、工艺方法、加工参数、设备、加工环境和压铸件前后处理等措施后便可消除，不会造成压铸模的修理和重制。

压铸件缺陷的种类很多，缺陷形成的原因也是多方面的，这与压铸机的结构、性能（如压射力、压射速度、增压和增压时间、液压冲击波等）和正常工作状态、模具结构的合理程度、压铸工艺参数的选用、合金熔炼的质量以及压铸操作等多种因素有关。要消除压铸件的种种缺陷，首先必须识别缺陷类型，并要找出产生缺陷的原因，才能迅速准确地采取有效的排除措施。压铸件常见缺陷分析和改善措施介绍如下。

3.2.1 压铸件表面冷格与冷格贯穿（并有金属流痕迹）

特征：如图 3-7 所示，合金熔体未完全融合，产生清楚的不良分界，分界深度达 1mm 以上，分界边缘是圆滑的。金属冷接，搭接。

（1）产生原因

① 合金熔体温度太低。

② 模温过低。

③ 通往压铸件进口处流道太浅。

④ 压射比压太大，致使金属流速过高，引起金属液飞溅。

（2）采取措施

① 保证正确的合金熔体温度，检查温控装置。

② 保证正确的模温，可增加热电管数量或功率，使用模温机。

③ 加深浇口流道。

④ 减少压射比压。

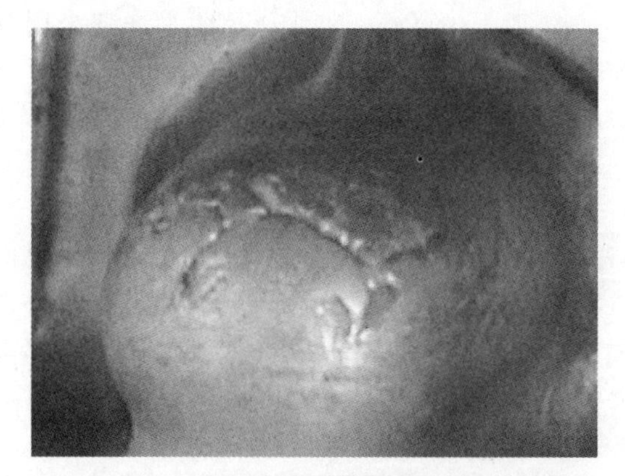

(a) 压铸件冷格

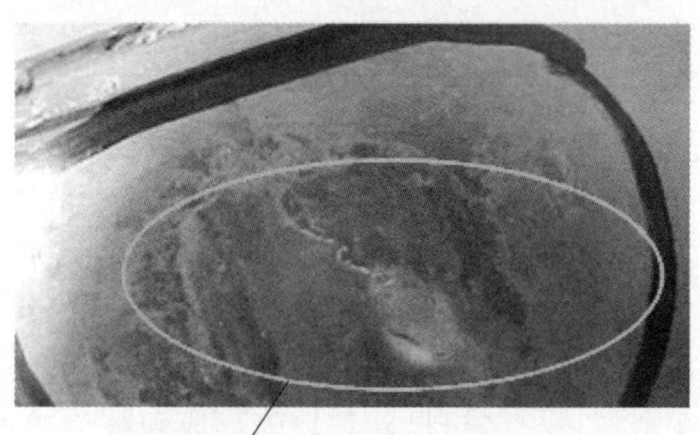

冷格贯穿

(b) 冷格贯穿

图 3-7 冷格与冷格贯穿

3.2.2 压铸件表面细小的凹印和顶凸痕迹

特征：在压铸模表面出现的一些细小凹印和顶凸出物。如图 3-8 所示。

（1）产生原因

① 表面粗糙。

② 型腔内表面有划痕。

（2）采取措施

① 抛光型腔。

② 更换型腔或电镀后补充加工。

3.2.3 压铸件表面划痕或凹坑、裂纹、扣裂

特征：在压铸件部分型面上出现裂纹。如图 3-9 所示。

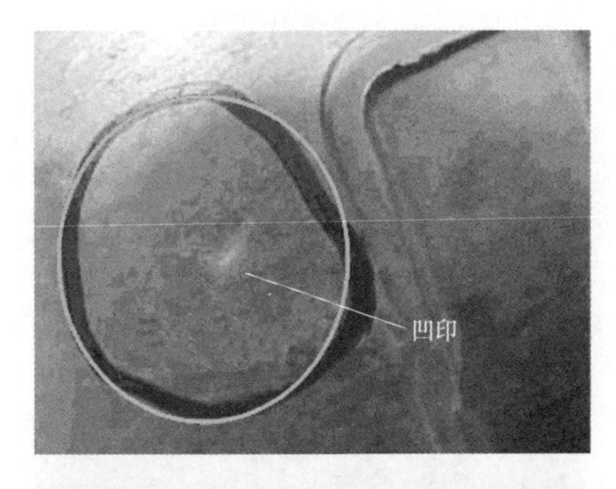

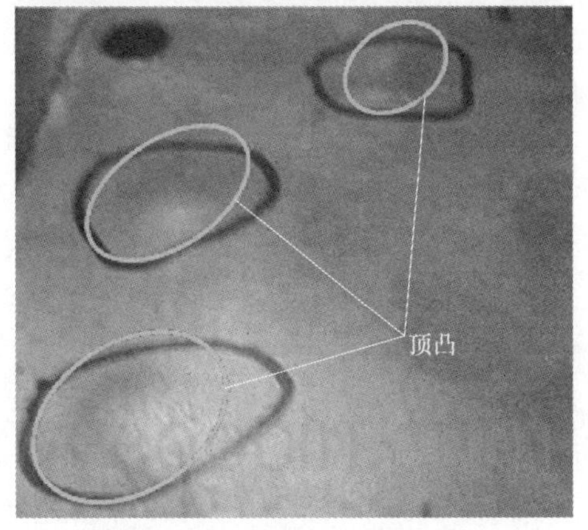

图 3-8　压铸件表面上凹印和顶凸

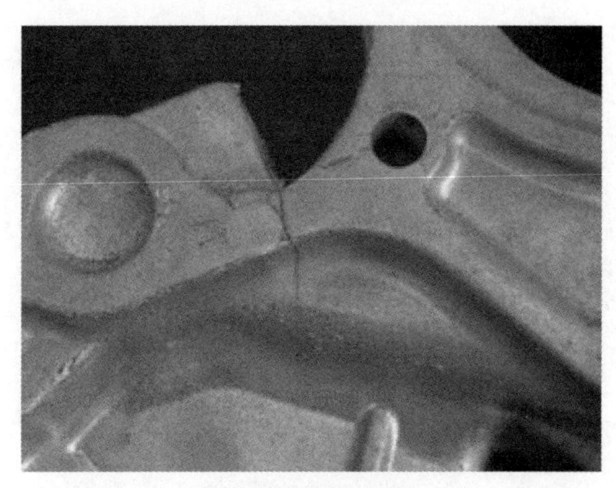

(a) 压铸件剪裂与剪崩

(b) 模裂纹

图 3-9　压铸件表面上划痕或凹坑、裂纹、扣裂

(1) 产生原因

① 表面粗糙。

② 型腔内表面有凹痕或裂纹。

(2) 采取措施

① 抛光型腔。

② 更换型腔或修补。

3.2.4　压铸件表面推杆印痕、表面不光洁、粗糙

特征：压铸件表面出现推杆脱模印痕，表面粗糙。

(1) 产生原因

① 推件杆（顶杆）太长。

② 型腔表面粗糙，或有杂物。

(2) 采取措施

① 调整推件杆长度。

② 抛光型腔，清除杂物及油污。

3.2.5　压铸件表面裂纹或局部变形

特征：压铸件表面出现了裂纹，压铸件形状出现了不符合图纸要求形状和位置的误差。热裂是在压铸件具有穿透和不穿透的弯曲性裂纹，开裂处存在氧化皮。冷裂在压铸件具有穿透和不穿透的弯曲性裂纹，开裂处金属表皮未氧化。如图 3-10 所示。

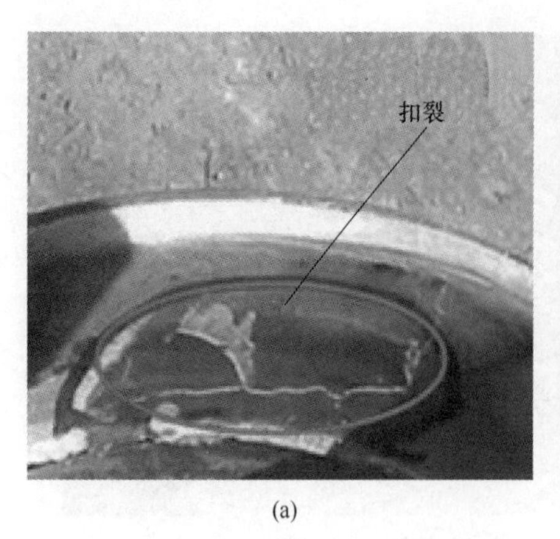

(a)

(b)

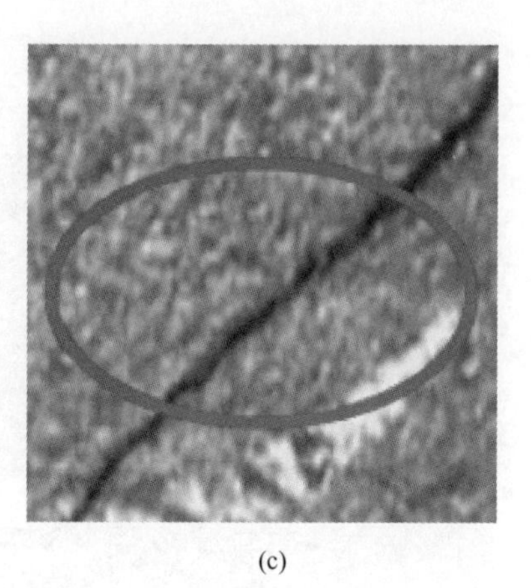

(c)

图 3-10　压铸件表面扣裂、热裂和冷热

(1) 产生原因

① 顶料杆分布不均或数量不够，受力不均。

② 推料杆固定板在工作时偏斜，致使一面受力大，一面受力小，使产品变形及产生裂纹。

③ 铸件壁太薄，收缩后变形。

(2) 采取措施

① 增加顶料杆数量，调整其分布位置，使铸件顶出受力均衡。

② 调整及重新安装推杆固定板。

3.2.6　压铸件内有气孔产生

特征：压铸件壁内气孔一般呈圆形或椭圆形，具有光滑的表面，一般是发亮的氧化皮，有时呈油黄色。X射线检测和目视检查可以识别，加工面存在着气孔。这种气孔是压铸件内部产生球状的比较大的孔穴。见图3-11。

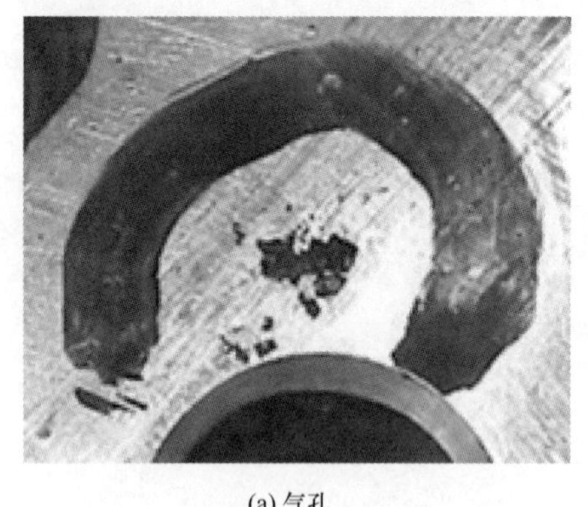

(a) 气孔

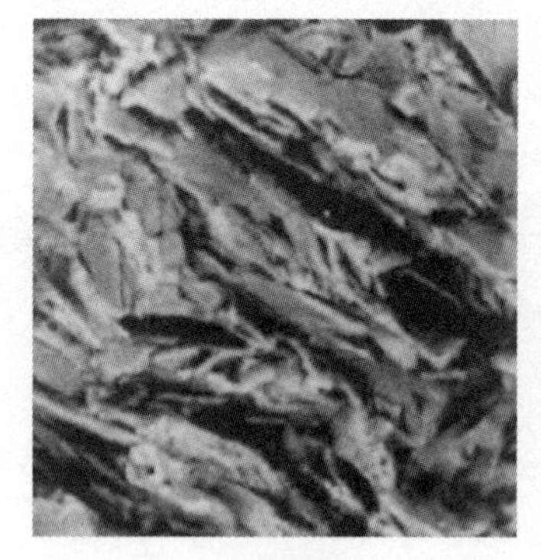

(b) 氧化膜

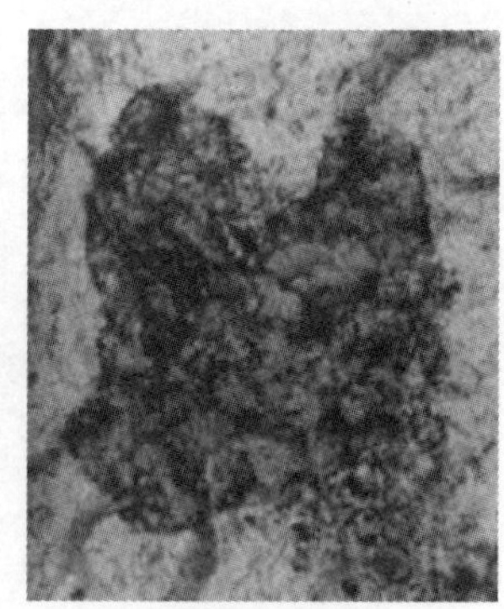

(c) 氧化膜扩大

图 3-11　气孔、氧化膜

(1) 产生原因

① 合金熔体注入温度太高。

② 合金熔体熔炼工艺不当或净化度不足。

③ 合金熔体流动方向不正确，压铸件型腔发生正面冲击，产生涡流，将空气包围，产生气泡。

④ 内浇口太小，金属液流速过大，在空气未排出前过早地堵住了排气孔，使气体留在压铸件内。

⑤ 动模型腔太深，通风排气困难。

⑥ 排气系统设计不合理，排气困难。

(2) 采取措施

① 保持正确的浇注温度。

② 完善熔炼净化工艺，干燥净化炉料。

③ 修正分流锥太小及形状防止造成与金属流对型腔的正面冲击。

④ 适当加大内浇口。

⑤ 改进模具设计。

⑥ 合理设计排气孔，增加空气穴。

3.2.7 压铸件表面气孔

特征：这种气孔是压铸件内部产生球状的小孔穴。如图 3-12 所示。

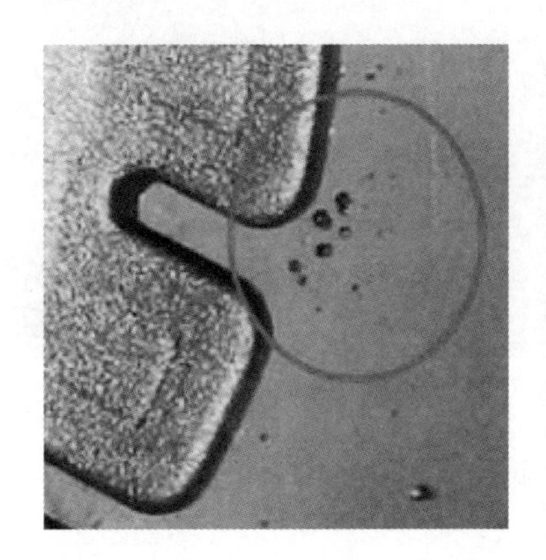

图 3-12 压铸件表面气孔

(1) 产生原因

① 润滑剂太多。

② 排气孔被堵死，气体排不出来。

(2) 采取措施

① 合理使用润滑剂。

② 增设及修复排气孔，使其排气通畅。

3.2.8 压铸件表面缩孔

特征：合金熔体凝固时的收缩，造成铸件表面产生凹坑痕或呈暗色的孔洞。如图 3-13 所示。

图 3-13 压铸件表面缩孔

(1) 产生原因

① 压铸件凝固收缩时压射压力不足。

② 溢流槽容量不足或溢口太薄。

③ 压铸件工艺性不合理，壁厚薄变化太大，金属液温度太高。

④ 合金熔体温度过高。

⑤ 立式压铸机的冲头返回太快。

（2）采取措施

① 提高压射比压。

② 改正溢流槽结构，加大溢口深度。

③ 在壁厚的地方增加工艺孔，使之薄厚均匀。

④ 降低金属液温度。

⑤ 保证一定的持压时间。

3.2.9 压铸件外轮廓不清晰、成型不良、局部欠料

特征：型腔的一部分没有填充熔体，凝固后形状的一部分缺失实体或型孔不完整。如图 3-14 所示。

(a) 压铸件成型不良

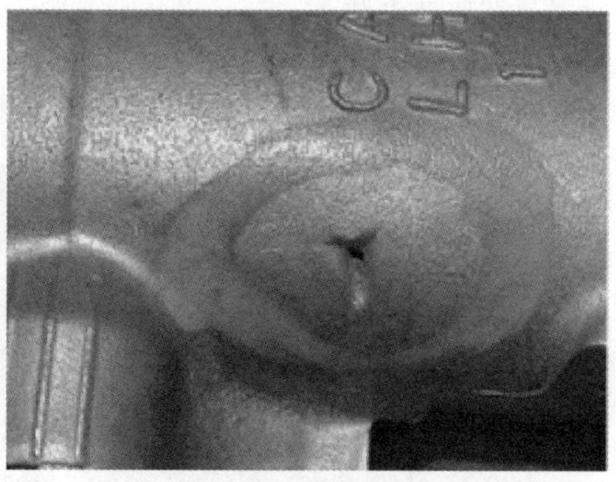

(b) 压铸件型孔不完整

图 3-14 压铸件成型不良和型孔不完整

（1）产生原因

① 压铸机压力不够，压射比压太低。

② 进料口厚度太大。

③ 浇口位置不正确，使金属发生正面冲击。

（2）采取措施

① 更换压铸比压大的压铸机。

② 减小进料口流道厚度。

③ 改变浇口位置，防止对铸件正面冲击。

3.2.10 压铸件部分未成型、型腔充不满

特征：模具型腔未充满合金熔体，导致压铸件有部分实体缺料。如图 3-15 所示。

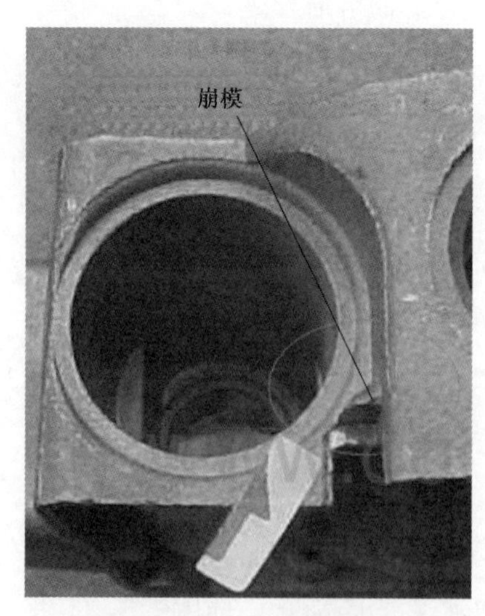

图 3-15 压铸件填充不足

（1）产生原因

① 压铸模温度太低。

② 金属液温度低。

③ 压机压力太小。

④ 金属液不足，压射速度太高。

⑤ 空气排不出来。

(2) 采取措施

① 提高压铸模，金属液温度。

② 更换大压力压铸机。

③ 注入足够的金属液，减小压射速度，加大进料口厚度。

3.2.11 压铸件锐角处充填不满

特征：压铸件的锐角处缺料，形状不完整。

(1) 产生原因

① 内浇口进口太大。

② 压铸机压力过小。

③ 锐角处通气不好，有空气排不出来。

(2) 采取措施

① 减小内浇口。

② 改换压力大的压铸机。

③ 改善排气系统。

3.2.12 压铸件结构疏松、强度不高

特征：压铸件金属组织不紧密（疏松），导致压铸件强度低。

(1) 产生原因

① 压铸机压力不够。

② 内浇口太小。

③ 排气孔堵塞。

(2) 采取措施

① 改换压力机。

② 加大内浇口。

③ 检查排气孔，加以修整通气。

3.2.13 压铸件内含杂质（夹杂物、渣眼、夹渣）

特征：在压铸件表面和组织内部含有形状不规则的杂物孔穴，导致压铸件力学性能降低。如图 3-16 所示。

(1) 产生原因

① 炉料不净有杂质。

② 合金熔体净化不足或熔渣未除净。

③ 舀取合金熔体时带入熔渣及氧化物。

④ 合金成分不纯。

⑤ 模具型腔不干净。

⑥ 涂料中石墨夹杂过多。

(2) 采取措施

① 确保炉料干净。

② 合金净化，选用便于除渣的熔剂。

③ 防止熔渣及气体混入勺内。

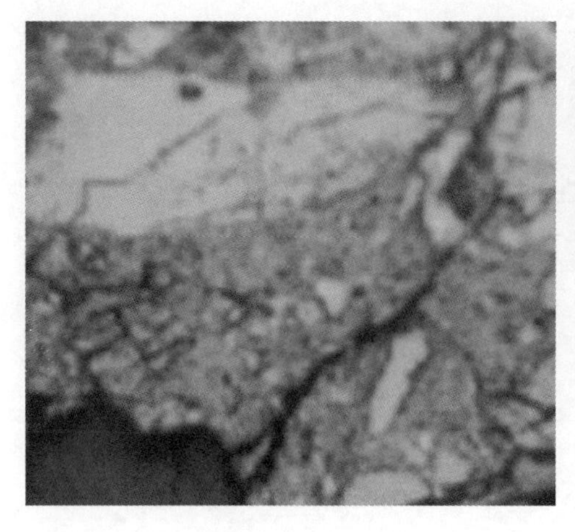
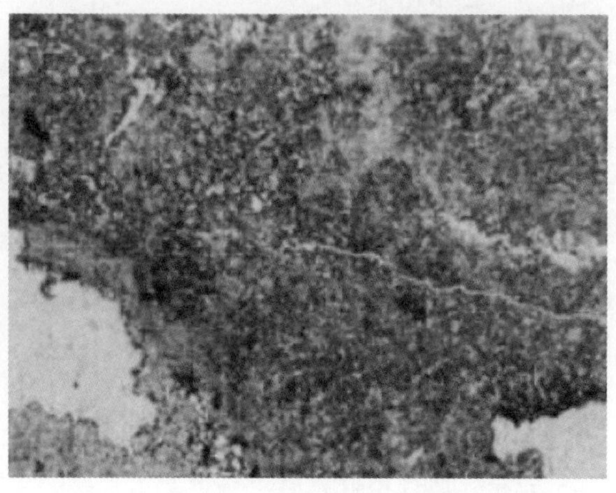

图 3-16　卷入渣滓

④ 更换合金。

⑤ 清理模具型腔，使之干净。

⑥ 以石墨作涂料时必须纯净并要拌匀。

3.2.14　压铸过程中金属液溅出（渗豆）

特征：压铸件在加工过程中，熔融合金溅出模腔。渗豆是压铸件空洞内部存在着带有光泽的豆粒状渗出物，其化学成分与压铸件本体不一致，但接近共晶成分。如图 3-17 所示。

（1）产生原因

① 动、定模间密合不严密，间隙较大。

② 锁模力不够。

③ 压机动、定模板不平行。

（2）采取措施

① 重新安装模具。

② 加大锁模力。

③ 调整压铸机，使动、定模相互平行。

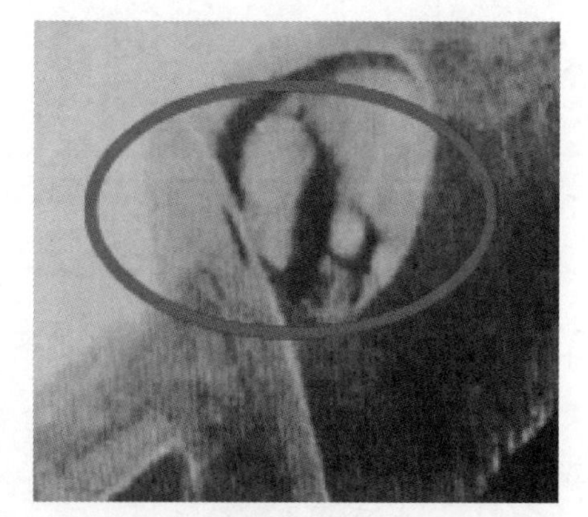

图 3-17　渗豆

3.2.15　粘模（拉模）

特征与检查方法：沿开模方向压铸件表面呈现条状的拉伤痕迹，有一定深度，严重时为面状伤痕。另一种是金属液与模具产生黏合、黏附而拉伤，以致压铸件表面多料或缺料，目视检查可以识别。如图 3-18 所示。

（1）产生原因

① 模腔表面有损伤（压塌或敲伤）。

② 脱模方向斜度太小或倒斜。

③ 顶出时不平衡，顶偏斜。

④ 浇注温度过高，模温过高导致合金液产生黏附。

⑤ 脱模剂效果差。

⑥ 铝合金成分含铁量低于 0.6%。

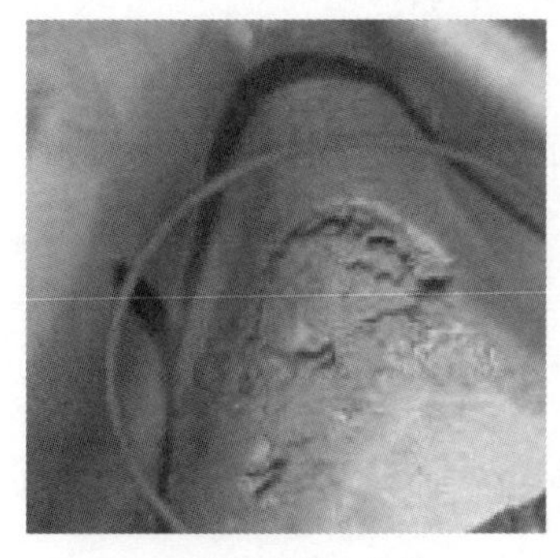

(a) 压铸件粘模、拉模

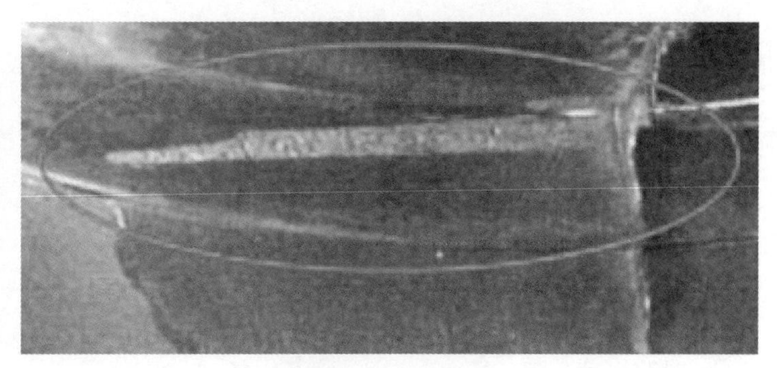

(b) 压铸件扣模、拉模

图 3-18　压铸件粘模、扣模和拉模

⑦ 型腔粗糙度大，模具工作件硬度偏低。

(2) 采取措施

① 修理损伤的模具表面。

② 加大模具工作型面的脱模角度。

③ 改进脱模机构的顶杆数量和分布位置。

④ 控制合金熔融温度和模具温度（增加模具冷却系统）。

⑤ 选用优质品种和适合加工合金的脱模剂。

⑥ 选用优质铝合金。

⑦ 修理模具型腔，改正型腔粗糙度，采用新型压铸类模具钢材和热处理方法。

3.2.16　烧结

特征：压铸件表面因合金熔体附着而产生的实体缺失和粗糙面。如图 3-19 所示。

(1) 产生原因

合金熔体过热。

(2) 采用措施

① 清除粘铝，研磨工作型面。

② 降低合金熔体温度。

③ 改变浇口的位置和方向。

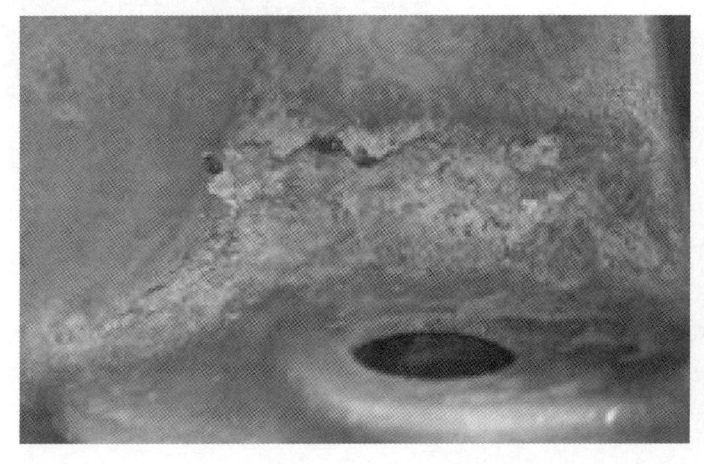

图 3-19　烧结

3.2.17 变形

特征：压铸件失去了原有的形状，使得部分型面得不到加工。如图 3-20 所示。

(1) 产生原因

① 压铸件脱模方向反向或脱模角过小。

② 压铸件收缩过大。

(2) 采用措施

① 增大模具工作表面的脱模角。

② 增加顶杆数量。

图 3-20 变形

3.2.18 挂铝

特征：压铸件脱模时表面产生的拉伤和缺局部实体、表面粗糙。如图 3-21 所示。

(1) 产生原因

① 合金熔体温度高，压铸件局部表面未凝固。

② 压铸件收缩不均匀。

③ 模具工作型面脱模斜度较小。

(2) 采用措施

① 加强模具冷却系统的效果。

② 扩大模具工作型面的脱模斜度，提高模具工作零部件的硬度。

③ 及时清除模具工作型面的异物。

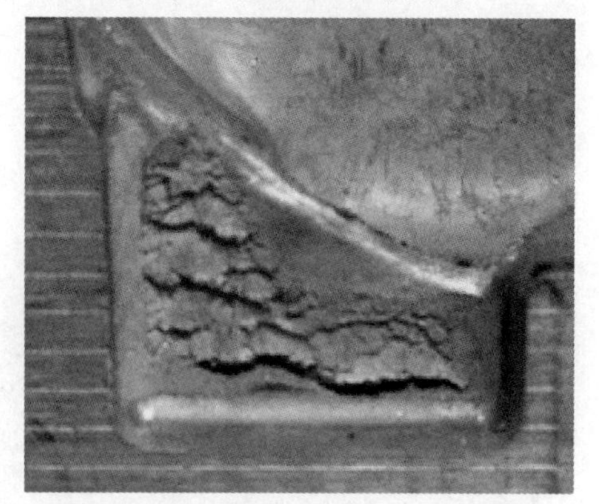

图 3-21 挂铝

3.2.19 皱纹

特征：合金熔体没有完全融合所产生浅的皱纹，深度在 1mm 以下。如图 3-22 所示。

(1) 产生原因

① 合金熔体温度低，造成流动性差。

② 压铸件形状断面变化大，合金熔体填充方向不适当，造成残留气体的进入。

③ 空气排出不畅。

④ 型腔内气体残留有异物。

⑤ 冷却水渗漏。

(2) 采取措施

① 提高合金熔体温度。

② 增加壁厚，保持壁厚均匀性，降低模具型面粗糙度值，模具型腔脱模斜度为 3°～5°。

③ 改变浇口和分流道截面的形状。

④ 改善模具排气结构。

⑤ 改善模具冷却系统。

图 3-22 皱纹

3.2.20 缩裂

压铸件内部发生缩裂状态的孔穴，在铸件组织内部可以看到树枝状的晶体。如图 3-23 所示。

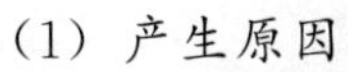

(1) 产生原因

① 压铸件壁厚不均匀，造成合金熔体凝固收缩量不一致。

② 合金熔体流动方向不适当。

③ 空气排出不顺。

(2) 采取措施

① 改正压铸件壁厚。

② 改变浇口形式和方向。

③ 增加或加大模具排气系统。

3.2.21 流痕和花纹

特征：压铸件表面上有与金属液流动方向一致的条纹，有明显可见的与金属基体颜色不一样的无方向性纹路，无发展趋势。如图 3-24 所示。

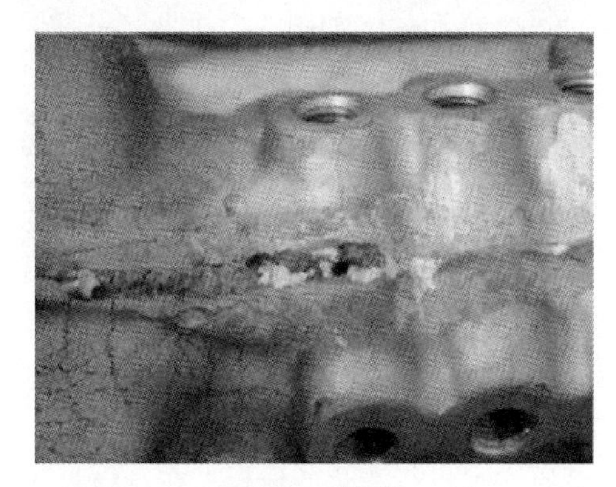

图 3-23 缩裂

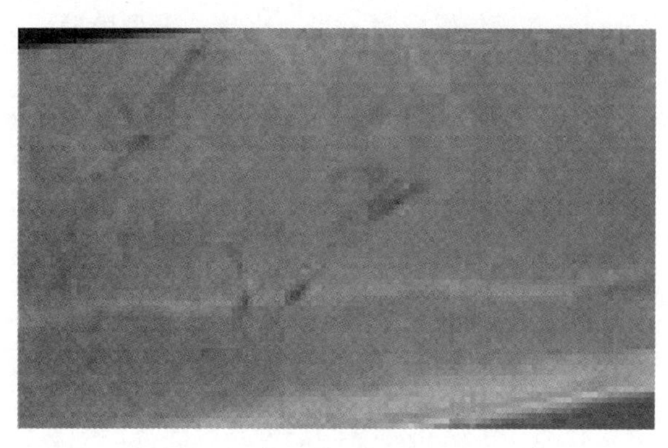

图 3-24 流痕

(1) 产生原因

① 模温过低。

② 浇注系统不合理，浇道设计不良，浇口位置不良，深度太浅。

③ 料温过低。

④ 填充速度低，填充时间短。

⑤ 压射比压太大，致使金属流速过高，引起金属液飞溅。

⑥ 排气不良。

⑦ 喷雾不合理。

(2) 采取措施

① 保证正确的模温。

② 改正浇道和截面形式，改变浇口位置和深度。

③ 保证正确的料温。

④ 加大填充速度，延长填充时间。

⑤ 减少压射比压。

⑥ 改善喷雾。

3.2.22 摩擦烧蚀

特征：压铸件表面在某些位置上产生粗糙面。如图 3-25 所示。

(1) 产生原因

① 压铸模浇道的位置方向和形状不当。

② 压铸模工艺浇道处金属液冲刷剧烈部位的冷却不够。

(2) 采取措施

① 改正浇道的位置、方向和截面形状。

② 改善压铸模冷却系统。

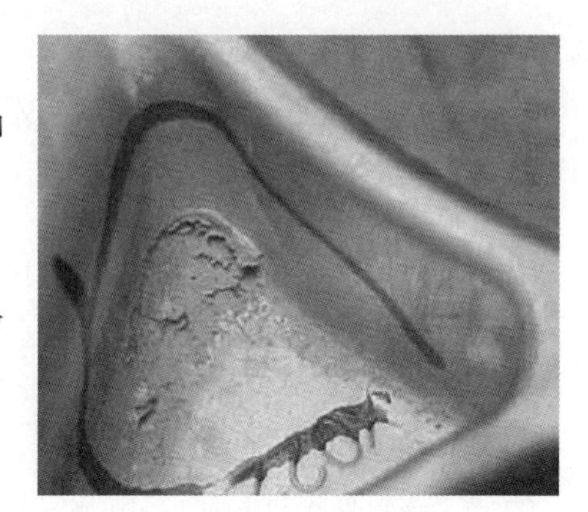

图 3-25 摩擦烧蚀

3.2.23 冲蚀

特征：压铸件局部位置有麻点或凸纹，经过抛光可以抛平，但有时在粗皮位置有凹坑，位置多发生在浇口附近区域。如图 3-26 所示。

(1) 产生原因

① 浇道位置设置不当，直接冲击型腔壁。

② 浇口填充方向不正确。

③ 冷却条件不好。

(2) 采取措施

① 改正浇道位置。

② 改正浇口方向。

③ 改善压铸模冷却系统。

图 3-26 冲蚀

3.2.24 异常偏析

特征：压铸物的肉厚部分和凝固慢的部分形成的溶质元素进行浓化的偏析。在铸物表面推出时是逆偏析。如图 3-27 所示。

(1) 产生原因

压铸物的最后凝固部位处，低熔点组成的溶质浓化熔液因压力被挤出时而发生。

(2) 采取措施

① 保持压铸工艺参数正确（熔体温度、铸造压力和模具温度）。

② 保持正确的压铸件形状。

③ 选用正确的压铸方案。

④ 选定合格的合金化学成分。

⑤ 添加 Ti、TiB_2 等结晶微细化材料。

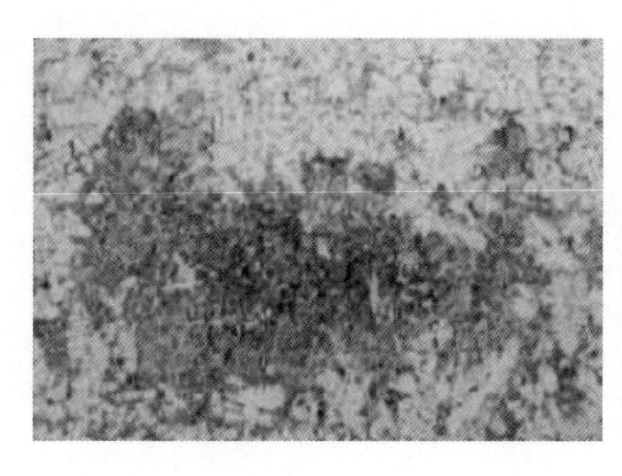
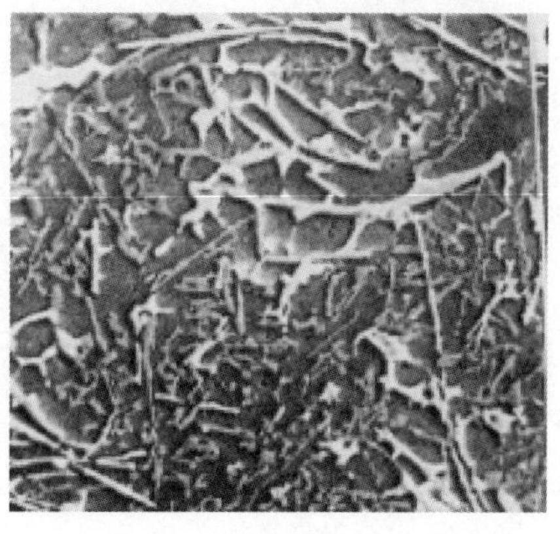

图 3-27 异常偏析部分微细组织

3.2.25 破断冷硬层

特征：在压铸组织中存在直线状或圆弧状界面的急冷组织。如图 3-28 所示。

（1）产生原因

射出料缸内注入的熔融合金接触型腔壁形成凝固层，因注射破碎混入模腔内形成冷硬层。

（2）采取措施

① 控制料缸内注入的熔融合金凝固层的生成。

② 设定熔融合金温度的高温。

③ 缩短射出时间（从舀取熔融合金开始到射出开始的时间）。

④ 提高射出料缸内的填充率。

⑤ 使用断热系润滑剂。

⑥ 选择正确的合金化学成分。

⑦ 改变流道截面形状、浇口深度。

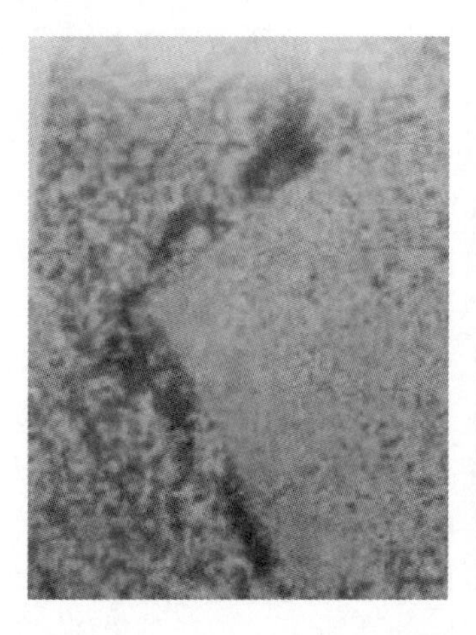
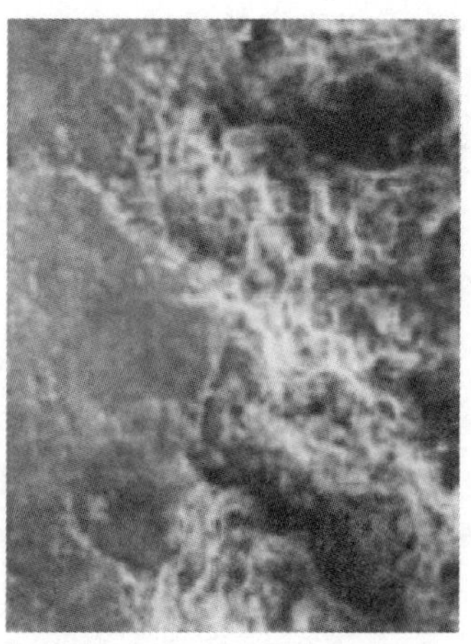

图 3-28 破断冷硬层

3.2.26 飞边与披锋

特征：压铸件分型面处或活动与镶嵌部分凸出多余的金属薄片。如图 3-29 所示。

(1) 产生原因

① 压铸模没有锁死。

② 模具滑块损坏或锁紧零件失效。

③ 滑块与镶件磨损或配合间隙不当。

④ 模具刚度不够造成变形。

⑤ 分型面未清理干净。

⑥ 胀形力大于锁模力。

(2) 采取措施

① 检查合模力与增压情况。

② 调整增压机构，使压射峰值降低。

③ 检查模具是否损坏。

④ 清理干净模具分型面。

⑤ 更换合模力较大的压铸机。

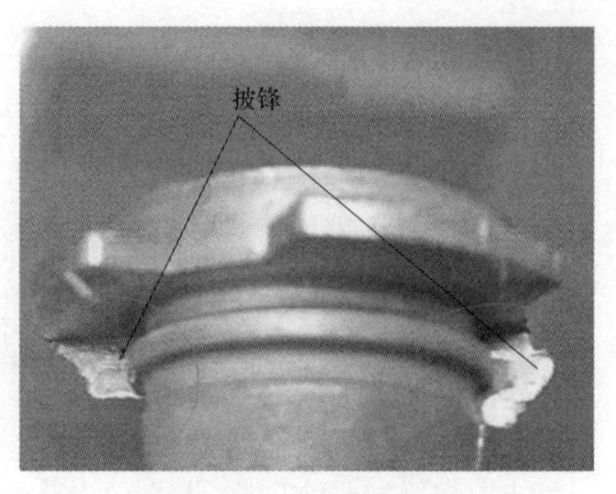

图 3-29 飞边与披锋

3.3 压铸模最终结构方案与压铸件上缺陷痕迹综合整治技术

压铸件上的缺陷痕迹是不允许出现的痕迹，这是因为压铸件上缺陷痕迹不仅会影响制品的美观性，也会影响到压铸件力学性能和非力学性能，还会影响到压铸件的化学性能、电性能和光学性能以及其他的性能，进而影响压铸件的使用性能。

压铸件成型的目的，一是要确保压铸件的形状、尺寸和精度的合格；二是确保压铸件的性能符合使用要求；三是确保压铸件不出现次品和废品。第一个主要是依靠压铸模结构和制造精度来保证，第二个主要是依靠合金材料的性能和质量及加工来保证，而第三个主要是依靠压铸件缺陷的综合整治来保证。压铸件在成型的过程中，都会存在着各种各样的缺陷（弊病），这是不争的事实，也不以个人的意志所转移。压铸件上的缺陷综合整治技术，就是应用辨证的方法来综合整治合金件上缺陷的一种理论。

压铸件上产生缺陷的因素是多种的，如何迅速而准确地找到缺陷产生的原因，并制订出整治的措施，这就是我们必须要做的事情。因此，寻找这种治理压铸件上缺陷的方法就显得特别重要。整治压铸件上的缺陷是一种涉及多门学科和多种技术的综合性技术，而缺陷的形成、缺陷产生原因的分析及整治方法，更是属于一种科学的辨证方法。只有将缺陷产生与整治的因果关系科学地处理好，才会有完善的缺陷痕迹整治成果。有了压铸件缺陷的综合辨证论治的理论，便可以对缺陷的形成有清晰的认识，这样就为后面的压铸件缺陷的综合辨证施治创造有利的条件。

3.3.1 压铸件缺陷综合整治方法的分类

压铸件缺陷的综合辨证论治和辨证施治，存在着先期预防和后期整治两种方法。先期预防是在试模之前，或者说是在制订压铸模结构方案的同时，甚至是在压铸件结构设计的同时，就需要预先对压铸件进行缺陷预期分析；这样才可以有效地规避压铸模结构设计的失败，缺陷预期分析是一种主动的整治方法。后期的压铸件缺陷的整治，是指在试模时对所发现的压铸件上缺陷进行整治；这种方法不能有效规避压铸模结构设计的失败，这种方法是一种被动的整治方法。

压铸件缺陷预期分析可分成两种，一种是用压铸模计算机辅助工程分析（CAE）对压铸件缺陷的进行预期分析方法，简称 CAE 法；另一种是压铸件缺陷图解预期分析的方法，简称图解法。压铸件缺陷的整治是在压铸件试模之后，对已经形成的缺陷进行整治的方法，也有两种方法，一是排查法或排除法，另一种是痕迹法。不管是CAE法和图解法，还是排查法和痕迹法，都需要丰富的缺陷分析和整治经验。

压铸件上的缺陷预期分析方法和试模之后的缺陷整治方法，统称为压铸件缺陷综合辨证整治的方法，也可称为压铸件缺陷综合辨证论治，简称缺陷综合论治。缺陷综合辨证整治法由CAE法、图解法、排查法（或排除法）和痕迹法所组成，这样就可以形成系统而全面的整治缺陷方法。

CAE法和图解法，主要是针对压铸件进行缺陷的预测分析，通过预测分析可以预先去除压铸件因压铸模结构产生的缺陷。进而可以根据分析的结论改进压铸件和压铸模的结构，还能影响到压铸模浇注系统的形式、尺寸、位置和数量以及压铸模结构方案的制订。

（1）CAE法

压铸模计算机辅助工程分析（CAE）方法，简称CAE法。CAE法是通过计算机利用已有的压铸件三维造型，对熔体注射的流动过程进行模拟操作。该法可以很直观地模拟出注入时实际熔体的动态填充、保压和冷却的过程，并定量给出压铸件成型过程中的压力、温度和流速等参数，从而为修改压铸件结构、压铸模结构和浇注系统设计以及为设置成型工艺参数提供科学的依据。

CAE法是在确定压铸模浇口和浇道的尺寸和位置、冷却管道的尺寸、布置和连接方式后，对熔体进行填充，还可以通过反复变换分型面的形式和浇注系统的形式、尺寸、位置和数量，得到不同的熔体流动和充模效果，从而找出对应压铸模结构的一种方法。CAE法主要可以预测注入后压铸件可能出现的翘曲变形、熔接痕、气泡和应力集中等潜在缺陷，并可以代替部分的试模工作。对于其他类型的缺陷和成型工艺方法，目前的软件还不具备分析能力。现今开发的该类软件较多，使用者可根据自己的条件适当地进行选择。

由于该种方法存在着某些的不足和局限性，不能主动调整压铸件在压铸模中的摆放位置、分型面的形式和浇注系统的形式、尺寸、位置和数量，需要人为地进行调整，但该技术还处在不断地完善之中，很多成型方法和缺陷的类型无法进行预期分析。

（2）图解法

压铸件的缺陷痕迹图解分析法，简称图解法。压铸件缺陷的预期分析图解法是在绘制了压铸件2D零件图的基础上，根据浇口的形式、尺寸、位置和数量，绘制出熔体料流充模和排气的路线图，熔体流量和流速分布图及熔体汇合图，内应力和温度的分布图，据此分析出缺陷形成的形式、特征和位置的一种方法。该法可以进行合金熔体温度分布预期分析，合金收缩的预期分析，排气时气体流动状态预期分析，内应力分布的预期分析，从而可以进行各种缺陷的预期分析。图解法可以是单个成型加工参数分析图，也可以是综合参数分析图。对外露的缺陷痕迹应绘制压铸件的缺陷痕迹分析图，而对压铸件内部的缺陷痕迹应采用解剖的方法或进行X射线透视的方法，并绘制压铸件内部的缺陷痕迹分析图来进行分析。

图解法原理与CAE法相同，区别只是运用了2D图形进行缺陷的分析。CAE法不能分析的缺陷和成型加工方法，图解法都能进行有效的分析，当然，CAE法能分析的缺陷，图解法也能进行有效的分析。故其分析范围宽，不受程序和软件的限制，分析方法灵活，但需要丰富的缺陷分析经验。

CAE分析方法和图解分析法两者相结合，才是很好的缺陷预案分析方法。缺陷预期图解分析法，可以运用在压铸件、压塑件、注塑件及所有型腔模成型的成型件缺陷的分析，还可以分析成型件所有的缺陷。该法是笔者新创的方法，还有待于推广和开发，只不过是没有运用计算机软件进行分析而已。当然，也可编制软件在CAD图上进行缺陷预期分析。

（3）排查法

缺陷排查法或排除法，是先归纳出影响压铸件缺陷产生的各种因素，然后，用排查的方式一项一项地梳理产生缺陷的因素，最终找出真正产生缺陷原因的一种方法。因为影响压铸件产生缺陷的因素是多种的，可以逐步排除掉不会影响缺陷产生的因素，留下的便是产生缺陷的因素。在缺陷排除过程中，为了提高效率，可以采用优选法进行。再通过对比的方法，找出真正产生缺陷的因素，从而可以确定整治缺陷的措施。这种方法是逐项地排查和试模，其效果缓慢，过程长，对经济性和试模周期会产生不良的影响。具体排除过程要根据对压铸件上出现的缺陷，先列出可能产生缺陷的所有原因，然后进行各个原因的逐项排查。目前常在生产中使用，只是尚未有人总结而已。

（4）痕迹法

缺陷痕迹法是利用压铸件上的缺陷痕迹，再通过压铸成型痕迹技术的切入，直接找出产生缺陷原因的一种方法，简称痕迹法。压铸件上缺陷，一般是以痕迹的形式表现出来，故可以根据痕迹的形状特征、色泽、大小和位置上的区别，通过痕迹法的准确识别，迅速地找出产生缺陷的原因，进而可以很快地确定整治缺陷的措施。

痕迹法的针对性强、准确性高，并且查找迅速，可以极大地减少试模的次数，但是只有掌握丰富的缺陷痕迹经验的人才能使用痕迹法。为了使缺乏缺陷痕迹经验的人也可以运用痕迹法，需要制定出压铸成型痕迹技术规范文本及行业标准。规范文本中有产生各种缺陷痕迹的图片或照片，规范出各种缺陷痕迹的定义、形式和特征以及处理的方法，只要人们对照规范文本就能立即认出压铸件上的缺陷，找出缺陷产生的原因和整治的措施。该法是笔者新创的方法，目前该法还不够成熟，特别是在还没有制定出压铸件缺陷规范文本的情况下，会造成读者不能很轻松地运用痕迹法。

上述四种缺陷整治的方法，CAE法和图解法显然是在缺陷的预测分析时使用。通过预期分析，可以在确定压铸模结构最终方案的同时，就剔除压铸件上因压铸模结构所产生缺陷。一般压铸件上可能出现的翘曲变形、熔接痕、气泡和应力集中缺陷，用CAE法进行预测分析比较成熟。而其他缺陷就必须运用图解法来进行分析，是因为CAE软件没有其他缺陷分析的编程软件。缺陷的预测分析不可能将所有缺陷都剔除掉，这是因为人们的主观意识和实际情况总是存在着出入。只有通过试模才能发现压铸件上现存的缺陷，有了缺陷就必须整治。而缺陷痕迹技术分析法是从压铸件上的缺陷痕迹入手，针对性强，并且准确迅速，因此，应该先使用痕迹技术分析法进行整治。缺陷痕迹技术分析法无法解决的缺陷，才使用缺陷排查法。

综上所述，综合缺陷分析法是一项全面而科学的技术分析辨证方法，可独立采用不同方法进行缺陷分析，也能联合进行缺陷分析和整治，更能相互验证分析的结论。这些分析方法具有实际的可操作性。压铸件上的缺陷问题应受到关注，不积极主动地解决，或消极被动地掩盖，是不可取的。例如遥控器盒上的熔接痕处治不了，就用油漆一喷了事。如此的做法，不仅增加了工序，浪费了资源，还污染了环境。喷油漆从表面是掩盖了问题，但由于熔接痕是压铸件强度最薄弱的地方，而该处如果正好是受力最大的位置，那压铸件就会出现破裂的现象。

3.3.2 压铸件上模具结构痕迹应用

当压铸件提供了样件时，可以根据样件上模具结构成型的痕迹去分析模具的结构，为我们自己的模具结构设计提供模具结构的实物依据。因为样件上模具结构的痕迹是在实际加工过程中，模具结构在样件上的真实反映，熔融合金会将模具零部件的间隙、加工的纹路等烙印在样件上。当然，以样件上模具结构的痕迹作为模具结构方案分析的参考物时，最好是应用没有经过修饰的样件，这样的样件才最真实地反映了其加工过程中全部内容，不会引导我们误判。

［例 3-1］ 喇叭形通管样件模具结构痕迹分析。如图 3-30 所示，喇叭形通管清楚地存在着分型面痕迹、点浇口痕迹、顶杆痕迹、锥形孔和圆柱孔抽芯的痕迹，其中锥形孔和圆柱孔的痕迹为型芯与喇叭形通管型孔抽芯过程中的摩擦痕迹。有了这些模具结构的痕迹，就能清楚压铸模的结构。这些模具结构的痕迹告诉我们如何对喇叭形通管进行分型，如何设计浇注系统，如何设计抽芯机构，如何设计脱模机构，对设计好压铸模有着很大的帮助。对于复杂的压铸件，仅依靠压铸样件上模具结构的痕迹来确定模具的结构还是不够的，如果再应用压铸件形体与模具结构方案可行性分析，那就全面了。因为模具结构的痕迹有时会误导我们做出错误的判断。

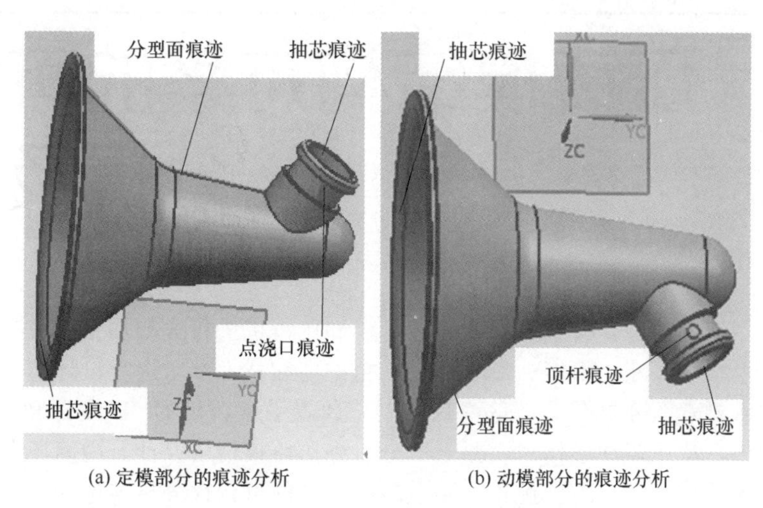

(a) 定模部分的痕迹分析　　(b) 动模部分的痕迹分析

图 3-30　喇叭形通管样件模具结构痕迹分析

［例 3-2］ 点火开关支架样件模具结构痕迹分析，如图 3-31 所示。支架样件定模部分的模具结构痕迹分析，如图 3-31（a）所示，在支架样件定模部分造型上可以清晰地看见样件上溢料槽冷凝料和分型面的痕迹，还可以见到型孔抽芯时型孔与型芯的摩擦痕迹。支架样件动模部分模具结构痕迹分析，如图 3-31（b）所示，在支架样件动模部分可以清晰地看见样件上溢料槽冷凝料和分型面的痕迹，也可以见到型孔抽芯时型孔与型芯的摩擦痕迹，还可以看见溢料槽冷凝料上顶杆的痕迹。有了这些模具结构烙印在样件的痕迹，我们就能还原支架样件的模具结构方案，克隆或复原支架样件的模具结构。

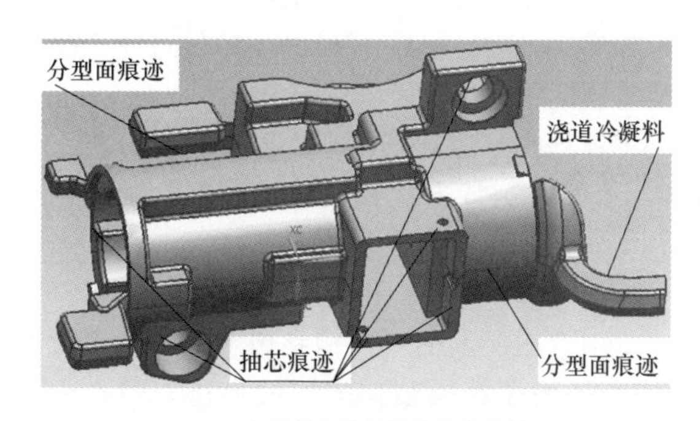

(a) 定模部分模具结构痕迹分析

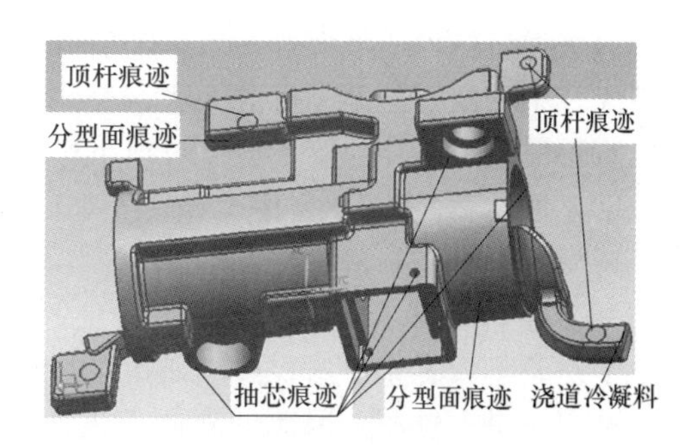

(b) 动模部分模具结构痕迹分析

图 3-31　点火开关支架样件模具结构痕迹分析

第4章

压铸模结构方案的可行性分析及论证

压铸件是使用熔融的金属合金，并依靠压铸模和压铸机进行成型加工而得到的。压铸模则是依据压铸件的形状、尺寸、精度、形状位置、粗糙度和技术要求进行设计的。那么，经过对压铸件的形体“六要素”分析之后，是否就可以立即着手压铸模的2D设计和3D造型呢？答案是不可以。因为，从压铸件形体“六要素”分析到压铸模结构设计，中间还存在一个过渡阶段，这就是压铸模结构方案、最佳优化方案及最终方案的可行性分析与论证。

进行压铸模结构方案的可行性分析和论证的目的，就是管控和规避压铸模失败的风险，确保压铸模整体结构的可行性。压铸模结构方案可行性分析、压铸模最佳优化结构方案可行性分析和压铸模最终结构方案可行性分析，有了这三种压铸模结构方案的分析方法，还可反过来检查压铸模方案正确与否，这就是压铸模结构的论证。

4.1 压铸模结构方案与成型痕迹可行性分析与论证

在提供了压铸样件的前提下，可利用压铸件上的模具结构成型痕迹来确定模具结构的方案。在对压铸件上的成型痕迹进行识别的基础上，再针对压铸件上的模具结构成型痕迹进行分析，然后依据压铸件成型痕迹技术确定压铸模结构方案；同时，还需要根据压铸件可能产生缺陷的情况，采用缺陷预测分析的方法，最终调整压铸模的结构方案。

以拉手压铸模设计为例，通过对拉手样件上压铸模结构痕迹和形体“六要素”的分析，找到了拉手显性“障碍体”“型槽”和“外观”要素，从而可制订出压铸模结构方案，并顺利地进行压铸模的设计与制造。

(1) 拉手的形体分析

拉手是豪华大客车上的零件。如图4-1中A—A剖视图所示的斜向槽是旅客上车时手拉的位置，可用来借力登车。因此，斜向槽表面上不能有任何压铸模结构成型的痕迹，即正面有“外观”要求。拉手的正面面对乘客，也不能存留任何压铸模结构成型的痕迹。成型斜向槽外沿锐角处型芯（剖面线处）是一处显性“障碍体”，影响拉手的脱模。拉手的背面，还有两处2×M5-6H“螺孔”。

(2) 拉手上压铸模结构成型痕迹分析

如图4-2所示，根据拉手样件上压铸模结构痕迹的辨别和分析，可以得出以下结论。

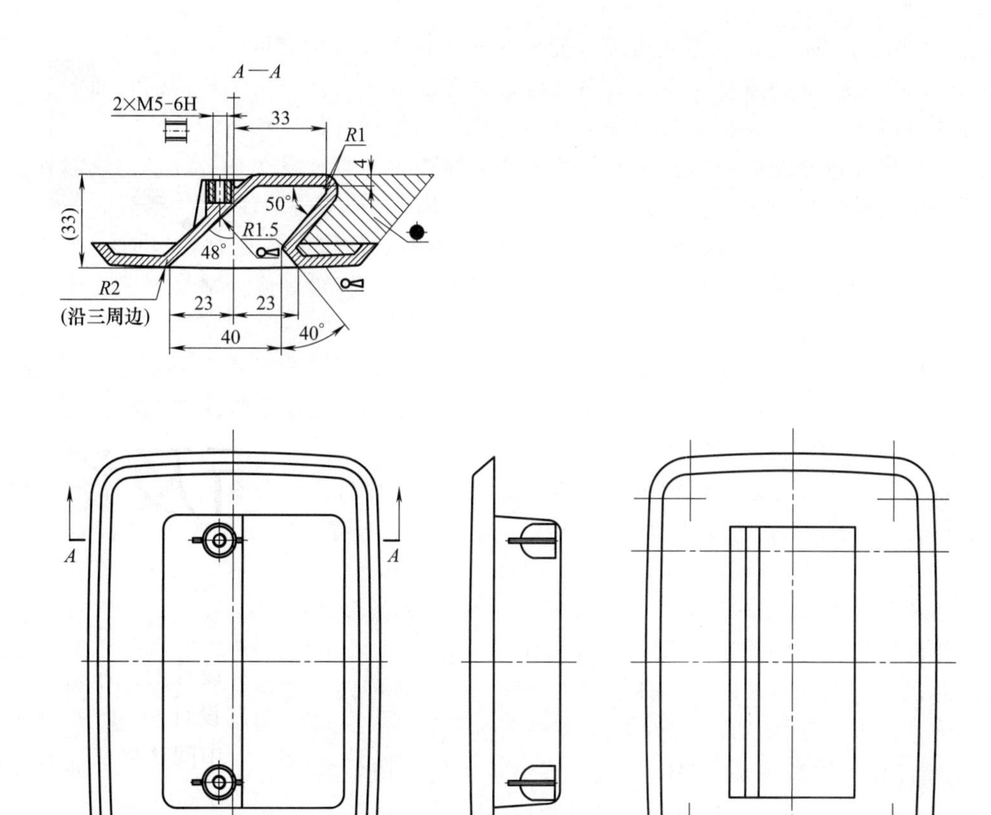

图 4-1　拉手形体分析

—显性“障碍体”；—“螺孔”；—“外观”

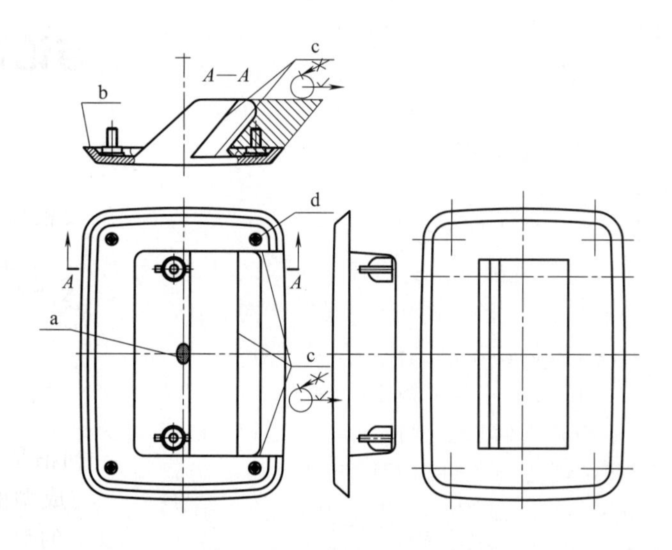

图 4-2　拉手压铸模结构痕迹分析

—实线圆表示显性“障碍体”，带“×”箭头线表示在压铸件预设脱模的方向存在“障碍体”，不能正常脱模，带“√”箭头线表示改变脱模方向后，“障碍体”便不存在，压铸件能够正常脱模；a—扳断直接浇道冷凝料痕迹；b—分型面痕迹；c—拉手槽外缘处显性“障碍体”抽芯痕迹；d—顶杆痕迹

① 分型面的痕迹：b 是分型面痕迹，分型面 b 在拉手样件的背面上。

② 浇口的痕迹：a 是直接浇道冷凝料痕迹，直接浇道 a 痕迹在拉手样件的背面上。

③ 顶杆的痕迹：d 是顶杆痕迹，顶杆 d 痕迹也在拉手样件的背面上。

说明了直接浇道冷凝料与顶杆痕迹同处于拉手的背面。通常浇注系统处于定模部分，可以得出拉手的背面处在定模板上。如此，压铸模脱模机构也是定模脱模的结构形式。

④ 拉手槽的抽芯痕迹：抽芯痕迹不是在正面拉手槽的位置上，而是在背面拉手槽锐角外缘处。说明拉手槽处不存在着抽芯，抽芯是为了解决拉手槽锐角外缘处显性“障碍体”的压铸模实体。

拉手样件上压铸模结构痕迹真实地反映了拉手样件压铸模结构形式，提示了拉手克隆压铸模设计时必须遵守的原则：一是拉手槽抽芯位置；二是压铸模采用定模脱模结构。

（3）拉手压铸模结构方案可行性分析

应该着重从压铸模抽芯、定模脱模结构和浇注系统的设置进行分析。制订压铸模结构方案时，应对所分析到的拉手形体要素找出解决措施，这样压铸模的结构方案也就能够确定下来了。

① 压铸件拉手斜向槽解决措施：由于拉手的斜向槽有着外观的要求，斜向槽表面上不能有任何压铸模结构成型的痕迹。就意味着拉手斜向槽不能采用抽芯机构，一旦采用了抽芯机构，在抽芯机构型芯和滑块的周围便会存在着间隙。有了间隙，在压铸件成型加工过程中就会有抽芯的痕迹，手触及抽芯痕迹会有刺痛不舒服的感觉。

② 压铸件显性“障碍体”解决措施：成型拉手斜向槽外沿锐角处的型芯有一处显性“障碍体”，影响着拉手的脱模。只有对该处“障碍体”采用抽芯的办法，才能消除“障碍体”对拉手脱模的影响。只要消除了“障碍体”对拉手脱模的影响，利用拉手槽的斜度为 $48°-(90°-50°)=8°$的脱模角和 40°让开角的形状，便可以借助脱模力的作用实现压铸件的强制性脱模。

③ 压铸模浇注系统设置：由于拉手正面有着“外观”的要求，不能存留任何的压铸模结构成型痕迹。因此，浇注系统不能设置在正面，只能设置在背面。这就意味着拉手在压铸模中的位置是正面朝着动模部分，背面朝着定模部分。

④ 压铸模脱模机构：根据拉手在压铸模中的摆放位置，就可以确定压铸模为定模脱模的形式。

⑤ 两个 M5 螺孔的成型：由于 2×M5-6H 螺纹孔是金属镶嵌件，螺纹孔轴线与压铸模的开、闭模方向是一致的，故可以采用嵌件杆支撑金属镶嵌件，拉手脱模后由人工取出嵌件杆。

（4）拉手压铸模的设计

结合拉手样件上压铸模结构成型痕迹与压铸模结构方案进行压铸模设计，如图 4-3 所示。

① 模架：由于要采用定模脱模结构的形式，所以采用三模板形式的标准模架。

② 脱模运动与转换机构：由于要采用定模脱模结构形式，定模脱模运动要由压铸模的开、闭模运动转换而成，定模脱模运动转换机构由限位螺杆 6、嵌件杆 7、支撑杆 8、摆钩 9、台阶螺钉 10 和挂钩 11 组成。推垫板 14 和推板 15 与挂钩 11 连接在一起，摆钩 9 与挂钩 11 以斜钩形式相连接。当动模与中模开启时，在两根摆钩 9 和挂钩 11 的斜钩面作用下，推板 15 上的推杆 4 可将压铸件顶出中模型芯；当推板 15 接触到中模板后限制了位移时，动模如继续移动，在挂钩 11 斜钩面的作用下，两根摆钩 9 压缩支撑杆 8 上的弹簧张开而脱离接触。合模时，在两根摆钩 9 和挂钩 11 在圆弧面的作用下，两根摆钩 9 再次压缩支撑杆 8 上的弹簧张开而钩住挂钩 11 斜钩。推垫板 14 和推板 15 的先复位，先靠推杆上的弹簧进行复位，再靠回程杆 13 进行精确复位。

③ 导向和复位机构：压铸模除了具有模架的四个导套和导柱导准组件之外，还增加了脱模机构的导向构件，如导柱 12 和导套等。而复位机构有回程杆 13 和弹簧等。

④ 温控系统：采用了内冷却水循环系统，通过流道的水可将模具工作件的热量带走。

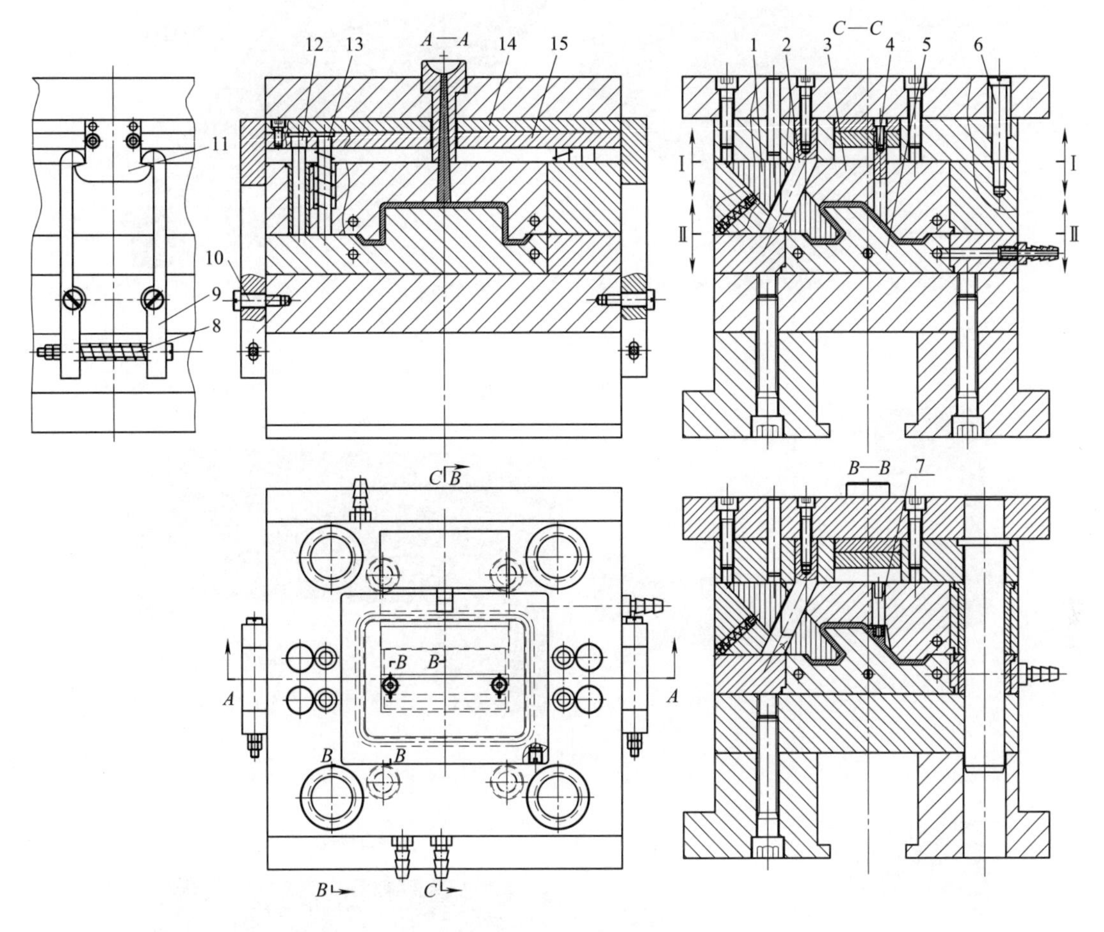

图 4-3 拉手压铸模设计

1—斜滑块；2—斜导柱；3—中模镶件；4—推杆；5—动模镶件；6—限位螺杆；7—嵌件杆；8—支撑杆；9—摆钩；10—台阶螺钉；11—挂钩；12—导柱；13—回程杆；14—推垫板；15—推板

对于有“外观”要求的压铸件，需要处理好浇注系统、分型面、抽芯和脱模与“外观”要求之间的关系，确保压铸件在指定型面上的“外观”要求。

4.2 压铸件上成型加工的痕迹分析与论证

压铸件在成型加工过程中，除了具有压铸模结构成型的痕迹之外，还具有成型加工的痕迹，称为缺陷痕迹或弊病痕迹。

4.2.1 弯折件压铸模结构方案分析与设计

材料：铝镁合金。收缩率：0.4%～0.8%。根据弯折件上压铸模结构痕迹制订模具的结构方案，如图 4-4 中 A、B、C 所示，并且需要在同一副压铸模加工弯折件。

（1）弯折件上模具结构痕迹与模具结构方案可行性分析

压铸模结构可以根据采购方提供的样件上模具结构痕迹来制订模具结构方案，如图 4-4（a）～（c）所示。

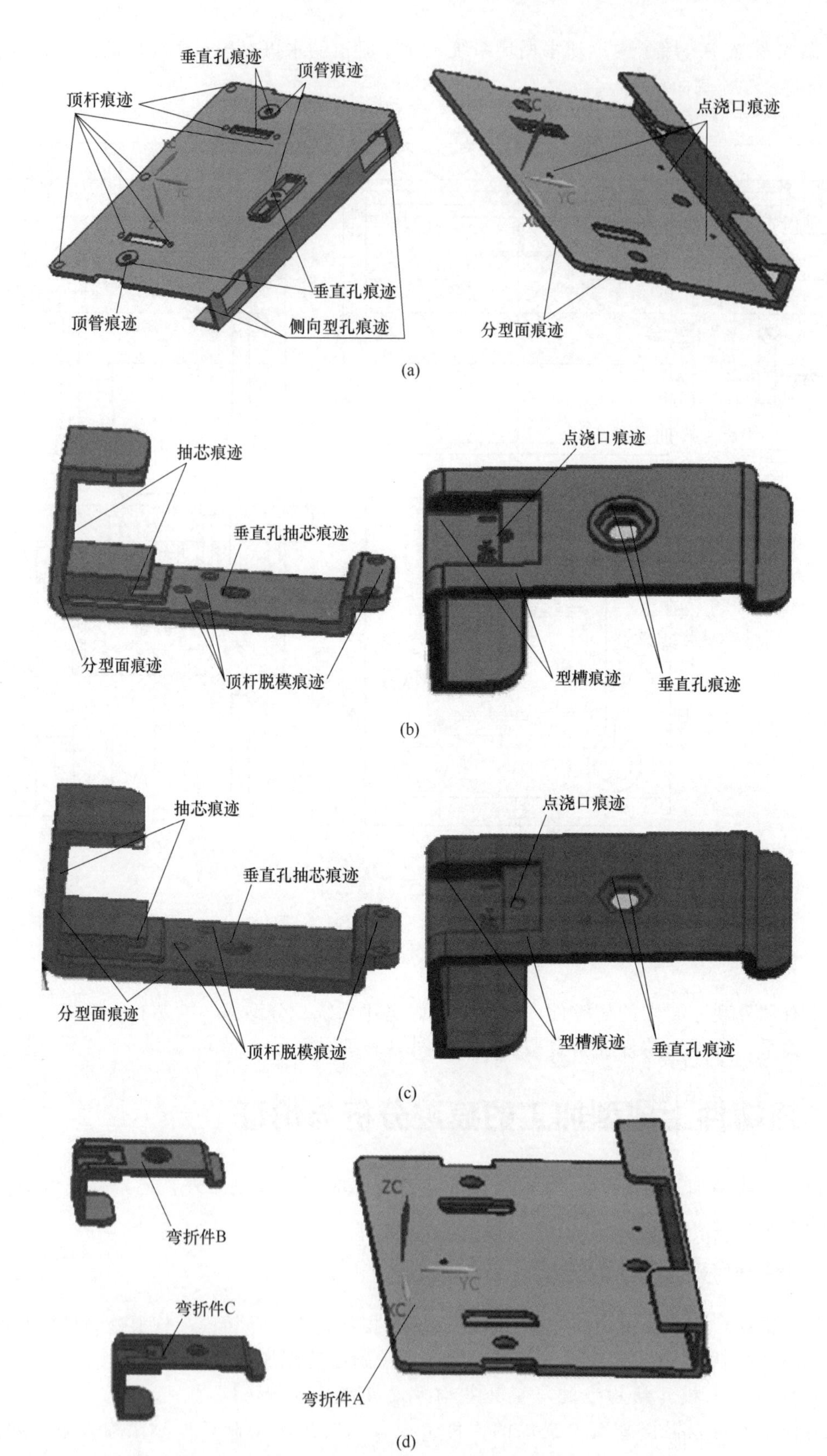

图 4-4　弯折件模具结构痕迹与模具结构方案可行性分析

① 弯折件A压铸模结构方案：弯折件A上存在着分型面和3处点浇口痕迹，2处侧向型孔抽芯痕迹、2处侧向槽抽芯痕迹、5处垂直孔痕迹，7处顶杆和3处顶管痕迹，如图4-4（a）所示。根据这些痕迹，可以确定具有点浇口压铸模的模架为定、中、动三模板结构；分型面为底平面；二处侧向型孔壁厚为2mm，该2处抽芯可共用的1处斜销滑块侧向抽芯机构；2处侧向型槽长度为49.5mm，由于需要长距离抽芯，可采用斜导柱滑块侧向抽芯机构；根据7处顶杆和3处顶管痕迹位置和痕迹大小，可以确定顶杆和顶管设置的位置和直径；根据平行开闭模型孔的痕迹，可以确定为中模型芯设置的位置和直径；根据顶管的痕迹，可以确定为动模型芯设置的位置和直径。

② 弯折件B压铸模结构方案：存在侧面型槽前、后抽芯痕迹，顶杆脱模痕迹，分型面痕迹，平行开闭模型孔抽芯痕迹，如图4-4（b）左图所示；点浇口痕迹，底面型槽抽芯痕迹，如图4-4（b）右图所示。点浇口设置在底面型槽的半圆形孔底面上；侧面型槽距离为18.1mm，其抽芯可为前、后斜销滑块对开抽芯机构；平行开闭模型孔和底面型槽为中模型芯嵌件成型。

③ 弯折件C压铸模结构方案：如图4-4（c）图所示，模具结构痕与压铸模结构方案与弯折件B相同。

④ 弯折件在模具摆放位置：如图4-4（d）图所示，弯折件A在模具右侧位置，弯钩朝上放置；弯折件B和C在模具左侧前、后位置，弯钩朝向下放置。

（2）弯折件模具结构痕迹与模具结构方案可行性分析论证

压铸件模具结构方案可行性分析与论证有两种方法，一种是根据压铸件形体要素分析制订的模具结构方案，可以根据模具的结构来验证其是否满足压铸件形体要素的各项要求；另一种是通过对压铸件上模具结构的痕迹来验证所制订模具结构方案是否正确。本案例是通过压铸样件上的模具结构的痕迹来制订模具结构方案，再通过压铸件形体要素可行性分析来验证所制订模具结构方案是否正确。

① 弯折件A形体要素与模具方案分析：如图4-5（a）所示，存在着2×25.1mm×12.1mm×2mm侧向型孔要素，可采用共用斜销滑块抽芯机构；49.5mm×15.1mm×15.1mm侧向型槽要素，可采用斜导柱滑块抽芯机构；2×28.3mm×6mm×12.2mm×3.1mm×2mm、2×ϕ5.8mm×3.1mm、3×2.5mm×0.5mm型孔要素和2×26.4mm×3mm×6.1mm×3.1mm型槽要素，可分别在中模和动模上安装相应型芯嵌件进行成型，利用中、动模开启和闭合实现型孔和型槽的抽芯和成型。2×ϕ12mm×(4.2－3.1)mm和39.1mm×15.1mm×3.1凸台要素，可在动模嵌件加工出凹槽来成型。由此所产生的压铸模结构方案与弯折件A上模具结构痕迹分析所得出模具结构方案一致，只是感觉在弯折钩处仅有一处顶管脱模，担心顶杆少了会造成弯折件A脱模变形。

② 弯折件B形体要素与模具方案分析：如图4-5（b）所示，存在着15.5mm×17.9mm×(18.1/2)mm和1.2mm×3.2mm×18.1mm侧向型槽要素；8.7mm×7.5mm×1mm×ϕ5mm平行开闭模方向型孔要素；（17.9－6）mm×4.3mm×1.6mm×6mm×15.1mm底面型槽要素。侧向型槽需要采用斜销滑块抽芯机构，平行开闭模方向型孔和底面型槽采用中模型芯嵌件成型。唯一对1.2mm×3.2×18.1mm侧向型槽对开型芯的抽芯存在着疑虑，以抽芯距离为18.1/2mm采用斜销滑块抽芯机构难以完成。

③ 弯折件C形体要素与模具方案分析：如图4-5（c）所示，与上述②相同。

最大的问题是要实现弯折件B和弯折件C侧向型槽抽芯，需要采用斜销滑块对开抽芯机构的选用问题。若不能实现，则改成斜导柱滑块抽芯机构，但在压铸模设计时模具的长度尺寸应留有充分的余地。

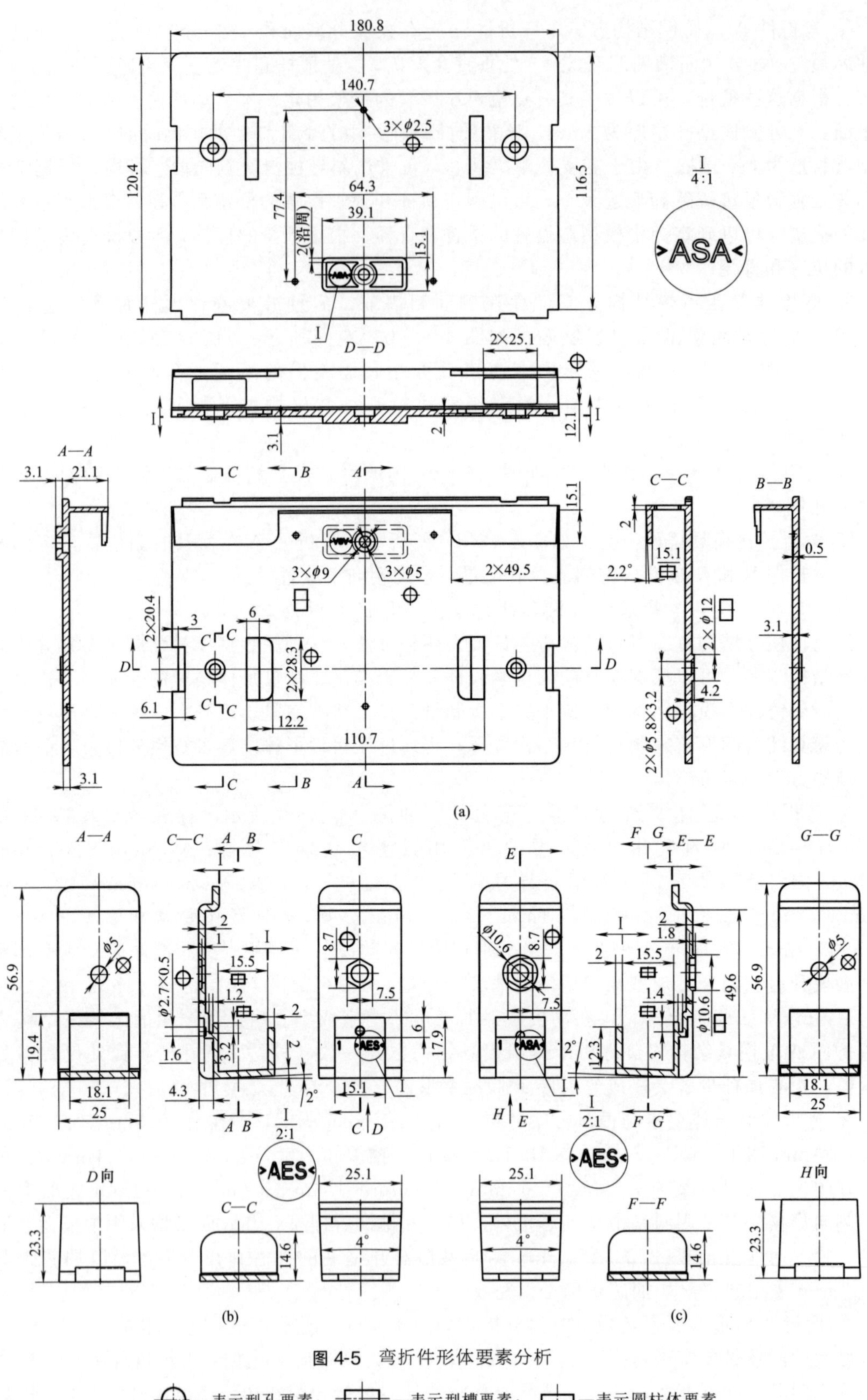

图 4-5 弯折件形体要素分析

—表示型孔要素；—表示型槽要素；—表示圆柱体要素

（3）弯折件压铸模的结构设计

压铸模采用了5处点浇口浇注系统，模架为定、中、动模三模板形式。弯折件A在模具中为后置摆放，弯折件B、C分别设置在前左和前右位置摆放。弯折件A二侧向的型孔采用共用斜销滑块抽芯机构；二侧向型槽采用斜导柱滑块抽芯机构；其他平行开闭模方向的型孔和型槽，可分别在中、动嵌件模上镶嵌型芯。对于弯折件B、C的侧向型槽暂可采用对开的双斜销滑块抽芯机构，其他平行开闭模方向的型孔和型槽，可分别在中、动嵌件模上镶嵌型芯。压铸铝镁合金熔液的温度高，需要对模具工作件设置冷却系统。压铸模分型面与模具结构设计，如图4-6所示。

① 模架：由动模板1、定模垫板8、定模板13、中模板14、模脚29、安装板30、推件板31、底板32、台阶螺钉39、回程杆35、弹簧36、顶管37及47、拉料杆52、浇口套53、顶杆54组成。

② 浇注系统：由浇口套53中的主流道、中模板的分流道和点浇口组成。

③ 冷却系统：由动模板1、动模嵌件2和中模板14、中模嵌件9中的冷却水流道、堵头56、O形密封圈57和冷却水接头55组成。

④ 斜导柱滑块抽芯机构：由左上滑块3、左上楔紧块4、左上斜导柱5、左上型芯6组成。

⑤ 斜销滑块抽芯机构：由左、右斜销27、左下楔紧块18、左下T形块19、左下型芯20、左中型芯22、中间楔紧块23、中间T形块24和上楔紧块48、上T形块49、上型芯50组成。

⑥ 成型工作件：由动模嵌件2、左上型芯6、中模嵌件9、右上型芯、左下型芯20、上型芯50组成。

⑦ 脱模机构：由安装板30、推件板31、顶管37及47、顶杆54组成。

⑧ 脱浇注系统冷凝料机构：拉料杆52、螺塞51、定模组成。

⑨ 回程机构：由安装板30、推件板31、回程杆35和弹簧36组成。

⑩ 其他零件：限位组件，限位销15、弹簧16、台阶螺钉34及39；导准组件，导套41～43、导柱44；导向件，导向柱46；定位件，垫圈10；连接件，内六角螺钉12、25、40。

（4）弯折件A压铸模侧向型槽的左、右抽芯机构动作分解

如图4-7所示，由于弯折件A存在着2×49.5mm×16.1mm×15.1mm侧向型槽需要完成大于49.5mm的抽芯，所以要采用斜导柱滑块抽芯。

① 弯折件A压铸模定、中、动模闭合状态：如图4-7（a）所示，定、中、动闭模后，左、右斜导柱5插入滑块3斜孔中，在左、右斜导柱5的拨动下，使得型槽型芯6和滑块3迫使限位销15压缩了弹簧16复位。动模嵌件2与中模嵌件9之间形成了能够成型弯折件A的型腔，当合金熔液注入型腔后可以成型弯折件A。左、右楔紧块4楔紧了滑块3的斜面，是为了防止滑块3和型槽型芯6在成型加工过程中，在大的压铸力和保压力作用下出现后退的现象，造成弯折件A侧向型槽抽芯不到位而无法脱模。

② 弯折件A压铸模定、中、动模开模与抽芯状态：如图4-7（b）所示，定模先行开启，依靠台阶螺钉（图中未表示）与中模板14的连接，中模与动模也跟着被打开。左、右滑块3和型槽型芯6在左、右斜导柱5的拨动下，可实现成型侧向型槽的型槽型芯6抽芯运动。当左、右滑块3底面的半球形凹坑移至限位销15的位置上时，限位销15在弹簧16的弹力作用下进入半球形凹坑并锁住左、右滑块3和型槽型芯6，可防止在惯性作用下冲出动模板1的T形槽。

③ 弯折件A脱模状态：如图4-7（c）所示，在压铸机的顶杆的作用下，推件板23和安装板22及顶杆20可实现弯折件A的脱模。

左、右斜导柱滑块抽芯机构的设计，可实现弯折件A的2×49.5mm×16.1mm×15.1mm

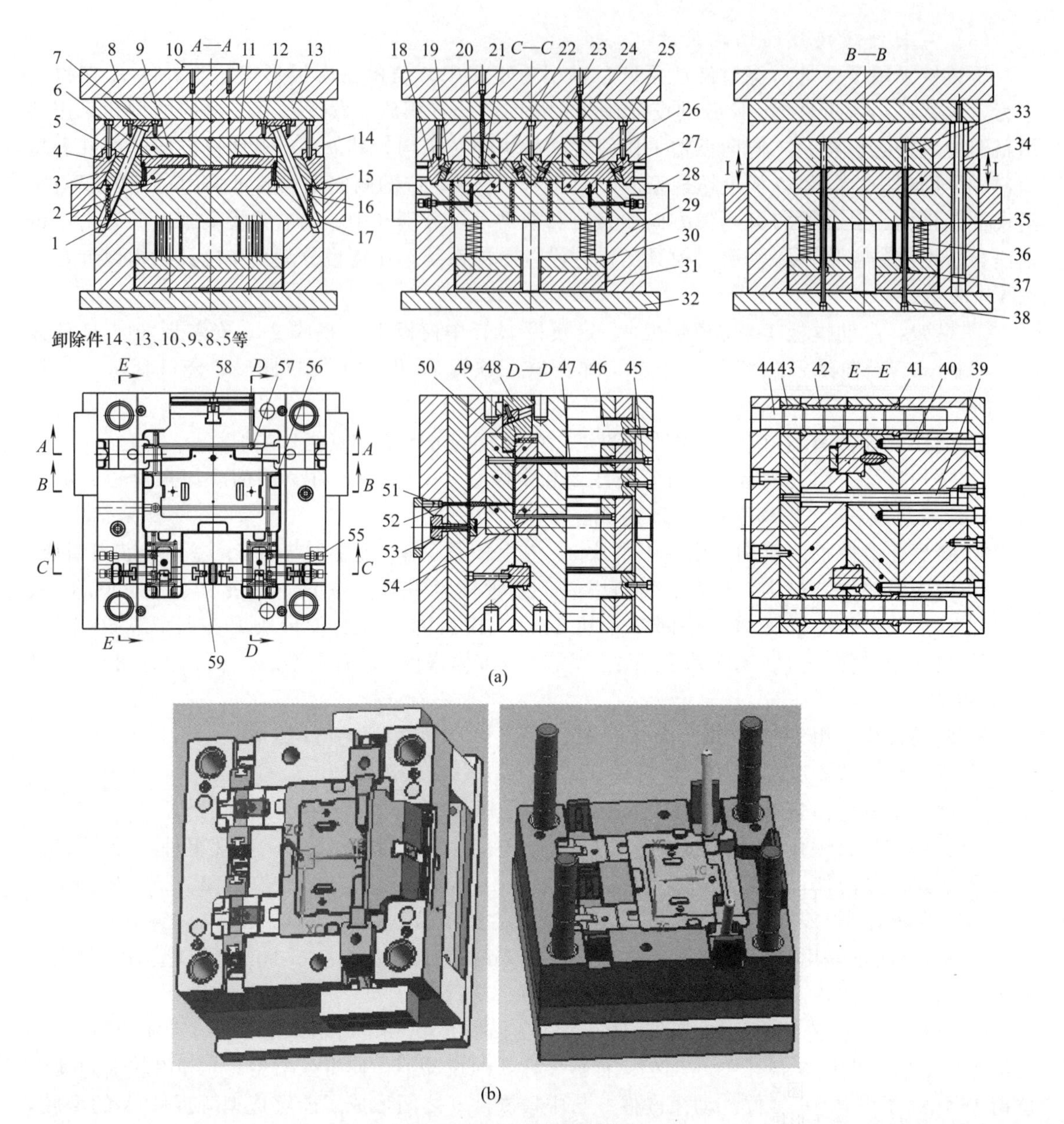

图 4-6 弯折件压铸模结构设计

1—动模板；2—动模嵌件；3—左上滑块；4—左上楔紧块；5—左上斜导杆；6—左上型芯；7—左上垫板；8—定模垫板；9—中模嵌件；10—垫圈；11—弯折件 A；12,25,40—内六角螺钉；13—定模板；14—中模板；15—限位销；16,36—弹簧；17,51—螺塞；18—左下楔紧块；19—左下 T 形块；20—左下型芯；21—弯折件 B；22—左中型芯；23—中间楔紧块；24—中间 T 形块；26—弯折件 C；27—左、右斜销；28—挡块；29—模脚；30—安装板；31—推件板；32—底板；33—型芯嵌件；34,39—台阶螺钉；35—回程杆；37,47—顶管；38,45—定模型芯嵌件；41～43—导套；44—导柱；46—导向柱；48—上楔紧块；49—上 T 形块；50—上型芯；52—拉料杆；53—浇口套；54—顶杆；55—冷却水接头；56—堵头；57—O 形密封圈；58—上斜销；59—下斜销

侧向型槽的成型与抽芯，从而也有利于弯折件 A 的脱模。

（5）弯折件 B、C 压铸模左、右抽芯机构动作分解

如图 4-8 所示，由于弯折件 B、C 存在着 2×15.5mm×17.9mm×(18.1/2)mm 和 2×1.2mm×3.2×(18.1/2)mm 侧向型槽，需要完成大于 18.1/2mm 的抽芯，所以要采用斜销滑块抽芯。

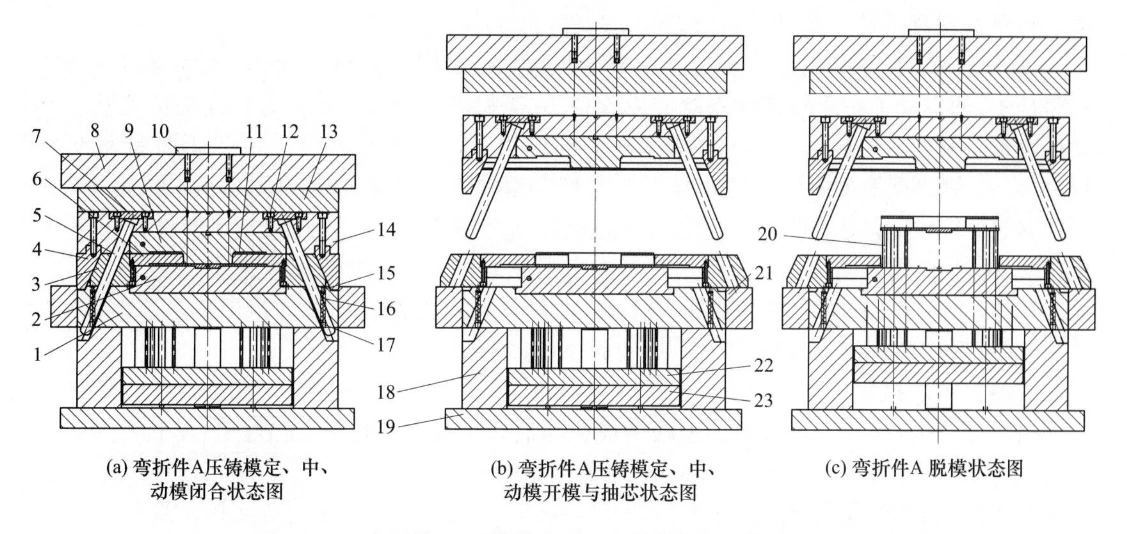

(a) 弯折件A压铸模定、中、动模闭合状态图

(b) 弯折件A压铸模定、中、动模开模与抽芯状态图

(c) 弯折件A 脱模状态图

图 4-7 弯折件 A 压铸模上左、右抽芯机构动作分解图

1—动模板；2—动模嵌件；3—滑块；4—楔紧块；5—斜导柱；6—型槽型芯；7—垫板；8—定模垫板；9—中模嵌件；10—垫圈；11—弯折件 A；12—内六角螺钉；13—定模板；14—中模板；15—限位销；16—弹簧；17—螺塞；18—模脚；19—底板；20—顶杆；21—挡块；22—安装板；23—推件板

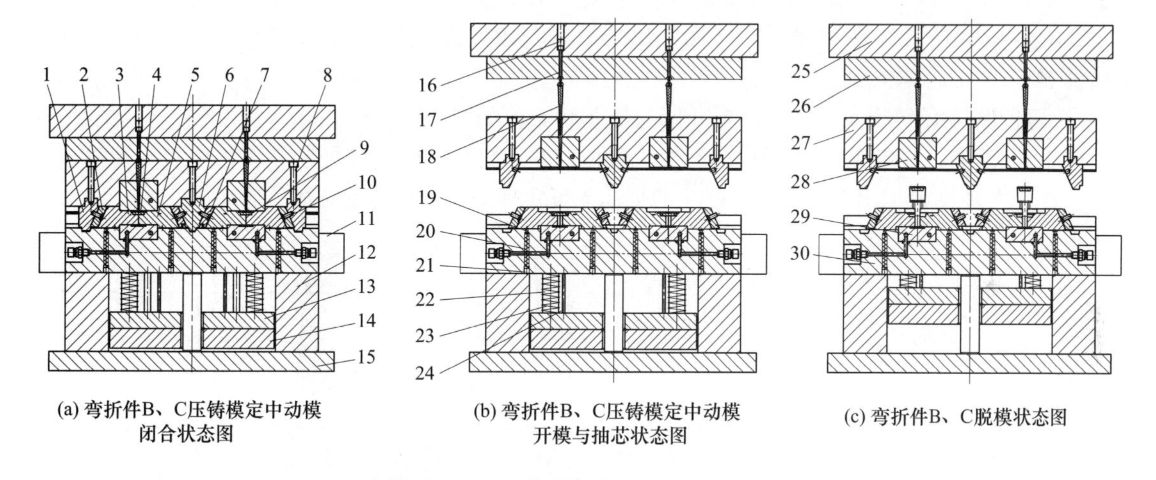

(a) 弯折件B、C压铸模定中动模闭合状态图

(b) 弯折件B、C压铸模定中动模开模与抽芯状态图

(c) 弯折件B、C脱模状态图

图 4-8 弯折件 B、C 压铸模上左、右抽芯机构动作分解图

1—左楔紧块；2—左 T 形块；3—左型芯滑块；4—弯折件 B；5—左中型芯滑块；6—中楔紧块；7—右中楔紧块；8—内六角螺钉；9—弯折件 C；10—斜销；11—挡块；12—模脚；13—安装板；14—推件板；15—底板；16,21—螺塞；17—拉料杆；18—冷凝料；19—限位销；20,23—弹簧；22—回程杆；24—顶杆；25—定模垫板；26—定模板；27—中模板；28—中模嵌件；29—动模嵌件；30—动模板

① 弯折件 B、C 压铸模定、中、动模的闭合状态：如图 4-8（a）所示，定、中、动模闭模后，左 T 形块 2 中的斜销 10 插入左楔紧块 1 的斜孔内，随着左楔紧块 1 向下闭合运动可迫使左型芯滑块 3 作用于限位销 19 压缩弹簧 20 复位。同理，左中型芯滑块 5 在 T 形块和斜销 10 及中楔紧块 6 的作用下复位。动模嵌件 29 与中模嵌件 28 之间形成了能够成型弯折件 B 的型腔，当合金熔液注入型腔后可以成型弯折件 B。左楔紧块 1 与中楔紧块 6 除了能楔紧左型芯滑块 3 和左中型芯滑块 5 之外，还可通过斜销 10 插入左楔紧块 1 与中楔紧块 6 的斜孔中，迫使左型芯滑块 3 和左中型芯滑块 5 能够在动模板 30 中的 T 形槽中滑动。同理，右中型芯滑块和右型芯滑块，也是在右中 T 形块和右 T 形块与中楔紧块 6 和右楔紧块作用下完成复位与抽芯

运动，从而实现弯折件 C 的成型。

② 弯折件 B、C 压铸模定中动模开模与抽芯状态：如图 4-8（b）所示，当定模先开启后，在拉料杆 17 的拉动下，可将浇注系统的冷凝料 18 等拉脱模，并在台阶螺钉连接带动下，中模与动模也被打开。在左楔紧块 1 和中楔紧块 6 的作用下，左 T 形块 2 和中 T 形块带动下实现弯折件 B、C 侧向型槽型芯的抽芯运动。当左型芯滑块 3 底面半球形凹坑移至限位销 19 位置时，在弹簧 20 弹力作用下进入半球形凹坑并锁住左型芯滑块 3，可防止其在惯性作用下冲出动模板 30 的 T 形槽。同理，右型芯滑块和右中型芯滑块，也可完成抽芯运动。

③ 弯折件 B、C 脱模状态：如图 4-8（c）所示，在压铸机的顶杆的作用下，推件板 14 和安装板 13 及顶杆 24 可实现弯折件 B、C 的脱模。

左右斜销滑块抽芯机构的设计，可实现弯折件 B、C 的 15.5mm×17.9mm×(18.1/2)mm 和 1.2mm×3.2mm×18.1mm 侧向型槽的成型与抽芯，从而有利于弯折件 B、C 的脱模。

（6）弯折件 A 压铸模上侧向型孔前抽芯机构动作分解

如图 4-9，由于弯折件 A 存在着 2×25.1mm×12.1mm×2mm 侧向型孔，需要完成大于 2mm 的抽芯距离，所以要采用斜导柱滑块抽芯。

① 弯折件 A 压铸模定、中、动模闭合状态：如图 4-9（a）所示，定、中、动模闭模后，后 T 形块 19 上的斜销 20 插入后楔紧块 21 的斜孔中，拨动后型芯 18 并迫使限位销 22 压缩弹簧 23 在动模板 3 的 T 形槽中做复位运动。同时，后楔紧块 21 楔紧后型芯 18，可防止其在成型加工过程中大的压铸力和保压力作用下出现后退现象，造成弯折件 A 侧向型孔抽芯不到位，无法脱模。

② 弯折件 A 压铸模定、中、动模开模与抽芯状态：如图 4-9（b）所示，当定模先开启后，在拉料杆 12 拉动下，可将浇注系统冷凝料 26 拉脱模，并在台阶螺钉连接的带动下，中模与动模也被打开。在后楔紧块 21 作用下后 T 形块 19 的带动下可实现侧向型孔的型芯抽芯运动。

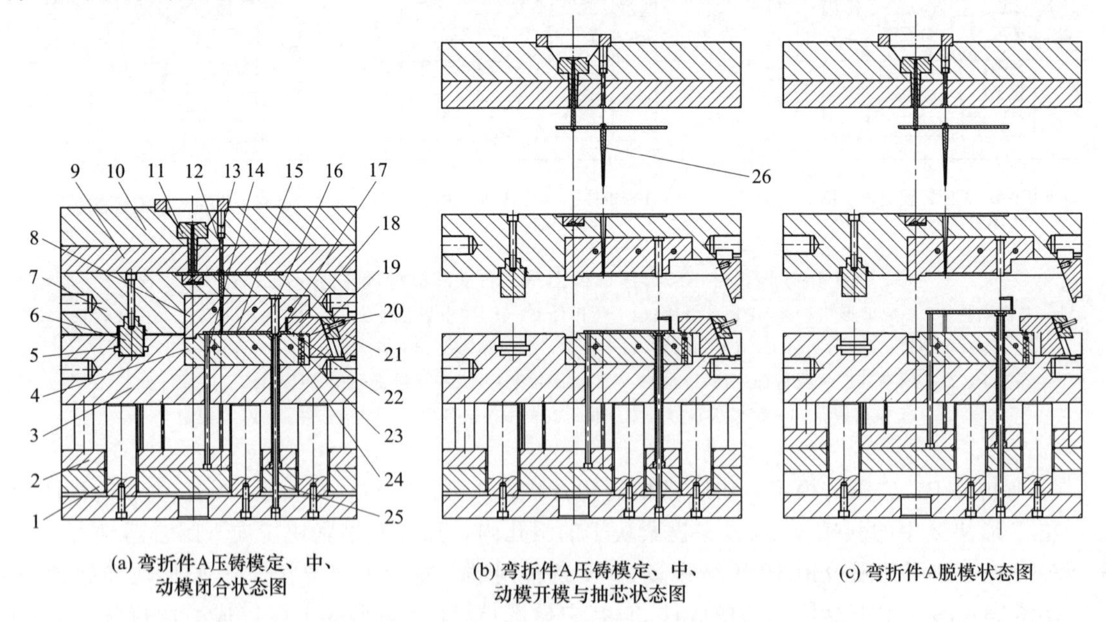

图 4-9 弯折件 A 压铸模上左、右抽芯机构动作分解图

1—推件板；2—安装板；3—动模板；4—动模嵌件；5—弯折件 C；6—前右滑块；7—中模板；8—中模嵌件；9—定模板；10—定模垫板；11—浇口套；12—拉料杆；13,24—螺塞；14—顶杆；15—弯折件 A；16—中模型芯；17—推管；18—后型芯；19—后 T 形块；20—斜销；21—后楔紧块；22—限位销；23—弹簧；25—动模型芯；26—浇注系统冷凝料

③ 弯折件 A 脱模状态：如图 4-9（c）所示，在压铸机的顶杆的作用下，推件板 1 和安装板 2 及顶杆 14 作用下可实现弯折件 A 的脱模。

后斜销滑块抽芯机构的设计，可实现弯折件 B、C 的 2×25.1mm×12.1mm×2mm 侧向型孔的成型与抽芯，从而也有利于弯折件 B、C 的脱模。

弯折件 A、B、C 压铸模除了上述机构和零部件之外，还有回程机构、浇注系统、冷却系统、导准组件、导向零件、限位零件的设计。只有将所有这些机构、组件和零部件设计到位，才能保证压铸模正常运行，确保弯折件 A、B、C 加工合格。由于弯折件 A、B、C 三者之间形状、大小和重量的不同，存在着浇注系统流量不平衡的问题，会造成压铸件成型加工中填充不足的缺陷问题。因此，需要根据试模所发现的缺陷，修理点浇口直径的大小，以消除弯折件 A、B、C 加工缺陷。

4.2.2 偏心盘压铸模结构方案可行性分析与设计

（1）偏心盘形体要素分析

压铸模的结构设计是依据压铸件的形体要素，因此，压铸件形体要素的分析必须齐全，不可存在着遗漏和错误。形体要素的分析的遗漏和错误，将导致所制订的模具结构也随之出现缺项和错误。具体压铸件形体要素的分析，只要将压铸件形体十二要素中应有的要素找出来即可。本例中，偏心盘材料为铝镁合金，收缩率为 0.4%～0.8%。

偏心盘形体要素分析：分型面，如图 4-10（a）所示，偏心盘存在着 6×3.1mm×3mm 侧向型槽，其中一处 3.1mm×3mm 侧向型槽与一处 5.5mm×1.5mm 侧向型槽组成了侧向型孔；R1.3mm×1.5mm×R0.3mm 为平行模具开闭模方向的型槽；存在着 ϕ139.7mm×1.5mm、ϕ31mm×0.25mm、ϕ6mm×1.5mm、ϕ6.4mm×22.1mm、ϕ2.5mm×1.4mm、ϕ82.8mm×8.3mm、8.8mm×2.5mm×R4mm×R1.2mm、4×ϕ2.3mm×7.3mm、7mm×12°×R2mm、ϕ2.5mm×1.9mm 的型孔要素，这些型孔均为平行模具开闭模方向。存在着 2×ϕ1.2mm×0.3mm、ϕ8mm×22.1mm 的圆柱体要素；存在着 11.6mm×12°×7mm×R1mm、8.7mm×0.8mm×0.8mm×37.3mm×42°、7×8.1mm×6.1mm 的凸台要素。

（2）偏心盘压铸模结构方案可行性分析

压铸件形体要素分析之后，便需要根据分析出来要素确定解决要素的措施，再寻找具有能满足该措施功能的模具机构或设计新的机构。

① 解决型槽的措施：对于 6mm×3.1mm×3mm 侧向型槽，可以采用斜推杆内抽芯机构。一处 3.1mm×3mm 和一处 5.5mm×1.5mm 二侧向型槽组合成型侧向型孔，则可以采用斜导柱滑块外抽芯机构。而 R1.3mm×1.5mm×R0.3mm 平行模具开闭模方向型槽，则在动模嵌件加工出凸台。

② 解决平行模具开闭模方向型孔措施：在中、动模嵌件上加工出凸台或安装镶嵌件。

③ 解决平行模具开闭模方向圆柱体和凸台措施：在中、动模嵌件上加工出型孔或型槽。

（3）偏心盘压铸模结构（图 4-11）

在压铸模结构方案论证后，便可着手压铸模结构设计和造型。由于偏心盘压铸模采用了三处点浇口的浇注系统，模架需要采用三模板。压铸模结构除了需要有一处斜导柱滑块抽芯机构、6 处斜推杆内抽芯机构、中动模镶嵌件、脱模与脱浇注系统冷凝料机构、回程机构和限位机构之外，还需要有冷却系统、导准组件和导向构件。只要将这些结构设计到位之后，才能确保偏心盘成型加工的合格。模具构件的材料和热处理工艺的选择是确保模具使用寿命的重要因素。

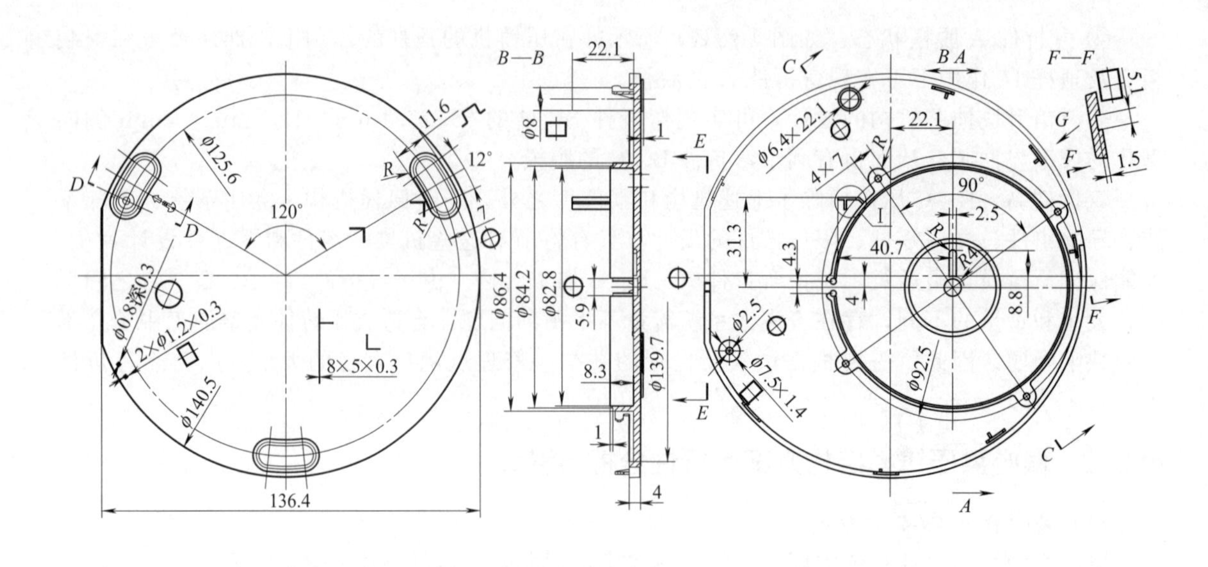
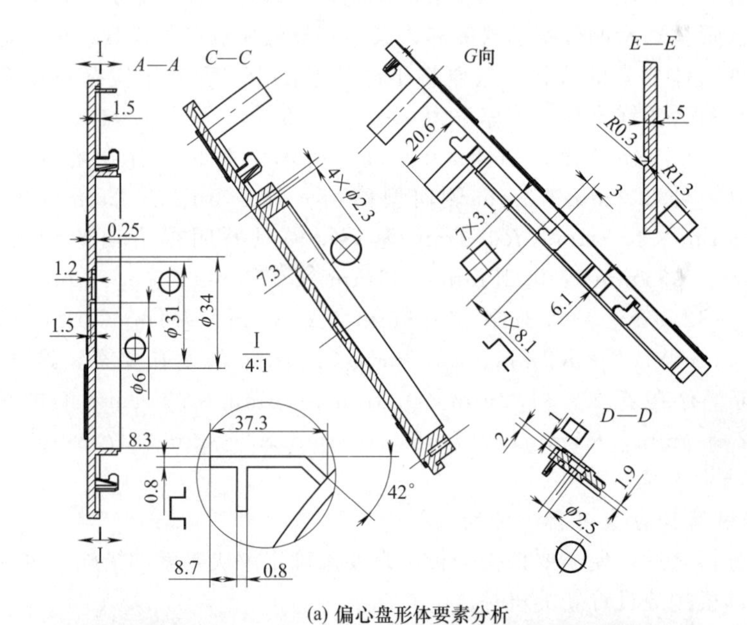

(a) 偏心盘形体要素分析

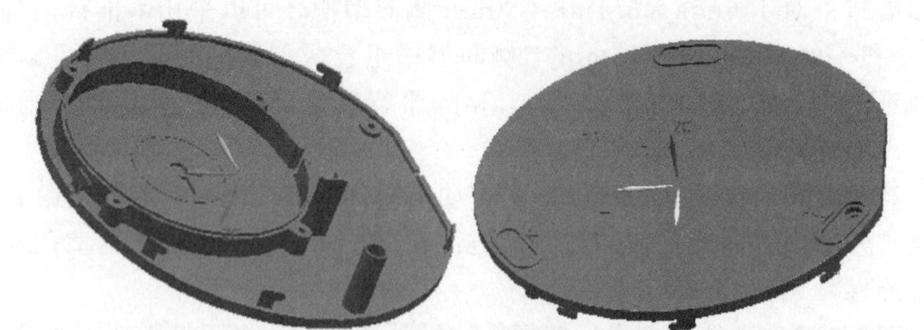

(b) 偏心盘三维造型

图 4-10 偏心盘形体要素可行性分析

⊕—型孔要素；⊞—型槽要素；⊓—圆柱体要素；⎍—凸台要素

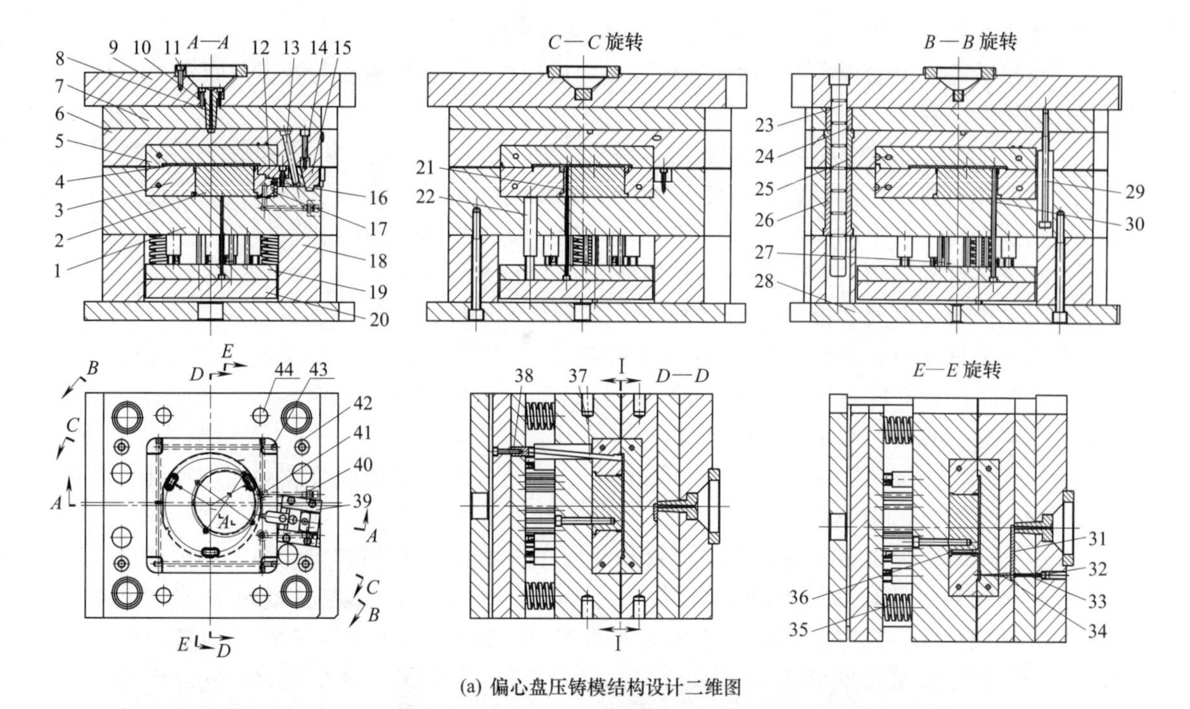

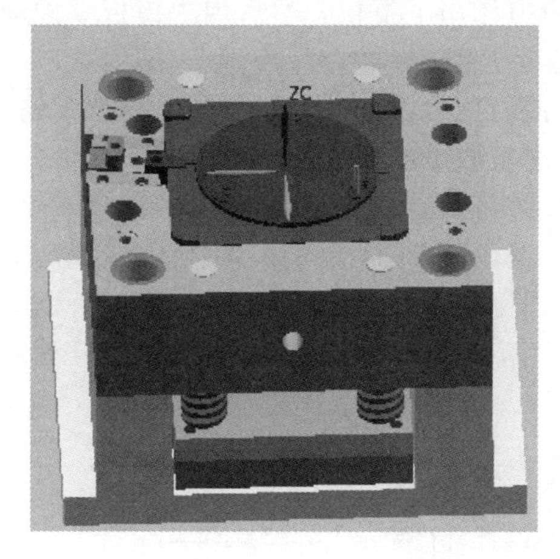

(b) 偏心盘压铸模结构设计三维造型

图 4-11 偏心盘压铸模结构设计

1—动模板；2—动模型芯；3—动模嵌件；4—偏心盘；5—中模嵌件；6—中模板；7—定模板；8—浇口套；9—定模垫板；10—内六角螺钉；11—垫圈；12—侧向型芯；13—斜导柱；14—滑块；15—楔紧块；16—限位销；17,35—弹簧；18—模脚；19—安装板；20—推件板；21,27,30—顶杆；22—推板导柱；23—导柱；24～26—导套；28—底板；29—限位螺钉；31—分流道冷凝料；32,43—螺塞；33—拉料杆；34—点浇口冷凝料；36—动模型芯；37—斜推杆；38—T 形槽块；39—滑块压板；40—冷却水接头；41—O 形密封圈；42—回程杆；44—圆柱销

① 模架：由动模板 1、中模板 6、定模板 7、定模垫板 9、模脚 18、安装板 19、推件板 20、推板导柱 22、导柱 23、导套 24～26、底板 28、回程杆 42、圆柱销 44 和内六角螺钉 10 等组成。

② 成型工作件：由动模型芯 2、动模嵌件 3、中模嵌件 5、侧向型芯 12 和动模型芯 36 组成。

③ 浇注系统：由浇口套、分流道和三处点浇口组成。

④ 冷却系统：由动模板 1、动模嵌件 3 和中模嵌件 5、中模板 6 的管道及螺塞 43、O 形密封圈 41 和冷却水接头 40 组成。

⑤ 斜导柱滑块抽芯机构：侧向型芯 12、斜导柱 13、滑块 14、楔紧块 15 和滑块压板 39 组成。

⑥ 斜推杆内抽芯机构：由斜推杆 37 和 T 形槽块 38 和安装板 19、推件板 20 组成。

⑦ 脱模机构：由安装板 19、推件板 20、顶杆 21、27、30 组成。

⑧ 脱浇口冷料机构：由螺塞 32、拉料杆 33、定模板 7 组成。

⑨ 回程机构：由安装板 19、推件板 20、回程杆 42 和弹簧 35 组成。

⑩ 其他零件：限位组件，限位销 16、弹簧 17、限位螺钉 29；导准组件，导套 25、26、导柱 24；导向件，推板导柱 22；定位件，圆柱销 44、垫圈 11；连接件，内六角螺钉 10。

(4) 二侧向型槽组合成型侧向型孔的斜导柱滑块抽芯机构

对于一处 3.1mm×3mm 和一处 5.5mm×1.5mm 二侧向型槽组合成型侧向型孔，则可以采用斜导柱滑块外抽芯机构。

① 压铸模定、中、动模闭合状态：如图 4-12 (a) 所示，压铸模定、中、动模的闭合，侧向型芯 12 和滑块 14 通过内六角螺钉连接为一个整体，当斜导柱 13 插入滑块 14 的斜孔中，侧向型芯 12 和滑块 14 可迫使限位销 16 压缩弹簧 17 在二块滑块压板组成的 T 形槽内作复位运动。同时楔紧块 15 可楔紧滑块 14 斜面，以防侧向型芯 12 和滑块 14 的后移。安装板 19、推件板 20 和顶杆 24，在闭模过程中先是在弹簧 23 的弹力作用下复位，然后因中模板 6 推动回程杆 22 精确复位。这样，才能实现压铸模不断自动循环进行压铸加工。

② 压铸模定、中、动模开启与组合侧向型孔抽芯状态：如图 4-12 (b) 所示，压铸模定、中模的开启，在定模中拉料杆的拉动下，浇注系统冷凝料 25 从浇口套 8 和中模嵌件 5 的浇注系统中拔脱模。在台阶螺钉 26 的带动下，中、动模被开启，斜导柱 13 拨动侧向型芯 12 和滑块 14，迫使限位销 16 压缩弹簧 17 在二块滑块压板组成的 T 形槽内做抽芯运动。为偏心盘 4 的脱模，消除了组合成型侧向型孔型芯对抽芯的阻挡作用。

③ 偏心盘脱模状态：如图 4-12 (c) 所示，安装板 19、推件板 20 和顶杆 24 在压铸机顶杆的作用下，可将偏心盘 4 顶脱模。

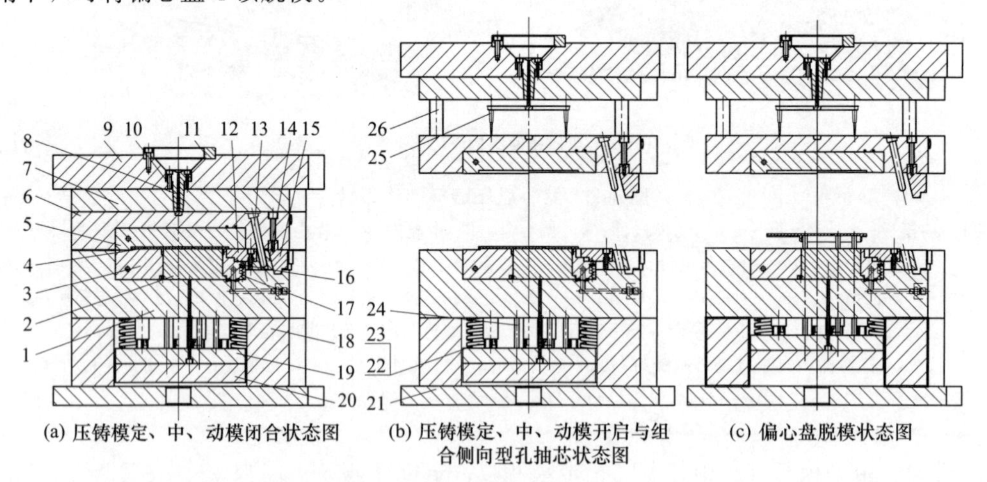

(a) 压铸模定、中、动模闭合状态图　(b) 压铸模定、中、动模开启与组合侧向型孔抽芯状态图　(c) 偏心盘脱模状态图

图 4-12 压铸模组合侧向型孔斜导柱滑块外抽芯机构动作分解图

1～20—含义同图 4-11；21—底板；22—回程杆；23—弹簧；24—顶杆；25—浇注系统冷凝料；26—台阶螺钉

(5) 侧向型槽斜推杆内抽芯机构

对于 6mm×3.1mm×3mm 侧向型槽，可以采用斜推杆内抽芯机构。

① 压铸模定、中、动模闭合状态：如图 4-13（a）所示，压铸模定、中、动模的闭合，安装板 15、推件板 16、顶杆 13 和斜推杆 2，先在弹簧 19 作用下复位，后在中模板 8 的推动下回程杆精确复位。此时，斜推杆 2 安装在动模型芯 4 斜槽中，随着安装板 15、推件板 16、顶杆 13 向下的复位运动，同时斜推杆 2 也会在 T 形槽 1 产生向左的复位运动。

② 压铸模定、中、动模开启与侧向型槽抽芯状态：如图 4-13（b）所示，定、中模的开启，安装在定模板 9 的拉料杆可将浇注系统冷凝料 20 拉脱模。随着定、中模的开启，台阶螺钉 21 带动着中模与动模的开启，为成型 6 处偏心盘 6 的侧向型槽型芯的抽芯与偏心盘 6 脱模清除了障碍。

③ 偏心盘脱模状态：如图 4-13（c）所示，随着压铸机顶杆作用于安装板 15、推件板 16、顶杆 13 和斜推杆 2，斜推杆 2 一方面产生向上的脱模运动，另一方面沿着 T 形槽 1 产生向右的抽芯运动。偏心盘 6 在顶杆 13 和 6 处斜推杆 2 作用下，可将偏心盘 6 顶脱模。

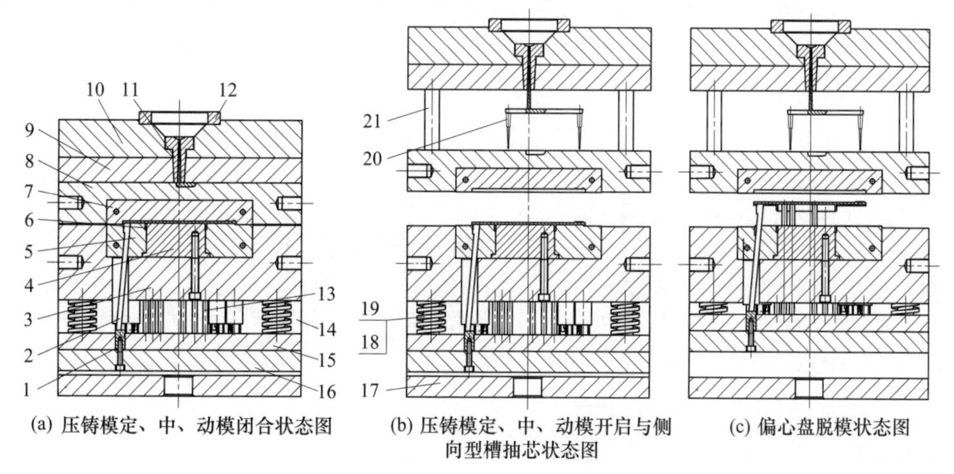

图 4-13 压铸模侧向型槽斜推杆内抽芯机构动作分解图

1—T 形槽；2—斜推杆；3—动模板；4—动模型芯；5—动模嵌件；6—偏心盘；7—中模嵌件；8—中模板；9—定模板；10—定模垫板；11—浇口套；12—垫圈；13—顶杆；14—模脚；15—安装板；16—推件板；17—底板；18—回程杆；19—弹簧；20—浇注系统冷凝料；21—台阶螺钉

4.3 压铸模最佳优化方案可行性分析与论证

压铸模的结构一般具有多种方案，有错误的方案，有复杂的方案，还有既能够达到顺利地成型加工压铸件，又是结构和加工相对简单的方案，即最佳优化方案。错误的方案是指模具的结构无法完成成型压铸件加工所赋予的运动方式；复杂的方案是指模具结构可行，但结构和加工复杂的方案；最佳优化方案则是模具结构和加工简单并且可行的方案。压铸模结构方案取决于压铸件在模具中摆放位置和所选定的模具机构形式。通过对各种压铸模结构方案的分析和比较，就能够找出最佳优化结构方案。最佳优化结构方案判断标准，首先是能够获得最优压铸件成型加工的质量和加工效率，第二是具有较简单的压铸模结构，第三是便于压铸模构件的加工且装配及成本较低。

4.3.1 三通接头压铸模结构方案分析与设计

三通接头压铸模结构方案分析与设计，三通接头的材料是铝镁合金，收缩率为 0.4%～0.8%。三通接头是一种具有多种“型孔”“型槽”“锥孔”“外螺纹”和“螺孔”要素，并且具有两种正交相贯通锥孔的压铸件。通过正确地选择三通接头在压铸模中竖直摆放的位置，采用斜滑块抽芯机构和链轮与链条脱螺孔机构，以及具有时间差的两种正交相贯通锥孔抽芯机构，实现了成型三通接头外形和外螺纹的成型加工；实现了对多种型孔、型槽、锥孔的抽芯和复位运动及螺孔的脱模（兼有三通接头的脱模）；规避了两种正交相贯通锥孔抽芯运动的干涉。通过三通接头压铸模方案的实施，说明了只要认真进行压铸件的形体“六要素”和压铸模结构方案的可行性分析，并找到压铸模的各种执行机构和构件，才能确保压铸模设计的正确，从而实现三通接头的顺利成型加工。

（1）三通接头形体“六要素”分析

三通接头如图 4-14 所示。大端有 M75mm×1mm 外螺纹、ϕ53mm×2°锥孔和 ϕ68.4mm×3.6mm×2.7mm 型槽；小端有 M42mm×1mm×13.5mm 螺孔、ϕ36.2mm 型孔和 ϕ43.7mm×30°×5.7mm 锥孔；上端有 ϕ40.6mm×6.1°锥孔和 ϕ44.3mm×3.1mm 型孔；上端 ϕ40.6mm×6.1°锥孔与右端 ϕ53mm×2°锥孔正交相贯通；下端型孔 ϕ7.2mm 与外形相贯通；外形为圆柱形状压铸件。说明三通接头具有多种“型孔”“型槽”“锥孔”“外螺纹”和“螺孔”要素，以及锥孔正交相贯通的需要抽芯的“干涉”要素。

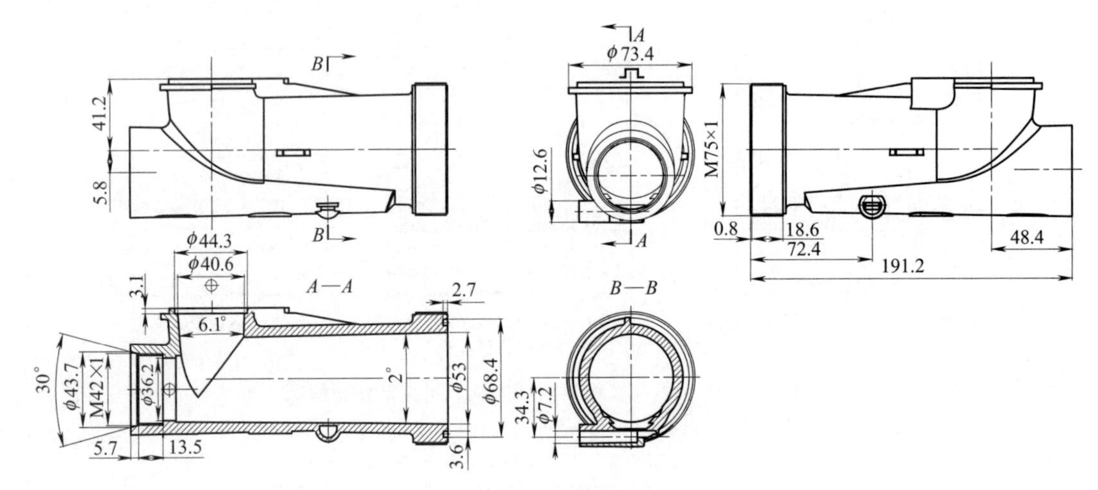

图 4-14 三通接头

（2）三通接头竖直方向摆放压铸模结构方案的可行性分析

针对所分析到的三通接头形体“六要素”，可制订出压铸模相应采取的模具结构方案。三通接头压铸模结构方案可行性分析如图 4-15 所示。三通接头在压铸模中竖直方向摆放位置为外螺纹朝上、螺孔朝下，侧向孔朝左或朝右二种摆放位置。外形与外螺纹可采用斜滑块抽芯机构或斜弯销滑块抽芯机构成型和抽芯，螺孔可以采用链轮与链条脱螺孔。如果将三通接头调头竖直摆放，则不能使用链轮与链条脱螺孔，这是一个注定要失败的压铸模方案。

① 解决“障碍体”要素的压铸模结构：如图 4-15 所示，对于具有外圆形与外螺纹ⓐ的弓形高“障碍体”和凸台“障碍体”的三通接头，应在三通接头Ⅰ—Ⅰ处设置分型面。可采用斜滑块抽芯机构进行成型和抽芯，具有外圆形与外螺纹ⓐ型腔的斜滑块，在斜 T 形槽或斜 V 形槽中滑动。这种斜滑块抽芯过程，是斜滑块能同时向上和向左、右方向进行移动，以达到三通接头在左、右滑块中成型和抽芯的目的，也可以采用斜弯销滑块抽芯机构成型和抽芯。但由于是竖直摆放三通接头的高度为 198mm，滑块高度应为 230mm。滑块在斜 T 形槽或斜 V 形槽的深度应该在 160mm 以上，目的是要防止滑块不能完全闭合而造成三通接头外形和外螺纹出现较大的斜度。因此，斜弯销滑块抽芯不如斜滑块抽芯。

② 解决“孔槽与螺孔”要素的压铸模结构：如图 4-15 所示，对于成型 ϕ68.4mm×

3.6mm×2.7mm 型槽ⓐ和 ϕ53mm×2°锥孔ⓐ的型芯，可以利用压铸模开闭模运动完成型槽ⓐ和锥孔ⓐ的抽芯和复位；对于成型锥孔ⓒϕ40.6mm×6.1°的型芯，可采用斜弯销滑块抽芯机构完成锥孔ⓒ的抽芯和复位；对于成型螺孔ⓑM42mm×1mm 和型孔ⓑϕ36.2mm 的型芯，可以采用链轮链条脱螺孔机构。对于成型型孔ⓓϕ7.2mm 的型芯，可以安装在斜滑块中，利用斜滑块左、右方向的移动来完成抽芯和复位运动。

③ 解决“运动与干涉”要素压铸模结构：如图 4-15 所示，由于成型锥孔ⓒϕ40.6mm×6.1°的型芯与成型锥孔ⓐϕ53mm×2°的型芯相互正交贯穿。成型 ϕ40.6mm×6.1°锥孔ⓒ的型芯必须先于成型 ϕ53mm×2°锥孔ⓐ的型芯抽芯，后于成型 ϕ53mm×2°锥孔ⓐ的型芯复位，才能避免这两种相互正交贯通的型芯在抽芯与复位时所产生的运动干涉。

④ 解决三通接头的脱模：如图 4-15 所示，在利用斜 T 形槽或斜 V 形槽中斜滑块抽芯机构打开了三通接头外形和外螺纹，以及锥孔ⓒϕ40.6mm×6.1°和锥孔ⓐϕ53mm×2°的型芯完成抽芯之后。便可以采用链轮与链条脱螺孔，与此同时也就完成了三通接头的脱模。

由此可见，对于三通接头压铸模结构方案制订的重点，应该是如何制定成型 ϕ40.6mm×6.1°锥孔ⓒ型芯与成型 ϕ53mm×2°锥孔ⓐ型芯的抽芯运动干涉和脱螺孔ⓑM42mm×1mm 的措施上。

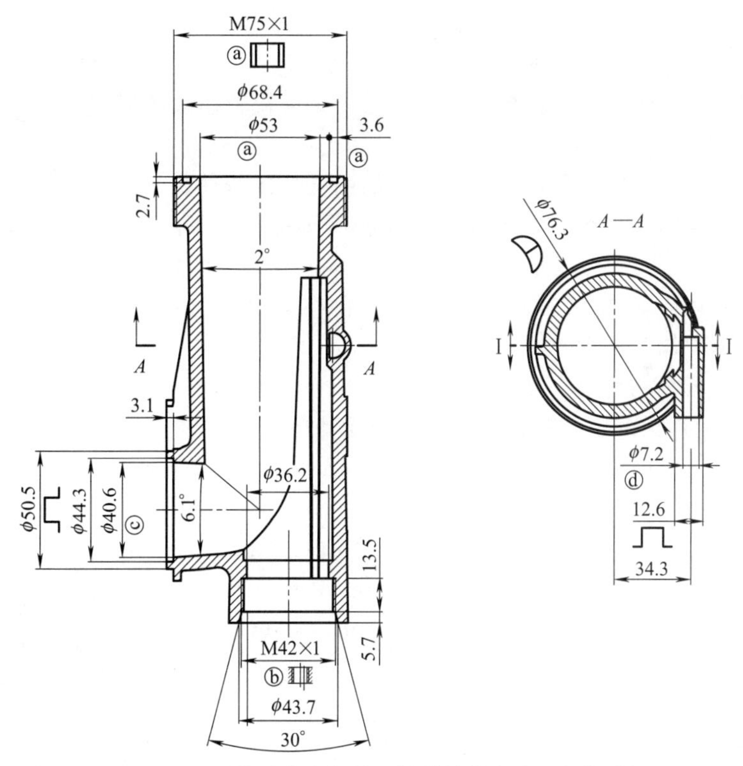

图 4-15 三通接头竖直摆放压铸模结构方案可行性分析

—表示弓形高“障碍体”要素；—表示凸台“障碍体”要素；—表示型孔要素；

—表示螺孔要素；—表示外螺纹要素；

ⓐ—表示 M75mm×1mm 外螺纹、ϕ68.4mm×3.6mm×2.7mm 型槽和 ϕ53mm×2°锥孔；

ⓑ—表示 M42mm×1mm×13.5mm 螺孔、ϕ36.2mm 型孔和 ϕ43.7mm×30°×5.7mm 锥孔；

ⓒ—表示 ϕ40.6mm×6.1°锥孔和 ϕ44.3mm×3.1mm 型孔；ⓓ—表示 ϕ7.2mm 型孔

（3）三通接头在压铸模中平卧摆放位置的模具设计

三通接头在压铸模中、动模板之间存在着两种平卧摆放方法，都可进行压铸模的设计。通

过采用了 ϕ40.6mm×6.1°锥孔具有时间差的抽芯机构，可以成功地化解两种正交相互贯通锥孔型芯抽芯运动的干涉。即 ϕ40.6mm×6.1°锥孔型芯超前 ϕ53mm×2°锥孔型芯抽芯，滞后 ϕ53mm×2°锥孔型芯复位。对于 M42mm×1mm×13.5mm 螺孔和外端 ϕ43.7mm×30°×5.7mm 锥孔，仅能实现螺孔型芯抽芯还不够，还需要有锥孔型芯二次抽芯才能实现三通接头脱模。因此，采用了螺孔型芯和锥孔型芯二次抽芯，就可以避免螺孔型芯和锥孔型芯对三通接头脱模的阻挡作用。两相互贯通型孔型芯采用时差抽芯，可以规避抽芯运动干涉，使得三通接头能够顺利地进行成型加工。

在现实设备、机械制造和生活中有许多像三通接头那样，存在着两孔或多孔相交贯穿，并且存在着内、外螺纹结构这样的压铸件。而螺孔为了能够与外螺纹有较好地配合，一般都会设计有引导部分的型孔。对于这种压铸件的压铸模结构设计，通常对相互正交贯通型孔型芯的抽芯，都需要考虑型芯抽芯运动干涉的问题。只有处理好型芯抽芯运动干涉的问题，压铸模才能顺利地完成相互正交贯通型孔型芯的抽芯。

压铸件采用在压铸模中平卧摆放位置时，对于具有引导型孔的螺孔结构，不仅要考虑螺孔型芯抽芯的问题，还要考虑引导孔型芯的二次抽芯的压铸模结构，这样设计的压铸模才能顺利地进行压铸件成型加工。该案例为解决像三通接头类型压铸件的压铸模结构设计，提供了可行性压铸模结构方案。

(4) 三通接头平卧摆放位置形体“六要素”分析

三通接头如图 4-16 所示。三通接头在压铸模中平卧位置摆放的形状“六要素”分析如下。

1) 三通接头“障碍体”要素

如图 4-16 所示，三通接头是存在多种凸台的圆柱形压铸件。

① 弓形高“障碍体”要素。三通接头是圆柱形压铸件，那么，必然存在着弓形高“障碍体”要素。

② 凸台“障碍体”要素。三通接头形体上存在着 ϕ12.6mm、ϕ73.4mm 和 M75mm×1mm 三处凸台“障碍体”要素。

2) 三通接头“孔槽与螺纹”要素

三通接头形体上存在着多种锥孔、型槽、型孔和螺纹要素。

① 锥孔要素。三通接头形体上存在着 ϕ43.7mm×30°、ϕ53mm×2°和 ϕ40.6mm×6°锥孔要素。

② 型孔和型槽要素。三通接头形体上存在着 ϕ36.2mm×13.5mm、ϕ44.3mm×3.1mm、ϕ7.2mm 型孔要素和 ϕ68.4mm×3.6mm×2.7mm 型槽要素。

③ 螺纹要素。三通接头形体上存在着 M75mm×1mm 外螺纹要素和 M42mm×1mm 螺孔要素。

3) 三通接头运动“干涉”要素

如图 4-16 所示，由于 ϕ40.6mm×6°锥孔和 ϕ53mm×2°相互贯通，ϕ40.6mm×6°锥孔型芯和 ϕ53mm×2°锥孔型在抽芯和复位运动过程会发生运动干涉。

(5) 三通接头在压铸模中平卧摆放位置模具结构方案的可行性分析

针对分析到的三通接头形体“六要素”，可制订出压铸模应采取相应的模具结构方案。在制订压铸模结构方案之前，首先要确定压铸件在压铸模中的摆放位置和方向，三通接头在压铸模中是平卧摆放。由于内、外基本对称，区别是下端 ϕ12.6mm 凸台及其中的 ϕ7.2mm 型孔不对称。三通接头压铸模结构方案可行性分析，如图 4-17 所示。

1) 解决“障碍体”要素方案

如图 4-17 所示，由于三通接头形体上具有弓形高和凸台“障碍体”要素，为了使三通接

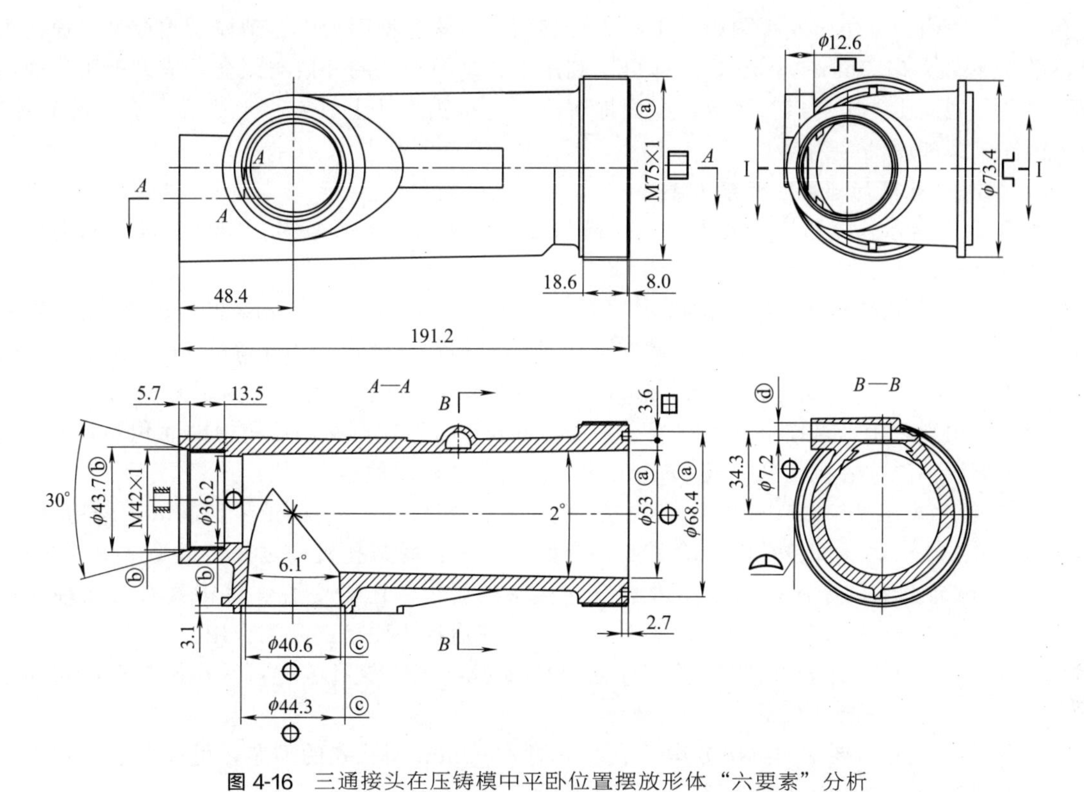

图 4-16　三通接头在压铸模中平卧位置摆放形体“六要素”分析

—表示弓形高“障碍体”；—表示凸台“障碍体”；—表示型孔；

—表示型槽；—表示螺孔；—表示外螺纹；—表示干涉；

ⓐ—表示 M75mm×1mm 外螺纹、ϕ68.4mm×3.6mm×2.7mm 型槽和 ϕ53mm×2°锥孔；

ⓑ—表示 M42mm×1mm×13.5mm 螺孔、ϕ36.2mm 型孔和 ϕ43.7mm×30°×5.7mm 锥孔；

ⓒ—表示 ϕ40.6mm×6.1°锥孔和 ϕ44.3mm×3.1mm 型孔；ⓓ—表示 ϕ7.2mm 型孔

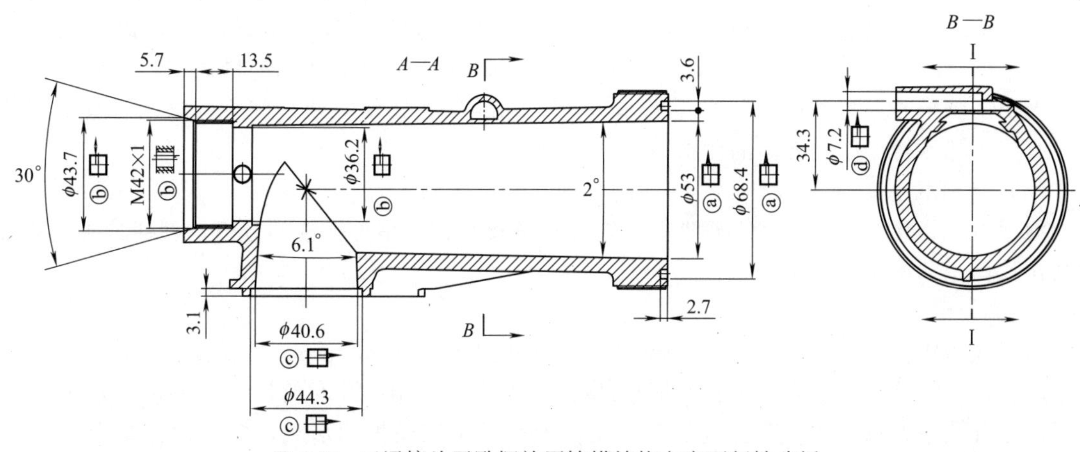

图 4-17　三通接头平卧摆放压铸模结构方案可行性分析

—表示型孔或型槽抽芯；—表示运动干涉；—表示螺孔抽芯符号；—表示外螺纹抽芯；

—表示型孔或型槽二次抽芯；ⓐ—表示 M75mm×1mm 外螺纹、ϕ68.4mm×3.6mm×2.7mm 型槽和 ϕ53mm×2°锥孔；ⓑ—表示 M42mm×1mm×13.5mm 螺孔、ϕ36.2mm 型孔和 ϕ43.7mm×30°×5.7mm 锥孔；

ⓒ—表示 ϕ40.6mm×6.1°锥孔和 ϕ44.3mm×3.1mm 型孔；ⓓ—表示 ϕ7.2mm 型孔

头能正常地脱模，采用了左视图中的Ⅰ—Ⅰ分型面，以该分型面为中、动模型腔成型三通接头的外形和外螺纹 M75mm×1mm，这样可以利用中、动模型腔的开启与闭合，成型及脱三通接头。通过分型面Ⅰ—Ⅰ开启与闭合，全面地解决三通接头形体上具有弓形高和凸台“障碍体”对压铸件成型和脱模的影响。

2）解决“孔槽与螺孔”要素方案

如图 4-17 所示，三通接头形体的“孔槽与螺孔”要素的内容较多，应该分成不同类型进行区别对待。

① 右端“型孔与型槽”要素的解决方案。右端 ϕ68.4mm×3.6mm×2.7mm 的型槽ⓐ和 ϕ53mm×2°锥孔ⓐ，可以采用变角斜弯销滑块抽芯机构加以解决。由于 ϕ53mm×2°锥孔ⓐ的抽芯距离要大于 191.2mm－5.7mm－13.5mm＝172mm，抽芯距离长。为了减少斜弯销的长度采用了变角斜弯销，这样可有效地减小斜弯销的长度，进而可减小压铸模的面积和高度。也可以采用液压油缸抽芯机构来完成 ϕ53mm×2°锥孔ⓐ型芯的抽芯。

② 左端“型孔与螺孔”要素解决方案。左端 M42mm×1mm×13.5mm 螺孔ⓑ及 ϕ43.7mm×30°×5.7mm 锥孔ⓑ，除了要采用齿条与齿轮脱螺孔机构之外。成型 ϕ43.7mm×30°×5.7mm 锥孔ⓑ的型芯，为了不影响三通接头的脱模。还需要脱螺机构具有二次抽芯性质，以避开 ϕ43.7mm×30°×5.7mm 锥孔ⓑ型芯对三通接头脱模的阻挡作用。

③ 上端“型孔”要素的解决方案。上端 ϕ40.6mm×6.1°锥孔ⓒ，可采用斜弯销滑块抽芯机构。

④ 下端“型孔”要素的解决方案。成型下端 ϕ7.2mm 型孔ⓓ的型芯，可以安装在中模型腔或动模型腔中，利用中动模的开启和闭合进行抽芯和复位。

3）解决“抽芯运动干涉”要素解决方案

如图 4-17 所示，由于成型锥孔ⓒϕ40.6mm×6.1°型芯与成型锥孔ⓐϕ53mm×2°锥孔型芯正交相互贯通。成型 ϕ40.6mm×6.1°锥孔ⓒ的型芯必须先于成型 ϕ53mm×2°锥孔ⓐ的型芯抽芯，滞后于成型 ϕ53mm×2°锥孔ⓐ的型芯复位。如此，才能避免这两种正交相互贯通的型芯在抽芯与复位时所产生的运动干涉。

由此可见，对于三通接头压铸模结构方案制订的重点，应该是如何制订避开成型 ϕ40.6mm×6.1°锥孔ⓒ型芯与成型 ϕ53mm×2°锥孔ⓐ型芯的抽芯运动干涉，以及螺孔ⓑ M42mm×1mm 型芯和 ϕ43.7mm×30°×5.7mm 锥孔ⓑ型芯二次抽芯的措施上。三通接头在压铸模中平卧形式的两种摆放位置，无非是 ϕ7.2mm 型孔ⓓ朝上还是朝下，这两种摆放形式都具有同等的压铸模结构方案的效果。

（6）三通接头压铸模设计

根据对三通接头的形体“六要素”分析和压铸模结构方案可行性的分析，三通接头压铸模的结构设计，如图 4-18 所示。

1）模架形式

由于成型锥孔ⓒϕ40.6mm×6.1°侧型芯 27 与成型锥孔ⓐϕ53mm×2 长锥孔型芯 5 在抽芯时会产生运动干涉，需要成型锥孔ⓒ侧型芯 27 必须先于成型锥孔ⓐ的长锥孔型芯 5 进行抽芯，滞后成型锥孔ⓐ的长锥孔型芯 5 复位。于是模架采用了三模板的形式，模架由推垫板 22、安装板 23、拉料杆 24、顶杆 25、浇口套 35、定模板 32、定模垫板 33、中模板 29、中模垫板 30、动模垫板 26、动模板 40、模脚 20 和底板 21 组成。

2）压铸模抽芯机构的设计

由于压铸模的型孔、型槽、锥孔和螺孔具有多种结构形式，相应地，压铸模抽芯机构的结构也应具有多种形式。

① 避让锥孔ⓐ与型孔ⓒ抽芯运动干涉机构的设计：如图 4-18 所示，由于锥孔ⓐ与锥孔ⓒ相互正交贯穿，锥孔ⓐ长锥孔型芯 5 与锥孔ⓒ侧型芯 27 所需要的抽芯和复位运动会产生运动干涉。成型锥孔ⓒ的侧型芯 27 必须先于成型锥孔ⓐ的长锥孔型芯 5 抽芯，后于成型锥孔ⓐ的长锥孔型芯 5 复位。

a. 锥孔ⓐ与型槽ⓐ压铸模抽芯机构的设计。如图 4-18 的 *A—A* 剖视图所示，安装在中模垫板 30 上的变角斜弯销 3，随着中模分型面Ⅱ—Ⅱ开启与闭合产生抽芯与复位运动，便可带动固定在动模垫板 26 上以两块长导向板 45 所组成的 T 形槽中长滑块 2 进行左、右移动，从而使得槽型芯 4 和长锥孔型芯 5 产生抽芯和复位运动。楔紧块 1 是防止槽型芯 4 和长锥孔型芯 5，在较大注射压力作用下出现位移的现象。

b. 锥孔ⓒ压铸模抽芯机构的设计。如图 4-18 的 *C—C* 剖视图所示，安装在定模板 32 中的侧斜弯销 31 在分型面Ⅰ—Ⅰ开启和闭合时，能拨动安装在定模垫板 33 上以两块侧导向板 44 所组成 T 形槽中的侧滑块 28 和侧型芯 27 产生抽芯和复位运动。

c. 相互正交贯穿锥孔ⓐ与锥孔ⓒ时间差抽芯运动机构的设计。由于在定模板 32 与动模板 40 之间安装了弹簧 38 和限位螺钉 39，弹簧 38 使定模板 32 与动模板 40 之间保持一定弹力，起到超前开启及滞后闭合分型面Ⅰ—Ⅰ的目的。限位螺钉 39 可限制分型面Ⅰ—Ⅰ开启的距离，防止压铸模开启时中模部分脱离导向的导柱。

侧斜弯销 31 安装在定模板 32 中，分型面Ⅰ—Ⅰ先于分型面Ⅱ—Ⅱ开启，故槽型芯 4 和长锥孔型芯 5 最先完成抽芯。由于弹簧 38 弹力的作用，又使得分型面Ⅰ—Ⅰ滞后于分型面Ⅱ—Ⅱ闭合，便使得槽型芯 4 和长锥孔型芯 5 最后完成复位运动。如此，可以达到两相互正交贯穿抽芯机构实现时间差的抽芯和复位运动，从而避免抽芯运动的干涉。

② 螺孔ⓑ与锥孔ⓑ二次抽芯机构的设计：如图 4-18 所示，由于螺孔ⓑ外端锥孔ⓑ的存在，压铸模抽芯机构需要能进行二次抽芯运动才能实现三通接头的脱模。第一次抽芯运动是让成型三通接头螺孔ⓑ的螺孔型芯 6 逆时针转动向右退出螺孔距离 13.5mm 后，再在拨叉 17 作用下使抽芯滑块 16 带动花键轴 8 和螺孔型芯 6 向右退出锥孔ⓑ的 5.7mm 距离。复位运动是先在压板 11 作用下抽芯滑块 16 带动花键轴 8 和螺孔型芯 6 向左移动锥孔ⓑ的 5.7mm 距离，然后在弹簧 9 的作用下再向左移动 13.5mm。

a. 螺孔ⓑ一次抽芯机构的设计。如图 4-18 的 *A—A* 剖视图及俯视图所示，螺孔型芯 6 以六条花键孔与花键轴 8 相连，花键轴 8 安装在套筒 13 中可顺逆时针转动。三通接头螺孔为右螺纹，脱螺孔时螺孔型芯 6 和花键轴 8 应逆时针转动。花键轴 8 的转动，使得螺孔型芯 6 相对花键轴 8 向右移螺纹距离 13.5mm，退出螺孔长度后螺孔型芯 6 便停止移动。之后再要退出锥孔ⓑ的 5.7mm 距离，便需要进行二次抽芯运动。

在套筒 13 中花键轴 8 逆时针的转动，是依靠装在定模板 32 上的齿条 10 开启时的上移运动，带动安装中间轴 42 的中间齿轮 43 顺时针转动。中间齿轮 43 转动带动齿轮 14 逆时针转动，齿轮 14 的花键孔带动花键轴 8 逆时针转动，中间齿轮 43 是为了改变齿轮 14 的转向而设计的。花键轴 8 可以通过其上由碰珠 7、弹簧 46 和螺塞组成的限位机构的碰珠 7 进入螺孔型芯 6 的半球窝，带动螺孔型芯 6 做脱螺孔和复位运动。如果齿条 11 直接带动齿轮 14 转动，随着定模板 32 的开启齿条 10 是向上移动，而与之啮合的齿轮 14 则顺时针转动，便不能达到右螺孔的脱螺孔目的。止动螺钉 41 是防止中间轴 42 转动和移动而设置的，至此，可实现三通接头螺孔一次抽芯。

b. 螺孔ⓑ二次抽芯机构的设计。如图 4-18 中 *A—A* 剖视图及俯视图所示，安装在定模板 32 边上的压板 11，随着分型面Ⅰ—Ⅰ的开启上移，压板 11 便脱离了压制安装在导向板 18 中抽芯滑块 16。抽芯滑块 16 在弹簧 19 弹力的作用下向上移动，压板 11 的斜面迫使固定在花键轴 8 右端的抽芯滑块 16 向右移动大于 5.7mm。花键轴 8 的右移是通过碰珠 7 拉动螺孔型芯 6 向右移，从而实现了螺孔型芯 6 二次抽芯后以方便于三通接头的脱模。

c. 螺孔ⓑ一次复位机构的设计。如图 4-18 中 $A—A$ 剖视图及俯视图所示，在压铸模合模后，压板 11 一方面通过接触到拨叉 17 的端面，迫使拨叉 17 退出抽芯滑块 16 锥面；另一方面，压板 11 的斜面迫使花键轴 8 和抽芯滑块 16 向左移动 5.7mm 距离完成螺孔型芯 6 复位，并使碰珠 7 压缩弹簧 9 进入花键轴 8 的孔中。

d. 螺孔ⓑ二次复位机构的设计。如图 4-18 中 $A—A$ 剖视图及俯视图所示，螺孔型芯 6 在套筒 13 中的弹簧 9 的作用下，向左移动 13.5mm 完成二次复位，套筒 13 是安装在支撑块 12 的孔中。

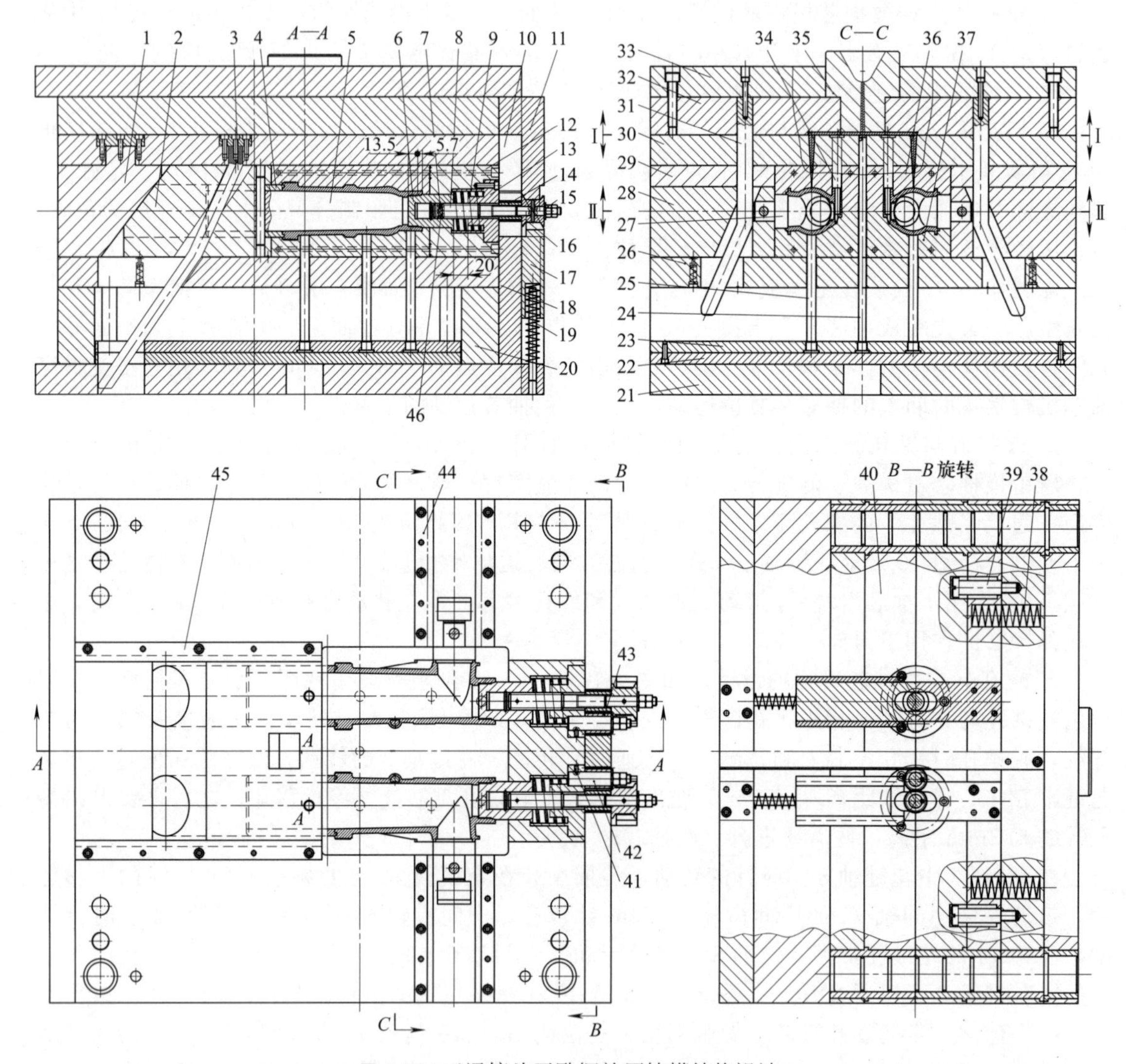

图 4-18 三通接头平卧摆放压铸模结构设计

1—楔紧块；2—长滑块；3—变角斜弯销；4—槽型芯；5—长锥孔型芯；6—螺孔型芯；7—碰珠；8—花键轴；9,19,38,46—弹簧；10—齿条；11—压板；12—支撑块；13—套筒；14—齿轮；15—六角螺母；16—抽芯滑块；17—拨叉；18—导向板；20—模脚；21—底板；22—推垫板；23—安装板；24—拉料杆；25—顶杆；26—动模垫板；27—侧型芯；28—侧滑块；29—中模板；30—中模垫板；31—侧斜弯销；32—定模板；33—定模垫板；34—小侧型芯；35—浇口套；36—中模镶件；37—动模镶件；39—限位螺钉；40—动模板；41—止动螺钉；42—中间轴；43—中间齿轮；44—侧导向板；45—长导向板

③ 型孔ⓓ抽芯机构的设计：如图 4-18 中 $C—C$ 剖视图所示，安装在中模垫板 30 中的小侧型芯 34，随着分型面Ⅱ—Ⅱ的开启和闭合可完成型孔ⓓ的抽芯和复位。

（7）三通接头在压铸模中侧立摆放位置模具设计

三通接头在压铸模中为竖直和平卧摆放的压铸模结构方案及压铸模设计，在前面已经介绍过。那么，还有三通接头在压铸模中为侧立的摆放的压铸模结构方案，又是怎样的呢？比较第 3 种三通接头在压铸模中摆放位置压铸模结构方案，它们又具有哪些优缺点？

1）侧立摆放的三通接头形体“六要素”分析

三通接头在压铸模中为侧立摆放的位置，是圆筒形外形水平方向摆放，侧立摆放的位置又存在两种，即 ϕ73.4mm 凸台朝上或朝下方向的摆放。以 ϕ73.4mm 凸台朝上摆放为压铸模结构方案进行讨论。

如图 4-19 所示，圆柱形三通接头存在着：一处弓形高“障碍体”要素、三处 ϕ73.4mm、M75mm×1mm×18.6mm 和 ϕ12.6mm 凸台“障碍体”要素；一处 M75mm×1mm×18.6mm“外螺纹”要素；一处 M42mm×1mm“螺孔”要素；三处 ϕ53mm×2°、ϕ40.6mm×6°和 ϕ43.7mm×30°“锥孔”要素；三处 ϕ36.2mm、ϕ44.3mm×3.1mm 和 ϕ7.2mm“型孔”要素、一处 ϕ68.4mm×3.6mm×2.7mm“型槽”要素和一处“运动干涉”要素。

“运动干涉”要素是因为一处 ϕ53mm×2°锥孔ⓐ与 ϕ40.6mm×6°锥孔ⓒ正交相互贯穿，锥孔ⓐ型芯与锥孔ⓒ型芯在抽芯和复位时会产生的“运动干涉”。

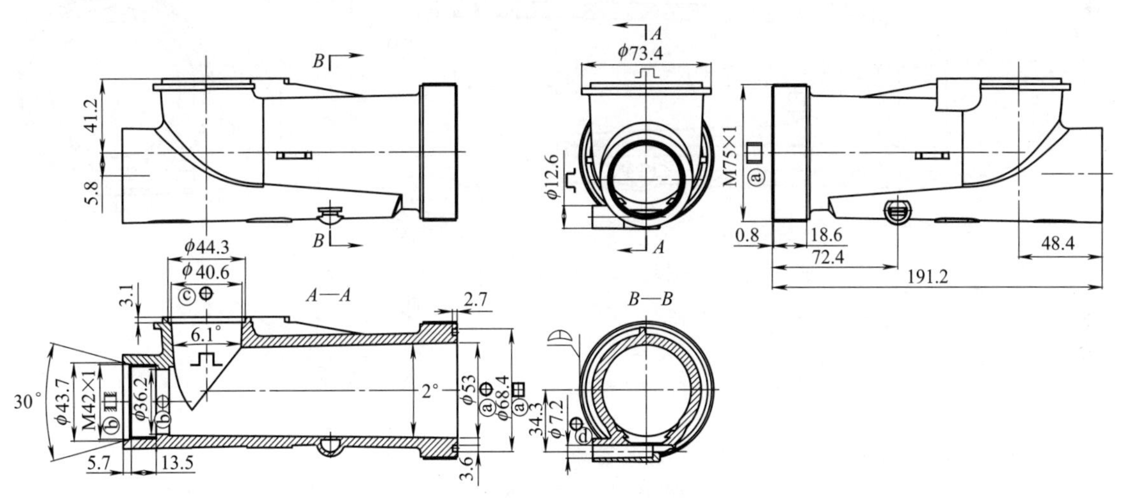

图 4-19 三通接头的形体“六要素”分析

—表示弓形高“障碍体”；—表示凸台“障碍体”；—表示型孔；—表示型槽；—表示螺孔；

—表示外螺纹；ⓐ—表示 M75mm×1mm 外螺纹、ϕ68.4mm×3.6mm×2.7mm 型槽和 ϕ53mm×2°锥孔；

ⓑ—表示 M42mm×1mm×13.5mm 螺孔、ϕ36.2mm 型孔和 ϕ43.7mm×30°×5.7mm 锥孔；

ⓒ—表示 ϕ40.6mm×6.1°锥孔和 ϕ44.3mm×3.1mm 型孔；ⓓ—表示 ϕ7.2mm 型孔

2）三通接头在压铸模中侧立摆放模具结构方案的分析（图 4-20）

三通接头在压铸模中为侧立摆放，锥孔ⓒ ϕ40.6mm×6.1°可以有两种摆放方向，如图 4-19 所示。一是锥孔ⓒ朝上，二是锥孔ⓒ朝下，这样以三通接头侧立摆放位置为压铸模结构方案也存在两种方案。

① 锥孔ⓐ与锥孔ⓒ两型芯的时间差抽芯方案。由于三通接头的锥孔ⓐ与锥孔ⓒ正交相互贯穿，成型 ϕ40.6mm×6.1°型孔ⓒ的型芯应该先于成型 ϕ53mm×2°锥孔ⓐ的型芯抽芯，滞后于成型 ϕ53mm×2°锥孔ⓐ的型芯复位。锥孔ⓒ朝上采用三模板的模架，利用分型面Ⅰ—Ⅰ和

分型面Ⅱ—Ⅱ开启和闭合的先后，实现两型芯的时间差抽芯。锥孔ⓒ朝上，是能够实现两型芯的时间差抽芯的方案。

至于螺孔ⓑ和外螺纹ⓐ朝左还是朝右，都是具有同样可行性的压铸模结构方案。但由于锥孔ⓒ的轴线与压铸模开闭模方向相同，可以将成型锥孔ⓒ的型芯安装在中模板中，利用两分型面开启和闭合的先后实现两型芯的时间差抽芯。

若锥孔ⓒ朝下，成型 $\phi40.6\text{mm}\times6.1°$型孔ⓒ的型芯就无法实现两型芯的时间差抽芯。故锥孔ⓒ朝下位置的压铸模结构方案是必定失败的方案。

② 螺孔ⓑ与螺孔外端斜孔ⓑ的抽芯方案。由于螺孔ⓑ外端斜孔ⓑ深度的影响，螺孔ⓑ脱螺孔后还有再抽芯以实现螺孔ⓑ外端斜孔ⓑ型芯的抽芯，可以采用三通接头平卧摆放的螺孔二次抽芯方案。

③ 三通接头外形和外螺纹ⓐ压铸模型面的开启和闭合方案。可以采用两套斜弯销滑块抽芯机构，当两滑块闭合时，便可成型三通接头外形和外螺纹ⓐ。两滑块开启时，就可以让出空间使用顶杆顶出三通接头。

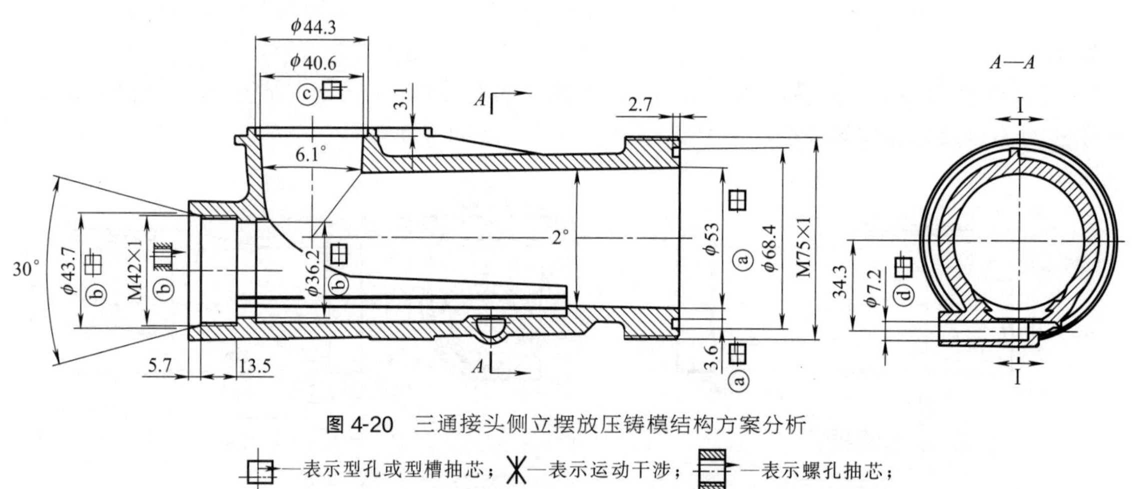

图 4-20　三通接头侧立摆放压铸模结构方案分析

—表示型孔或型槽抽芯；—表示运动干涉；—表示螺孔抽芯；

—表示外螺纹抽芯；—表示型孔或型槽二次抽芯

(8) 三通接头压铸模最佳优化方案的分析

三通接头在压铸模中有竖直、平卧和侧立摆放的形式，每种摆放的形式又存在着两种朝向，这样就共有六种摆放和朝向。在这六种摆放和朝向压铸模结构方案中，有失败、复杂的方案，也有最佳优化方案。

① 错误方案。在竖直摆放中，螺孔端朝上的方案是错误的方案，是因为这样摆放的朝向无法实现脱螺孔。只能采用活块成型螺孔，活块与三通接头一起脱模后人工取下活块，加工效率低；侧立摆放中，侧向锥孔不能朝下，是因为侧向锥孔无法实现时间差抽芯来避免两相交锥孔贯穿的运动干涉。

② 可行性方案。除了上述三通接头在压铸模中两种摆放和朝向的模具方案，余下的四种压铸模方案均为可行。

a. 竖立螺孔朝下摆放压铸模结构方案：可行，压铸模结构也不复杂，但由于脱螺孔需要采用链轮和链条进行。而小链轮需要在压铸机外利用电机和减速器，并且需要根据三通接头加工程序准确控制好小链轮的转向和转动圈数，这套设备复杂，不建议采用。

b. 平卧摆放两种压铸模结构方案：由于该压铸模结构，采用了中模镶件和动模镶件的型腔成型三通接头，解决了三通接头外形和外螺纹的成型；变角斜弯销滑块抽芯机构解决了大于172mm长锥孔ⓐ的抽芯距离，变角斜弯销的使用减少了斜弯销的长度和压铸模的面积和高度；正交相互贯穿两斜孔时间差抽芯机构，避免了抽芯运动干涉；螺孔ⓑ型芯和斜孔ⓑ型芯的二次抽芯，解决了因螺孔ⓑ端头斜孔ⓑ型芯影响三通接头脱模。该压铸模采用了两个模腔，提高了三通接头的加工效率。这两种朝向压铸模结构具有同等的性能，这种摆放与两种朝向的压铸模结构为最佳优化方案。

c. 侧立侧向型孔朝上摆放压铸模结构方案：压铸模外形和外螺纹采用了两套斜弯销滑块抽芯机构，再加上长锥孔和螺孔二次抽芯，共有四处抽芯，是可行的压铸模结构方案。平放摆放则是利用在中动模模板上制成的型腔成型三通接头外形和外螺纹，长锥孔和螺孔采用了二次抽芯，侧向型孔抽芯两种摆放形式都采用了时间差抽芯。这样比较后侧立侧向型孔朝上摆放压铸模较平卧摆放两种压铸模结构方案要较为复杂。

在进行压铸模结构最佳优化方案分析时，不要将所有的可行性方案都设计出来再进行比较。一般只要在压铸模结构可行性方案分析的基础上，再进行压铸模结构最佳优化方案分析和论证就可以了。确定了最佳优化方案，再进行压铸模的压铸件缺陷分析，就可以进行压铸模的设计和造型了。

三通接头压铸模的设计，首先要确定三通接头在压铸模中摆放位置和方向，删除不能实现脱螺孔的方案。在对压铸模的多种机构选择时，也要考虑到压铸模运动的稳定性和一致性。特别是在处理压铸件脱螺纹和两种具有时间差抽芯机构的设计，一定要在对压铸件形体进行“六要素”分析和压铸模结构方案可行性分析到位的情况下，才能进行压铸模的三维造型和CAD图的设计。压铸模结构设计或三维造型是压铸模制造的源头，不管采用哪种现代先进的加工制造技术和新型模具材料、热处理技术及先进控制、管理技术，都不能代替压铸模结构设计的正确性，所以说压铸模结构设计是第一位的。只有压铸模设计正确，才能应用和发挥上述各种现代化技术的潜能，提高压铸模加工精度、效率、质量和使用寿命。

4.3.2 分流管压铸模结构方案分析与设计

本小节以分流管为例，讲解其压铸模结构方案的分析与设计。分流管的二维图样，是在其形体分析的基础上绘制的。分流管的形体分析是其压铸模结构方案可行性分析和论证的依据。而压铸模结构方案还是压铸模结构和构件设计的指南。

① 分流管压铸模设计程序：分流管图样或造型→形体分析→最佳优化方案可行性分析→分流管压铸模结构方案论证→压铸模结构和构件设计或造型。可见分流管压铸模设计，是一环扣一环的有机联系的过程。

② 分流管压铸模设计的论证程序：压铸模结构和构件设计→最佳优化方案可行性分析→形体分析→压铸模薄弱构件的强度和刚性校核。即压铸模结构方案的论证，是以压铸模结构和构件设计为起点，验证压铸模结构最佳优化方案，再通过检查压铸模结构方案对应于分流管形体分析的适应性。可见分流管压铸模设计论证的过程，是分流管压铸模结构设计的逆过程。验证也是一扣一扣地解开，直至所有环扣被解开为止的过程。压铸模设计程序和论证程序是一种可逆过程，通过可逆过程可以发现压铸模结构分析过程中遗漏、缺失和不符合的项目，从而达到相互验证的目的。

对于每一个压铸件来说，由于它们的用途和作用各不相同，其性能、批量和用材也就各不相同，这样便导致它们的形状特征和尺寸精度也各不相同，成型规律和成型要求也是各不相同的；因此，对于压铸模的结构形式也就各不相同。但是只要把握好压铸件的性能、材料和用途，捕捉到压铸件形状特征、尺寸和精度等因素，通过压铸件形体“六要素”分析，便可以寻找到压铸件成型的规律性。压铸模结构方案可行性的三种分析方法，是解决压铸模结构设计的万能工具和钥匙。“六要素”和三种分析方法还可用于各种类型的型腔模结构方案的可行性分析和论证，其中也包括压铸模结构方案的可行性分析和论证。

（1）分流管的资料和形体分析

从分流管零件图样中，提取与压铸模结构方案相关的技术资料后，才能够进行分流管的形体分析。分流管形体分析的实质，就是在分流管的零件图样中寻找其形体分析的“六要素”。

① 分流管资料：材料为铝合金，收缩率为 0.5%。

② 分流管的形体分析：分流管的右件如图 4-21 所示，左件对称。分流管的主体是一个前、后方向呈圆弧形状梯形底座，而上、下方向为左窄右宽呈梯形的薄壁弯舌状型腔的压铸件；其壁薄厚仅为 1mm。具体地讲分流管左端是双圆弧形的顶部，而中段是为弧形状梯形，右端为长方形底座的壳体。在分流管主体壳体的上、下方向，是具有上 6 下 5 共 11 根相连的斜向接管嘴。11 根接管嘴同时垂直分流管主体壳体的梯形两侧腰，而与分流管主体壳体的对称平面是倾斜的。

分流管是一典型的具有多处“障碍体”与侧面有多个斜向型孔的压铸件，另外又是容易产生变形的弯舌状型腔的薄壁压铸件。那么，这些斜向接管嘴孔是怎样成型和抽芯的呢？分流管的薄壁弯舌状型腔又是怎样成型和抽芯的呢？分流管脱模后是否会变形？这些问题都是考验分流管压铸模结构设计的难题。

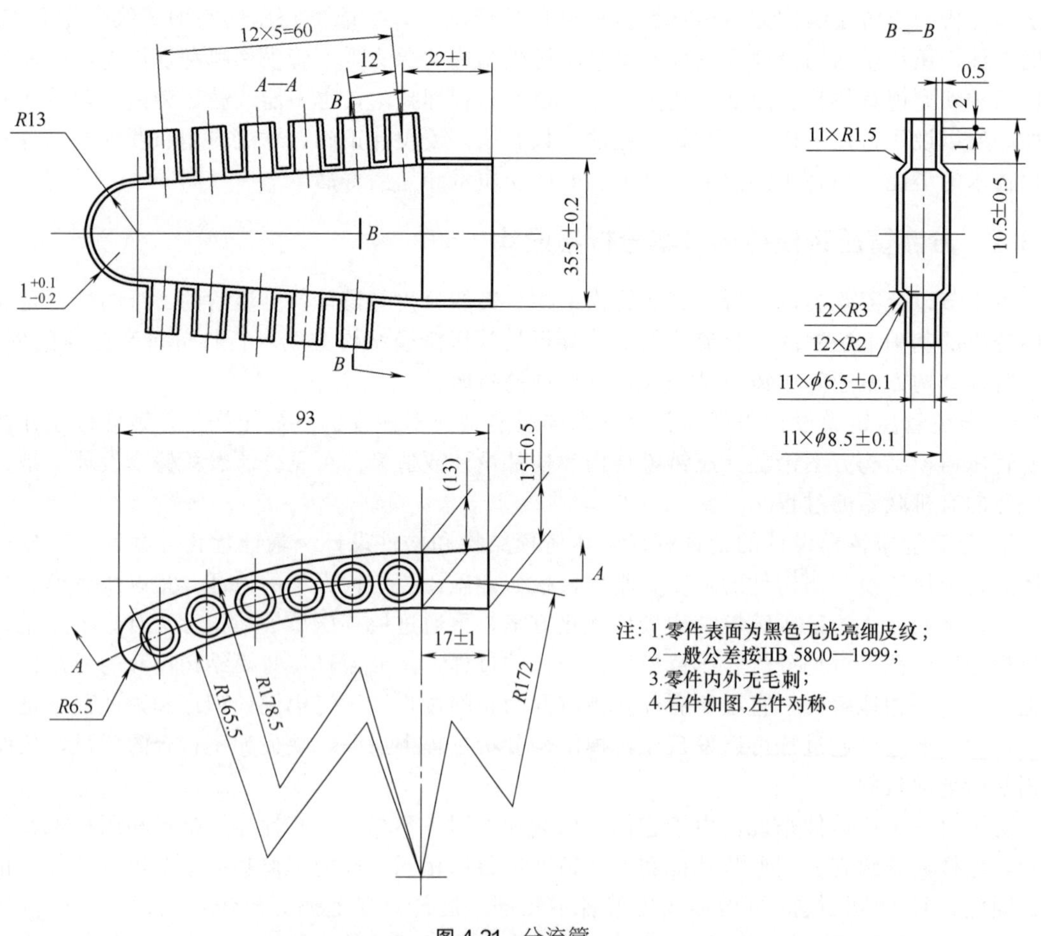

图 4-21　分流管

(2) 分流管压铸模的结构方案论证

压铸模的结构方案与分流管在压铸模中的摆放位置有关，不同的摆放位置就有不同的结构方案；不同的压铸模结构方案具有不同的分型面、抽芯和脱模的方式，浇注系统也是不相同的。有的摆放位置会使压铸模的结构变得非常复杂，有的摆放位置会使压铸模的结构相对简单些，有的摆放位置会使压铸模的结构方案完全错误。对压铸模结构方案论证的目的，就是让我们避免压铸模结构方案产生的失败和复杂化的后果，从而寻找到简单易行的压铸模结构方案，即最佳优化结构方案。这一点在压铸模的结构设计中是十分重要的，千万不可忽视。

① 分流管压铸模结构方案（一）。如图 4-22 所示，该方案是将分流管弯舌状的凹面朝下，凸面朝上的平卧式放置，其分型面由弧形线加折线组成，为什么分型面要在管嘴处变成折线呢？主要原因是要避开分型面管嘴处的暗角形式“障碍体”，该暗角形式“障碍体”会影响成型后分流管的开闭模运动。前、后的斜向抽芯是为了成型分流管前 5 后 6 共 11 个 $\phi6.5mm\pm0.1mm$ 的管嘴孔。右向的弧形抽芯是要将成型分流管弯舌状内腔的型芯进行抽芯，抽芯的距离要大于弯舌内腔的深度 92mm，才可将分流管脱模。浇道和浇口设置在分流管弯舌状的凸面上，熔体料流的冲击力会造成悬臂状成型分流管弯舌状内腔的型芯低头，而导致分流管壁厚不均匀，甚至破损。三处型孔型芯抽芯后的分流管仍然会滞留在动模型腔中，这时需要脱模机构将分流管顶出动模型腔。

a. 该方案的特点：分型的定、动模型腔成型分流管的外形，三处型孔型芯抽芯成型分流管 11 个 $\phi6.5mm\pm0.1mm$ 的管嘴孔和分流管的弯舌内腔。

b. 该方案的优点：对分流管成型的结构十分紧凑，并且压铸模的闭合高度最低；分型面的选取正确无误；分流管上点浇口的痕迹较小。

c. 该方案的缺点：由于分流管的壁厚仅 1mm，属于薄壁件，脱模机构用顶杆将分流管从动模型腔中顶出时，也会因顶杆的面积小而将分流管顶变形，甚至于顶破裂；右向弧形抽芯距离太长并且容易在熔体料流的冲击力下使型芯向下低头，导致分流管壁厚不均匀，甚至破损。要将成型后在分流管弯舌内腔的型芯进行抽芯，可采用齿轮与齿条副的向下方做弧形运动的抽芯机构。

d. 结论：该方案影响着分流管成型质量，这显然不是最佳优化方案，需谨慎地使用分流管在压铸模中平卧式放置方案。

② 分流管压铸模结构方案（二）。如图 4-23 所示，该方案是将分流管弯舌状的凹面朝前，凸面朝后的侧立式放置。该方案是以六个管嘴台阶端面为定模，定模之下为动模。动、定模内的型腔以弧形线加折线组成的侧向分型面为前、后的抽芯。其上、下斜向抽芯是为了成型分流管上 6 下 5 共 11 个管嘴 $\phi6.5mm\pm0.1mm$ 的圆柱孔。将成型分流管弯舌状内腔的型芯进行右向弧形抽芯与脱模，并采用右向的弧形抽芯兼脱模机构。压铸模的浇口可放置在六个管嘴中间一个管嘴的端面上，采用倾斜式流道和潜伏式点浇口的形式。

a. 该方案的优点：分型面的选取正确无误，有效地避免了分型面在管嘴处抽芯时所产生的暗角形式“障碍体”；动模的前、后的抽芯成型，可获得分流管正确的外形；以分流管的弯舌内腔成型的型芯为抽芯兼脱模机构，既可成型分流管的内表面，又可使分流管脱模时不会产生变形。该压铸模的闭合高度，只是较方案（一）的闭合高度高出了少许。

b. 该方案的缺点：成型分流管的 11 个 $\phi6.5mm\pm0.1mm$ 管嘴圆柱孔的抽芯是上、下斜向抽芯的动作。因为管嘴的抽芯方向与开闭模方向是倾斜的，这样也就很难实现管嘴孔的上、下斜向抽芯，特别是定模斜向抽芯难以实现。若这 11 个 $\phi6.5mm\pm0.1mm$ 管嘴圆柱孔的轴线是垂直于分流管的对称平面，抽芯的动作便易于实现。问题是这 11 个 $\phi6.5mm\pm0.1mm$ 管嘴圆柱孔的轴线垂直于分流管主体的梯形两侧腰，并且分流管脱模后还需用手取出。

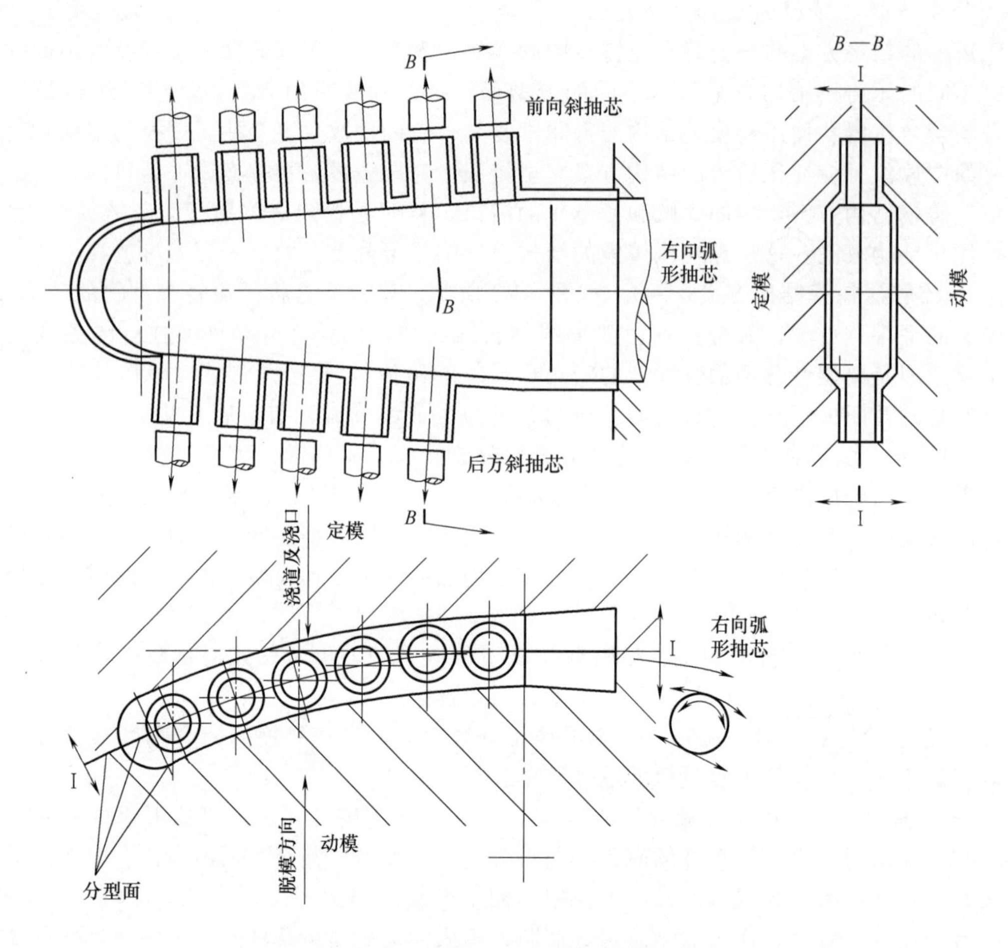

图 4-22　分流管压铸模结构方案（一）

—弧形抽芯

c. 结论：由于难以实现 11 个 ϕ6.5mm±0.1mm 管嘴圆柱孔的斜向抽芯，这是应该坚决舍弃的方案，也是将会导致压铸模结构失败的方案。

③ 分流管压铸模结构方案（三）。如图 4-24 所示，该方案是将分流管弯舌状凹面朝左，凸面朝右边竖立式的放置；动模内的型腔以弧形线加折线组成的分型面为左、右方向的抽芯；其前、后方向斜向抽芯是为了成型分流管前 6 后 5 共 11 个管嘴 ϕ6.5mm±0.1mm 的圆柱孔；将分流管在成型其弯舌内腔的型芯上进行的抽芯兼脱模，采用了向下方向做弧形运动的抽芯兼脱模机构；压铸模的点浇口可设置在上端双圆弧形面的顶端上。

a. 该方案的优点：分型面的选取正确无误，有效地避免了分型面在管嘴处抽芯时所产生的暗角形式“障碍体”；动模左、右的抽芯成型可获得分流管正确的外形；动模前、后的抽芯成型可获得分流管 11 个 ϕ6.5mm±0.1mm 的管嘴圆柱孔；以分流管弯舌内腔成型的型芯为抽芯兼脱模机构，既可成型分流管的内表面，又可使分流管脱模时不会产生变形；压铸模抽芯和脱模机构十分紧凑。

b. 该方案的缺点：该压铸模的闭合高度较方案（一）或方案（二）的闭合高度高出 1～2 倍。闭合高度高的原因主要是竖立式放置，不过压铸模的闭合高度仍在设备允许的最大闭合高度范围之内。适当降低闭合高度，还是留有余地的。

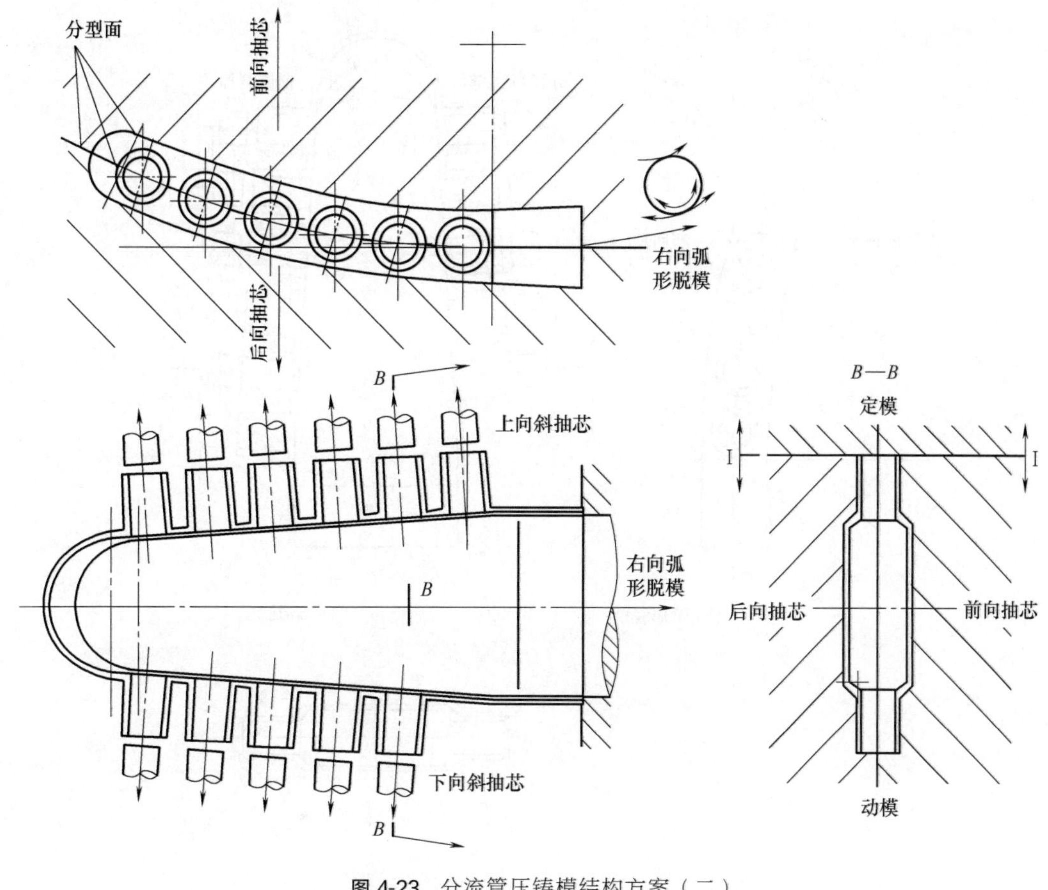

图 4-23 分流管压铸模结构方案（二）

—弧形抽芯

④ 分流管压铸模结构最佳优化方案。比较上述三个方案后，显而易见，方案（一）存在着顶杆的面积不可能制作得太大而会将分流管顶变形，甚至有顶破的风险，再者分流管安装在服装之内，分流管圆弧形面上顶杆的痕迹会磨破衣服，也是不可取的；方案（二）有成型分流管 11 个 $\phi6.5\text{mm}\pm0.1\text{mm}$ 管嘴孔的抽芯是上、下斜向抽芯的动作难以实现的问题，肯定不能使用；那么，只有方案（三）才能确保分流管内、外型的正确成型和脱模不变形，方案（三）的唯一不足是闭合高度高了一些，但还是在压铸机最大允许的范围之内。故通过对上述三个方案比较后，方案（三）是合理和正确的选择。

（3）压铸模的浇注系统分析和设计

压铸模的浇注系统设计会影响到分流管能否成型的问题，还会影响到分流管的成型变形和成型加工缺陷的问题。

如图 4-25（a）所示，该压铸模的浇注系统由直流道 2、拉料结 3 和点浇口 4 组成，点浇口 4 所留下的痕迹很小，可使得分流管外形美观。直流道是在浇口套中加工而成，为了使压铸后所形成直流道的冷凝料，能够随着动模开模运动将其拉出浇口套锥孔中，即脱浇口冷凝料采用了拉料结的形式。一般直流道应制成锥度为 2°～4°锥孔，表面粗糙度为 $Ra0.4\text{mm}$。拉料结 3 和点浇口 4 分别设置在左、右滑块上。当分流管压铸结束后，动、定模的开模运动既可将浇口套中的冷凝料拉出来，后又可随着左、右滑块的抽芯运动与分流管一起脱模。左、右滑块上点浇口 4 是高温和高压的熔体进入压铸模型腔的入口，点浇口 4 又会使进入压铸模型腔熔体的

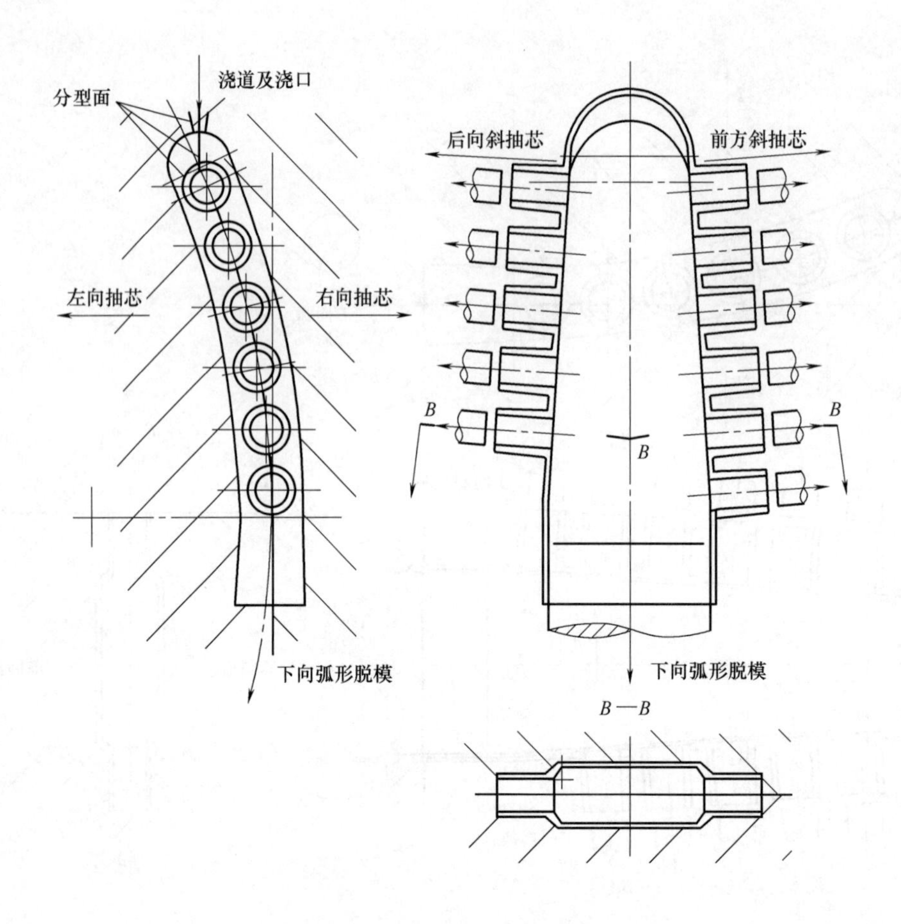

图 4-24 分流管压铸模结构方案（三）

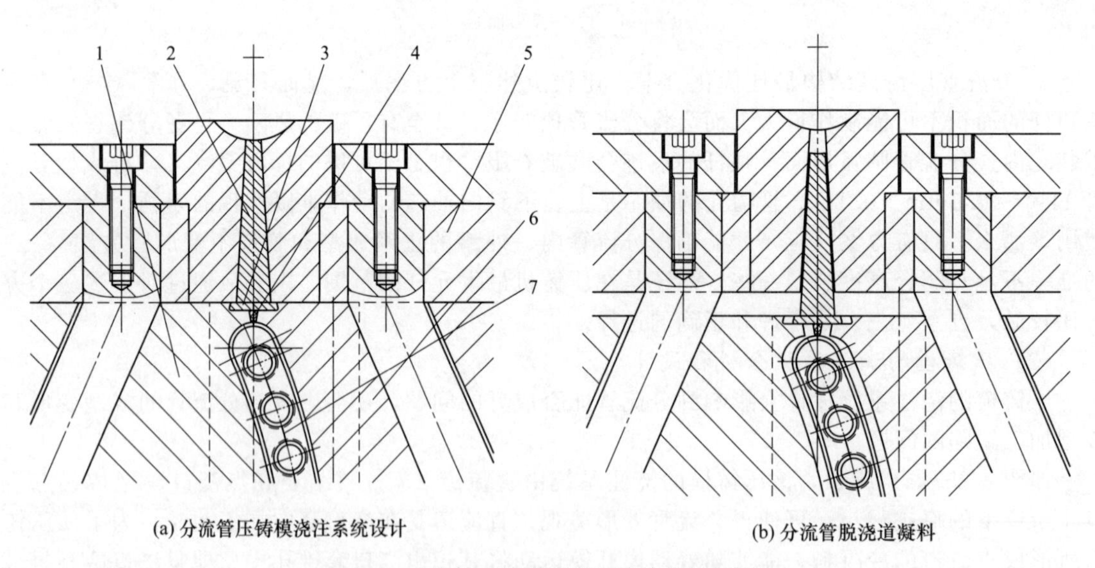

图 4-25 分流管压铸模浇注系统的分析和设计

1—左滑块；2—直流道；3—拉料结；4—点浇口；5—定模板；6—右滑块；7—分型面

温度进一步提高而改善其流动性；分流管上点浇口 4 所遗留的痕迹很小。拉料结 3 是为拉出浇口套中的冷凝料而设置的，若每次压铸结束后不将冷凝料拉出浇口套，浇口套中的直流道就会被冷凝料堵塞，不能进行下一次压铸。这种浇注系统形式的设计省去了冷凝料的拉料杆，同时也无法设置拉料杆。点浇口 4 应设置在分流管双曲面最高的母线处，才可避开暗角形式“障碍体”的影响。但千万不能设置在分流管中心弧形线处，这种设置会造成在右滑块 6 上形成暗角形式“障碍体”，影响右滑块 6 的抽芯运动。

（4）“障碍体”与压铸模的结构设计分析

压铸模结构与“障碍体”是密切相关的，压铸模结构会因“障碍体”的存在而具有不同结构形式。“障碍体”是压铸模结构设计主要的要素之一，压铸模的结构设计也会因“障碍体”而使其内容变得更加丰富多彩。

①“障碍体”的分析：分流管共有三处“障碍体”，影响着压铸模分型面的选取及点浇口位置的设置。

a. 管嘴处分型面暗角形式“障碍体”处置方法，分流管压铸模分型面种类的选择，如图 4-26 所示。取如图 4-26（a）所示的弯舌对称中心弧面为分型面时，分型面与左、右抽芯运动方向上存在着阻碍左、右滑块移动的暗角形式“障碍体”。如图 4-26（a）的Ⅰ放大图所示，这种暗角形式“障碍体”是由下而上呈逐渐增大，即由 0.03mm 增至 0.5mm。如图 4-26（b）所示，这种暗角形式“障碍体”存在于弯舌弧形状分型面与左、右抽芯运动方向之间。避开暗角形式“障碍体”的方法，一种是采用弯舌对称中心弧形线及折线所组成的分型面，另一种是将存在着暗角形式“障碍体”的实体修理掉，如图 4-26（c）所示。

分流管左、右两侧方向有前 6 后 5 共 11 根管嘴，其圆柱孔为 ϕ6.5mm±0.1mm，管嘴外端的台阶圆为 ϕ8.5mm±0.1mm，台阶圆也是分型面处的凸台式“障碍体”，因采用了对开抽芯的压铸模结构才避免了凸台式“障碍体”的阻挡作用。

b. 点浇口处暗角形式“障碍体”处置方法，点浇口若设在弯舌对称中心弧面上也会形成暗角“障碍体”，影响分流管的分型；为避免点浇口在左、右模抽芯时的暗角形式“障碍体”影响，可将点浇口设置在分流管最高母线处。

②“障碍体”与分型面的设计。分流管压铸模分型面设置在左、右滑块之间，是为了避开图 4-26（a）中的暗角“障碍体”，将分型面设计成弯舌对称的中心弧形线加折线所组成的分型面。这种分型面虽然能成功地避开了暗角“障碍体”，但经过线切割加工的两个分型面很难做到一致，只要存在着间隙，就会在压铸时产生溢漏而产生毛刺的现象。将分型面设计成如图 4-26（c）所示的经过修理后的弯舌对称中心弧面的分型面，即为了避开暗角“障碍体”，可将“障碍体”修理掉。因为这些管嘴是与软管相连接，并还需用绳子将管嘴和软管捆扎紧，所以存在一定的管嘴圆柱度精度是允许的。这种分型面的加工简单，又不影响使用；既避开了暗角形式“障碍体”的影响，又较弯舌对称中心弧形线加折线所组成的分型面更为简单。

（5）“障碍体”与抽芯机构的设计

分流管压铸模分型面上的六个管嘴处存在着 0.03～0.5mm 的暗角形式“障碍体”，如图 4-26（a）所示。这些暗角“障碍体”会严重地影响分流管压铸模左、右方向的抽芯。只有采用如图 4-26（c）所示的经过修理后的弯舌对称中心弧面的分型面，才能有效地避让暗角形式“障碍体”对抽芯的影响。11 个管嘴的台阶实际上也是凸台式“障碍体”，这些凸台式“障碍体”可以弯舌对称中心弧面为分型面进行避让。为了能使 11 个管嘴的圆柱孔与弯舌状内腔的连接处不产生毛刺，在分流管脱模之后，弯舌状的型芯需先复位，11 个管嘴孔的成型销再插入弯舌状的型芯之内；反之，先进行 11 个管嘴圆柱孔的成型销的抽芯，再进行分流管弯舌状型芯的抽芯兼脱模。脱模和抽芯的运动要十分精准，运动先后要有序进行；否则，将会产生管嘴圆柱孔的成型销的抽芯与弯舌状型芯的抽芯兼脱模运动干涉现象。如此，压铸模采用了前、后两处抽芯和左、右两处抽芯，四处抽芯使得成型分流管四面的型腔全都敞开，分流管只能滞

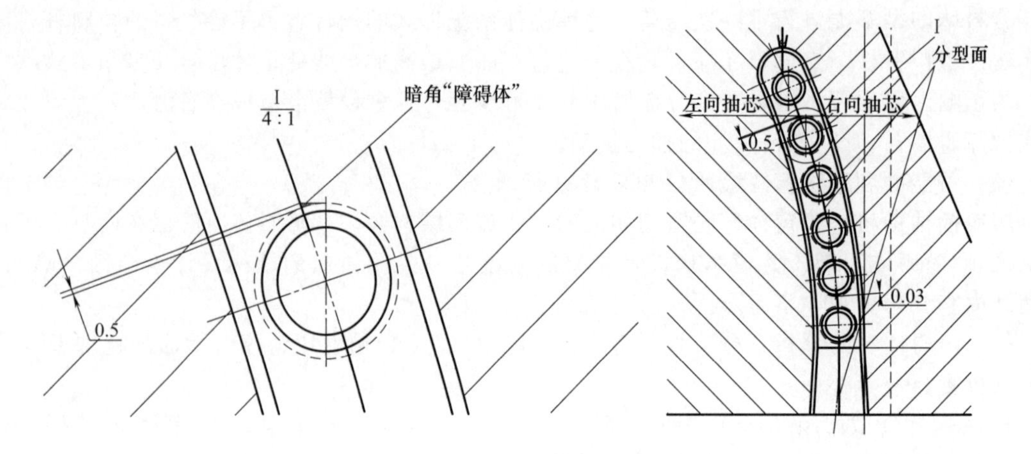

(a) 以弯舌对称中心弧面的分型面

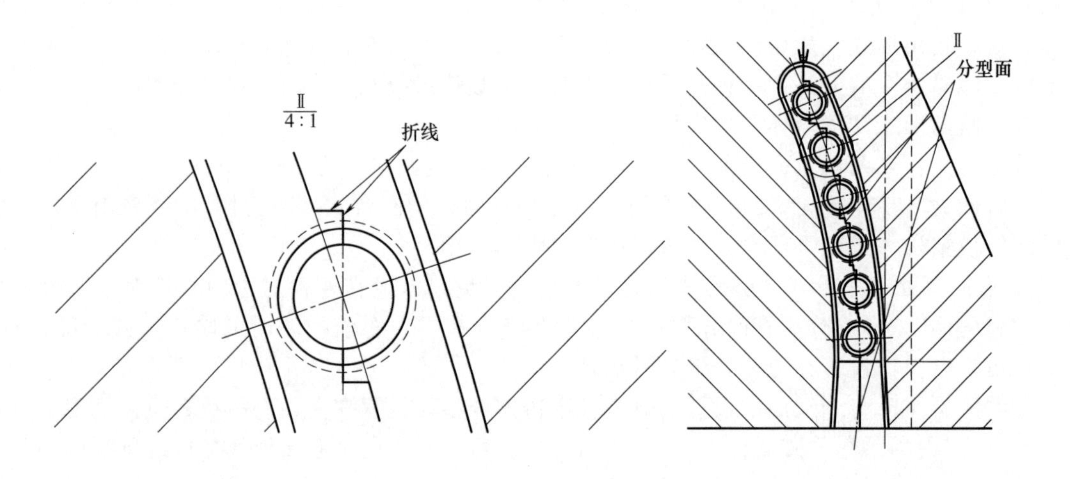

(b) 以弯舌对称中心弧面加折线组成的复合分型面

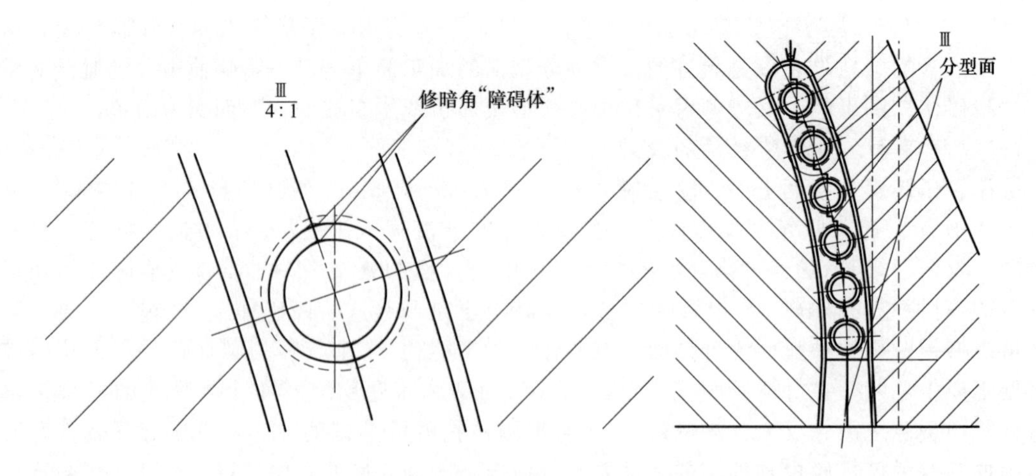

(c) 以弯舌对称中心弧面和修去暗角形式"障碍体"的分型面

图 4-26 "障碍体"与分型面的选择

留在弯舌状的型芯上。

（6）“障碍体”与脱模机构的设计

由于分流管的弯舌状的内腔是圆弧形状，若分流管的脱模是沿着压铸模的开、闭模方向，则在分流管的开、闭模方向上，弯舌的内、外圆弧面处也存在着弓形高“障碍体”，分流管的脱模就不可能顺利地进行。现采用了齿条、齿轮与扇形齿条兼弯舌状型芯组成的弧形抽芯兼分流管脱模的传动机构，可使弯舌状型芯进行弧形的抽芯兼分流管的脱模运动。如图 4-27 所示，机床的顶杆推动着推板 13、安装板 12 和直齿条 8 的移动，直齿条 8 带动着齿轮 9 顺时针转动，齿轮 9 又带动着扇形齿条兼弯舌状型芯 7 的顺时针转动，从而在动模板 28 对分流管底端面 100％的支撑作用下，使得扇形齿条兼弯舌状型芯 7 从分流管型腔内完成抽芯兼分流管的脱模。由于动模板对分流管底端面 100％的支撑作用，分流管的脱模不会产生任何的变形。在左滑块 5、右滑块 6 和前、后滑块 17 的分流管成型面上需要制作出皮纹。

（7）分流管压铸模的结构设计

分流管压铸模结构如图 4-27 所示。

① 分流管压铸模抽芯机构的设计。左、右抽芯运动可完成以分流管弯舌对称中心弧形线加折线所组成分型面的抽芯，前、后斜抽芯运动可完成分流管前 6 后 5 共 11 个管嘴 $\phi6.5\text{mm}\pm0.1\text{mm}$ 圆柱孔圆型芯 18 的斜向抽芯。

② 分流管型腔抽芯兼脱模机构的设计。直齿条 8、齿轮 9 和扇形齿条兼弯舌状型芯 7 组成的抽芯兼脱模机构，可完成分流管的抽芯兼压铸件的脱模，从而有效规避了对暗角“障碍体”抽芯、11 个管嘴的斜向抽芯和分流管脱模的影响。

③ 降低压铸模闭合高度的措施。为了减少压铸模的闭合高度，采用齿轮 9 埋入动模垫板 29 之内及扇形齿条兼弯舌状型芯 7 抽芯时可以穿入安装板 12、推板 13 和垫板 14 之内。

④ 脱浇口冷凝料的措施。采用点浇口和拉料结，省去了用拉料杆拉出主浇道中料把的结构，实际上该压铸模结构也无法设置拉料杆。

⑤ 分流管型腔抽芯兼脱模机构的复位。扇形齿条兼弯舌状型芯 7 的精确回位是靠回程杆 25 复位而实现的。

（8）压铸模刚性和强度的计算

如图 4-27 所示，分流管压铸模动模垫板 29 和左、右斜导柱 4 及前、后斜导柱 16 的刚性和强度的计算，是为了控制它们的变形量，以保证熔体在填充过程中不产生溢料飞边，保证产品的壁厚尺寸，并保证分流管能够顺利脱模。对压铸模刚性和强度的校核应取受力最大、刚性和强度最薄弱的环节进行校核。分流管左、右方向的投影展开面积大，所受到的作用力也最大，为防止分流管产生溢料飞边及保证产品的壁厚尺寸，应该加装楔紧块 15，楔紧左滑块 5 和右滑块 6。

分流管是一种典型的具有多处“障碍体”与侧面多个斜向“型孔”以及有“外观”要求的压铸件，另外又是容易产生“变形”的弯舌状型腔的薄壁压铸件。只要把握好分流管的性能、材料和用途，捕捉到压铸件形状特征、尺寸精度和分流管形体分析的“六要素”，便可以寻找到压铸件成型的规律性，也就不难确定分流管压铸模的工作原理和结构。应用压铸模结构方案可行性“三种分析方法”，就是解决压铸模结构方案可行性分析的万能工具和钥匙。由于分流管在压铸模中有三种摆放的位置，因此，就存在着三种压铸模结构的方案。而三种方案只有一种结构方案是最佳优化方案，只有通过分析与论证才能够找到，否则，所制订的方案有可能是失败的方案。“六要素”和“三种分析方法”可用于所有各种类型的型腔模结构方案的可行性分析和论证之中。

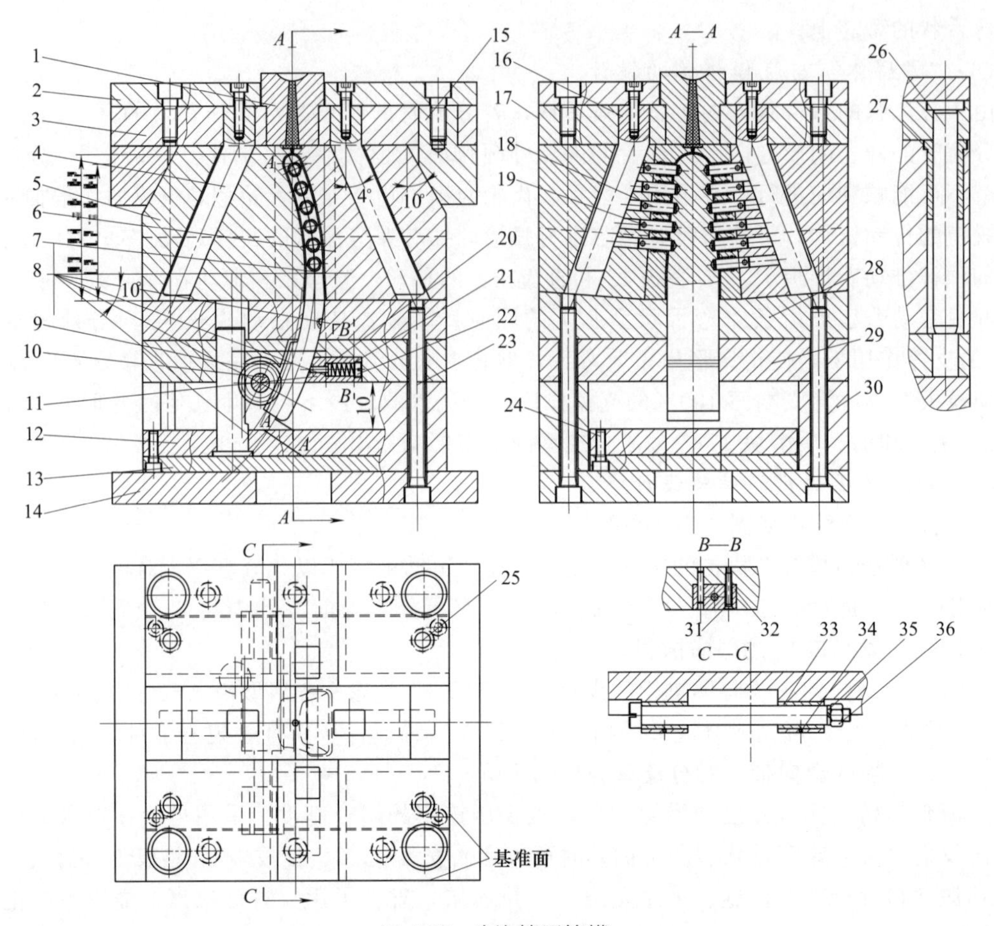

图 4-27　分流管压铸模

1—浇套道；2—定模垫板；3—定模板；4—左、右斜导柱；5—左滑块；6—右滑块；7—扇形齿条兼弯舌状型芯；8—直齿条；9—齿轮；10—轴；11—限位板；12—安装板；13—推板；14—垫板；15—楔紧块；16—前、后斜导柱；17—前、后滑块；18—圆型芯；19—圆柱销；20—限位销；21—弹簧；22—螺塞；23—长内六角螺钉；24—内六角螺钉；25—回程杆；26—导柱；27—导套；28—动模板；29—动模垫板；30—模脚；31—套筒；32—沉头螺钉；33—圆柱头；34—止动螺钉；35—弹簧垫圈；36—六角螺母

4.4　压铸模最终结构方案可行性分析与论证

经过了对压铸模结构方案与最佳优化方案可行性分析与论证之后，还不能立即着手对压铸模进行设计或造型，这是因为还需要进行压铸件缺陷的预期分析。影响压铸件上缺陷的因素很多，而影响压铸模是否需要修理和重制的因素，主要是压铸模结构不当所产生的缺陷因素。因此，需要对压铸模的结构是否会造成压铸件上出现成型加工缺陷进行分析，即需要对压铸模进行最终结构方案的预期分析。确保了压铸件上不会因压铸模结构原因产生缺陷，才能进行压铸模的设计或造型。如此，才能确保压铸模不会出现因压铸模结构因素产生缺陷，而进行压铸模修理和重制的现象。

压铸件成型的目的是确保压铸件的形状、尺寸和精度的合格；确保压铸件的性能符合使用的要求；确保压铸件不出现次品和废品。前者主要依靠压铸模结构和制造精度来保证，中间者主要是依靠合金材料的性能和质量来保证，而后者主要是依靠压铸件缺陷的综合整治来保证。压铸件在成型加工的过程中，都会存在着各种各样的缺陷（弊病），这也不因个人的意志所转移的。压铸件上的缺陷综合论治技术，就是应用辨证方法论来综合整治压铸件上缺陷的一种理论。

4.4.1 压铸模浇注系统选择原则

压铸成型模结构形式存在着很多规律和禁忌，若模具结构设计时违背了这些规律和禁忌，就会导致模具结构设计的错误。最终不是导致压铸件无法顺利地成型，就是造成压铸件不合格。浇口的位置对压铸件的变形影响最大，对压铸件质量有直接的影响。浇口的位置选择不当，将会造成压铸件的变形及许多其他的缺陷。浇口位置的选择主要是取决于压铸件的形状和要求，通常有如下原则。

① 最大壁厚和流程一致原则：浇口位置的选择应设在制品最大壁厚处，使熔融合金从厚壁处流向薄壁处；还需要保持浇口至各处型腔的流程基本一致。

② 料流顺流原则：浇口位置的选择应设在压铸件的顶端，使料流从制品顶端向下填充。切不可设置在压铸件中端，更不可设置在压铸件的下端，使料流从压铸件中、下端逆流填充。

③ 料流由型腔开阔处流向狭小处原则：浇口位置的选择应设在模具型腔开阔处，还应避免料流直接冲击型芯产生絮流而使压铸件的外表面出现流痕。

④ 防止料流失稳流动原则：应防止浇口处产生喷射，而在填充过程中产生蛇形流或螺旋流。

⑤ 设置在主要受力方向上原则：浇口位置应设在压铸件的主要受力方向上，因为在压铸料的流动方向上所承受的拉应力和压应力最大。

⑥ 避免熔接痕在压铸件强度较高处原则：选择位置时应考虑压铸件的尺寸和精度，变形和收缩方向性，熔接痕位置和压铸件的晶格方向性。因为熔融合金的流动方向和垂直于流动方向上的收缩不尽相同，其变形、收缩性和晶格方向性也不相同。熔接痕处的强度最低，压铸件受力较大处应避免出现熔接痕，而且熔接痕数量越少越好。

⑦ 流程最短及动能和压力损失最少原则：浇口位置应使料流的流程最短，有利于型腔内气体的排出，尽量减少改变料流的方向，尽量减少料流动能和压力的损失，还需避免料流直接冲击型芯或嵌件。

⑧ 外观和去除浇口凝料容易原则：外观要求高的压铸件表面不应设置浇口，浇口凝料去除应方便。

⑨ 增设筋原则：罩形、细长圆筒、薄壁等压铸件，设置浇口时应考虑防止缺料、熔接不良、排气不良、型芯受力不匀、流程过长等缺陷，必要时可增设筋及多点进料。

⑩ 多点进料原则：多腔壳体压铸件应采用多点进料，可以防止型芯受力不均而偏斜变形，一模多型腔应考虑各浇口流量平衡。

4.4.2 Z 形件压铸模最终结构方案分析与论证

Z 形件材料为铝硅合金，收缩率 0.3%～0.7%。其压铸模可以选择最简单的结构方案，但会违背压铸模浇注系统选择原则中的熔体顺流原则，造成熔体逆流填充。压铸加工的 Z 形件会产生冷隔、表面流纹、气孔、局部欠料、夹杂物和挂铝等缺陷，只要 Z 形件中存在上述一种缺陷就是不合格的产品，那么，该压铸模也就是不合格的模具。即使模具结构再简单，也不能称为最佳优化模具结构。

(1) Z 形件形体要素可行性分析

Z 形件大致形状呈 Z 字形，如图 4-28 (a) 所示，Z 形件三维造型如图 4-28 (b) 所示。Z 形件存在着弓形高 R1mm×30°的“障碍体”要素；8.7mm×7.5mm×2mm 和 ϕ5mm×1mm 型孔要素；2×8mm×R5.4mm 型孔要素；2×43.4mm×13.6mm、2×42.7mm×13.6mm×2°型孔要素；41.5mm×3.2mm 凸台要素；3.1mm×4.2mm 凹坑要素；3mm×4.2mm 型槽要素。

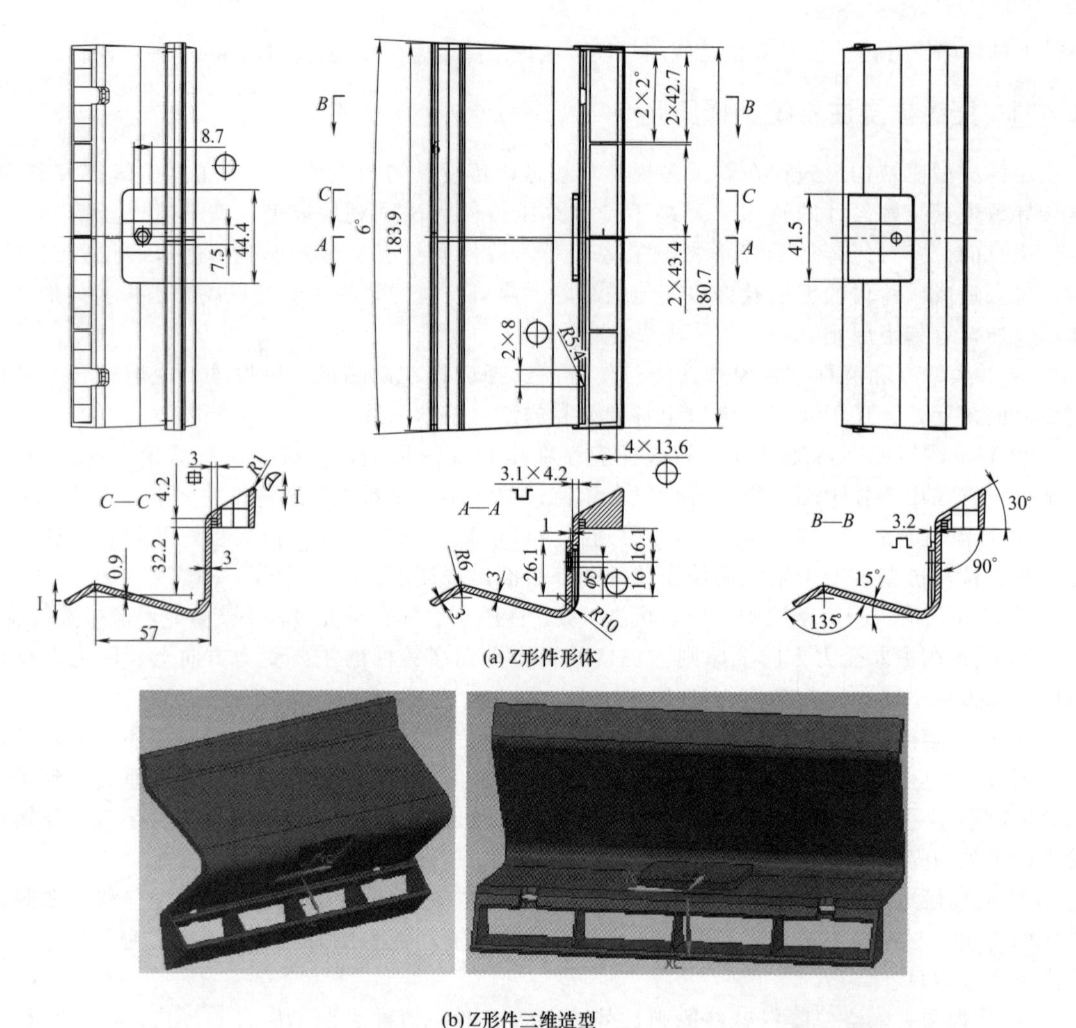

(a) Z形件形体

(b) Z形件三维造型

图 4-28　Z 形件形体要素可行性分析

（2）Z 形件压铸模结构方案可行性分析

Z 形件形体要素可行性分析之后，便就是根据要素提出的问题来制订对应压铸模结构的方案。压铸模结构的方案必须是可行性的，即使模具结构的方案为最简单形式，若不能确保模具结构的功能和压铸件合格，就是不可行的，自然模具结构方案也是错误的。

对于存在着弓形高 R1mm×30°的“障碍体”，只需要正确选择分型面即可。对于 8.7mm×7.5mm×2mm 和 ϕ5mm×1mm 型孔为侧向型孔，可以采用斜销滑块抽芯机构。对于平行开闭模方向的 2×8mm×R5.4mm、2×43.4mm×13.6mm、2×42.7mm×13.6mm×2°、2×43.4mm×13.6mm 和 2×42.7mm×13.6mm×2°型孔，可分别采用定、动模镶嵌型芯；对于 41.5mm×3.2mm 凸台、3mm×4.2mm 型槽，可在定、动模嵌件中加工出凹槽或凸台。

（3）Z 形件压铸模结构设计

根据 Z 形件压铸模结构方案，压铸模结构如图 4-29 所示。

① 模架：由动模板 1、定模垫板 12、定模板 14、模脚 18、安装板 19、推件板 20、底板 21、回程杆 23、顶杆 24 和 34、浇口套 25、圆柱销 35、导套 30、导柱 31、拉料杆 32 及内六角螺钉 29 组成。

② 浇注与冷却系统：浇注系统为浇口套 25 中的直接浇道构成。冷却系统分别由定、动模

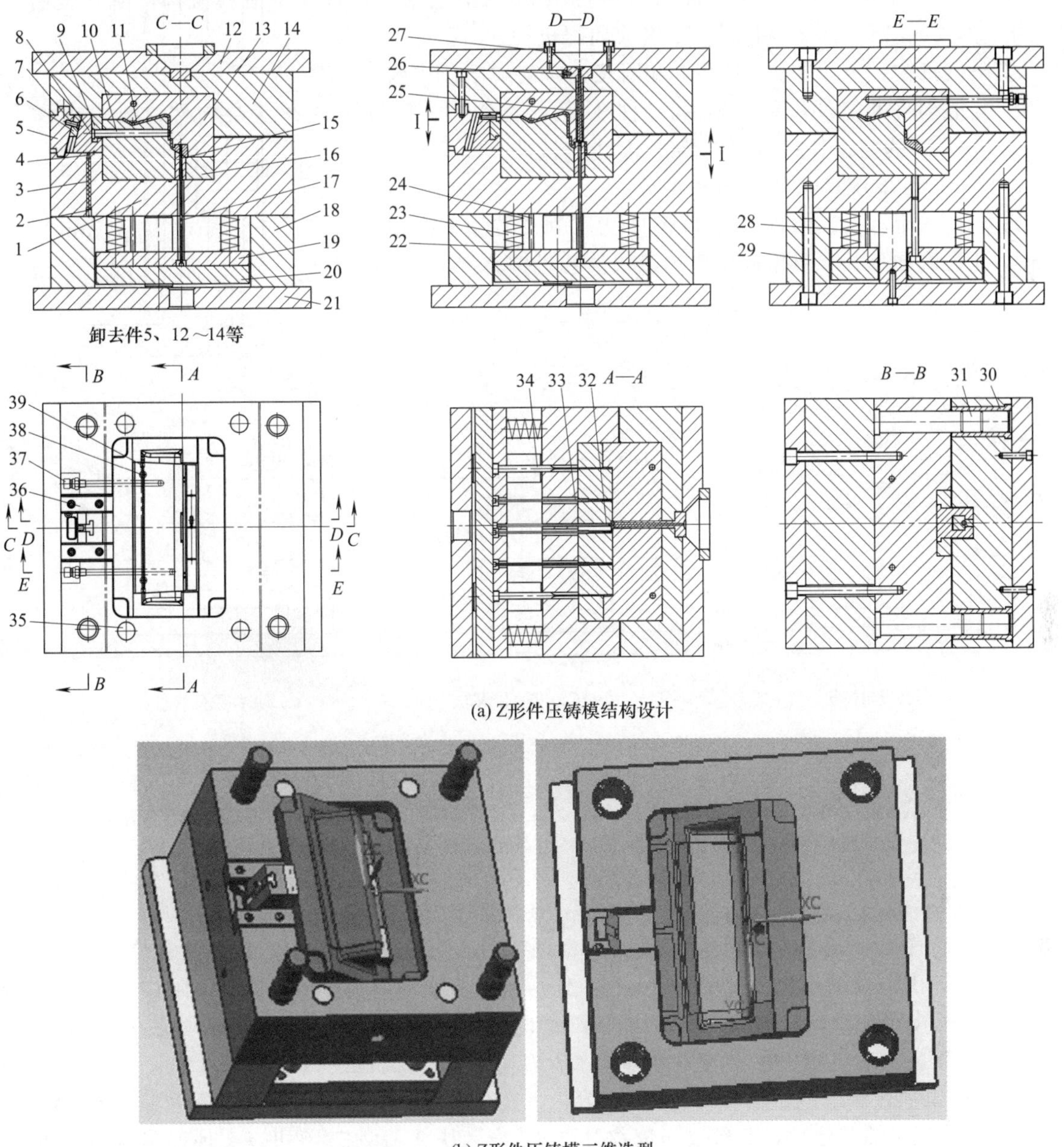

(a) Z形件压铸模结构设计

(b) Z形件压铸模三维造型

图 4-29　Z 形件压铸模结构设计

1—动模板；2,39—螺塞；3,22—弹簧；4—限位销；5—楔紧块；6—T 形块；7—斜导销；8—滑块；9—安装块；10—型芯；11—Z 形件；12—定模垫板；13—定模嵌件；14—定模板；15—动模镶件；16—动模嵌件；17,33—动模型芯；18—模脚；19—安装板；20—推件板；21—底板；23—回程杆；24,34—顶杆；25—浇口套；26,35—圆柱销；27—垫圈；28—推板导柱；29—内六角螺钉；30—导套；31—导柱；32—拉料杆；36—滑块压板；37—冷却水接头；38—O 形密封圈

中冷却水道、冷却水接头 37、O 形密封圈 38 和螺塞 39 组成。

③ 成型工作件：有定模嵌件 13、动模嵌件 16、型芯 10、动模型芯 17 与 33 组成。

④ 斜导销滑块抽芯机构：由楔紧块 5、T 形块 6、斜导销 7、滑块 8、安装块 9、型芯 10 和滑块压板 36 组成。

⑤ 脱模冷凝料：由安装板 19、推件板 20、拉料杆 32 组成脱模冷凝料机构。

⑥ 脱模和回程机构：由安装板 19、推件板 20 和顶杆 24 与 34 组成脱模机构，由安装板 19、推件板 20、回程杆 23 和弹簧 22 组成回程机构。

⑦ 限位机构：由螺塞 2、弹簧 3 和限位销 4 组成限位机构。

⑧ 其他构件和组件：导套 30 和导柱 31 为导准组件；推板导柱 28 为导向件；圆柱销 26 与 35、垫圈 27 为定位件；内六角螺钉 29 为连接件。

（4）Z 形件压铸模抽芯机构的设计

如图 4-30 所示，Z 形件在压铸模中为平卧摆放，8.7mm×7.5mm×2mm 和 ϕ5mm×1mm 型孔为侧向型孔，可以采用斜销滑块抽芯机构。

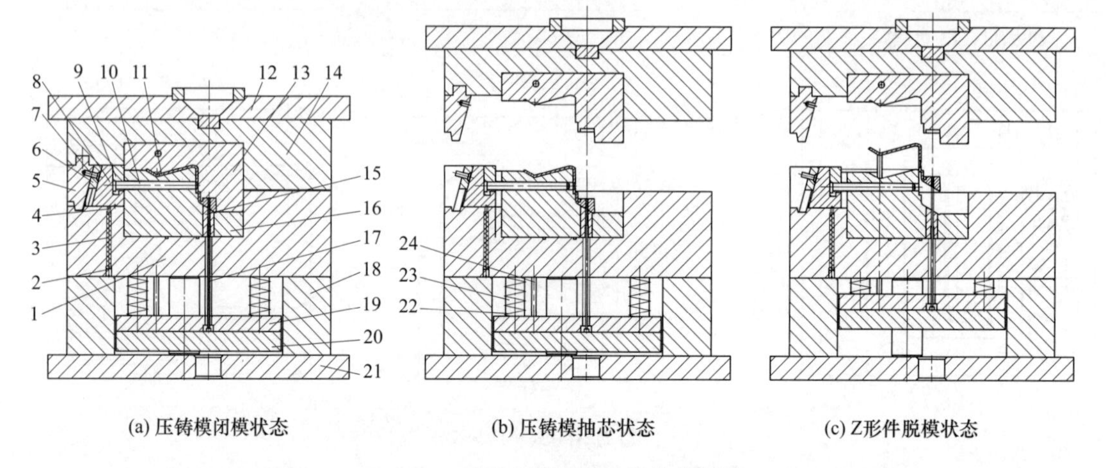

图 4-30 Z 形件压铸模抽芯机构的设计

1—动模板；2—螺塞；3，22—弹簧；4—限位销；5—楔紧块；6—T 形块；7—斜导销；8—滑块；9—安装块；10—型芯；11—Z 形件；12—定模垫板；13—定模嵌件；14—定模板；15—动模镶件；16—动模嵌件；17—动模型芯；18—模脚；19—安装板；20—推件板；21—底板；23—回程杆；24—顶杆

① 压铸模闭模状态：如图 4-30（a）所示，压铸模的定、动模闭合时，定模板 14 上楔紧块 5 的斜面推着 T 形块 6、滑块 8、安装块 9 和型芯 10 沿着滑块压板的 T 形槽复位。然后，楔紧块 5 的斜孔插入 T 形块 6 上的斜导销 7，使得滑块 8 底面的半球形凹坑迫使限位销 4 压缩弹簧 3 进入孔中复位。同时，楔紧块 5 还可楔紧 T 形块 6、滑块 8、安装块 9 和型芯 10，以防止 Z 形件在压铸加工过程中在大的压铸力和保压力作用下出现后退现象。

② 压铸模抽芯状态：如图 4-30（b）所示，定模开启后，T 形块 6 上的限位销 4 在楔紧块 5 的作用下实现了抽芯运动，T 形块 6 带着滑块 8、安装块 9 和型芯 10 可以实现抽芯运动，并且滑块 8 底面的半球形凹坑迫使限位销 4 压缩弹簧 2 进入孔中实现抽芯运动。

③ Z 形件脱模状态：如图 4-30（c）所示，当安装板 19、推件板 20 和顶杆 24 在压铸机顶杆的作用下，顶杆 24 顶着 Z 形件，可实现 Z 形件脱模。

Z 形件脱模后，压铸机顶杆退回，脱模机构在弹簧 22 的作用下可先行复位。继而回程杆 23 在定模板 14 的推动下准确复位，可进行下一次自动循环压铸加工。

（5）Z 形件压铸模最终结构方案

① Z 形件平卧直浇道缺陷预期分析：如图 4-31（a）所示，直浇口处在压铸模的下方，合金液需要从下往上逐层降温进行填充。这种模流形式违背了压铸模浇注系统选择原则中的熔体顺流原则，会造成熔体逆流填充。其结果是压铸加工的 Z 形件会产生冷隔、表面流纹、夹杂物和挂铝等缺陷。另外模腔中的气体随着合金液从下被赶到上端无法排出，形成气孔、局部欠料。显然，Z 形件的 3×4.2mm 和 4×13.6mm×2° 型槽可分别在定、动模采用镶嵌的型芯，

利用模具的开闭模进行成型和脱模。只有 8.7mm×7.5mm×2mm 和 ϕ5mm 侧向型孔需要采用斜导销滑块抽芯机构进行成型和抽芯。如此，压铸模的结构确实是最简单，但压铸加工会产生多种弊病，该模具结构方案是不可取的。

② Z 形件平卧侧浇口缺陷预期分析：如图 4-31（b）所示，为了解决压铸模合金液逆流填充的问题，可将侧浇口设置在左端处，可以减缓合金液逆流填充的问题。但仍然没有彻底解决合金液逆流填充的问题，多种弊病仍然会或多或少存在，只可能是缺陷的程度有所减少。

③ Z 形件直立侧浇口缺陷预期分析：如图 4-31（c）所示，Z 形件在模具中为直立侧放置，侧浇口设置在上端处，合金液完全为顺流填充。为了防止合金液填充下端时温度降低和在 4×13.6mm×2°型槽出现熔接痕的缺陷，可在该处设置 4 处溢流槽。合金液前锋的冷凝料、杂质和氧化物可以进入溢流槽，压铸模排气也顺畅。Z 形件 8.7mm×7.5mm×2mm 和 ϕ5mm 型孔平行模具开闭模方向，可以采用定模镶嵌的型芯。而 3×4.2mm 和 4×13.6mm×2°为侧向型槽，需要设计二处抽芯机构。模具结构相比前两种要复杂多了，但能确保 Z 形件成型加工的质量，最终应该采用此种模具结构方案。

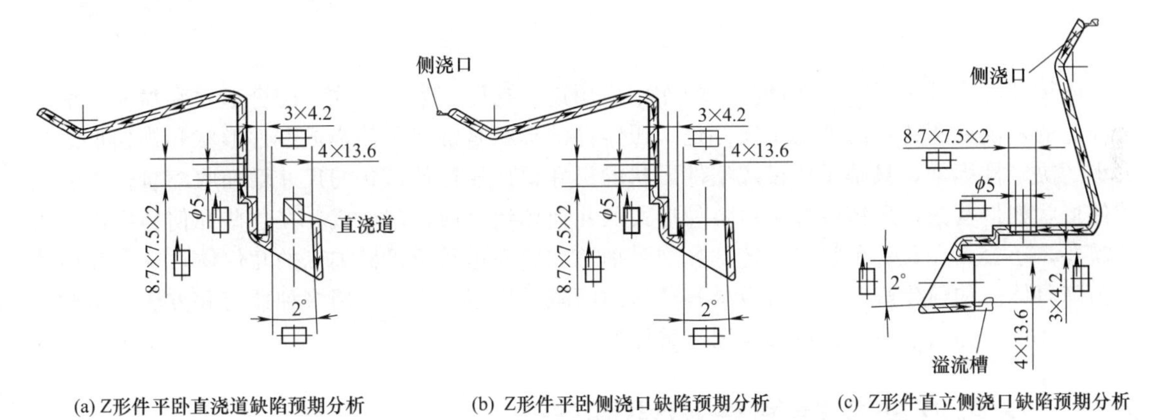

图 4-31 Z 形件图解缺陷预期分析

—型槽要素；—长方形线框表示型孔或型槽，箭头指向抽芯的方向，该符号表示模具的水平抽芯；

→—合金液流动方向

本章以拉手压铸模设计的案例，介绍了从压铸件样件的压铸模结构痕迹分析过渡到确定压铸模结构方案的方法；以弯折件形体要素分析过渡到压铸模结构方案的制订，又以弯折件压铸模结构痕迹了验证压铸模结构方案的方法；三通接头压铸模结构方案中存在着多种方案，有错误的方案，有结构和加工复杂的方案，也有简单可行的最佳优化方案，通过对 6 种不同的方案进行比较，找到最佳优化方案的方法；Z 形件压铸模结构本来是最简单的结构方案，但加工的 Z 形件会存在多种缺陷。虽然结构简单，但不是优化方案，优化方案的前提是可行，使压铸件加工产生缺陷的压铸模显然是不可行的方案。因此，压铸模结构方案还必须进行缺陷的预期分析，排除会产生压铸件加工产生缺陷的模具结构方案，这就是最终的压铸模结构方案可行性分析方法。由此可见，只有通过了“压铸件形体要素的可行性分析→压铸模结构方案的可行性分析与论证→压铸模结构最佳优化方案可行性分析与论证→压铸模最终结构的可行性分析与论证”之后，才能确保压铸模结构方案和设计的正确性。

多年来深深感到压铸模结构设计的理论滞后，导致模具技术的发展也很被动。为此笔者在多年模具设计的基础上，加以总结和提升，创建了压铸模结构设计辨证方法论。对确定压铸模结构设计的程序、方法和技巧，作出了全面和系统阐述，对提高压铸模的设计水平应该具有重要的作用和意义。

第5章

压铸模结构设计案例：形状与障碍体要素

压铸件的形状是根据其在产品中的作用、用途、功能、连接方式、配合形式和材质等情况来确定的，因此压铸件的形状千变万化。压铸件的形状是确定压铸模成型件形状和模架形式与大小的决定性因素，只是压铸模成型件形状的尺寸要比压铸件形状的尺寸增加收缩量。不管压铸件形状如何复杂，压铸件都是由各种形式的几何体组合或切割而成。在这些几何体中因作用的需要，还会存在着一种阻碍压铸模分型、抽芯和脱模运动及机械加工的几何体，这种几何体称为障碍体。如何化解障碍体对模具各种运动的阻碍作用，需要运用多种技巧和方法。本章通过 4 个案例，介绍解决压铸模形状和障碍体的措施。

5.1 轿车框架压铸模结构的设计

压铸模结构是由压铸件上形体要素所决定的，压铸件上形体要素的内容不同，压铸模的结构便不同。如此，正确地提取压铸件上形体要素就显得特别重要了，形体要素提取错误会导致模具结构方案选取错误，形体要素提取的缺失会导致模具结构方案的缺失。因此，模具结构造型和设计之前，必须认真进行压铸件形体要素的可行性分析，要做到正确和不存在缺失。然后，根据所分析的压铸件形体要素，需要采用与形体要素相对应模具结构措施，即需要制订出压铸模结构可行性方案并论证。最后再进行模具结构的造型和设计，这样才不会出现重大模具结构设计错误。

5.1.1 框架形体分析

框架二维图如图 5-1（a）所示，框架三维造型如图 5-1（b）所示。框架材料为锌铜合金，收缩率为 0.5%。分型面Ⅰ—Ⅰ，如图 5-1（a）的 $A—A$ 剖视图所示。框架的形体可行性分析如下：

① 平行开闭模方向的型孔要素。如图 5-1（a）主视图所示，在框架的形体上 8×0.3mm 的凸台要素中存在着 8×ϕ0.5mm 的型孔要素。

② 平行开闭模方向的凸台要素。如图 5-1（a）主视图所示，在框架形体上的左、右位置上各存在着 2 处 0.3mm 的凸台要素。

③ 平行开闭模方向的型槽要素。如图 5-1（a）俯视图所示，在框架形体上中间位置中存

在着 21.6mm×21.6mm 的型槽要素。

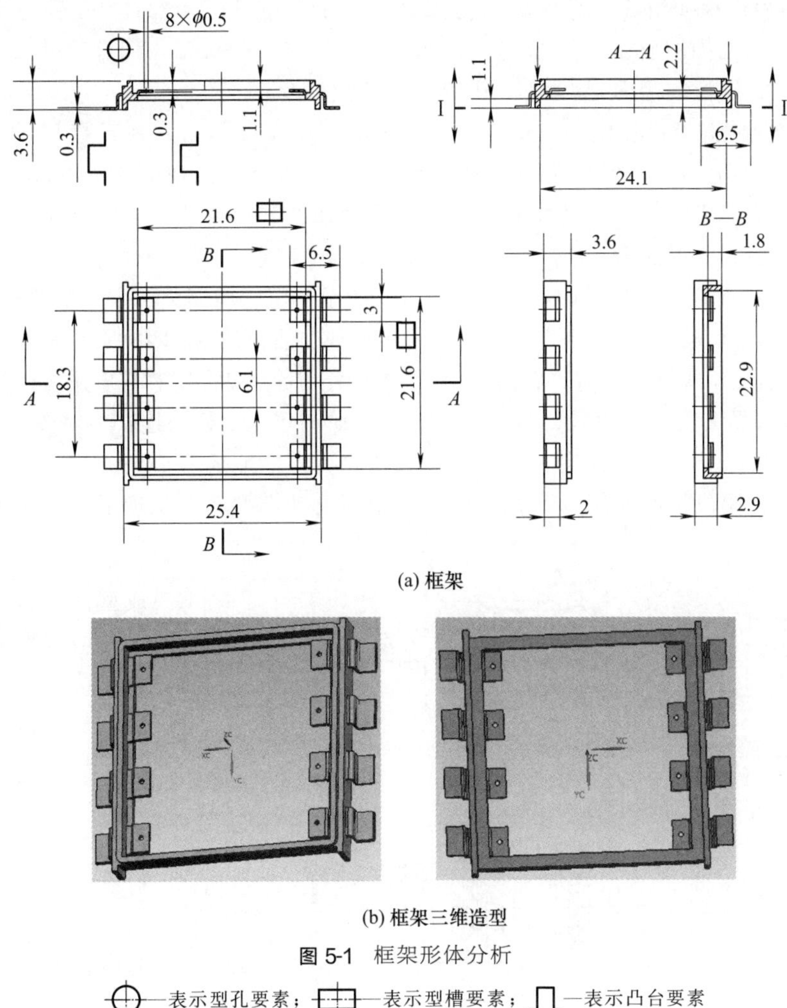

(a) 框架

(b) 框架三维造型

图 5-1 框架形体分析

⊕—表示型孔要素；⊟—表示型槽要素；⊓—表示凸台要素

5.1.2 框架压铸模结构方案可行性分析

根据框架形体的分析，需要制订出解决框架形体分析中的型孔、凸台和型槽要素的措施。

① 解决框架形体上平行开闭模方向型孔的措施：必须要解决在框架形体上 8×0.3mm 的凸台要素中存在着 8×ϕ0.5mm 型孔要素的措施，可用 8×ϕ0.5mm 的型芯进行成型。由于 8×ϕ0.5mm 型孔平行于开闭模方向，成型这些型孔的型芯可设置在动模型芯上，脱模机构的顶出可以实现型芯的抽芯，并可利用定、动模闭合实现型孔型芯的复位与成型。

② 解决框架形体上平行开闭模方向凸台的措施：可利用定模嵌件和动模嵌件成型框架上 8×0.3mm 的凸台，利用定、动模开启后脱模机构顶杆进行框架的脱模。

③ 解决框架形体上平行开闭模方向型槽的措施：可利用定、动模镶嵌件成型框架的型槽，利用定、动模开启后脱模机构顶杆进行框架的脱模。

5.1.3 框架压铸模定、动型芯的设计

由于框架材料的热胀冷缩，定、动模型芯尺寸的设计，必须在框架原有尺寸的基础上加上原有尺寸的 0.5%（收缩率）。这样在框架冷却收缩后，才会符合框架图纸上给定的尺寸。

① 框架定模型芯的设计：如图 5-2（a）所示，定模型芯由两块定模左、右模块 2，定模芯 3 和两块定模前后模块 4 组成。定模芯 3 是依靠 2×6H7/h6 和 23.2H7/h6 配合尺寸安装在两块定模前后模块 4 之内。整个定模型芯又是依靠 2×10h6 和 39.5h6 配合尺寸及 4×ϕ4H7/h6 圆柱销 5 安装在定模板的槽内，ϕ10H7 孔用以安装浇口套。

② 框架动模型芯二维设计：如图 5-2（b）所示，动模型芯由八块动模嵌件 2，两块动模左、右模块 3，动模芯 4，八根型芯 5 和两块动模前、后模块 6 组成的 39.5h6×30.2h6 动模型芯。带台阶的八块动模嵌件 2 安装在两块动模左右模块 3 和动模芯 4 之间，用于成型两边八个框架凸台。八根型芯 5 可成型 8×ϕ0.5mm 的型孔，ϕ3H7 孔可安装拉料杆。

③ 框架定、动模型芯二维设计：如图 5-2（c）所示，定、动模型芯由八块动模嵌件 2，两块动模左、右模块 3，动模芯 4，八根型芯 5，两块定模前、后模块 6，四根圆柱销 7、两块定模左、右模块 8，定模芯 9 和两块动模前、后模块 10 组成。分型面Ⅰ—Ⅰ将型芯分成定模型芯和动模型芯两部分。定、动模型芯是分别依靠 2×6mm×3mm 台阶与定、动模板连接为整体。

有了定、动模型芯，当定模型芯和动模型芯闭合后，才能成型框架。当定模型芯和动模型芯开启之后，在脱模机构的作用下，就可以将框架顶离动模型芯，实现框架的脱模。

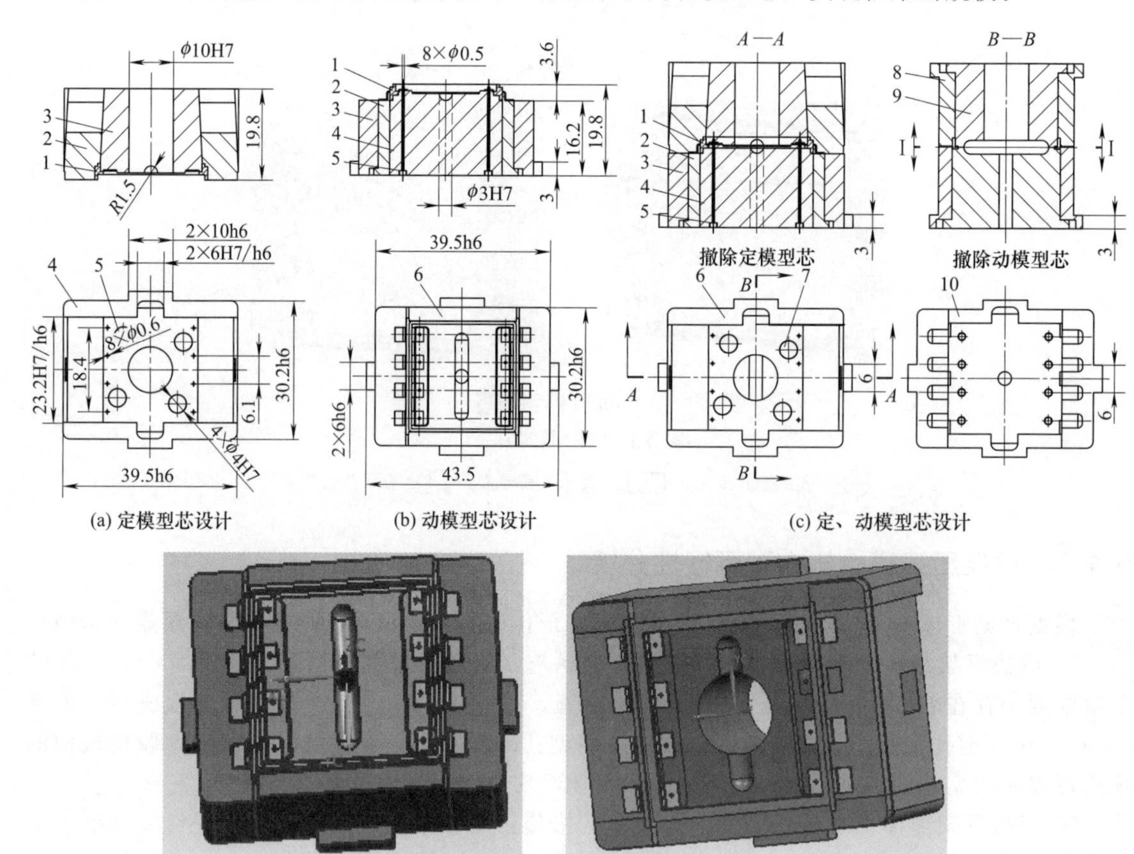

图 5-2　定、动模型芯的设计与三维造型

图（a）：1—框架；2—定模左、右模块；3—定模芯；4—定模前、后模块；5—圆柱销

图（b）：1—框架；2—动模嵌件；3—动模左、右模块；4—动模芯；5—型芯；6—动模前、后模块

图（c）：1—框架；2—动模嵌件；3—动模左、右模块；4—动模芯；5—型芯；6—定模前、后模块；7—圆柱销；8—定模左、右模块；9—定模芯；10—动模前、后模块

5.1.4 框架压铸模结构的设计

压铸模结构是由模架、浇注系统、动定型腔与型芯、定模部分与动模部分、脱模机构、回程机构、导向构件等组成。

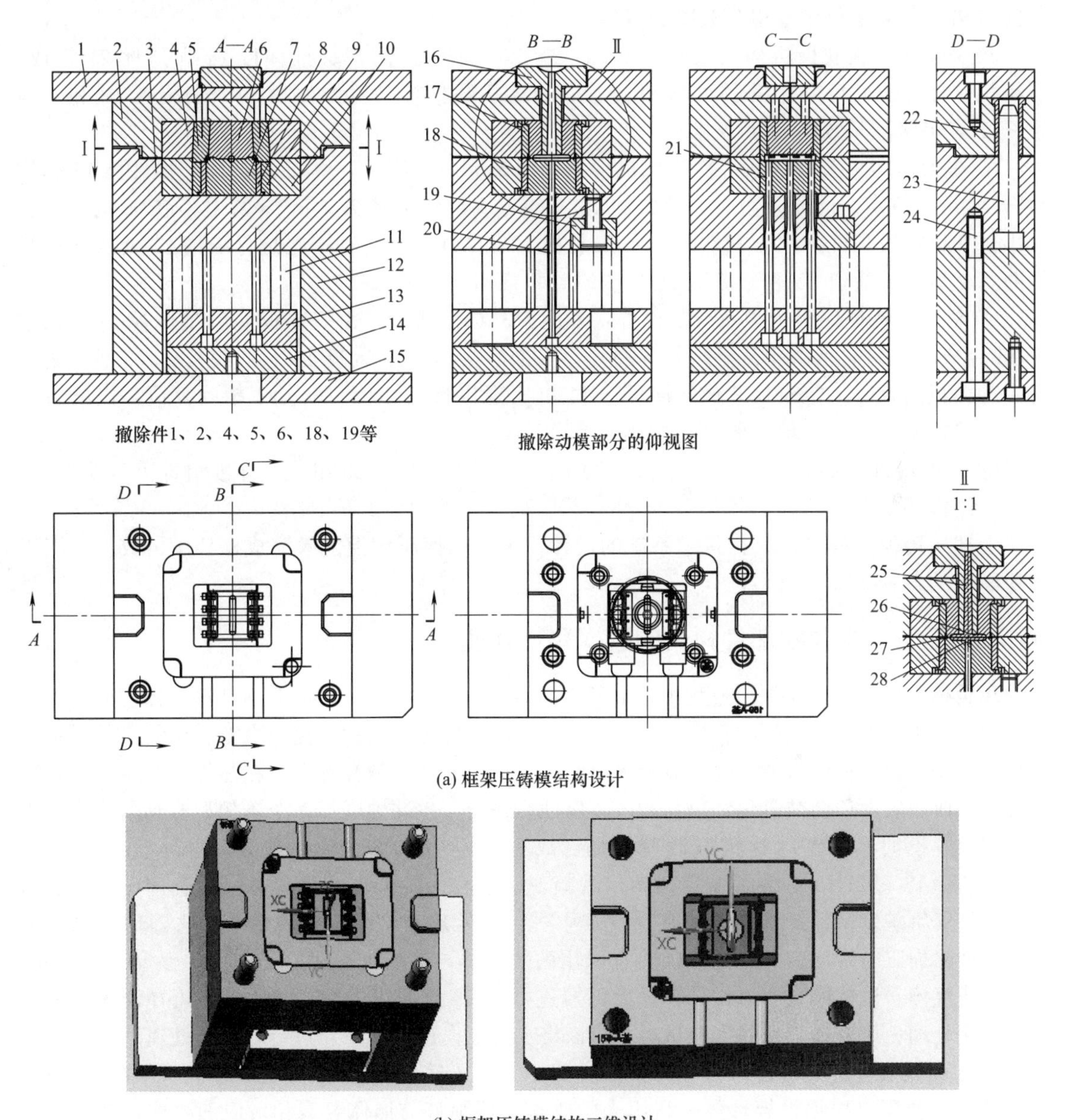

(b) 框架压铸模结构三维设计

图 5-3 框架压铸模结构的设计

1—定模垫板；2—定模板；3—动模板；4—定模镶嵌件；5—定模左、右模块；6—定模芯；7—动模芯；8—动模左、右模块；9—动模嵌件；10—动模镶嵌件；11—回程杆；12—模脚；13—安装板；14—推件板；15—底板；16—浇口套；17—定模前、后模块；18—动模前、后模块；19—限位块；20—拉料杆；21—顶杆；22—导套；23—导柱；24—内六角螺钉；25—主流道；26—分流道；27—浇口；28—冷料穴

① 模架：如图 5-3（a）所示，由定模垫板 1、定模板 2、动模板 3、回程杆 11、模脚 12、安装板 13、推件板 14、底板 15、浇口套 16、拉料杆 20、顶杆 21、导套 22、导柱 23 和内六角螺钉 24 组成，模架是整副模具的所有机构、系统和结构件的安装平台。

② 框架压铸模浇注系统的设计：如图 5-3（a）的Ⅱ图所示，锌铜合金熔体从浇口套 16 的主流道 25 进入，经二侧分流道 26 和浇口 27 注入由定、动模组成的型腔中，冷却成型框架，而低温和氧化熔体的前锋则进入冷料穴 28，以保证进入模腔中熔料的温度和纯洁性。

③ 框架压铸模脱模与脱浇注冷凝料机构的设计：脱模机构和脱浇注冷凝料机构是两种独立的机构，但又是存在着相互关联的机构。

a. 框架压铸模脱模机构。如图 5-3（a）所示，由安装板 13、推件板 14 和顶杆 21 组成，压铸机顶杆的螺杆与推件板 14 的螺孔连接，压铸机顶杆推动着推件板 14、安装板 13 和 6 根顶杆 21，可将框架顶离动模型芯。

b. 框架压铸模脱浇注系统冷凝料机构。如图 5-3（a）所示，由安装板 13、推件板 14 和拉料杆 20 组成，定、动模开启时，拉料杆 20 上的 Z 字形钩可将浇口套 16 的主流道 25 的冷凝料拉出。在压铸机顶杆推动着推件板 14、安装板 13 和拉料杆 20 时，先是将浇口 27 处的冷凝料切断，然后将主流道 25 和分流道 26 中的冷凝料推出。

④ 框架压铸模回程机构系统的设计：如图 5-3（a）所示，由安装板 13、推件板 14 和回程杆 11 组成。开始时是由压铸机顶杆的回程，将推件板 14、安装板 13 和回程杆 11 带回。之后定、动模板闭合时，定模板 2 推着回程杆 11 可实现拉料杆 20 和顶杆 21 精确复位，以准备下一成型的框架脱模，实现框架自动循环加工。

⑤ 导准组件：如图 5-3（a）所示，由四组导套 22 和导柱 23 组成，导准组件可以确保定、动模开闭模运动的导向。

上述压铸模各种机构、构件、系统的设计，可以确保压铸模能够完成框架压铸成型加工工艺所赋予的各种运动和成型过程。

5.1.5 压铸模主要零部件材料的选择和热处理

压铸模主要工作件在加工过程中，成型表面要经受金属液体的冲刷与内部温度梯度所产生的内应力、膨胀量差异所产生的压应力、冷却时产生的拉应力。这种交变应力随着压铸次数增加而增加，当超过模具材料所能承受的疲劳极限时，表面层即产生塑性变形，在晶界处产生裂纹，即热疲劳。成型表面还会被氧化、氢化和气体腐蚀，还会产生冲蚀磨损，金属相型壁黏附或焊合现象。框架脱模时，还要承受机械载荷作用。故可选用 4Cr5MoSiV1，热处理 43～47HRC，或 3Cr2W8V、46～52HRC。为了避免框架出现畸变、开裂、脱碳、氧化和腐蚀等疵病，可在盐浴炉或保护气氛炉装箱保护加热，或在真空炉中进行热处理。淬火前应进行一次去除应力退火处理，以消除加工时残留应力。淬火加热宜采用两次预热，然后加热到规定温度，保温一段时间，再油淬或气淬。压铸模主要工作件淬火后即要进行 2～3 次回火，为防止粘模，可在淬火后要进行软氮化处理。压铸加工到一定数量时，应该将主要工作件拆下重新进行软氮化处理。

通过对框架进行的形体可行性分析，找到了影响压铸模结构的压铸件形体上存在的型孔、型槽和凸台要素。根据框架形体分析出来的要素，再制订与形体要素相对应的措施，即压铸模结构可行性分析方案与论证。所设计出来的压铸模结构，除了能够确保框架压铸件赋予压铸模的成型加工要求之外，还可保证框架在加工过程中的各种运动形式。故所加工出来框架的形状和尺寸，均能够符合框架压铸件图纸的要求。

框架压铸模的结构设计，只有妥善解决压铸模分型面的设置、抽芯机构、脱模、回程机构、浇注系统、冷却系统、导向构件的设计和模具成型面的设计，才能加工出合格的框架。主要零部件材料的选择和热处理，又是确保模具长寿命的必需措施。由于对框架进行了正确的形体要素可行性分析，使得能够正确进行压铸模结构可行性方案与论证，并获得了正确无误的压铸模结构用于设计和制造，从而使得框架成型加工的形状和尺寸全部符合压铸件图纸的要求。

5.2 轿车限位座压铸模结构的设计

压铸模是一种型腔模，而型腔模的设计必须先进行压铸件的形体分析，将决定模具结构的因素找出来。然后根据形体分析出的形体要素，制订出相应针对模具结构的措施，也就是制订出模具结构可行性方案。必要时还需要对模具结构可行性方案进行论证，之后才能对模具进行造型和设计。只有如此才能确保模具设计和制造的正确性，最大限度地避免模具设计和制造的失误。

5.2.1 限位座形体分析

限位座二维图如图 5-4（a）所示，限位座三维造型如图 5-4（b）所示。限位座材料为锌

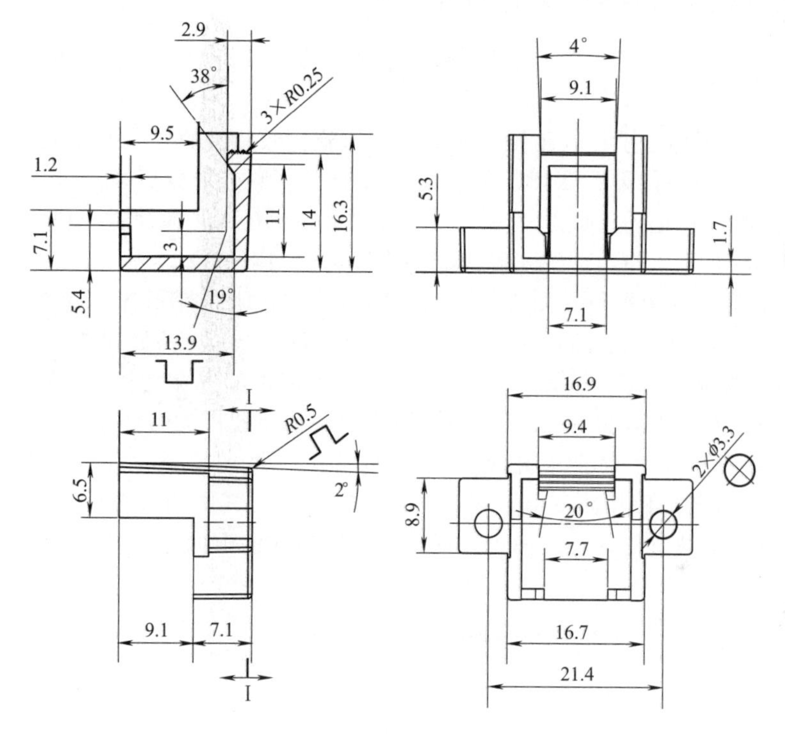

(a) 限位座

(b) 限位座三维图

图 5-4　限位座形体分析

⊕—表示型孔要素；凹槽符号—表示凹槽障碍体要素；凸台符号—表示凸台要素

铜合金，收缩率为 0.5%。限位座的形体分析如下。

① 平行开闭模方向的型孔要素：如图 5-4（a）所示，限位座的形体上存在着 2×ϕ3.3mm×7.1mm 平行开闭模方向的型孔要素。

② 平行开闭模方向的凸台要素：如图 5-4（a）所示，在限位座形体上底面存在着 R0.5mm 平行开闭模方向的凸台要素。

③ 垂直开闭模方向的凹槽障碍体要素：如图 5-4（a）所示，在限位座形体上存在着 13.9mm×11mm×38°垂直开闭模方向的凹槽障碍体要素。

只要压铸模结构可行性方案有能够解决限位座形体分析中的型孔、凸台和凹槽障碍体几种要素的措施，所制订的限位座压铸模结构方案就是有效的。

5.2.2 限位座压铸模结构方案可行性分析

根据限位座形体的分析，需要制订出解决限位座形体分析中的型孔、凸台和凹槽障碍体要素的措施。

① 解决限位座形体上平行开闭模方向型孔的措施：限位座的形体上存在着 2×ϕ3.3mm×7.1mm 平行开闭模方向的型孔要素，可以动模板上安装型芯来成型 2×ϕ3.3mm×7.1mm 型孔。利用限位座的脱模运动完成 2×ϕ3.3mm×7.1mm 型孔型芯的抽芯，利用定、动模的闭模实现模腔与型芯的复位，当熔体注入模具型腔内即可成型限位座。

② 解决限位座形体上平行开闭模方向凸台的措施：在限位座形体上底面存在着 R0.5mm 的凸台要素，影响着限位座的脱模运动。需要在 R0.5 轮毂线处设置分型面 Ⅰ—Ⅰ，将 R0.5mm 弧形面放置在动模处，R0.5mm 轮毂线以上部位放置在定模处。这样利用模具的开闭模运动，就可以有效地避免 R0.5mm 凸台要素对限位座脱模的阻挡作用。

③ 解决限位座形体上垂直于开闭模方向凹槽障碍体的措施：在限位座形体上存在着 13.9mm×11mm×38°的凹槽障碍体要素，该凹槽障碍体要素影响着限位座的脱模运动。为此需要采用斜推杆内抽芯机构，一方面可实现对凹槽障碍体的内抽芯，另一方面可以起到顶杆脱模的作用。

5.2.3 限位座压铸模定、动型腔和型芯的设计

由于限位座热胀冷缩的原因，定、动模型芯尺寸的设计，必须是在限位座原有的尺寸的基础上增加 0.5%（锌铜合金的收缩率）。这样在限位座冷却收缩时，才会符合限位座图纸上给定的尺寸。由于限位座体形较小，限位座压铸模采用了 8 套定、动型腔和型芯结构。

① 限位座动模型芯二维的设计：动模型芯二维设计图如图 5-5（a）所示，动模型芯三维造型如图 5-5（b）所示。由于材料的热胀冷缩的原因，动模型芯的尺寸应该是在限位座尺寸的基础上增加 0.5%。

② 限位座定模型芯二维的设计：定模型芯二维设计图如图 5-5（c）所示，定模型芯三维造型如图 5-5（d）所示。由于材料的热胀冷缩的原因，定模型芯的尺寸应该是在限位座尺寸的基础上增加 0.5%。

5.2.4 限位座压铸模斜推杆内抽芯机构的设计

由于在限位座形体上存在着垂直开闭模方向的 13.9mm×11mm×38°凹槽障碍体要素，该凹槽障碍体要素影响着限位座的脱模运动。根据制订的限位座压铸模结构可行性方案，需要采用斜推杆内抽芯机构，使其一方面能实现对凹槽障碍体的内抽芯，另一方面还可以起到顶杆的脱模作用。

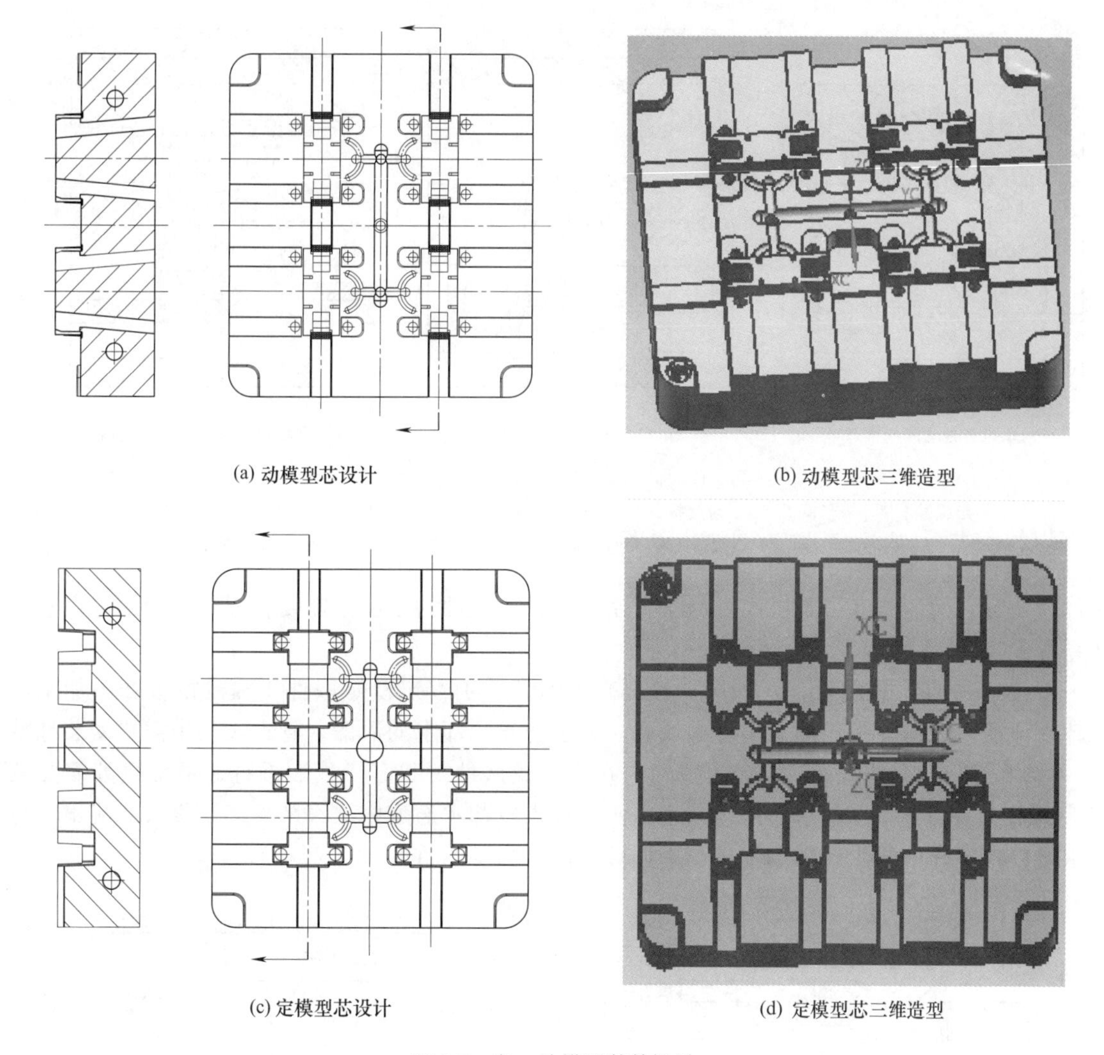

(a) 动模型芯设计 (b) 动模型芯三维造型

(c) 定模型芯设计 (d) 定模型芯三维造型

图 5-5 定、动模型芯的设计

① 斜推杆内抽芯与回程机构的组成：如图 5-6 所示，由动模镶嵌件 4、斜推杆 7、支架 9、安装板 10、推件板 11、回程杆 12 和沉头螺钉 13 组成。

② 斜推杆内抽芯机构处于限位座成型状态：如图 5-6（a）所示，定模与动模闭合时，定模板 2 会推动回程杆 12 并带动斜推杆 7、型芯兼顶杆 8、支架 9、安装板 10、推件板 11 和沉头螺钉 13 复位。此时，斜推杆 7 会在动模镶嵌件 4 斜槽的作用下向限位座 6 中心收缩实现复位。

③ 斜推杆内抽芯机构处于开模状态：如图 5-6（b）所示，当定、动模开启时，成型限位座 6 定模镶嵌件 5 的型腔被打开，限位座 6 就可以处于待脱模状态。

④ 斜推杆内抽芯机构处于内抽芯与脱模状态：如图 5-6（c）所示，当压铸机顶杆推动推件板 11、安装板 10、支架 9、回程杆 12、型芯兼顶杆 8 和斜推杆 7 时，斜推杆 7 在动模镶嵌件 4 斜槽的作用下，一方面使对称的两根斜推杆 7 向限位座 6 中心做内抽芯运动，另一方面可做向上的脱模运动。

5.2.5 限位座压铸模的冷却系统的设计

由于压铸件需要反复循环注入合金熔体，成型冷却后脱模，合金熔体热量传导给压铸模工

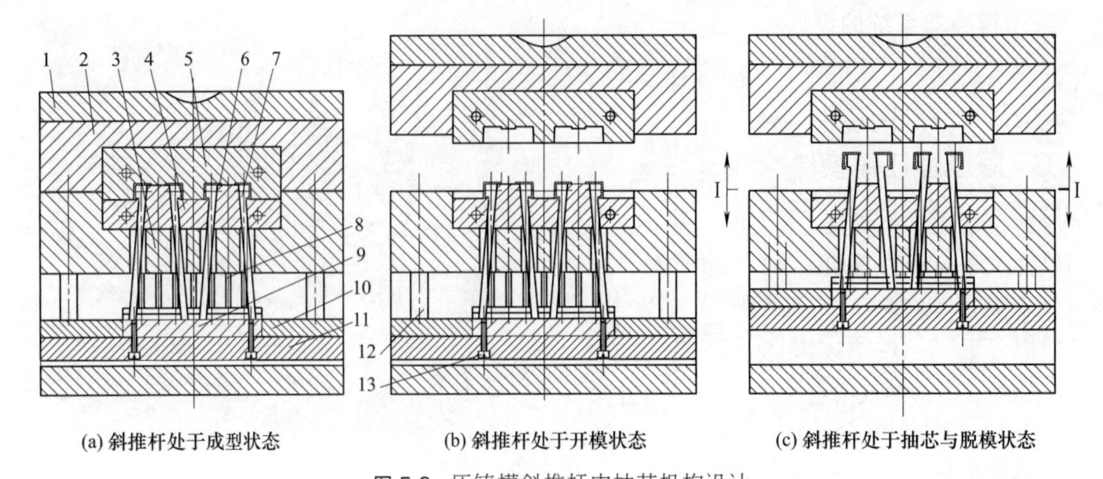

图 5-6 压铸模斜推杆内抽芯机构设计

1—定模垫板；2—定模板；3—动模板；4—动模镶嵌件；5—定模镶嵌件；6—限位座；7—斜推杆；8—型芯兼顶杆；9—支架；10—安装板；11—推件板；12—回程杆；13—沉头螺钉

作件，使得它们的温度得到提高。为了控制压铸模工作件的温度，需要在定、动模部分设置冷却系统。

① 定模冷却系统的设计：如图 5-7（a）所示，分别在定模镶嵌件 1 和定模板 2 中加工出冷却水通道，通道端头处加工出管螺纹孔，为了防止冷却水的泄漏，管螺纹孔中需要安装螺塞 4，冷却水进出水处应安装冷却水接头 6，在定模镶嵌件 1 和定模板 2 垂直通道交接处需要安装 O 形密封圈 5。当冷却水通过冷却水接头 6 进入冷却水通道中，又从冷却水接头 6 流出，冷却水可以将模具中的热量带走，达到降低定模部分温度的目的。

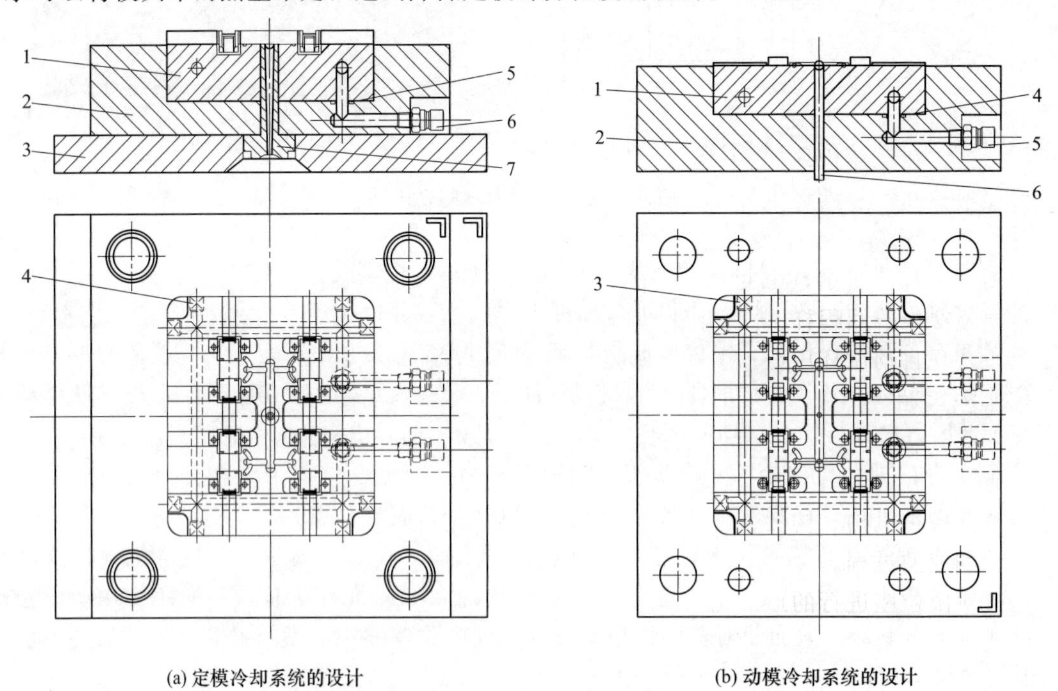

图 5-7 限位座压铸模冷却系统的设计

图（a）：1—定模镶嵌件；2—定模板；3—定模垫板；4—螺塞；5—O 形密封圈；6—冷却水接头；7—浇口套

图（b）：1—定模镶嵌件；2—动模板；3—螺塞；4—O 形密封圈；5—冷却水接头；6—拉料杆

② 动模冷却系统的设计：如图 5-7（b）所示，同理，冷却水通过冷却水接头 5 进入冷却水通道，又从冷却水接头 5 孔中流出冷却水，可以将热量带走，达到降低动模部分温度的目的。

5.2.6 限位座压铸模结构的设计

压铸模结构是由模架、浇注系统、动、定型腔与型芯、定模部分与动模部分、脱模机构、回程机构、导向构件等组成，见图 5-8。

（1）模架

如图 5-8（a）所示，由定模垫板 1、定模板 2、浇口套 6、拉料杆 7、动模板 8、安装板 10、推件板 11、模脚 12、底板 13、内六角螺钉 14、回程杆 15、导柱 16、导套 17、顶杆 18、螺塞 22、O 形密封圈 23、冷却水接头 24 和型芯 25 组成。模架是整副模具的机构、系统和结构件的安装平台。

（2）限位座压铸模浇注系统的设计

如图 5-8（a）的 $A—A$ 剖视图和俯视图所示，合金熔体从浇口套 6 的主流道进入，经两侧直分流道和弧形分流道及浇口，流进由定、动模组成的两边四处的型腔，冷却成型限位座。氧化的低温熔液前锋则进入冷料穴，保证了进入模腔中熔液的温度和纯洁性。

（3）限位座压铸模脱模机构与脱浇注冷凝料机构系统的设计

脱模机构和脱浇注冷凝料机构是两种独立的机构，但又是存在着相互关联的机构。

① 限位座压铸模脱模机构：如图 5-8（a）所示，由支架 9、安装板 10、推件板 11、顶杆 18、斜推杆 20 和沉头螺钉 21 组成。当压铸机顶杆推动着支架 9、安装板 10、推件板 11 和顶杆 18，可将限位座顶出动模型芯。安装在支架 9 上的 T 形滑槽中的斜推杆 20 在动模镶嵌件 3 的斜槽作用下，一方面可实现对限位座 13.9mm×11mm×38°的凹槽障碍体内抽芯，另一方面可实现限位座的脱模动作。

② 限位座压铸模脱浇注冷凝料机构：如图 5-8（a）所示，由支架 9、安装板 10、推件板 11 和拉料杆 7 组成。当定、动模开启时，拉料杆 7 上的 Z 字形钩可将浇口套 6 中的主流道的冷凝料拉出。在压铸机顶杆推动下的支架 9、推件板 11、安装板 10 和拉料杆 7，先是将浇口处的冷凝料切断，然后将主流道和分流道中的冷凝料推出动模浇注系统型腔。

（4）限位座压铸模回程机构的设计

如图 5-8（a）所示，由支架 9、安装板 10、推件板 11 和回程杆 15 组成。当定、动模闭模时，定模板 2 推着回程杆 15 及支架 9、安装板 10、推件板 11 复位，以准备下一件成型的限位座脱模，实现自动循环压铸加工。

（5）导准构件

如图 5-8（a）所示，由四组导套 17 和导柱 16 组成，导准构件可以确保定、动模开、闭模运动的导向。

压铸模各种机构、构件、系统的正确设计，可以确保模具能够完成压铸成型加工工艺所赋予的运动和成型过程。

通过对限位座进行的形体分析，找出了影响压铸模结构的限位座形体上存在着的型孔、凸台和凹槽障碍体要素。然后根据形体分析出来的要素，采用了与要素相对应的模具结构措施，并制订出了压铸模结构的可行性分析方案。故所设计和制造出来的压铸模结构，除了可赋予压铸模能够确保限位座压铸件正确成型的要求之外，还可以保证限位座在加工过程中的内抽芯和脱模运动。所加工的限位座形状和尺寸，均能符合限位座压铸件图纸的要求。由于该模具制有 8 套模腔，每副模具能同时加工出 8 件限位座，因此具有较高的生产效率，能够满足大批量轿

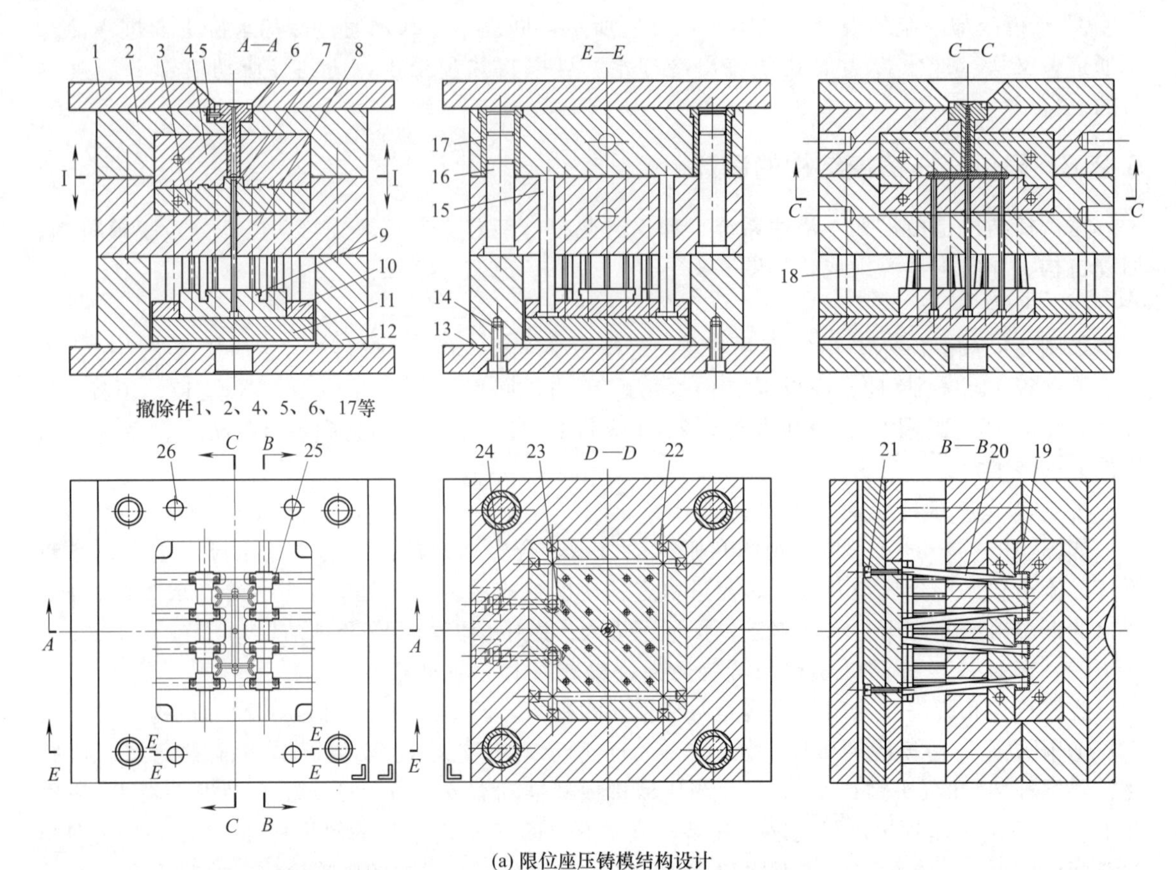

(a) 限位座压铸模结构设计

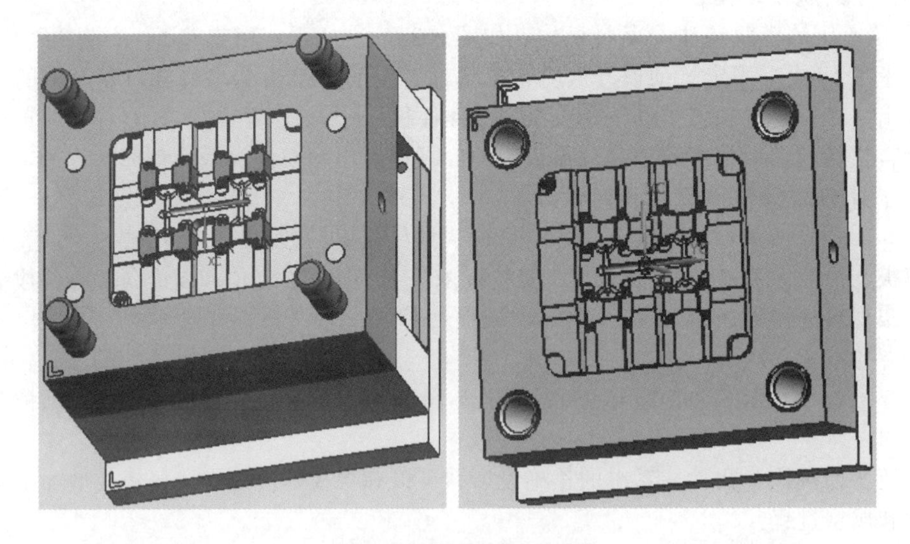

(b) 限位座压铸模结构三维设计

图 5-8　限位座压铸模结构

1—定模垫板；2—定模板；3—动模镶嵌件；4—定模镶嵌件；5,26—圆柱销；6—浇口套；7—拉料杆；8—动模板；9—支架；10—安装板；11—推件板；12—模脚；13—底板；14—内六角螺钉；15—回程杆；16—导柱；17—导套；18—顶杆；19—限位座；20—斜推杆；21—沉头螺钉；22—螺塞；23—O形密封圈；24—冷却水接头；25—型芯车的生产规模要求。

限位座压铸模的结构设计，只有妥善解决了压铸模分型面的设置、抽芯机构、脱模与回程机构、浇注系统、冷却系统、导准构件的设计和模具成型面的设计，才能加工出合格的限位座。主要零部件材料的选择和热处理，也是确保模具长寿命必需的措施。由于对限位座进行形体分析的正确性，保证了压铸模结构方案可行性分析和压铸模结构设计的正确性，从而限位座加工的形状和尺寸全部符合图纸要求，每副模具能一次做到同时加工 8 件限位座的高效率生产。

5.3 轿车点火开关（一）锁壳和锁芯压铸模结构设计

点火开关，即汽车点火系统的开关（通常要使用钥匙），可自由开启或关闭点火线圈的主要电路。点火开关包括锁芯、锁壳和电气部分等，每辆轿车都有一套点火开关。点火开关的使用方法：钥匙插进点火开关后，在每个挡位瞬间停留大约 1～2s，这时便能听见电气设备通电的声音，然后再进入下一个挡位就可以了。有的车是可以直接进入 ON 位置，之后等待电气各方面全面启动后，大约 6～7s 的时间之后，再扭转钥匙到 START 状态直接打火。锁芯安装在锁壳之内，锁壳则安装在轿车前仪表盘上。

5.3.1 点火开关锁壳和锁芯形体分析与压铸模结构方案可行性分析

轿车点火开关锁壳二维图如图 5-9（a）所示，三维图如图 5-9（c）所示。锁芯二维图如图 5-9（b）所示，三维图如图 5-9（d）所示。材料为锌合金，收缩率为 0.6%，压铸模的所有成型件型腔和型面的尺寸都需要加上收缩率 0.6%，待锁壳和锁芯冷却之后才能满足图纸尺寸的要求。

（1）点火开关锁壳形体分析与压铸模结构方案可行性分析

锁壳形体上存在着左、右和上、下四个方向的型孔和型槽要素。由于左、右方向的型孔和型槽要素需要采用斜导柱滑块抽芯机构来完成抽芯和复位动作，而上、下方向的型孔和型槽要素因平行于开闭模方向，只需要在动模板或定模板上安装镶嵌的型芯，利用开、闭模运动即可实现上、下方向型孔和型槽的抽芯和复位动作。

① *C* 向型孔ⓐ与型槽ⓐ要素与压铸模抽芯机构。如图 5-9（a）所示，*C* 向存在着 2×3.3mm×7.0mm、2×3.2mm×3.0mm 型孔要素，还存在着 2.2mm×18.6mm×11°、ϕ21.3mm×ϕ20.5mm×12.6mm、ϕ25.1mm×ϕ20.5mm×13.7mm、ϕ24.0mm×22.9mm，2×22.8mm×0.8mm×(5.2mm－2mm)/2×(7.8mm－2mm)/2、ϕ25.1mm×18.6mm 型槽要素。这些型孔和型槽要素均处在锁壳的左侧面，并垂直于锁壳轴线。因此，成型这些型孔和型槽的型芯都可以安装在左滑块上，利用压铸模的左斜导柱在开闭模时的运动拨动左滑块带动这些左型芯做抽芯和复位运动。

② *D* 向型孔ⓑ与型槽ⓑ要素与压铸模抽芯机构。如图 5-9（a）所示，*D* 向存在着 *R*11.8mm×19.9mm、ϕ20.5mm×8.4mm、ϕ21.3mm×11.5mm 和 ϕ21.3mm×12.6mm 及 2×22.8mm×0.8mm×(5.2mm－2mm)/2×(7.8mm－2mm)/2、ϕ25.1mm×18.6mm 型槽要素。这些型孔和型槽要素均处在锁壳的右侧面，并垂直于锁壳轴线。因此，成型这些型孔和型槽的型芯都可以安装在右滑块上，利用压铸模的右斜导柱在开闭模时的运动，拨动右滑块，带动这些右型芯做抽芯和复位运动。

③ 上方型孔ⓒ与型槽ⓒ要素与压铸模抽芯机构。如图 5-9（a）所示，上方存在着 ϕ15.2mm×(26.4mm－2.0mm) 的型孔要素。由于该孔的轴线平行于压铸模开闭模方向，故

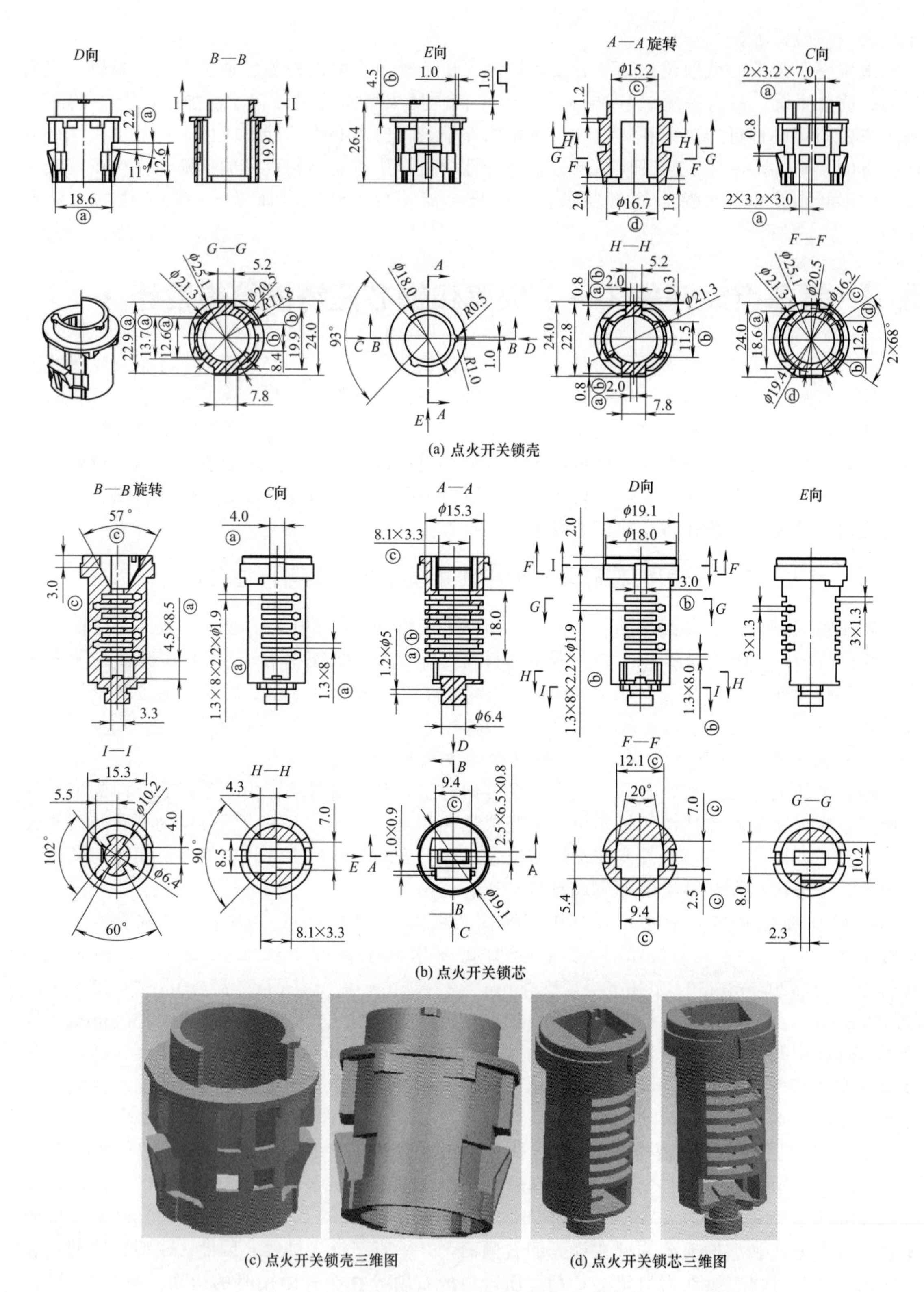

图 5-9 点火开关锁壳和锁芯

ⓐ—锁壳 C 向型孔与型槽要素；ⓑ—锁壳 D 向型孔与型槽要素；ⓒ—锁芯 C 向型孔与型槽要素；ⓓ—锁芯 D 向型孔与型槽要素；Ⅰ—Ⅰ—分型面；⎍—表示凸台“障碍体”

成型该孔的型芯可安装在定模板上，可利用模具的开闭模运动实现该孔的成型和抽芯。

④ 下方型孔ⓓ与型槽ⓓ要素与压铸模抽芯机构。如图 5-9（a）所示，下方存在着 2×ϕ19.4mm×ϕ15.2mm×68°型槽要素，该型槽的轴线平行于压铸模开闭模方向，故成型该槽的型芯可安装在动模板上，利用模具的开闭模运动实现该型槽的成型和抽芯。

由于ϕ15.2mm 的型孔与 2×ϕ19.4mm×ϕ15.2mm×68°型槽形状存在着重叠，成型ϕ15.2mm 型孔的型芯应避开成型下方向型槽的型芯。锁壳分型面Ⅰ—Ⅰ在 1.0mm×1.0mm 凸台下方处，如 5-9（a）的 E 向视图和 B—B 剖视图所示。由于凸台障碍体的存在，凸台下方 4.5mm×ϕ18.0mm 型槽需要采用抽芯机构进行抽芯和成型。

（2）点火开关锁芯形体分析与压铸模结构方案可行性分析

点火开关锁芯是安装在锁壳的孔中，如图 5-9（b）的 D 向视图所示，锁壳分型面Ⅰ—Ⅰ设置在 2.0mm×ϕ18.0mm 与 ϕ19.1mm 接合面处。

① C 向型孔ⓐ与型槽ⓐ要素与压铸模抽芯机构。如图 5-9（b）所示，C 向存在着 3×1.3mm×8.0mm、3×1.3mm×8mm×2.2mm×ϕ1.9mm、4.5mm×8.5mm 型孔要素，存在着 1.2mm×ϕ5mm/2 和 4.0mm×(ϕ19.1－ϕ15.3)/2mm 型槽要素。由于上述型孔和型槽要素存在于锁芯侧面，并且要素均垂直于锁芯的轴线。成型这些型孔和型槽的型芯可以采用斜导柱滑块抽芯机构，利用压铸模的开启和闭合，以斜导柱拨动滑块，实现型芯的抽芯和成型运动。

② D 向型孔ⓑ与型槽ⓑ要素与压铸模抽芯机构。如图 5-9（b）所示，D 向存在着 3×1.3mm×8.0mm、3×1.3mm×8mm×2.2mm×ϕ1.9mm 型孔要素，3.0mm×(ϕ19.1－ϕ15.3)/2mm 和 1.2mm×ϕ5mm/2 型槽要素。由于上述型孔和型槽要素存在于锁芯另一侧面，并且要素均垂直于锁芯的轴线。成型这些型孔和型槽的型芯可以采用斜导柱滑块抽芯机构，利用压铸模的开启和闭合以斜导柱拨动滑块，实现型芯的抽芯和成型运动。

③ E 向型孔ⓒ与型槽ⓒ要素与压铸模抽芯机构。如图 5-9（b）的 A—A 与 B—B 旋转剖视图所示，E 向存在着 12.1mm×20°×7.0mm×9.4mm×2.5mm×3.0mm×57°和 8.1mm×3.3mm×18.0mm 型孔要素。这些型孔要素处在锁芯的上方，并平行于开、闭模方向，成型它们的型芯可设置在定模板上，可利用定动模的开闭模进行锁芯的抽芯和成型。

根据锁壳和锁芯的形体分析与压铸模结构方案的分析，锁壳需要左、右两个方向的抽芯，而锁芯也需要两个方向的抽芯。这样锁壳和锁芯都可分别设置左、右两个方向的抽芯，不会产生抽芯运动的干涉现象。

5.3.2 压铸模浇注系统设计方案与顶杆的设计

如图 5-10 所示，压铸模的浇注系统由主流道 7、8，分流道 5、9，浇口 4、11 和冷料穴 1、3、13 组成。熔融锌合金料流从定模板上的浇口套中主流道 7、8 注入，经分流锥 6 的分流，熔体从分流道 5、9 分别经浇口 4、11 进入模具锁壳 2 和锁芯 12 的型腔及冷料穴 1、3、13 中。当型腔中的锁壳 2 和锁芯 12 及冷料穴 1、3、13 中熔液冷却后，可在众多顶杆 10 的作用下将锁壳 2，锁芯 12，主流道 7、8，分流道 5、9 以及冷料穴 1、3、13 中的冷凝料顶出。由于锁壳 2、锁芯 12 是两种不同的形体，它们的质量存在着差异，为了防止锁壳 2、锁芯 12 出现缺料和疏松现象，制造时的浇口 4、11 深度可以相同，试模时某型腔如出现缺料和疏松现象，就可将缺料型腔的浇口深度修深一些，以做到填充流量的平衡。

5.3.3 压铸模抽芯机构的设计

根据锁壳和锁芯压铸模结构方案的分析，可知锁壳和锁芯分别需要采用分别左、右两个方向的抽芯结构。

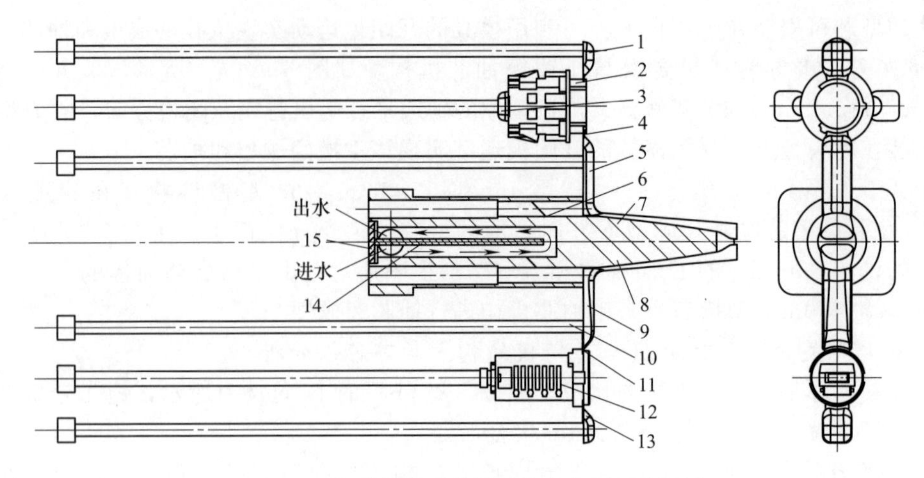

图 5-10　压铸模浇注系统设计方案与顶杆的设计

1，3，13—冷料穴；2—锁壳；4，11—浇口；5，9—分流道；6—分流锥；7，8—主流道；
10—顶杆；12—锁芯；14—冷却水隔离板；15—垫板

（1）锁壳抽芯结构的设计

如图 5-11 所示，锁壳成型位置在压铸模结构图的前方。

① 锁壳左面方向的抽芯：如图 5-11 所示，安装在由左中压板 32 和左端压板 34 所组成 T 形槽中的左前滑块 2，左前滑块 2 中安装有左前型芯 4、29 和斜导柱（图中未表示），开闭模使得斜导柱能拨动左前滑块 2 和左前型芯 4、29 做抽芯和复位运动。闭模时左前楔紧块 1 可楔紧左前滑块 2，以防止左前滑块 2 和左前型芯 4、29 在压铸力和保压力作用下使得左前滑块 2 的后退，造成型孔或型槽的尺寸不符合图纸要求。

② 锁壳右面方向的抽芯：如图 5-11 所示，同理，安装在右前滑块 7 中和右前型芯 6、28，在斜导柱（图中未表示）拨动下右前滑块 7 和右前型芯 6、28 可做抽芯和复位运动。闭模时，右前楔紧块 8 可楔紧右前滑块 7。

③ 锁壳上方向的抽芯：如图 5-12 所示，安装在定模嵌件 16 中的前定模型芯 17，在模具开启时可从锁壳孔中抽芯，合模时可实现前定模型芯 17 复位。

④ 锁壳下方向的抽芯和脱模：如图 5-12 所示，前动模型芯 19 以间隙配合形式放置在动模嵌件 21 孔中。脱模时顶杆 22 将前动模型芯 19 和锁壳 18 一起顶脱模，脱模后由人工从锁壳 18 中取出前动模型芯 19。模具合模前需要人工将前动模型芯 19 放入动模嵌件 21 孔中。

（2）锁芯抽芯结构的设计

锁芯也需要采用左右两个方向的抽芯结构和上方向设置型芯，利用开闭模运动完成抽芯和成型。如图 5-12 所示，锁芯成型位置在压铸模机构图的后方。

① 锁芯左面方向的抽芯：如图 5-11 所示，安装在由左中压板 32 和左端压板 34 压板组成 T 形槽中的左后滑块 10，左后滑块 10 中装有左窄槽型芯 11、左长方槽型芯 12 和 3 个后左型芯 31 及斜导柱（图中未表示），定、动模开闭时使得斜导柱能拨动左后滑块 10、左窄槽型芯 11、左长方槽型芯 12 和三个后左型芯 31 做抽芯和复位运动。闭模时左后楔紧块 9 楔紧左后滑块 10，以防止左后滑块 10、左窄槽型芯 11、左长方槽型芯 12 和三个后左型芯 31 在压铸力和保压力作用下使得左后滑块 10 后退，造成型孔或型槽的尺寸不符合图纸要求。

② 锁芯右面方向的抽芯：如图 5-11 所示，同理，右后滑块 17 和右长方槽型芯 13、右窄槽型芯 16 及右后型芯 26，在斜导柱（图中未表示）拨动下右后滑块 17 和右长方槽型芯 13、右窄槽型芯 16 及右后型芯 26 可做抽芯和复位运动。闭模时，右后楔紧块 18 可楔紧右后滑块 17。

③ 锁芯上方向型孔的抽芯和成型：如图 5-12 所示，后定模型芯 29 安装在定模板 9 上，定动模的开启和闭合可实现锁芯 30 上方向型孔的抽芯和成型。

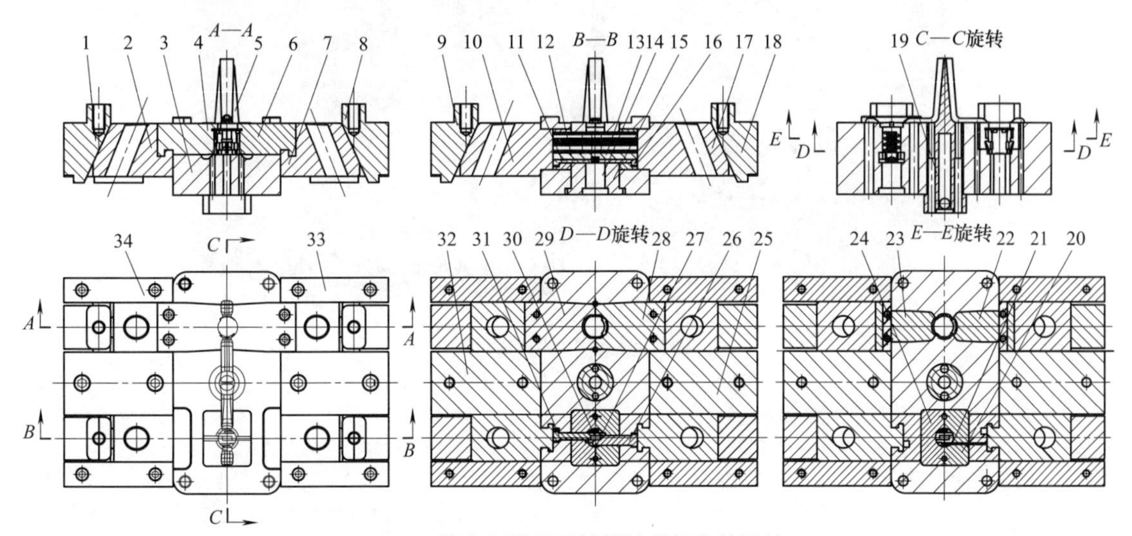

图 5-11 锁壳和锁芯压铸模抽芯机构的设计

1—左前楔紧块；2—左前滑块；3—动模嵌件；4,29—左前型芯；5—主流道冷凝料；6,28—右前型芯；7—右前滑块；8—右前楔紧块；9—左后楔紧块；10—左后滑块；11—左窄槽型芯；12—左长方槽型芯；13—右长方槽型芯；14—后中型芯；15—后中嵌件；16—右窄槽型芯；17—右后滑块；18—右后楔紧块；19—分流锥；20—后右嵌件；21—后右型芯；22—右前型芯；23—左前型芯；24—后左嵌件；25—右中压板；26—右后型芯；27—中后嵌件；30—中前嵌件；31—后左型芯；32—左中压板；33—右端压板；34—左端压板

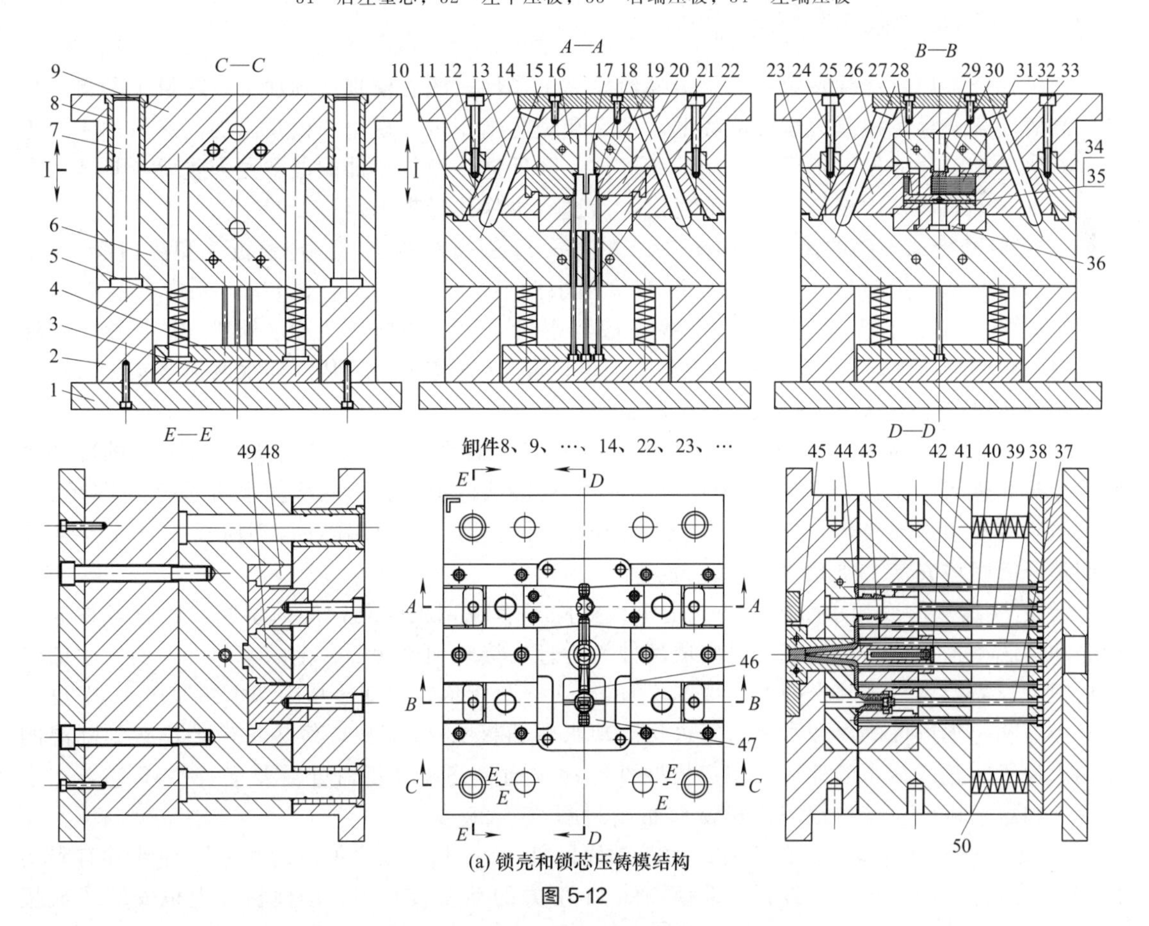

(a) 锁壳和锁芯压铸模结构

图 5-12

(b) 锁壳和锁芯压铸模结构三维图

图 5-12　锁壳和锁芯压铸模结构设计

1—底板；2—模脚；3—推件板；4—安装板；5—回程杆；6—动模板；7—导柱；8—导套；9—定模板；
10—左前楔紧块；11—左前滑块；12—内六角螺钉；13,26—斜导柱；14—左前型芯；15—前压板；
16—定模嵌件；17—前定模型芯；18—锁壳；19—前动模型芯；20—前右型芯；21—动模嵌件；
22,37～41—顶杆；23—后左楔紧块；24—内六角螺钉；25—后左滑块；27—后压板；
28—左前长方槽型芯；29—后定模型芯；30—锁芯；31—后左带 R 型芯；32—后右带 R 型芯；
33—右前长方槽型芯；34—左窄槽型芯；35—右窄槽型芯；36—后中型芯顶杆；42—垫板；
43—冷却水隔离板；44—分流锥；45—浇口套；46—后左嵌件；47—后右嵌件；
48—两侧压板；49—两中压板

5.3.4　压铸模冷却系统的设计

熔融锌合金通过浇注系统将热量传递给模具工作件，随着模具连续加工，热量不断得到提升，高的模温会导致模具力学性能降低，锁壳和锁芯出现过热现象。模具出现高热量的主要零部件有浇口套、分流锥、定模嵌件和动模嵌件，降低这些模具零件的温度尤为重要，具体的办法是在这些模具零件中设计冷却水的通道，通过流水将热量带走。

① 浇口套冷却水路的设计。如图 5-13 的 D—D 剖视图所示，在定模板 5 和浇口套 14 中开有冷却水通道。定模板 5 的两端安装有冷却水两通接头 18、21，浇口套 14 中安装有螺塞 19，定模板 5 与浇口套 14 通道之间安装了 O 形密封圈 20，以防止冷却水外泄。这样冷却水便可从冷却水两通接头 21 进入，再分两路流经浇口套 14 通道汇合后从冷却水两通接头 18 流出，冷却水将热量带走，从而可降低浇口套的温度。

② 分流锥冷却水路的设计。如图 5-13 的 E—E 剖视图所示，冷却水从动模板 6 的冷却水两通接头 8 进入，流经分流锥 15 中用分流片 10 分隔成的流道，再从冷却水两通接头 16 流出。为了防止冷却水从动模板 6 与分流锥 15 之间缝隙外泄造成模具的锈蚀，动模板 6 与分流锥 15 之间接合面间应安装 O 形密封圈 7、17。

③ 定模板嵌件冷却水路的设计。定模板 5 除了有成型锁壳和锁芯的型腔，还有各种成型锁壳和锁芯型槽和型孔的型芯。这些成型件均是直接接触到熔融锌合金的零部件，所产生的热量也很大，需要用冷却水来降温。如图 5-13 的 A—A 所示，冷却水从冷却水两通接头 27 进入定模板 5 和定模嵌件的冷却水通道，再从冷却水两通接头 26 流出，将热量带走，起到降温的作用。为了防止冷却水的外泄，在定模嵌件冷却水通道终端和折弯处需要安装螺塞 24，在定模板 5 和定模嵌件对接处也需要安装 O 形密封圈 25、28。

④ 动模板嵌件冷却水路的设计。由于动模嵌件 11 中具有众多抽芯的型芯，导致其有限实体窄小，冷却系统管道只能设置在动模嵌件 11 下方的动模板 6 中。动模板 6 上也安装了成型

锁壳和锁芯的型腔以及各种型槽和型孔的型芯。如图 5-13 的 $B—B$ 所示，冷却水分别从 2 处冷却水两通接头 22 进入动模板 6 的通道，再从冷却水两通接头 23 流出，将热量带走。

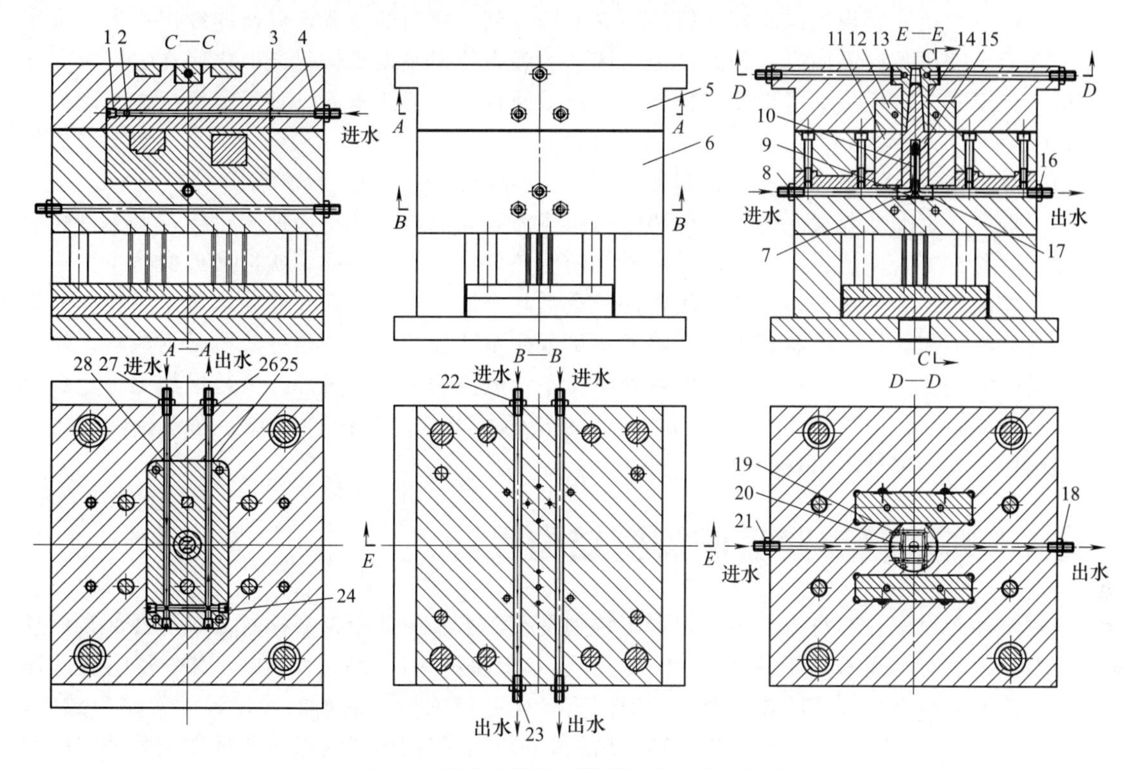

图 5-13 锁壳和锁芯压铸模冷却系统的设计

1,19,24—螺塞；2—出水口；3,7,13,17,20,25,28—O 形密封圈；
4,8,16,18,21～23,26,27—冷却水两通接头；5—定模板；6—动模板；9—垫片；
10—分流片；11—动模嵌件；12—定模嵌件；14—浇口套；15—分流锥

通过上述冷却水流道的设计，可以将模具产生热量的主要零部件中大部分热量带走，从而降低模具的温度。

5.3.5 压铸模结构设计

锁壳和锁芯压铸模结构设计除了上述的浇注系统、冷却系统和抽芯机构的设计之外，还有模架、导向构件、脱模和回程机构的设计，以及模具主要零部件材料的选择和热处理。只有全面地处理好这些内容，才能将模具结构设计到位。

(1) 压铸模的模架和导准构件

如图 5-12 (a) 所示，模架是压铸模所有零部件的组装平台，也是压铸模与压铸机连接装置。模架由底板 1、模脚 2、推件板 3、安装板 4、回程杆 5、动模板 6、导柱 7、导套 8、定模板 9、分流锥 44 和浇口套 45 以及顶杆 22、37～41 组成。导准构件以四套导柱 7 和导套 8 组成，可确保动模板 6 与定模板 9 开闭模时的定位和导向。

(2) 压铸模脱模和回程机构

锁壳和锁芯成型之后，定动模的开启对锁壳和锁芯所有的型槽和型孔的型芯已实现了抽芯，从而消除了对锁壳和锁芯脱模的障碍。

① 锁壳和锁芯的脱模机构。如图 5-12 (a) 所示，脱模机构由推件板 3、安装板 4 和顶杆 22、37～41 组成。在压铸机顶杆的推动作用下，压铸模的推件板 3 与安装板 4 上的顶杆 22、

37～41 可将锁壳 18 和锁芯 30 推出动模嵌件 21 的型腔。

② 脱模机构的回程机构。如图 5-12（a）所示，脱模回程机构由推件板 3、安装板 4、回程杆 5 和弹簧组成。脱模机构脱模之后必须立即回复到脱模前的位置，以便连续进行下一次压铸加工。当压铸机顶杆退回后，开始是弹簧恢复的弹力使得脱模机构复位，之后在定模板 9 与动模板 6 合模时，定模板 9 可抵住回程杆 5 并推动回程杆 5 逐渐退回，直至定模板 9 与动模板 6 合模时脱模机构完全复位。

通过对轿车点火开关锁壳和锁芯的形体分析，分析出锁壳两侧存在着多种型孔和型槽要素，上下也存在着型孔要素。得出了压铸模的两侧需要采用斜导柱滑块抽芯机构，上下型孔型芯应分别设置在定、动模板上。两件不同形状的压铸件，若材质相同，质量又近似，可设置在同一模具的两个型腔中成型。但两件压铸件毕竟形状不同，质量也存在差异，若采用相同的浇注系统，就可能在质量大的型腔中出现填充不足或质量疏松的缺陷。通过试模暴露缺陷，便可修理存在缺陷型腔浇口的深度，以达到两处浇注系统流量的平衡。另外，压铸模加工一定数量的产品后，成型面会应产生疲劳出现裂纹，此时应拆下与熔融料流接触的零件进行软氮化处理，以确保主要零部件不出现裂纹。

5.4 卡车油箱锁紧盖压铸模结构设计

与轿车油箱设置在车身内部不同，卡车特别是重型卡车的油箱都是裸露在车身外部，而且对于大型重载货车，通常还不止一个油箱，基于卡车油箱的这种特性，出于安全及防盗的需要，油箱盖通常带有自锁及防盗功能；一般而言，同一厂家卡车油箱的接口尺寸都是一致的，油箱盖同油箱口配合，油箱盖自身集成锁壳结构，锁芯装配在锁壳内部，通过锁壳同锁芯的配合，达到闭锁的目的，锁紧块一般安置在油箱内侧，基于安全、防盗及防腐蚀的需要，锁紧块一般采用锌合金，为保证结构的简洁可靠及工业化生产的需要，一般采用锌合金压铸而成。本节所列范例采用了包塑的结构。

5.4.1 锁紧盖形体分析

卡车油箱锁紧盖二维图如图 5-14（a）所示，锁紧盖三维图如图 5-14（b）所示。材料为锌合金，收缩率为 0.5%。锁紧盖 1 形体上存在着与压铸模开闭模方向的型孔，还有一种既有与开闭模方向一致的型槽，又有与开闭模方向垂直的型孔；为了能够充满锁紧盖各处实体，还设置了 7 处冷料穴的冷凝料 2。

① 与开闭模方向一致的型孔：如图 5-14（a）所示，ϕ12.1mm×5mm、ϕ79.8mm×5.2mm、ϕ49.6mm×6mm 和 34.9mm×6.2mm 型孔与开闭模方向一致。

② 与开闭模方向一致的型槽及垂直的型孔：如图 5-14（a）所示，ϕ3.3mm×1.1mm 型孔是与开闭模方向垂直的型孔；8.3mm×7mm×20°是与开闭模方向一致的型槽。

③ 与开闭模方向一致的凸台：如图 5-14（a）所示，6.1mm×3.2mm×14.8mm 的凸台与开闭模方向一致。

5.4.2 锁紧盖压铸模结构方案可行性分析

根据卡车油箱锁紧盖形体要素的分析，可以采取相应措施来制订出压铸模结构方案。

① 解决与开闭模方向一致的型孔所采用的模具措施：由于 ϕ12.1mm×5mm、ϕ79.8mm×5.2mm、ϕ49.6mm×6mm 和 34.9mm×6.2mm 型孔是与开闭模方向一致的型孔，只要分别在动、定模板上安装相应的镶嵌型芯，就可以利用动、定模的开启来实现型孔型芯的抽芯，利用

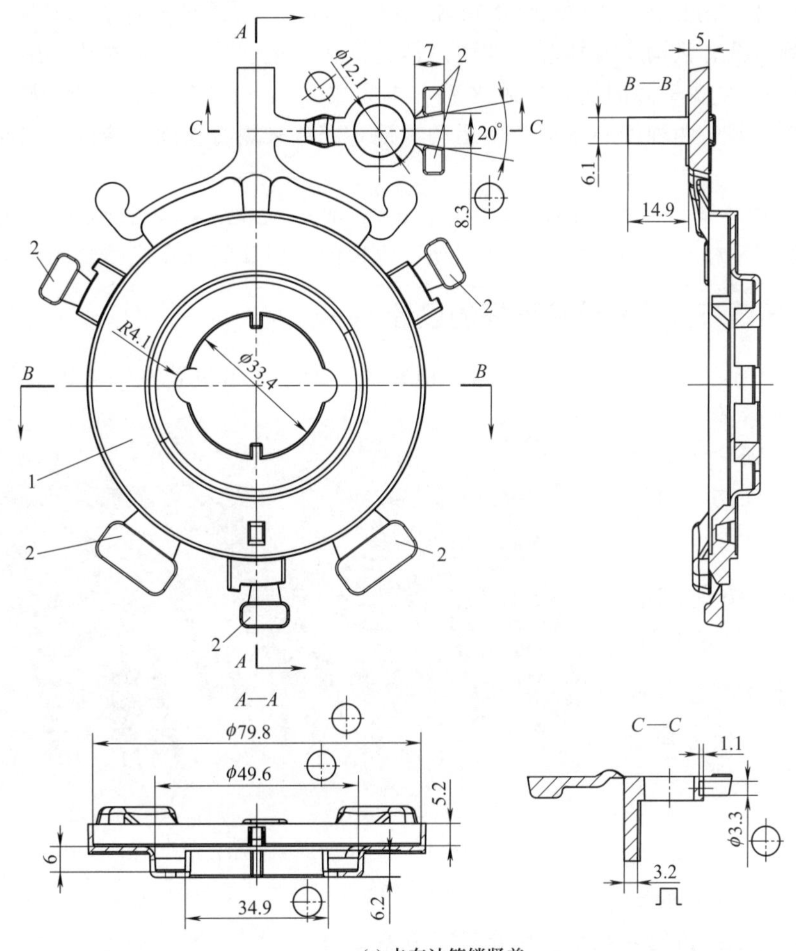

(a) 卡车油箱锁紧盖

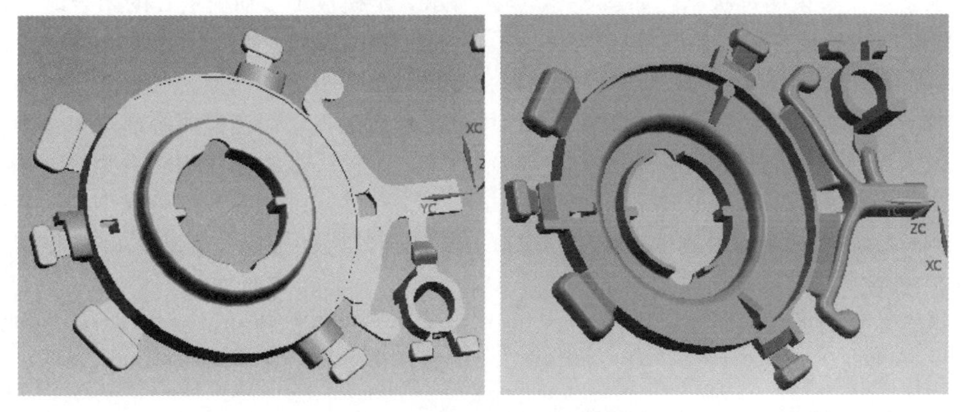

(b) 卡车油箱锁紧盖三维图

图 5-14 卡车油箱锁紧盖形体分析

⎍—表示凸台“障碍体”要素；⊕—表示型孔要素；1—锁紧盖；2—冷凝料

动、定模的闭合来实现型孔型芯的复位与成型。

② 解决与开闭模方向一致的型槽及与开闭模方向垂直的型孔措施：由于 $\phi3.3\text{mm}\times1.1\text{mm}$ 型孔是与开闭模方向垂直的型孔，其型芯只能采用侧向抽芯的形式。8.3mm×7mm×20°是与开闭模方向即垂直又一致的型槽，可以采用侧向抽芯或利用动、定模开闭模运动实现

抽芯与复位。成型 ϕ3.3mm×1.1mm 型孔和 8.3mm×7mm×20°型槽的型芯具有共同之处，就是采用同一种侧向抽芯机构实现抽芯，这便是最佳优化方案。若采用不同的措施，即先要完成 ϕ3.3mm×1.1mm 型孔型芯的侧向抽芯之后，再完成 8.3mm×7mm×20°型槽的型芯开闭模方向的抽芯。为了避免两种抽芯运动产生运动干涉，需要采用时差抽芯结构，如此会造成模具结构过于复杂。

③ 解决与开闭模方向一致凸台的措施：由于 6.1mm×3.2mm×14.8mm 凸台走向与开闭模方向一致，可以在动模板上制出型槽，利用动、定模的开启和闭合完成凸台的成型。

5.4.3 锁紧盖压铸模浇注系统和顶杆的设计

压铸模采用了一模二腔，如图 5-15 所示，锁紧盖 3 的主流道设置在分流锥 5 的两侧，分流道 2 与浇口从锁紧盖 3 山字形突出部位进入。锁紧盖 3 和冷料穴的冷凝料 1 处均设置有顶杆 4。

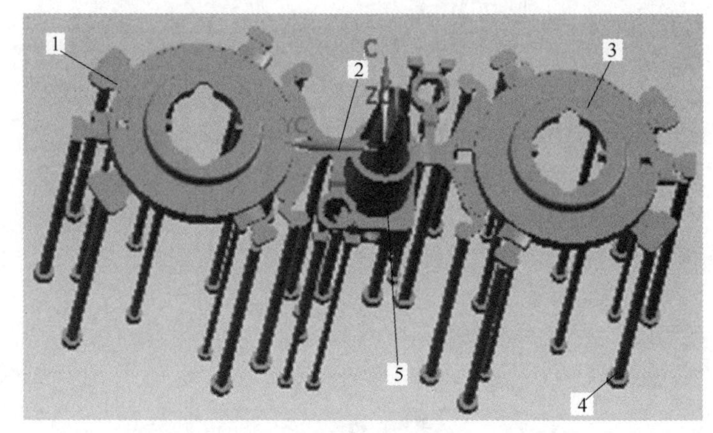

图 5-15 锁紧盖压铸模浇注系统与顶杆的设计

1—冷料穴的冷凝料；2—分流道；3—锁紧盖；4—顶杆；5—分流锥

5.4.4 锁紧盖压铸模抽芯与脱模机构的设计

由于存在着与开闭模方向一致的型槽及与开闭模方向垂直的型孔，根据压铸模结构方案可行性的分析的结论，成型 ϕ3.3mm × 1.1mm 型孔和 8.3mm × 7mm × 20° 型槽的型芯，都应该采用侧向抽芯机构才是最佳优化模具方案。

① 锁紧盖压铸模闭模状态：如图 5-16（a）所示，定模板 1 和动模板 2 的闭合时，定模型芯 5 的复位。斜导柱 9 插入滑块 11 的斜孔中，并拨动滑块 11 迫使限位销 13 压缩弹簧 14 复位，使得圆柱型芯 10 和型芯 12 复位，熔融锌合金进入型腔中冷却成型。楔紧块 7 斜面楔紧滑块 11 斜面，以防滑块 11 在压铸力和保压力作用下出现后退现象而造成抽芯部位尺寸不合格。

② 锁紧盖压铸模抽芯状态：如图 5-16（b）所示，定模板 1 和动模板 2 开启，定模型芯 5 实现抽芯。斜导柱 9 拨动滑块 11 和圆柱型芯 10、型芯 12 实现抽芯，并使得成型的锁紧盖 6 敞开。当滑块 11 底面的半球形坑抵达限位销 13 的位置上时，限位销 13 在弹簧 14 的作用下进入滑块 11 底面的半球形坑并锁住滑块 11。

③ 锁紧盖压铸模脱模状态：如图 5-16（c）所示，当压铸机顶杆推动推板 18、安装板 17 和顶杆 16 顶出时，众多顶杆 16 可以将锁紧盖 6 顶离动模型芯。

5.4.5 锁紧盖压铸模结构的设计

锁紧盖压铸模结构包括模架、浇注系统、抽芯机构、脱模机构及动、定模腔。

① 模架。如图 5-17 所示，由定模板 1、动模板 2、内六角螺钉 6、楔紧块 9、模脚 16、顶杆 17 和 21、安装板 18、底板 19、推件板 20、回程杆 30、导套 31 及导柱 32 组成，模架既是该模具所有零部件的安装平台，又是用来保证模具能进行开闭模运动的基本结构。

② 动、定模腔。如图 5-17 所示，在动模镶嵌件 3 和定模镶嵌件 4 中加工有两个成型锁紧盖 24 的型腔和嵌件 5、25，这些成型锁紧盖 24 型腔和型芯的尺寸都必须是锁紧盖 24 的尺

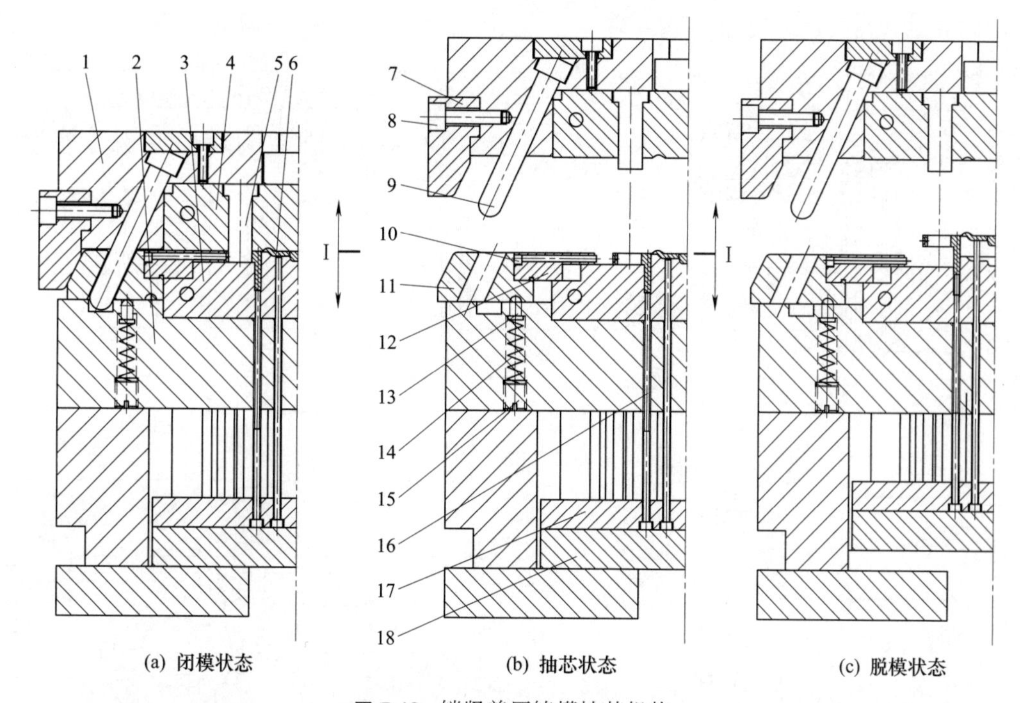

图 5-16 锁紧盖压铸模抽芯机构

1—定模板；2—动模板；3—动模镶嵌件；4—定模镶嵌件；5—定模型芯；6—锁紧盖；7—楔紧块；8—内六角螺钉；9—斜导柱；10—圆柱型芯；11—滑块；12—型芯；13—限位销；14—弹簧；15—螺塞；16—顶杆；17—安装板；18—推板

寸＋锁紧盖 24 的尺寸×锌合金的收缩率（0.5%）。如此，冷却后的锁紧盖 24 才能达到图纸上要求的尺寸。

③ 锁紧盖压铸模冷却系统的设计。如图 5-17 所示，由于熔融锌合金的温度较高，传递给压铸模成型工作件的温度也较高。为了防止模具工作件的温度过高导致锌合金出现过热现象，模具的动模镶嵌件 3、定模镶嵌件 4 和分流锥 22 都应该安装冷却系统，冷却系统由加工的管道构成，在管道交叉处应安装有螺塞 29，并在两端安装有冷却水接头 27。这样冷却水接头 27 接进外通水管道的接头，冷却水可从一端的冷却水接头 27 进入，再从另一端的冷却水接头 27 流出，将模具工作件的热量带走，从而起到降低温度的作用。

④ 导准构件和脱模机构的回程：如图 5-17 所示，动、定模之间的导准是依靠着 4 组导套 31 和导柱 32 的定位与导向，安装板 18、推件板 20 与动模板 2 的定位和导向是依靠着回程杆 30，压铸机的顶杆通过螺纹与推板 20 螺孔相连，压铸机的顶杆对推板 20 的顶出时可使锁紧盖 24 脱模，压铸机的顶杆退回时可以带动推件板 20 复位。

通过对卡车油箱锁紧盖的形体分析，找出了锁紧盖与开闭模方向一致的型孔和凸台要素，对于这种型孔与凸台可以在动、定模板上采用嵌件形式的型芯，利用模具开闭模实现形体的抽芯和复位。其中 ϕ3.3mm×1.1mm 是与开闭模方向垂直的型孔，只能采用侧向抽芯的措施。8.3mm×7mm×20°又是与开闭模方向一致的型槽，既可采用侧向抽芯，也可采用嵌件形式的型芯，利用模具开闭模运动实现抽芯和复位。只有两种型孔和型槽都采用侧向抽芯的措施才是模具最佳优化方案。若型孔采用侧向抽芯，型槽采用嵌件形式利用模具的开闭模运动实现抽芯的措施，则会出现运动干涉现象。这样就得采用时差抽芯措施，模具抽芯结构复杂。通过模具结构方案可行性分析与论证，避免了繁杂模具结构方案，模具设计获得了成功。

锁紧盖压铸模的结构设计，只有妥善解决了压铸模分型面的设置、抽芯机构、脱模回程机

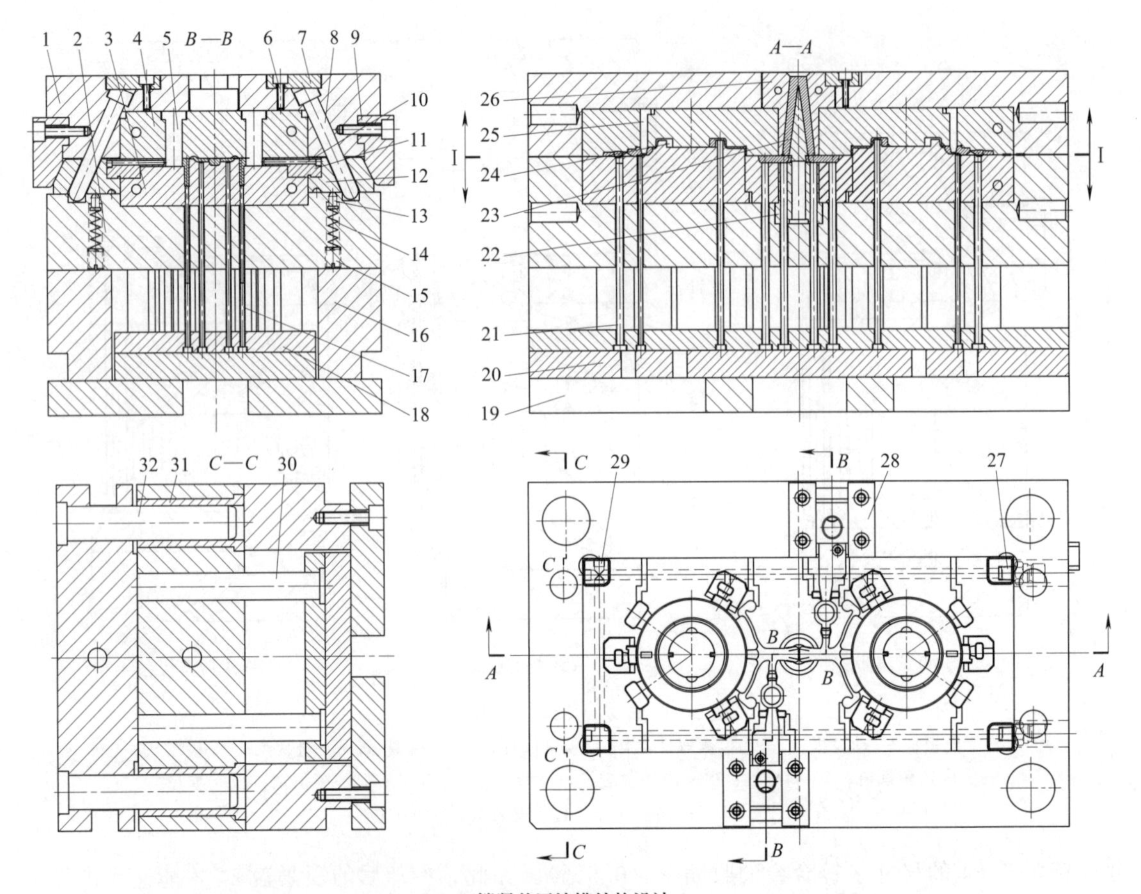

(a) 锁紧盖压铸模结构设计

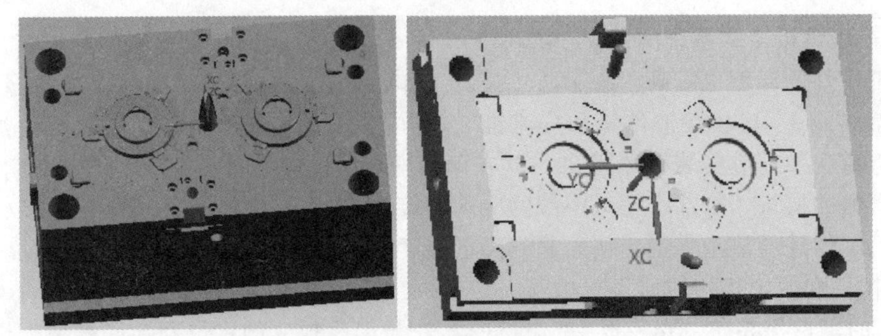

(b) 锁紧盖压铸模结构设计三维图

图 5-17　锁紧盖压铸模结构设计

1—定模板；2—动模板；3—动模镶嵌件；4—定模镶嵌件；5,25—嵌件；6—内六角螺钉；7—压板；8—斜导柱；9—楔紧块；10—圆柱型芯；11—滑块型芯；12—滑块；13—限位销；14—弹簧；15,29—螺塞；16—模脚；17,21—顶杆；18—安装板；19—底板；20—推件板；22—分流锥；23—浇注系统冷凝料；24—锁紧盖；26—浇口套；27—冷却水接头；28—压导板；30—回程杆；31—导套；32—导柱

构、浇注系统、冷却系统、导向构件的设计和模具成型面的计算，才能加工出合格的锁紧盖。主要零部件材料的选择和热处理，是确保模具长寿命必需的措施。通过锁紧盖形体和压铸模最佳优化方案可行性分析与论证，避免了垂直模具开闭模方向的型孔及与模具开闭模方向一致的型槽的抽芯会造成运动干涉的模具结构方案，使得模具结构能够顺利地进行锁紧盖的型孔与型槽的抽芯和脱模运动，有效实现锁紧盖成型加工。

压铸模结构设计案例：型孔、型槽及螺孔要素

压铸件上如果存在着各种形式的型孔、型槽和螺孔结构，这些型孔、型槽和螺孔轴线，可能与开闭模方向一致，可能与开闭模方向垂直或倾斜，还可能分布在压铸件四周的外形上或分布在内表面上，甚至两孔轴线还相交。在对压铸件进行形体“六要素”分析之后，就必须应用三种压铸模结构可行性分析的方法，进行压铸模结构方案的可行性分析和制订，之后才能进行压铸模的设计和3D造型。压铸模形体综合要素分析方法，就是针对复杂压铸模结构方案一种行之有效的方法。此时，对于压铸模结构如何避免出现压铸件型孔、型槽和螺孔，会存在着多种压铸模结构方案。型孔、型槽型芯距离短的，一般采用斜弯销滑块抽芯机构，抽芯距离长的采用变角斜弯销滑块或液压油缸抽芯机构。成型螺孔的型芯，则需要采用螺纹型芯机构。

6.1 轿车盒与盖压铸模结构设计

6.1.1 盒与盖形体分析

盒与盖如图6-1（a）所示，三维造型如图6-1（b）所示。盒与盖材料为ZL303铝镁合金，收缩率为0.7%。盖的分型面为Ⅰ—Ⅰ，如图6-1（a）的A—A剖视图所示。盒的分型面为Ⅱ—Ⅱ，如图6-1（b）的B—B剖视图所示。一模可同时加工盒与盖二种不同的压铸件，盒与盖的形体要素的分析如下。

（1）盖的形体分析

① 平行于开闭模方向的型槽要素。如图6-1（a）所示，在盖的形体上存在着62mm×43mm×6.2mm、2×7.2mm×3.5mm×(8.4－6.2)mm和0.8(沿周)×4°×1.2mm型槽要素。

② 平行开闭模方向的凸台要素。如图6-1（a）所示，在盖的形体上存在着2×ϕ1.8mm×2.5mm的凸台要素。

③ 垂直开闭模方向的凹槽要素。如图6-1（a）所示，在盖的形体上存在着2×7mm×2.3mm×45°的凹槽要素。

（2）盒的形体分析

① 平行开闭模方向的型孔要素。如图6-1（b）所示，在盒的形体上存在着2×ϕ2mm×

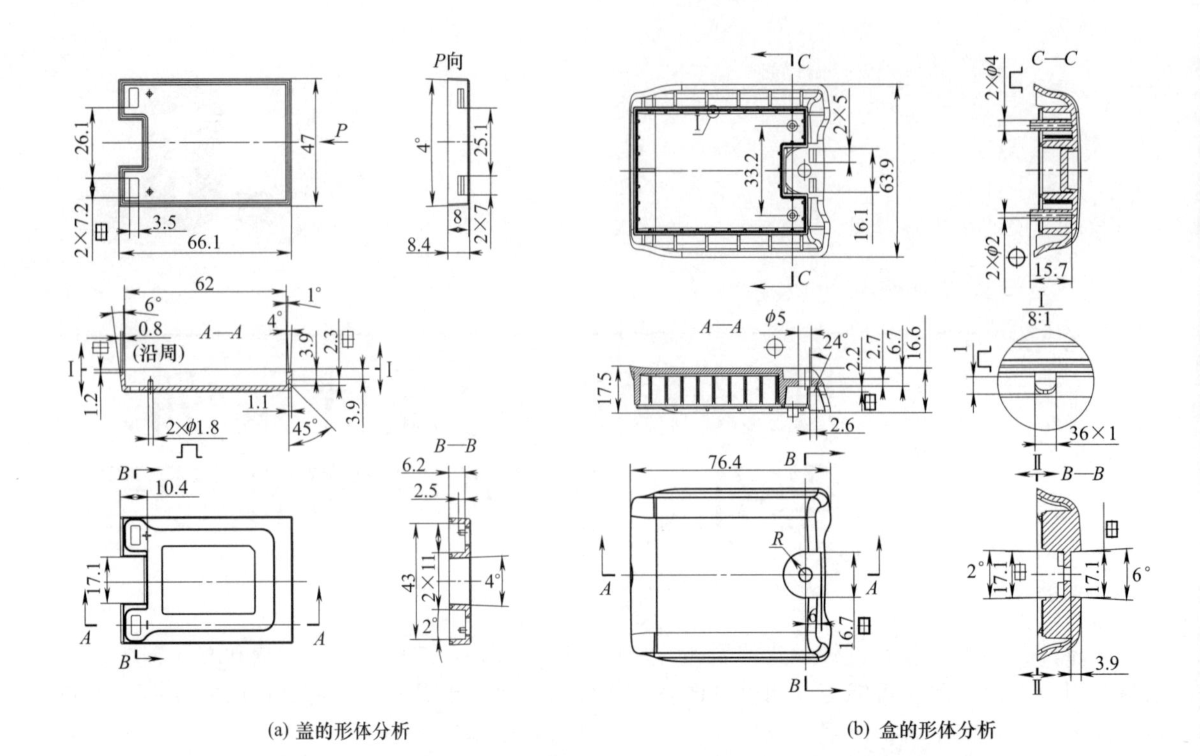

(a) 盖的形体分析　　　　(b) 盒的形体分析

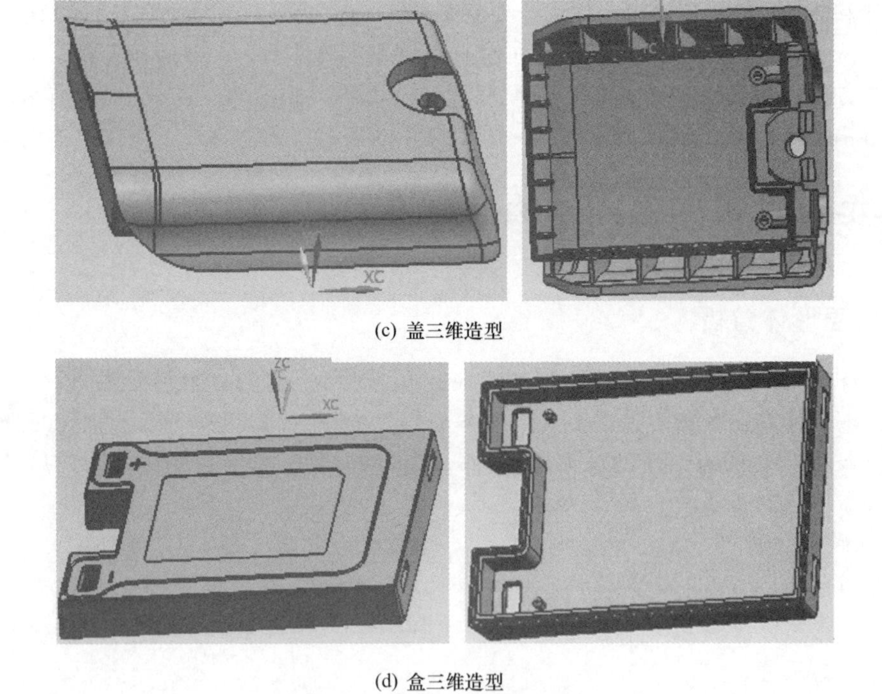

(c) 盖三维造型

(d) 盒三维造型

图 6-1　盒与盖的形体可行性分析

—表示型孔要素；—表示型槽要素；—表示凸台要素；—表示凹槽要素

15.7mm 和 $\phi 5\times 2.7$mm 的型孔要素。

② 平行开闭模方向的型槽要素。如图 6-1（b）所示，在盒的形体上存在着 2×2.2mm×2.6mm×24°、16.7mm×R×6mm×(16.6－2.7)mm、17.1mm×6°×3.9mm 和 17.1mm×

2°×(16.6−3.9−2.7)mm 的型槽要素。

③ 平行开闭模方向的凸台要素。如图 6-1（b）所示，在盒的形体上存在着 36×1mm×1mm 和 2×ϕ4mm×15.7mm 的凸台要素。

盒与盖形体分析中的型孔、凸台和型槽要素是影响压铸模结构的因素，只要制订出能够解决盒与盖形体分析中这几种要素的措施，所制订的盒与盖压铸模结构方案就是有效的。

6.1.2 盒与盖压铸模结构方案可行性分析

根据盒与盖形体分析，需要制订解决盒与盖形体分析中的型孔、凸台和型槽要素的措施。

（1）盖的压铸模结构方案可行性分析

① 解决平行开闭模方向的型槽要素的措施。由于盖的形体上存在着 62mm×43mm×6.2mm、2×7.2mm×3.5mm×(8.4−6.2)mm 和 0.8(沿周)×4°×1.2mm 型槽要素，可以采用动模镶件进行成型，利用定、动模的开启和顶杆可将盖顶离动模镶件。

② 解决平行开闭模方向的凸台要素的措施。由于盖的形体上存在着 2×ϕ1.8mm×2.5mm 的凸台要素，可以采用在定模镶嵌件中制有 2×ϕ1.8mm×2.5mm 型孔来进行成型，利用定、动模的开启可将该要素完成抽芯。

③ 解决垂直开闭模方向的凹槽要素的措施。由于在盖的形体上存在着 2×7mm×2.3mm×45°的凹槽要素，可以采用斜导柱滑块抽芯机构。利用定、动模的开启完成该要素的抽芯，利用定、动模的闭合完成该要素的成型。

（2）盒的压铸模结构方案可行性分析

① 解决盒形体上平行开闭模方向型孔的措施。在盒的形体上存在着 2×ϕ2mm×15.7mm 和 ϕ5×2.7mm 的型孔要素，可以采用动模镶件进行成型，利用定、动模的开启和顶杆可将盒顶离动模镶件。

② 解决平行开闭模方向的型槽要素的措施。在盒的形体上存在着 2×2.2mm×2.6mm×24°、16.7mm×R×6mm×(16.7−2.7)mm、17.1mm×6°×3.9mm 和 17.1mm×2°×(16.6−3.9−2.7)mm 的型槽要素，可以采用动模镶件进行成型，利用定、动模的开启和顶杆可将盒顶离动模镶件。

③ 解决平行开闭模方向的凸台要素的措施。在盒的形体上存在着 36×1mm×1mm 和 2×ϕ4mm×15.7mm 的凸台要素，可以采用动模镶件进行成型，利用定、动模的开启和顶杆可将盒顶离动模镶件。

采用的压铸模结构的每项措施是都是一对一地针对压铸件形体要素来制订的，只要形体要素不存在错误和缺失，采用的模具结构措施就不会产生错误和缺失。

6.1.3 盒与盖压铸模定、动型芯与型腔及浇注系统的设计

由于盒与盖具有热胀冷缩的特点，定、动模型芯和型腔尺寸的设计，必须在盒与盖原有尺寸的基础上＋原有尺寸×收缩率 0.7%。这样在盒与盖成型脱模后冷却收缩时，才会符合盒与盖图纸上所给定的尺寸。

① 盖的定、动模型芯与型腔设计。如图 6-2（a）、（b）所示，盖的定、动模型芯与型腔由定模镶嵌件 1 和动模镶嵌件 6、动模盖嵌件 8 组成。动模盖嵌件 8 是依靠 65.9H7/h6×45H7/h6 与动模镶嵌件 6 的型孔配合形成动模型芯。

② 盒的定、动模型芯与型腔设计。如图 6-2（a）、（b）所示，盒的定、动模型芯与型腔由定模镶嵌件 1 和动模镶嵌件 6、动模盒嵌件 7 组成。动模盒嵌件 7 是依靠 74.5H7/h6×45.9H7/h6 与动模镶嵌件 6 的型孔配合形成动模型芯。

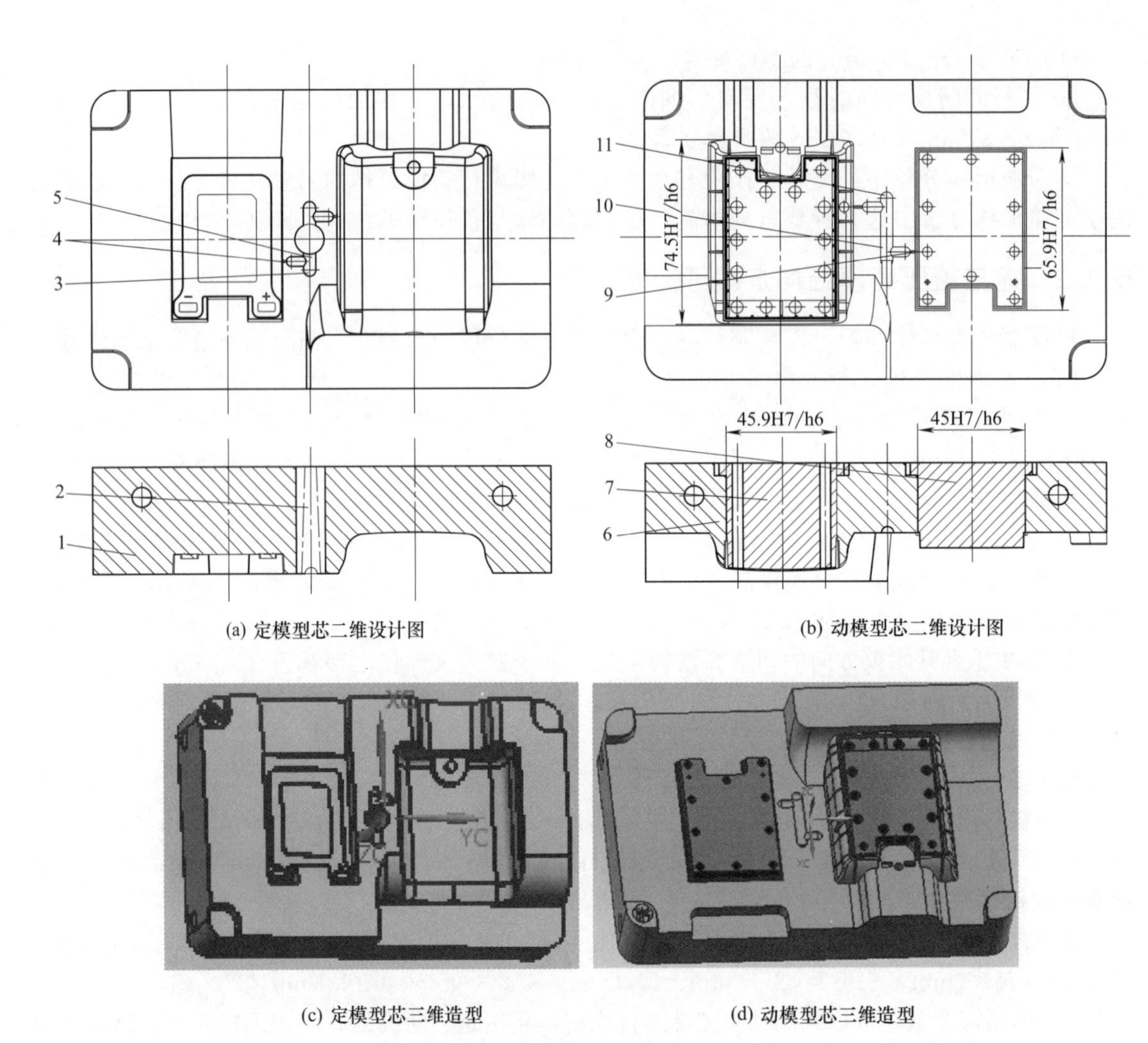

(a) 定模型芯二维设计图　　(b) 动模型芯二维设计图

(c) 定模型芯三维造型　　(d) 动模型芯三维造型

图 6-2　定、动模型芯的设计

1—定模镶嵌件；2—主流道；3,11—冷料穴；4,9—浇口；5,10—分流道；6—动模镶嵌件；7—动模盒嵌件；8—动模盖嵌件

③ 定、动模型芯与型腔浇注系统的设计。如图 6-2（a）、(b）所示，盒与盖压铸模型芯和型腔都设置有浇注系统。定模型芯上的浇注系统由主流道 2、冷料穴 3、浇口 4 和分流道 5 组成。动型芯上的浇注系统由浇口 9、分流道 10 和冷料穴 11 组成。压铸模浇注系统设计时，定、动型芯上浇注系统的尺寸可以完全保持一致。毕竟由于盒与盖的形状、尺寸和重量不一致，要求流入盒与盖压铸模型腔的熔体流量保持一致，这样才不会产生填充不足、材质疏松等缺陷。试模时，可以根据盒与盖出现的缺陷进行浇口深度或宽度修理，以达到熔体流量平衡的目的。

6.1.4　盒与盖压铸模抽芯与脱模机构的设计

盒与盖在压铸模中成型，都存在着平行开闭模方向的型孔、型槽和凸台要素，这些要素可以采用定模或动模镶件进行成型。由于盖存在着垂直开闭模方向 2×7mm×2.3mm×45°的凹槽要素，必须采用斜导柱滑块抽芯机构进行抽芯才能顺利进行盒与盖的脱模。

(1）盖在压铸模中成型、抽芯和脱模状态

① 盖在压铸模中闭合成型状态。如图 6-3（a）所示，当定、动模闭合时，斜导柱 7 插入

滑块 8 的斜孔中，可拨动滑块 8 复位。此时，楔紧块 9 楔紧滑块 8 的斜面，可防止滑块 8 在大的压铸力和保压力作用下产生位移，造成盖的凹槽深度达不到图纸要求。

② 盖在压铸模中的抽芯状态。如图 6-3（b）所示，随着定、动模的开启，斜导柱 7 拨动滑块 8 实现凹槽要素的抽芯。当滑块 8 的半圆形凹坑抽芯到达限位柱 13 的位置时，限位柱 13 在弹簧 14 的作用下进入半圆形凹坑，达到锁住滑块 8 的目的。

③ 盖在压铸模中的脱模状态。如图 6-3（c）所示，顶杆 5、安装板 11 和推件板 12 在压铸机顶杆的作用下产生的脱模运动，顶杆 5 可将盖顶离盖动模镶件 4 型面。

（2）盒在压铸模中成型、抽芯和脱模状态

根据盒压铸模结构方案，盒不存在抽芯运动，只保留着脱模运动。同理，盒可在众多顶杆的作用下顶离盒动模镶件型面。在顶杆 5、安装板 11 和推件板 12 完成脱模之后，脱模机构应该迅速回复到脱模前的位置，只有这样才可以进行自动循环的成型加工。

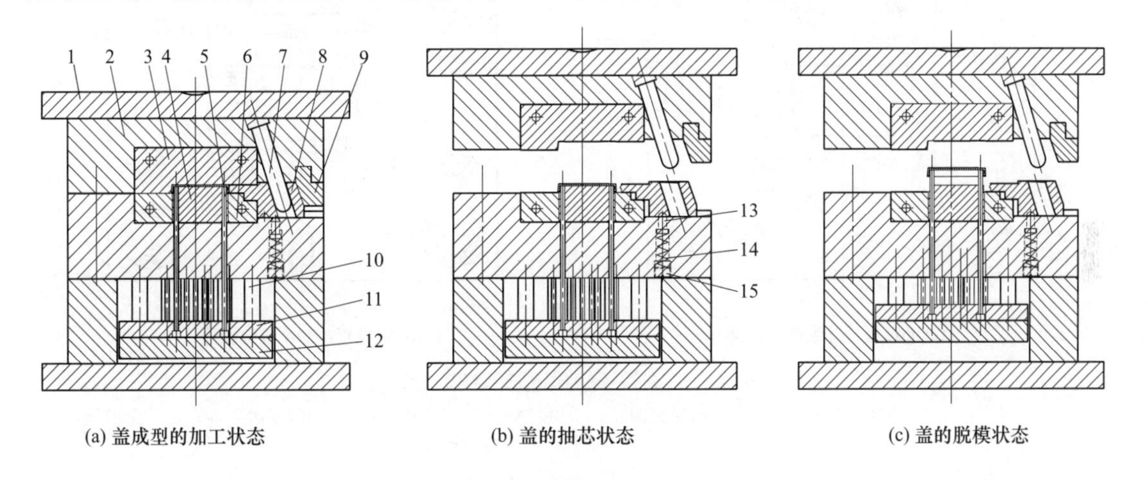

图 6-3　盖压铸模抽芯与脱模机构的设计

1—定模垫板；2—定模板；3—定模镶嵌件；4—盖动模镶件；5—顶杆；6—动模镶嵌件；7—斜导柱；8—滑块；9—楔紧块；10—回程杆；11—安装板；12—推件板；13—限位柱；14—弹簧；15—螺塞

6.1.5　压铸模冷却系统的设计

在盖和盒压铸成型过程中，ZL303 铝镁合金熔体注入压铸模型腔中，会将热量传递给压铸模的工作件。随着压铸加工的不断进行，压铸模的温度会不断地升高。当模具温度达到 ZL303 铝镁合金过热温度时，ZL303 铝镁合金组织变脆，强度降低。为了确保 ZL303 铝镁合金的性能，在压铸模的动、定模板中需要设置冷却系统。

① 动模板冷却系统设计。如图 6-4（a）所示，分别在动模镶嵌件 4 和动模板 5 上加工出冷却水通道，在动模镶嵌件 4 纵横终端加工出管螺纹孔，管螺纹孔中安装有螺塞 1 是为了防止冷却水的泄漏。动模镶嵌件 4 和动模板 5 垂直方向制有可安装 O 形密封圈 3 的槽，安装 O 形密封圈 3 的目的也是为了防止冷却水的泄漏，动模板 5 的水平方向安装有冷却水接头 2。冷却水从一处的冷却水接头 2 流入，经冷却水通道，又从另一处的冷却水接头 2 流出，将模具中的热量带走，起到降低模具温度的目的。

② 定模板冷却系统设计。如图 6-4（b）所示，同理，冷却水从一处的冷却水接头 8 流入，经冷却水通道，从另一处的冷却水接头 8 流出。将模具中的热量带走，起到降低模具温度的目的。

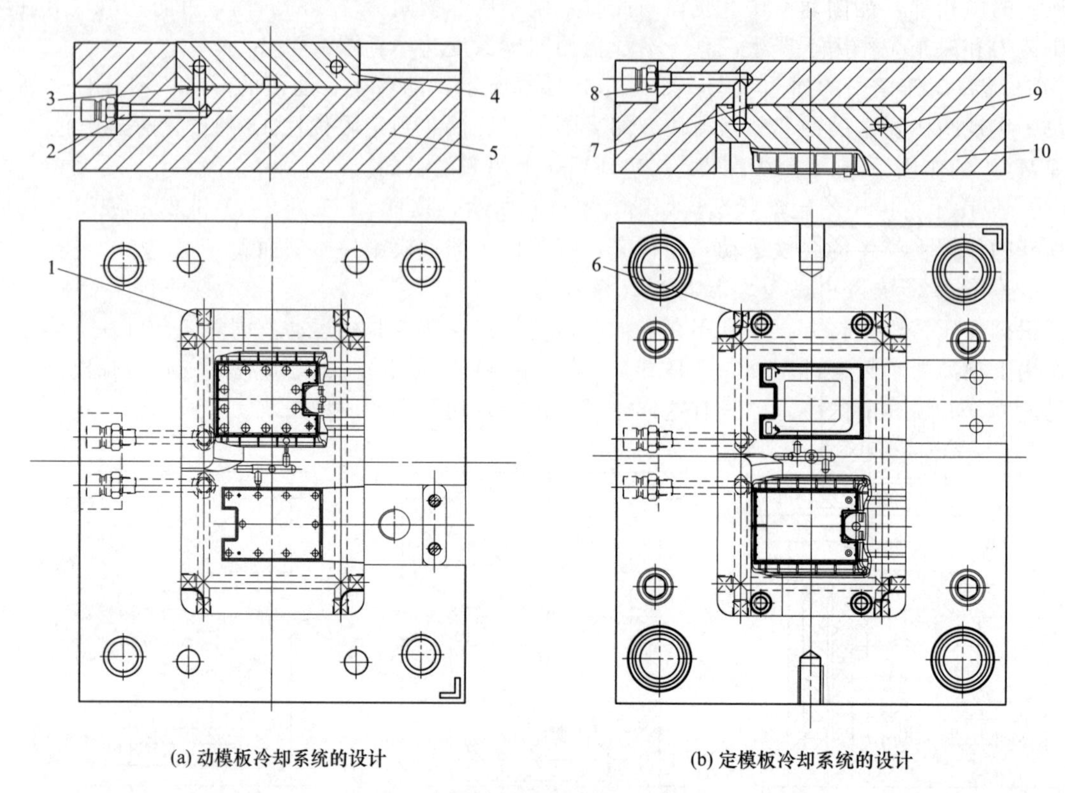

图 6-4　盒与盖压铸模冷却系统的设计

1,6—螺塞；2,8—冷却水接头；3,7—O 形密封圈；4—动模镶嵌件；5—动模板；9—定模镶嵌件；10—定模板

6.1.6　盒与盖压铸模结构的设计

压铸模结构由模架、浇注系统、冷却系统、动定型腔与型芯、定模部分与动模部分、抽芯机构、脱模机构、回程机构、导向构件等组成。

① 分型面Ⅰ—Ⅰ的设置。如图 6-5（a）的 *D—D* 剖视图所示，分型面Ⅰ—Ⅰ将压铸模分成定模部分和动模部分。

② 模架。如图 6-5（a）所示，由定模垫板 1、定模板 2、圆柱销 3 及 30、浇口套 5、拉料杆 8、动模板 9、回程杆 10、安装板 11、推件板 12、底板 13、顶杆 20、限位钉 21、模脚 22、导套 23 和导柱 24 组成，模架是整副模具的机构、系统和结构件的安装平台。

③ 盒与盖压铸模脱浇注系统冷凝料机构的设计。脱模机构和脱浇系统注冷凝料机构是两种独立的机构，但又是相互关联的机构。盒与盖压铸模脱浇注冷凝料机构如图 6-5（a）所示，由安装板 11、推件板 12 和拉料杆 8 组成，定、动模开启时，拉料杆 8 上的 Z 字形钩可将浇口套 5 中的主流道冷凝料 4 拉出。在压铸机顶杆的推动下推件板 12、安装板 11 和拉料杆 8 移动时，先是将浇口处冷凝料切断，然后将主流道冷凝料 4 和分流道中冷凝料推出。

④ 盒与盖压铸模回程机构的设计。如图 6-5（a）所示，由安装板 11、推件板 12、回程杆 10 和弹簧 34 组成。开始时，由于压铸机顶杆退回，施加在脱模机构上作用力消失。被压缩的弹簧 34 弹力得到恢复，在弹簧 34 弹力的作用下推件板 12、安装板 11 和回程杆 10 可做复位运动。由于弹簧 34 使用时间长了会出现失效现象，造成脱模机构不能完全回复到原来位置。这样，定、动模合模时，定模板 2 便会推着回程杆 10 和推件板 12、安装板 11 精确复位，以准备下一次盒与盖的脱模，实现压铸自动循环成型加工。

⑤ 导准构件。如图 6-5（a）所示，由四组导套 23 和导柱 24 组成，导准构件可以确保定、动模开闭模运动的定位和导向。

压铸模各种机构、构件、系统的设计，确保了模具能够完成压铸成型加工工艺赋予的各种运动和成型加工过程。

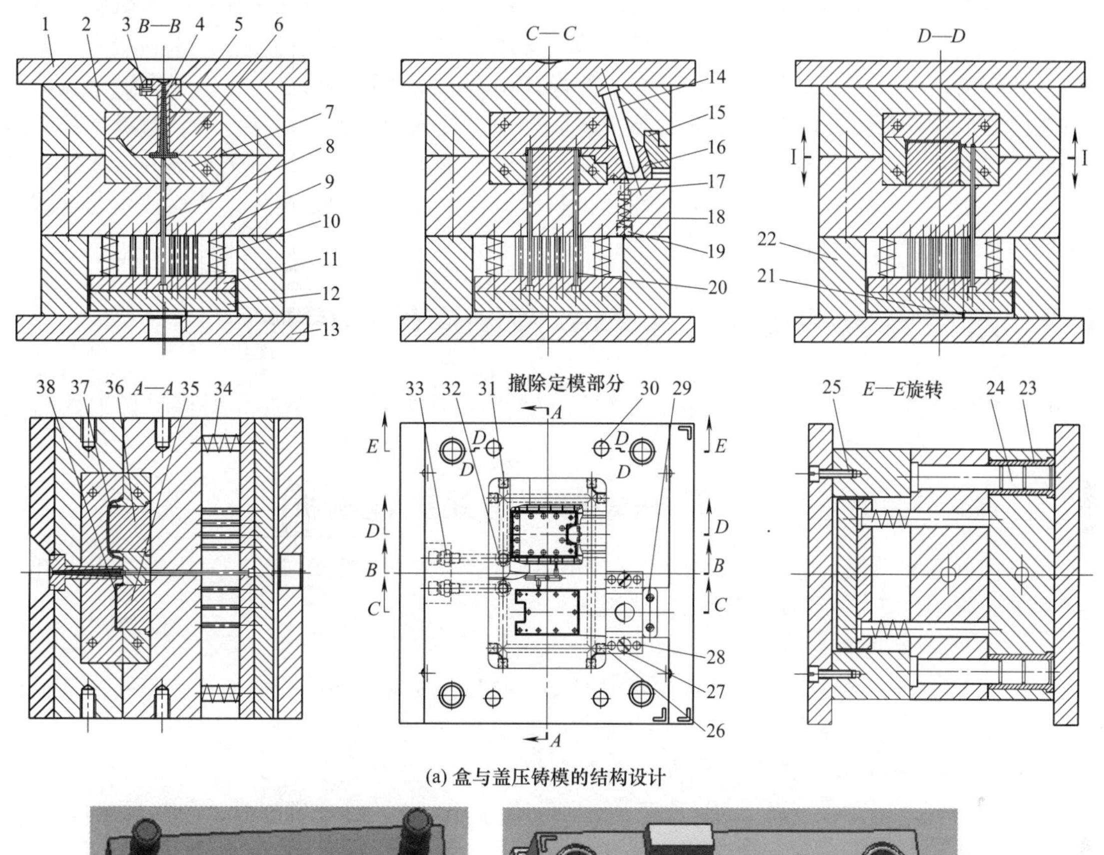

(a) 盒与盖压铸模的结构设计

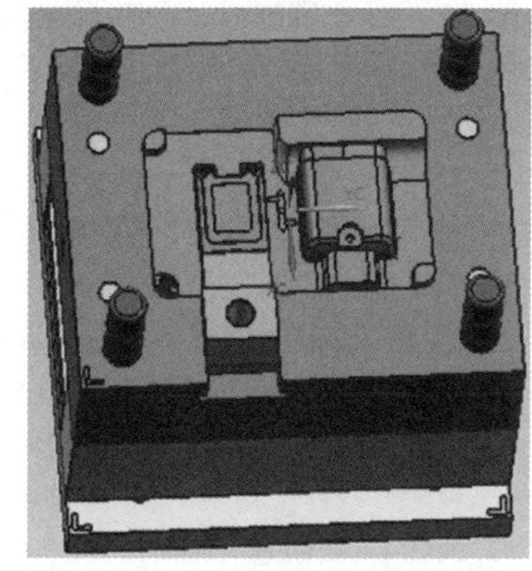
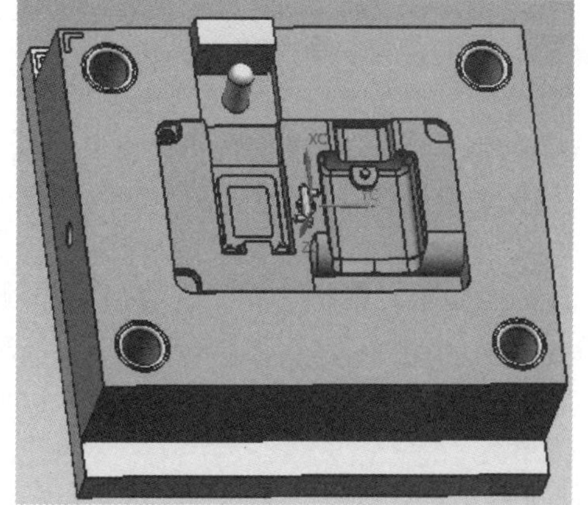

(b) 盒与盖压铸模结构三维造型

图 6-5　盒与盖压铸模结构的设计

1—定模垫板；2—定模板；3,28,30—圆柱销；4—主流道冷凝料；5—浇口套；6—定模镶嵌件；7—动模镶嵌件；8—拉料杆；9—动模板；10—回程杆；11—安装板；12—推件板；13—底板；14—斜导柱；15—楔紧块；16—滑块；17—限位销；18,34—弹簧；19—螺塞；20—顶杆；21—限位钉；22—模脚；23—导套；24—导柱；25,27—沉头螺钉；26—压板；29—内六角螺钉；31—螺塞；32—O 形密封圈；33—冷却水接头；35—盖动模镶件；36—盒动模镶件；37—盒；38—盖对于盒和盖压铸模的结构设计，只有妥善地解决了压铸模分型面的设置、抽芯机构、脱模回程机构、浇注系统、冷却系统、导准构件的设计和模具成型面的计算，才能加工出合格的锁紧盖。主要零部件材料的选择和热处理，也是确保模具寿命长的必要措施。

通过对盒与盖进行的形体要素可行性分析，找到了影响压铸模结构的压铸件形体上存在着的型孔、型槽和凸台要素。根据形体分析出来的要素，再采用了相对应的模具结构措施，就可制订出压铸模结构可行性分析方案。只要压铸件形体要素可行性分析不存在错误和缺失，采用的模具结构措施就不容易产生错误和缺失。所设计出来的压铸模结构，除了可确保盒与盖所赋予压铸模的成型功能之外，还能保证盒与盖在成型加工过程中的各种运动形式，所成型加工盒与盖的形状和尺寸，均能符合盒与盖压铸件图纸要求。由于对盒与盖进行了正确的形体要素可行性分析，确保了压铸模结构方案可行性分析和压铸模结构设计的正确性，从而使盒与盖成型加工的形状和尺寸全部符合图纸要求。

6.2 轿车点火开关（二）锁壳压铸模结构设计

点火开关在5.3节已有介绍，本节介绍另一案例，从主要素为型孔、型槽等要素的角度分析。

6.2.1 点火开关锁壳形体分析与压铸模结构方案可行性分析

轿车点火开关锁壳，如图6-6所示。材料：锌合金。收缩率：0.6%。为了提高点火开关锁壳加工的效率，压铸模采用一模二腔结构。

（1）点火开关锁壳形体分析

点火开关锁壳形状复杂，主要存在着内型孔、内凸台要素和四处侧向型槽、型孔、圆柱体和凸台要素。点火开关锁壳分型面为Ⅰ—Ⅰ，如图6-6（a）所示。

（2）点火开关锁壳内型孔、内凸台要素分析

如图6-6（a）所示，点火开关锁壳存在着ϕ18.6mm×42.4mm型孔和ϕ15.2×(42.4−12.6)mm×(2×68°)燕尾形孔，在燕尾形孔上方还存在着3.5mm×15°×1.7mm凸台要素。

（3）点火开关锁壳外形型槽、型孔和圆柱体要素分析

点火开关锁壳外形侧向存在着前后左右四处D、E、F和G向的型槽、型孔、圆柱体和凸台要素。

① D侧向型槽要素。如图6-6（a）所示，在点火开关锁壳D侧向存在着：7.2mm×5.5mm×8.9mm、6mm×6.5mm×6.5mm、6mm×1.4mm×9.5mm、2.3mm×38.9mm×0.5mm、11.2mm×6.2mm×2mm、6mm×2.1mm×6.6mm型槽要素和3.2mm×13.9mm开口槽。

② E侧向型槽要素。如图6-6（a）所示，在点火开关锁壳E侧向存在着：2.2mm×9mm通槽、7mm×10.6mm×1.9mm、3.9mm×7.5mm×1.9mm、4.6mm×14.6mm×6.4mm、7.4mm×20.3mm×1.4mm型槽和3.2mm×10.1mm开口槽。还存在着ϕ5.2mm×5.1mm×ϕ3.6mm台阶型孔要素与ϕ3.9mm×2mm凸台要素。

③ G侧向型槽要素。如图6-6（a）所示，在点火开关锁壳G侧向存在着：2mm×2mm×2.7mm、5mm×13.6mm×1.9mm型槽和ϕ2.1mm×8.9mm型孔。

④ F侧向型槽要素。如图6-6（a）所示，在点火开关锁壳F侧向存在着：5.4mm×28°×2.3mm×2mm梯形及2mm×3mm×2.3mm长方形型槽要素。

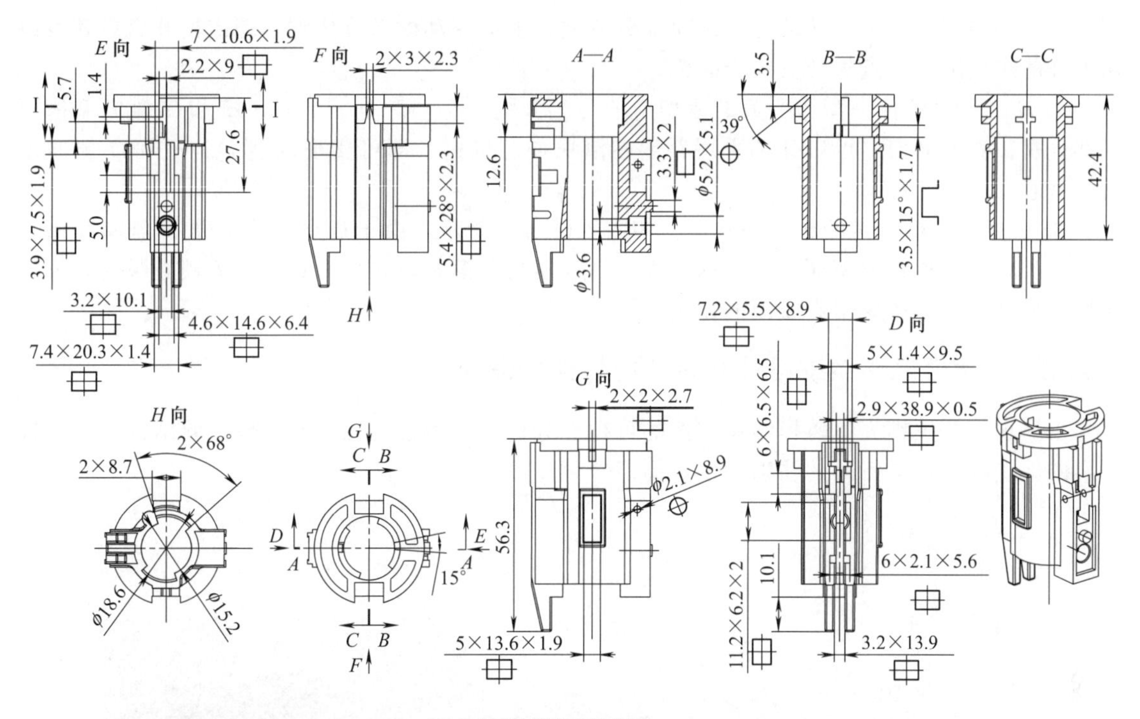

(a) 点火开关锁壳形体分析

(b) 点火开关锁壳形体分析三维图

图 6-6　点火开关锁壳形体分析与压铸模结构方案可行性分析

⊓—表示凸台要素；⊕—表示型孔要素；⊞—表示型槽要素；⊡—表示圆柱体要素

6.2.2　点火开关锁壳压铸模结构方案可行性分析

有了点火开关锁壳的形体分析，就可以根据点火开关锁壳形体分析采用对应的措施来制订压铸模的结构方案。

（1）点火开关锁壳内型孔、内凸台的成型与脱模结构方案

根据点火开关锁壳内表面由大圆柱形孔和燕尾形台阶孔组成，而台阶孔的轴线又与模具开闭方向一致，成型台阶孔自然是要采用燕尾形型芯和大圆柱形型芯进行成型。两个型芯分别安装在动定模板上，模具的开闭可以实现台阶孔的成型和分型。点火开关锁壳脱模时，可以将其从动模型芯上顶脱模。

（2）点火开关锁壳外形和型槽的成型与脱模结构方案

① 点火开关锁壳外形 E 向的成型与脱模。如图 6-6（a）所示，点火开关锁壳分型面为

Ⅰ—Ⅰ。分型面Ⅰ—Ⅰ上端部分在定模部分成型，下端在动模部分成型，动定模开启后就可以在顶杆的作用下实现点火开关锁壳脱模。

② D、E 和 G 侧向型槽要素的成型与抽芯。如图 6-6（a）所示，D、E 和 G 侧向型槽要素都分别在侧面方向，可以分别采用斜导柱滑块抽芯机构，即可实现成型 D、E 和 G 侧向型槽的型芯抽芯和复位。

③ F 侧向型槽要素的成型与脱模。如图 6-6（a）所示，由于点火开关锁壳 F 侧向型槽是梯形与长方形型槽在分型面Ⅰ—Ⅰ的下面，当定模与动模开启之后，点火开关锁壳脱模，梯形与长方形型槽不会产生阻碍脱模的作用。

6.2.3 压铸模浇注系统设计方案分析与结构设计

根据点火开关锁壳压铸模结构方案的可行性分析，压铸模采用的是一模二腔结构。由于锌合金的熔点较高，加工时的注射力也较高。

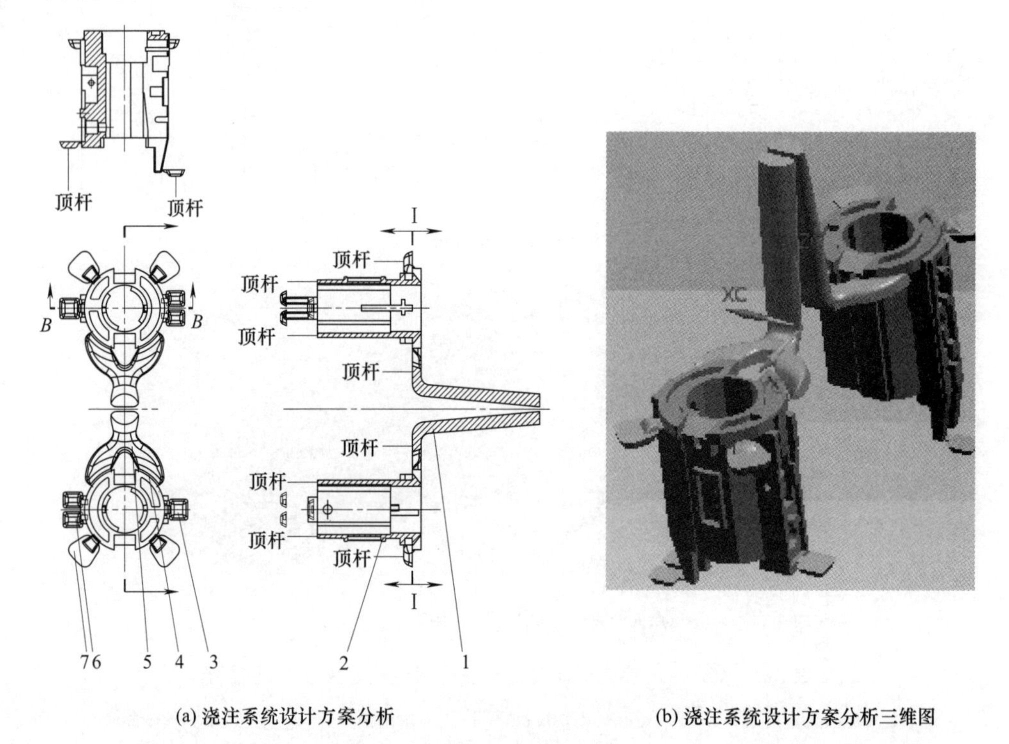

(a) 浇注系统设计方案分析　　(b) 浇注系统设计方案分析三维图

图 6-7　浇注系统设计方案分析

1—主流道；2—点火开关锁壳；3,6,7—冷料穴；4—浇口；5—分流道

① 压铸模浇注系统设计方案的分析。如图 6-7（a）所示，点火开关锁壳压铸模的浇注系统由主流道 1、分流道 5、浇口 4 和冷料穴 3、6、7 组成。压铸加工注入锌合金熔体时，需要较大的注射力，熔体料流对模具分流道的冲击也会较大，会造成模具流道、浇口和型腔的损坏较大。为了缓和熔体料流对流道、浇口和型腔的冲击，浇注系统的主流道需要采用分流锥将熔体分成二股，每股熔体再从 Y 形分流道和浇口进入模腔。由于点火开关锁壳前、后、左、右存在侧向型槽要素，压铸模需要采用抽芯机构。这样浇注系统只能避开抽芯机构，熔体从两侧设置的浇口注入。因锌合金的熔点较高，前锋熔体容易被氧化，加之脱模剂等的影响使得前锋熔体含有杂质和气体。为了点火开关锁壳实体不存在这些不纯成分，也为了使点火开关锁壳实体被充满，在点火开关锁壳上下各处应设置冷料穴 3、6 和 7。

② 压铸模浇注系统结构的设计。如图 6-8 所示，浇注系统结构由分流道 3、主流道 4、分流锥 5、浇口套 6、浇口 9、冷料穴 20～22 组成。锌合金的熔体料流由浇口套 6 的主流道 4 注入，通过分流锥 5 分成两股料流分别进入浇口套 6 和分流锥 5 之间的 Y 形分流道 3，再进入定模板 1 与动模板 12 之间的浇口 9，最后进入模腔和冷料穴 20～22。由于锌合金熔体的温度较高，分流锥 5 和浇口套 6 中均设置有冷却水通道。分流锥 5 中间孔中在螺塞 16 上焊接有分流片 15，分流片 15 将流道分成两个半圆形的循环通道，冷却水从进水孔进入分流锥 5 通道中将热量带出。为了保证分流锥 5 进水口和出水口位置不发生变化，流锥 5 采用圆柱销 19 定位。冷却水从浇口套 6 的进水口进入，分二股水流又从出水口出汇合将热量排出。为了不让浇口套 6 产生移动和转动，采用了内六角螺钉 8 固定限位压板 7。限位压板 7 一方面压住浇口套 6 的台阶面，另一方面抵紧浇口套 6 的平面，可防止浇口套 6 转动。

定模开启之后，压铸模完成侧面抽芯，点火开关锁壳 2 便可在小顶杆 13 和大顶杆 14 的作用下完成对点火开关锁壳 2 及浇注系统冷凝料的脱模。

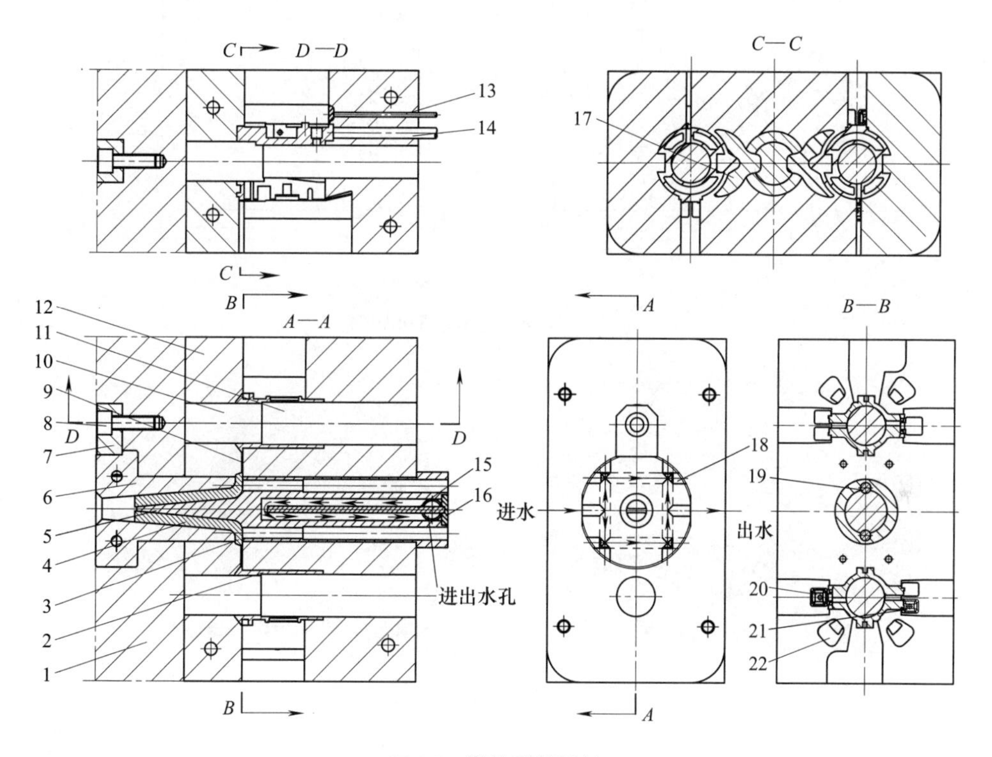

图 6-8 浇注系统设计

1—定模板；2—点火开关锁壳；3,17—分流道；4—主流道；5—分流锥；6—浇口套；7—限位压板；8—内六角螺钉；9—浇口；10—定模内型芯；11—动模内型芯；12—动模板；13—小顶杆；14—大顶杆；15—分流片；16—螺塞；18—堵头；19—圆柱销；20～22—冷料穴

6.2.4 压铸模抽芯机构的设置布局

点火开关锁壳形体上存在着 D、E 和 F 三处侧向型槽、型孔、圆柱体和凸台要素，根据压铸模结构方案可行性的分析，得知 D、E 和 F 三处几何形状需要采用三处抽芯机构才能够成型。如图 6-9 (a) 俯视图所示，压铸模采用的是一模二腔，点火开关锁壳在压铸模中的位置是 OY 轴对称布置，两处 F 端抽芯必须是在模具的左、右两端。二处点火开关锁壳 D 端和 E 端抽芯，便应分布在 OX 和 OY 轴的两边。具体是两处 F 端的抽芯型芯为左右型芯 3，两处 D

端的抽芯型芯为后型芯 9，两处 E 端的抽芯型芯为前型芯 8。

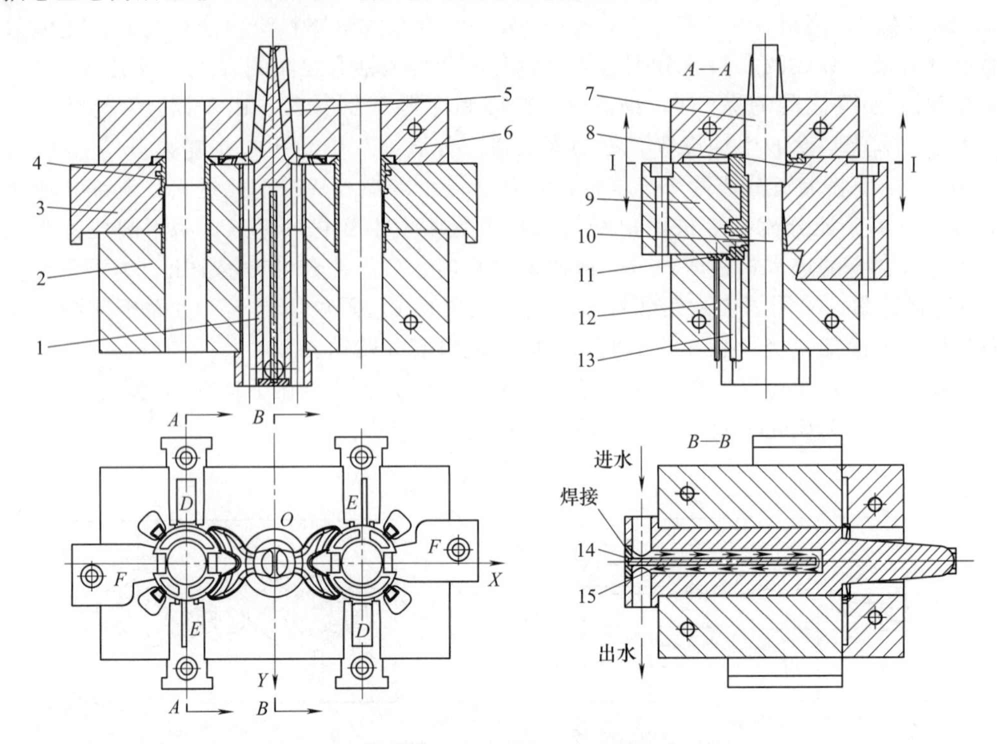

(a) 压铸模抽芯机构设置布局

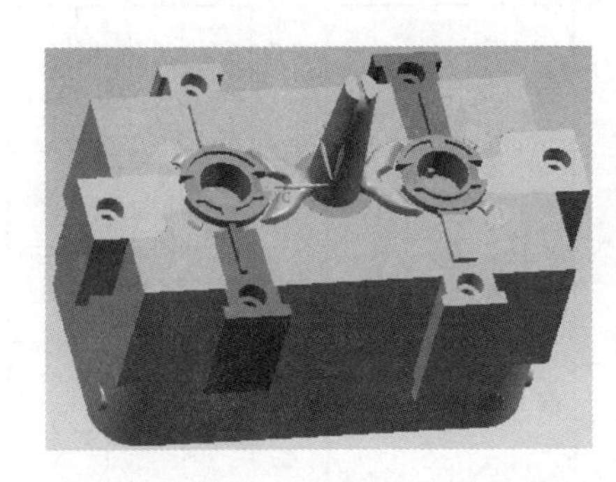

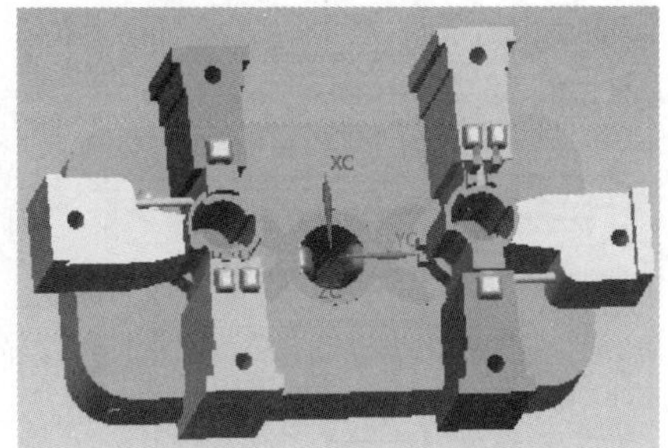

(b) 压铸模抽芯机构设置布局三维

图 6-9 压铸模抽芯机构的设置

1—分流锥；2—动模镶嵌件；3—左右型芯；4—点火开关锁壳；5—浇道冷凝料；6—定模镶嵌件；7—定模内型芯；8—前型芯；9—后型芯；10—动模内型芯；11—溢流块；12—小顶杆；13—大顶杆；14—螺塞；15—分流片

6.2.5 压铸模结构设计

在完成了点火开关锁壳压铸模浇注系统的设计和抽芯机构的设置布局之后，压铸模结构设计就相对容易了。由于锌合金成型加工过程中的热胀冷缩，所有成型面的尺寸都必须放大材料的收缩率 0.6%，脱模方向的型面都必须有脱模斜角。压铸模结构由模架、浇注系统、冷却系统、成型组件、抽芯机构、脱模机构、回程机构和导向结构组成。

（1）模架

如图 6-10（a）所示，模架是压铸模模具各种机构和构件组装平台和开闭模导向结构，也是模具与压铸机的连接装置。模架由定模板 1、浇口套 8、分流锥 10、动模板 15、顶杆 16 及

33、模脚 23、安装板 24、推件板 25、模脚垫板 26、定模导套 34、导柱 35、回程杆 36、大顶杆 37 和内六角螺钉 47 组成。动定模的开启和闭合运动，依靠定模导套 34 和导柱 35 的配合精度来保证。

(2) 抽芯机构的设计

抽芯机构由两处左右 F 端抽芯机构、两处前后 D 端和 E 端抽芯机构组成，用于完成点火开关锁壳两处 D、E 和 F 端侧面型槽、型孔、圆柱体和凸台的抽芯和成型运动。抽芯机构的型芯复位可成型 D、E 和 F 端侧面型槽、型孔、圆柱体和凸台，抽芯机构的型芯抽芯可让出空位使火开关锁壳顺利脱模。

① 左、右 F 端抽芯机构的设计。如图 6-10（a）所示，由于 F 端左右楔紧块 2、F 端左右滑块 3、F 端左右斜导柱 4、F 端左右型芯 6、内六角螺钉 19、碰柱 30、弹簧 31、螺塞 32 和滑块压板 49 组成，F 端左右滑块 3 和 F 端左右型芯 6 可在两块滑块压板 49 组成的 T 形槽来回滑动。定模板 1 开启时，F 端左右楔紧块 2 脱离 F 端左右滑块 3 斜面，同时 F 端左右斜导柱 4 拨动 F 端左右滑块 3 并带动 F 端左右型芯 6 分别向左向右移动，以实现 F 端左右型芯 6 的抽芯。当 F 端左右滑块 3 底面的半球形凹坑移动 L 距离到达碰柱 30 位置时，碰柱 30 在弹簧 41 的作用下进入 F 端左右滑块 3 半球形凹坑，锁住 F 端左右滑块 3 而停止抽芯运动。当定模板 1 与动模板 15 闭合时，F 端左右斜导柱 4 插入 F 端左右滑块 3 的斜孔中拨动 F 端左右滑块 3 向模具中心移动至设定的距离 L 时，当锌合金熔体注入模具型腔便可成型点火开关锁壳两处 F 端侧面型槽、型孔、圆柱体和凸台。定动模合模时，F 端左右楔紧块 2 楔紧 F 端左右滑块 3 斜面，以防止 F 端左右滑块 3 在大的注射力和保压过程出现向后移动的现象而致使抽芯尺寸不到位。

② 前、后 D 端抽芯机构的设计。如图 6-10（a）所示，同理，D 端前后斜导柱 18 可以拨动 D 端前后滑块 22 和 D 端前后型芯 21 进行抽芯与复位运动。依靠碰柱 30 和弹簧 41 限位，依靠两处 D 端前后楔紧块 20 楔紧两处 D 端前后滑块 22 斜面。

③ 前、后 E 端抽芯机构的设计。如图 6-10（a）所示，同理，D 端前后斜导柱 18 可以拨动 E 端前后滑块 28 和 E 端前后型芯 27 进行抽芯与复位运动。依靠碰柱 30 和弹簧 41 限位，依靠两处 D 端前后楔紧块楔紧两处 D 端前后滑块 22 斜面。

(3) 脱模与脱浇注系统冷凝料及回程机构的设计

点火开关锁壳成型之后需要从模具型腔中脱模，采用的是脱模机构。浇注系统的冷凝料也需要清理掉，点火开关锁壳的成型加工才能不断地继续下去。点火开关锁壳和浇注系统的冷凝料脱模后，脱模与脱浇注系统冷凝料机构必须恢复到初始位置，整个机构才能进行脱模与脱冷凝料动作。

① 脱模与脱冷料机构的设计。如图 6-10（a）所示，脱模机构由顶杆 16 与 33、大顶杆 37、安装板 24 和推件板 25 组成。在点火开关锁壳 52、分流道和冷料穴处下端均应设置有顶杆，压铸机的顶杆推动安装板 24 和推件板 25 及众多顶杆 16、33、37，可以将点火开关锁壳 52 和浇注系统的冷凝料顶脱压铸模的模腔。

② 回程机构。如图 6-10（a）所示，由回程杆 36、安装板 24、推件板 25 和弹簧 48 组成。当压铸机的顶杆退回，作用在弹簧 48 的外力消失后，弹力恢复，可推动安装板 24、推件板 25 和众多顶杆 16、33、37 复位。定动模继续闭合时，回程杆 36 顶着定模板 1 推动着安装板 24、推件板 25 和众多顶杆 16、33、37 精确复位。

(4) 冷却系统的设计

如图 6-10（a）所示，锌合金的压铸加工时温度较高，熔体传递给压铸模 F 端左右型芯 6、浇口套 8、分流锥 10、定模内型芯 11、定模镶嵌件 12、动模内型芯 13、动模镶嵌件 14、D 端

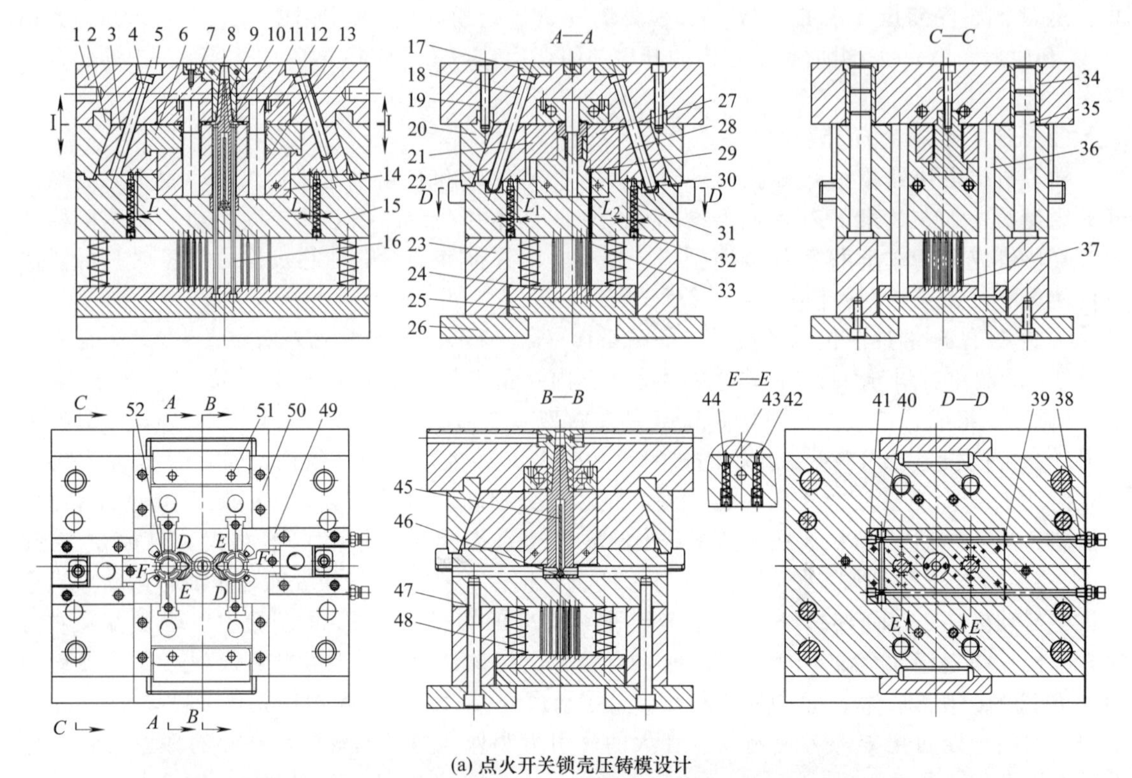

(a) 点火开关锁壳压铸模设计

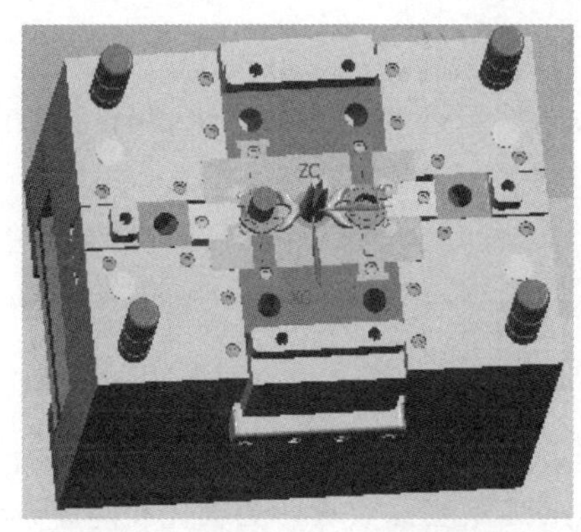
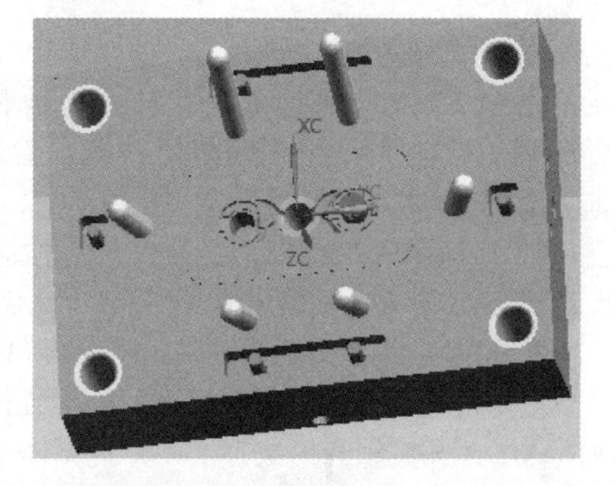

(b) 点火开关锁壳压铸模设计三维图

图 6-10　点火开关锁壳压铸模设计

1—定模板；2—F 端左右楔紧块；3—F 端左右滑块；4—F 端左右斜导柱；5—左右压块；6—F 端左右型芯；7—限位压板；8—浇口套；9—浇道冷凝料；10—分流锥；11—定模内型芯；12—定模镶嵌件；13—动模内型芯；14—动模镶嵌件；15—动模板；16,33—顶杆；17—前后压块；18—D 端前后斜导柱；19,47—内六角螺钉；20—D 端前后楔紧块；21—D 端前后型芯；22—D 端前后滑块；23—模脚；24—安装板；25—推件板；26—模脚垫板；27—E 端前后型芯；28—E 端前后滑块；29—冷料穴冷凝料；30,42—碰柱；31,43,48—弹簧；32,40,41,44—螺塞；34—定模导套；35—导柱；36—回程杆；37—大顶杆；38—冷却水接头；39—O 形橡胶密封圈；45—分流片；46—堵头；49,50—滑块压板；51—圆柱销；52—点火开关锁壳

前后型芯 21、E 端前后型芯 27 的温度也随之较高，随着连续加工温度的上升，模温上升得也较高，最终会导致点火开关锁壳 52 过热。因此凡是能设置通入冷却水的模具零部件都应该加工出冷却水通道，如浇口套 8 和分流锥 10 的冷却通道设计。定模镶嵌件 12 和动模镶嵌件 14 冷却系统的设计，由冷却水接头 38、O 形橡胶密封圈 39 和螺塞 40、41 组成，如图 6-10（a）

的 $D—D$ 剖视图所示。水从冷却水接头 38 的一端进入，经图中通道从另一端流出，从而将热量带走。螺塞 40、41 将加工的一端通道堵住，O 形橡胶密封圈 39 是为了防止相邻的定模镶嵌件 12 与定模板 1 及动模镶嵌件 14 与动模板 15 配合面之间漏水。

通过对点火开关锁壳形体、模具结构方案、浇注系统、冷却系统和模具钢材及热处理的综合分析，制订出压铸模结构可行性方案。由此设计出的点火开关锁壳压铸模，不仅模具结构能够达到满意的加工效果，还避免了点火开关锁壳产生畸变、开裂、脱碳、氧化和腐蚀等缺陷。点火开关锁壳是轿车上的零部件，产品批量大，只有这种严谨的设计方法才能够满足特大批量产品的生产。

6.3 轿车点火开关（二）锁芯压铸模结构设计

6.3.1 点火开关锁芯形体分析与压铸模结构方案可行性分析

点火开关锁芯材料为锌合金，收缩率 0.6%，需要采用压铸成型。点火开关锁芯形体分析二维图如图 6-11（a）所示，点火开关锁芯三维造型如图 6-11（b）所示。由于锁芯中要安装一些弹簧和弹子，以便扭转钥匙打火。

（1）点火开关锁芯的形体分析

点火开关锁芯形体上存在着影响压铸模结构的因素，主要是存在着五个方向的型孔和型槽要素。这些型孔和型槽要素都需要采用抽芯机构实现抽芯和复位，才能顺利地实现锁芯脱模与成型。

① I 向型孔ⓐ与型槽ⓐ要素与压铸模抽芯机构。如图 6-11（a）所示，存在着 6mm×3mm 通孔，3×7.9mm×1.3mm、3×10.2mm×1.3mm×ϕ1.9mm、2.5mm×15.5mm×1.1mm 和 3.2mm×3mm 槽。该方向的型孔和型槽要素多而深，是压铸模主要方向的抽芯结构。

② H 向型槽ⓑ要素与压铸模抽芯机构。如图 6-11（a）所示，存在着 3.2mm×3mm、3×7.9mm×1.3mm、3×10.2mm×1.3mm×ϕ1.9mm、5.3mm×（9－1.65mm）型槽和 1.2mm×ϕ13.5mm 槽以及 2.7mm×90°×55°槽，该方向的型槽要素多而深，也是压铸模主要方向的抽芯结构。

③ K 向型槽ⓒ要素与压铸模抽芯机构。如图 6-11（a）所示，存在着 9.7mm×7.1mm×（9－1.65）mm 型槽要素。该方向只有一处型槽，虽然需要抽芯，但是仅为次要抽芯机构。

④ J 向型孔ⓓ与型槽ⓓ要素与压铸模抽芯机构。如图 6-11（a）所示，该方向存在着 3.7mm×1.5mm、2.5mm×1.3mm 和 2.7mm×90°型槽要素。该方向也只有一处型槽，虽然需要抽芯，但仅是次要抽芯机构。

⑤ 铅垂方向型孔ⓔ与型槽ⓔ要素与压铸模抽芯机构。如图 6-11（a）所示，8mm×3mm×31.4mm×3.8mm×20°型孔要素。该型孔轴线与压铸模开闭模方向一致，可以利用开闭模运动实现抽芯而不需要设置抽芯机构。

根据上述锁芯的型孔和型槽要素的分析，锁芯压铸模结构方案应该需要有四处水平方向的抽芯机构和一处利用开闭模运动进行的垂直抽芯。由于该锁芯是轿车的点火开关，虽然一辆车只需要一套点火开关，但轿车的批量大，锁芯压铸模应设计为一模二腔。

（2）分型面的选取

如图 6-11（a）的 J 向视图所示，点火开关锁芯存在着四段形体：即 ϕ17.2mm、ϕ18mm、ϕ14.8mm 圆柱体和底部的长方体，分型面Ⅰ—Ⅰ应该选取在 ϕ18mm 与 ϕ17.2mm 圆柱体的交界面上。ϕ17.2mm 圆柱体设置在定模部分，其余设置在动模部分，只有如此点火，开关锁

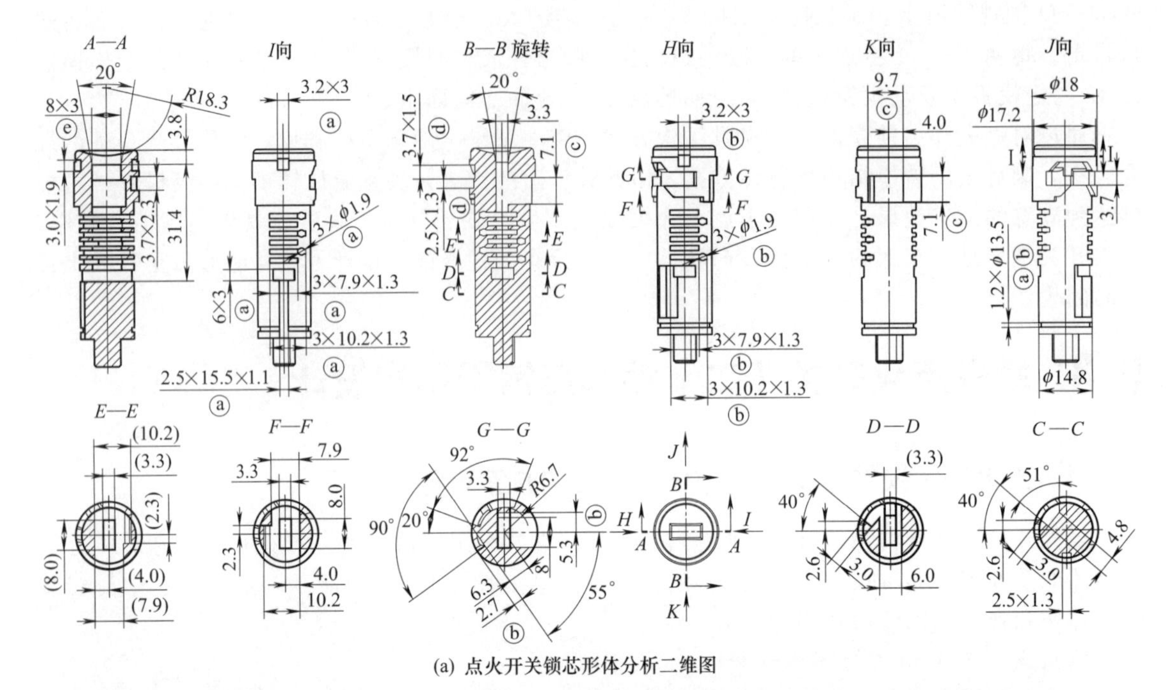

(a) 点火开关锁芯形体分析二维图

(b) 点火开关锁芯三维造型

图 6-11　点火开关锁芯形体可行性分析

芯才能够正常地脱模。

6.3.2　压铸模浇注系统设计方案的设计

根据锁芯的形体分析，压铸模应该采用一模二腔结构。如图 6-12 所示，又因为点火开关锁芯 6 需要采用前、后、左、右四处抽芯机构，需要合理设置压铸模的浇注系统。浇注系统由主流道 2、Y 字形分流道 3、浇口 5 和冷料穴 7 组成，浇口 5 设置在分型面 Ⅰ—Ⅰ 上。为了减缓料流对模具浇注系统型腔的冲击，在主流道 2 中设置了分流锥 1。为了使成型的点火开关锁芯 6 能够正常地脱模，在点火开关锁芯 6 下端设置了顶杆 4。为了能够清除浇注系统中冷凝料，分别在主流道 2、分流道 3、浇口 5 和冷料穴 7 下方设置了顶杆 4。

6.3.3　压铸模抽芯机构的设计

由于点火开关锁芯具有四面的水平方向众多的型孔和型槽要素，如此，需要有相应的四处抽芯机构进行型芯的抽芯，才能实现点火开关锁芯的脱模。压铸模的分型面为 Ⅰ—Ⅰ，如图 6-13 所示，锁芯压铸模成型面的尺寸都需要放大 0.6％的收缩量，成型加工冷却后锁芯的尺寸才能达到图纸的要求。

① 上右方向抽芯机构。如图 6-13 所示，成型锁芯 3×7.9mm×1.3mm、3×10.2mm×1.3mm×ϕ1.9mm 槽的是用三处芯片 42 和三处带 R 芯片 45；成型锁芯 2.5mm×15.5mm×

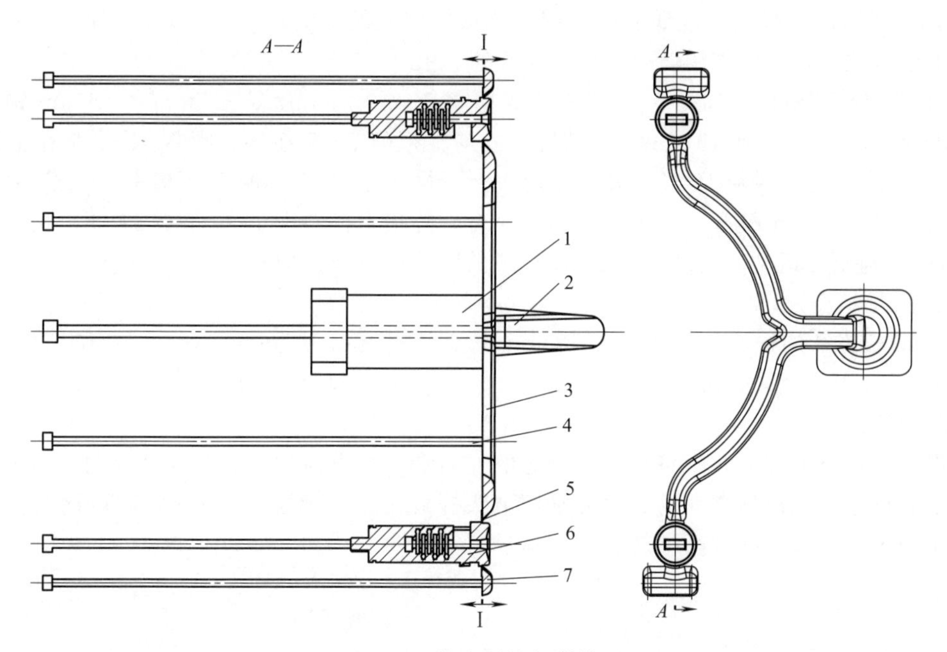

图 6-12 浇注系统与脱模

1—分流锥；2—主流道；3—Y 字形分流道；4—顶杆；5—浇口；6—点火开关锁芯；7—冷料穴

1.1mm 和 3.2mm×3mm 槽的是用上右模 T 形槽块 44 和方孔芯片 46，成型 1.2mm×ϕ13.5mm 半圆形槽是用上右半槽型芯 52，三处芯片 42 和三处带 R 芯片 45 是安装在上右模 T 形槽块 44 中，为了防止芯片 42 和带 R 芯片 45 的移动，采用了圆柱销 43 限位。上右模 T 形槽块 44 的 T 形槽安装在上右模滑块 48 的 T 形键上。上右模滑块 48 斜孔中安装有斜销（图中未表示），斜销的移动可拨动上右模滑块 48 产生左右运动，以实现芯片 42 和带 R 芯片 45 的抽芯与复位运动。上右模斜楔 49 是用于楔紧上右模滑块 48，以防上右模滑块 48 在大的压铸力和保压力作用下的移动。上右模滑块 48 是安装在上左右模压板 29 和中模镶块 33 组成的 T 形槽中滑动。

② 上左方向抽芯机构。如图 6-13 所示，成型锁芯 3×7.9mm×1.3mm、3×10.2mm×1.3mm×ϕ1.9mm 槽的是用三处芯片 39 和三处带 R 芯片 40，成型锁芯 2.5mm×15.5mm×1.1mm 槽的是用上左模 T 形槽块 36，成型 1.2mm×ϕ13.5mm 槽的是用上左半槽型芯 51。成型锁芯 2.7mm×90°×55°斜槽是用 V 形槽型芯 53、三处芯片 39 和三处带 R 芯片 40 安装在上左模 T 形槽块 36 中，为了防止芯片 39 和带 R 芯片 40 的移动，采用了圆柱销 37 限位。上左模 T 形槽块 36 的 T 形槽安装在上左模滑块 34 的 T 形键上。上左模滑块 34 斜孔中安装有斜销（图中未表示），斜销的移动可拨动上左模滑块 34 产生左右运动，以实现芯片 42 和带 R 芯片 45 的抽芯与复位运动。上左模斜楔 35 是用于楔紧上左模滑块 34，以防上左模滑块 34 在大的压铸力和保压力作用下的移动。上左模滑块 34 是安装在两块上左右模压板 29 组成的 T 形槽中滑动。

③ 上中方向抽芯机构。如图 6-13 所示，成型锁芯 9.7mm×7.1mm×(9−1.65) mm 型槽的是用中上模型芯 11，中上模型芯 11 通过圆柱销 10 安装在中上模滑块 9 中。滑板 8 通过沉头螺钉 15 与中模斜楔 6 连接在一起，又通过内六角螺钉与定模相连。定模开启时，滑板 8 安装在中上模滑块 9 的 T 形槽中，中上模滑块 9 又安装在中模压板 31 和中模镶块 33 组成 T 形槽中。中模斜楔 6 与滑板 8 移动便可带动中上模滑块 9 做抽芯和复位运动，同时，中模斜楔 6 还可以楔紧中上模滑块 9。为了限制中上模滑块 9 抽芯的距离，限位销 23 在止动螺钉 22 上弹簧

21 的作用下进入中上模滑块 9 底面的半球形坑锁住中上模滑块 9。抽芯时在中模斜楔 6 的作用下，中上模滑块 9 迫使限位销 23 压缩弹簧 21 进入孔中。

④ 上方向抽芯机构。如图 6-13 所示，成型 3.7mm×1.5mm、2.5mm×1.3mm 锁芯型槽是应用上模滑块 12，滑板 13 通过沉头螺钉 14 与上模斜楔 15 连接，滑板 13 安装在上模滑块 12 的 T 形槽中，上模滑块 12 又安装在由两块上下模压板 32 组成的 T 形槽中。上模斜楔 15 通过内六角螺钉安装在定模板上，定模开启和闭合，连接上模斜楔 15 的滑板 13 便可拨动上模滑块 12 做抽芯与复位运动。同理，上模滑块 12 的限位也是通过限位销 23、弹簧 21 和止动螺钉 22 组成的限位结构。

⑤ 中间长方孔的抽芯。如图 6-13 所示，成型锁芯 8mm×3mm×31.4mm 和 8mm×3mm×3.8mm×20°型孔的中模方孔型芯 41 安装在定模板上，利用定模的开启和闭合就可实现该二孔的抽芯和复位。

同理，压铸模下模型腔中点火开关锁芯的左右和上下方向的抽芯与复位运动，与上述内容相同，不做复述。中模斜楔 6 的二面分别用沉头螺钉安装了滑板 5 和 8，它们可同时拨动中下模滑块 4 和中上模滑块 9 进行抽芯和复位运动。

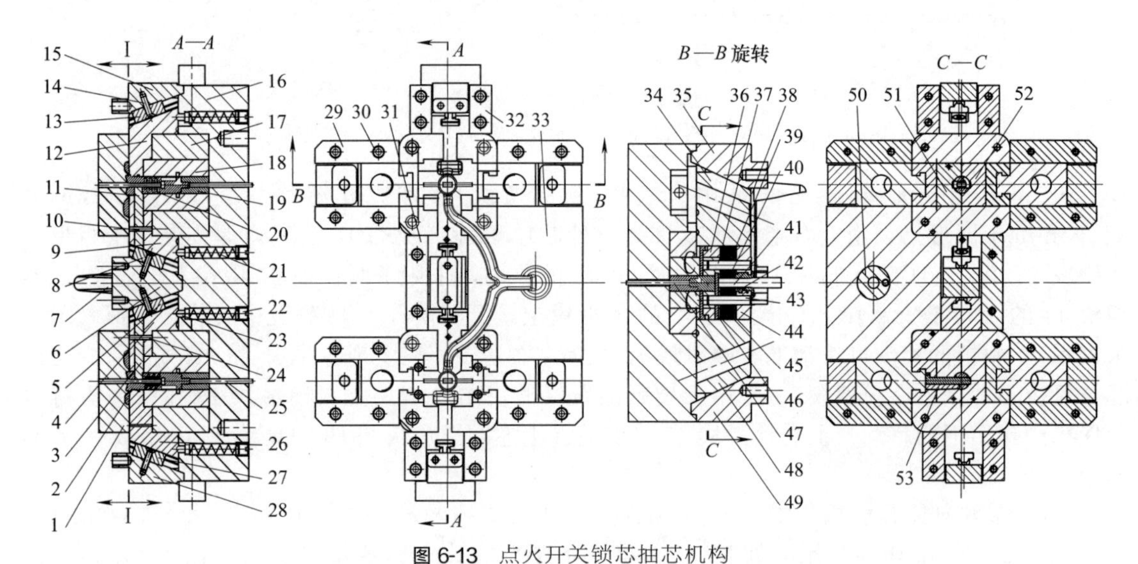

图 6-13　点火开关锁芯抽芯机构

1—上模镶块；2—冷料穴凝料；3—中下模型芯；4—中下模滑块；5,8,13,27—滑板；6—中模斜楔；7—主流道；9—中上模滑块；10,24,37,43—圆柱销；11—中上模型芯；12—上模滑块；14—沉头螺钉；15—上模斜楔；16—下模镶块；17—下模外型芯；18—下模型芯；19—下模内型芯；20—点火开关锁芯；21—弹簧；22—止动螺钉；23—限位销；25—顶杆；26—下模滑块；28—下模斜楔；29—上左右模压板；30—内六角螺钉；31—中模压板；32—上下模压板；33—中模镶块；34—上左模滑块；35—上左模斜楔；36—上左模 T 型槽块；38—分流道；39,42—芯片；40,45—带 R 芯片；41—中模方孔型芯；44—上右模 T 型槽块；46—方孔型芯；47—顶杆；48—上右模滑块；49—上右模斜楔；50—主流道导套；51—上左半槽型芯；52—上右半槽型芯；53—V 形槽型芯

6.3.4 压铸模结构设计

压铸模结构二维图如图 6-14（a）所示，三维图如图 6-14（b）所示。

（1）模架

如图 6-14（a）所示，模架是压铸模所有零部件的组装平台，也是压铸模与压铸机连接装置。模架由推垫板 1、推件板 2、回程杆 5、动模板 6、定模板 7、顶杆 28、分流锥 29、浇口套 30、导套 34、导柱 35、模脚 36、内六角螺钉 37 与 38、顶杆 49 和模脚板 51 组成。

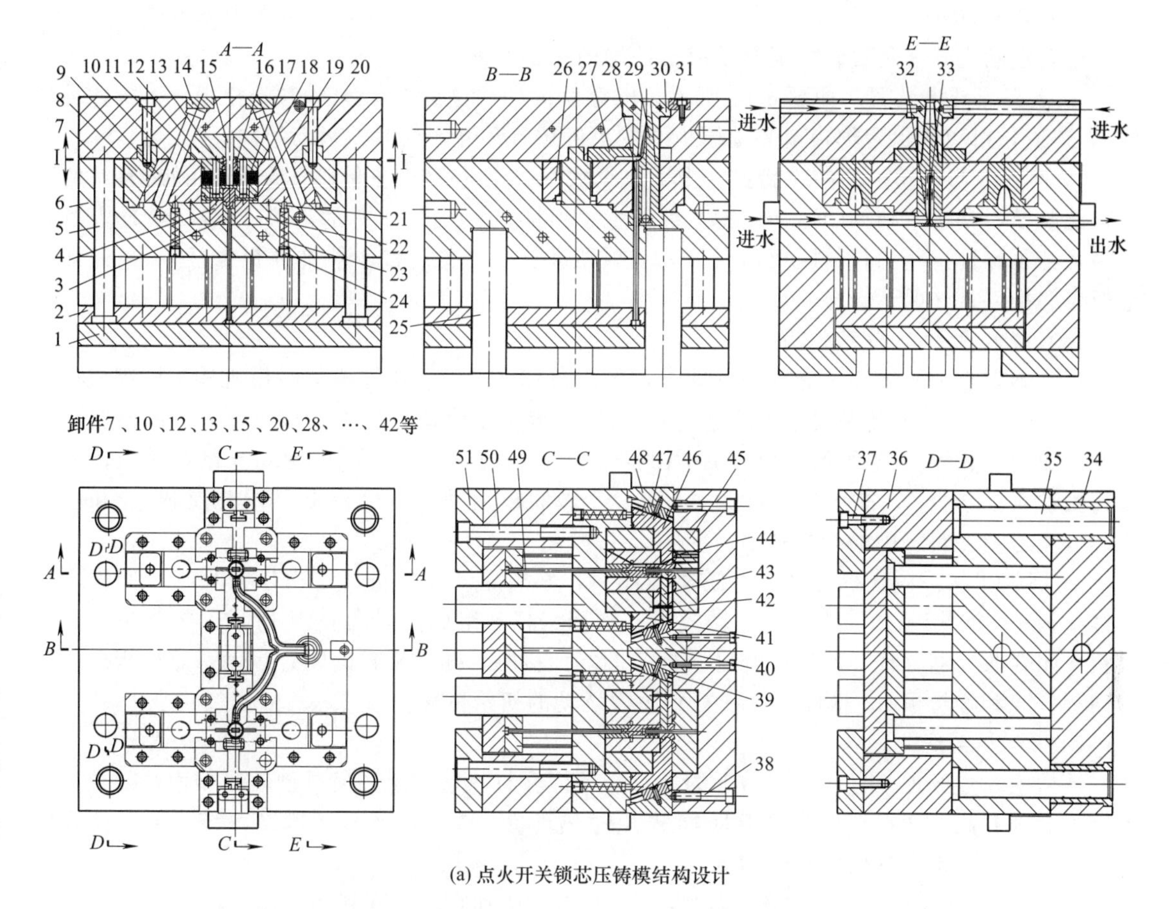

(a) 点火开关锁芯压铸模结构设计

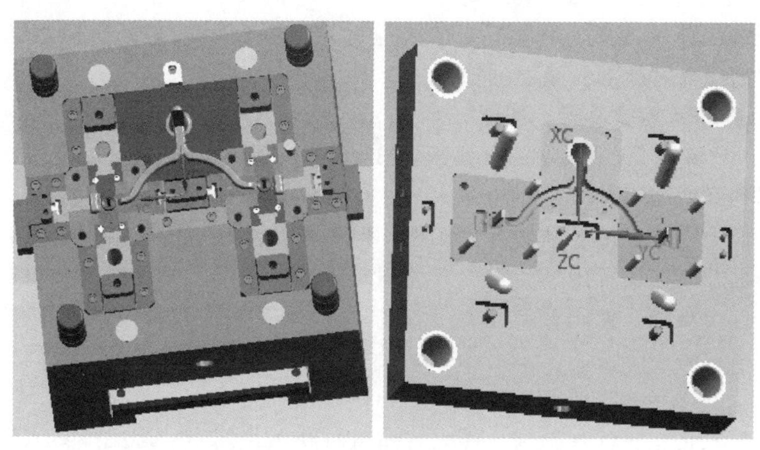

(b) 点火开关锁芯压铸模结构三维图

图 6-14 点火开关锁芯压铸模结构

1—推垫板；2—推件板；3—下模内型芯；4—下模型芯；5—回程杆；6—动模板；7—定模板；8—上左模斜楔；9—上左模滑块；10—斜销；11—上左模 T 形槽块；12,45—上模镶块；13,42—圆柱销；14—挡块；15—中模方孔型芯；16—点火开关锁芯；17—芯片；18—带 R 芯片；19—上左右半槽型芯；20,37,38,50—内六角螺钉；21—限位销；22—下模外型芯；23—弹簧；24—止动螺钉；25—推件板导柱；26—中模镶块；27—定模镶块；28,49—顶杆；29—分流锥；30—浇口套；31—定位压块；32—分流板座；33—分流板；34—导套；35—导柱；36—模脚；39,47—滑板；40—中模斜楔；41—中上模滑块；43—中上模型芯；44—冷料穴冷凝料；46—上左模滑块；48—上左模斜楔；51—模脚板

(2) 压铸模的导向装置

包含定动模导准装置和推板与动模板的导向装置两种。

① 定动模导准装置。如图 6-14 所示，由定模板 7 上的四件导套 34 和动模板 6 上的四件导柱 35 组成，可以确保定模板 7 和动模板 6 的正确位置和开闭模时的运动导向。

② 推件板与动模板的导向装置。为了使点火开关锁芯 16、主流道、分流道和冷料穴的冷凝料能脱模，在这些结构的适当位置上都设置了顶杆。如图 6-14 所示，顶杆 28、49 的直径都很小，为了保证这些顶杆的脱模与回程运动顺利进行，需要设置四件推件板导柱 25 来保证推垫板 1 和推件板 2 的运动导向。

(3) 脱模机构与回程机构

为了确保点火开关锁芯能够连续地进行加工，就必须设置压铸模的脱模机构与回程机构。

① 脱模机构。可确保成型后的点火开关锁芯 16 和主流道、分流道和冷料穴中的冷凝料能够顺利脱模。如图 6-14 所示，脱模机构由推垫板 1、推件板 2 和顶杆 28、49 组成。压铸机的顶杆推动着推垫板 1、推件板 2 和顶杆 28、49 做脱模运动，便可将点火开关锁芯 16 和主流道、分流道及冷料穴中的冷凝料顶出模腔。

② 回程机构。脱模机构完成了脱模运动后，必须立即复位进行下次压铸加工。回程机构由推垫板 1、推件板 2、定模板 7、动模板 6 和回程杆 5 组成，如图 6-14 所示。定模板 7 和动模板 6 闭合时，回程杆 5 的端面与定模板 7 的端面接触，随着模具的闭合运动，定模板 7 推动着回程杆 5 和推垫板 1、推件板 2 恢复到脱模运动的初始位置。

(4) 冷却系统

压铸模在连续加工过程中，熔融的锌合金熔体会将热量传递到模具型腔和型面，导致模具温度不断地升高，使得点火开关锁芯 16 产生过热现象，模具必须设置冷却系统。通过注入的冷却水将热量带走来降低模具的温度。

① 定模部分冷却系统的设置。如图 6-14 的 $B—B$ 和 $C—C$ 剖视图所示，冷却水分别从定模板 7 的两端进水口进入，经过定模板 7 的流道进入浇口套 30，再从定模板 7 的流道流出并将热量带出，起到降低定模部分模温的作用。

② 动模部分冷却系统的设置。如图 6-14 所示，冷却水分别从动模板 7 进水口进入动模板 7 的流道，再进入分流锥 29 中设置的分流板座 32 和分流板 33，然后从动模板 7 的流道流出并将热量带走，起到降低动模部分模温的作用。

压铸模的一模一腔四面抽芯结构容易实现，但一模二腔八面抽芯结构则不容易实现，主要中间连接二处的抽芯结构设置困难。点火开关锁芯压铸模采用了共用斜楔、斜销、滑板与滑块抽芯结构解决了这个难题，使得模具结构十分紧凑，模具抽芯和脱模动作能够顺利地流畅进行，锁芯加工效率提高了一倍。采用了定、动模冷却系统，降低了模温，有利于锁芯的连续加工。选用 4Cr5MoSiV1、热处理 43～47HRC，或 3Cr2W8V、46～52HRC，避免锁芯出现畸变、开裂、脱碳、氧化和腐蚀等疵病。淬火后要进行软氮化处理，避免模具成型面的龟裂，但模具成型件在加工一定的数量之后应该及时进行软氮化处理。

通过对轿车点火开关锁芯的形体分析，其圆柱体四周上存在着多种型槽和型孔要素，锁芯中间的轴线方向则存在着长方形孔与长方形锥孔，三处不同外径的圆柱体，下端是长方体。因此，锁芯以大端的 $\phi 18$mm 与 $\phi 17.2$mm 圆柱体的交界面为分型面，是便于锁芯脱模和浇口的设置。锁芯四周设置了抽芯机构，左、右方向设置成斜销滑块抽芯机构，前、后方向设置成斜楔与斜销滑块抽芯机构。锁芯中间轴线方向长方形孔与长方形锥孔采用了镶嵌件，利用定动模开闭模即可完成镶嵌件的抽芯和复位。因锁芯的批量特大，模具采用了一模二腔，锁芯形体原本就小，每一模腔又都需要四处抽芯。特别是中间的二处抽芯，共用了一处斜楔与斜销进行，成功地解决了该模具二腔八个方向的抽芯，使得模具结构十分紧凑而高效。模具钢材、热处理和软氮化处理的选择，避免了锁芯出现畸变、开裂、脱碳、氧化和腐蚀等疵病。

6.4 轿车凸轮箱压铸模结构设计

轿车凸轮箱压铸模属于型腔模，型腔模结构设计特点一般先要进行成型件的形体要素可行性分析，然后根据分析得到的要素制订出成型模结构可行性方案，最后进行成型模结构的造型和设计。因为，模具结构形式是受成型件的形体因素来决定的，不同的形体因素，其模具结构的形式便不同。形体分析的错误将会导致制订的模具结构方案错误，形体分析的缺失将导致制订的模具结构方案缺失。

6.4.1 凸轮箱形体分析

轿车凸轮箱二维图如图 6-15（a）所示，凸轮箱三维造型如图 6-15（b）所示。凸轮箱材

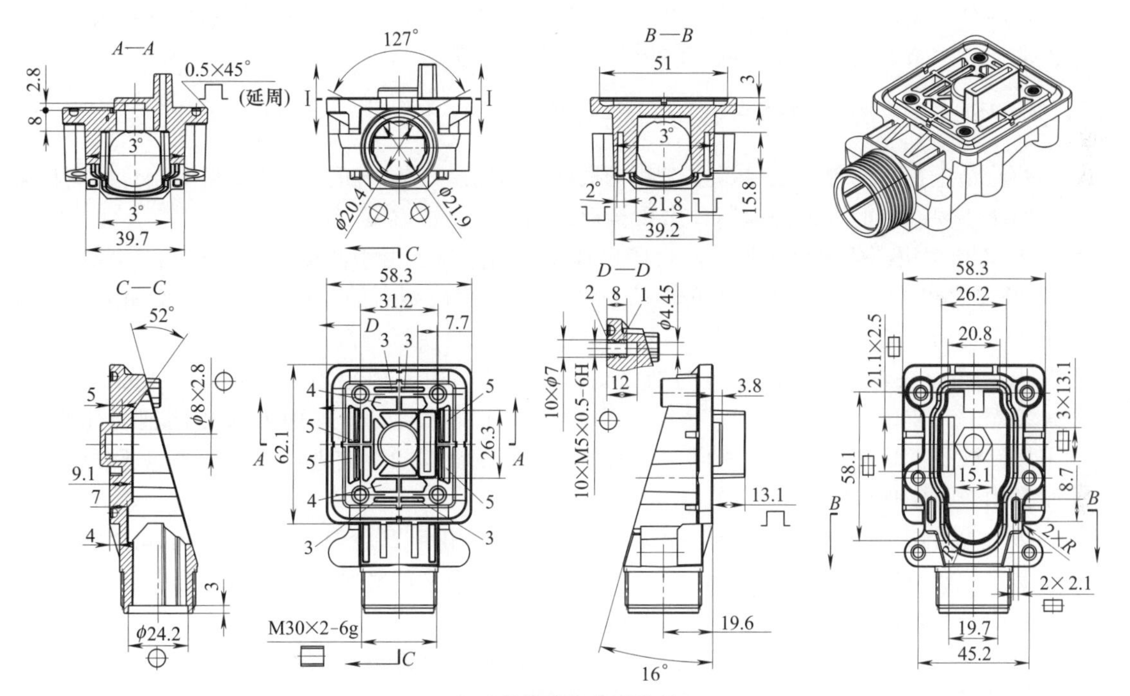

(a) 凸轮箱形体可行性分析

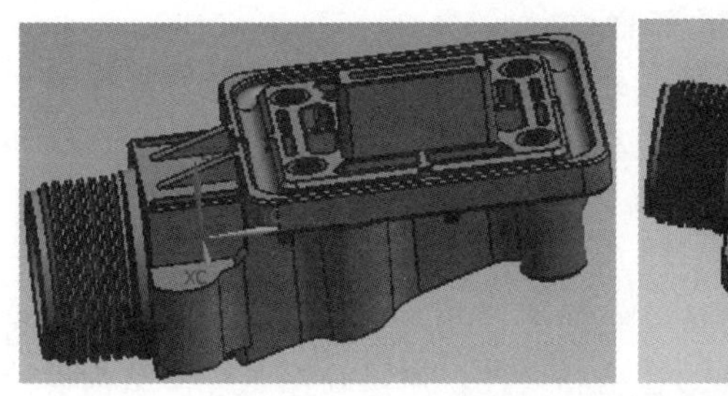
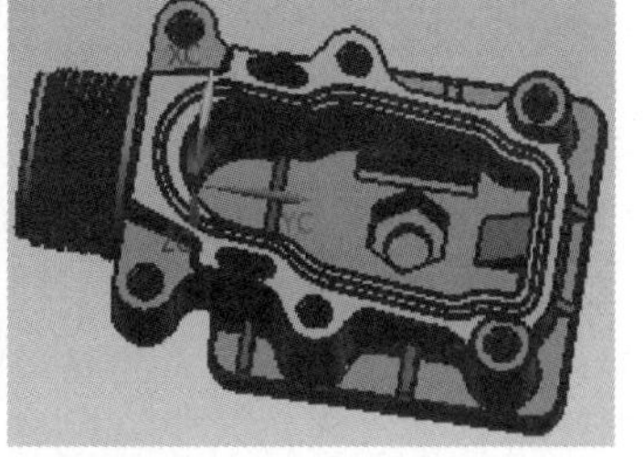

(b) 凸轮箱形体分析三维造型

图 6-15　轿车凸轮箱形体可行性分析

1—凸轮箱；2—螺母镶嵌件；3～5—型槽；⊕—表示型孔要素；⊟—表示型槽要素；⎍—表示凸台障碍体；⊟—表示螺杆要素

料为铝硅铜合金，收缩率为0.7%。凸轮箱形体可行性分析如下。

① 凸轮箱凸台障碍体要素。如图6-15（a）所示，在凸轮箱底面存在着0.5mm×45°倒角形式的凸台障碍体要素，它的存在会影响凸轮箱成型后的脱模。

② 垂直开闭模方向的型孔要素。如图6-15（a）仰视图所示，凸轮箱存在着ϕ24.2mm×3mm和ϕ21.9mm×ϕ20.4mm×3×127°型孔要素。

③ 垂直开闭模方向的螺杆要素。如图6-15（a）主视图所示，凸轮箱存在着M30mm×2mm-6g外螺纹要素。

④ 平行开闭模方向的型孔、型槽与镶嵌件要素。如图6-15（a）所示，凸轮箱存在着58.1mm×26.2mm台阶斜型槽要素；2×21.1mm×2.5mm型槽要素；2×8.7mm×2.1mm×R型槽要素；3×13.1mm×15.1mm×8mm六方形型孔要素；10×ϕ7mm×8mm×M5mm×0.5mm-6H镶嵌件要素；还存在着四处3号、两处4号和四处5号型槽要素。

凸轮箱形体可行性分析，仅是将凸轮箱形体上影响压铸模结构的因素提取出来了，这只是压铸模结构设计的初步分析。在凸轮箱形体可行性分析时，必须做到提取影响压铸模结构的凸轮箱形体因素正确且不能出现遗漏。因为，提取的形体因素错误会导致制订的模具结构措施错误，提取形体因素的遗漏会导致制订的模具结构措施缺失。

6.4.2 凸轮箱压铸模结构方案可行性分析

对凸轮箱进行形体分析之后，接着就是根据对凸轮箱形体分析出来的要素，制订出应该采取相应的压铸模结构的措施，即制订出压铸模结构的可行性方案。

① 压铸模解决凸轮箱倒角形式凸台障碍体要素的措施。由于凸轮箱底面存在着0.5mm×45°倒角形式的凸台障碍体要素，它的存在会影响凸轮箱成型后的脱模。需要在倒角处设置分型面Ⅰ—Ⅰ，用以避开倒角形式凸台障碍体对凸轮箱的脱模阻碍作用。

② 压铸模解决垂直开闭模方向的型孔要素的措施。由于凸轮箱存在着ϕ24.2mm×3mm和ϕ21.9mm×ϕ20.4mm×3×127°花键孔为同轴型孔要素。对于这两处形体同轴型孔要素，只能采用斜导柱滑块抽芯机构，将成型这两处型孔和花键孔的型芯进行抽芯，才能通过脱模机构的脱模动作，实现凸轮箱的脱模。

③ 压铸模解决垂直开闭模方向的螺杆要素的措施。由于凸轮箱存在着M30mm×2mm-6g外螺纹要素。压铸模可以通过在外螺纹分型面之间加工出来的螺纹孔来成型外螺纹。当分型面打开时，通过脱模机构的顶杆可以将凸轮箱顶离动模型腔。

④ 压铸模解决平行开闭模方向的螺杆要素的措施。凸轮箱存在着58.1mm×26.2mm台阶斜型槽要素；2×21.2mm×2.5mm型槽要素；2×8.7mm×2.1mm×R型槽要素；3×13.1mm×15.1mm×8mm六方形型孔要素；10×ϕ7mm×8mm×M5mm×0.5mm-6H相嵌件要素；还存在着四处3号、两处4号和四处5号型槽要素。由于这些形体要素都平行开闭模方向，可以分别在中、动模板上安装镶嵌型芯，利用中、动模的形体来成型这些形体要素，其中成型四处5号型槽的型芯为镶嵌件，可以利用定、动模开启和脱模机构的顶杆实现凸轮箱的脱模。

对于凸轮箱形体要素的分析，压铸模结构可行性方案采用了相对应的解决措施，再按照制订的压铸模结构可行性方案进行模具的造型和设计，才可确保压铸模结构设计的正确性。

6.4.3 凸轮箱压铸模冷却系统的设计

在凸轮箱压铸成型过程中，铝硅铜合金熔体注入压铸模型腔中，将热量传递给压铸模的工作件。随着压铸加工的不断进行，压铸模的温度会不断地升高。当模具温度达到铝硅铜合金过热温度时，铝硅铜合金组织变脆，强度和硬度降低。为了确保铝硅铜合金的性能，压铸模的动、中模板需要设置冷却系统。

① 中模板冷却系统设计。如图 6-16（a）所示，在中模板 1 和中模镶嵌件 2 中加工出冷却水通道。为了防止冷却水的泄漏，在冷却水通道末端加工出管螺纹孔并安装螺塞 5。冷却水通道通过中模板 1 和中模镶嵌件 2 接合面时，需要加工出能安装 O 形密封圈 4 的槽。中模板 1 的管螺纹孔中需要安装有冷却水接头 3。这样冷却水进入一处的冷却水接头，经冷却水通道又从另一处冷却水接头流出。冷却水便可以将模具的热度带走，起到降低模具温度的作用。

② 动模板冷却系统设计。如图 6-16（b）所示，同理，冷却水进入一处的冷却水接头，经冷却水通道又从另一处冷却水接头流出。冷却水可以将模具的热度带走，起到降低模具温度的作用。

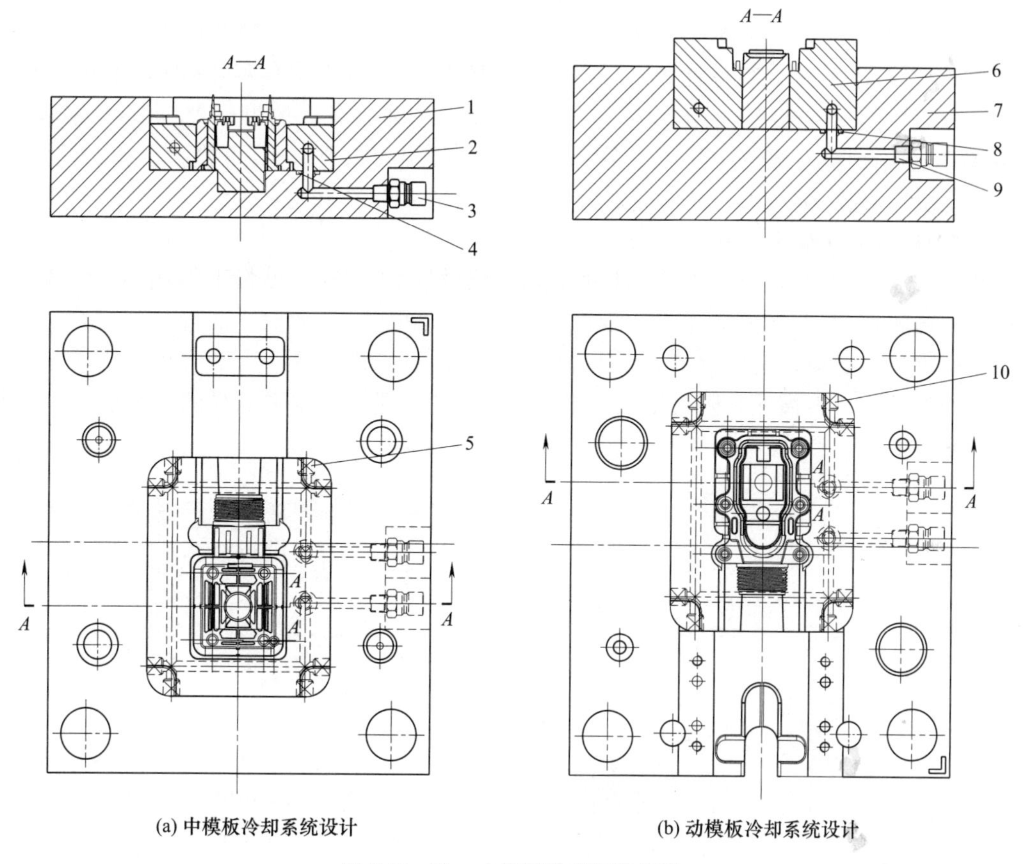

图 6-16 动、中模板冷却系统设计

1—中模板；2—中模镶嵌件；3,9—冷却水接头；4,8—O 形密封圈；5,10—螺塞；6—动模镶嵌件；7—动模板

6.4.4 凸轮箱压铸模抽芯与脱模机构的设计

由于凸轮箱具有垂直开闭模方向的 ϕ24.2mm×3mm 型孔和 ϕ21.9mm×ϕ20.4mm×3×127°花键孔为同轴型孔，压铸模必须采用斜导柱滑块抽芯机构进行抽芯后，凸轮箱才能进行正常脱模。如图 6-17（a）所示，该压铸模采用分型面Ⅰ—Ⅰ用以脱浇注系统冷凝料，分型面Ⅱ—Ⅱ用以脱凸轮箱。

（1）压铸模抽芯与脱模机构的组成

抽芯与脱模机构是具有不同功能的机构，但两种机构的动作要做到相互协同。

① 抽芯机构的组成。如图 6-17（a）所示，由斜导柱 3、螺塞 4、弹簧 5、限位销 6、楔紧块 7、滑块 8、型芯 9 和压块 10 组成。螺塞 4、弹簧 5、限位销 6 起到对滑块 8 和型芯 9 限位的作用；斜导柱 3、滑块 8、型芯 9 与内六角螺钉起到对滑块 8 和型芯 9 抽芯与复位作用。

② 脱模机构的组成。如图 6-17（a）所示，由拉料杆 15、拉料钉 18 和顶杆 26、安装板 27、推件板 28 组成。拉料杆 15 和拉料钉 18 起到脱浇注系统冷凝料作用，顶杆 26、安装板 27、推件板 28 起到脱凸轮箱的作用。

（2）压铸模闭合与成型状态

如图 6-17（a）所示，压铸模闭合时使得中模镶嵌件 20 与动模镶嵌件 2 闭合。而斜导柱 3 插入滑块 8 的斜孔中，可拨动滑块 8 和型芯 9 复位，楔紧块 7 可楔紧滑块 8 和型芯 9 后形成一个封闭的模腔，注入铝硅铜合金熔体便可以成型凸轮箱。拉料杆 15 和拉料钉 18 可将中模板 11 和中模镶嵌件 20 型腔中的浇注系统冷凝料拉脱模。

（3）压铸模分型面Ⅰ—Ⅰ开启状态

如图 6-17（b）所示，限位杆 31 一端用圆柱螺母 30 固定在定模板 12 和定模垫板 13 上，另一端台阶圆柱体与中模板 11 相连接。当分型面Ⅰ—Ⅰ开启时，拉料杆 15 可将中模板 11 和中模镶嵌件 20 中的直分浇道中的浇注系统冷凝料 17 拔出，拉料钉 18 可将浇口套 16 中主浇道中的浇注系统冷凝料 17 拉出，从而完成浇注系统冷凝料 17 的脱模。

（4）压铸模分型面Ⅱ—Ⅱ开启状态

如图 6-17（c）所示，分型面Ⅱ—Ⅱ的开启，限位杆 31 拉动中模板 11 和中模镶嵌件 20 开启，成型的凸轮箱 22 上部被敞开后，便有利于凸轮箱 22 脱模。此时，斜导柱 3 可拨动滑块 8 和型芯 9 产生抽芯运动，这样就消除了凸轮箱 22 脱模的所有障碍。为了防止滑块 8 和型芯 9 在抽芯力的作用下滑出模外，限位销 6 在弹簧 5 的作用下进入滑块 8 底面的半圆形坑后可锁住滑块 8 和型芯 9。

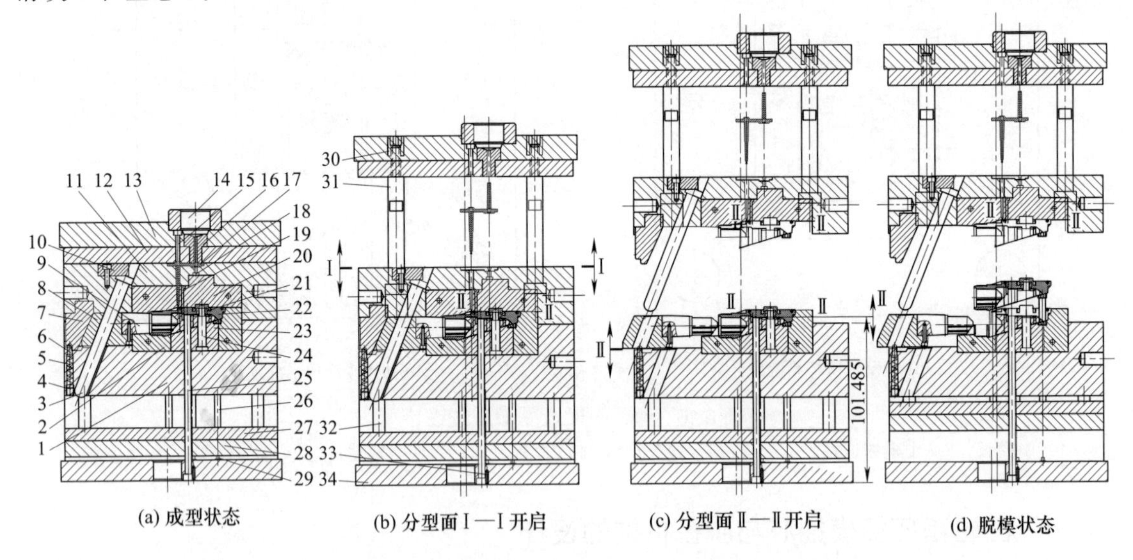

图 6-17　凸轮箱压铸模抽芯与脱模机构的设计

1—动模板；2—动模镶嵌件；3—斜导柱；4—螺塞；5—弹簧；6—限位销；7—楔紧块；8—滑块；9—型芯；10—压块；11—中模板；12—定模板；13—定模垫板；14—安装圈；15—拉料杆；16—浇口套；17—浇注系统冷凝料；18—拉料钉；19—定模嵌件；20—中模镶嵌件；21—六角螺母；22—凸轮箱；23—动模嵌件；24—动模型芯；25—动模长型芯；26—顶杆；27—安装板；28—推件板；29—定位钉；30—圆柱螺母；31—限位杆；32—回程杆；33—紧定螺钉；34—底板

（5）压铸模凸轮箱脱模状态

如图 6-17（d）所示，安装板 27、推件板 28 和顶杆 26 在压铸机顶杆的作用下产生脱模运动，顶杆 26 可将凸轮箱 22 从动模镶嵌件 2 的型腔和动模型芯 24、动模长型芯 25 中顶脱模。

如此，凸轮箱 22 通过分型面Ⅰ—Ⅰ和Ⅱ—Ⅱ的闭合，实现了中模和动模的闭合及滑块 8 和型芯 9 复位，就可以成型凸轮箱 22。通过分型面Ⅰ—Ⅰ和Ⅱ—Ⅱ的开启，实现中模和动模的开启及滑块 8 和型芯 9 的抽芯运动，可完成浇注系统冷凝料 17 和凸轮箱 22 的脱模。

6.4.5 动、中模镶嵌件组合的设计

由于铝硅铜合金热胀冷缩的原因，所有模具成型工作面的尺寸都应该在原有尺寸上增加铝硅铜合金收缩率 0.7%，这样加工冷却后凸轮箱的尺寸才能符合图纸的要求。

① 中模镶嵌件组合的设计。由螺纹嵌件 1、螺纹嵌件杆 2、中模嵌件 3 和 4、中模镶嵌件 5

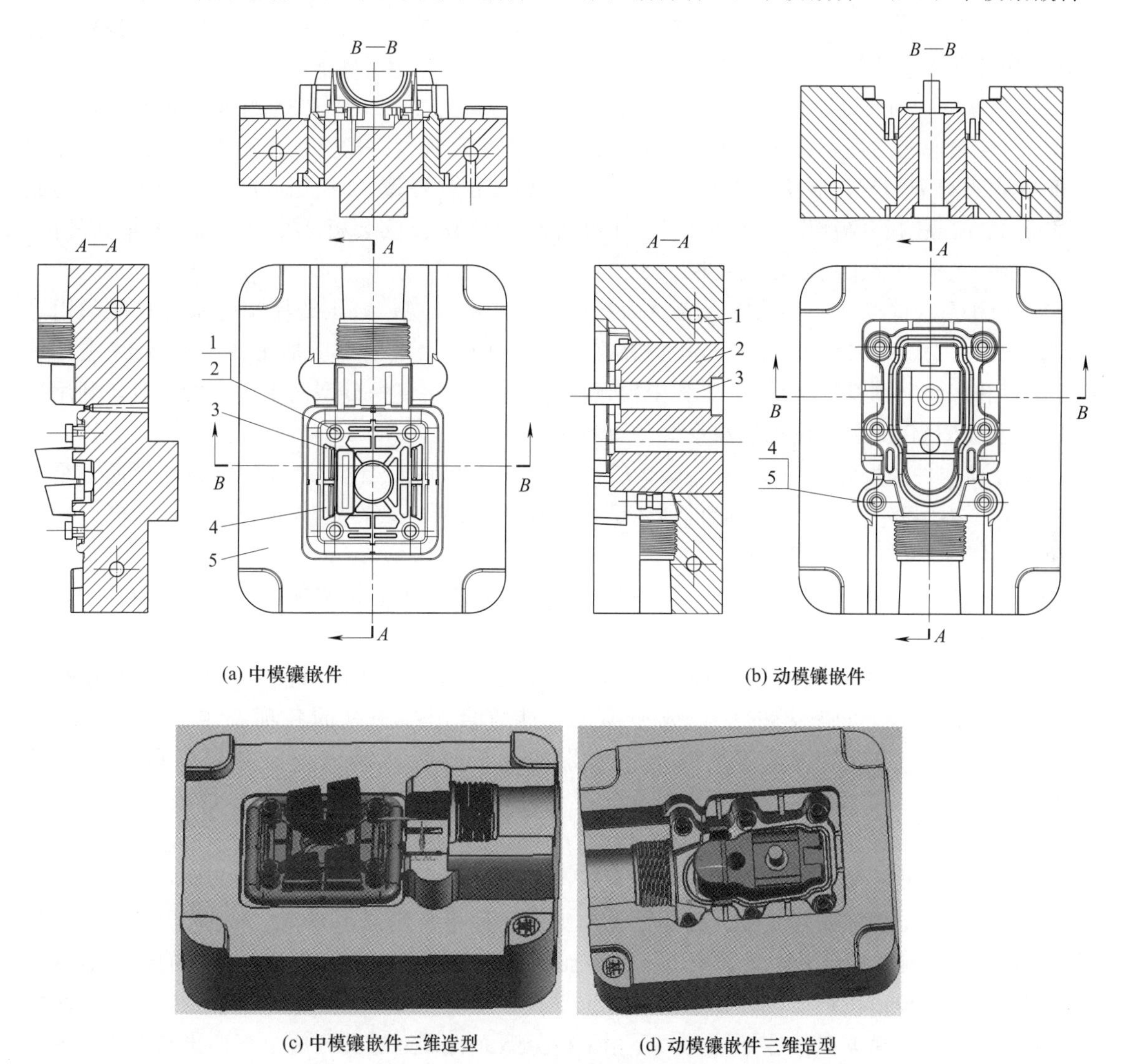

(a) 中模镶嵌件

(b) 动模镶嵌件

(c) 中模镶嵌件三维造型

(d) 动模镶嵌件三维造型

图 6-18 动、中模镶嵌件的设计

图（a）：1—螺纹嵌件；2—螺纹嵌件杆；3,4—中模嵌件；5—中模镶嵌件

图（b）：1—动模镶嵌件；2—动模嵌件；3—动模型芯；4—螺纹嵌件；5—螺纹嵌件杆

组成，如图 6-18（a）所示。

② 动模镶嵌件组合的设计。由动模镶嵌件 1、动模嵌件 2、动模型芯 3、螺纹嵌件 4 和螺纹嵌件杆 5 组成，如图 6-18（b）所示。

所有模具开闭模方向的尺寸都应该制有脱模斜度 0.5°～1.0°，螺纹嵌件螺孔内径应与螺纹嵌件杆配合，使螺纹嵌件不至于脱落。

6.4.6 凸轮箱压铸模结构的设计

凸轮箱压铸模的结构的设计包括模架、模腔、模芯、分型面、浇注系统、冷却系统、抽芯机构、回程结构和导向构件的设计。

① 模架。如图 6-19（a）所示，由动模板 1、楔紧块 7、中模板 11、定模板 12、定模垫板 13、定位圈 14、浇口套 15、拉料杆 16、顶杆 26、安装板 27、推件板 28、底板 31、弹簧 32、回程杆 33、导套 34～36、导柱 37、圆柱螺母 43、限位杆 44、螺塞 45、冷却水接头 46、O 形密封圈 47、滑块压板 48、圆柱销 49 和若干内六角螺钉 50 组成，压铸模的模架是压铸模所有机构、构件和系统的安装平台和基础。

② 回程机构的设计。由安装板 27、推件板 28、弹簧 32、回程杆 33 组成，如图 6-19（a）所示。凸轮箱脱模之后，由于压铸机顶杆的退回，作用在脱模机构上的作用力消失。被压缩的弹簧 32 弹力得到恢复，脱模机构在弹力作用下开始复位。弹簧 32 使用时间久了会失效，为此回程杆 33 在压铸模合模时，可由中模板 11 推着回程杆 33 及安装板 27、推件板 28 精确复位，以准备下一次成型加工的凸轮箱脱模。

③ 浇注系统的设计。点浇口因浇口面积小，不影响外观，该压铸模浇注系统只能采用点浇口，如图 6-19（a）所示。主流道设计在浇口套 15 中，水平分浇道加工在中模板 11 上，垂直分浇道和浇口分别设计中模板 11 和中模镶嵌件 19 中。压铸模分型面 Ⅰ—Ⅰ 的开启，利用拉料杆 16 和拉料钉 18 可以拉脱浇注系统冷凝料 17。

④ 导准构件的设计。如图 6-19（a）所示，定、中和动模三模板之间的定位和导向，是依靠四组导套 34～36 和导柱 37 才能得到保证。导柱 37 必须安装在定模部分，模具开模后导柱 37 还可以用于支撑中模。

压铸模的模腔、模芯、分型面、浇注系统、冷却系统在抽芯机构前面已经详细叙述了，本处不再赘述。

由于凸轮箱形体分析的正确性，制订的压铸模结构方案的合理性，凸轮箱压铸模的设计和制造的到位，凸轮箱的压铸成型加工才能符合产品图纸的各项要求。压铸模结构设计应遵守以下的原则：压铸件的形体要素的分析→针对压铸模各项要素所制订的措施→压铸模结构造型和设计→压铸模各种零部件的造型和设计→编制压铸模各种零部件的制造工艺。

通过对轿车凸轮箱形体可行性的分析，找出了凸轮箱形体上倒角形式的凸台障碍体、垂直开闭模方向型孔与螺杆要素及平行开闭模方向型孔、型槽与镶嵌件要素。根据这些形体要素，对 0.5mm×45°倒角凸台障体要素采用了分型面的措施，使得包含倒角凸台障体的形体滞留在中模部分，而其他部位形体设置在动模部分。垂直开闭模方向型孔要素，采取了斜导柱滑块抽芯机构；垂直开闭模方向的螺杆要素，采用了以分型面将成型螺孔分成上下两半的办法；平行开闭模方向的型孔、型槽与镶嵌件要素，采用了中、动模镶嵌件的措施；浇注系统采用了点浇口二次分型三模板的压铸模结构。由于凸轮箱形体可行性分析正确，压铸模结构方案可行性分析合理，模具结构设计和制作可靠，凸轮箱成型加工才能做到合格。

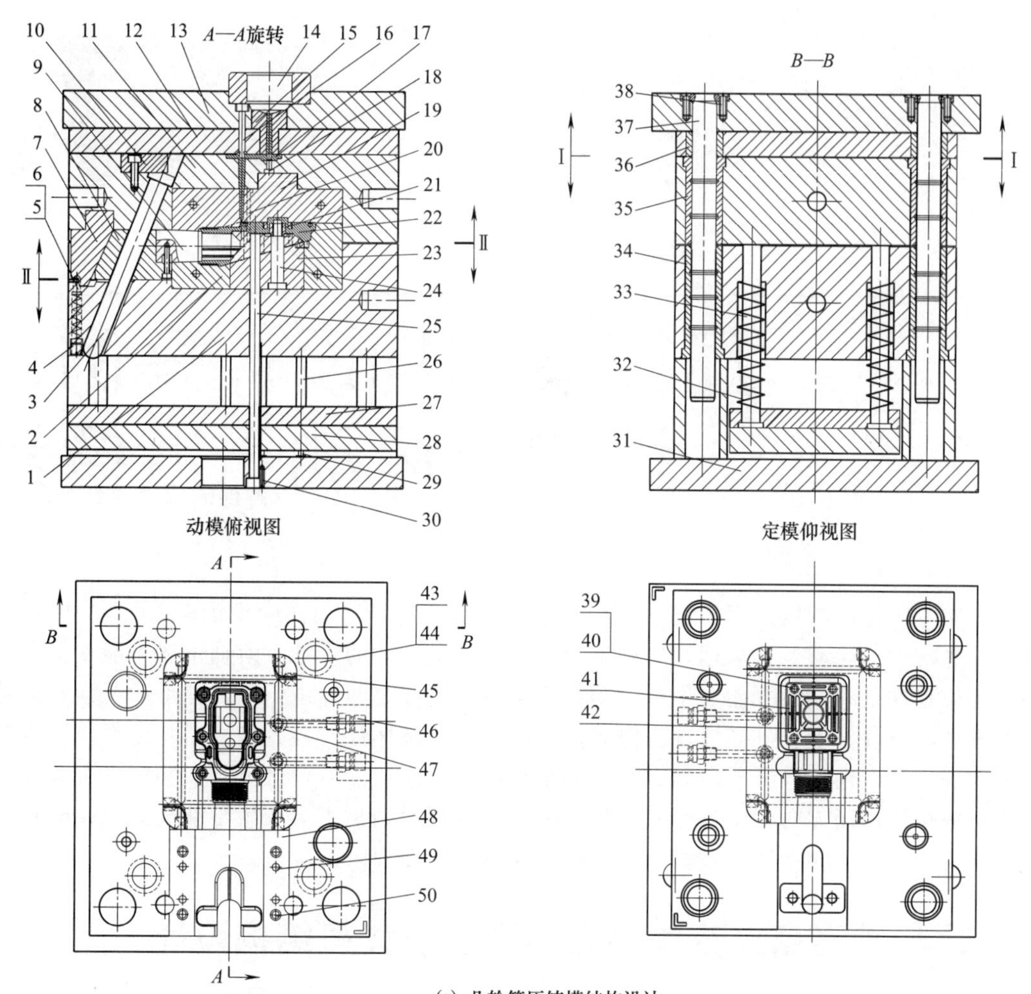

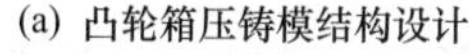

(a) 凸轮箱压铸模结构设计

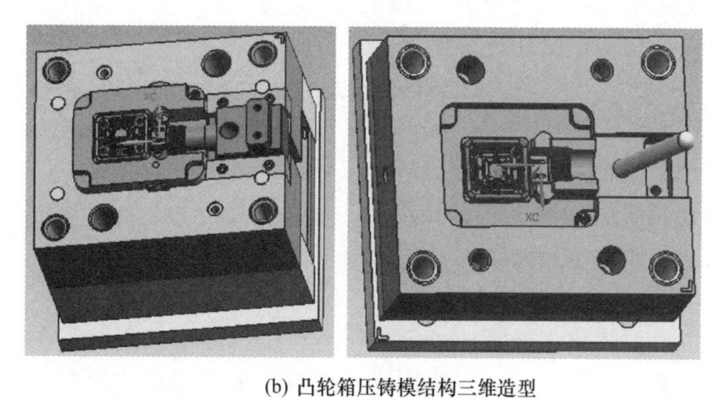

(b) 凸轮箱压铸模结构三维造型

图 6-19 凸轮箱压铸模结构的设计

1—动模板；2—动模嵌件；3—斜导柱；4,45—螺塞；5,32—弹簧；6—限位销；7—楔紧块；8—滑块；9—型芯；10—压块；11—中模板；12—定模板；13—定模垫板；14—定位圈；15—浇口套；16—拉料杆；17—浇注系统冷凝料；18—拉料钉；19—中模嵌件；20—中模型芯；21—动模型芯；22—凸轮；23—动模大型芯；24—动模轴型芯；25—动模长型芯；26—顶杆；27—安装板；28—推件板；29—定位钉；30,43—圆柱螺母；31—底板；33—回程杆；34～36—导套；37—导柱；38—沉头螺钉；39—螺母镶嵌件；40—螺纹嵌件杆；41,42—定模大型芯；44—限位杆；46—冷却水接头；47—O形密封圈；48—滑块压板；49—圆柱销；50—内六角螺钉

第7章

压铸模结构设计案例：运动与运动干涉要素

成型加工压铸件的压铸模需要有定动模分型运动、抽芯运动和脱模运动三种主要的运动，还会有一些附加的运动。这些运动处理不当，就会发生运动的干涉。运动干涉可能发生在运动零件与运动零件之间，也可能发生在运动零件与静止零件之间。由于压铸件运动要素和运动干涉要素极具隐蔽性，不容易被发现。但运动干涉又极具破坏性，轻者撞坏模具零部件，重者损坏机床设备，甚至伤及人员。所以对运动要素和运动干涉要素需要极大的耐心去进行寻找和分析，特别是对待运动方向相交贯穿的运动，一定要发现运动是否会产生干涉现象。在模具结构设计之前就需要将运动干涉寻找出来，才能避免运动干涉现象的发生。

7.1 轿车优化点火开关锁壳和锁芯压铸模结构设计

本案例是一种优化结构的点火开关，其结构较为简单，只存在能插入钥匙和弹子的槽。这使得加工锁芯和锁壳的压铸模结构比较简单。

7.1.1 点火开关锁壳和锁芯形体分析与压铸模结构方案可行性分析

轿车优化点火开关锁壳二维图如图7-1（a）所示，三维图如图7-1（c）所示。锁芯二维图如图7-1（b）所示，三维图如图7-1（d）所示。材料为锌合金，收缩率为0.6%。考虑到锁壳和锁芯的质量近似，尺寸大小相差不大，压铸模采用一模二腔。

（1）锁壳形体分析与压铸模结构方案可行性分析

锁壳形体的分析是要找出锁壳形体上影响压铸模结构的所有因素。在对锁壳进行形体分析之后，才能针对形体分析要素采用对应的措施，即制订出压铸模结构方案。

① 分型面。由于锁壳上凸台障碍体的存在，阻挡了锁壳脱模。为了使锁壳既能够成型又便于脱模，必须要确定分型面Ⅰ—Ⅰ，这样才能制订出压铸模的动定模。分型面Ⅰ—Ⅰ，如图7-1（a）的*D—D*所示，分型面Ⅰ—Ⅰ上面为定模部分，下面为动模部分。如此，定模和动模才能打开，锁壳在脱模机构的作用下才能顶出动模腔。

② 轴向型孔和型槽的成型与抽芯。如图7-1（a）所示，锁壳形体上存在着轴向上部和下部两个方向的型孔和型槽，轴向型孔或型槽是平行开闭模方向，镶嵌在动定模的型芯可利用闭模运动成型，利用开模运动实现抽芯。上部型孔与型槽$\phi15.2\times(35.8-6)$、$\phi19.6\text{H}9\times12.6$

和 8.6×(28.4−12.6) 的型芯应放置在定模上，下部型孔与型槽 ϕ17.2×6、5×5×R、7.4×15.2 和 17.2 的型芯应放置在动模上。

(2) 锁芯形体分析与压铸模结构方案可行性分析

先要进行锁芯形体分析，找出锁芯形体上影响压铸模结构的所以因素后，才能制订出模具结构的方案。

① 分型面。由于锁芯上凸台障碍体的存在，阻挡了锁壳脱模，才需要制订出分型面Ⅰ—Ⅰ，如图 7-1 (b) 的 D 向视图所示。选用了分型面Ⅰ—Ⅰ，定动模才能打开，锁芯在顶杆的作用下才能脱模。

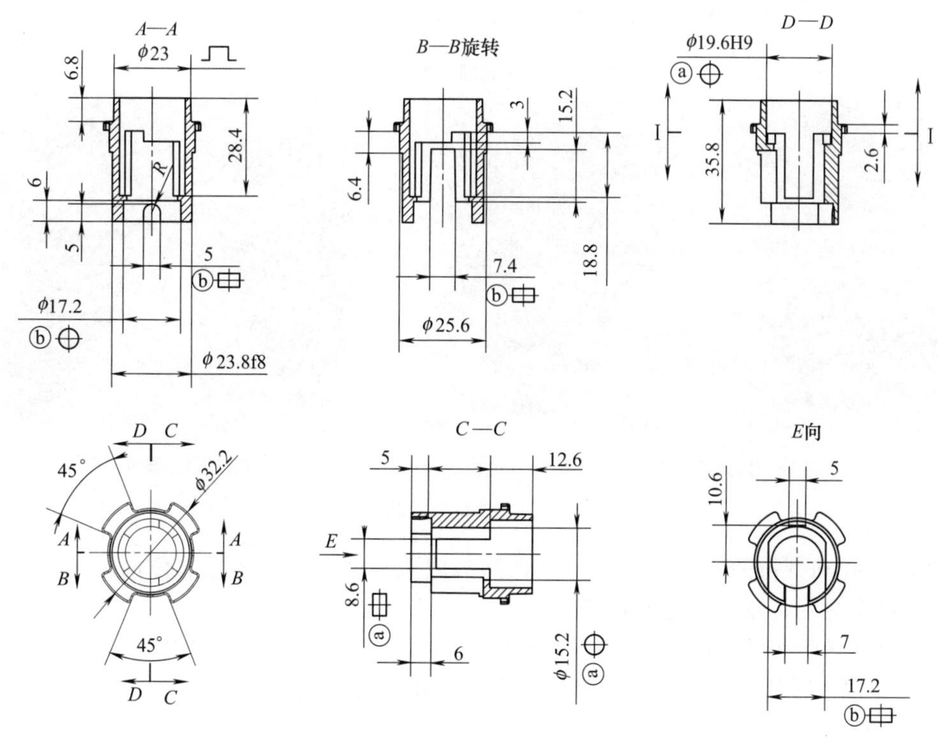

注：① Ⅰ—Ⅰ为分型面；

② ⊕ —表示型孔要素；⊟ —表示型槽要素；⎍ —表示凸台“障碍体”；

③ ⓐ —表示上轴向；ⓑ—表示下轴向

(a) 锁壳二维图

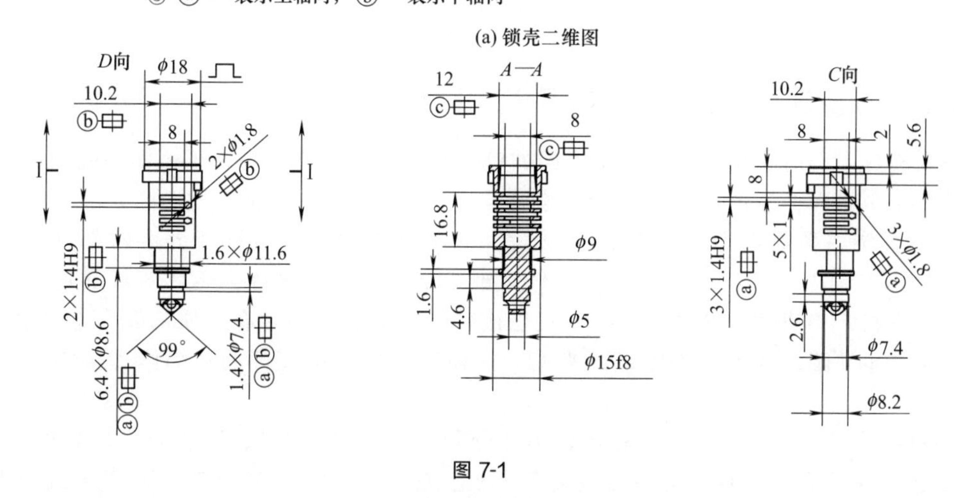

图 7-1

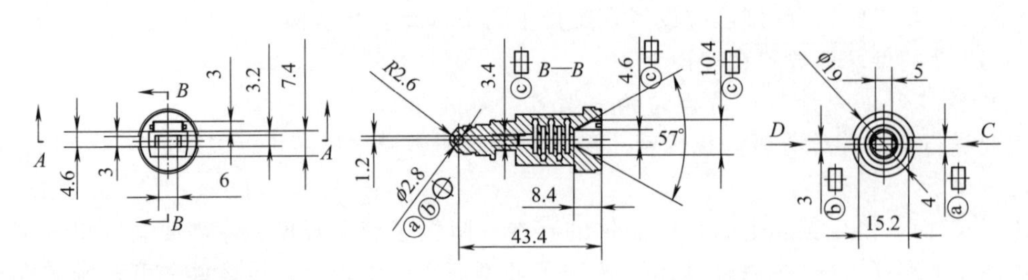

注：① I—I 为分型面；

② ⊕ —表示型孔要素； ⊟ —表示型槽要素； ⎍ —表示凸台“障碍体”；

③ ⓐ —表示右侧向； ⓑ —表示左侧向； ⓒ —表示上轴向

(b) 锁芯二维图

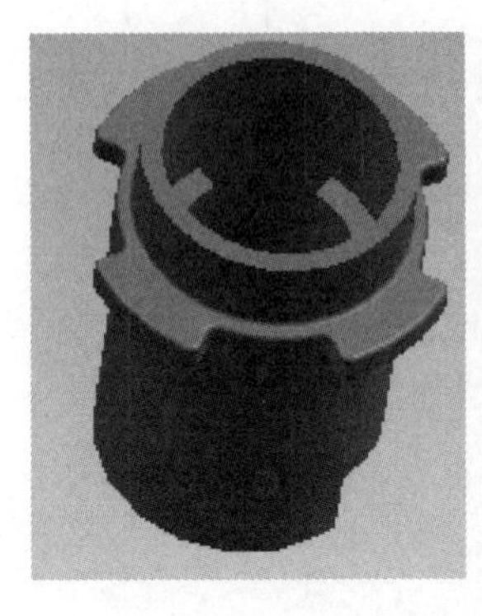

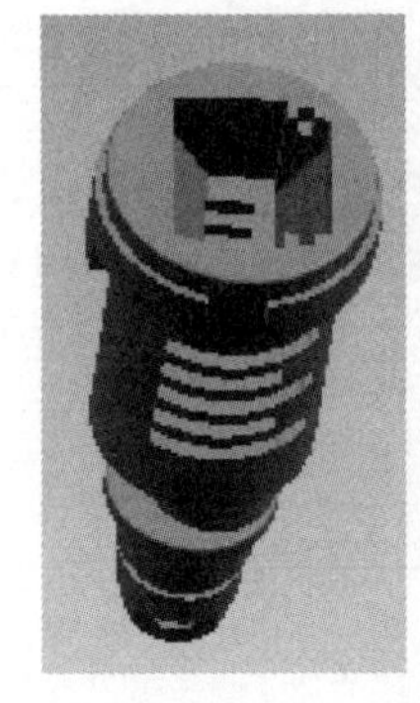

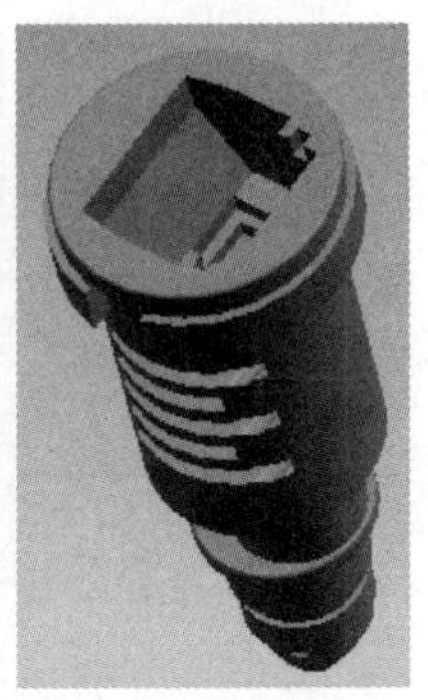

(c) 锁壳三维图 (d) 锁芯三维图

图 7-1 点火开关锁壳与锁芯形体分析

② 侧向型孔和型槽的成型与抽芯。锁壳侧向型孔和型槽可分成左右侧向，这样就需要进行左右侧向抽芯之后才能利用顶杆脱模。

a. 右向型孔和型槽与抽芯。3×1.4H9×ϕ1.8×10.2、1.4×ϕ7.4、6.4×ϕ8.6、ϕ2.8 和(ϕ19—15.2)×4，需要采取右向抽芯机构完成型孔和型槽的成型与抽芯。

b. 左向型孔和型槽与抽芯。2×1.4H9×ϕ1.8×10.2、1.4×ϕ7.4、6.4×ϕ8.6、ϕ2.8 和(ϕ19—15.2)×3，需要采取左向抽芯机构完成型孔和型槽的成型与抽芯。

(3) 轴向型槽的成型与抽芯

3.2×8×16.8×10.4×1.2×57°×8.4，制成嵌件镶在定模上，利用定动模开闭模运动完成型槽的成型与抽芯。

7.1.2 压铸模浇注系统设计方案与顶杆的设计

在一副模具中同时成型大小和质量不同的锁壳与锁芯，会造成进入压铸模型腔内的锌合金熔体流量的不平衡而产生填充不满、疏松等缺陷。

① 压铸模浇注系统的设计。如图 7-2 所示，浇注系统由以分流锥 7 分成两部分的主浇道 6、分流道 8、浇口 2 和溢流块 1 所组成。分流锥 7 是为了防止锌合金熔体对模具的冲刷，溢流块 1 是在冷料穴中成型的冷凝料，冷料穴是让冷却、被氧化和含有杂质的锌合金熔体进入，以防止制品产生缺陷。为了达到流量的平衡，试模时应根据试模件的缺陷修理浇口的宽度或深度。

② 顶杆的设计。如图 7-2 (a) 所示，顶杆分别设置在溢流块 1、锁芯 4、主浇道 6、分流道 8 和锁壳 11 的下端，这样才能将溢流块 1、锁芯 4、主浇道 6、分流道 7 和锁壳 11 顶脱模。

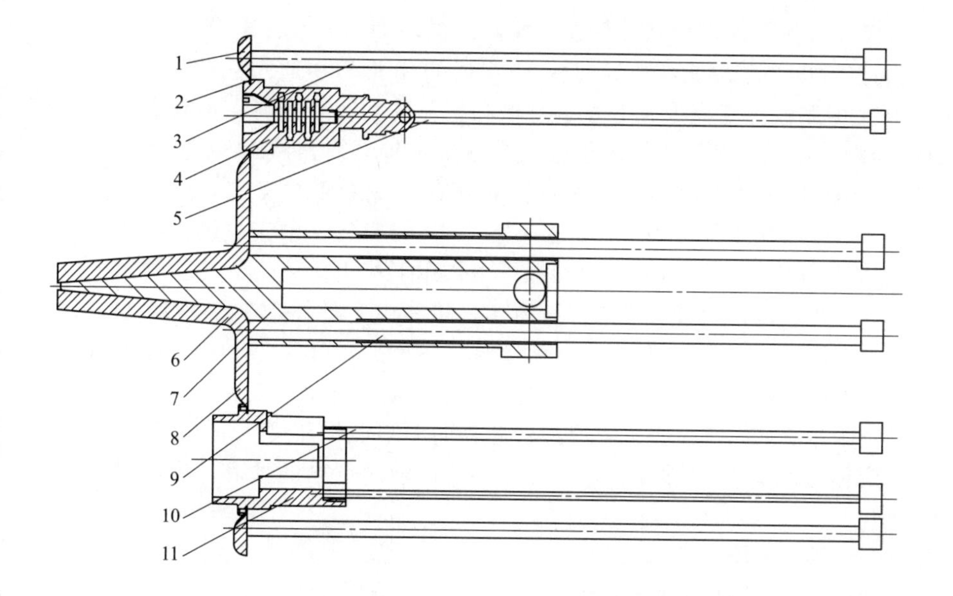

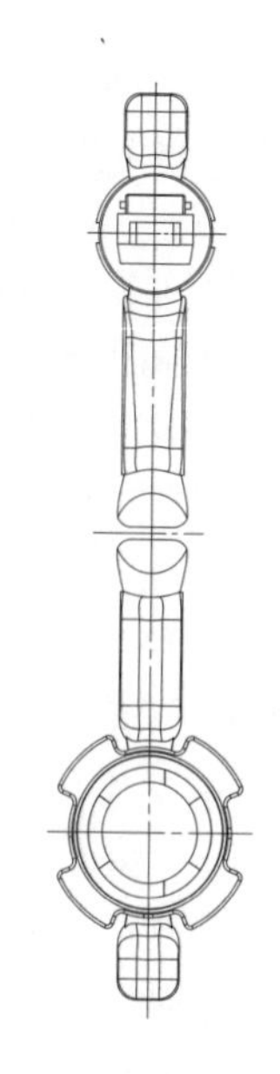

(a) 浇注系统与顶杆二维

(b) 浇注系统三维图

图 7-2 浇注系统与顶杆设计

1—溢流块；2—浇口；3,5,9,10—顶杆；4—锁芯；6—主浇道；7—分流锥；8—分流道；11—锁壳

7.1.3 压铸模抽芯机构与锁壳锁芯型芯的设计

根据锁壳和锁芯形体分析，可知锁芯存在着左右侧和上端轴向型槽，为此左右侧型槽需要采用侧向抽芯机构，上端轴向型槽则要在定模上安装型芯镶嵌件。锁壳仅存在上下端轴向型孔，故只需要在定动模上分别安装型芯镶嵌件即可。

7.1.3.1 锁芯抽芯机构和上端轴向型芯的设计

压铸模结构设计需要先解决锁芯侧向和轴向型槽和型孔的成型和抽芯，锁芯才能实现脱模。

(1) 锁芯侧向抽芯机构的设计

包括有锁芯左右侧向和轴向型槽和型孔的成型和抽芯机构设计。

① 左侧向型槽和型孔的成型和抽芯机构设计。如图 7-3 所示，机构由左楔紧块 1、左滑块 2、左导柱 3、左下抽型芯 4、左侧型芯 5、左侧镶嵌件 6、螺塞 37、弹簧 38、碰柱 39 和滑块

导向板 41 组成。定动模开启时，左楔紧块 1 脱离左滑块 2 的斜面，安装在定模板 13 上的左导柱 3 向上移动，可拨动左滑块 2 在两块滑块导向板 41 组成的 T 形槽中向左移动，使得左下抽型芯 4、左侧型芯 5 和左侧镶嵌件 6 完成锁芯左端型槽和型孔的抽芯。这时左滑块 2 的半球形窝移到碰柱 39 处时，碰柱 39 在弹簧 38 作用下进入半球形窝锁紧左滑块 2 实现抽芯。反之，定动模闭合时，左导柱 3 向下移动可拨动左滑块 2 向右移动完成左下抽型芯 4、左侧型芯 5、左侧镶嵌件 6 复位，并迫使碰柱 39 压缩弹簧 38 进入碰柱 39 的安装孔中。左楔紧块 1 通过斜面楔紧左滑块 2，以防止左滑块 2 在大的注射力和保压力作用下产生位移。

② 右侧向型槽成型和抽芯机构设计。如图 7-3 所示，机构由右导柱 10、右滑块 11、右楔紧块 12、右侧型芯 31、右侧镶嵌件 32、螺塞 37、弹簧 38、碰柱 39 和滑块导向板 41 组成。右侧向型槽和型孔的成型和抽芯及复位动作与左侧向型槽和型孔成型和抽芯动作相同。

③ 轴向型槽成型和抽芯。如图 7-3 所示，成型锁芯轴向型槽形状和尺寸是锁芯上型芯 15，锁芯上型芯 15 安装在定模型芯 7 上。利用定动模的开启实现轴向型槽的抽芯，定动模的闭合实现锁芯上型芯 15 复位。

(2) 锁芯上端轴向型芯的设计

如图 7-3 所示，成型锁壳上端轴向型槽形状和尺寸是锁壳上型芯 20，利用定动模开启实现上端轴向型槽的抽芯，定动模的闭合实现锁壳上型芯 20 复位。

7.1.3.2 锁壳上下端轴向型芯的设计

如图 7-3 所示，定动模闭合时，锁壳上型芯 20 可以成型锁壳上端的型槽。定动模开启时，锁壳上型芯 20 可以实现对锁壳上端型槽的抽芯。锁壳下型芯 25 是安装在动模板 14 上固定不动，定动模开启之后，锁壳 19 滞留在锁壳下型芯 25 上，在顶杆 24 的作用下脱模。

7.1.4 压铸模冷却系统的设计

锌合金相对于塑料的熔点要高，当压铸模直接与锌合金熔体接触的型面所接收到温度过高时，一是会使这些零部件体积膨胀而产生热应力，二是会使所加工的对象产品出现过热现象。这些与锌合金熔体接触的零部件包括：浇口套、分流锥、定模型芯、锁壳上型芯、锁壳下型芯、锁壳上嵌件、锁壳中嵌件和锁壳下嵌件。有些模具零部件因太小不适宜设置冷却通道，可以设置在附近的零部件中。能设置冷却通道的有：浇口套、分流锥、定模板和动模板。通过在冷却通道中注入冷却水，可以将热量带走而降低模具的温度。

① 浇口套的降温。如图 7-4 所示，浇口套 14 是直接接触锌合金熔体的零部件之一，浇口套 14 处应设置冷却通道。在浇口套 14 和定模板 1 上端开有通道，定模板 1 左右两端安装有冷却水两通接头 10 和 21，为了防止冷却水泄漏，在定模板 1 和浇口套 14 对接处安装有 O 形密封圈 13 和 20，以及在浇口套 14 通道中安装了四个螺塞 19。这样冷却水便可从冷却水两通接头 21 进入，经定模板 1 和浇口套 14 的通道，从定模板 1 另一端的冷却水两通接头 10 流出，将定模板 1 和浇口套 14 的热量带走而起到降温作用。

② 分流锥的降温。如图 7-4 所示，分流锥 15 是直接接触锌合金熔体的零部件之一，在分流锥 15 处应设置冷却通道。动模型芯 2 与动模板 11 通道对接处安装有 O 形密封圈 22，冷却水从动模板 11 的冷却水两通接头 18 进入动模板 11 和分流锥 15 的通道，从动模板 11 另一端的冷却水两通接头 23 流出，将热量带走而降温。

③ 定模型芯的降温。如图 7-4 所示，定模型芯 3 也是直接接触到锌合金熔体的零部件之一，在定模型芯 3 处应设置冷却通道。冷却水从定模板 1 的进水处的冷却水两通接头 25 进入，经定模板 1 和定模型芯 3 的通道，从冷却水两通接头 25 流出达到降温目的。在定模型芯 3 通道转接处安装了螺塞 27，在定模板 1 和定模型芯 3 的通道连接处安装了 O 形密封圈 26，以防

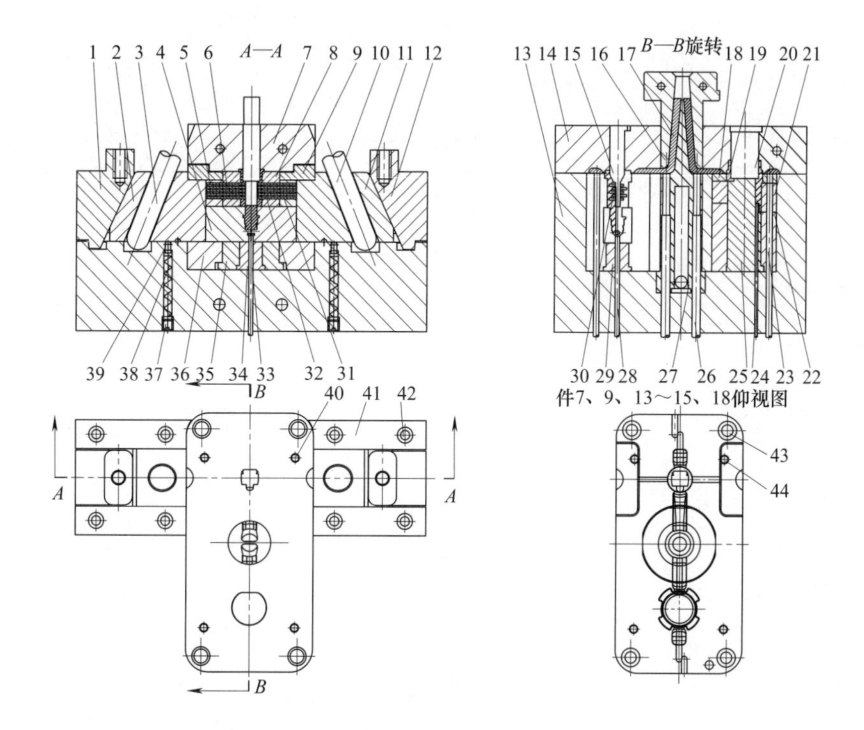

(a) 压铸模抽芯机构与锁壳锁芯型芯二维图

(b) 压铸模抽芯机构三维图

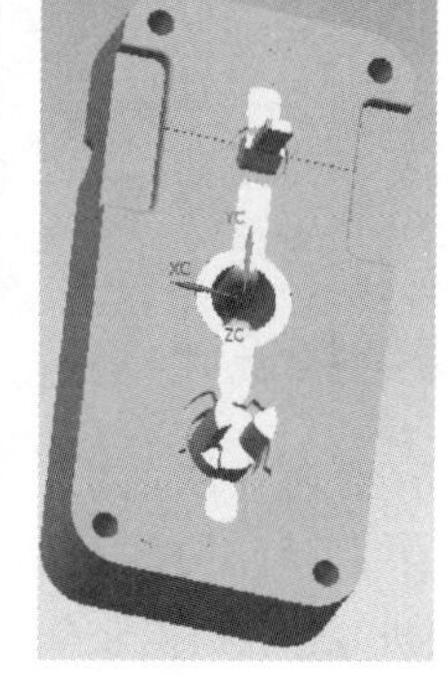

(c) 锁壳锁芯型芯三维图

图 7-3 压铸模抽芯机构与锁壳锁芯型芯

1—左楔紧块；2—左滑块；3—左导柱；4—左下抽型芯；5—左侧型芯；6—左侧镶嵌件；7—定模型芯；8—动模型芯；9—动模嵌件；10—右导柱；11—右滑块；12—右楔紧块；13—定模板；14—动模板；15—锁芯上型芯；16—浇口套；17—浇道冷凝料；18—锁壳上嵌件；19—锁壳；20—锁壳上型芯；21—锁壳中嵌件；22—锁壳下嵌件；23,24,26,28,33—顶杆；25—锁壳下型芯；27—分流锥；29—锁芯下型芯；30—锁芯；31—右侧型芯；32—右侧镶嵌件；34—小衬套；35—大衬套；36—垫板型芯；37—螺塞；38—弹簧；39—碰柱；40,44—圆柱销；41—滑块导向板；42,43—六角螺母

止冷却水泄漏。

④ 动模板的降温。如图 7-4 所示，动模板 11 虽不是直接接触到锌合金熔体的零部件，但动模板 11 上诸多零部件都是大面积接触到锌合金熔体，而动模型芯 2 较小不适应加工冷却通道，只好将冷却通道设置在动模型芯 2 下方的动模板 11 上。冷却水分别从进水处的冷却水两通接头 24 进入，经动模板 11 通道，从出水处冷却水两通接头 24 流出而降温。

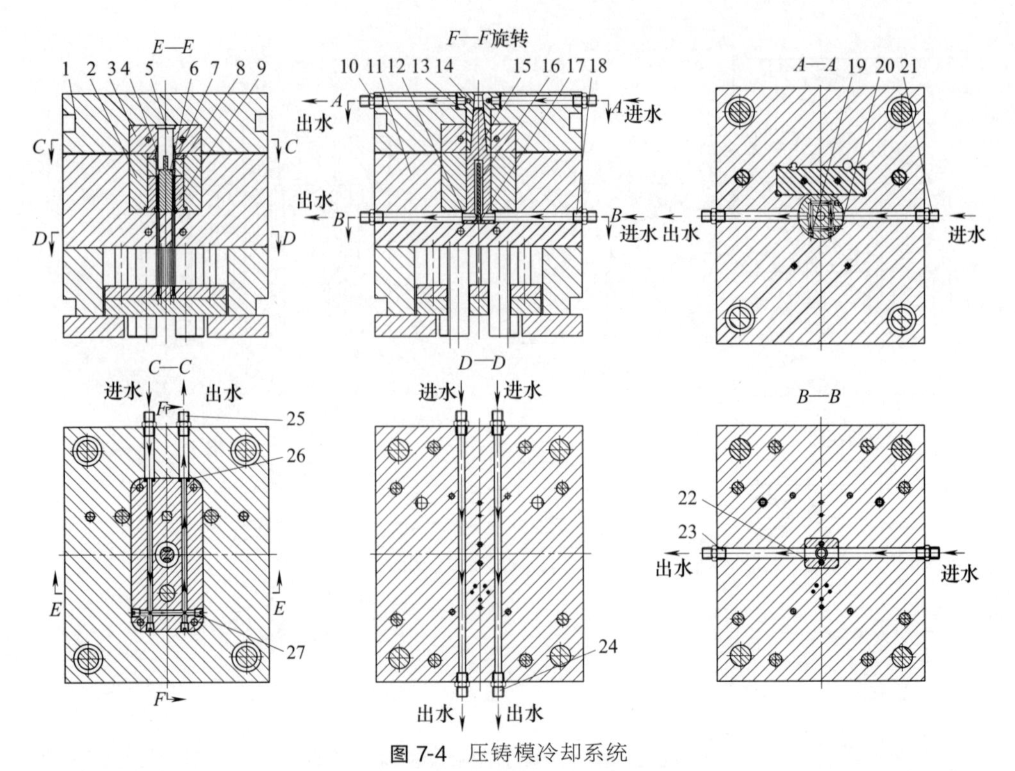

图 7-4 压铸模冷却系统

1—定模板；2—动模型芯；3—定模型芯；4—锁壳；5—锁壳上型芯；6—锁壳下型芯；7—锁壳上嵌件；8—锁壳中嵌件；9—锁壳下嵌件；10,18,21,23～25—冷却水两通接头；11—动模板；12,13,20,22,26—O形密封圈；14—浇口套；15—分流锥；16—分流片；17—分流片座；19,27—螺塞

通过对浇口套、分流锥、定模型芯和动模板的冷却系统的设计，压铸模在加工过程中模具的温度可保持不变，能充分保证锁壳和锁芯的加工质量和大批量生产。

7.1.5 压铸模结构设计

压铸模除了有前述浇注系统、冷却系统和抽芯机构的设计之外，还需要有模具型腔、型面尺寸的设计，模架、导向构件和脱模回程机构的设计。

(1) 压铸模成型件型腔与型面尺寸的设计

物质具有热胀冷缩的特点，因此成型锁壳和锁芯型腔和型芯的尺寸都必须放大成型材料收缩率0.6%，即型腔和型芯的每一个尺寸都要乘（1+0.6%），待锁壳和锁芯冷却之后才能够满足图纸尺寸的要求。

(2) 压铸模的模架和导向构件

模架是压铸模所有零部件组装平台，导向构件是确保动定模开闭模和推板脱模与回程运动定位与导向结构。

① 模架。如图7-5（a）所示，模架由动模板1、定模板2、模脚5、安装板6、推板7、模脚垫板8、导套9、导柱10、回程杆11、分流锥16、浇口套25、顶杆3及17～21、内六角螺钉12组成。分型面Ⅰ—Ⅰ将模架分成定模部分和动模部分，定模型芯、动模型芯、抽芯机构和脱模机构分别安装在定模板2和动模板1上。模架用模脚垫板8和定模板2通过螺栓安装在注射机的动定模板上。

② 导准构件。如图7-5（a）所示，由导套9和导柱10组件保证动定模的定位和导向要求，推板导柱4是用以保证安装板6、推板7、顶杆3及17～21、回程杆11的运动平稳性。

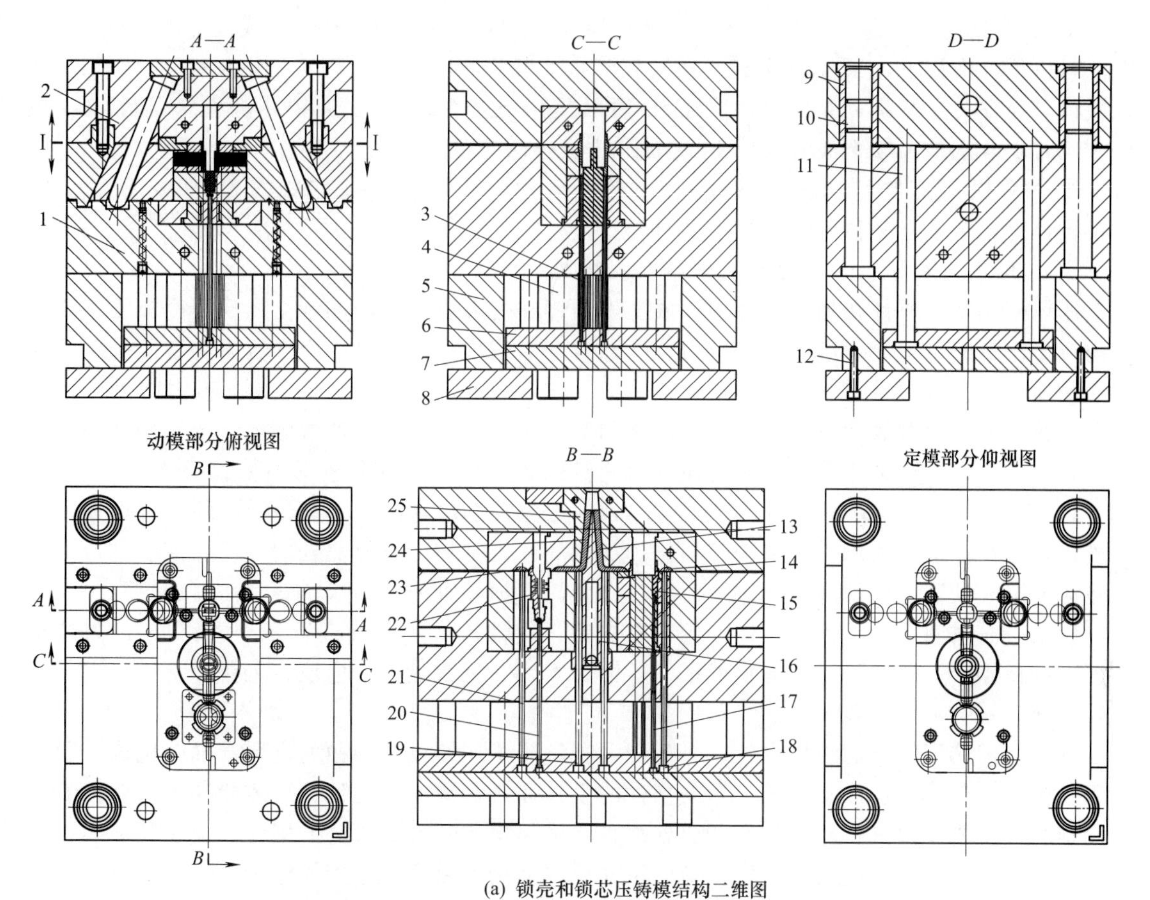

(a) 锁壳和锁芯压铸模结构二维图

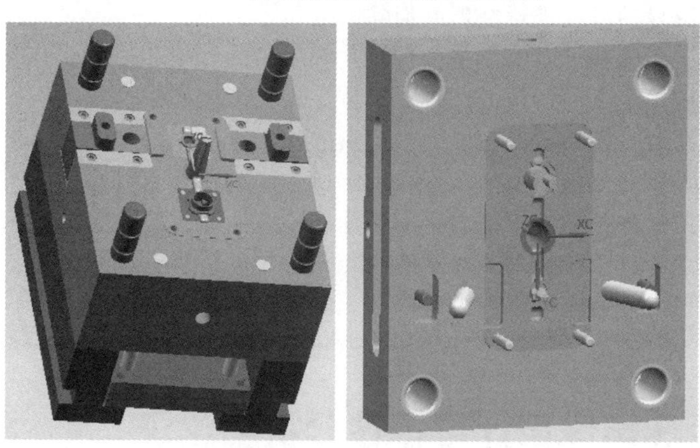
(b) 锁壳和锁芯压铸模结构造型

图 7-5 锁壳和锁芯压铸模结构

1—动模板；2—定模板；3,17～21—顶杆；4—推板导柱；5—模脚；6—安装板；7—推板；8—模脚垫板；9—导套；10—导柱；11—回程杆；12—内六角螺钉；13—锁壳浇道冷凝料；14—锁壳溢流槽块；15—锁壳；16—分流锥；22—锁芯；23—锁芯溢流槽块；24—锁芯浇道冷凝料；25—浇口套

（3）压铸模脱模和回程机构

锁壳和锁芯注射成型后需要从动模型腔或型芯上脱模，浇道中的冷凝料也需要从模具上脱模，才能进行下一次制品的加工。制品和浇道中冷凝料脱模是依靠脱模机构，而脱模机构的复位则依靠回程机构。

① 脱模机构。由顶杆 3 及 17～21、推板导柱 4、安装板 6 和推板 7 组成，如图 7-5a 所示。在注射机顶杆作用下，顶杆 3 及 17～21、安装板 6 和推板 7 作顶出运动，由顶杆 20 将锁芯 22 顶脱模，顶杆 3、17 将锁壳顶出，顶杆 19 顶出锁壳浇道冷凝料 13 和锁芯浇道冷凝料 24，顶杆 18 和 21 分别顶出锁壳溢流槽块 14 和锁芯溢流槽块 23。

② 回程机构。推板导柱 4、安装板 6、推板 7 和回程杆 11 组成，如图 7-5（a）所示。定动模闭合时，定模板 2 顶着回程杆 11 并推着它复位。

（4）压铸模主要零部件材料的选择和热处理

压铸模主要工作件在加工过程中，成型表面要经受金属熔体的冲刷与内部温度梯度所产生的内应力、膨胀量差异所产生的压应力、冷却时产生的拉应力。这种交变应力随着压铸次数增加而增加，当超过模具材料所能承受的疲劳极限时，表面层即产生塑性变形，在晶界处产生裂纹即为热疲劳。成型表面还会被氧化、氢化和气体腐蚀，还会产生冲蚀磨损，金属相型壁黏附或焊合现象。点火开关锁芯脱模时，还要承受机械载荷作用。故可选用 4Cr5MoSiV1、热处理 43～47HRC，或 3Cr2W8V、46～52HRC。为了避免锁芯出现畸变、开裂、脱碳、氧化和腐蚀等疵病，可在盐浴炉或保护气氛炉装箱保护加热或在真空炉中进行热处理。淬火前应进行一次去除应力退火处理，以消除加工时残留的应力。淬火加热宜采用两次预热，然后加热到规定温度，保温一段时间，再油淬或气淬。压铸模主要工作件淬火后即要进行 2、3 次回火，为防止粘模，可在淬火后还要进行软氮化处理。压铸加工到一定数量时，应该将主要拆下重新进行软氮化处理。

锁壳和锁芯压铸模的结构设计，只有在妥善解决了压铸模分型面的设置、抽芯机构、脱模回程机构、浇注系统、冷却系统、导向构件的设计和模具成型面的计算，才能加工出合格的锁壳和锁芯。主要零部件材料的选择和热处理，是确保模具长寿命必需的措施。锁壳和锁芯毕竟形状不同，质量也存在差异。浇注系统的尺寸设计完全一致会产生熔体流量不平衡，可通过试模暴露缺陷后再对浇口的尺寸进行修理以消除缺陷。

通过对点火开关锁壳和锁芯的形体分析，找到了锁壳和锁芯外形上凸台障碍体，采用分型面将压铸模分成动定模，从而避开了凸台障碍体对锁壳和锁芯脱模的阻挡作用。锁壳形体上存在上下端轴向型孔要素，采用定动型芯为轴向镶嵌件，再利用模具的开闭模运动完成成型和抽芯。锁芯形体上存在着两个侧向型槽和型孔及上端轴向型槽要素，采用了两个侧向斜导柱滑块抽芯机构和定模轴向镶嵌件的定模型芯，利用动定模开启和闭合，可完成侧向和上端轴向型槽和型孔的成型和抽芯。采用了合理浇注系统和冷却系统的设计，以及模具工作件材料和热处理的合理选择。而浇口尺寸放在试模后进行修理，实现了熔体流量平衡注入。这些措施确保了压铸模顺利地加工锁壳和锁芯，保证了制品加工质量和大批量的加工。

7.2 顶件板压铸模设计可行性分析与论证

顶件板是用铝硅合金（ZL104）制成如“冖”字形细长薄类型的压铸件。之前铣制顶件板采用铝合金棒料，材料利用率极低，且加工效率低、废品率很高，制造成本高。改用压铸成型，不仅可减小废品率，提高生产效率，降低制造成本。通过对顶件板的形体分析，其平面度不大于 0.1mm，对称度不大于 0.2mm。按正常脱模其两端存在着弓形高“障碍体”，以翻转形式脱模又存在着半圆形长凹槽和长方形凸台“障碍体”。通过合理选择分型面，有效地避开了弓形高“障碍体”对脱模的阻挡。采用了二次脱模的结构，顶件板以底面 80.5%的面积进行了第一次脱模，解决了顶件板脱模变形。第二次翻转脱模，避开了凹槽和凸台“障碍体”。成型后的顶件板平直度为 0.045mm，对称度也控制在 0.02mm 的范围之内。

顶件板是一种细长薄的铝硅合金件，经过分析采用压铸加工方法成型的主要矛盾，是在于顶件板脱模时的变形。成型的压铸件在模具型腔中是不会变形的，只有脱模时才会变形。这是因为顶件板脱模时的温度还很高，还未充分冷硬，在较大脱模力的作用之下变形是肯定的。抓住了主要矛盾，就能找到解决矛盾的有效措施。那么，顶件板脱模时变形的问题，便可以迎刃而解了。也就是说，要找到一种能使顶件板脱模时的变形为最小值的模具结构方案。

7.2.1 顶件板的资料和形体分析

顶件板是一种新开发成型工艺的零件产品，如图 7-6 所示。若采用铝合金棒料，用铣削的方法加工，加工效率很低且废品率很高，又十分浪费铝材。改用压铸工艺方法来成型顶件板，生产效率能大幅度地提高，又可节约大量的铝材，从而降低制造成本，最关键的是能确保任务按时完成。

7.2.1.1 顶件板的资料内容

（1）顶件板的资料内容

顶件板的材料为铝硅合金 ZL104；用 J1160 型冷室压铸机成型；其收缩率为 0.5%。

（2）顶件板的技术要求

包括尺寸精度和形位精度。

① 四处长方体的尺寸精度为：19h11mm、14h11mm、10.5h12mm、12.5h11mm。半圆形槽宽的尺寸为 14H11mm。其尺寸的精度都高于压铸手册的要求。

② 两端的“门”形弧形支脚的圆弧尺寸为 R300mm±0.105mm 和 R143.8mm±0.125mm，所有弧形均为同心弧，其要求也高于压铸手册的要求。

③ 五处宽度尺寸的对称度不能大于 0.2mm。

④ 顶件板的上面为直角梯形的长筋上平面的平面度不能大于 0.1mm。

7.2.1.2 顶件板的形体要素分析

顶件板如图 7-6 所示。顶件板的形体为“宀”形，两端带有“门”字形凹槽的支脚是具有多个同心圆弧面的弓形高“障碍体”。顶件板上面为直角梯形的长筋，下面是一个半圆形长凹槽“障碍体”和一个长方形凸台“障碍体”。从俯视方向看顶件板为四段相连且宽度不同的长方体，对称度均为 0.2mm。顶件板是一个薄、窄、长条形的铝硅合金（ZL104）的压铸件，其长度为 160mm ，最薄处沿长度范围内仅 1.55mm，而宽度最窄处为 10.5mm，顶件板的平面度仅为 0.1mm，可见这是一种典型易变形的压铸件。两端的“宀”字形支脚，一端是 42mm×19mm×3mm(长×宽×厚) 长支脚，另一端是 23mm×12.5mm×3.2mm(长×宽×厚) 短支脚。

7.2.2 “障碍体”与压铸模结构的分析

顶件板上“障碍体”的存在是影响压铸模的开闭模、抽芯和脱模的运动要素，从而影响着压铸模的结构。“障碍体”对顶件板压铸模结构的影响，主要还是影响到压铸模的脱模机构的形式。因此，只有采用二次脱模形式才能有效地避免所有“障碍体”的阻挡作用。

7.2.2.1 顶件板压铸模浇注系统分析

采用了梯形侧向进料口和五个冷料穴，冷料穴是让含有杂质的冷凝料预先进入冷料穴中，以确保顶件板材料的纯洁性和顶件板材质的致密性。

7.2.2.2 顶件板压铸模的结构分析

压铸模的结构如图 7-7（a）所示，顶件板的第一次脱模如图 7-7（b）所示，顶件板的第二次脱模如图 7-7（c）所示，摆块动作如图 7-2（d）所示。

顶件板脱模时，机床顶杆推动安装板 13，并借助摆块 17，使顶杆兼型芯 3 及 4 将顶件板从动模型芯 2 的型腔中顶出，完成第一次顶出，如图 7-2（b）所示。此时顶件板仍未脱离顶

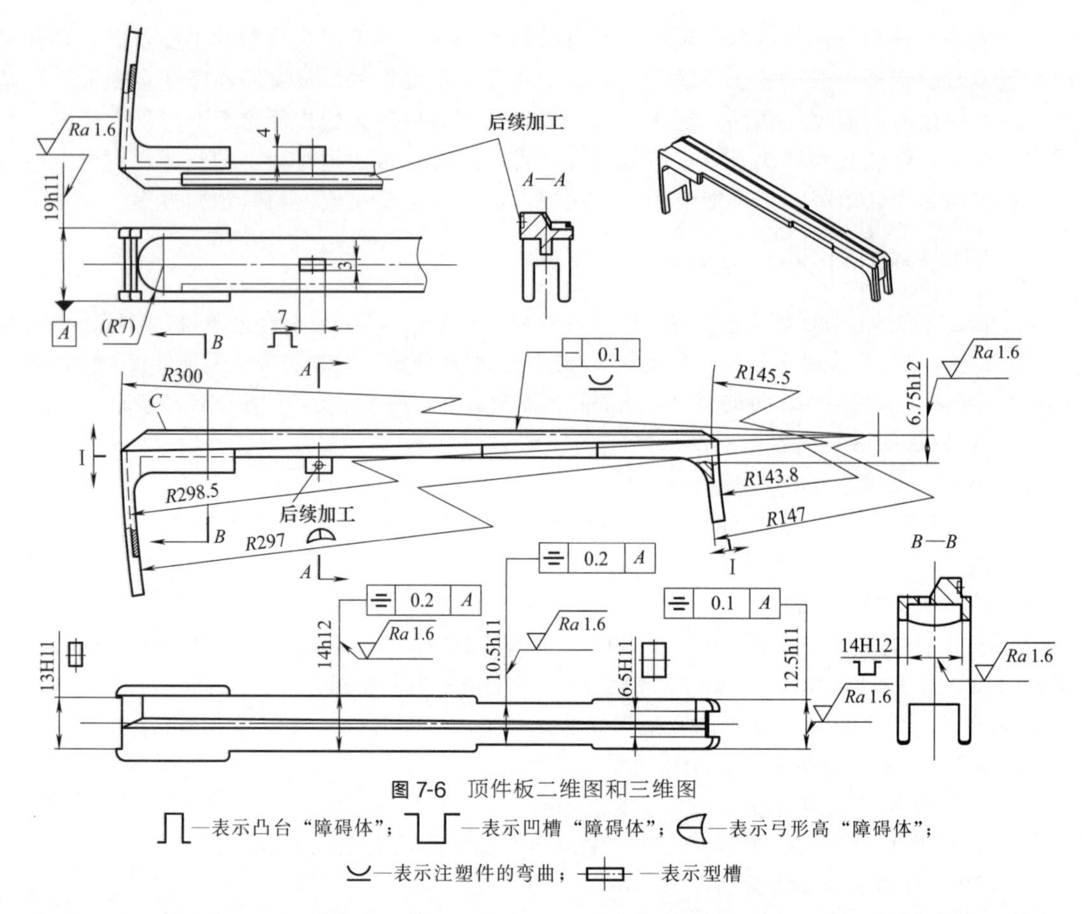

图 7-6　顶件板二维图和三维图

—表示凸台“障碍体”；—表示凹槽“障碍体”；—表示弓形高“障碍体”；

—表示注塑件的弯曲；—表示型槽

杆兼型芯 3 和 4。机床顶杆继续顶出时，由于模脚兼楔板 15 的作用，使摆块 17 转动而脱开安装板 13，安装板 9 暂停移动。从而使安装板 13 可以移动 10mm 距离，即使得顶杆 7 推动着顶件板，使其脱离顶杆兼型芯 3 及 4 呈翻转运动而脱模，完成第二次顶出。

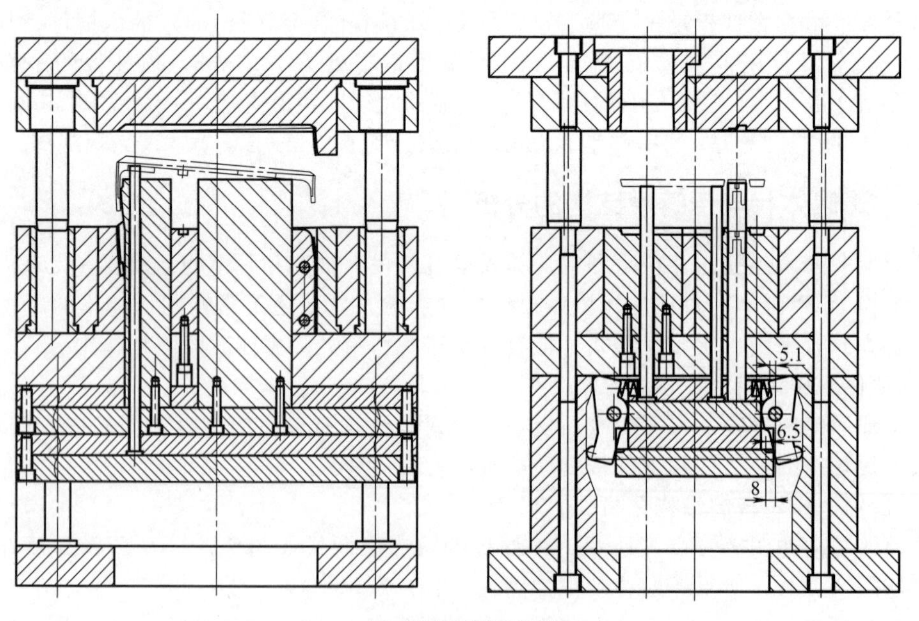

(a) 顶件板压铸模总装图

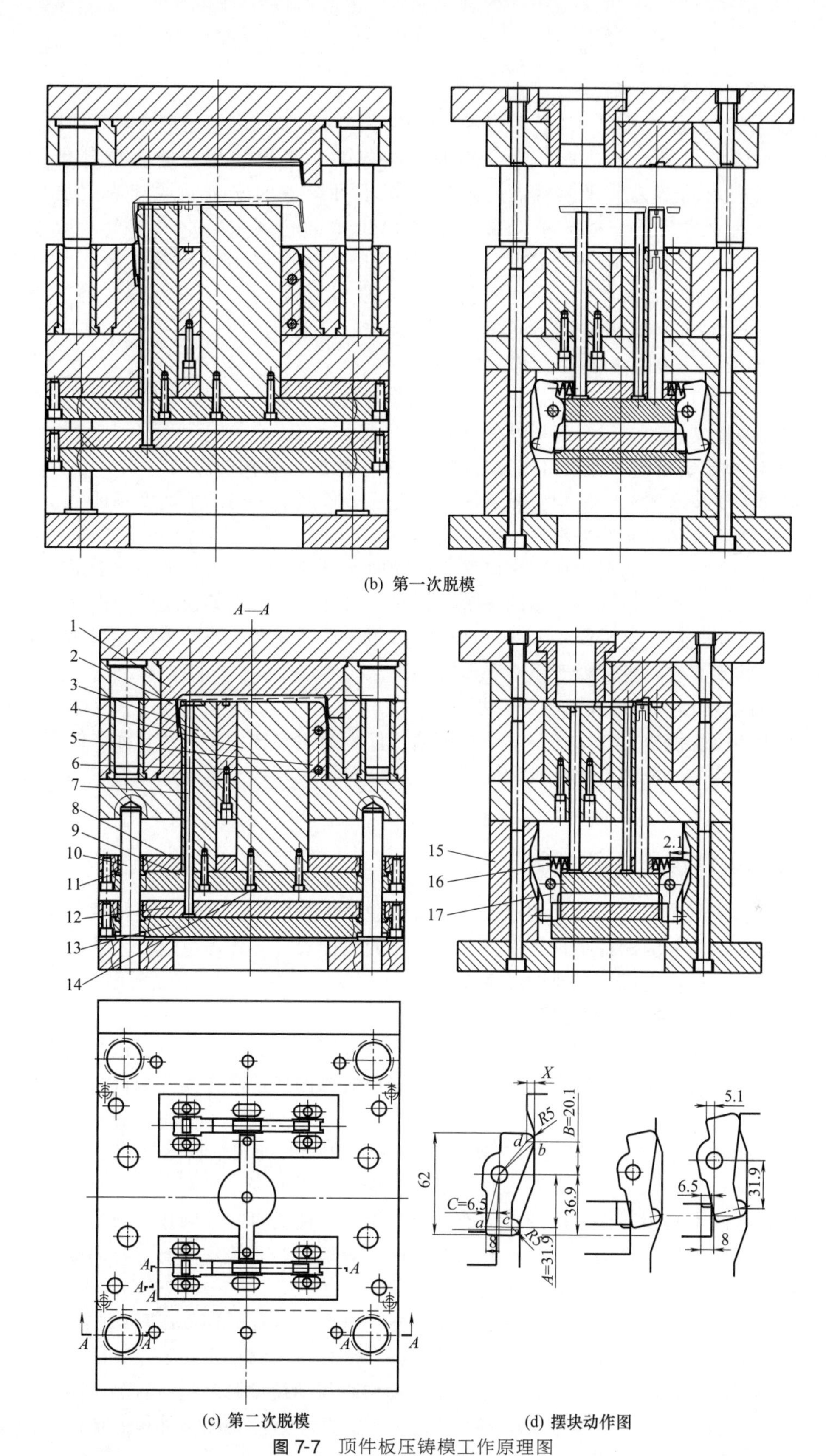

图 7-7 顶件板压铸模工作原理图

1—定模型芯；2—动模型芯；3,4—顶杆兼型芯；5—型芯；6—圆柱销；7—顶杆；8,12—推板；9,13—安装板；10—导柱；11—导套；14—内六角螺钉；15—模脚兼楔板；16—弹簧；17—摆块

7.2.2.3 分型面的设置分析

分型面的设置，主要是为了避让弓形高“障碍体”对形体开闭模运动的阻碍作用。

顶件板压铸模分型面的选取，是会影响到其成型、脱模和型腔能否全部被封死，而不会产生漏料现象的至关重要因素之一，这是切不可忽视的安全问题和决定顶件板能否成型的问题。若合模后的型腔未能全部被封死而出现漏料现象，那是十分危险的。高温的铝硅合金的熔体在160t的压力作用下，将会以高的速度溢出而伤及人员，其后果是不可设想的。分型面的选取，还须注意压铸件在脱模时存在的“障碍体”问题。否则，会影响到压铸件脱模和模具型腔的加工。

7.2.2.4 顶件板压铸模的镶嵌件和抽芯的分析

两侧支脚的“门”字形槽，是依靠动模型腔中的左、右镶件成型，并依靠顶件板的第一次脱模运动完成两侧支脚的“门”字形槽的抽芯。

7.2.2.5 顶件板压铸模的“特殊（变形）技术要求”对脱模机构的影响

顶件板的主要技术要求，是顶件板上面的直角梯形长筋上平面的平面度不能大于0.1mm，而根据压铸手册所查到平面的平直度不大于0.2 mm，这还不是指细薄长形的压铸件。故由此而采用二次脱模机构，才能有效地解决厚度方向翘曲变形的问题。由于抓住了变形的问题，就是抓住问题的本质，顶件板这一典型的细薄长形状压铸件形体特点的模具结构设计难题便迎刃而解。事实已证明，被二次脱模顶出的顶件板的直角梯形长筋上平面的平面度仅为0.045mm，低于顶件板的技术要求，更远低于压铸手册的要求。

7.2.2.6 顶件板压铸模的脱模机构的分析

顶件板压铸模脱模机构的结构，主要是根据顶件板的主要技术要求和“障碍体”两方面来进行分析的。也就是说压铸模脱模机构的结构，既要保证主要技术要求，又要成功地避开“障碍体”的影响。

7.2.3 压铸模结构和方案的论证

本节内容包括压铸模结构方案的论证、压铸模脱模机构的论证和压铸模强度与刚性的校核三方面。只有这三方面的论证结论是可行，压铸模的具体设计工作才可进行。从而避免因压铸模结构设计的盲目性，造成不必要的经济损失。

7.2.3.1 压铸模的结构方案的论证

顶件板在压铸模中有三种摆放位置，便相应有三种压铸模的结构方案。这样就需要作出各种方案的顶件板压铸模结构草图和顶件板压铸模脱模机构的构件动作图，来进行压铸模结构方案的分析和论证。

① 顶件板压铸模的结构方案之一。顶件板在压铸模中为卧式平放的摆放位置，其分型面的设置如图7-8（a）所示。它是以距直角梯形的长筋的上平面为：$5.2^{+0.075}_{0}$ mm的平面与1°的斜面所及所包含的直角梯形面组成的空间面为分型面。右侧支脚的外圆弧面设置在定模上，而左侧支脚的外圆弧面设置在动模上，只有如此才能有效地避开压铸件两侧支脚的圆弧面所产生的脱模时的弓形高“障碍体”的阻碍作用。

该方案中顶件板的半圆形腰字槽是处在上、下的方向。这样，即可以利用脱模机构的顶出动作将顶件板从动模型腔中顶出。两侧支脚的“门”字形槽的结构也在上、下的方向，故成型左侧“门”字形槽结构的凸台，可分别设置在动模型腔与动模型芯之上。右侧“门”字形槽结构的凸台，可分别设置在定模型腔与动模型芯之上。因此，这三处的顶件板的形体不需要设置抽芯机构即可实现成型和抽芯。

压铸件在受外力的作用时是很容易产生变形的，更何况是细薄长形的压铸件。为了最大限度地减小顶件板脱模时的变形，必须采用二次脱模机构。顶件板脱模动作图如图 7-8（b）所示，即第一次脱模机构先将顶件板，以底面的 80.5％的面积，由型芯兼顶杆 2 和 4 从动模型腔中顶出，最大限度地确保顶件板在第一次脱模时，不会因受到动模型腔的拔模力而产生变形。因为动模型芯 3 和型芯 5 是固定不动的，成型顶件板的长方形凸台的动模型芯 3 和成型右侧支脚的型芯 5，不会随同第一次脱模时的其他型芯一起顶出。顶件板在第二脱模时，在顶杆 1 的作用下会产生顶件板的翻转运动。而动模型芯 3 和型芯 5 脱离顶件板，也不会影响到顶件板的翻转运动。同时将动模型芯 3 及型芯 5 与动模型腔制成一体，又有利于型芯兼顶杆 2 和 4 顶出动作的导向与装配。固定的型芯 5 是为了让出足够的空间，有利于顶件板的翻转运动时变形量为最小。

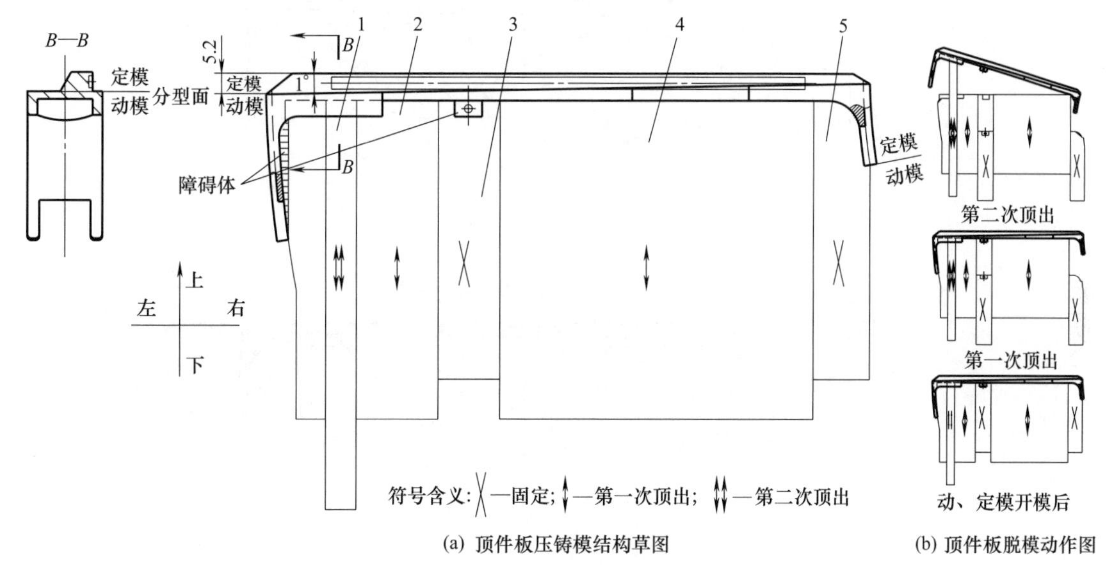

(a) 顶件板压铸模结构草图　　(b) 顶件板脱模动作图

图 7-8　顶件板压铸模的结构方案之一

1—顶杆；2，4—型芯兼顶杆；3，5—型芯

② 顶件板压铸模的结构方案之二。顶件板在压铸模中为侧立式平放的摆放位置，如图 7-9 所示。该套模具结构方案是按顶件板为侧立式放置的空间位置进行压铸模设计的。其分型面是如图 7-6 所示的距直角梯形长筋上的斜面与 1°的斜面所组成的面。这样放置其好处是：顶件板的脱模是在最不容易产生变形的宽度方向进行的，而不是在顶件板容易变形的厚度方向进行的，厚度方向的最小尺寸为 1.55mm，而宽度方向的最小尺寸为 10.5mm，其脱模方向的尺寸为方案一的近 7 倍。这样顶出顶件板宽度的方向，就不容易产生变形，也就无需采用二次脱模机构。可是为了使顶件板能够被顶出动模型腔，成型顶件板两侧支脚的“门”字形槽的型芯会影响顶件板的脱模，需要有左、右镶件 2、6 进行两侧的抽芯，成型顶件板下面的长方形凸台的型芯也会影响顶件板的脱模，需要中型芯 4 下移和左型芯 3 右移。另外，左后侧支脚的内侧弧面和半圆形腰字槽是“障碍体”，也会影响顶件板的脱模，需要左型芯 3 下移，即左型芯 3 先向右方向，再向前方向变向移动或向右前方向斜向移动。并且要先完成前述的三处移动后，才能进行后述的移动，否则后述的移动会与长方形凸台型芯的向前方向的移动发生“运动干涉”现象。如此看来，该压铸模的结构方案不但有两处抽芯机构，更是有左型芯 3 复合运动的移动机构，并且在运动的时间上还需要延时。抽芯和型芯移动机构多且运动复杂，故方案二较之方案一更为复杂。再者侧立式放置使顶件板的宽度方向朝开、闭模方向，这样模具型腔就需要制有拔模角而影响到顶件板厚度方向的尺寸，这也是图纸上不允许的。

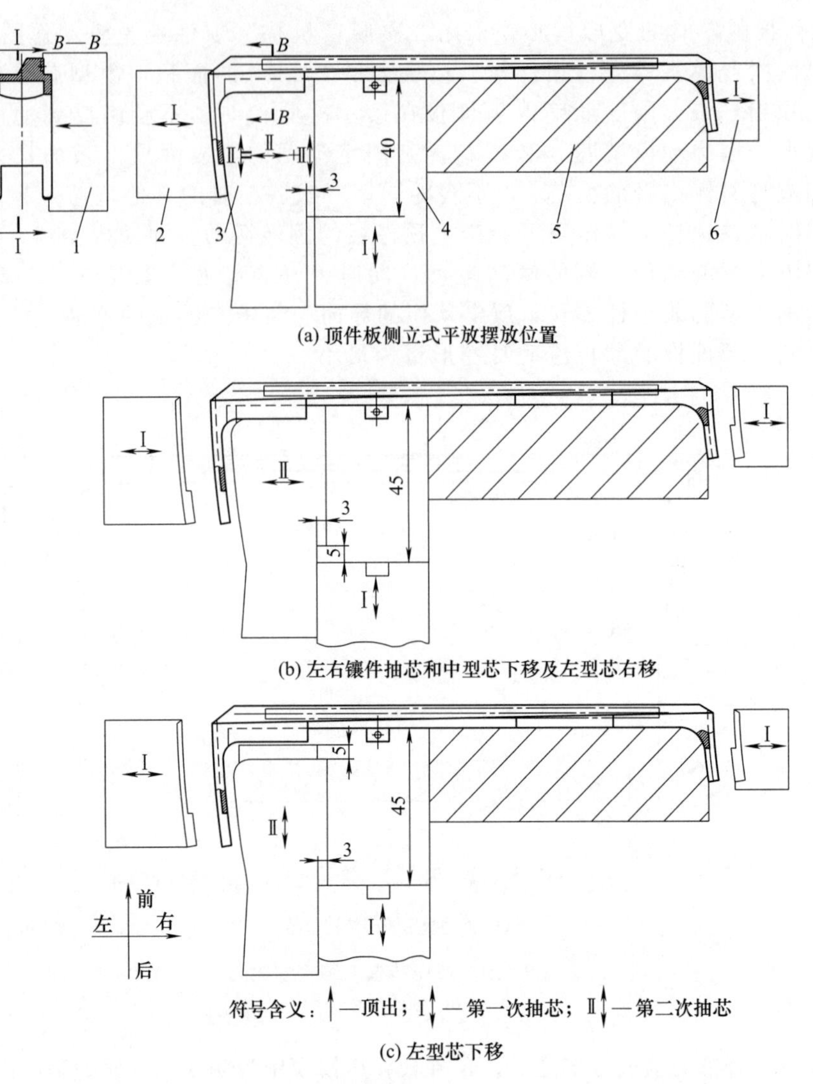

(a) 顶件板侧立式平放摆放位置

(b) 左右镶件抽芯和中型芯下移及左型芯右移

(c) 左型芯下移

图 7-9　顶件板压铸模的结构方案之二

1—右模腔；2—左镶件；3—左型芯；4—中型芯；5—右型芯；6—右镶件

③ 顶件板压铸模的结构方案之三。顶件板在压铸模中是竖立式摆放位置，如图 7-10 所示。由于顶件板是典型的细、薄、长形的压铸件，其长度为 160mm，脱模后要控制其变形量是件十分困难的事。加上成型“⌐”形下方的 R297mm 弧形面、R7mm 的半圆形槽和 7mm×3mm×4mm 的凸台等型芯的移动，也是件十分困难的事。如图 7-10（b）所示，上下镶件 1、5 需要上下抽芯，右中型芯 3 需要右移。如图 7-10（c）所示，右下型芯 2 需要上移，右上型芯 4 右移后，顶件板才能够脱模。加上压铸模的闭合高度高，动模型腔的高度大而拔模斜度长，将会产生严重的尺寸超差。这样，还需要机械加工进行补充加工。因成型脱模后的顶件板还会产生严重的变形，这是一个注定失败的方案。

综合上述三种方案，显然方案三是失败的方案，方案二结构复杂也不应选取，而方案一更为简单可靠。方案一没有复杂的型芯移动机构的运动，但为了解决窄、薄、长形的压铸件变形的问题，采用的二次脱模机构是十分有效的。方案二虽然采用了避免脱模变形的最薄弱处的宽度方向脱模，而无需采用二次脱模机构，就脱模机构而言是比方案一简单，但是其抽芯机构有四处之多，更具有复合运动的抽芯机构，并且在运动的时间上还需要延时，还需要避免抽芯机

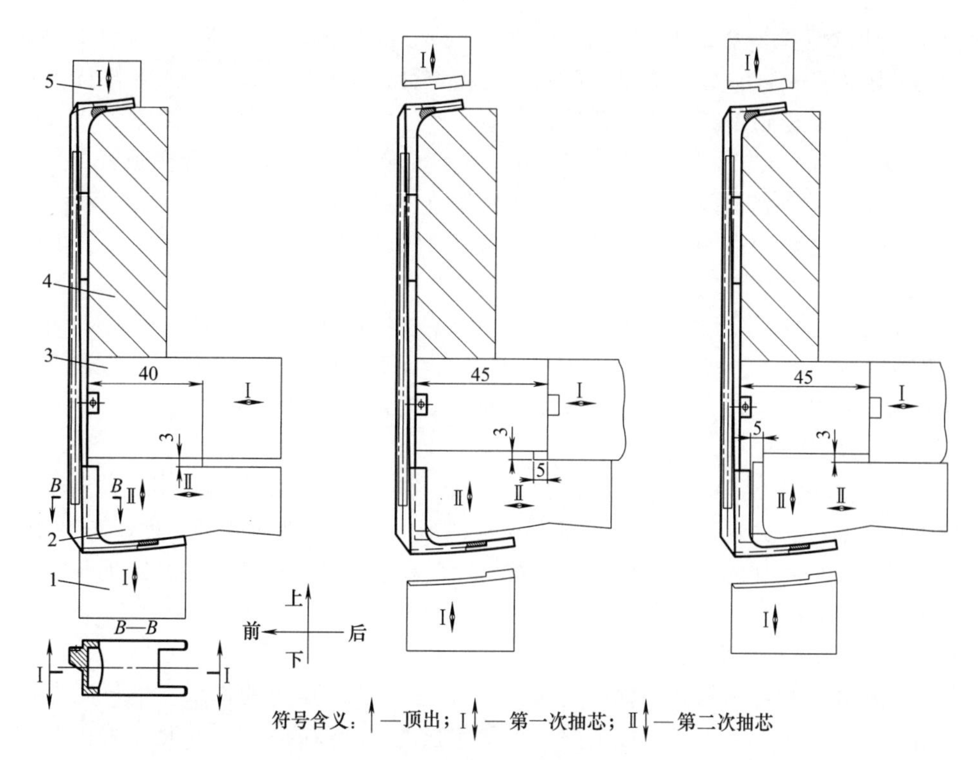

图 7-10　顶件板压铸模的结构方案之三

1—下镶件；2—右下型芯；3—右中型芯；4—右上型芯；5—上镶件

构的“运动干涉”现象的发生，其复杂性远大于方案一的二次脱模机构。因此，选用方案一为上策。由于顶件板的两道后续工序的加工，可由机械加工的工序来完成，又相对减少了压铸模结构的复杂程度。

7.2.3.2　压铸模脱模机构论证

以顶件板在模具中卧式平放摆放的压铸模结构方案为最佳优化方案，即对方案一进行论证。

（1）分型面的设置论证

由于分型面的设置，当定模开模时，便可消除顶件板右外侧小圆弧面弓形高“障碍体”的阻碍作用。而顶件板的第一次脱模，又消除了顶件板左外侧大圆弧面的弓形高“障碍体”的阻碍作用。采用三维所截取得的分型面，在动、定模型面之间是吻合的，不会因为存在着动、定模分型面间的缝隙而产生溢料伤人的事故。

（2）“门”字形槽抽芯论证

由于“门”字形槽虽然处在顶件板两侧的支脚上，但“门”字形槽下端是贯通的。因此采用动模的镶嵌件来成型“门”字形槽，也方便顶件板的脱模。

（3）顶件板脱模论证

主要是根据成型件的“障碍体”和变形量来决定脱模的形式，顶件板的脱模采用二次脱模运动的形式，最大限度地减少了因顶件板脱模时的拔模力和冷却收缩时的翘曲变形。

① 顶件板的成型面与顶杆的作用，如图 7-7（a）所示。顶件板的“⌐”形的下面的形体是靠顶杆 7、顶杆兼型芯 3 和 4、型芯 5 组成的型面成型。型芯 5 和动模型芯 2 是不会产生移

动的固定件，动模型芯 2 除了可成型 7mm×3mm×4mm 的凸台外，还可将顶杆兼型芯 3 和 4 的两个运动件隔离开而起到导向作用。型芯 5 为固定件，是让开右端“⌐”字形槽小圆弧面在顶杆作用下的二次脱模顶出时，避免顶件板翻转所产生的力矩使顶件板的右端产生弯曲变形。

② 第一次脱模运动的形式，如图 7-7（b）所示。第一次脱模运动是在顶杆 7、顶杆兼型芯 3 和 4 的作用下，将整个顶件板顶出来，从而避开了 7mm×3mm×4mm 的凸台“障碍体”对二次脱模时翻转运动的影响。由于顶件板的被顶的面积达 80.5%，顶件板克服拔模力的作用而产生变形也是极小的。

③ 第二次脱模运动的形式，如图 7-7（c）所示。在动模型芯 2、顶杆兼型芯 3 和 4、型芯 5 都固定不动的情况下，顶杆 7 的顶出使“顶件板”以顶杆兼型芯 4 的右棱边为轴心产生翻转脱模运动，从而避开了顶件板的左端内圆弧面的“障碍体”对脱模的影响。

（4）压铸模的结构论证的结论

综合上述压铸模分型面的设置是可靠的，两侧支脚的“门”字形槽成型是没问题的，顶件板的脱模也是可靠的，并且顶件板的上面为直角梯形的长筋上平面的平面度，不大于 0.1mm 的要求是能得到充分保证的。事实已证明，被二次脱模顶出的顶件板直角梯形的长筋上平面的平面度仅为 0.045mm。

7.2.3.3 压铸模的强度和刚性的校核

顶件板的压铸模型腔内熔融的铝硅合金的熔体是在 160t 压力的作用下进行填充，给予了模具腔壁很大的压力，故对动模型腔的壁厚需要作强度和刚性的校核，以防动模型腔产生变形而影响顶件板脱模及平面度的超差。

顶件板的压铸模的设计具有一定的技巧性和规律性，要设计好顶件板的压铸模也不一定是件困难的事情，但一定要对压铸模的结构方案进行最佳优化方案的可行性分析和论证。通过可行性分析和论证，在取得了最佳优化方案和可行性机构的结论之后，才能进行模具的具体设计和造型，从而可避免盲目性所造成模具设计的失误。另外，还需要对模具结构方案会产生的缺陷进行预先分析和论证。这就是缺陷“以预防为主，整治为辅”的方针，从而极大地预防模具结构的失误，提高试模合格率。

7.3 轿车喇叭形通管压铸模结构的设计

喇叭形通管是轿车的一种零部件，为了能生产出大批量优质的通管，应该采用压铸模进行加工。通管压铸模结构的设计，必须先通过对通管的形体分析，在找出通管的形体要素之后，制订出解决通管形体要素的模具结构措施，即压铸模结构方案，才能进行模具结构的设计和造型。

7.3.1 喇叭形通管的形体分析

轿车喇叭形通管简称通管，喇叭形通管是轿车上的一种左件和右件，说明了通管压铸加工应该是大批量生产。通管左件如图 7-11（a）所示，右件对称。通管左件和右件造型，如图 7-11（b）所示。要求通管内外不允许存在模具结构在加工过程中遗留的痕迹，即有外观要素要求。通管材料为铝硅铜合金，收缩率为 0.4%～0.6%。

通管形体可行性分析：如图 7-11（a）所示，通管形体上存在着 ϕ26.8mm×16°×41.6mm 及 ϕ69.4mm×82°×(74.3－R7.2－41.6) mm 的锥形孔；ϕ13.2mm×60°×24.6mm 的斜向孔；ϕ15.1mm×5.5mm 的型槽；ϕ18.1mm×60°的凸台障碍体。

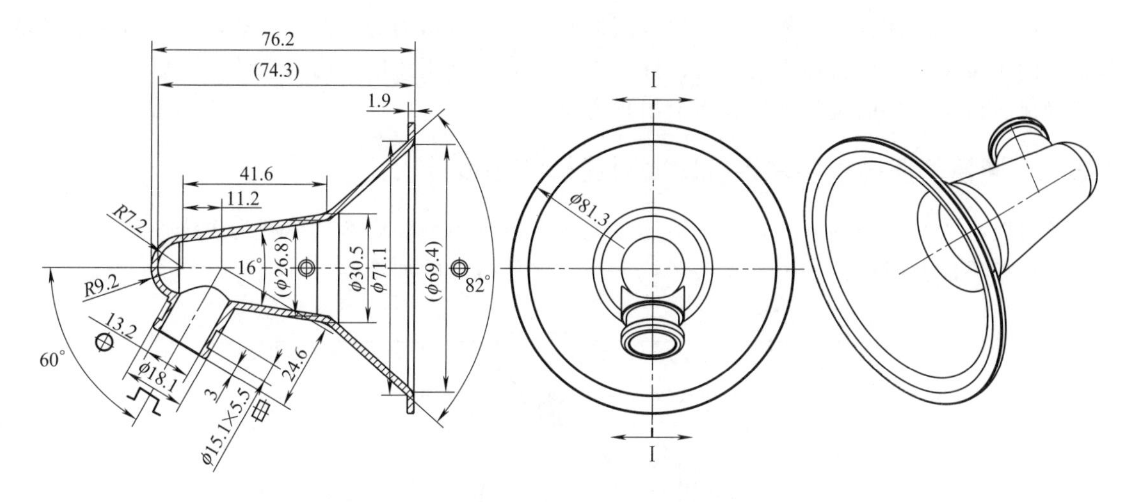

(a) 通管形体分析

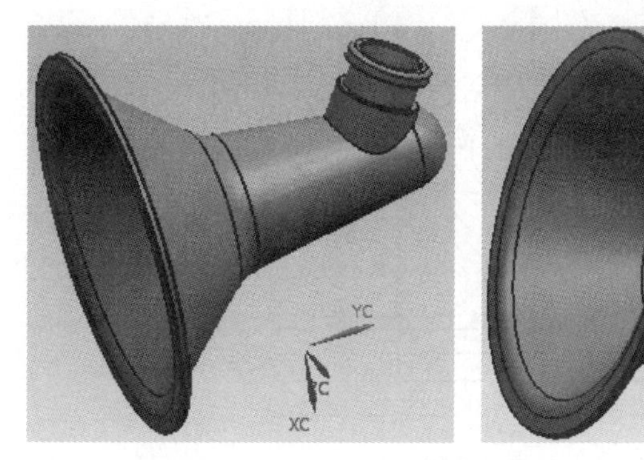

(b) 通管造型

图 7-11 通管形体分析

7.3.2 通管的压铸模结构方案可行性分析

通过对通管的形体分析得出了其形体上存在着锥形孔、斜向孔、型槽、凸台障碍体、外观和大批量要素。根据大批量的要求，压铸模应该采用一模二腔，可以同时压铸成型加工通管左件和右件。

① 外观要素压铸模具结构方案。由于通管具有外观要求，压铸模的浇注系统应该采用点浇口。如此，压铸模模架应采用定、中和动模的三模板结构。压铸模第一次分型时可实现脱浇注系统冷凝料，第二次分型时可实现脱通管。

② 凸台障碍体与型槽要素压铸模具结构方案。针对凸台障碍体，模具必须采用分型面Ⅱ—Ⅱ（图 7-12），将模具型腔分成中模和动模部分，方可避开凸台障碍体对通管脱模的阻挡作用。同时，还可以解决对通管型槽的压铸模的中模嵌件和动模嵌件的抽芯和复位及对脱模的影响。

③ 锥形孔要素压铸模具结构方案。针对锥形孔要素应该采用抽芯机构进行抽芯，由于两个锥形孔的长度为 74.3mm，抽芯的距离应该大于 74.3mm。如果采用斜导柱滑块抽芯机构，斜导柱的长度要特别长，一是为了使斜导柱有足够的强度，其截面积应选取较大的值；二是会导致模具的面积和高度特别大。为此应该选用油缸抽芯机构，可以避免上述缺点。

④ 斜向孔要素压铸模具结构方案。由于斜向孔的长度只有 24.6mm，可以采用斜导柱滑块抽芯机构。

根据通管的形体分析要素，便可以全面地制订压铸模结构的可行性方案，严谨的话还需要对制订的压铸模结构可行性方案进行论证。之后才能进行压铸模结构的设计和造型，只有如此才能确保压铸模结构的设计和造型不会出现差错。

7.3.3 通管的压铸模浇注系统冷凝料脱模结构设计

压铸模必须具备浇注系统，合金熔体才能流入模具的型腔后冷却成型为压铸件。浇注系统的冷凝料如不能及时被清理掉，将会影响下一工序压铸件的加工。

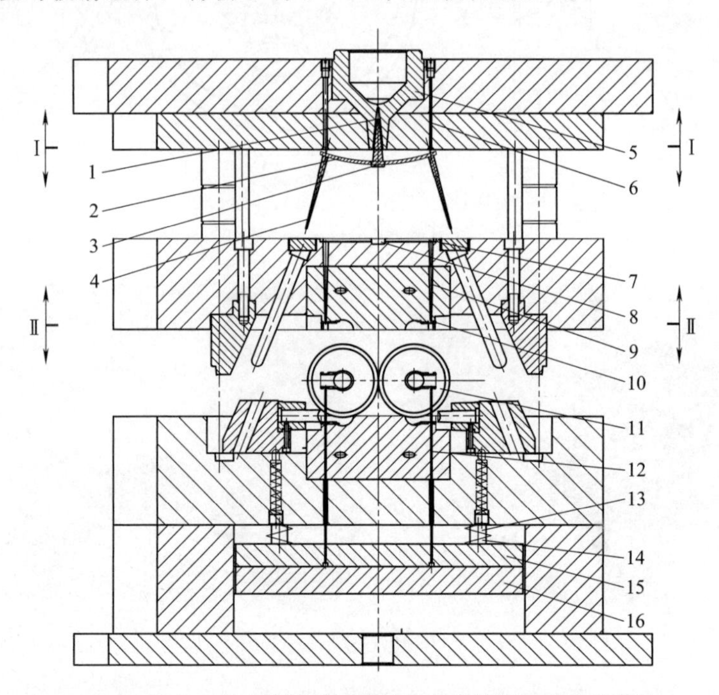

图 7-12 浇注系统与脱浇注系统冷凝料及脱通管结构的设计

1—主浇道冷凝料；2—横向分流道冷凝料；3—拉料结冷凝料；4—纵向分流道冷凝料；5—浇口套；6—拉料杆；7—拉料结；8—横向分流道；9—纵向分流道；10—点浇口；11—通管；12—顶杆；13—弹簧；14—回程杆；15—安装板；16—推件板

(1) 浇注系统与脱浇注系统冷凝料的组成

① 浇注系统。如图 7-12 所示，由浇口套 5、拉料结 7、横向分流道 8、纵向分流道 9 和点浇口 10 组成。

② 浇注系统冷凝料。如图 7-12 所示，由浇口套 5 的主浇道冷凝料 1、横向分流道冷凝料 2、拉料结冷凝料 3 和纵向分流道冷凝料 4 组成。

(2) 脱浇注系统冷凝料

如图 7-12 所示，铝硅铜合金熔体在闭合的压铸模型腔冷却成型为通管 11 之后。分型面Ⅰ—Ⅰ的开启，由于拉料结 7 的作用可将浇口套 5 中的主浇道冷凝料 1 和横向分流道冷凝料 2 拉出。又由于主浇道冷凝料 1 的作用，可将纵向分流道 9 的纵向分流道冷凝料 4 拉出。同时可切断纵向分流道冷凝料 4 与通管 11 的点浇口 10 冷凝料，实现从分型面Ⅰ—Ⅰ开启的空间脱浇注系统冷凝料。此时，定模部分与中模部分，由于 4 根台阶螺钉连接的限制只能开启给定的距离，并使得中模部分挂在其支撑的 4 根导柱上。

(3) 脱浇通管和回程机构的设计

如图 7-12 所示，分型面Ⅱ—Ⅱ开启之后，压铸机的顶杆作用于推件板 16、安装板 15 和顶杆 12，顶杆 12 可将通管 11 顶离压铸模动模型腔。当压铸机的顶杆撤回时，作用于压铸模推件板 16、安装板 15 和顶杆 12 的外力消失后，在弹簧 13 的作用下可推动推件板 16、安装板 15 和顶杆 12 开始进行复位运动。随着分型面Ⅱ—Ⅱ的闭合，中模板可推着回程杆 14 并带着推件板 16、安装板 15 和顶杆 12 精确复位，实现通管 11 不断循环地压铸加工。

7.3.4 通管的压铸模冷却系统的设计

压铸模在加工的过程中，高温的合金熔体会将热量传递到压铸模具的工作件，造成模具温度的升高。随着压铸加工的不断进行，模具温度不断地升高，当模温超过合金临界值时，合金的各种性能便会降低，不能使用。

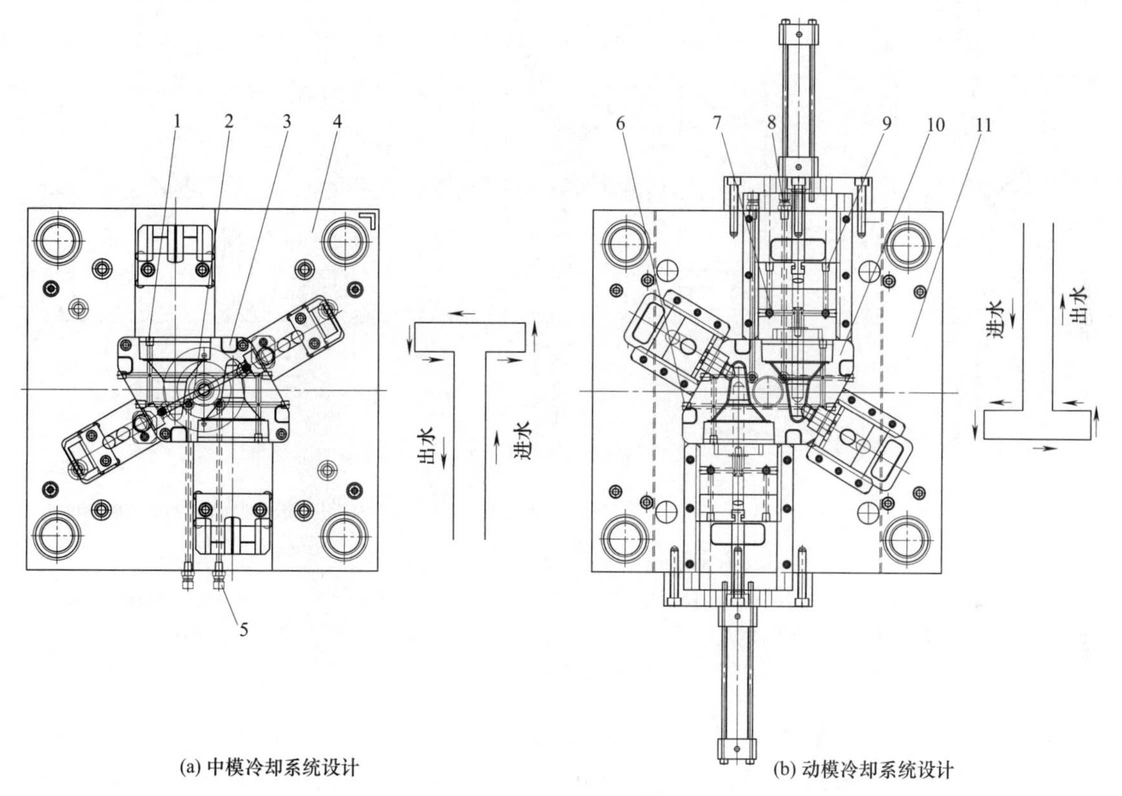

图 7-13 中、动模冷却系统设计

1,6,9—螺塞；2,7—O 形密封圈；5,8—冷却水接头；3—中模嵌件；4—中模板；10—动模嵌件；11—动模板

① 中模冷却系统的设计。如图 7-13（a）所示，在中模嵌件 3 和中模板 4 中应该加工出冷却水通道，还需要加工出安装 O 形密封圈 2 的槽。在冷却水通道的端头加工出锥形螺塞的螺孔，并安装防止冷却水泄漏的螺塞 1，在槽中安装防止冷却水泄漏的 O 形密封圈 2，在进出水处安装冷却水接头 5。在进出水处安装冷却水接头 5 上安装好进出水管，通入冷却水，冷却水便可按右侧冷却水流动示意图进行循环流动，将模具的热量带走，起到降低模温的作用。

② 动模冷却系统的设计。如图 7-13（b）所示，同样需要在动模嵌件 10 和动模板 11 中加工出冷却水通道，还需要加工出能安装 O 形密封圈 7 的槽。在冷却水通道的端头加工出锥形螺塞的螺孔，并安装好防止泄漏的螺塞 6、9，在槽中安装防止泄漏的 O 形密封圈 7，在进出水处安装冷却水接头 8。再在其上安装好水管通入冷却水，冷却水便可按右侧冷却水流动示意图进行循环流动，将模具的热量带走，起到降低模温的作用。

7.3.5 通管的压铸模抽芯机构的设计

当模具抽芯距离行程大于 45mm 的时候，应该选择油缸抽芯；抽芯距离行程小于 45mm 的斜孔，则可以采用斜导柱滑块抽芯机构。

7.3.5.1 油缸抽芯机构的设计

根据通管的压铸模抽芯机构可行性结构设计的方案，成型两锥形孔的型芯抽芯距离需要有 78mm。因此，必须选用 MOB40×100 型号轻型液压油缸的抽芯机构。

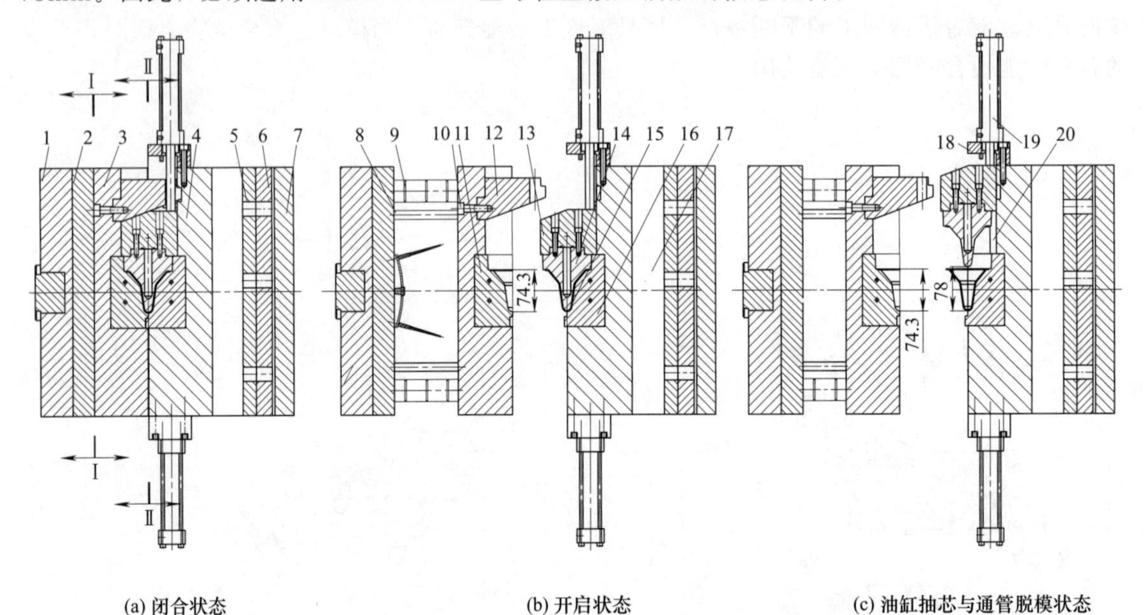

(a) 闭合状态　(b) 开启状态　(c) 油缸抽芯与通管脱模状态

图 7-14 油缸抽芯机构的设计

1—定模垫板；2—定模板；3—中模板；4—动模板；5—安装板；6—推板；7—底板；8—台阶螺钉；9—导柱；10—内六角螺钉；11—中模嵌件；12—楔紧块；13—滑块；14—大型芯；15—通管；16—动模嵌件；17—模脚；18—安装块；19—油缸；20—导向块

① 油缸抽芯机构闭合状态。如图 7-14（a）所示，当定、中、动模闭合之前，大型芯 14 在油缸 19 的作用下应该复位。定、中、动模闭合后，合金熔体经浇注系统进入压铸模型腔冷却成型通管 15。为了防止油缸 19 在压铸力和保压力的作用下出现后退现象，楔紧块 12 需要楔紧滑块 13。

② 压铸模开启状态。如图 7-14（b）所示，当分型面Ⅰ—Ⅰ开启时，浇注系统冷凝料脱模。当分型面Ⅱ—Ⅱ开启时，中模板 3 和中模嵌件 11 的型腔离开通管 15，楔紧块 12 离开滑块 13。通管 15 处于中模部分的型面被打开状态，有利于通管 15 的抽芯与脱模。

③ 抽芯与通管脱模状态。如图 7-14（c）所示，由单板机控制的油泵向油缸 19 注入油液，使得油缸 19 的活塞上的轴带动滑块 13，沿着由两块导向块 20 组成的 T 形槽中大型芯 14 进行 78mm 的抽芯。当压铸模顶杆顶出时，便可实现通管 15 的脱模。在大型芯 14 抽芯的同时，成型斜向孔的型芯也要在进行斜导柱滑块抽芯运动。

成型的通管只有在中模型腔开启之后，成型通管的锥形孔和斜向孔的型芯抽芯后，才能在顶杆的作用下实现通管的脱模。

7.3.5.2 斜导柱抽芯机构的设计

根据压铸模结构方案可行性的分析，通管上的斜向孔长度只有 24.6mm。因此，可以采用斜导柱滑块抽芯机构。

① 闭合状态。如图 7-15（a）所示，当定、中、动模闭合时，型芯 16、型芯安装块 13 和滑块 15 在斜导柱 11 的作用下，通过限位销 23 压缩弹簧 24 进行复位运动，合金熔体经浇注系统进入压铸模型腔中冷却成型通管 7。为了防止型芯 16、型芯安装块 13 和滑块 15 在压铸力和保压力的作用下出现后退现象，楔紧块 14 需要楔紧滑块 15。

② 分型面Ⅰ—Ⅰ开启状态。如图 7-15（b）所示，当分型面Ⅰ—Ⅰ开启时，浇注系统冷凝料脱模。定模部分与中模部分开启距离由 4 根台阶螺钉 21 控制着，中模部分由 4 根导柱支撑。

③ 分型面Ⅱ—Ⅱ开启与抽芯。如图 7-15（c）所示，当分型面Ⅱ—Ⅱ开启时，斜导柱 11 拨动滑块 15、型芯安装块 13 和型芯 16 进行抽芯运动。滑块 15 移至限位销 23 处，限位销 23 在下面弹簧 24 的作用下进入滑块 15 的半球形窝锁住滑块 15，可防止滑块 15、型芯安装块 13 和型芯 16 在抽芯运动惯性作用下滑离动模板。当压铸机的顶杆推动推件板 18、安装板 19 和顶杆 17 时，敞开的通管 7 可在顶杆 17 顶出作用下脱模。

成型的通管只有在中模和动模开启之后，并在完成通管锥形孔和斜向孔的抽芯，在脱模机构的作用下才能脱模。

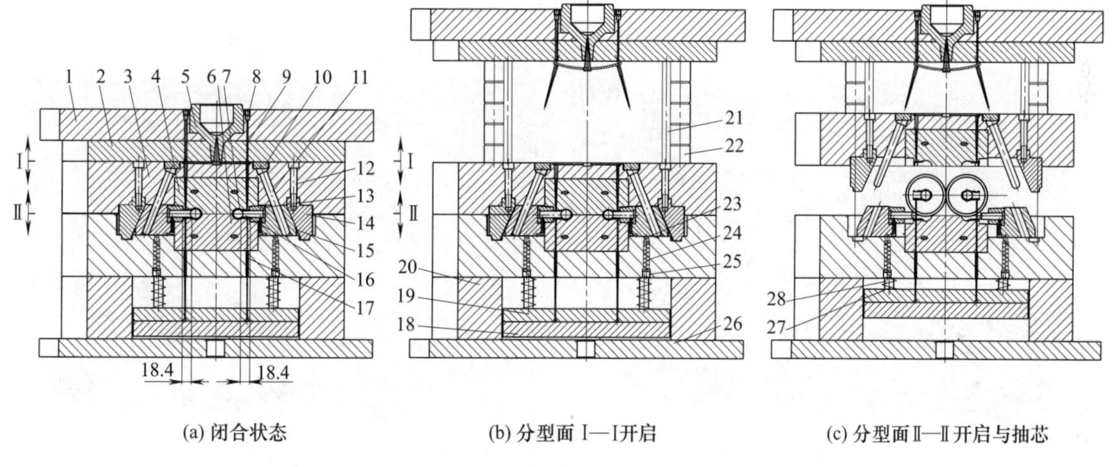

(a) 闭合状态　(b) 分型面Ⅰ—Ⅰ开启　(c) 分型面Ⅱ—Ⅱ开启与抽芯

图 7-15　斜导柱滑块抽芯机构的设计

1—定模垫板；2—定模板；3—中模板；4—中模嵌件；5—浇口套；6—动模嵌件；7—通管；8,25—螺塞；9—拉料杆；10—垫块；11—斜导柱；12—内六角螺钉；13—型芯安装块；14—楔紧块；15—滑块；16—型芯；17—顶杆；18—推件板；19—安装板；20—模脚；21—台阶螺钉；22—导柱；23—限位销；24,27—弹簧；26—底板；28—回程杆

7.3.6　压铸模动、中模镶嵌件组合的设计

成型通管外形的压铸模工作件，主要是中模嵌件和动模嵌件。它们的形状复杂，形位尺寸精度高，加工工序多。

① 动模嵌件。动模嵌件如图 7-16（a）所示，造型如图 7-16（c）所示。由于熔融的合金材料的热胀冷缩，为了保证压铸加工的通管形状、尺寸和精度符合图纸的要求，动模嵌件成型通管的尺寸都必须是：通管图纸的尺寸＋通管图纸的尺寸×收缩率 0.5%。为了保证动模嵌件与中模嵌件不错位，造成通管壁厚不均匀。动模嵌件与动模板的外形尺寸的配合均为 H7/m6。同时，动模嵌件与中模嵌件定位，还需通过 4×20（H7/f7）mm×18 凸台与凹槽的配合。配合面和型腔面的粗糙度值为 0.6，垂直度和平行度应小于 0.01mm。

② 中模嵌件。如图 7-16（b）所示，造型如图 7-16（d）所示。同理，中模嵌件定位配合和型腔尺寸要求与动模嵌件相同。

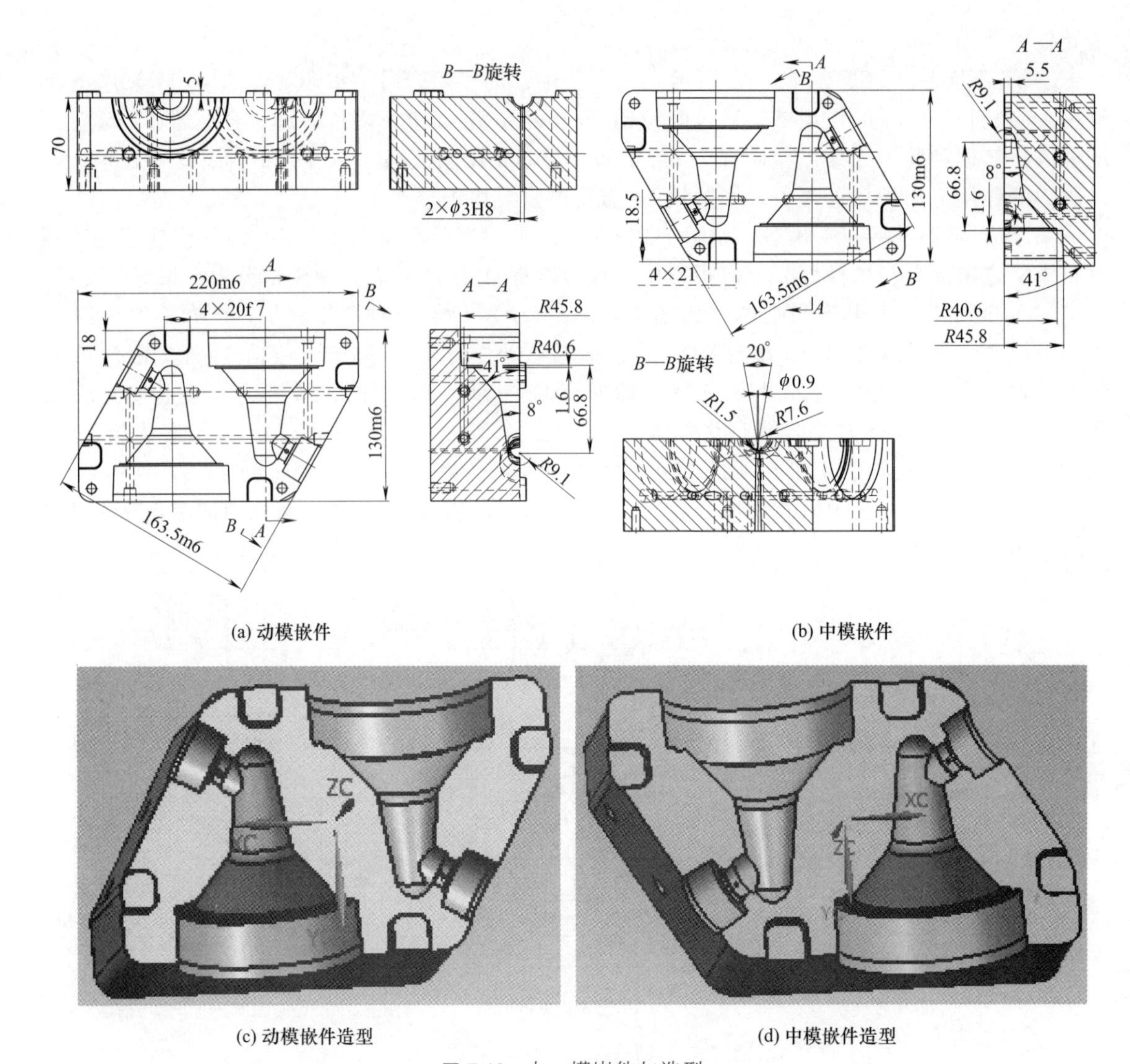

(a) 动模嵌件　(b) 中模嵌件

(c) 动模嵌件造型　(d) 中模嵌件造型

图 7-16　中、模嵌件与造型

7.3.7　通管的压铸模结构的设计

通管的压铸模结构的设计包含：模架、浇注系统、冷却系统、中模及动模嵌件、油缸抽芯机构、斜导柱滑块抽芯机构、脱模机构、回程机构和导向定位及限位构件的设计。

① 模架。为三模板结构，如图 7-17（a）所示，由定模垫板 1，定模板 2，中模板 3，浇口套 5，螺塞 8、19、34、38、41，拉料杆 9，内六角螺钉 12、31、43，顶杆 20，回程杆 21，弹簧 22，导柱 23、42，导套 24～26，模脚 27，安装板 28，推件板 29，底板 30，台阶螺钉 32，冷却水接头 35、39，O 形密封圈 36、40，连接板 44 和油缸 45 组成。

② 导向定位和限位构件。如图 7-17（a）所示，定、中、动模的开启和闭合运动的导向与定位，由导柱 23 和导套 24～26 的配合保证；安装板 28、推件板 29、顶杆 20 与动模之间脱模和复位运动，由导柱 42 保证；定模与中模的限位，由台阶螺钉 32 保证。

7.3.8　压铸模主要零部件材料的选择和热处理

本例选用 4Cr5MoSiV1、热处理 43～47HRC，或 3Cr2W8V、46～52HRC。为了避免压铸

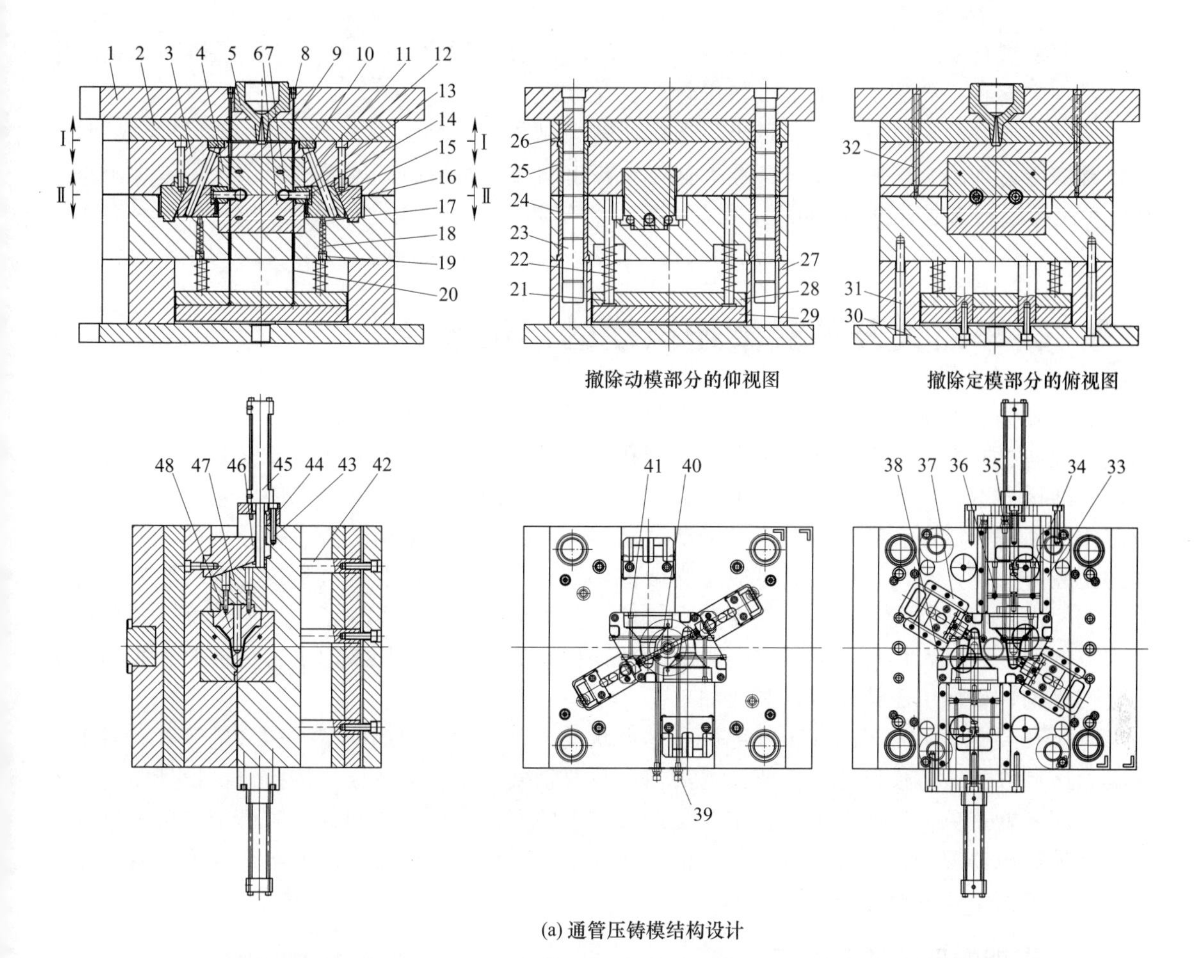

(a) 通管压铸模结构设计

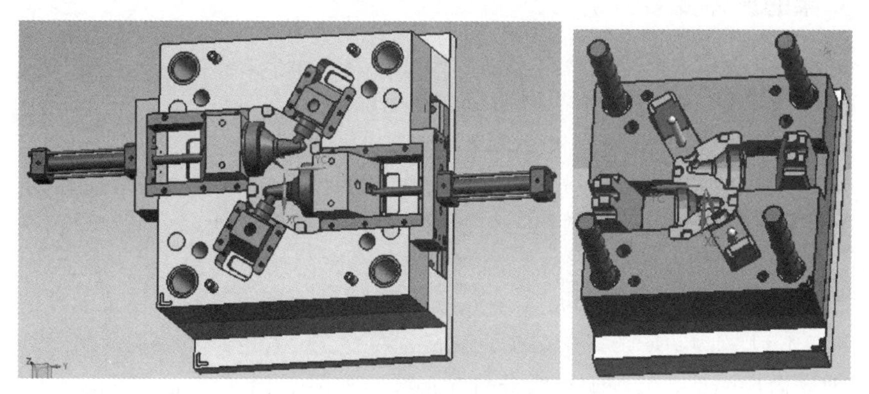

(b) 通管压铸模结构造型

图 7-17 通管压铸模结构设计与造型

1—定模垫板；2—定模板；3—中模板；4—中模嵌件；5—浇口套；6—动模嵌件；7—通管；8,19,34,38,41—螺塞；9—拉料杆；10—垫块；11—斜导柱；12,31,43—内六角螺钉；13—型芯安装块；14—型芯；15,47—滑块；16,46—楔紧块；17—限位销；18,22—弹簧；20—顶杆；21—回程杆；23,42—导柱；24～26—导套；27—模脚；28—安装板；29—推件板；30—底板；32—台阶螺钉；33,37—导向块；35,39—冷却水接头；36,40—O 形密封圈；44—连接板；45—油缸；48—大型芯

件出现畸变、开裂、脱碳、氧化和腐蚀等疵病，可在盐浴炉或保护气氛炉装箱保护加热或在真空炉中进行热处理。淬火前应进行一次去除应力退火处理，以消除加工时残留的应力。淬火加热宜采用两次预热，然后加热到规定温度，保温一段时间，再油淬或气淬。压铸模主要工作件

淬火后即要进行 2、3 次回火，为防止粘模，可在淬火后要进行软氮化处理。压铸加工到一定数量时，应该将主要零部件拆下重新进行软氮化处理。

通过对通管的形体分析，制订出了通管压铸模结构可行性方案。采用了一模二腔成型左、右通管的压铸加工，采用点浇口获得具有外观要求的通管，采用三模板的模架，妥善地解决了浇注系统冷凝料与通管脱模的问题；分别采用了油缸和斜导柱滑块抽芯机构，解决了成型两个锥形孔和斜向孔的成型与抽芯问题，从而获得了经压铸加工的外观漂亮、质量优良的左右通管。

7.4 轿车点火开关支架压铸模的结构设计

点火开关支架是轿车中一个重要的零部件，通过对支架形体要素的可行性分析，找出了形体上的轴向、左右和上下侧向多种形式的型孔、型槽和弓形高“障碍体”要素及批量要素。压铸模的结构方案，则对应地采用了轴向、左右侧向 4 处的抽芯机构，上下侧向采用了定、动模型芯镶嵌件进行成型和抽芯。对于弓形高“障碍体”要素，则采用了合理的分型面，将模具成型的型腔分成定、动模。闭合后可成型支架内外结构，开启与抽芯后可实现支架的脱模。为了避免支架出现填充不足等缺陷，在支架合金熔液料流填充的终端设置了 4 处溢流槽。顶杆仅顶着溢流槽的冷凝料，可有效避免支架脱模时被顶杆顶裂。压铸模均采用了自动抽芯和脱模机构及复位机构，确保了压铸模自动高效加工。

点火开关支架是轿车的一个零部件，其形状复杂，壁薄，内部的型孔和型槽较多。对于这种类型压铸件的压铸模设计，需要慎之又慎，只要稍微不慎就会造成压铸模结构设计制造的失误。如何才能避免失误的发生呢？主要是通过支架的形体分析，找到其压铸模结构可行性方案后，再进行压铸模结构可行性方案的论证。在确定其压铸模结构可行性方案正确无误后，才能着手对压铸模结构的设计和造型。

7.4.1 支架的形体要素分析

点火开关支架简称为支架，材料：铝硅铜合金，收缩率为：0.4%～0.6%。支架形体要分析如图 7-18（a）所示，支架三维造型如图 7-18（b）所示。

（1）支架轴向两端型孔和型槽要素分析

支架轴向型孔和型槽要素是指支架轴向的前端的型孔ⓐ和型槽ⓐ及后端的型孔ⓑ和型槽ⓑ，它们决定着压铸模轴向两端型孔ⓐ和型槽ⓐ抽芯机构的设计。

① 支架轴向前端型孔ⓐ要素分析。如图 7-18（a）的俯视图和 B—B、J—J 剖视图所示，存在着 ϕ34.3H11mm×23.6mm、R11.9mm×16.1mm×100°、ϕ8.2mm×2.7mm×R5.6mm×1.5mm。如图 I—I 剖视图所示，存在着 19.6mm×(32.2－ϕ38.7/2) mm×5°。

② 支架轴向后端型孔ⓑ与型槽ⓑ分析。型孔ⓑ如图 7-18（a）的 A—A、H—H 与 K—K 剖视图所示，存在着 ϕ28.8mm×(10.5＋33) mm。如图 7-18（a）的 B—B 剖视图所示，存在着 ϕ23.2mm×12.3mm。如图 7-18（a）的 M—M 剖视图所示，存在着 ϕ36.8H11mm×10.6mm、ϕ38mm×2mm。型槽ⓑ如图 7-18（a）的仰视图和 M—M 剖视图所示，存在着 5.2mm×9mm×1.6mm、11.3mm×14.3mm×17.6mm、11.3mm×13.6mm×4°×17.6mm、10.3mm×15.6mm×17.6mm。型槽ⓑ如图 7-18（a）的 A—A 剖视图所示，存在着 9.2mm×10.6mm、5.5mm×33mm。型槽ⓑ如图 7-18（a）的 B—B 剖视图所示，存在着 9.2mm×12.6mm×13.2mm。型槽ⓑ如图 7-18（a）的 N—N 剖视图所示，存在着 4.7mm×1mm×70.4mm、11.3mm×16.3mm×18.2mm、11.3mm×13.6mm×4°×18.2mm、10.3mm×17.7mm×18.2mm。

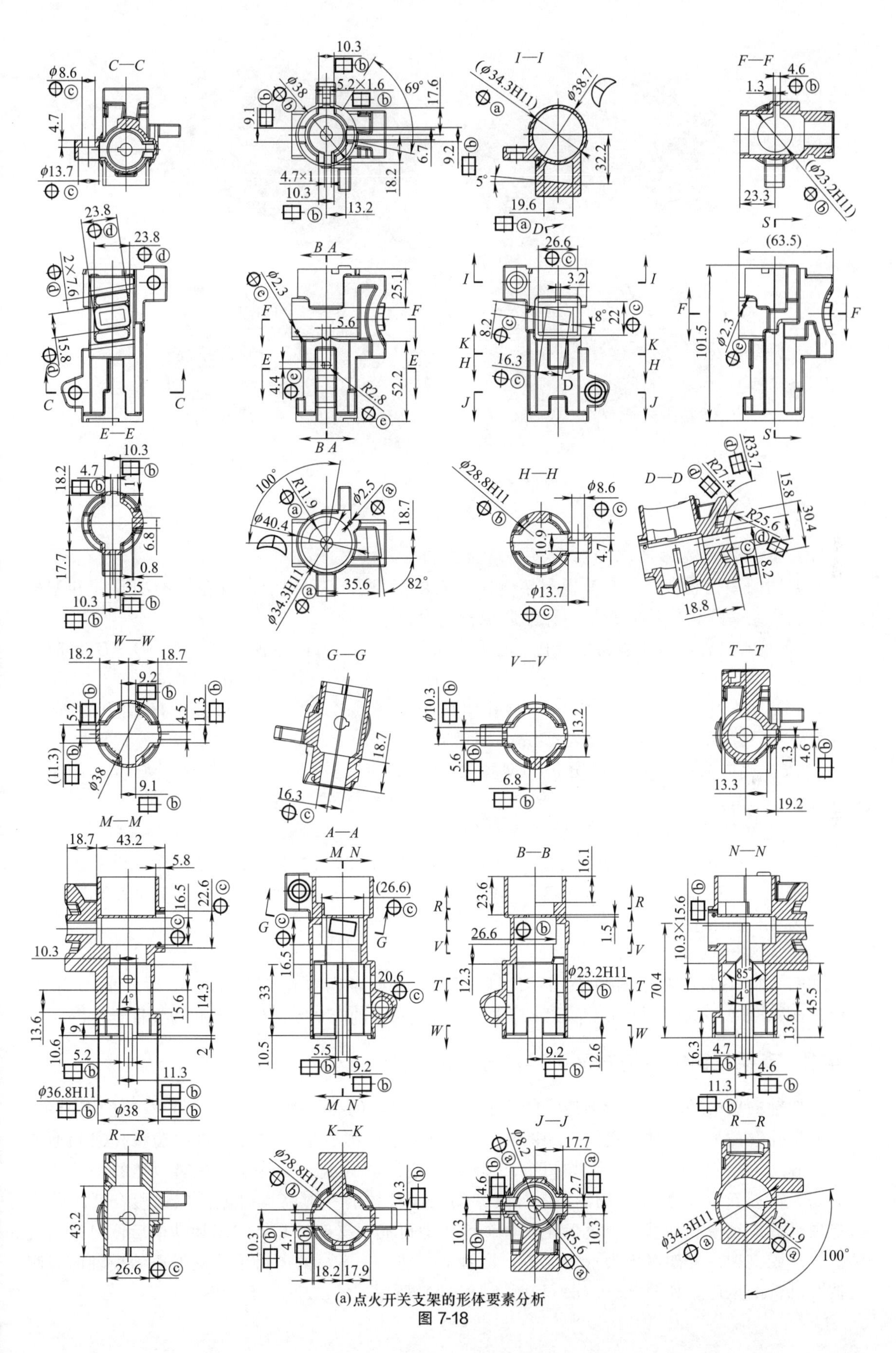

(a)点火开关支架的形体要素分析

图 7-18

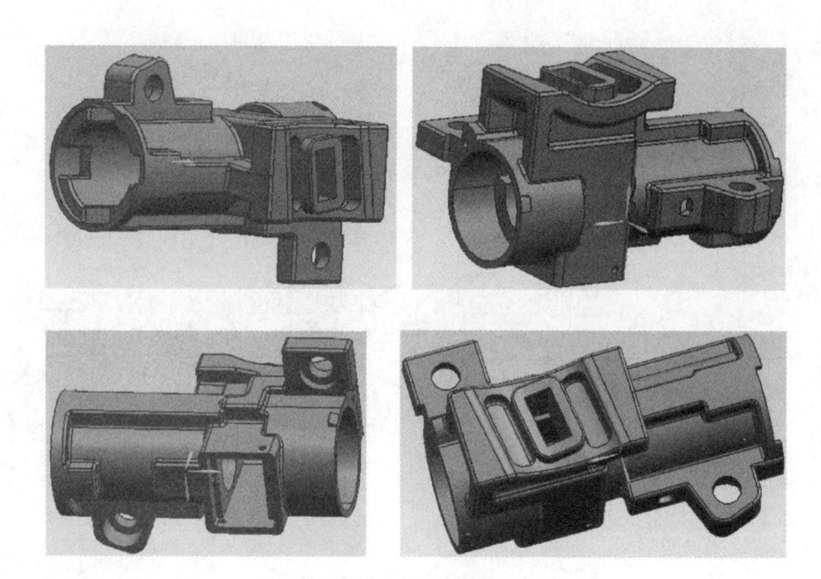

(b) 点火开关支架三维造型

图 7-18 点火开关支架的形体要素分析

（2）支架侧向左右两端型孔和型槽要素分析

支架侧向型孔和型槽要素是指支架侧向的右端的型孔ⓒ和型槽ⓒ及左端的型孔ⓓ和型槽ⓓ，它们决定着压铸模侧向两端型孔抽芯机构的设计。

① 支架侧向右端型孔ⓒ要素分析。型孔ⓒ如图 7-18（a）的左视图 $A—A$、$B—B$ 和 $M—M$ 剖视图所示，存在着 26.6mm×22mm×5.8mm、20.6mm×16.5mm×(43.2－5.8) mm 和 16.3mm×8.2mm×8°×18.7mm。型孔ⓒ如图 7-18（a）的 $C—C$ 和 $H—H$ 剖视图所示，存在着 2×ϕ13.7mm×ϕ8.2mm×4.7mm 型槽ⓒ。

② 支架侧向右端型孔要素分析。型孔ⓓ如图 7-18（a）的 $D—D$ 剖视图所示，存在着 R25.6mm×15.8mm、R27.4mm×R33.7mm×(30.4－15.8) mm。

（3）支架侧面上下两端型孔槽要素分析

支架侧面上下两端型孔要素是指支架上下两端的型孔，它们是决定镶嵌件的设置。如图 7-18（a）的左、右视图所示，上端型孔ⓔ为 5.6mm×4.4mm×2×R2.8mm 和 ϕ2.3mm，下端孔ⓔ为 ϕ2.3mm。

（4）支架弓形高“障碍体”和批量要素分析

如图 7-18（a）的俯视图和 $I—I$ 剖视图所示，支架轴向存在 2 段 ϕ40.4mm×25.1mm 和 ϕ38.7mm×52.2mm 圆柱体的弓形高障碍体。支架是轿车的一个零部件，因此为大批量生产。

7.4.2 支架压铸模结构方案可行性分析

支架轴向前端的型孔ⓐ和型槽ⓐ的型芯ⓐ-ⓐ和型芯ⓐ-ⓑ，如图 7-19（c）左边的图所示。后端的型孔ⓑ的型芯ⓑ抽芯机构，如图 7-19（c）右边的图所示。支架侧向右端型孔ⓒ和型槽ⓒ的型芯ⓒ-ⓐ、ⓒ-ⓑ、ⓒ-ⓒ，如图 7-19（d）右边的图所示。支架侧向右端型孔的型孔ⓓ的型芯ⓓ，如图 7-19（d）左边的图所示。支架两段圆柱体的弓形高障碍体，应选用合适的分型面将模具分成定模和动模。合模后注入合金熔体即可成型支架，开启定模和动模后便可采用脱模机构顶脱支架。支架属于大批量加工，需要全自动和长寿命的压铸模。支架压铸模轴向与侧向抽芯机构的型芯，如图 7-19（a）和图 7-19（b）所示。

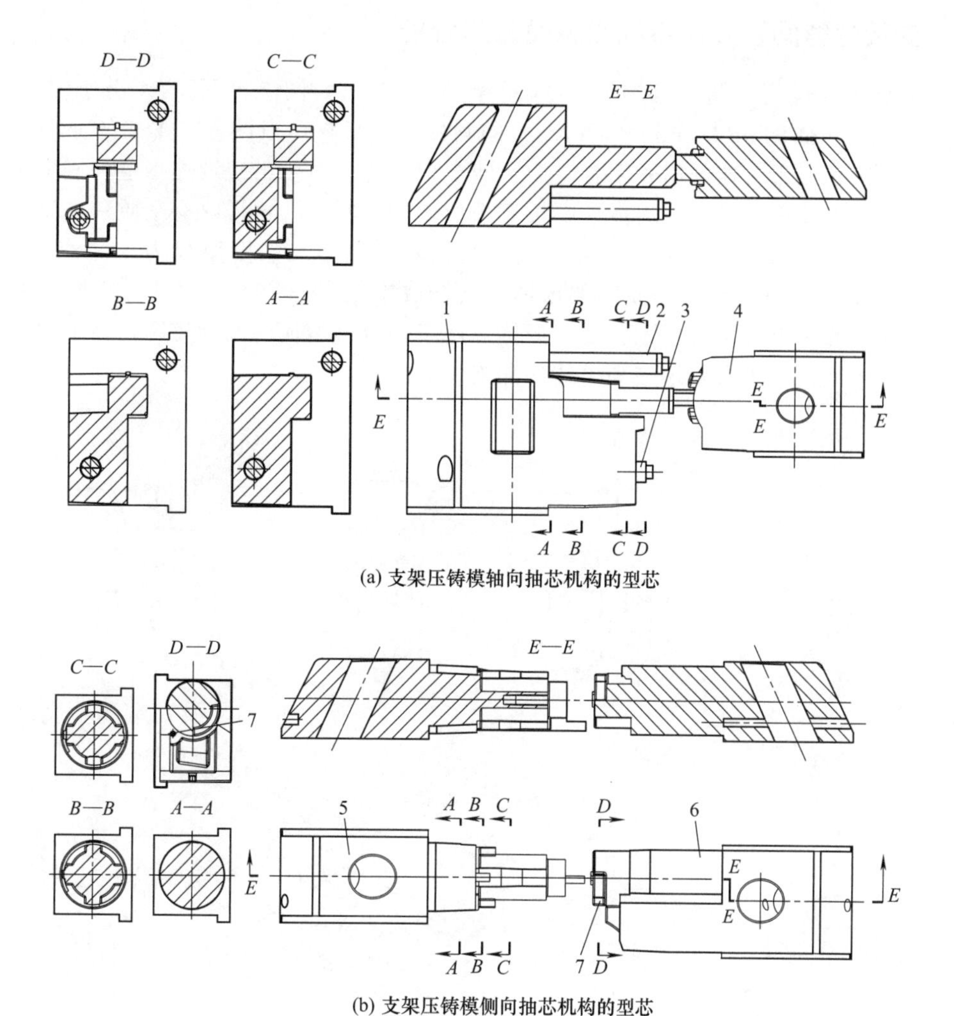

(a) 支架压铸模轴向抽芯机构的型芯

(b) 支架压铸模侧向抽芯机构的型芯

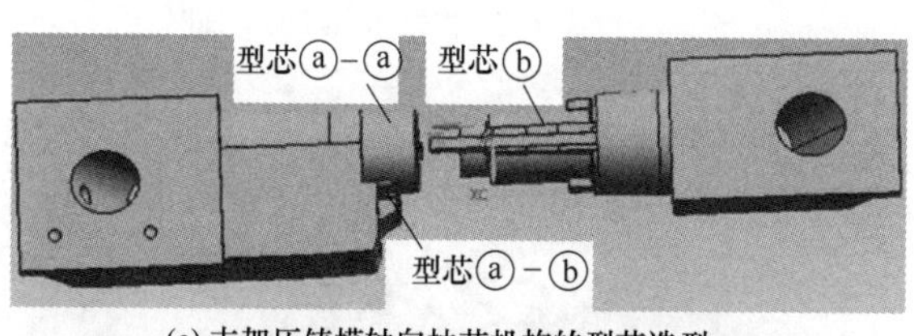

(c) 支架压铸模轴向抽芯机构的型芯造型

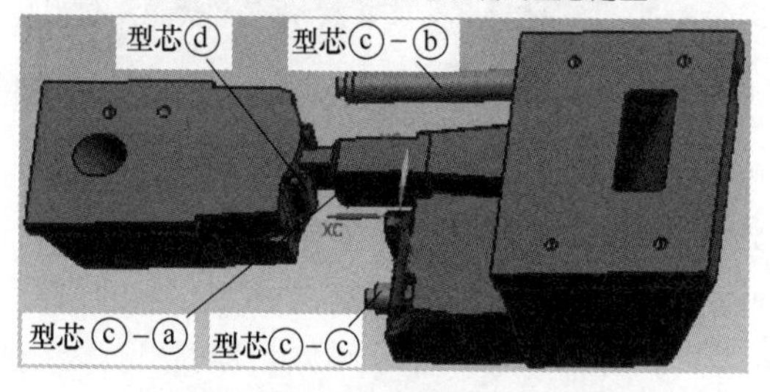

(d) 支架压铸模轴向抽芯机构的型芯造型

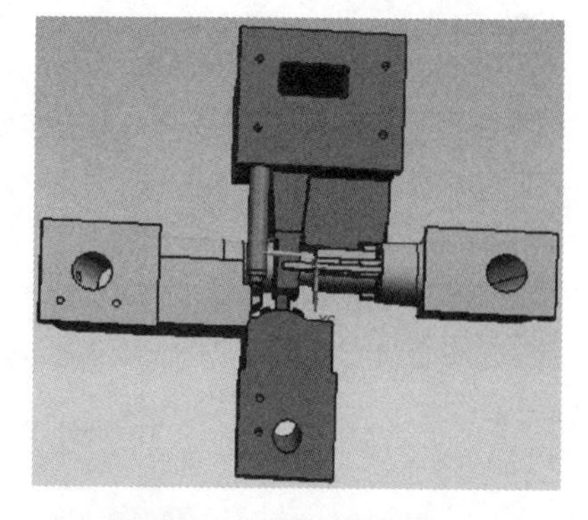

(e) 支架压铸模轴向与侧向抽芯机构的型芯造型

图 7-19 支架压铸模轴向与侧向抽芯机构的型芯

1—左型芯；2—左前型芯；3—左后型芯；4—右型芯；5—后型芯；6—前型芯；7—前后型芯

7.4.3 支架分型面、浇注系统和脱模方案分析

支架分型面的设置，浇道 1 和冷料穴冷凝料 3～6，如图 7-20 所示。由于支架存在着 ϕ40.4mm×25.1mm 和 ϕ38.7mm×52.2mm 的圆柱体，只有妥当设置了支架的分型面后，压铸模的定、动模才能正常地开启和闭合。为了使支架在加工时不出现填充不足和避免出现含杂质材料的现象，需要在支架合金熔体终端填充部位增加冷料穴。这样含有杂质和被氧化的合金熔体可以流入冷料穴内，用以确保支架材质的纯洁性。由于支架壁厚仅为（ϕ38.7－ϕ34.4）mm/2＝2.15mm，若顶杆直接顶脱支架形体，会造成支架变形，甚至顶破。这样，顶杆可设置在冷料穴处，便可以避免直接顶脱支架形体。由于铜合金熔体的温度较高，为了避免熔体冲击流道设置了分流锥，可有效地缓和熔体的冲击。

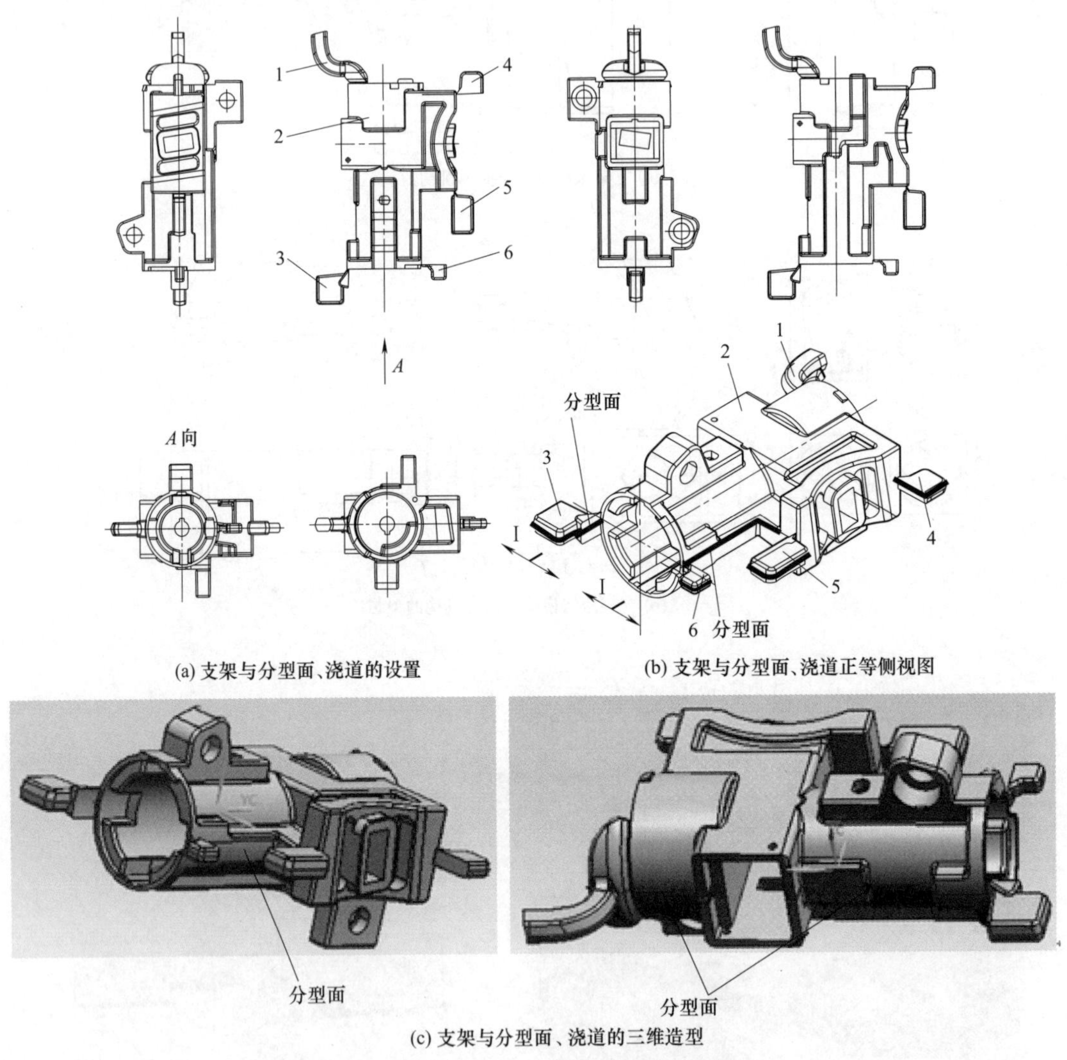

(a) 支架与分型面、浇道的设置

(b) 支架与分型面、浇道正等侧视图

(c) 支架与分型面、浇道的三维造型

图 7-20 支架分型面、浇道与顶杆设置

1—浇道；2—支架；3～6—冷料穴冷凝料

7.4.4 支架压铸模定、动模嵌件型腔的设计

支架压铸模的分型面是根据支架分型面来确定的，分型面将模具型腔分成定模嵌件和动模

嵌件，它们是成型支架外形和上下型孔的模具重要零部件。由于合金熔体热胀冷缩的原因，模具的成型面尺寸均需为：支架图纸尺寸＋图纸尺寸×合金收缩率（0.5%）。

7.4.4.1　支架压铸模定模嵌件型腔的设计

支架定模嵌件如图 7-21（a）所示。外形以 190H7/m6 mm×140.4H7/m6 mm×64mm 与定模板孔相配合。5.7H7 mm×4.6H7 mm×Rmm 孔与该型孔的型芯相配合，ϕ2.3H7 mm 孔与成型支架该型孔的型芯相配合，ϕ30H7 mm 孔与浇口套相配合。

7.4.4.2　支架压铸模动模嵌件型腔的设计

支架动模嵌件，如图 7-21（b）所示。外形以 190H7/m6 mm×140.4 H7/m6 mm×64mm 与动模板孔相配合。ϕ2.3H7 mm 孔与成型支架该型孔的型芯配合，ϕ21H7 mm 孔与分流锥相配合，5×ϕ4.5mm 孔与 5 根顶杆相配合。

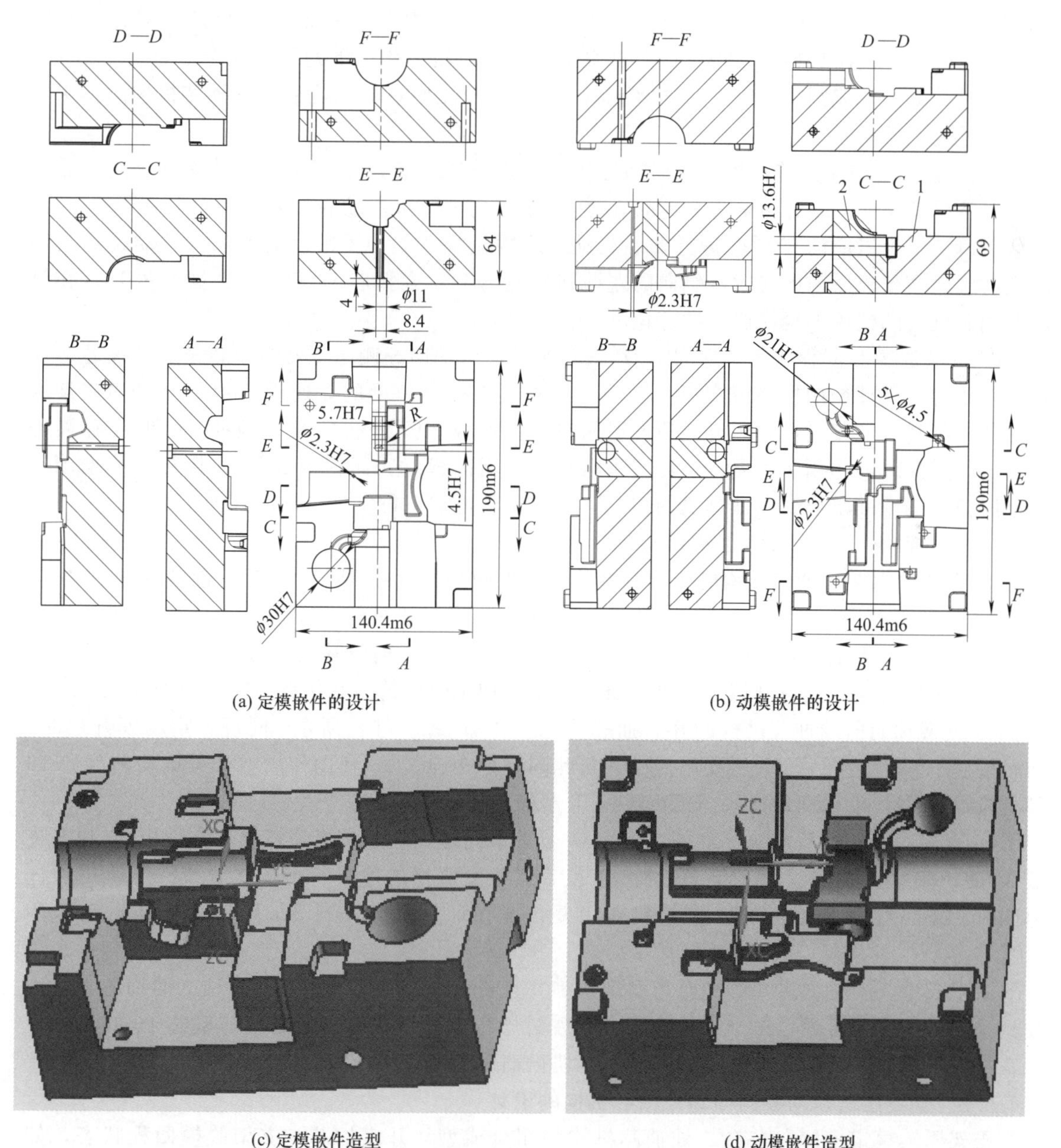

(a) 定模嵌件的设计　(b) 动模嵌件的设计

(c) 定模嵌件造型　(d) 动模嵌件造型

图 7-21　定、动模嵌件的设计

7.4.5 支架压铸模轴向和侧向抽芯机构的设计

根据支架压铸模结构方案的分析，压铸模分别存在着轴向前后二处和侧向左右二处共四处抽芯机构。

7.4.5.1 支架压铸模轴向前后二处抽芯机构的设计

支架压铸模定模轴向前后二处抽芯机构的闭合成型、开启抽芯和支架脱模回程状态，如图 7-22 所示。

(1) 支架轴向后端抽芯机构结构的设计

① 支架轴向后端抽芯机构的闭合成型状态。如图 7-22 (a) 所示，定、动模闭合时，后斜导柱 3 插入后型芯 5 的斜孔中，拨动后型芯 5 和台阶螺钉 21 压缩弹簧 22 沿着两块滑块压板(图中未表示) 组成的 T 形槽进行复位运动。同时，后楔紧块 6 斜面可以楔紧后型芯 5 的斜面。熔融合金进入模具型腔，楔紧后可克服压铸力和保压力作用下的位移，冷却成型支架 14。与此同时，侧向左前圆柱型芯 11、左型芯 13 和左后圆柱型芯 15，在侧向左抽芯机构的作用下也完成了复位运动。

② 支架轴向后端抽芯机构的开启抽芯状态。如图 7-22 (b) 所示，定、动模开启时，后斜导柱 3 从后型芯 5 的斜孔中抽出，同时在弹簧 22 作用下，可拨动后型芯 5 和台阶螺钉 21，沿着两块滑块压板组成的 T 形槽进行抽芯运动。后限位块 4 是为了限制后型芯 5 移动距离，以防止其脱离动模板。与此同时，侧向的左前圆柱型芯 11、左型芯 13 和左后圆柱型芯 15，在侧向左抽芯机构的作用下也完成了抽芯运动。

③ 支架脱模和回程状态。如图 7-22 (c) 所示，当轴向和侧向 4 处的型芯完成了抽芯运动后。在压铸机顶杆作用推件板 29 和安装板 30 时，安装板 30 上的 5 处顶杆 24、31 顶着支架溢流槽的冷凝料可使其脱模。压铸机顶杆退回时，推件板 29、安装板 30、顶杆 24 和 31 在回程杆 27 上弹簧 26 的作用下可先行进行回程运动。之后闭模时，回程杆 27 在定模板 8 的推动下可使脱模机构精准复位。在计算机的控制下，支架压铸加工可实现自动循环加工。

(2) 支架轴向前端抽芯机构结构的设计

① 支架轴向前端抽芯机构的闭合成型状态。如图 7-22 (a) 所示，同理，前斜导柱 19 插入前型芯 16 的斜孔中，拨动前型芯 16 和前圆柱型芯 18 及台阶螺钉 21 压缩弹簧 22，沿着两块滑块压板 (图中未表示) 组成的 T 形槽进行复位运动。同时，前楔紧块 20 斜面可楔紧前型芯 16 的斜面。熔融合金进入模具型腔，可克服支架压铸加工时压铸力和保压力冷却成型支架 14。

② 支架轴向前端抽芯机构的开启抽芯状态。如图 7-22 (b) 所示，同理，定动模开启时，前斜导柱 19 从前型芯 16 的斜孔中抽出，与此同时，在弹簧 22 辅助作用下，可拨动前型芯 16 和台阶螺钉 21，沿着两块滑块压板组成的 T 形槽进行抽芯运动。

③ 支架脱模和回程状态。如图 7-22 (c) 所示，同理，在压铸机顶杆推动推件板 29 和安装板 30 时，安装板 30 上的 5 处顶杆 24、31 顶着支架溢流槽的冷凝料可使其脱模。压铸机顶杆退回时，在回程杆 27 作用下，脱模机构可复位。在计算机的控制下，可实现支架自动循环加工。

由于成型支架轴向后端的型孔与型槽众多并且长度长，为了减少后斜导柱 3 的抽芯力，该模具采用了两套台阶螺钉 21 和弹簧 22 协助后斜导柱 3 进行抽芯。而成型前型芯 16 的长度较短，故只采用了一套台阶螺钉 21 和弹簧 22 协助前斜导柱 19 进行抽芯。

7.4.5.2 支架压铸模动模侧向二处抽芯机构的设计

支架压铸模定模侧向左右二处抽芯机构的闭合成型、开启抽芯和支架脱模回程状态，如图 7-23 所示。

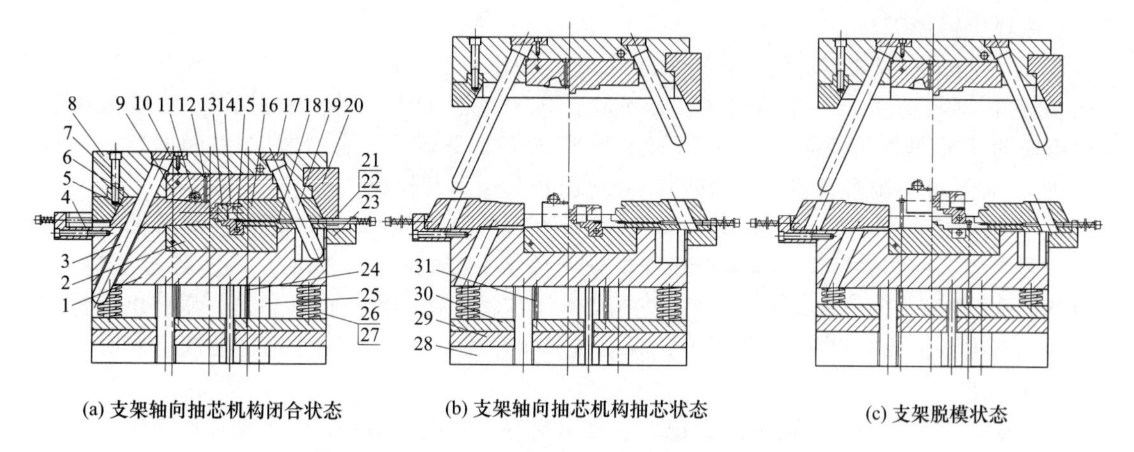

图 7-22 支架轴向二端型孔与型槽抽芯机构的设计

1—动模板；2—动模嵌件；3—后斜导柱；4—后限位块；5—后型芯；6—后楔紧块；7—内六角螺钉；
8—定模板；9—定模嵌件；10,17—压板；11—左前圆柱型芯；12—定模型芯；13—左型芯；
14—支架；15—左后圆柱型芯；16—前型芯；18—前圆柱型芯；19—前斜导柱；20—前楔紧块；
21—台阶螺钉；22,26—弹簧；23—后限位块；24,31—顶杆；25—推件板导柱；
27—回程杆；28—模脚垫板；29—推件板；30—安装板

(1) 支架侧向左端抽芯机构结构的设计

① 支架侧向左端抽芯机构的闭合成型状态。如图 7-23 (a) 所示，当定、动模闭合时，左斜弯销 5 插入左型芯 4 长方形斜孔中，可拨动左型芯 4、左前圆柱型芯和左后圆柱型芯（图 7-23 中未表示）产生右移，并且左型芯 4 还克服了其底面半球形凹坑对限位销 26 的阻挡而完成了复位运动。后型芯 11 在后抽芯机构的作用下，也完成了复位运动。当合金熔体注入模腔后，冷却成型支架 9。左楔紧块 6 斜面楔紧了左型芯 4 左侧斜面后，可防止左型芯 4 在大的压铸力和保压力作用下出现移动，而造成支架 9 部分形状尺寸不符合图纸的要求。

② 支架侧向左端抽芯机构的开启抽芯状态。如图 7-23 (b) 所示，当定、动模开启时，左斜弯销 5 可拨动左型芯 4、左前圆柱型芯和左后圆柱型芯左移（图 7-23 中未表示），并沿着两块滑块压板组成的 T 形槽迫使限位销 26 压缩弹簧 27 进行抽芯运动。与其同时，后型芯 11 在后抽芯机构的作用下也完成了抽芯运动。当左型芯 4 左侧在抽芯时接触到左限位块 2 时，可限制左型芯 4 的移动距离，防止其脱离动模板。限位销 26 移至左型芯 4 底面的半球形凹坑时，限位销 26 在弹簧 19 的作用下进入半球形凹坑也可锁住左型芯 4。设置两套限位装置的目的是双重保险，防止左型芯 4 冲出动模板。

③ 支架脱模和回程状态。如图 7-23 (c) 所示，当定动模开启时，侧向左、右端和轴向后端的型芯完成了抽芯之后，在压铸机顶杆推动推件板 23 和安装板 24 时，在推件板导柱 18 的导向下，安装板 24 上的 5 处顶杆 17 顶着支架 9 溢流槽的冷凝料可使其脱模。压铸机顶杆退回时，在定模板 8 推着回程杆 20 作用下，脱模机构可精准复位。在计算机的控制下，实现自动循环加工。

(2) 支架侧向右端抽芯机构结构的设计

① 支架侧向右端抽芯机构的闭合成型状态。如图 7-23 (a) 所示，同理，定动模闭合时，右斜导柱 13 插入右型芯 15 的斜孔中，可拨动右型芯 15、左前圆柱型芯和左后圆柱型芯（图 7-23 中未表示），并且右型芯 15 克服了其底面半球形凹坑对限位销 26 的阻挡作用完成了复位运动。右楔紧块 14 斜面楔紧了右型芯 15 右侧斜面，以防止右型芯 15 在大的压铸力和保压力作用下出现移动，而造成支架部分形状尺寸不符合图纸要求。在计算机的控制下，实现支

架自动循环压铸加工。

② 支架侧向右端抽芯机构的开启抽芯状态。如图 7-23（b）所示，当定动模开启时，右斜导柱 13 可拨动右型芯 15、左前圆柱型芯和左后圆柱型芯（图 7-23 中未表示），沿着两块滑块压板组成的 T 形槽并迫使限位销 26 压缩弹簧 27 进行抽芯运动。右型芯 15 右侧抽芯接触到右限位块 16 时，可限制右型芯 15 的移动距离，防止其脱离动模板。

③ 支架脱模和回程状态。如图 7-23（c）所示，当定动模开启时，侧向左、右端和轴向后端的型芯完成了抽芯之后，在压铸机顶杆推动推件板 23 和安装板 24 时，在推件板导柱 18 的导向下，安装板 24 上的 5 处顶杆 17 顶着支架 9 溢流槽的冷凝料可使其脱模。压铸机顶杆退回时，在定模板 8 推着回程杆 20 作用下，脱模机构可精准复位。在计算机的控制下，实现支架自动循环加工。

由于成型支架侧向左处的型芯面积大并且是贯穿左右端的型孔，为了增加斜弯销刚性而采用了截面为 49h6mm×22mm 长方形的斜弯销。右端虽然成型面积较大，但深度较浅，故采用截面为圆形的斜导柱。

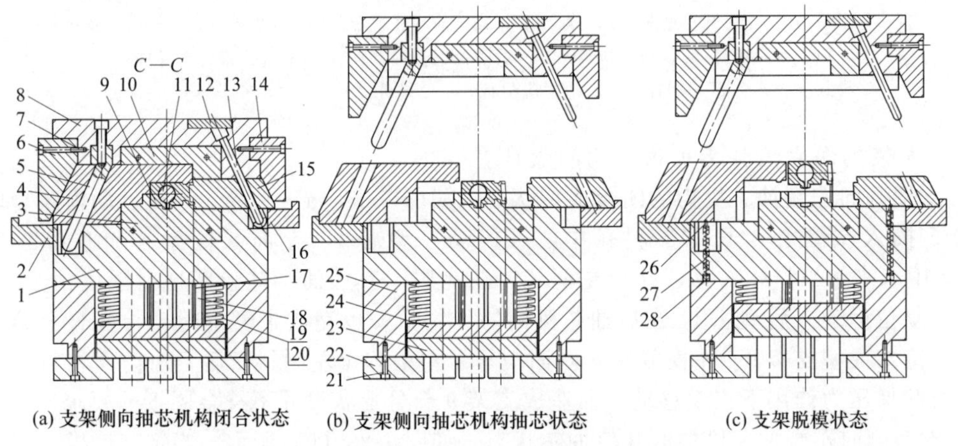

图 7-23 支架侧向二端型孔与型槽抽芯机构的设计

1—动模板；2—左限位块；3—动模嵌件；4—左型芯；5—左斜弯销；6—左楔紧块；7,21—内六角螺钉；8—定模板；9—支架；10—定模嵌件；11—后型芯；12—垫板；13—右斜导柱；14—右楔紧块；15—右型芯；16—右限位块；17—顶杆；18—推件板导柱；19,27—弹簧；20—回程杆；22—模脚垫板；23—推件板；24—安装板；25—模脚；26—限位销；28—螺塞

7.4.5.3 点火开关支架压铸模成型上下型孔的型芯的设计

由于支架上端存在着 5.6mm×4.4mm×2×R2.8mm 和 ϕ2.3mm 型孔，下端存在着仅有 ϕ2.3mm 孔。它们都平行于模具开闭模方向，故可以在定动模采用镶嵌型芯进行成型。利用定动模的开启和支架的脱模完成抽芯。

7.4.6 支架压铸模冷却系统设计

因具有高温的铜合金熔体通过模具成型零件将热量传递给模具，加快了运动零部件的磨损，缩短了模具的使用寿命，甚至会造成铜合金材料出现过热现象，降低支架的力学性能。模具的热量主要集中在浇口套、定模嵌件、动模嵌件和 4 处型芯上，由于 4 处型芯截面尺寸小不便设置冷却系统，但浇口套、定模嵌件、动模嵌件必须设置冷却系统才能确保模具和支架的性能。

7.4.6.1 支架压铸模定模和浇口套冷却系统设计

① 压铸模定模冷却系统设计。如图 7-24（a）所示，冷却水从进水 A 处的冷却水接头 6 进

入，经过定模板 1 和定模嵌件 2 的通道，从出水 A 处的冷却水接头 6 流出，将热量带走。O 形密封圈 5 安装在定模板 1 和定模嵌件 2 对接处，是为了防止冷却水的泄漏。定模嵌件 2 冷却水通道的端头均安装有螺塞 7，其目的也是防止冷却水的泄漏。

② 浇口套冷却系统设计。如图 7-24（a）所示，浇口套 3 较定模嵌件 1 和动模嵌件的热量更高，所以更必须设置冷却系统。冷却水从进水 B 处的冷却水接头 6 进入，经过浇口套 3 的通道从出水 B 处的冷却水接头 6 流出，将热量带走。浇口套 3 通道的端头安装了螺塞 4，其目的是防止冷却水的泄漏。

7.4.6.2 支架压铸模动模冷却系统设计

如图 7-24（b）所示，冷却水从进水处的冷却水接头 2 进入，经过动模板 5 和动模嵌件 4 的通道，从出水处的冷却水接头 2 流出，将热量带走。螺塞 3 和 O 形密封圈 1 都是起着密封的作用，其目的是防止冷却水的泄漏。

压铸模的浇口套、定模嵌件和动模嵌件除了需要设置冷却系统之外，它们必须是耐热耐磨的新型钢材。由于加工过程中模具工作表面会出现龟裂，模具成型件还必须经常进行软氮化处理。

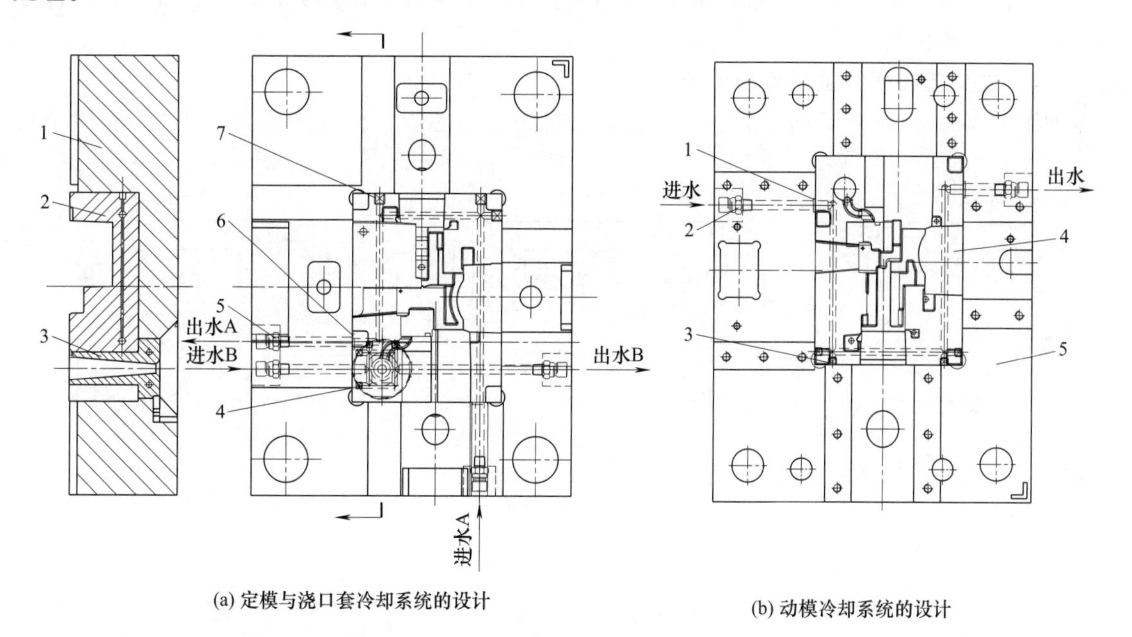

(a) 定模与浇口套冷却系统的设计

(b) 动模冷却系统的设计

图 7-24 定动模与浇口套冷却系统的设计

图（a）：1—定模板；2—定模嵌件；3—浇口套；4,7—螺塞；5—O 形密封圈；6—冷却水接头

图（b）：1—O 形密封圈；2—冷却水接头；3—螺塞；4—动模嵌件；5—动模板

7.4.7 支架压铸模结构设计

支架压铸模结构设计除了上述的浇注系统、冷却系统、分型面、成型型芯、成型型腔、抽芯机构的设计之外，还有模架、导向构件、限位机构、脱模机构和限位机构的设计。

7.4.7.1 支架压铸模总体设计

支架压铸模结构总体结构设计如图 7-25（a）所示，支架压铸模结构总体设计造型如图 7-25（b）所示。

① 定模部分。如图 7-25（a）所示，由定模板 8，定模嵌件 10，左斜弯销 5，左楔紧块 6，右斜导柱 13，压板 12、35、38，右楔紧块 14，定模型芯 36，后楔紧块 40，浇口套 44，导套

53 和定模及浇口套冷却系统组成。

② 动模部分。如图 7-25（a）所示，由动模板 1，左限位块 2，动模嵌件 3，左型芯 4，后型芯 11，右斜导柱 13，右楔紧块 14，右限位块 15，推板导柱 16，弹簧 17、29、43，回程杆 18，安装板 19，模脚 20，推件板 21，模脚垫板 22，顶杆 23、56，挡板 24、27，左前圆柱型芯 25，左后圆柱型芯 26，限位销 28，前限位块 31，前楔紧块 32，前斜导柱 33，前滑块 34，后型芯 37，后斜导柱 39，后限位块 41，台阶螺钉 42，分流锥 45，滑块压板 46、49、51、55，圆柱销 47、50，导柱 52 和动模冷却系统组成。

7.4.7.2 支架压铸模模架的设计

模架是压铸模安装所有零部件的工作平台。如图 7-25（a）所示，由动模板 1，定模板 8，推板导柱 16，弹簧 17、29、43，回程杆 18，安装板 19，模脚 20，推件板 21，模脚垫板 22，顶杆 23、56 组成。

7.4.7.3 支架压铸模导向构件的设计

如图 7-25（a）所示，定、动模导向构件由 4 组导柱 52 和导套 53 组成，它们是定、动模导向和定位构件。安装板 19、推件板 21 与动模板 1 的导向由 4 根推板导柱 16 保证，可确保细小直径顶杆不被折断。

7.4.7.4 支架压铸模限位机构的设计

如图 7-25（a）所示，前、后、左、右抽芯机构的型芯限位构件为左限位块 2、右限位块

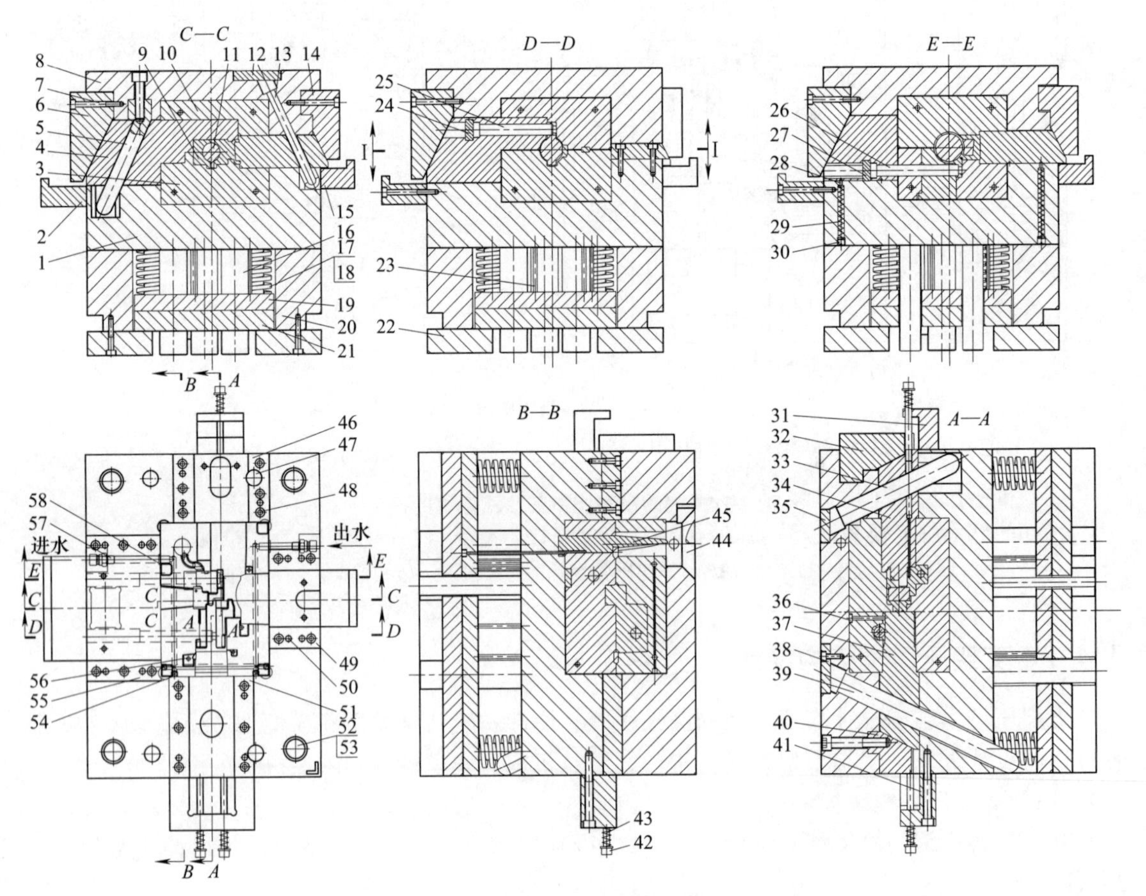

(a) 支架压铸模结构总体设计二维图

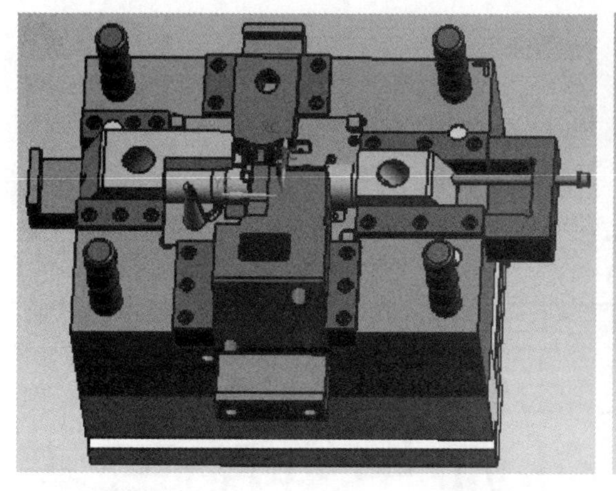
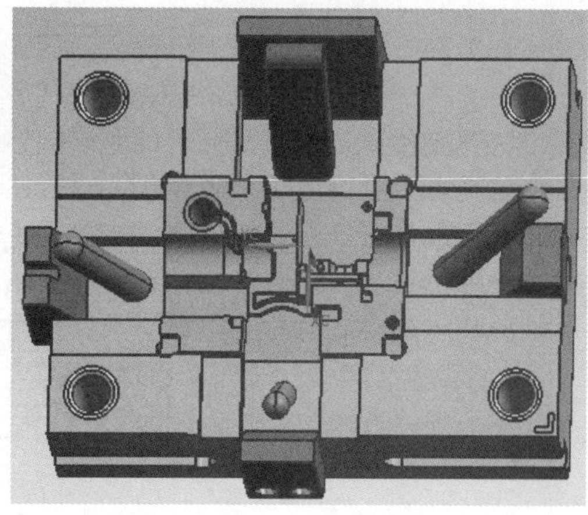

(b) 支架压铸模结构总体设计造型

图 7-25　支架压铸模结构总体设计

1—动模板；2—左限位块；3—动模嵌件；4—左型芯；5—左斜弯销；6—左楔紧块；7,48—内六角螺钉；8—定模板；9—支架；10—定模嵌件；11,37—后型芯；12,35,38—压板；13—右斜导柱；14—右楔紧块；15—右限位块；16—推板导柱；17,29,43—弹簧；18—回程杆；19—安装板；20—模脚；21—推件板；22—模脚垫板；23,56—顶杆；24,27—挡板；25—左前圆柱型芯；26—左后圆柱型芯；28—限位销；30,54—螺塞；31—前限位块；32—前楔紧块；33—前斜导柱；34—前滑块；36—定模型芯；39—后斜导柱；40—后楔紧块；41—后限位块；42—台阶螺钉；44—浇口套；45—分流锥；46,49,51,55—滑块压板；47,50—圆柱销；52—导柱；53—导套；57—冷却水接头；58—O 形密封圈

15、前限位块 31 和后限位块 41，4 处型芯的限位机构为限位销 28、弹簧 29 和螺塞 30。它们可确保 4 处型芯在抽芯时不会飞出动模板，还可确保定、动模闭合时，斜弯销和 3 处斜导柱能够准确地插入 4 处型芯的斜孔中，实现 4 处型芯复位运动。

7.4.7.5　支架压铸模脱模与回程机构的设计

压铸模的脱模机构是将支架顶脱动模嵌件 3 的型腔的机构，回程机构则是要使脱模机构恢复到机构脱模之前位置的机构。

① 支架压铸模脱模机构的设计。如图 7-25（a）所示，由安装板 19、推件板 21、顶杆 23 和 56 组成。当压铸机顶杆推动安装板 19 和推件板 21 时，顶杆 23、56 可将支架 9 顶脱动模嵌件 3 的型腔。

② 支架压铸模回程机构的设计。如图 7-25（a）所示，由安装板 19、推件板 21、回程杆 18、弹簧 17 组成。压铸机顶杆撤离后，弹簧 17 恢复弹力先将安装板 19、推件板 21、顶杆 23 及 56 复位，后在定模板 8 推动回程杆 18 作用下精确复位。

通过对支架的形体要素和压铸模结构方案的可行性分析，找出了支架形体上的型孔、型槽和弓形高“障碍体”要素及批量要素。而对压铸模的结构方案，相应地采用了轴向、左右侧向 4 处的抽芯机构，上下侧向采用了定、动模型芯镶嵌件进行成型和抽芯等结构方案，有效地解决了压铸模的结构设计。针对支架壁薄和加工过程中出现填充不足的可能性，在合金熔液充模终端设置了 4 处冷料穴，顶杆设置在冷料穴处，从而避免了支架出现被顶裂的问题。但必须指出，压铸模加工到一定的数量时，一定要拆下成型件进行软氮化处理，防止成型件出现龟裂现象。

第8章

压铸模结构设计案例：外观与缺陷要素

压铸件上一些眼睛能看见、皮肤能够接触到的表面常常具有外观要素的要求，外观要素的要求是指这些表面上不允许存在压铸模结构的痕迹。压铸模结构的痕迹是指分型面的痕迹、浇口的痕迹、抽芯的痕迹和脱模的痕迹，甚至是模具镶嵌和加工的痕迹。可是压铸模结构的痕迹是不可能不存在的，如浇口、抽芯、脱模、镶嵌是必然要存在的。当然，浇口可以采用点浇口，压铸件脱模可以采用脱模板的形式。点浇口和脱模板并不是所有压铸件都适宜采用。那么，只能将压铸模结构的痕迹转移到那些不要求有外观的型面上去，即只要压铸模结构的痕迹不出现在有外观要求的型面上就可以了。缺陷是压铸件在压铸模中进行加工时，存在着加工条件不符合压铸件实际加工状况所产生的。压铸模设计时，重点是需要注意的因模具结构不符合实际加工所产生的缺陷，这些缺陷是要修理或重新设计和制造模具的。

8.1 轿车碟形件压铸模的结构设计

碟形件是轿车轮轴上一种铝硅铜合金的压铸件，内锥形面具有外观要求，即不允许出现任何模具结构和成型加工的痕迹。因此，还需要在抛光之后镀铬。碟形件作用：一是可将轮轴上安装的轴承等零件遮盖住，并可防止灰尘和雨水进入；二是使轮辐更加美观。此外还要求碟形件能够紧紧扣在轮毂上，不能掉落。

8.1.1 碟形件形体分析

碟形件二维图如图 8-1（a）所示，碟形件三维造型如图 8-1（b）所示。碟形件材料为铝硅铜合金，收缩率为 0.5%。分型面Ⅰ—Ⅰ如图 8-1（a）所示。碟形件形体分析如下。

① 形状要素。如图 8-1（a）所示，在碟形件的形体上存在着（392.5－253.3）mm×（330.8－198）mm×120°碟状形式的形状要素。

② 凸台要素。如图 8-1（a）所示，碟形件形体上存在着 4×6mm×6mm×120°×90°×14.3mm×30.2mm 的凸台体要素ⓐ，这些凸台要素ⓐ的存在不会影响着碟形件的脱模。

③ 凸台障碍体要素。如图 8-1（a）所示，碟形件形体上存在着 4×6mm×6mm×60°×30.3mm×2.5mm×45°×7.5mm×30°×89°凸台障碍体要素ⓑ，这些凸台障碍体要素ⓑ的存在影响着碟形件的脱模。

④ 外观要素。如图 8-1（a）所示，碟形件的外锥形面需要具有外观要素。

⑤ 特大批量要素。碟形件为轿车零部件，一辆轿车有四个轮子，故属于特大批量。

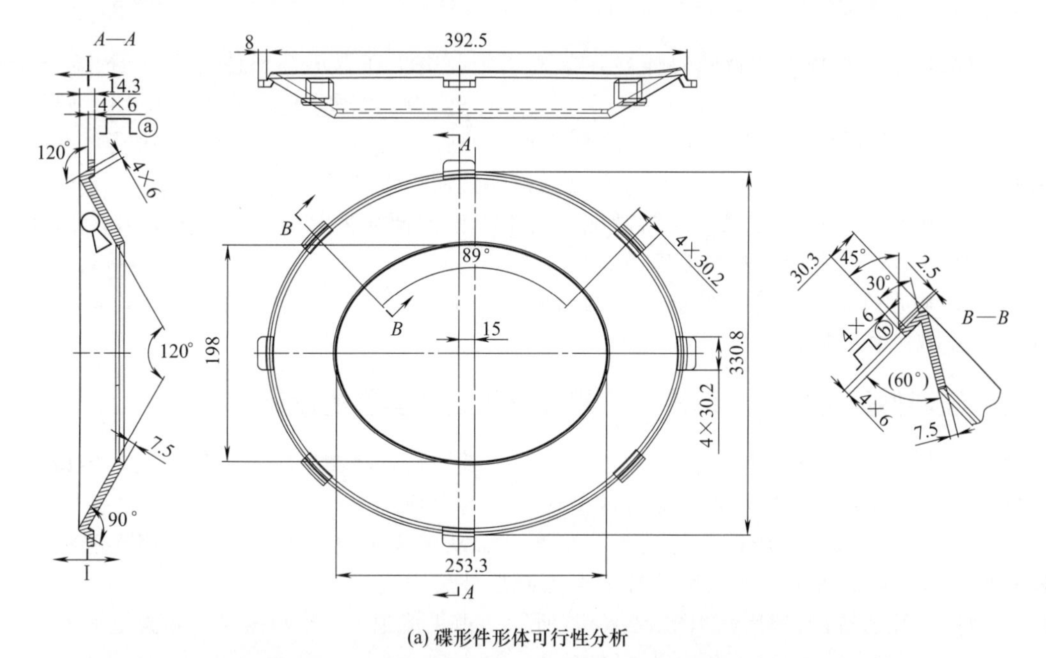

(a) 碟形件形体可行性分析

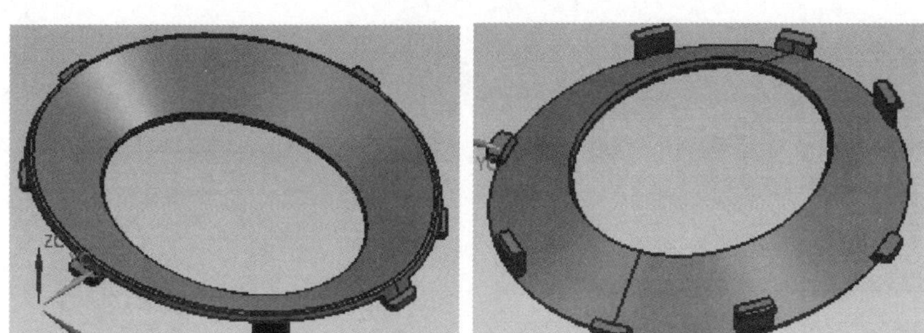

(b) 碟形件

图 8-1 碟形件形体可行性分析

⎍—表示凸台障碍体要素；○◁—表示压铸件的型面应有外观要求

压铸模结构设计是在碟形件形体分析基础上，找到其形体上所存在的形状、凸台障碍体、外观和特大批量要素。再根据这些形体分析要素，制订出相对应的碟形件压铸模结构方案。那么，压铸模结构设计就能确保不会有结构方面大的问题。所有出现的问题，一般是模具零部件加工的问题，加工的问题仅影响碟形件的尺寸问题。

8.1.2 碟形件压铸模结构方案可行性分析

根据碟形件形体的分析，需要制订出解决碟形件形体分析中的形状、凸台和凸台障碍体要素的措施。

① 解决碟形件形体上形状的措施。由于在碟形件的形体上存在着（392.5−253.3）mm×（330.8−198）mm×120°碟状形式的形状要素。需要在碟形件的形体上设置分型面Ⅰ—Ⅰ，如图 8-1（a）所示。定模部分设计成 120°锥形凹模，动模部分设计成 120°锥形凸模。

② 解决碟形件形体上凸台要素ⓐ的措施。由于在碟形件形体上存在着 4×6mm×6mm×

120°×90°×14.3mm×30.2mm 的凸台要素ⓐ，模具结构应该在凸台体要素ⓐ相应位置上设计镶块来进行成型。利用分型面的闭合来成型凸台要素ⓐ的形体，利用分型面的开启则有利于锥形碟形件的脱模。

③ 解决碟形件形体上凸台障碍体要素ⓑ的措施。由于在碟形件形体上存在着 4×6mm×6mm×60°×30.2mm×2.5mm×45°×7.5mm×30°×89°凸台障碍体要素ⓑ，阻碍了碟形件的脱模。这些凸台障碍体要素ⓑ可采用斜推杆内抽芯兼脱模机构，才能完成凸台障碍体要素ⓑ抽芯兼脱模，加之碟形件的 120°锥形，可省去脱模要使用许多的顶杆。

④ 解决碟形件形体上外观要素的措施。由于内锥形面需要具有外观要素，要求内锥形面不允许有模具结构成型和成型加工痕迹。

⑤ 解决碟形件形体上特大批量要素的措施。要求压铸生产为全自动化加工，模具结构应高效率，采用一模二腔。

8.1.3 碟形件压铸模浇注系统、冷却系统和定动型芯的设计

碟形件压铸模为一模二腔，正常压铸模的结构必须具有浇注系统和冷却系统，压铸模设计必须要考虑铝硅铜合金材料热胀冷缩对成型件尺寸的影响。

① 浇注系统的设计。压铸工艺是要将熔融合金从定模上浇口套的主流道流入分流道、冷却穴和点浇口，再流进模具的型腔冷却成型为碟形件后脱模。

a. 动模浇注系统的设计。如图 8-2（a）所示，由主流道 6、冷料穴 7、分流道 8 和点浇口

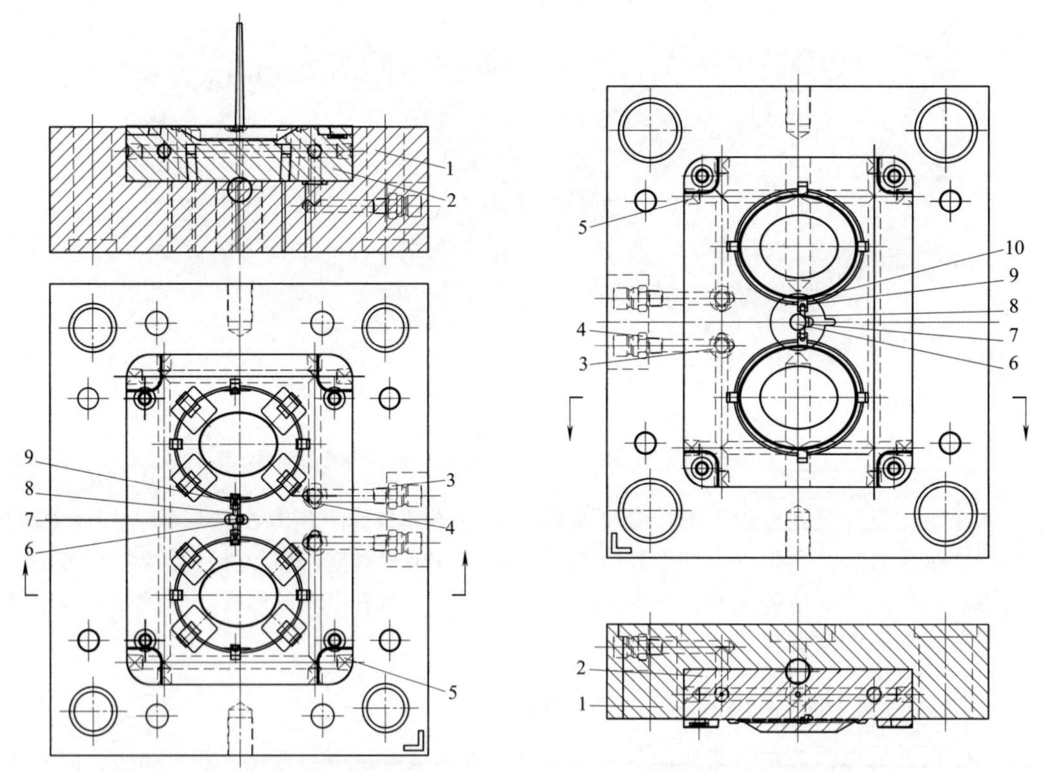

(a) 动模浇注、冷却系统和动型芯的设计　　(b) 定模浇注、冷却系统和定型芯的设计

图 8-2 压铸模浇注系统、冷却系统和定动型芯的设计

图（a）：1—动模板；2—动模镶嵌件；3—冷却水接头；4—O 形密封圈；5—螺塞；6—主流道；7—冷料穴；8—分流道；9—点浇口

图（b）：1—定模板；2—定模镶嵌件；3—冷却水接头；4—O 形密封圈；5—螺塞；6—主流道；7—冷料穴；8—分流道；9—点浇口；10—浇口套

9 组成。

b. 定模浇注系统的设计。如图 8-2（b）所示，流经路线：主流道 6→冷料穴 7→分流道 8→点浇口 9→模腔。

② 冷却系统的设计。熔融铝硅铜合金材料将热量传递给压铸模工作件，随着连续进行的压铸加工，模具的温度不断地升高会导致碟形件出现过热而降低其力学性能，故模具必须在动、定模中设置冷却系统。

a. 动模冷却系统的设计：如图 8-2（a）所示，在动模板 1 和动模镶嵌件 2 中加工出冷却水通道，通道交汇处终端加工出管螺纹孔并安装有螺塞 5 和冷却水接头 3，在动模板 1 和动模镶嵌件 2 垂直通道交汇处安装 O 形密封圈 4。冷却水就能从其中一处的冷却水接头 3 中流入，经冷却水通道从另一处冷却水接头 3 中流出，将模具中的热量带走，起到降低模温的作用。

b. 定模冷却系统的设计。如图 8-2（b）所示，同理，冷却水从其中一处冷却水接头 3 中流入，经冷却水通道从另一处冷却水接头 3 中流出，将模具中的热量带走，起到降低模温的作用。

③ 定、动型芯的设计。由于碟形件成型材料热胀冷缩的原因，定、动模型芯尺寸的设计，必须是在碟形件原有的尺寸的基础上＋原有的尺寸×收缩率（0.5％）。这样在碟形件冷却收缩后的尺寸，才能符合碟形件图纸上给定的尺寸。为了使碟形件方便脱模，所以平行开闭模方向的型面和型槽的尺寸都需要制作 1°30′的拔模斜度。

8.1.4 碟形件压铸模斜推杆内抽芯兼脱模机构的设计

由于碟形件形体上存在着四处凸台要素ⓐ，对于这四处凸台要素ⓐ，压铸模结构可行性方案中这四处凸台要素ⓐ需要采用镶块的措施来成型。而对于另四处影响压铸件脱模的凸台障碍体要素ⓑ，则需要采取斜推杆内抽芯兼脱模机构来解决。

① 压铸模合模状态。如图 8-3（a）所示，当定、动模合模时，脱模机构在弹簧和回程杆（图中未表示）的作用下可以精确复位。斜推杆 4 在 E 形槽块 3 的带动下，上端沿着动模镶嵌

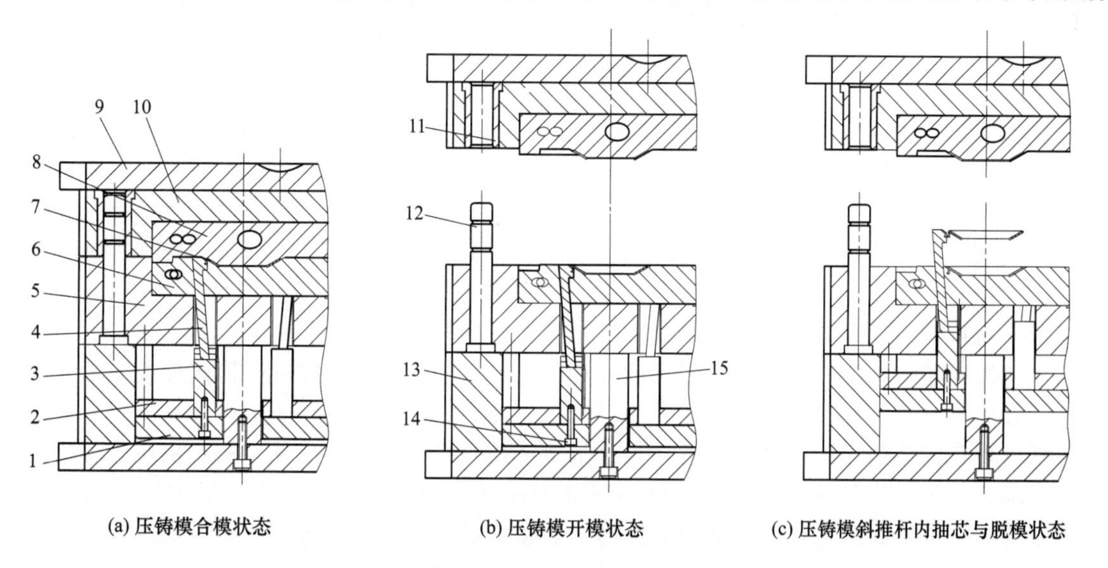

(a) 压铸模合模状态　(b) 压铸模开模状态　(c) 压铸模斜推杆内抽芯与脱模状态

图 8-3 压铸模斜推杆内抽芯与脱模机构的设计

1—推件板；2—安装板；3—E 形槽块；4—斜推杆；5—动模板；6—动模镶嵌件；7—碟形件；8—定模镶嵌件；9—定模垫板；10—定模板；11—导套；12—导柱；13—模脚；14—内六角螺钉；15—推件板导柱

件 6 的斜槽向右和向下做复位移动，恢复到斜推杆 4 初始位置，下端可在 E 形槽块 3 内移动。当模腔注入合金熔体后，便可成型碟形件 7。

② 压铸模开模状态。如图 8-3（b）所示，定模板 10、定模垫板 9 和定模镶嵌件 8 的开启，碟形件 7 外锥面模腔被打开后，才能实现四处凸台要素ⓐ与四处凸台障碍体要素ⓑ的内抽芯兼脱模运动。

③ 压铸模斜推杆内抽芯与脱模状态。如图 8-3（c）所示，在压铸机顶杆的作用下，推件板 1、安装板 2、E 形槽块 3 与斜推杆 4 可做内抽芯兼脱模运动。斜推杆 4 在动模镶嵌件 6 的斜槽作用下，上端一方面向左做对凸台障碍体要素ⓑ的内抽芯运动，另一方面可对碟形件 7 做向上的脱模运动，斜推杆 4 的下端可在 E 形槽块 3 内移动。由于压铸模为二型腔，而每一件碟形件 7 都存在着四处凸台障碍体要素ⓑ，这样两个碟形件 7 便存在八处斜推杆 4 及八处型芯顶杆，在它们共同作用下可实现对两个碟形件 7 的脱模。

碟形件 7 脱模后，随着脱模机构在弹簧和回程杆的作用下可恢复到初始位置后，压铸模又可继续下一轮循环的碟形件 7 压铸加工。

8.1.5 碟形件压铸模结构的设计

压铸模结构由模架、浇注系统、冷却系统、动定型腔与型芯、定模部分与动模部分、斜推杆内抽芯兼脱模机构、浇注系统冷凝料脱模机构、回程机构、导准构件等组成。

① 模架。如图 8-4（a）所示，由浇口套 1，定模垫板 2，定模板 3，动模板 7，拉料杆 8，顶杆 9，安装板 10，推件板 11，底板 12，螺塞 13、17，圆柱销 14、18，冷却水接头 15、19，O 形密封圈 16、20，内六角螺钉 21、29，推件板导柱 22，导套 24，套柱 25，弹簧 26，回程杆 27 和模脚 28 等组成，模架是整副模具的机构、系统和结构件的安装平台。

② 碟形件压铸模脱浇注系统冷凝料机构的设计。如图 8-4（a）所示，由安装板 10、推件板 11 和拉料杆 8 组成。定、动模开启时，拉料杆 8 上的 Z 字形钩可将浇口套 1 中的主流道冷凝料拉出。在压铸机顶杆推动推件板 11、安装板 10 和拉料杆 8 时，先是将浇口处的冷凝料切断，然后将主流道和分流道中的冷凝料推出。

③ 碟形件压铸模回程机构系统的设计。如图 8-4（a）所示，由安装板 10、推件板 11 和弹簧 26 和回程杆 27 组成。碟形件 5 脱模后，由于压铸机顶杆的退回，施加在推件板 11 和安装板 10 外力的撤销。在弹簧 26 恢复的弹力作用下，安装板 10、推件板 11 和拉料杆 8、顶杆 9 可恢复到初始位置。为了防止弹簧 26 长期使用的失效，定、动模板闭合时，定模板 3 推着回程杆 27 可实现拉料杆 8 和顶杆 9 精确复位，以准备下次碟形件 5 的脱模，实现自动循环压铸加工。

④ 导准构件。如图 8-4（a）所示，由四组导套 24 和导柱 25 组成，导准构件可以确保定、动模的定位与开闭模运动的导向，可防止定、动模型芯与型腔的错位。四件推件板导柱 22 可保证脱模机构的运动导向，可防止顶杆的折断。

压铸模这些机构、构件和系统正确的设计，可以确保模具顺利完成压铸成型加工工艺赋予的运动和成型过程。

碟形件压铸模的结构设计，只有在妥善解决了压铸模分型面的设置、抽芯机构、脱模回程机构、浇注系统、冷却系统、导准构件的设计和模具成型面的计算，才能加工出合格的碟形件。主要零部件材料的选择和热处理，又是确保模具长寿命必需的措施。

由于对碟形件进行了细致和正确的形体分析，使制订的压铸模结构可行性分析方案和压铸模结构设计或造型正确无误，从而使碟形件压铸加工的形状和尺寸全部符合压铸件图纸的要求。

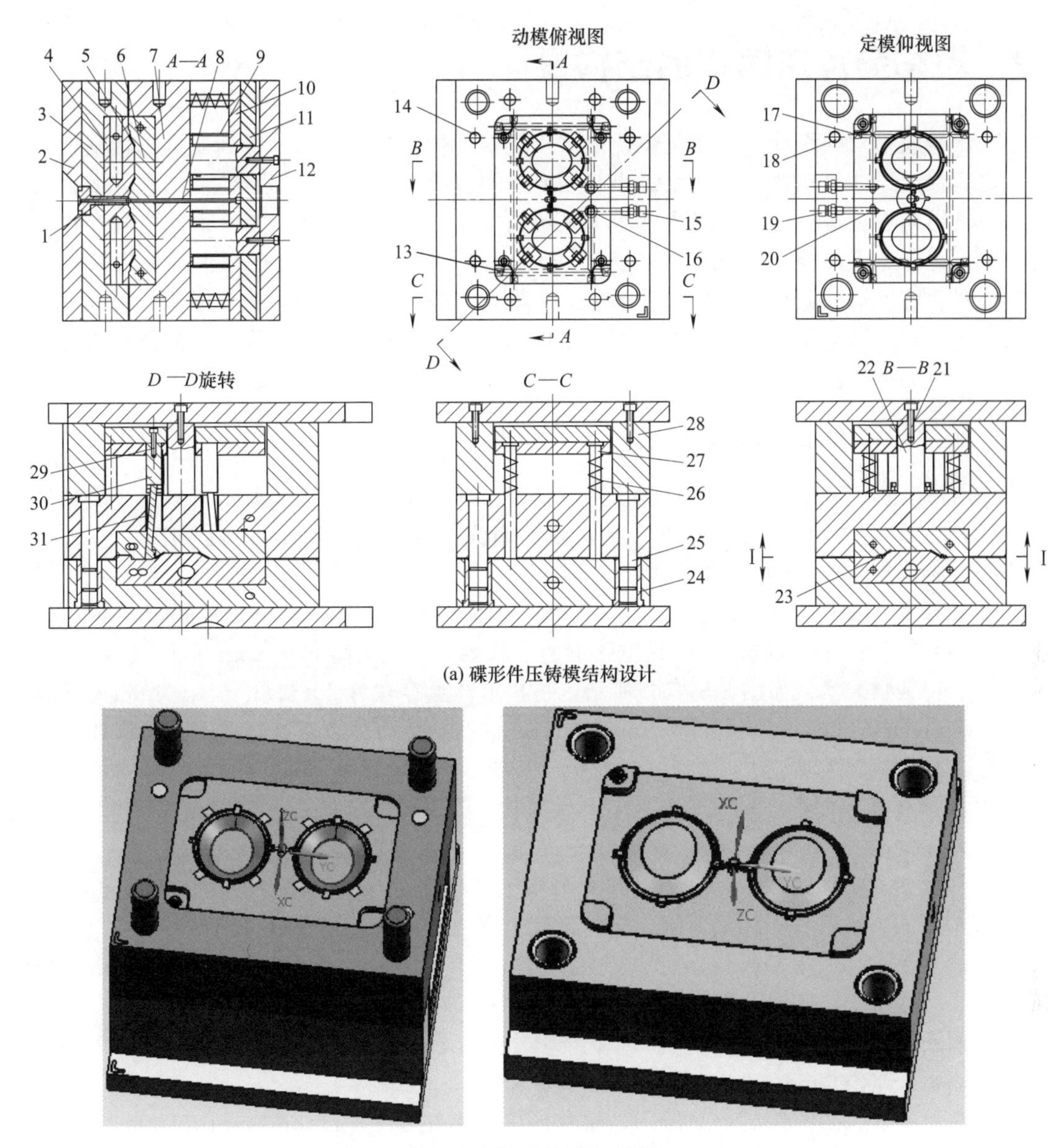

(a) 碟形件压铸模结构设计

(b) 碟形件压铸模结构三维造型

图 8-4 碟形件压铸模结构的设计

1—浇口套；2—定模垫板；3—定模板；4—定模镶嵌件；5—碟形件；6—动模镶嵌件；7—动模板；8—拉料杆；9—顶杆；10—安装板；11—推件板；12—底板；13,17—螺塞；14,18—圆柱销；15,19—冷却水接头；16,20—O 形密封圈；21,29—内六角螺钉；22—推件板导柱；23—镶块；24—导套；25—套柱；26—弹簧；27—回程杆；28—模脚；30—E 形槽块；31—斜推杆

通过对轿车碟形件进行的形体可行性分析，找到了影响压铸模结构的碟形件形体上存在的形状、凸台、凸台障碍体、外观和大批量要素。再根据这些形体分析出来的要素，采用相对应措施，制订出压铸模结构的可行性分析方案。对于四处凸台要素，采用设置镶块来进行成型。对于四处凸台障碍体要素，则采用斜推杆内抽芯兼脱模机构。这样所设计出来的压铸模结构，除了能确保碟形件赋予压铸模的成型结构之外，还可保证碟形件在加工过程中的运动形式和自动化生产，故所加工的碟形件在形状、尺寸、精度和性能上，均符合碟形件图纸要求。

8.2 轿车垫片压铸模的结构设计

垫片压铸模结构的设计，先要从垫片形体六要素可行性分析开始，做到要素分析到位，不遗漏。之后根据形体要素的分析，制订出每项要素相应的解决措施，即压铸模结构方案。然后对各项模具结构措施进行协调，形成整体模具结构方案。由于每项要素所选取的措施存在着多种的方法，这样就需要找出优化结构方案。对优化方案还要考虑可能会产生的加工缺陷，因此，需要对预测的缺陷调整模具结构，形成最终模具结构方案。这种“垫片形体分析→模具结构方案分析→模具结构优化方案分析→模具结构最终方案分析”的设计程序，才能是造就垫片一次试模合格的可靠保证。

8.2.1 垫片形体要素可行性分析

垫片是轿车上一种铝硅铜合金的压铸件，垫片二维图如图 8-5（a）所示，垫片三维造型如图 8-5（b）所示。垫片材料为铝硅铜合金，收缩率为 0.5%。分型面Ⅰ—Ⅰ如图 8-5（a）的 *B*—*B* 剖视图所示。垫片形体分析如下。

① 形状要素。如图 8-5（a）所示，在垫片的形体上存在着 *R*210.9mm×*R*226mm×62°×(51.7) mm×197.1mm×238.2mm 错位弧形的形状要素及凸出型面 0.5mm 的图纹。

② 凸台障碍体要素。如图 8-5（a）所示，垫片形体上存在着 2×5.8mm×1.6mm×4mm×1mm×1.1mm×88.3mm×4.7mm×2.9mm×37.5mm 凸台障碍体要素，这些凸台障碍体要素的存在影响着垫片的脱模。

③ 圆柱体要素。如图 8-5（a）所示，垫片形体上存在着 2×ϕ5mm×1.5mm×50.3mm 圆柱体要素。

④ 型孔要素。如图 8-5（a）所示，垫片形体上存在着 2×ϕ5.3mm×50.3mm 型孔要素。

⑤ 型槽要素。如图 8-5（a）所示，垫片形体上存在着多处型槽要素。

a. 型槽ⓐ要素。如图 8-5（a）所示，垫片形体上存在着 2×12.6mm 和 2×28.6mm 型槽要素；

b. 型槽ⓑ要素。如图 8-5（a）所示，垫片形体上存在着 2×12.8mm×35.8mm、2×12.1mm×14.6mm+(37.2−35.8) mm×2mm×24mm 型槽要素；

c. 型槽ⓒ要素。如图 8-5（a）所示，垫片形体上存在着 2×11.5mm×10.1mm×30°型槽要素；

d. 型槽ⓓ要素。如图 8-5（a）所示，垫片形体上存在着 2×19.1mm×6mm×5.5mm、2×19.1mm、6mm×6mm×26.3mm 型槽要素；

e. 型槽ⓔ要素。如图 8-5（a）所示，垫片形体上存在着 2×19.1mm×29.7mm×9mm×1.8mm 型槽要素。

⑥ 外观要素。如图 8-5（a）所示，垫片的外形面应具有外观要素。

⑦ 特大批量要素。垫片为轿车零部件，故属于特大批量。

8.2.2 垫片压铸模结构方案可行性分析

根据垫片形体要素的分析，需要制订出解决垫片形体分析中的形状、圆柱体、型孔、型槽、凸台障碍体、外观和特大批量要素在模具结构方案中的措施。

(1) 解决垫片形体上形状措施

由于在垫片形体上存在着 *R*210.9mm × *R*226mm × 62° ×(51.7) mm × 197.1mm ×

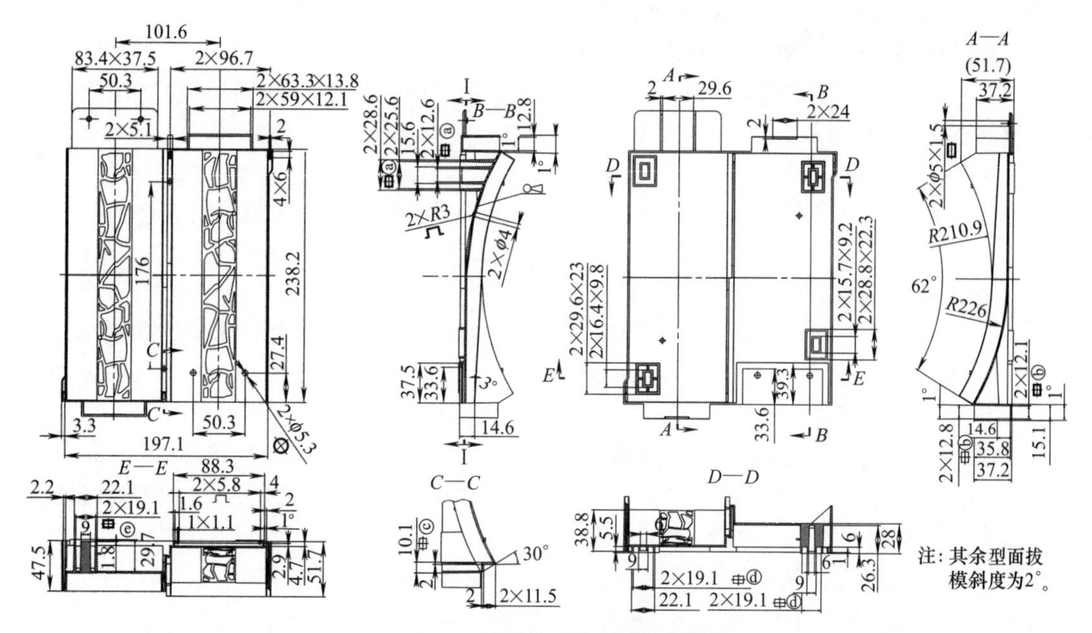

(a) 垫片形体要素可行性分析

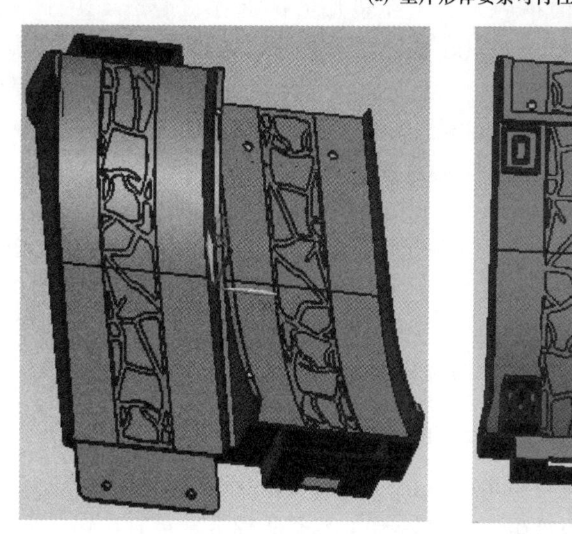

(b) 垫片三维造型

图 8-5　垫片形体要素可行性分析

⊕—表示型孔要素；中—表示圆柱体要素；⊞—表示型槽要素；

⎍—表示凸台障碍体要素；◯◁—表示压铸件的型面应有“外观”要素

238.2mm 错位弧形的形状要素。如图 8-5（a）所示，需要在垫片的形体上设置分型面Ⅰ—Ⅰ。

（2）解决垫片形体上凸台障碍体的措施

由于垫片形体上存在着 2×5.8mm×1.6mm×4mm×1mmmm×1.1mm×88.3mm×4.7mm×2.9mm×37.5mm 凸台障碍体要素，这些凸台障碍体要素为垂直于开闭模方向，它们的存在影响着垫片的脱模，所以要采用抽芯机构。由于凸台障碍体要素深 37.5mm，若采用斜导柱滑块抽芯机构，需要抽芯距离需要大于 37.5mm，若取 40mm。斜导柱的斜角一般取 18°～25°，中模板厚度为 40mm，斜导柱的长度应该是 172～142mm。如此，会导致斜导柱长度过长而影响其刚性，所以应该采用油缸抽芯机构更好。

(3) 解决垫片形体上圆柱体要素的措施

由于在垫片形体上存在着 2×ϕ5mm×1.5mm×50.3mm 圆柱体要素，可以在定模嵌件上加工成型圆柱体的型孔。

(4) 解决垫片形体上型孔要素的措施

由于在垫片形体上存在着 2×ϕ5.3mm×50.3mm 型孔要素，可以在动模嵌件上安装成型的型芯。

(5) 解决垫片形体上型槽要素的措施

由于在垫片形体上存在着多处型槽要素，需要针对每项型槽要素制订出具体的措施。

① 解决垫片形体上型槽ⓐ要素的措施。由于在垫片形体上存在着 2×12.6mm 和 2×28.6mm 型槽要素，可以在定模嵌件安装型芯来成型型槽ⓐ要素。

② 解决垫片形体上型槽ⓑ要素的措施。由于在垫片形体上存在着 2×12.8mm×35.8mm、2×12.1mm×14.6mm+(37.2−35.8) mm×2mm×24mm 型槽要素，可以在定模嵌件安装型芯来成型型槽ⓑ要素。

③ 解决垫片形体上型槽ⓒ要素的措施。由于在垫片形体上存在着 2×11.5mm×10.1mm×30°型槽要素，可以在定模嵌件安装型芯来成型型槽ⓒ要素。

④ 解决垫片形体上型槽ⓓ要素的措施。由于在垫片形体上存在着 2×19.1mm×6mm×5.5mm、2×19.1mm、6mm×6mm×26.3mm 型槽要素，可以在动模嵌件安装型芯来成型型槽ⓓ要素。

⑤ 解决垫片形体上型槽ⓔ要素的措施。由于在垫片形体上存在着 2×19.1mm×29.7mm×9mm×1.8mm 型槽要素，以在动模嵌件安装型芯来成型型槽ⓔ要素。

(6) 解决垫片形体上外观要素的措施

由于凹弧形面需要具有外观要素，要求凹弧形面不允许有模具结构成型和成型加工痕迹，采用数铣后抛光。

(7) 解决垫片形体上特大批量要素的措施

要求压铸生产为全自动化加工，模具结构应高效率，采用一模一腔。

8.2.3 垫片压铸模动、定型芯设计与三维造型

动、定模型芯的外形尺寸与动、定模板型腔尺寸为 H8/n7 配合。垫片材料为铝硅铜合金，经熔化后注入模腔冷却成型。由于铝硅铜合金具有热胀冷缩的特点，模具中成型制品的尺寸必须是：图纸尺寸+图纸尺寸×0.5%（收缩率），只有这样才能加工出符合图纸要求的制品。所有与脱模方向一致的型面和型槽的尺寸，都应根据图 8-6 (a) 所示制有脱模斜度。定模成型面数铣加工后再进行抛光，以确保该型面外观要求。如图 8-6 (a) 所示，定模嵌件上 15×8H8mm×1.3H8mm 为扁顶杆安装孔；4×28.6H7mm×22H7mm 为镶嵌件安装孔；4×ϕ8H8mm 和 3×ϕ6H8mm 为圆柱形顶杆安装孔；2×ϕ8.1H7mm 为型芯安装孔。如图 8-6 (b) 所示，动模嵌件上 4×ϕ0.8mm 为点浇口。

8.2.4 垫片压铸模动、中模冷却系统的设计

垫片压铸模的结构必须具有浇注系统和冷却系统，压铸模设计必须要考虑铝硅铜合金材料热胀冷缩对成型件尺寸的影响。注入模腔的熔融铝硅铜合金将热量传递给压铸模工作件，随着连续进行的压铸加工，模具的温度不断地升高会导致垫片出现过热而降低其力学性能，故模具必须在动、中模中应设置冷却系统。

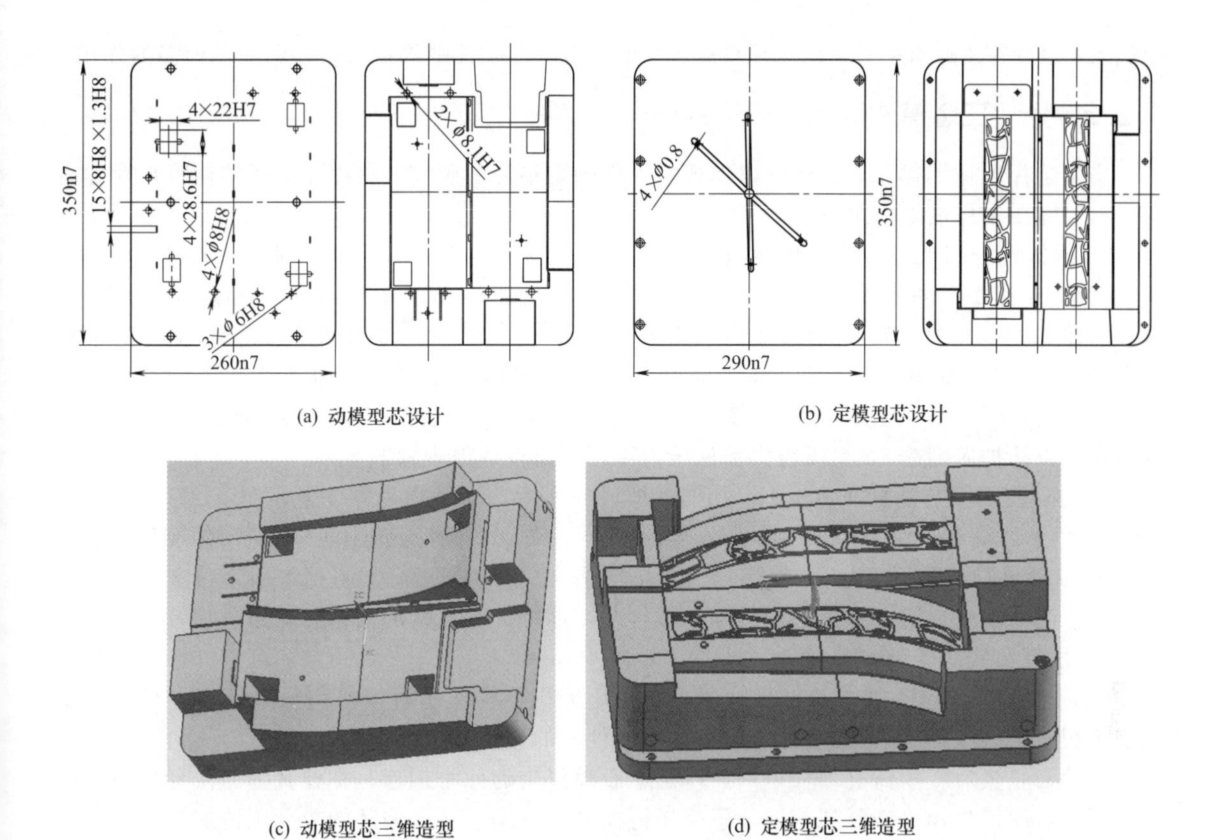

(a) 动模型芯设计　　(b) 定模型芯设计

(c) 动模型芯三维造型　　(d) 定模型芯三维造型

图 8-6　垫片压铸模定、动型芯设计和三维造型

① 动模冷却系统的设计。如图 8-7（a）所示，在动模板和动模镶嵌件中加工出冷却水通道，通道交汇处终端加工出管螺纹孔并安装有螺塞 1 和冷却水接头 3，在动模板和动模镶嵌件垂直通道交汇处安装 O 形密封圈 2。冷却水就能从其中一处的冷却水接头 3 中流入，经冷却水通道从另一处冷却水接头 3 中流出，将模具中的热量带走起到降低模温的作用。

② 中模冷却系统的设计。如图 8-7（b）所示，同理，冷却水就能从其中一处冷却水接头 3

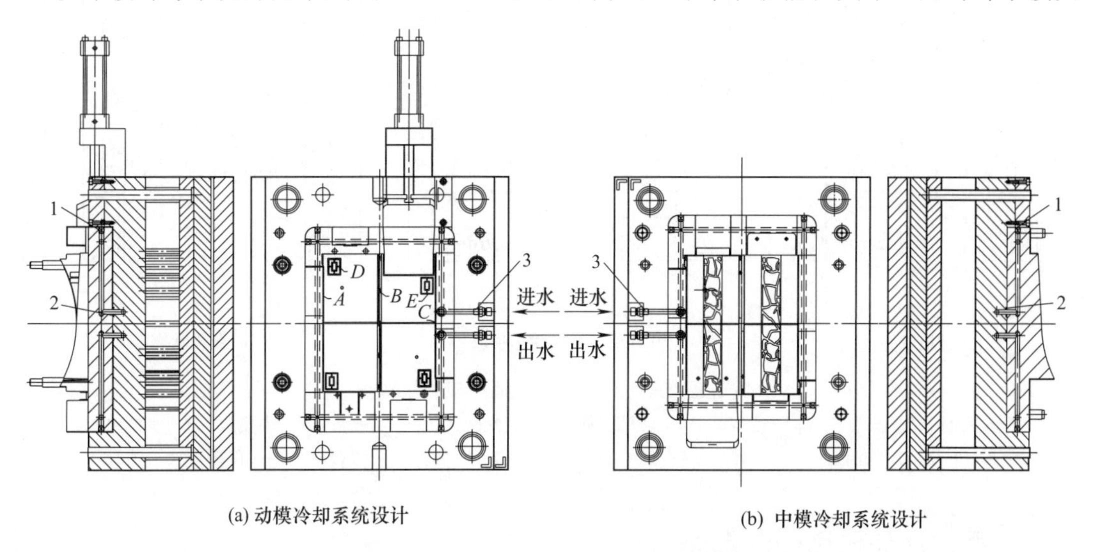

(a) 动模冷却系统设计　　(b) 中模冷却系统设计

图 8-7　垫片压铸模中、动模冷却系统设计

1—螺塞；2—O 形密封圈；3—冷却水接头

中流入，经冷却水通道从另一处冷却水接头 3 中流出，将模具中热量带走起到降低模温的作用。

8.2.5 垫片压铸模油缸抽芯机构的设计

由于垫片形体上存在着凸台障碍体要素，影响着垫片的脱模，根据压铸模结构可行性方案的分析，需要采用油缸抽芯机构。

① 压铸模合模状态。垫片压铸模油缸抽芯机构，由图 8-8（a）中的油缸 10（MOB32×50）、油缸支座 11、抽芯型芯 12，以及图 8-9（a）中的压板 37、半圆柱销 32 和内六角螺钉 31 组成。图 8-8（a）中，油缸支座 11 以内六角螺钉固定在动模板 3 的侧面，抽芯型芯 12 的轴安装在油缸 10 的 T 形槽内。在定、中、动模合模之前，油缸在计算机控制下活塞上的轴推动抽芯型芯 12 移动 40mm 的复位运动。定、中、动模合模时，中模板 7 上的斜面楔紧抽芯型芯 12 的斜面，以防抽芯型芯 12 在压铸力和保压力作用下出现后退现象。

② 压铸模开模与油缸抽芯状态。如图 8-8（b）所示，由于垫片形体上存在着 2×5.8mm×1.6mm×4mm×1mm×1.1mm×88.3mm×4.7mm×2.9mm×37.5mm 的凸台障碍体要素，抽芯型芯 12 必须进行抽芯距离大于 37.5mm 才能消除垫片 9 对脱模运动的阻挡作用。当定、中模与动模开启时，垫片 9 定、中模部分的型面被打开，油缸抽芯机构的活塞启动通过轴带动抽芯型芯 12 在压板组成的 T 形槽中滑动实现抽芯距离 40mm。

③ 垫片脱模状态。如图 8-8（c）所示，在压铸机顶杆作用脱模机构的推件板 1 时，安装在安装板 2 上的顶杆 16 可将垫片 9 顶离动模嵌件 4 的型腔。

垫片 9 脱模后，压铸机顶杆退回，作用于脱模机构的外力撤除，在弹簧弹力恢复和回程杆的作用下，脱模机构可恢复到初始位置，压铸模又可继续下一轮循环的垫片压铸加工。

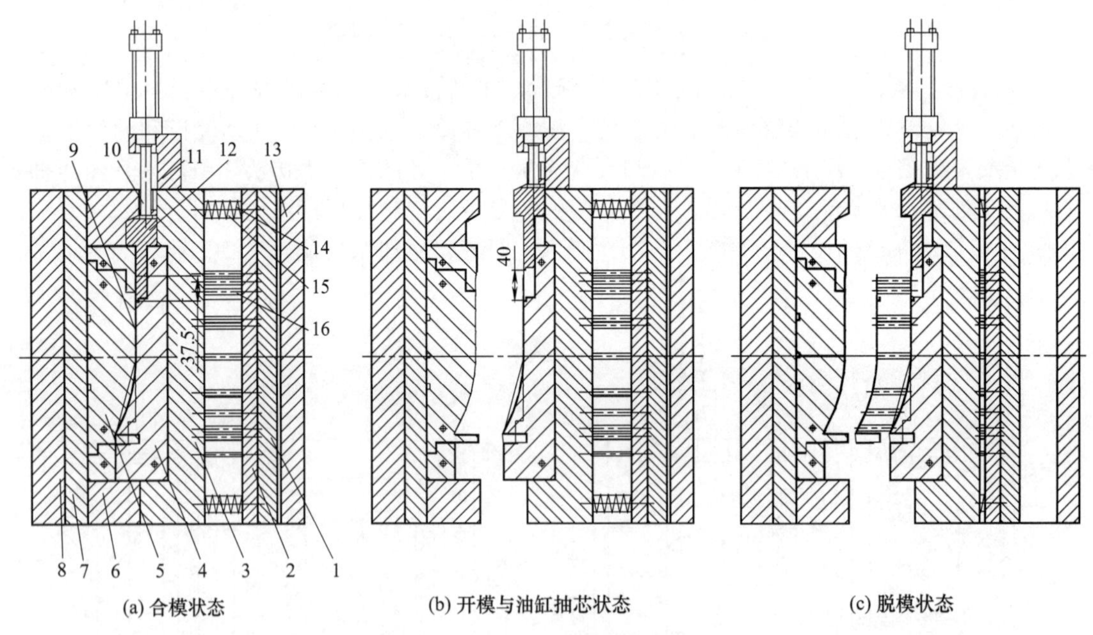

图 8-8 垫片压铸模油缸抽芯机构的设计

1—推件板；2—安装板；3—动模板；4—动模嵌件；5—定模嵌件；6—定模板；7—中模板；8—定模垫板；9—垫片；10—油缸；11—油缸支座；12—抽芯型芯；13—底板；14—弹簧；15—回程杆；16—顶杆

8.2.6 垫片压铸模结构的设计

压铸模结构是由模架、浇注系统、冷却系统、动定型腔与型芯、定模部分与动模部分、油缸抽芯机构、脱模机构、脱浇注系统冷凝料机构、回程机构和导准构件等组成。由于垫片面积大壁厚薄，加之定模部分具有外观要求，为了使垫片能注满，浇注系统系统采用了四处点浇口的设计。为了能脱浇注系统的冷凝料，采用了三模板结构。

（1）浇注系统的设计

如图 8-9（a）所示，浇注系统由浇口套 27 中的主流道、动模板 3 与中模板 10 之间的分流道、冷料穴及点浇口组成。铝硅铜合金熔体流动路线：浇口套 27 中的主流道→分流道→冷料穴→点浇口→模腔，最终冷却成型为垫片 21。

（2）模架

如图 8-9（a）所示，包括底板 1，模脚 2，动模板 3，定模板 7，定模垫板 8，限位螺钉 9，中模板 10，扁顶杆 12、22、34、40、41，安装板 13，推件板 14，回程杆 15，弹簧 16，导柱 17，导套 18～20，顶杆 24，拉料杆 25，浇口套 27，内六角螺钉 31，O 形密封圈 35，冷却水接头 36 和圆柱销 38、39，模架是整副模具的机构、系统和结构件的安装平台。

（3）垫片压铸模脱模与脱浇注冷凝料机构的设计

压铸模存在着脱模机构与脱浇口冷凝料机构。

① 脱压铸件机构的设计。由扁顶杆 12、22、34、40、41，安装板 13，推件板 14，顶杆 24 组成，如图 8-9（a）所示。当压铸模开启和油缸抽芯后，压铸机的顶杆推动着安装在安装板 13 中扁顶杆 12、22、34、40、41 和顶杆 24，可将垫片 21 顶离动模嵌件 4 的模腔。

② 脱浇注系统冷凝料机构的设计。如图 8-9（a）的 $B—B$ 剖视图所示，当压铸模开启时，安装在中模板 10 中的拉料杆 25 可将中模板 10 中的点浇口冷凝料与垫片 21 切断，并将中、动模板 10 中分流道冷凝料拔出。而浇口套 27 下端锥孔中冷凝料又可将浇口套 27 的主流道冷凝料拉出，从而实现脱浇注系统的冷凝料。导柱 17 安装在定模部分，是为了防止中模板 10 脱离导柱 17，又能保证浇注系统冷凝料掉落，如图 8-9（a）所示，以限位螺钉 9 限制定模板 7 与中模板 10 打开的距离。

（4）垫片压铸模回程机构系统的设计

压铸件脱模之后，抽芯机构和脱模机构都必须要恢复到初始位置，以便进行下一次压铸加工在计算机控制下实现自动循环加工。如图 8-9（a）所示，回程结构由安装板 13、推件板 14、回程杆 15 和弹簧 16 组成。垫片 21 脱模后，由于压铸机顶杆的退回，施加在推件板 14 和安装板 13 外力撤销，在弹簧 16 恢复的弹力作用下，安装板 13、推件板 14 和拉料杆 25、顶杆 24 可恢复到初始位置。为了防止弹簧 16 长期使用的失效，定、中动模板闭合时，中模板 10 推着回程杆 15 可实现拉料杆 25、长方形扁顶杆 34、40、41 和顶杆 24 精确复位。

（5）导准构件

如图 8-9（a）所示，由四组导套 8、19、20 和导柱 17 组成，导准构件可以确保定、中、动模的定位与开闭模运动的导向，防止定、中、动模型芯与型腔的错位。

压铸模这些机构、构件和系统正确的设计，可以确保模具顺利完成压铸成型加工工艺赋予的运动和成型过程。

垫片压铸模的结构设计，只有妥善解决了压铸模分型面的设置、抽芯机构、脱模回程机构、浇注系统、冷却系统、导准构件的设计和模具成型面的计算，才能加工出合格的锥形件。主要零部件材料的选择和热处理，又是确保模具长寿命必需的措施。

由于对垫片进行了细致和正确的形体分析，使得制订的压铸模结构可行性分析方案和压铸模结构设计或造型正确无误，从而使得垫片压铸加工的形状和尺寸，能够全部符合压铸件图纸的要求。

本节通过对轿车垫片进行形体可行性分析，找到了影响压铸模结构垫片形体上存在着的形

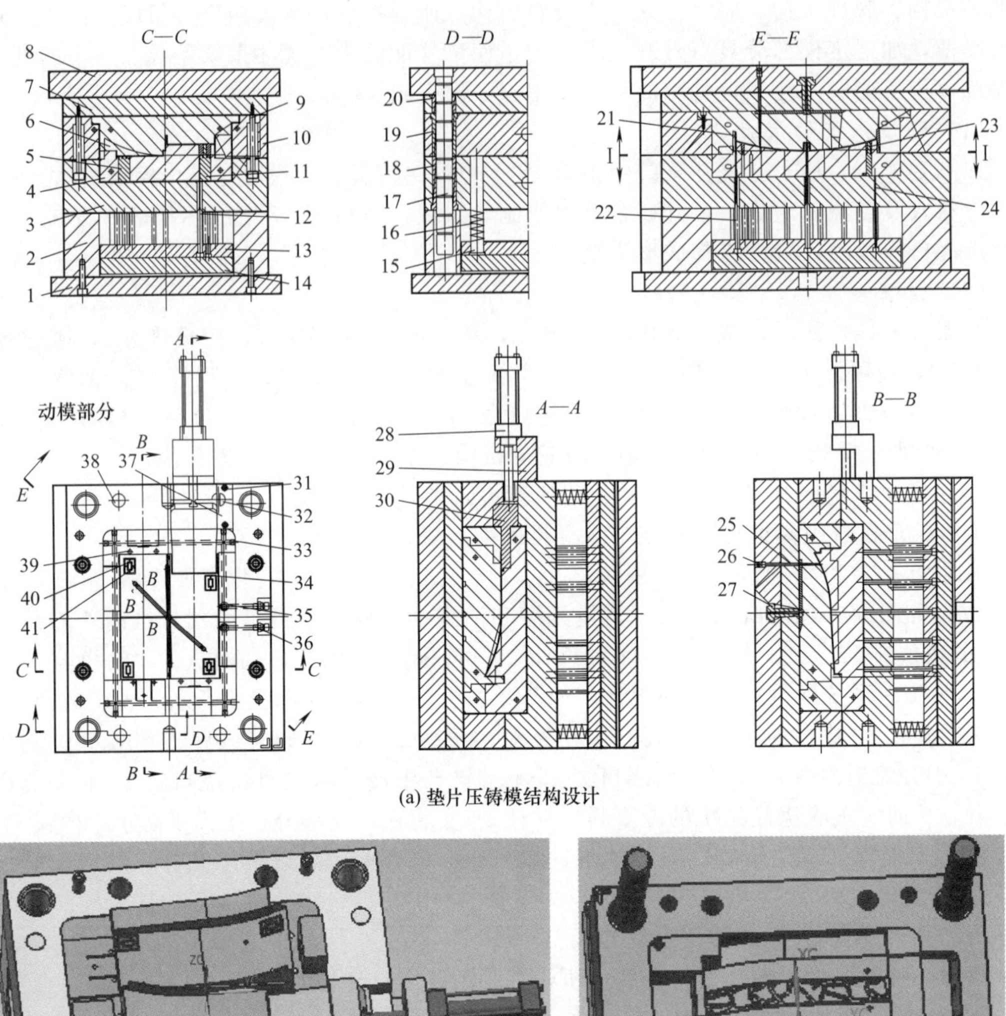

(a) 垫片压铸模结构设计

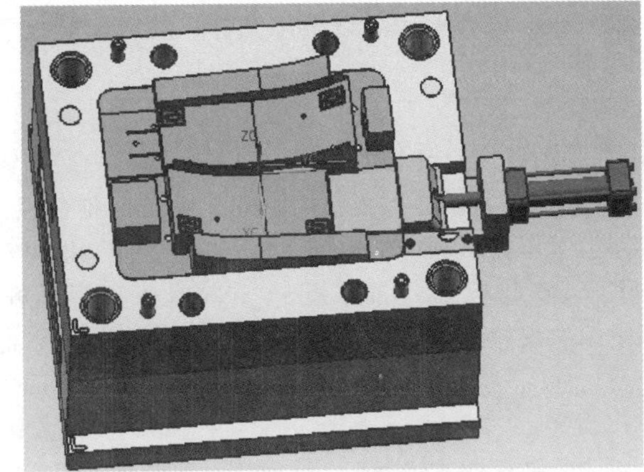

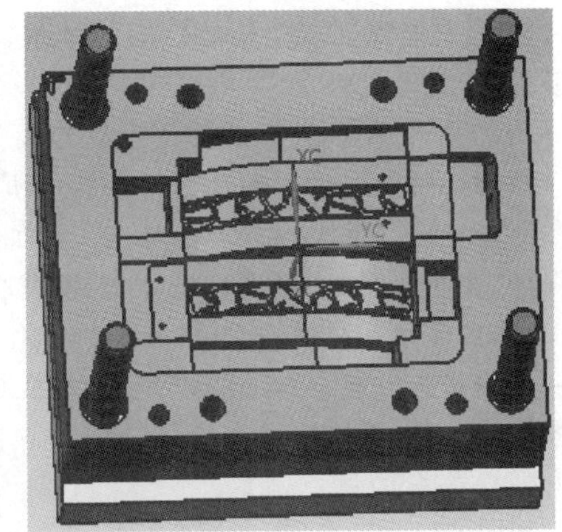

(b) 垫片压铸模结构造型

图 8-9 垫片压铸模结构的设计

1—底板；2—模脚；3—动模板；4—动模嵌件；5,11,23—动模镶件；6—定模嵌件；7—定模板；8—定模垫板；9—限位螺钉；10—中模板；12,22,34,40,41—扁顶杆；13—安装板；14—推件板；15—回程杆；16—弹簧；17—导柱；18～20—导套；21—垫片；24—顶杆；25—拉料杆；26,33—螺塞；27—浇口套；28—油缸；29—支撑块；30—抽芯型芯；31—内六角螺钉；32—半圆柱销；35—O形密封圈；36—冷却水接头；37—压板；38,39—圆柱销

状、圆柱体、型孔、凸台障碍体、型槽、外观和大批量要素，再根据这些形体要素，采用相对应的措施来制订出压铸模结构可行性分析方案。形状要素可通过选择分型面来解决；圆柱体要素可在中、动模嵌件上加工的型孔成型；型孔和型槽要素可分别在中、动模嵌件设置镶块成型；凸台障碍体要素可采用油缸抽芯机构；外观要素可在数铣之后采用抛光；大批量要素可通

过选用新型钢材和热处理提高模具寿命，通过与模具结构自动化提高加工效率。如此所设计出来的压铸模结构，除了能确保垫片赋予压铸模的成型结构之外，还能保证垫片在加工过程中的运动形式和自动化生产。故加工的垫片在形状、尺寸、精度和性能上，均符合垫片图纸要求。

8.3 轿车散热盒与盖压铸模结构的设计

轿车上散热盒与盖中的热量，主要是通过短边两端的散热孔将盒内机械传动的热量散发出去，以满足盒内机械传动的性能。散热盒与盖之间的连接主要依靠数量众多卡扣的公扣和母扣的配合，这样省去了众多的连接螺钉和螺母并节省了空间。这些公扣和母扣形体上的凸台障碍体结构的设计，需要充分考虑模具的成型结构。

8.3.1 散热盒与盖形体分析

散热盒二维图如图 8-10（a）所示，散热盖二维图如图 8-10（b）所示，散热盒三维造型如图 8-10（c）所示，散热盖三维造型如图 8-10（d）所示。散热盒与盖的材料：铝硅铜合金。收缩率：0.5%。散热盒与盖的形体分析如下。

（1）散热盒的形体分析

在散热盒上存在着圆柱体、型孔、凸台和型槽的综合要素。分型面Ⅰ—Ⅰ如图 8-10（a）所示。

① 圆柱体要素。如图 8-10（a）所示，散热盒上存在着平行开闭模方向的 ϕ8mm×30.3mm 和 2×ϕ4.5mm×31.6mm 的圆柱体要素。

② 型孔要素。如图 8-10（a）所示，在散热盒上存在着平行开闭模方向的 ϕ4.3mm×6.6mm、ϕ4.9mm×26.2mm 和 2×ϕ2.5mm×31.5mm 的型孔要素。

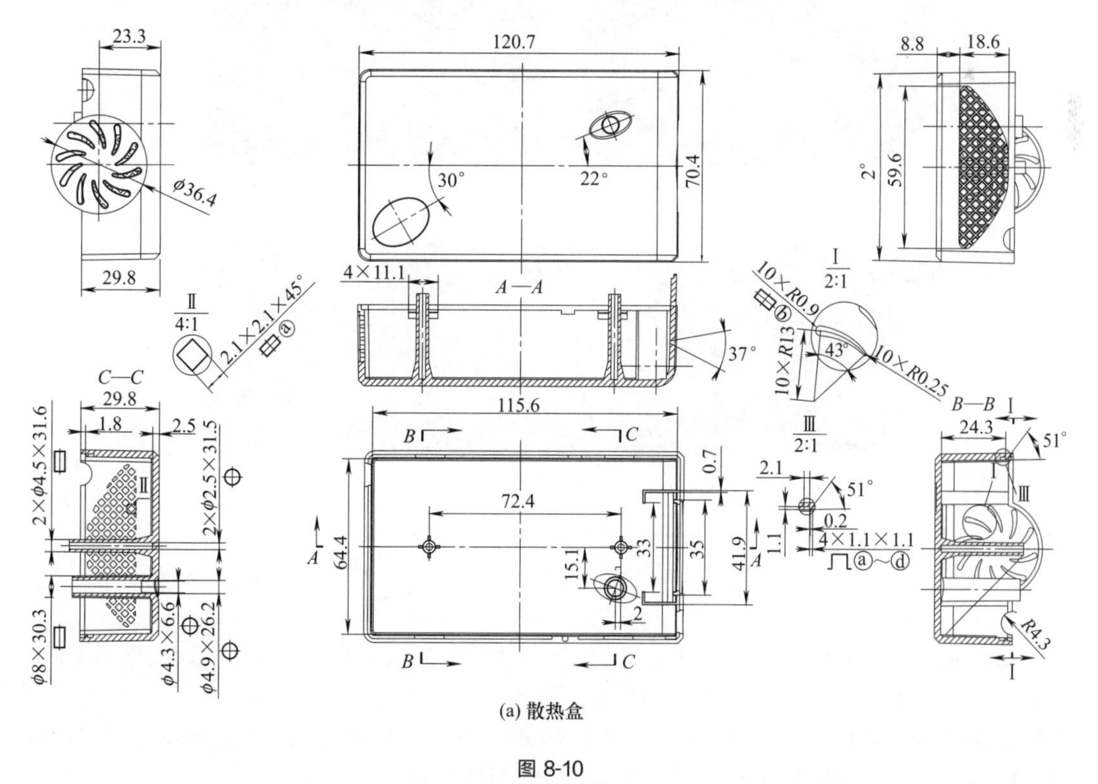

(a) 散热盒

图 8-10

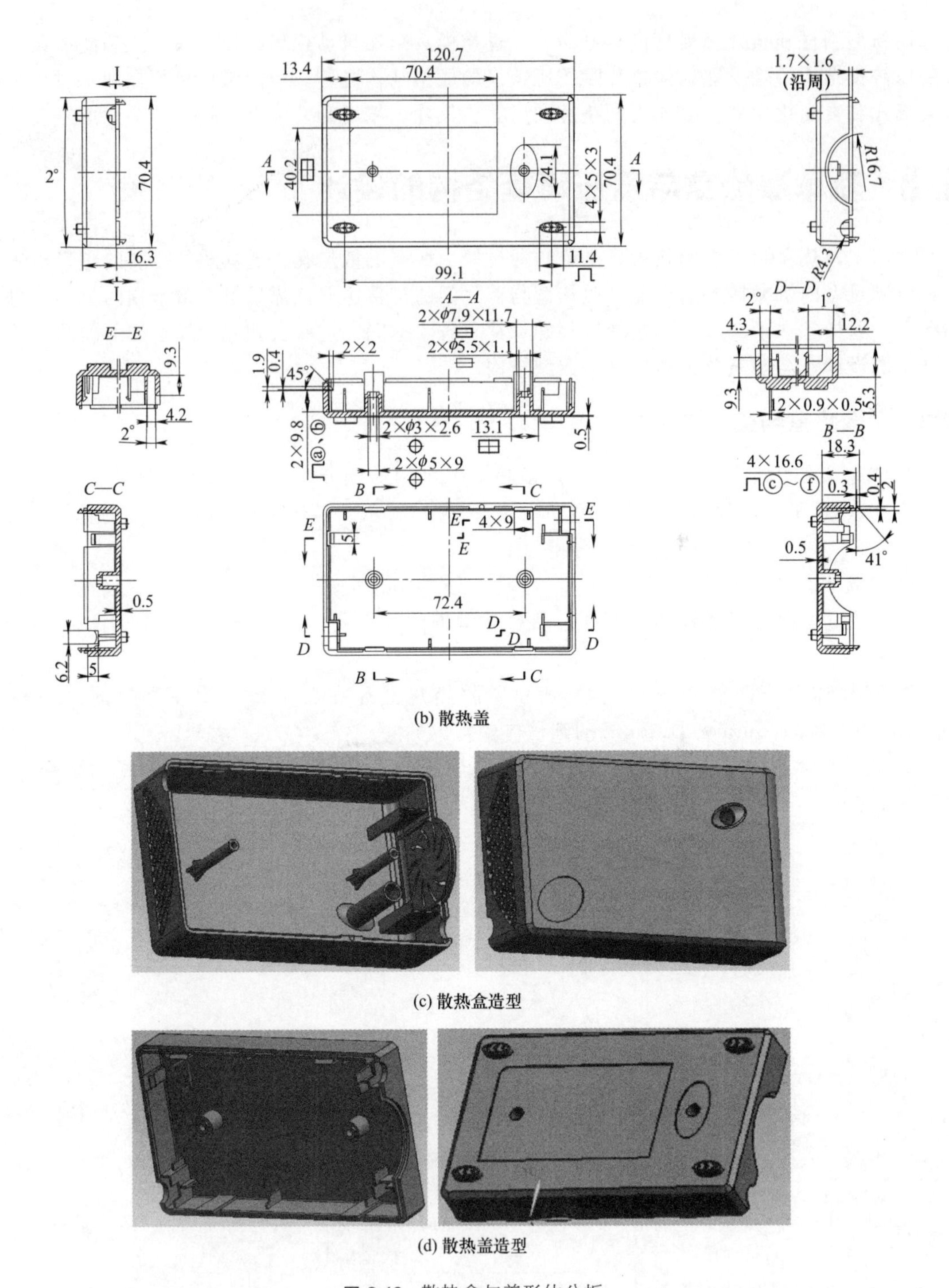

(b) 散热盖

(c) 散热盒造型

(d) 散热盖造型

图 8-10 散热盒与盖形体分析

⊕—表示型孔要素；中—表示圆柱体要素；⊟—表示型槽要素；⎍—表示凸台障碍体要素

③ 凸台ⓐ～ⓓ障碍体要素。如图 8-10（a）所示，散热盒上存在着 4×1.1mm×1.1mm×0.2mm×51°×1.1mm×2.1mm 的凸台障碍体要素。

④ 型槽要素。如图 8-10（a）所示，在散热盒上左右方向存在着 n×2.1mm×2.1mm×45°和 10×R0.9mm×R0.25mm×43°×R13mm 的型槽要素。

(2) 散热盖的形体分析

在散热盖上存在着圆柱体、型孔、凸台和型槽的综合要素。分型面Ⅰ—Ⅰ，如图 8-10 (b) 所示。

① 圆柱体要素。如图 8-10 (b) 所示，在散热盖上存在着平行开闭模方向的 2×ϕ7.9mm×11.7mm、2×ϕ5.5mm×1.1mm 和 4×5mm×11.4mm×3mm 的圆柱体要素。

② 型孔要素。如图 8-10 (a) 所示，在散热盒上存在着平行开闭模方向的 2×ϕ3mm×2.6mm 和 2×ϕ5mm×9mm 的型孔要素。

③ 凸台ⓐ～ⓕ障碍体要素。如图 8-10 (b) 所示，在散热盖上存在着 2×9.8mm×0.4mm×2mm×1.9mm×45°凸台ⓐ、ⓑ障碍体和 4×16.6mm×0.3mm×0.4mm×2mm×41°的凸台ⓒ～ⓕ障碍体要素。凸台ⓒ～ⓕ障碍体，可分成与散热盒相邻的内侧凸台ⓒ～ⓓ障碍体和外侧凸台ⓔ、ⓕ障碍体。

④ 型槽要素。如图 8-10 (a) 所示，在散热盖上存在着 70.4mm×40.2mm×0.5mm 和 24.1mm×13.1mm×0.5mm 的型槽要素。

压铸件形体要素分析之后，只要在压铸模结构可行性分析方案中，有解决散热盒与盖形体分析中的圆柱体、型孔、凸台和型槽几种要素的措施，所制订的散热盒与盖压铸模结构方案便是正确的。

8.3.2 散热盒与盖压铸模结构方案可行性分析

散热盒与盖压铸模结构方案可行性分析，包括散热盒压铸模结构方案可行性分析和散热盖压铸模结构方案可行性分析两部分。

(1) 解决散热盒综合要素压铸模的措施

根据散热盒形体要素的分析，需要制订出解决散热盒与盖形体要素分析中的圆柱体、型孔、凸台和型槽要素的措施。

① 解决圆柱体要素的措施。对于散热盒上存在着平行开闭模方向的 ϕ8mm×30.3mm 和 2×ϕ4.5mm×31.6mm 的圆柱体要素，只要在动模镶嵌件中加工出成型这些圆柱体的型孔。利用动、定模合模后合金熔体的注入即可以成型这些圆柱体，利用动、定模开启模可以实现成型这些圆柱体的抽芯。

② 解决型孔要素的措施。对于散热盒上存在着平行开闭模方向的 ϕ4.3mm×6.6mm、ϕ4.9mm×26.2mm 和 2×ϕ2.5mm×31.5mm 的型孔要素，可分别在定、动模镶嵌件中镶嵌成型这些型孔的型芯。利用动、定模合模可以成型这些型孔，利用动、定模开启模可以实现成型这些型孔的抽芯。

③ 解决凸台ⓐ～ⓓ障碍体要素的措施。散热盒上存在着 4×1.1mm×1.1mm×0.2mm×51°×1.1mm×2.1mm 的凸台障碍体要素。可采用四处斜推杆内抽芯兼脱模机构，该机构可随着脱模机构的复位实现凸台障碍体的成型，随着脱模机构的脱模运动可实现凸台障碍体的内抽芯兼脱模。

④ 解决型槽要素的措施。散热盒上左右方向存在着 n×2.1mm×2.1mm×45°和 10×R0.9mm×R0.25mm×43°×R13mm 的型槽要素。在散热盒的压铸模左右方向分别采用斜导柱滑块外抽芯机构完成左、右方向二处型槽的抽芯后，才能实现散热盒的脱模。

(2) 解决散热盖综合要素压铸模的措施

根据散热盖形体的分析，需要制订出解决散热盖形体分析中的圆柱体、型孔、凸台和型槽要素的措施。

① 解决圆柱体要素的措施。对于散热盖上存在着平行开闭模方向的 2×ϕ7.9mm×

11.7mm、2×ϕ5.5mm×1.1mm 和 4×5mm×11.4mm×3mm 的圆柱体要素，只要在动模镶嵌件中加工出成型圆柱体的型孔，利用动、定模合模合金熔体注入就可以成型这些圆柱体，利用动、定模开启模可以实现成型这些圆柱体的抽芯。

② 解决型孔要素的措施。对于散热盒上存在着平行开闭模方向的 2×ϕ3mm×2.6mm 和 2×ϕ5mm×9mm 的型孔要素，可分别在定、动模镶嵌件中镶嵌成型这些型孔的型芯。利用动、定模合模合金熔体注入就可以成型这些型孔，利用动、定模开启模可以实现成型这些型孔的抽芯。

③ 解决凸台ⓐ～ⓕ障碍体要素的措施。对于散热盖上存在着 2×9.8mm×0.4mm×2mm×1.9mm×45°和 4×16.6mm×0.3mm×0.4mm×2mm×41°的凸台障碍体要素。对于凸台ⓐ、ⓑ障碍体要素可采用斜推杆内抽芯兼脱模机构，对于内侧凸台ⓒ、ⓓ障碍体要素采用斜推杆内抽芯兼脱模机构，而对于外侧凸台ⓔ、ⓕ障碍体要素采用则采用二处共一种的斜导柱滑块外抽芯机构。

④ 解决型槽要素的措施。如图 8-10（a）的Ⅱ放大图所示，散热盖上存在着 70.4mm×40.2mm×0.5mm 和 24.1mm×13.1mm×0.5mm 的型槽要素。可在定模板上镶嵌件上镶嵌成型这些型槽的型芯，利用动、定模合模合金熔体注入就可以成型这些型槽，利用动、定模开启模可以成型这些型槽的型芯抽芯。

8.3.3 散热盒斜导柱滑块外抽芯及斜推杆内抽芯机构的设计

由于散热盒和盖存在多处型槽和凸台障碍体，压铸模必须采用多处斜导柱滑块外抽芯与斜推杆内抽芯兼脱模机构，才能完成散热盒和盖形体的抽芯与脱模。

（1）散热盒斜导柱滑块左、右外抽芯机构的设计

散热盒压铸模需要采用二处斜导柱滑块外抽芯和四处斜推杆内抽芯兼脱模机构，才能完成对散热盒二处型槽的外抽芯和四处凸台障碍体的内抽芯兼脱模。散热盒注射模左、右抽芯机构的设计，如图 8-11 所示。

① 压铸模闭合状态。如图 8-11（a）所示，斜导柱 5、10 分别插入滑块 3、11 的斜孔中，拨动滑块 3、11 通过限位销 13 压缩弹簧 14 后，在由滑块压板组成的 T 形槽中向右向左做复位移动。当合金熔体注入模腔后冷却可成型散热盒。动模板 1 左、右两端的斜面可以楔紧滑块 3、11 的斜面，以防压铸加工时因大的压铸力和保压力作用下出现滑块 3、11 后移，从而导致散热盒抽芯处的型孔不贯通和壁厚增大。

② 压铸模开启状态。定模开启时，使得散热盒的底部敞开有利于压铸件脱模，如图 8-11（b）所示。斜导柱 5、10 分别抽出滑块 3、11 的斜孔，可拨动滑块 3、11 在由滑块压板组成的 T 形槽中向右向左做抽芯运动。当滑块 3、11 底面的半球形窝移至限位销 13 处时，在弹簧 14 的作用下限位销 13 进入半球形窝可锁住滑块 3、11，以防止滑块 3、11 在抽芯运动惯性力的作用下滑出动模板 1。

③ 压铸模脱模状态。如图 8-11（c）所示，当压铸机顶杆推动推件板 18、安装板 17 和顶管 9 及众多斜推杆向上移动时，可将散热盒顶离动模镶嵌件 2。

（2）散热盒和盖压铸模斜推杆内抽芯兼脱模及斜导柱滑块外抽芯机构的设计

如图 8-12 所示，由于散热盒存在着六处凸台障碍体要素，压铸模需要有二处凸台障碍体要素共用一体的斜导柱滑块外抽芯和四处斜推杆内抽芯机构兼脱模机构才能实现对散热盒和盖的脱模。

① 压铸模闭合状态。如图 8-12（a）所示，当压铸机顶杆退回后，施加在脱模机构的外力消失了。脱模机构在弹簧 25 的作用下先行复位，后在合模时定模板 9 推动回程杆 24 的作用

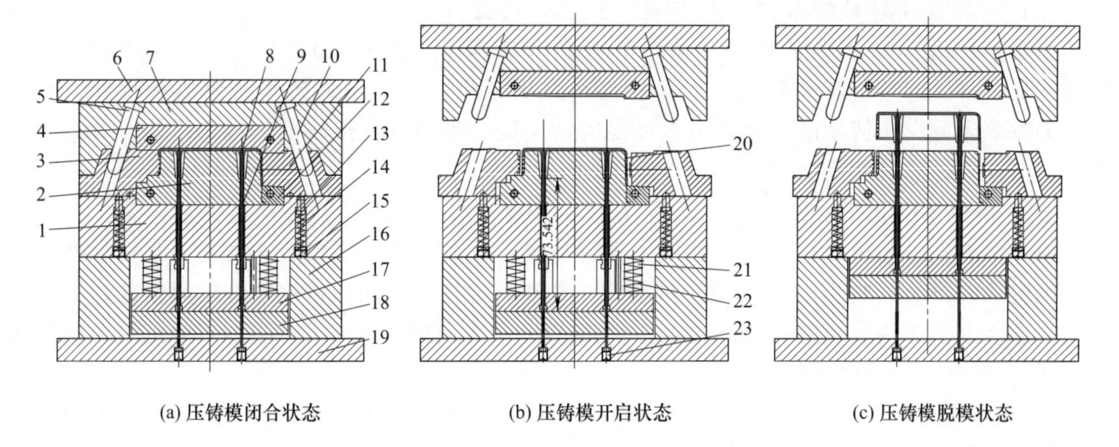

(a) 压铸模闭合状态　(b) 压铸模开启状态　(c) 压铸模脱模状态

图 8-11　散热盒压铸模左右抽芯机构的设计

1—动模板；2—动模镶嵌件；3,11—滑块；4—定模镶嵌件；5,10—斜导柱；6—定模垫板；7—定模板；8—型芯；9—顶管；12—动模镶块；13—限位销；14,22—弹簧；15,23—螺塞；16—模脚；17—安装板；18—推件板；19—底板；20—散热盒；21—回程杆

下，脱模机构准确复位。脱模机构中的 E 形槽块 3、26 带着斜推杆 4、22 在动模镶嵌件 6 的斜槽作用下准确进行复位运动，合金熔体注入模腔后冷却成型散热盒和盖。与此同时，斜导柱 15 插入滑块 18 的斜孔中，可拨动滑块 18 和型芯 16 并通过限位销 19 压缩弹簧 21，在由滑块压板组成的 T 形槽中向左做复位运动。

② 压铸模开启状态。如图 8-12（b）所示，斜导柱 15 随着定模部分的开启，可拨动滑块 18 和型芯 16 在滑块压板组成的 T 形槽中做向右的抽芯兼脱模运动。当滑块 18 底面的半球形窝移至限位销 19 处时，在弹簧 21 的作用下限位销 19 进入半球形窝可锁住滑块 18 和型芯 16，以防止滑块 18 和型芯 16 在抽芯运动惯性力的作用滑出动模板 5。

③ 压铸模脱模状态。如图 8-12（c）所示，当压铸机顶杆推动脱模机构时，脱模机构中的 E 形槽块 3、26 带动斜推杆 4、22 在动模镶嵌件 6 的斜槽作用下，上端可实现向左向右的内抽芯及向上的脱模运动，下端可在 E 形槽块 3、26 的槽中滑动。

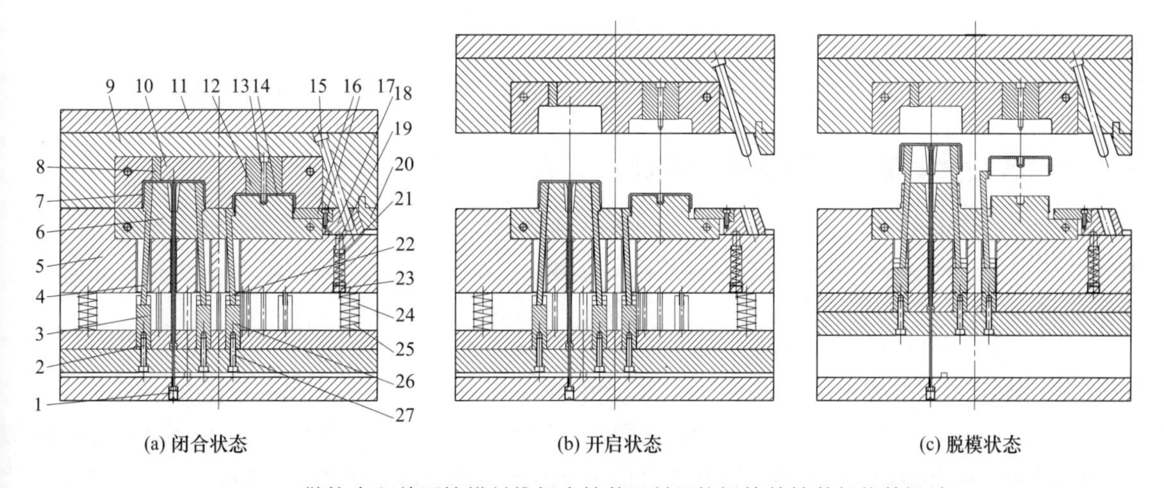

(a) 闭合状态　(b) 开启状态　(c) 脱模状态

图 8-12　散热盒和盖压铸模斜推杆内抽芯及斜导柱滑块外抽芯机构的设计

1,23—螺塞；2,17,27—内六角螺钉；3,26—E 形槽块；4,22—斜推杆；5—动模板；6—动模镶嵌件；7—散热盒；8—定模小型芯；9—定模板；10—定模镶嵌件；11—定模垫板；12—定模大型芯；13—定模型芯；14—散热盖；15—斜导柱；16—型芯；18—滑块；19—限位销；20—楔紧块；21,25—弹簧；24—回程杆

(3) 散热盖注射模斜推杆内抽芯兼脱模机构的设计

如图 8-13 所示，散热盖 17 上存在着六处凸台障碍体（图 8-10），凸台ⓐ、ⓑ障碍体处在短边位置，凸台ⓒ～ⓕ障碍体处在长边位置。其中，凸台ⓒ、ⓓ障碍体与散热盒相邻，凸台ⓔ、ⓕ障碍体处在压铸模的外侧，可采用二处共用同一种斜导柱滑块的外抽芯机构，其余则可采用斜推杆内抽芯兼脱模机构。

① 压铸模闭合状态。如图 8-13（a）所示，当散热盖脱模压铸机顶杆退回后，施加在脱模机构的外力消失。脱模机构在弹簧作用下先行复位，后在合模时定模板 5 推动回程杆的作用下脱模机构准确复位。脱模机构中的 E 形槽块 9 带动斜推杆 8 在动模镶嵌件 3 的斜槽作用下准确复位，当合金熔体注入模腔后冷却成型散热盖 17。与此同时，成型散热盖 17 型孔的动模型芯 2，也随着脱模机构准确复位。

② 压铸模开启状态。如图 8-13（b）所示，定、动模部分的开启，散热盖 17 底部的成型面被打开，有利于散热盖 17 的脱模。

③ 压铸模脱模状态。如图 8-13（c）所示，当压铸机顶杆推动脱模机构时，脱模机构中的 E 形槽块 9 带动斜推杆 8 在动模镶嵌件 3 的斜槽作用下，斜推杆 8 的上端可实现向左的内抽芯及向上的脱模运动，并在顶杆 7 配合下完成对散热盖的脱模，斜推杆 8 的下端可在 E 形槽块 9 的槽中滑动。

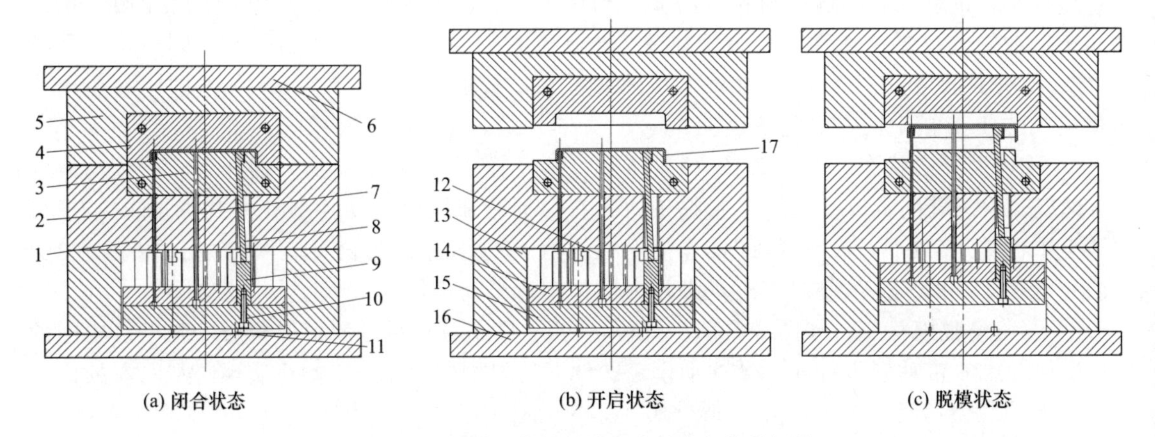

图 8-13 散热盖压铸模斜推杆内抽芯机构的设计

1—动模板；2—动模型芯；3—动模镶嵌件；4—定模镶嵌件；5—定模板；6—定模垫板；7—顶杆；8—斜推杆；9—E 形槽块；10—内六角螺钉；11—限位销；12—拉料杆；13—模脚；14—安装板；15—推件板；16—底板；17—散热盖

8.3.4 散热盒与盖压铸模结构的设计

压铸模结构由模架、浇注系统、冷却系统、动定型腔与型芯、定模部分与动模部分、斜导柱滑块外抽芯机构、斜推杆内抽芯兼脱模机构、浇注系统冷凝料脱模机构、回程机构、导向构件等组成。

① 模架。如图 8-14（a）所示，由动模板 1，定模垫板 6，定模板 7，顶管 9，弹簧 36，模脚 16，安装板 17，推件板 18，底板 19，内六角螺钉 61，回程杆 35，顶杆 39、49，螺塞 15、20、47、55，O 形密封圈 45、57，冷却水接头 46、58，拉料杆 48，导柱 50，导套 51，浇口套 53 和圆柱销 54、60 组成，模架是整副模具的机构、系统和结构件的安装平台。

② 散热盒与盖压铸模浇注系统的设计。如图 8-14（a）的俯视图和 $C—C$ 剖视图所示，铝硅铜合金熔体从浇口套 53 的主流道进入，经动模镶嵌件 2 和定模镶嵌件 4 的分流道和点浇口进入由定、动模镶嵌件组成的型腔，冷却成型散热盒与盖，而熔体的低温和氧化前锋则进入冷

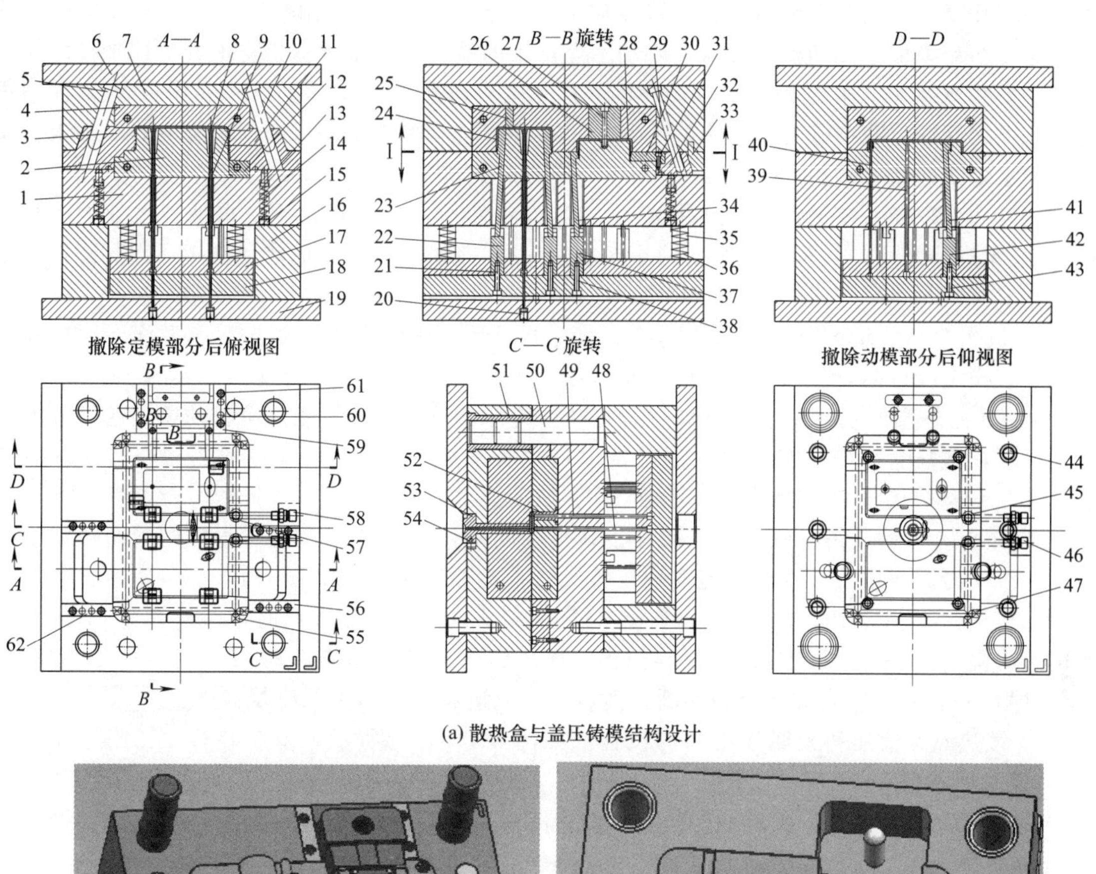

(a) 散热盒与盖压铸模结构设计

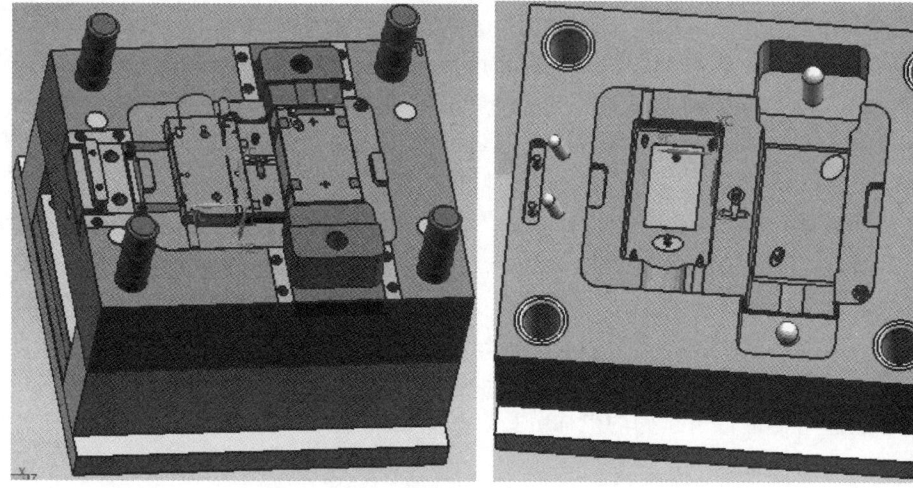

(b) 散热盒与盖压铸模结构造型

图 8-14　散热盒与盖压铸模结构的设计

1—动模板；2—动模镶嵌件；3,11,32—滑块；4—定模镶嵌件；5,10,29—斜导柱；6—定模垫板；7—定模板；8—型芯；9—顶管；12—动模镶块；13—限位销；14,36—弹簧；15,20,47,55—螺塞；16—模脚；17—安装板；18—推件板；19—底板；21,31,38,43,44,61—内六角螺钉；22,37,42—E形槽块；23,34,41—斜推杆；24—散热盒；25—定模小镶件；26—定模大镶件；27—定模型芯；28—散热盖；30—外侧内型芯；33—楔紧块；35—回程杆；39,49—顶杆；40—动模型芯；45,57—O形密封圈；46,58—冷却水接头；48—拉料杆；50—导柱；51—导套；52—顶杆衬套；53—浇口套；54,60—圆柱销；56,59,62—滑块压板

料穴，保证了进入模腔中熔料的温度和纯洁性。

③ 散热盒与盖压铸模冷却系统的设计。压铸模在连续加工散热盒和盖过程中，铝硅铜合金熔体将热量传递给模具，导致模具温度不断升高，使散热盒和盖材料出现过热现象，会导致

强度和刚性降低，因此压铸模需要设置冷却系统。如图 8-14（a）俯视图所示，动模部分冷却系统是要在动模板 1 和动模镶嵌件 2 中加工冷却水的通道，在水平通道交汇处终端加工的管螺纹孔中安装螺塞 55，在动模板 1 和动模镶嵌件 2 垂直通道交汇处安装 O 形密封圈 57，在通道进出水处的管螺纹孔中安装冷却水接头 58。这样从进水处的冷却水接头 58 流进的冷却水，又可从出水处的冷却水接头 58 流出。冷却水将模具的热量带走，起到降低模温的作用。

定模部分冷却系统的设计，如图 8-14（a）仰视图所示。同理，冷却水从进水处的冷却水接头 46 流进冷却水，又可从出水处的冷却水接头 46 流出，将模具的热量带走，起到降低模温的作用。

④ 散热盒与盖压铸模分型面及定、动型芯的设计。压铸模必须要具有分型面，这样才能将动、定模进行分离，压铸件才能够正常脱模。散热盒与盖压铸模分型面，如图 8-14（a）的 *B*—*B* 旋转剖视图所示。由于散热盒与盖的材料具有热胀冷缩的性能，定、动模型芯尺寸的设计，必须在散热盒与盖原有的尺寸的基础上增加收缩率 0.7%。这样在散热盒与盖冷却收缩后，才会符合散热盒与盖图纸上给定的尺寸和精度。

⑤ 散热盒与盖压铸模脱浇注系统冷凝料机构的设计。压铸模在脱压铸件的同时也需要将浇注系统中冷凝料推出，这样才能实现压铸成型自动循环加工。如图 8-14（a）所示，脱浇注冷凝料机构由安装板 17、推件板 18 和拉料杆 48 组成，定、动模开启时，拉料杆 48 上的 Z 字形钩可将浇口套 53 中的主流道冷凝料拉出。在压铸机顶杆推动推件板 18、安装板 17 和拉料杆 48 时，先是将浇口处的冷凝料切断，然后将主流道和分流道中的冷凝料推出。

⑥ 散热盒与盖压铸模回程机构的设计。如图 8-14（a）所示，由安装板 17、推件板 18、弹簧 36 和回程杆 35 组成。压铸机顶杆退回后，施加在脱模机构的外力消失，被压缩的弹簧 36 的弹力恢复，可先行将脱模机构恢复到初始位置。由于长期使用的弹簧 36 会失效，回程杆 35 在模具合模时定模板 7 推动作用下，可以准确复位以准备下一次压铸加工。

⑦ 导准构件。如图 8-14（a）所示，由四组导套 51 和导柱 50 组成，导准构件可以确保定、动模开闭模运动的导向。

压铸模各种机构、构件、系统设计正确，才可以确保模具能够完成压铸成型加工工艺赋予的运动和成型过程。

散热盒与盖压铸模的结构设计，只有在妥善解决了压铸模分型面的设置、抽芯机构、脱模、回程机构、浇注系统、冷却系统、导准构件的设计和模具成型面的计算，才能加工出合格的散热盒与盖。主要零部件材料的选择和热处理，又是确保模具长寿命必需的措施。

由于对散热盒与盖进行了正确的形体分析，使得压铸模结构方案可行性分析和压铸模结构设计正确无误，从而使得散热盒与盖所加工的形状和尺寸全部符合图纸要求。通过对散热盒与盖进行的形体分析，找出了影响压铸模结构的压铸件形体上存在的圆柱体、型孔、型槽和凸台障碍体要素，并采取相对应措施制订出了压铸模结构的可行性分析方案。对于圆柱体和型孔要素，只要在定、动模镶嵌件上设置镶嵌的型芯或加工出成型孔即可；对于型槽要素，则需要设计出斜导柱滑块外抽芯机构；对于凸台障碍体要素而言，散热盖长边外侧二处凸台障碍体要素需要采用斜导柱滑块外抽芯机构；对于与散热盒相邻的长边处和其他凸台障碍体要素，则需要采用斜推杆内抽芯机构。这样设计出来的压铸模结构，除了可确保散热盒与盖赋予压铸模的成型条件之外，还可保证散热盒与盖在加工过程中的运动形式，所加工出来的散热盒与盖形状和尺寸，均能符合散热盒与盖图纸要求。

第9章

压铸模结构设计案例：合金与批量要素

压铸件合金用材不同，会导致压铸模工作件用材和热处理方法不同，甚至是压铸模结构也有所不同。压铸件批量有小批量、中等批量、大批量和特大批量四种，批量越大，要求模具的使用寿命越长，压铸模工作件用材和热处理方法就不同。对于压铸模的抽芯机构和脱模机构，可采用手动装置，可以采用机械装置，也可以采用自动化装置。对于大批量和特大批量生产的压铸件，提倡采用新型压铸模专用钢材和先进的热处理技术，压铸模的自动化水平应该要求更高。当然，对压铸模的制造周期和价格也是有影响的。因此，压铸件合金（材料）与批量也是压铸件形体可行性分析的要素之一。

9.1 轿车长条盒与长条盖压铸模结构的设计

在对长条盒和长条盖进行形体要素可行性分析时，只要做到形体要素的分析正确和不遗漏。对应的压铸模结构可行性方案到位，各种压铸模机构选取得当，模具结构造型和设计准确，长条盒和长条盖压铸模就不会产生大的失误。由于长条盒的形体要素具有型孔、凸台和型槽要素，而长条盖形体要素具有型孔、圆柱体和型槽要素。对于长条盒平行开闭模方向的型孔和型槽要素，可采用定、动模镶嵌件或型芯结构；对于垂直开闭模方向的凸台要素，则需要采用斜推杆内抽芯机构，一方面可实现对凸台要素的内抽芯，另一方面可实现对长条盒的脱模；对于长条盖平行开闭模方向的型孔、圆柱体和型槽要素，则采取定、动模镶嵌件或型芯结构。

9.1.1 长条盒和长条盖形体分析

长条盒二维图如图9-1（a）所示，长条盒三维造型如图9-1（c）所示；长条盖二维图如图9-1（b）所示，长条盖三维造型如图9-1（d）所示。长条盒和长条盖材料：铝硅铜合金。收缩率：0.7%。长条盒分型面Ⅰ—Ⅰ如图9-1（a）的A—A剖视图所示。长条盖分型面Ⅰ—Ⅰ如图9-1（b）的A—A剖视图所示。长条盒和长条盖的形体分析如下。

（1）长条盒形体分析

长条盒形体上，存在着型孔、凸台和型槽要素。

① 平行开闭模方向的型孔要素。如图9-1（a）所示，在长条盒形体上存在着$2\times\phi3.3\text{mm}\times3.2\text{mm}$的型孔要素。

② 垂直开闭模方向的凸台障碍体要素。如图 9-1（a）所示，在长条盒形体上存在着 8×1.4mm×45°×0.4mm×1mm 的凸台障碍体要素。

③ 平行开闭模方向的型槽要素。如图 9-1 所示，在长条盒形体上存在着 2×31mm×7.8mm×25.4mm×18mm×14.2mm×24.4mm、2×33.4mm×3°×17.8mm×22.2mm×5.6mm 和 2×2.2mm×4°×2mm 的型槽要素。

（2）长条盖形体分析

① 平行开闭模方向的型孔要素。如图 9-1（b）主视图所示，在长条盖形体上存在着 4×ϕ2.6mm×16.8mm 的型孔要素。

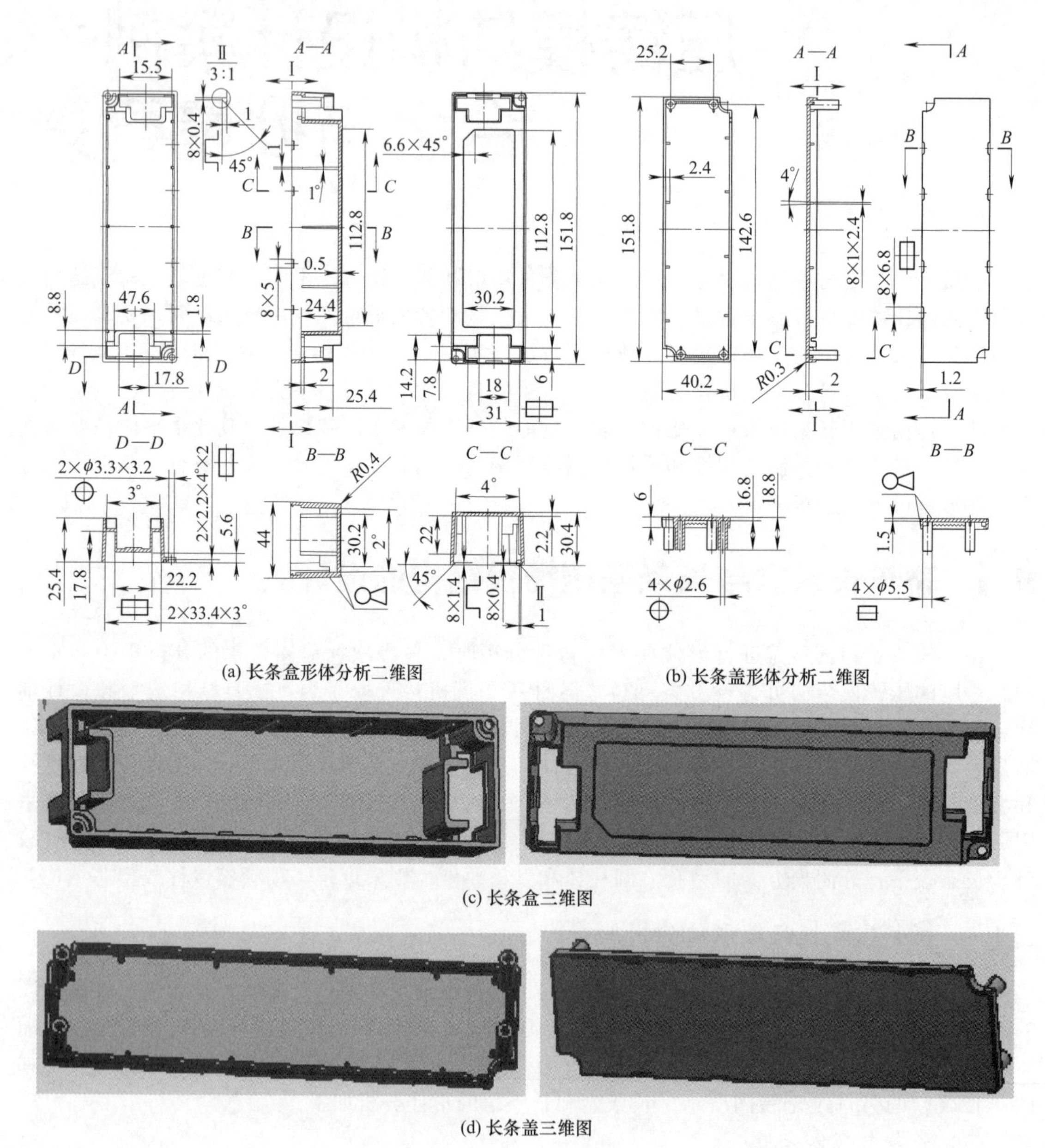

(a) 长条盒形体分析二维图

(b) 长条盖形体分析二维图

(c) 长条盒三维图

(d) 长条盖三维图

图 9-1 长条盒和长条盖形体分析

—表示型孔要素；—表示型槽要素；—表示凸台要素；—表示外观要素

② 平行开闭模方向的圆柱体要素。如图 9-1（b）所示，在长条盖形体上存在着 4×5.5mm×18.8mm 的圆柱体要素。

③ 平行开闭模方向的型槽要素。如图 9-1（b）所示，在长条盖形体上存在着 8×6.8mm×1.2mm×1.5mm 的型槽要素。

（3） 长条盒和长条盖外观和批量要素

如图 9-1 所示，长条盒和长条盖外形上有外观要求，即外形上不允许有模具结构痕迹和成型加工痕迹。由于长条盒和长条盖是轿车上的零部件，其批量为特大批量。

只要在压铸模结构可行性分析方案中，有能够妥善地解决上述长条盒和长条盖形体分析中几种要素的措施，所制订的长条盒和长条盖压铸模结构方案就是正确的。

9.1.2 长条盒和长条盖压铸模结构方案可行性分析

根据长条盒和长条盖形体要素的分析，需要制订能够解决长条盒和长条盖形体分析中的几种要素的措施。

（1） 解决长条盒形体要素可行性的措施

① 解决长条盒形体要素上平行开闭模方向型孔的措施。要解决长条盒形体上存在 2×ϕ3.3mm×3.2mm 型孔要素的措施，可在定模镶嵌件上制作成型这些型孔的型芯。利用脱模机构顶出运动以实现型芯的抽芯，利用定、动模闭合运动实现型孔型芯的复位与型孔的成型。

② 解决长条盒形体上垂直开闭模方向凸台障碍体要素的措施。在长条盒形体上存在着 8×1.4mm×45°×0.4mm×1mm 的凸台障碍体要素，可采用斜推杆内抽芯兼脱模机构。利用长条盒脱模时斜推杆上端在动模嵌件斜槽中斜向运动，一方面可完成对凸台要素的内抽芯运动，另一方面可完成对长条盒的脱模运动，斜推杆下端可在 T 字形槽板槽中移动。

③ 解决长条盒形体上平行开闭模方向型槽的措施。在长条盒形体上存在着 2×31mm×7.8mm×25.4mm×18mm×14.2mm×24.4mm、2×33.4mm×3°×17.8mm×22.2mm×5.6mm 和 2×2.2mm×4°×2mm 的型槽要素。采用定模嵌件成型长条盒各种型槽，可利用定、动模闭合后铝硅铜合金熔体填充模具型腔成型长条盒，利用脱模机构的顶杆和斜推杆顶出长条盒。

（2） 解决长条盖形体要素可行性的措施

① 解决长条盖形体上平行开闭模方向型孔的措施。要解决长条盒形体上存在的 4×ϕ2.6mm×16.8mm 型孔要素的措施，在动模镶嵌件上制作成型该孔的型芯，可利用定、动模开启和闭合运动实现型孔型芯的复位与成型。

② 解决长条盖形体上平行开闭模方向圆柱体要素的措施。在长条盖形体上存在着 4×5.5mm×18.8mm 的圆柱体要素。在动模镶嵌件上制作可成型圆柱体的型腔，利用定、动模开启和闭合实现型孔型芯的复位与成型。

③ 解决长条盖形体上平行开闭模方向型槽的措施。在长条盖形体上存在着 8×6.8mm×1.2mm×1.5mm 的型槽要素，可采用在动模镶嵌件上制作成型该型槽的型芯，利用定、动模闭合运动以实现型孔型芯的复位与成型，利用长条盖的脱模实现型槽的抽芯。

（3） 解决长条盒和长条盖外观和批量要素的措施

影响长条盒和长条盖外观的主要是处理定模上具有平行开闭模方向型芯的型腔，由于定模型腔是不允许有镶嵌的痕迹。定模型腔粗加工时可用加工中心，精加工采用电火花加工。为了提高加工效率，采用一模四腔，同时可压铸加工二组长条盒和长条盖。

长条盒和长条盖压铸模结构可行性方案，是要根据它们各自的形体要素的特点，采用相对应的措施来制订模具结构方案，只要制订措施得当并且具有相互之间的协调性，所制订的模具结构方案便是正确无误的。

9.1.3 长条盒和长条盖压铸模定、动型芯的设计

由于长条盒和长条盖材料具有热胀冷缩特性，定、动模型芯和型腔尺寸的设计，必须是在长条盒和长条盖原有的尺寸的基础上增加收缩率 0.7%，这样在长条盒和长条盖压铸加工后冷却收缩时，才会符合长条盒和长条盖图纸上给定的尺寸。为了有利长条盒和长条盖的脱模，所有与脱模方向一致的成型面和型腔尺寸都需要制作 1°30′脱模角。

① 长条盒和长条盖动模镶嵌件的三维造型。如图 9-2（a）所示，动模镶嵌件由两组长条盒动模型芯和两组长条盖型腔组成。动模镶嵌件的外形尺寸与动模板的型腔尺寸采用 H7/h6 配合，在动模镶嵌件中心部位需要加工出浇注系统槽和拉料杆安装孔，在动模镶嵌件上要加工成型圆柱体的型孔并安装顶杆孔。

② 长条盒和长条盖定模镶嵌件的三维造型。如图 9-2（b）所示，定模镶嵌件由二组长条盒定模型腔和二组长条盖型腔组成。定模镶嵌件的外形尺寸与定模板的型腔尺寸采用 H7/h6 配合，在定模镶嵌件中心部位需要加工出安装浇口套的孔和浇注系统的槽。由于定模型腔具有外观要求，长条盒和长条盖定模镶嵌件型槽的粗糙度为 Ra0.4 以上。

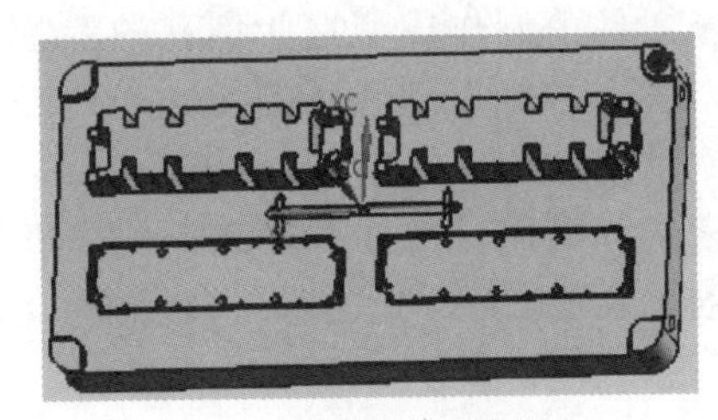

(a) 动模镶嵌件三维造型

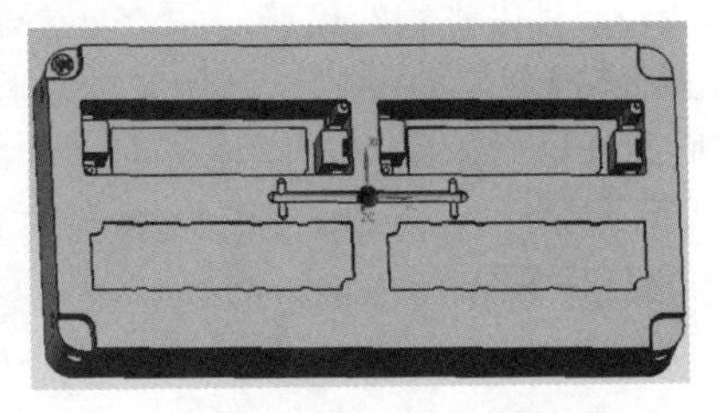

(b) 定模镶嵌件三维造型

图 9-2 定、动模镶嵌件的三维造型

9.1.4 长条盒和长条盖压铸模浇注系统与冷却系统的设计

压铸模的熔体是铝硅铜合金，铝硅铜合金的熔点较高，所需要的压铸力和保压力也较高，压铸模需要制作出浇注系统和冷却系统才能正常进行压铸加工。

（1）动模冷却系统和浇注系统的设计

熔融铝硅铜合金的热量传递给压铸模工作件，会导致压铸模温升高。当压铸连续加工模温升得过高时，使得铝硅铜合金出现过热现象会降低压铸件的力学性能，为此模具应该设置冷却系统。

① 动模冷却系统的设计。如图 9-3（a）所示，需要在动模镶嵌件 7 和动模板 8 中加工出冷却水通道。为了防止冷却水的泄漏，在通道的水平端头处加工出管螺纹孔并安装螺塞 1，在动模镶嵌件 7 与动模板 8 垂直通道之间连接处应安装有 O 形密封圈 2，在动模板 8 冷却水进出处加工出管螺纹孔，应安装有冷却水接头 3。这样冷却水就可从进水处的冷却水接头 3 进入，经冷却水通道从出水处的冷却水接头 3 流出，将模具温度带走而起到降低模温的作用。

② 动模浇注系统的设计。如图 9-3（a）所示，铝硅铜合金熔体要进入压铸模的型腔，就必须要经过模具的主流道、分流道、冷料穴和浇口，才能进入压铸模腔。动模浇注系统由浇口 4、冷料穴 5 和分流道 6 组成，铝硅铜合金熔体经定模浇口套中的主流道，流入由定模和动模合模后组成的分流道 6，分别进入浇口 4 和冷料穴 5，含有杂质氧化熔体前锋进入冷料穴 5，冷料穴 5 中冷凝料脱模后可以回收。经浇口 4 的熔体可以进入并填充压铸模型腔。

(2) 定模冷却系统和浇注系统的设计

同理，定模上也必须设计浇注和冷却系统。

① 定模冷却系统的设计。如图 9-3（b）所示，需要在定模镶嵌件 7 和定模板 8 中加工出冷却水通道。为了防止冷却水的泄漏，在通道的水平端头处加工出管螺纹孔并安装螺塞 1，在定模镶嵌件 7 与定模板 8 垂直通道之间连接处应安装有 O 形密封圈 2。在定模板 8 冷却水进出处加工出管螺纹孔，并安装冷却水接头 3。这样冷却水就可从进水处的冷却水接头 3 进入，经冷却水通道从出水处的冷却水接头 3 流出，将模具温度带走而起到降低模温的作用。

② 动模浇注系统的设计。如图 9-3（b）所示，由浇口 4、冷料穴 5 和分流道 6 组成，铝硅铜合金熔体经定模浇口套中的主流道，流入由定模和动模合模后组成的分流道 6，分别进入浇口 4 和冷料穴 5。含有杂质氧化熔体前锋进入冷料穴 5，冷料穴 5 中冷凝料脱模可以回收。经浇口 4 的熔体可进入并填充压铸模型腔。

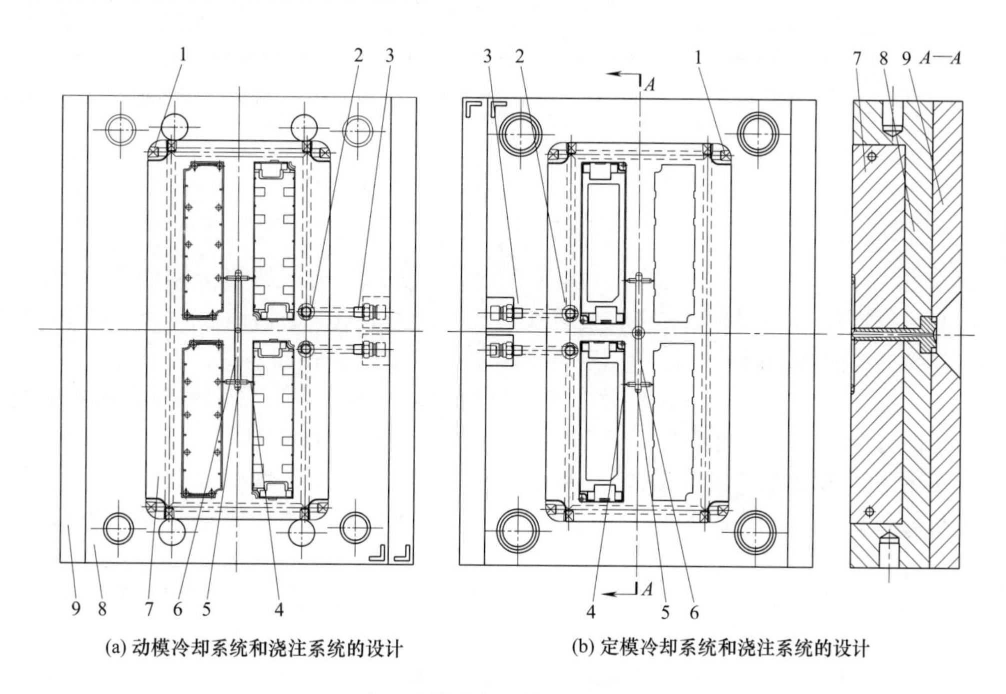

(a) 动模冷却系统和浇注系统的设计

(b) 定模冷却系统和浇注系统的设计

图 9-3 定、动模冷却系统和浇注系统的设计

图（a）：1—螺塞；2—O 形密封圈；3—冷却水接头；4—浇口；5—冷料穴；6—分流道；7—动模镶嵌件；8—动模板；9—动模底板

图（b）：1—螺塞；2—O 形密封圈；3—冷却水接头；4—浇口；5—冷料穴；6—分流道；7—定模镶嵌件；8—定模板；9—定模垫板

浇注系统和冷却系统设计的正确性，对长条盒和长条盖成型加工产生的缺陷有十分重要的关系，特别是当长条盒和长条盖的重量和体积不同时，对于重量和体积大的长条盒需要填充的铝硅铜合金熔体要多于重量和体积小的长条盖。浇注系统尺寸设计时可以保持一致，待到试模时再根据加工的长条盒和长条盖所表现的缺陷进行浇口尺寸的修理，直至能加工出合格长条盒和长条盖为止。

9.1.5 长条盒和长条盖压铸模斜推杆内抽芯兼脱模机构与分型面的设计

由于在长条盒形体上存在着 8×1.4mm×45°×0.4mm×1mm 的凸台障碍体要素，若压铸模结构方案不能规避这八处凸台障碍体要素，长条盒将无法实现脱模。根据制订的压铸模结构可行性方案，可采用斜推杆内抽芯兼脱模机构，即利用对长条盒脱模时，斜推杆在动模嵌件斜槽运动，一方面要完成对凸台要素的内抽芯运动，另一方面还要完成对长条盒的脱模运动。压铸模分型面Ⅰ—Ⅰ如图 9-4（a）所示。

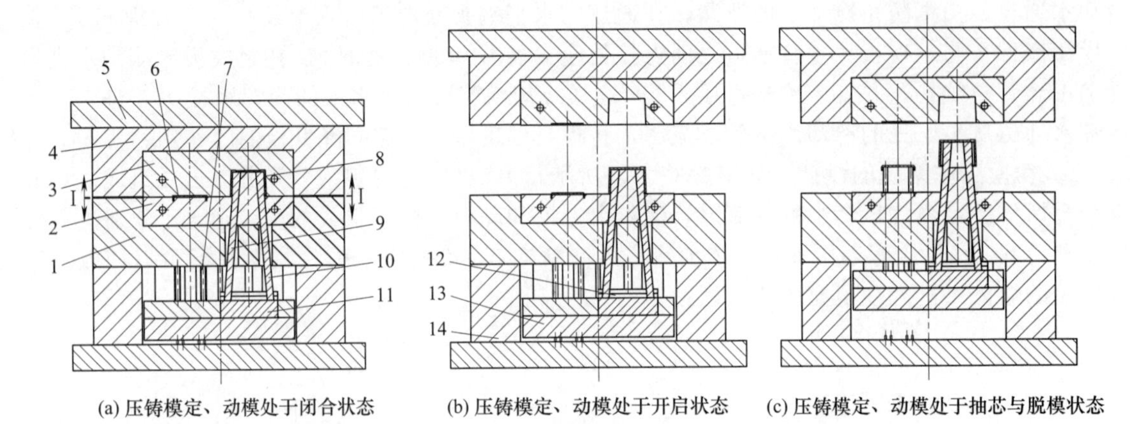

图 9-4 长条盒和长条盖压铸模斜推杆内抽芯与脱模机构设计

1—动模板；2—动模嵌件；3—定模嵌件；4—定模板；5—定模垫板；6—长条盖；7—顶杆；8—长条盒；9—左斜推杆；10—右斜推杆；11—安装板；12—T 形槽块；13—推件板；14—模脚

① 压铸模定、动模处于闭合状态。如图 9-4（a）所示，当压铸模分型面Ⅰ—Ⅰ闭合时，脱模机构的左斜推杆 9、右斜推杆 10、安装板 11、T 形槽块 12、推件板 13 和顶杆 7、拉料杆（图中未表示），在弹簧和回程杆的作用下回复到初始位置。左斜推杆 9、右斜推杆 10 上端在动模嵌件 2 的斜槽的作用下，一方面做向下的复位移动，另一方面分别做向左向右的复位移动。当铝硅铜合金熔体填满模腔时，就可以成型长条盒 8 和长条盖 6。

② 压铸模定、动模处于开启状态。如图 9-4（b）所示，当压铸模分型面Ⅰ—Ⅰ开启时，长条盖 6 和长条盒 8 的定模部分被打开，敞开的长条盒 8 和长条盖 6 便容易实现内抽芯和脱模运动。

③ 压铸模定、动模处于抽芯与脱模状态。如图 9-4（c）所示，当压铸机顶杆推着脱模机构向上移动时，安装板 11、推件板 13 推着 T 形槽块 12 移动，安装在 T 形槽块 12 的 T 字槽中与左斜推杆 9、右斜推杆 10 沿着动模嵌件 2 的斜槽移动。左斜推杆 9、右斜推杆 10 的上端一方面可实现分别做向右向左的内抽芯运动，另一方面可做向上的脱模运动，下端可在 T 形槽块 12 槽中滑动。长条盒 8 在八处左斜推杆 9、右斜推杆 10 和一些顶杆的作用下可实现对长条盒 8 的内抽芯和脱模运动，长条盖 6 则在众多顶杆 7 的作用下实现脱模。

9.1.6 长条盒和长条盖压铸模结构的设计

压铸模结构由模架、浇注系统、冷却系统、动定型腔与型芯、分型面、斜推杆内抽芯兼脱模机构、脱浇注系统冷凝料机构、回程机构和导向构件等组成。

① 模架。如图 9-5（a）所示，由动模板 1、定模板 4、定模垫板 5、内六角螺钉 6 和 10、圆柱销 7 和 28、浇口套 8、拉料杆 9、模脚 11、安装板 12、推件板 13、底板 14、顶杆 20、导套 24、导柱 29、回程杆 30 以及弹簧 31 组成，模架是整副压铸模机构、系统和结构件安装平台。

② 长条盒和长条盖压铸模脱浇注系统冷凝料机构。如图 9-5（a）所示，三根拉料杆 9 分别设置在主流道下方及二侧浇口与分流道交汇处，脱浇注冷凝料机构由安装板 12、推件板 13 和拉料杆 9 组成，定、动模开启时，拉料杆 9 上的 Z 字形钩可将浇口套 8 中主流道冷凝料拉

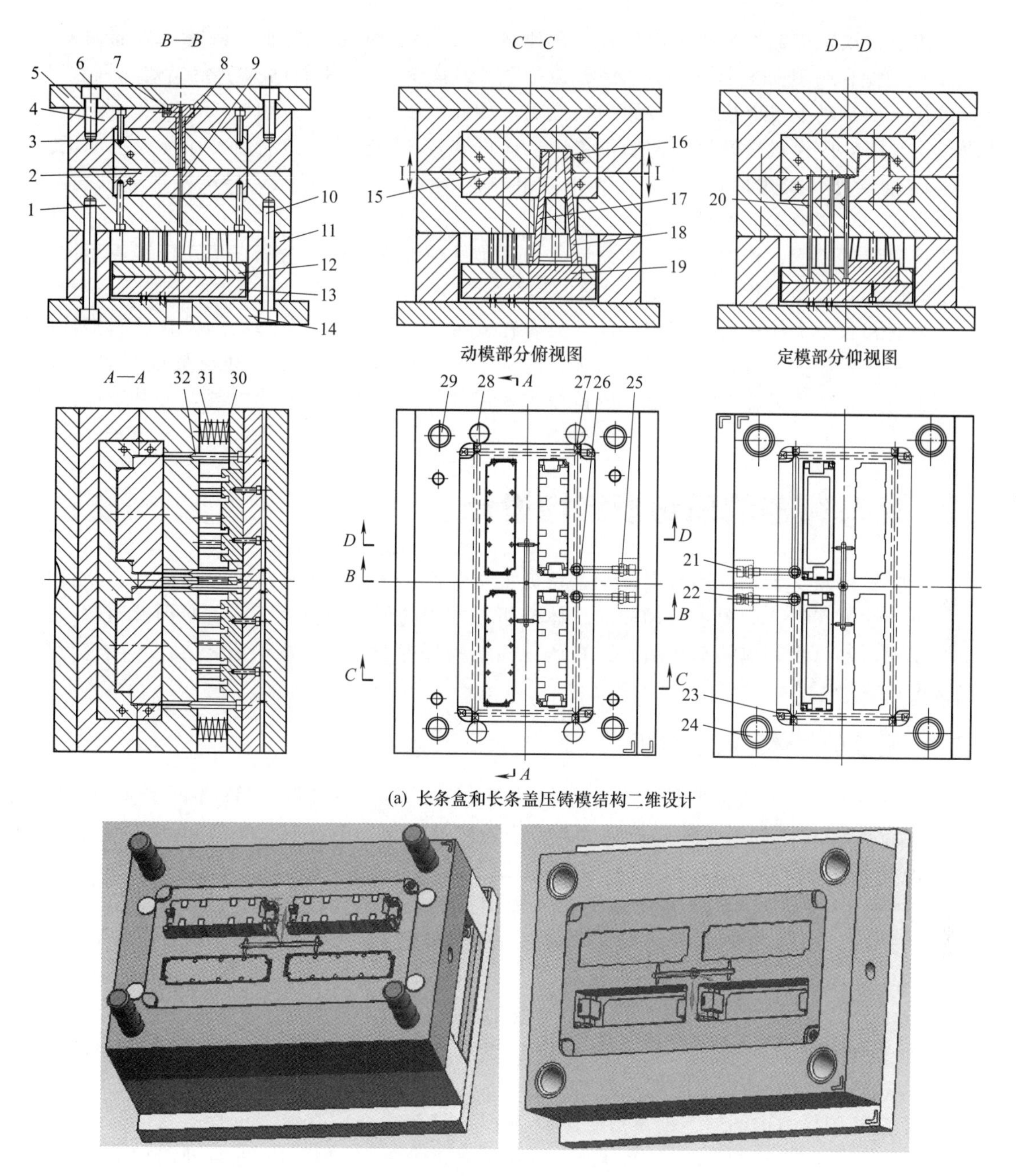

(a) 长条盒和长条盖压铸模结构二维设计

(b) 长条盒和长条盖压铸模结构三维设计

图 9-5 长条盒和长条盖压铸模结构的设计

1—动模板；2—动模镶嵌件；3—定模镶嵌件；4—定模板；5—定模垫板；6,10—内六角螺钉；7,28—圆柱销；8—浇口套；9—拉料杆；11—模脚；12—安装板；13—推件板；14—底板；15—长条盖；16—长条盒；17,18—斜推杆；19—E 形槽板；20—顶杆；21,25—冷却水接头；22,26—O 形密封圈；23,27—螺塞；24—导套；29—导柱；30—回程杆；31—弹簧；32—型芯

出。在压铸机顶杆推动下推件板 13、安装板 12 和拉料杆 9 移动时，先是将浇口处的冷凝料切断，然后将主流道和分流道中的冷凝料推出。

③ 长条盒和长条盖压铸模回程机构系统的设计。如图 9-5（a）所示，由安装板 12、推件板 13、拉料杆 9、顶杆 20、回程杆 30 和弹簧 31 组成。长条盒和长条盖脱模后，压铸机顶杆退

回。压铸模脱模机构在外力作用消除后，在弹簧 31 的弹力恢复作用下安装板 12、推件板 13、拉料杆 9、顶杆 20 和回程杆 30 可初步复位。考虑到弹簧 31 使用时间久了会失效，回程杆 30 在定模板 4 的推动下可以精确复位到初始位置。如此，脱模机构可以顶脱长条盒和长条盖，而回程机构又能使脱模机构恢复到初始位置，从而可实现压铸模连续进行自动循环成型加工。

④ 导准构件。如图 9-5（a）所示，由四组导套 24 和导柱 29 组成，导准构件可以确保定、动模定位和开、闭模运动的导向。

压铸模各种机构、构件、系统的设计，可以确保模具完成长条盒和长条盖压铸成型加工工艺赋予的运动和成型过程。

长条盒和长条盖压铸模的结构设计，只有在妥善解决了压铸模分型面的设置、斜推杆内抽芯兼脱模机构、脱模回程机构、浇注系统、冷却系统、导向构件的设计和模具成型面的计算，才能加工出合格的长条盒和长条盖。压铸模主要零部件材料的选择和热处理，又是确保模具长寿命必需的措施。

9.2 轿车帽盖的压铸模结构设计

轿车帽盖的材料为铝硅铜合金，又是特大批量生产，适用于压铸生产。因此，在制订压铸模结构可行性方案时，先要进行帽盖的形体分析。帽盖的形体分析之后，就必须针对每项形体分析的要素，制订出相应的解决措施。在压铸模结构可行性分析方案论证之后，才能进行压铸模结构设计或造型。

9.2.1 帽盖的形体可行性分析

轿车的帽盖是一种圆柱形带凸台和型槽的压铸件，帽盖的材料为铝硅铜合金，收缩率为 0.7%。帽盖的二维图如图 9-6（a）所示，帽盖的三维造型如图 9-6（b）所示。分型面Ⅰ—Ⅰ及Ⅱ—Ⅱ如图 9-6（a）所示，帽盖的形体分析如下。

① 平行开闭模方向圆周上的型槽要素。如图 9-6（a）所示，在帽盖的形体上存在着 2×140.7mm×30.2mm×R 平行开闭模方向圆周上的型槽要素。

② 平行开闭模方向圆周上的型孔要素。如图 9-6（a）所示，在帽盖的形体上存在着 ϕ181.9mm×177.9mm 的平行开闭模方向的型孔要素。

③ 垂直开闭模方向圆周上的凸台要素。如图 9-6（a）所示，在帽盖的形体上存在着 ϕ255.3mm×37.1mm 垂直开闭模方向圆周上的凸台要素。

④ 垂直开闭模方向圆周上的弓形高障碍体。如图 9-6（a）所示，在帽盖的形体上存在着 ϕ(231.2－214.1) mm×23.6mm 与 ϕ214.1mm×(177.9－37.1) mm 垂直开闭模方向圆周上的弓形高障碍体要素。

⑤ 帽盖的批量要素。帽盖是轿车的零部件，属于特大批量生产。

在确定压铸模结构方案之前，需要针对上述形体分析出来的帽盖的五项形体要素，找到对应的解决模具结构的措施。

9.2.2 帽盖压铸模结构方案可行性分析

需要根据帽盖形体分析的型孔、型槽、凸台、弓形高“障碍体”和批量五种要素，寻找到解决它们的模具结构措施。

① 解决平行开闭模方向圆周上型槽要素的措施。由于在帽盖的形体上存在着 2×140.7mm×30.2mm×R 平行开闭模方向圆周上的型槽要素，需要在动模嵌件上安装相对应的

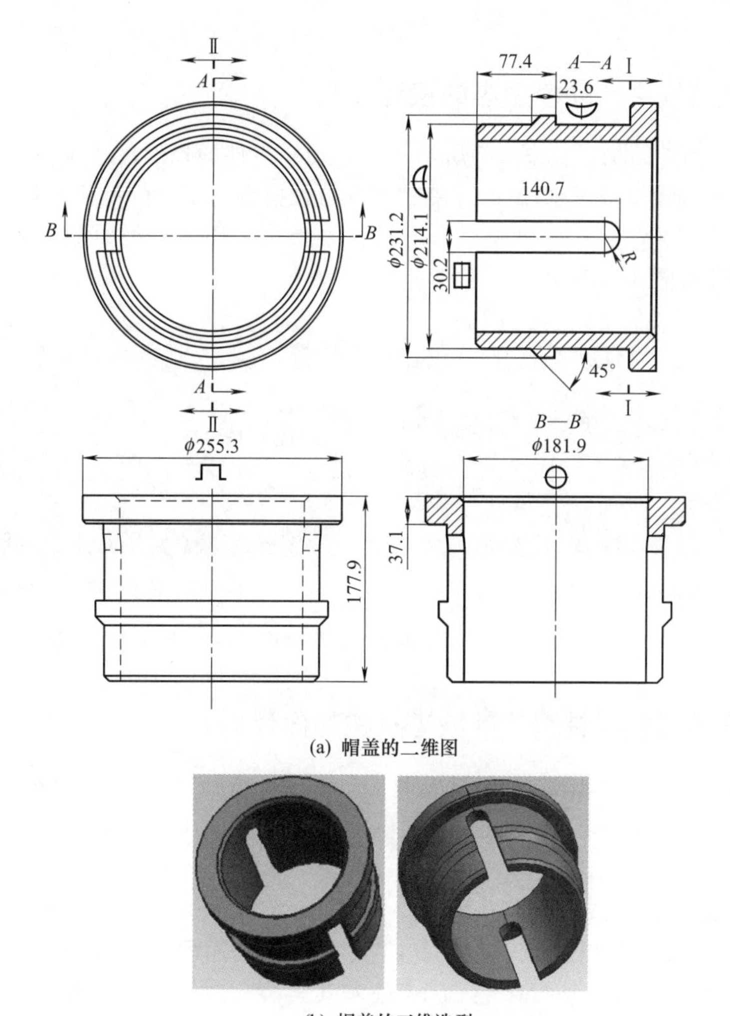

(a) 帽盖的二维图

(b) 帽盖的三维造型

图 9-6　帽盖的形体分析

⊕—表示型孔要素；⊟—表示型槽要素；⎍—表示凸台要素；◁—表示弓形高“障碍体”要素

型芯来成型该二处的型槽。

② 解决平行开闭模方向型孔要素的措施。由于在帽盖的形体上存在着 ϕ181.9mm×177.9mm 的平行开闭模方向的型孔要素，需要在动模嵌件上安装相对应的型芯来成型该处的型孔，措施①和②可以应用同一型芯。

③ 解决垂直开闭模方向圆周上凸台要素的措施。由于在帽盖的形体上存在着 ϕ255.3mm×37.1mm 垂直开闭模方向圆周上的凸台要素，可以应用分型面Ⅰ—Ⅰ将该凸台要素放置在定模部分成型的措施。

④ 解决垂直开闭模方向圆周上的弓形高障碍体的措施。由于在帽盖的形体上存在着 ϕ(231.2−214.1) mm×23.6mm 与 ϕ214.1mm×(177.9−37.1) mm 垂直开闭模方向圆周上的弓形高障碍体要素，采用以分型面Ⅱ—Ⅱ为整体的对开形式斜导柱滑块抽芯机构的措施。

⑤ 解决帽盖批量要素的措施。采用一模四腔的压铸模能够自动地进行成型加工，以提高模具工作件的寿命。

压铸模的结构可行性方案，需要根据上述形体分析要素解决的措施，选择适合的模具结构机构来完成。

9.2.3 帽盖压铸模中、动模型芯的设计

压铸模为一模四腔结构，如图 9-7 所示。中、动模嵌件的外形尺寸应与中、动模板型腔的尺寸以 H6/n7 进行配合。成型帽盖压铸模上所有与脱模方向平行的型面，均需要制作 1°30′的拔模斜度。由于铝硅铜合金具有热胀冷缩的特性，模具工作件成型面的尺寸必须是：图纸尺寸＋图纸尺寸×收缩率（0.7%）。

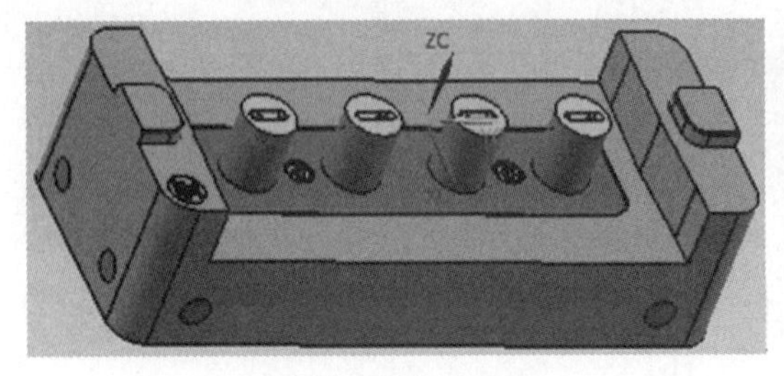

(a) 帽盖压铸模动模嵌件的设计　　(b) 帽盖压铸模中模嵌件的设计

图 9-7　帽盖压铸模中、动模嵌件的设计

9.2.4 帽盖压铸模斜导柱滑块外抽芯机构的设计

在帽盖形体上存在着 ϕ(231.2－214.1) mm×23.6mm 与 ϕ214.1mm×(177.9－37.1) mm 的垂直开闭模方向圆周上的弓形高障碍体要素，需要采用以分型面Ⅱ—Ⅱ整体的对开形式斜导柱滑块抽芯机构的措施。

① 帽盖压铸模动、中、定模闭模状态。如图 9-8（a）所示，当压铸模的定、中、动模闭合时，斜导柱 12 插入滑块 11 的斜孔内，在斜导柱 12 的作用下，滑块 11 底面半圆形凹坑作用于限位销 16，压缩弹簧 17。使得限位销 16 进入其安装孔内，可实现滑块 11 的复位。同时，在回程杆 24 和弹簧 23 的共同作用下，推板 15、安装板 14 和顶杆 19 可精准复位至帽盖脱模之

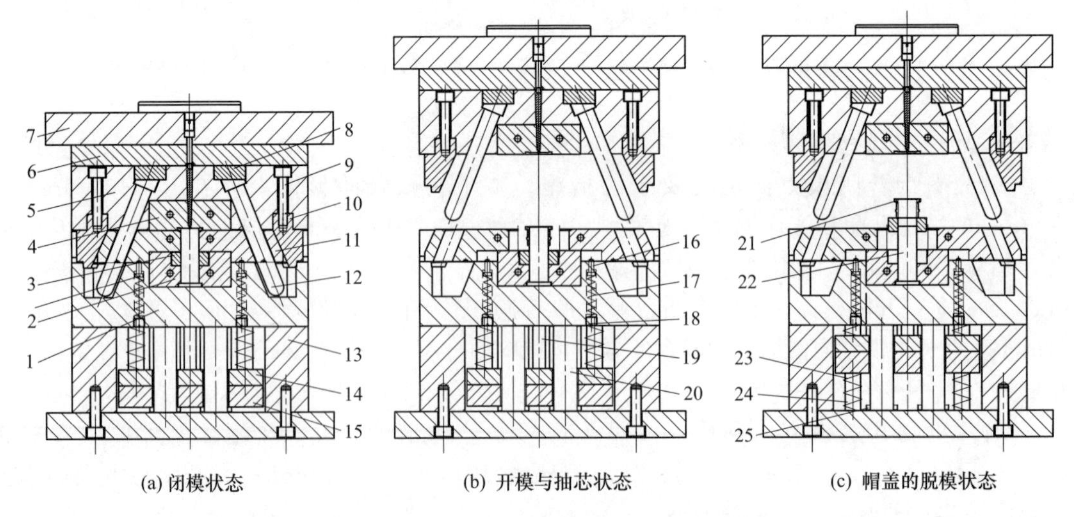

(a) 闭模状态　　(b) 开模与抽芯状态　　(c) 帽盖的脱模状态

图 9-8　二端型孔与凸台的斜导柱滑块抽芯机构设计

1—动模板；2—动模嵌件；3—推件板；4—中模嵌件；5—中模板；6—定模垫板；7—定模板；8—垫块；9—内六角螺钉；10—楔紧块；11—滑块；12—斜导柱；13—模脚；14—安装板；15—推板；16—限位销；17,23—弹簧；18—螺塞；19—顶杆；20—推板导柱；21—帽盖；22—型芯；24—回程杆；25—限位垫圈

前的位置。楔紧块 10 的斜面楔紧了滑块 11 的斜面，是为了防止滑块 11 在大的压铸力和保压力作用下出现移动，避免造成帽盖 21 外形和壁厚尺寸不符合图纸要求。

② 帽盖压铸模处于定、中模开模与抽芯状态。如图 9-8（b）所示，定、中模和动模的开启，使得斜导柱 12 拨动滑块 11 可实现抽芯运动。当滑块 11 底面的半球形凹坑移至限位销 16 的位置时，限位销 16 在弹簧 23 的作用下进入了半球形凹坑可锁住滑块 11，以防止滑块 11 在抽芯运动的惯性作用下冲出动模板 1。定、中模的开启，使得成型帽盖 21 的上部与圆周部分的模具结构被打开，有利于帽盖 21 的脱模。

③ 帽盖压铸模处于脱模状态。如图 9-8（c）所示，当压铸机顶杆推动推板 15、安装板 14、和顶杆 19 做脱模运动时，在顶杆 19 作用下推动推件板 3 可将帽盖 21 推离动模型芯 22。

9.2.5 帽盖压铸模脱浇注系统冷凝料的设计

帽盖压铸模浇注系统采用潜伏式点浇口，模腔为一模四腔，为了能够脱浇注系统的冷凝料，压铸模采用了二处分型面三模板的模架。

（1）浇注系统冷凝料、帽盖脱模和回程机构的结构设计（图 9-9）

① 浇注系统。由主流道 11、分流道 14、直流道 15、潜伏式流道 16 和点浇口组成。

② 脱浇注系统冷凝料机构。由定模垫板 7、定模板 8、螺塞 12、拉料杆 13 和台阶螺钉 24 组成。

③ 脱帽盖机构。由推件板 3、大顶杆 20、安装板 21 和推板 22 组成。

④ 中模开模机构。由中模板 6、定模板 8 和台阶螺钉 24 组成。

⑤ 回程机构。由中模板 6、弹簧 26、回程杆 27、安装板 21 和推板 22 组成。

（2）压铸模的中模开模、回程、浇注系统冷凝料与帽盖脱模机构的设计

① 帽盖压铸模动、中、定模合模状态。如图 9-9（a）所示，当压铸模动、中、定模合模后，前、后二处斜导柱插入滑块 4 的斜孔中，拨动滑块 4 复位后可形成帽盖 17 分型面 Ⅰ—Ⅰ

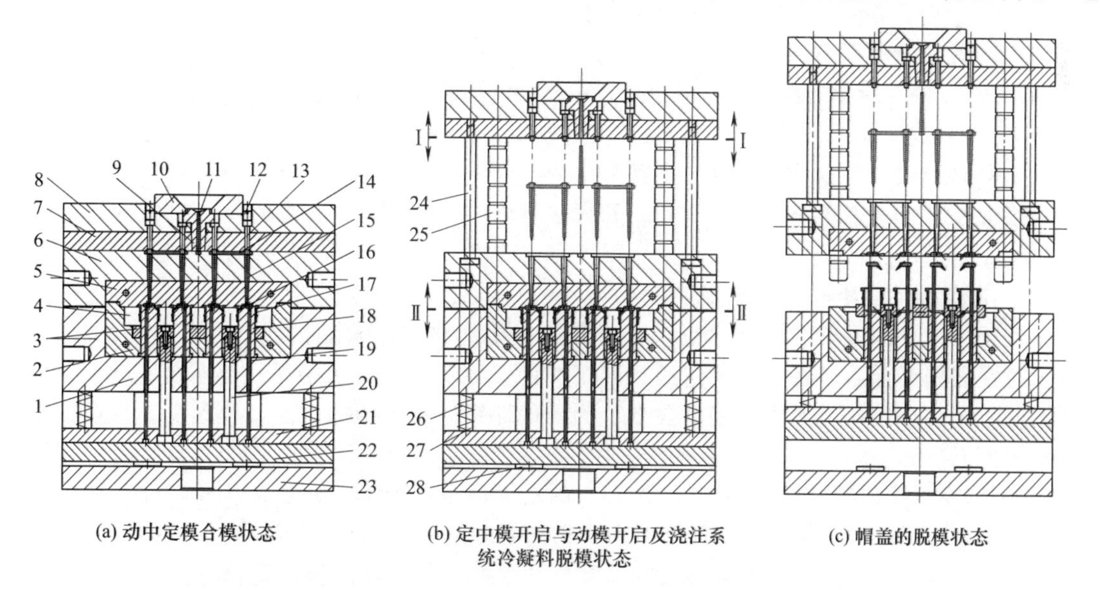

图 9-9 压铸模的定中模开模、浇注系统冷凝料、帽盖脱模与回程机构的设计

1—动模板；2—动模嵌件；3—推件板；4—滑块；5—中模嵌件；6—中模板；7—定模垫板；8—定模板；9—浇口套；10—定位圈；11—主流道；12—螺塞；13—拉料杆；14—分流道；15—直流道；16—潜伏式流道；17—帽盖；18—型芯；19—顶杆；20—大顶杆；21—安装板；22—推板；23—底板；24—台阶螺钉；25—导柱；26—弹簧；27—回程杆；28—垫圈

以下的外形面。此时只要铝硅铜合金熔体注入模腔，便可成型帽盖 17。

② 帽盖压铸模定中模与动模开启及浇注系统冷凝料脱模状态。定模板 8 和定模垫板 7 开启时，台阶螺钉 24 限制着定模与中模嵌件 5、中模板 6 的距离，并以导柱 25 进行定位和导向。在拉料杆 13 的拉动下，可将主流道 11、分流道 14 和直流道 15 中的冷凝料拉出，再从定模与中模开启的空间掉落。

③ 压铸模帽盖的脱模状态。定、中模板开启后，成型帽盖 17 的中模型腔被完全打开，在压铸机顶杆作用下，通过推动安装板 21 和推板 22 与大顶杆 20 可推动推件板 3 将帽盖 17 顶离型芯 18。通过顶杆 19 先是将点浇口的冷凝料切断，之后可将潜伏式流道 16 中冷凝料顶离。

(3) 帽盖压铸模的回程结构

如图 9-9 (a) 所示，帽盖 17 脱模之后，压铸模的脱模机构都必须恢复到脱模之前的位置，以便进行帽盖 17 的下一次成型加工。压铸机顶杆的退回，使得弹簧 26 恢复了弹力。回程杆 27 上的弹簧 26 先推动安装板 21、推板 22 和顶杆 19、大顶杆 20 初步复位，继而中模板 6 推着回程杆 27 移动，可使得安装板 21、推板 22 和顶杆 19、大顶杆 20 精确复位。

9.2.6 帽盖压铸模结构设计

帽盖压铸模的结构由模架、浇注系统、冷却系统、动定型腔与型芯、定模部分、中模部分与动模部分、斜导柱滑块抽芯机构、脱模机构、脱冷凝料机构、回程机构、导向构件等组成。正确地选取模具工作件新型钢材和热表处理方法，对于特大批量产品的压铸加工具有十分重要的意义。上述中任何一个部分出现了问题，对产品的压铸加工都会带来负面的影响。

(1) 帽盖压铸模分型面的设计

如图 9-10 (a) 的主视图所示，分型面Ⅰ—Ⅰ将压铸模分成定模部分和中模部分，分型面Ⅱ—Ⅱ将压铸模分成动模部分和中模部分。中模部分和定模部分的开启，可以实现主流道、分流道和直流道中的冷凝料脱模。中模部分与动模部分的开启，可以实现帽盖和潜伏式流道中的冷凝料脱模。定中动模的闭合，可以成型帽盖。

(2) 帽盖压铸模的模架

如图 9-10 (a) 所示，模架由动模板 1，中模板 5，定模板 6，定模垫板 7，垫片 8，内六角螺钉 9、36，模脚 13，安装板 14，推板 15，底板 16，螺塞 17、28、32、39，弹簧 18、27，台阶螺钉 20，浇口套 21，定位圈 22，导套 23、24，导柱 25，回程杆 26，O 形密封圈 29、40，冷却水接头 30、41，拉料杆 31，顶杆 33 和大顶杆 34 组成。模架是整副模具的机构、系统和结构件的安装平台。

(3) 帽盖压铸模冷却系统的设计

帽盖压铸模冷却系统的设计，包括有动模和中模冷却系统的设计。压铸模在连续加工帽盖过程中，铝硅铜合金熔体将热量传递给模具工作件，导致模温不断提高。当模温超过合金材料过热温度后，会导致材料力学性能的降低。为了确保铝硅铜合金的性能，模具需要设置冷却系统来控制模温。

① 动模冷却系统的设计。如图 9-10 (a) 的动模俯视图所示，分别在动模嵌件 2 和动模板 1 上加工出冷却水通道，在动模嵌件 2 纵向与横向终端均需加工出管螺纹孔，管螺纹孔中安装有螺塞 39，螺塞 39 是为了防止冷却水的泄漏。动模嵌件 2 和动模板 1 垂直方向制有可安装 O 形密封圈 40 的槽，安装 O 形密封圈 40 的目的也是防止冷却水的泄漏，动模板 1 的水平方向安装有冷却水接头 41。冷却水从一处的冷却水接头 41 流入，经冷却水通道，又从另一处的冷却水接头 41 流出。将模具中的热量带走，起到降低模具温度的目的。

② 中模冷却系统的设计。如图 9-10 (a) 的动模仰视图所示，同理，冷却水从一处的冷却

水接头 30 流入，经冷却水通道，从另一处的冷却水接头 30 流出。将模具中的热量带走，起到降低模具温度的目的。

（4）帽盖压铸模导准构件的设计

由于定中模部分与动模部分需要准确的定位，定、中模部分与动模部分之间开闭模运动也需要精准的定位和导向。同时，定、中模开启后，中模部分需要有导柱 25 的支撑，故导柱 25 只能安装在定模部分。定中模之间的定位与导向，主要是依靠 4 组导套 23、24 和导柱 25 进行，如图 9-10（a）的 *D—D* 剖视图所示。

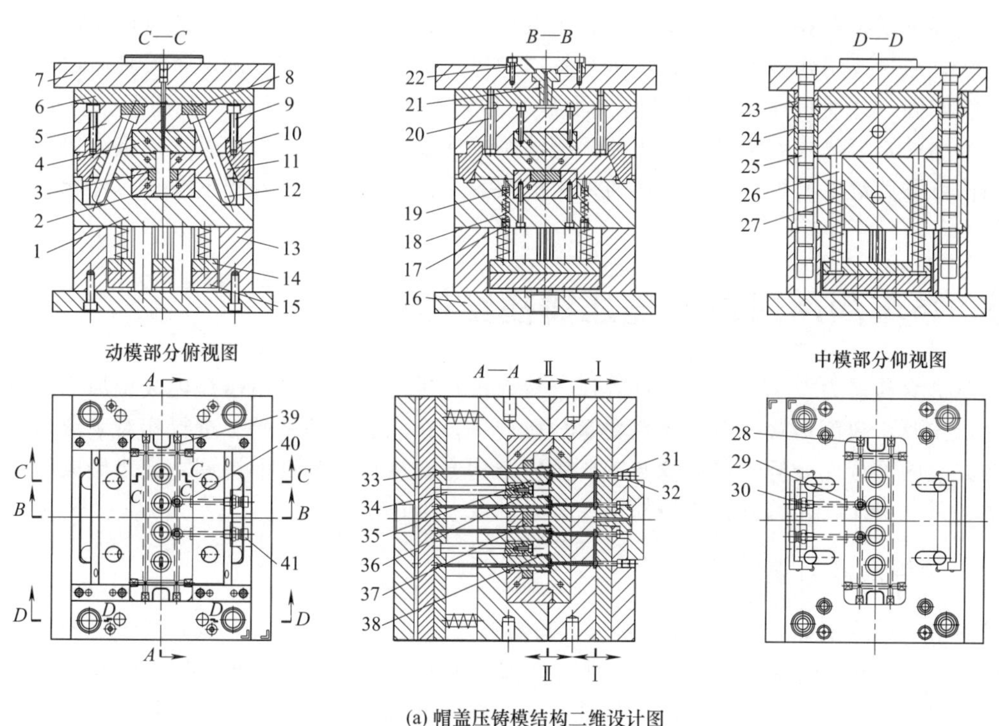

(a) 帽盖压铸模结构二维设计图

(b) 帽盖压铸模结构三维造型图

图 9-10 帽盖压铸模结构设计

1—动模板；2—动模嵌件；3—推件板；4—中模嵌件；5—中模板；6—定模板；7—定模垫板；8—垫片；9,36—内六角螺钉；10—楔紧块；11—滑块；12—斜导柱；13—模脚；14—安装板；15—推板；16—底板；17,28,32,39—螺塞；18,27—弹簧；19—限位销；20—台阶螺钉；21—浇口套；22—定位圈；23,24—导套；25—导柱；26—回程杆；29,40—O 形密封圈；30,41—冷却水接头；31—拉料杆；33—顶杆；34—大顶杆；35—型芯；37—推件板；38—帽盖由于对帽盖进行了细致和正确的形体分析，使得压铸模结构可行性分析方案和压铸模结构设计的正确无误，从而使得帽盖压铸加工的形状和尺寸，能够全部符合压铸件图纸的要求。由于成型帽盖的分流道长度不等，在试模时还可能会产生一些缺陷，可以根据出现的缺陷调整浇口的宽度和深度。

通过对帽盖形体分析，找出了帽盖形体上存在的型槽、型孔、凸台、弓形障碍体和批量要素，对于平行开闭模方向型孔要素，采用了动模镶嵌型芯成型的措施；对于垂直开闭模方向圆周上的凸台要素，采用了将成型凸台的型腔以分型面分成中模与动模型腔的方法。对于平行开闭模方向的型槽要素和弓形障碍体要素，则采用了二处对开斜导柱滑块抽芯机构的措施；对于批量要素，通过选用新型模具钢材，进行真空炉淬火后软氮化处理，确保了模具使用寿命，采用了一模四腔，并使得压铸模开闭模、抽芯、脱模和回程运动自动化，提高了帽盖的成型效率。因采用的是潜伏式点浇口，为了便于浇注系统冷凝料的脱模，采用了三模板结构。由于压铸模结构方案和措施的可行性，故压铸加工的帽盖不仅能够完全符合图纸要求，还能顺利地高质量加工。

9.3 轿车葫芦形盒与盖压铸模结构设计

葫芦形盒与盖为轿车上的零部件，属于特大批量生产。该产品由压铸模成型加工。压铸模的设计，先要从葫芦形盒与盖形体六要素分析着手，在此分析的基础上进行相对于形体要素模具结构方案的可行性分析。再对盒与盖压铸模结构方案进行统筹性的协调，最终形成压铸模结构方案。只有如此，才可进行压铸模的结构设计或三维造型。

9.3.1 葫芦形盒与盖形体分析

葫芦形盒二维图如图 9-11（a）所示，葫芦形盒三维造型如图 9-11（c）所示，葫芦形盖二维图如图 9-11（b）所示，葫芦形盖三维造型如图 9-11（d）所示。葫芦形盒与盖材料为铝硅铜合金，收缩率 0.7%。葫芦形盒分型面Ⅰ—Ⅰ如图 9-11（a）所示，葫芦形盖分型面Ⅱ—Ⅱ如图 9-11（b）所示。

（1）葫芦形盒的形体要素分析

根据对葫芦形盒形状、尺寸和性能的分析，其形体上存在着型孔、圆柱体、凸台、凹坑障碍体、弓形高障碍体、外观和批量要素，具体分析如下。

① 型孔要素。如图 9-11（a）所示，葫芦形盒存在着侧向的 ϕ8.2mm×8.5mm 和 ϕ6mm×R4.1mm×3.4mm×（10－8.5）mm 型孔；还存在着轴向的 2×ϕ1.5mm×4.4mm 及 4×ϕ1.5mm×3.5mm 型孔要素。

② 圆柱体要素。如图 9-11（a）所示，葫芦形盒存在着轴向的 4×ϕ3.5mm×3.8mm、2×1.2mm×2 和 4×1.2mm×2mm 圆柱体要素。

③ 凸台要素。如图 9-11（a）所示，葫芦形盒存在着 4×0.9mm×1.2mm×6.8mm 和 4×4mmmm×3.5mm 凸台要素。

④ 凹坑障碍体要素。如图 9-11（a）所示，葫芦形盒存在着 6×0.7mm×0.5mm×1.1mm×1.3mm×45°凹坑障碍体要素。

⑤ 弓形高障碍体要素。如图 9-11（a）所示，葫芦形盒存在着 R0.5mm 的弓形高“障碍体”要素。

⑥ 外观要素。如图 9-11（a）所示，葫芦形盒外表面存在着外观要素。

⑦ 批量要素。葫芦形盒为轿车上零部件，批量为特大量。

(2) 葫芦形盖的形体要素分析

根据葫芦形盖的形状、尺寸和性能的分析，其形体存在着型槽、凸台、凹坑障碍体、弓形高、外观和批量要素，具体分析如下。

① 型槽要素。如图 9-11（b）所示，葫芦形盖存在着 4×7×4°×7mm 和 6×10mm×0.8mm、4×6.5mm×1.5mm 型槽要素。

② 凸台要素。如图 9-11（b）所示，葫芦形盖存在着 3mm×*R*3mm×0.9mm×3mm×1.4mm 凸台要素。

③ 凹坑障碍体要素。如图 9-11（b）所示，葫芦形盖存在着 6×1mm×2×0.6mm×45°×2mm 凹坑障碍体要素。

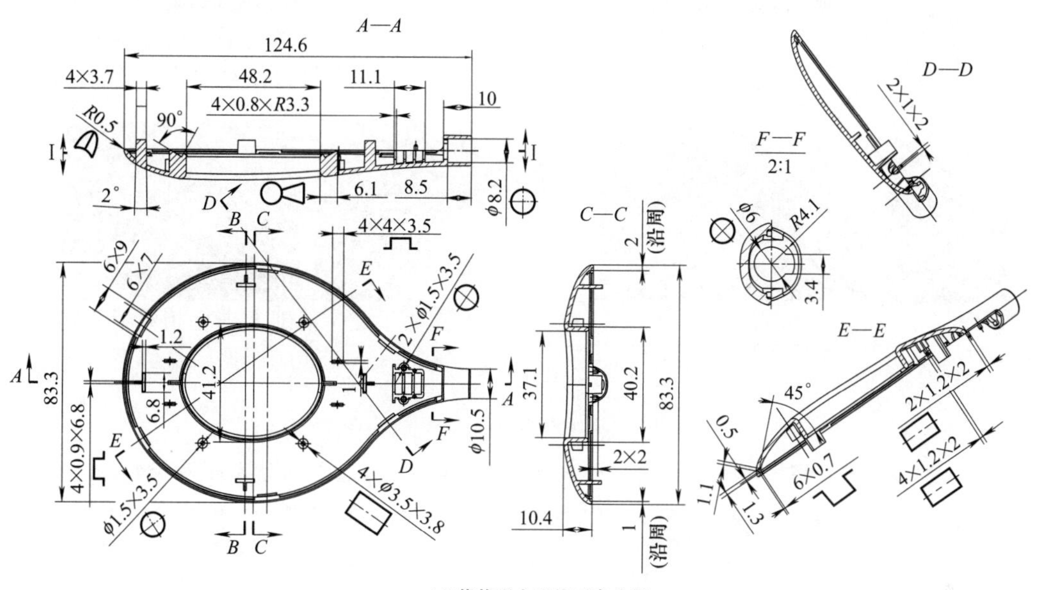

(a) 葫芦形盒形体要素分析

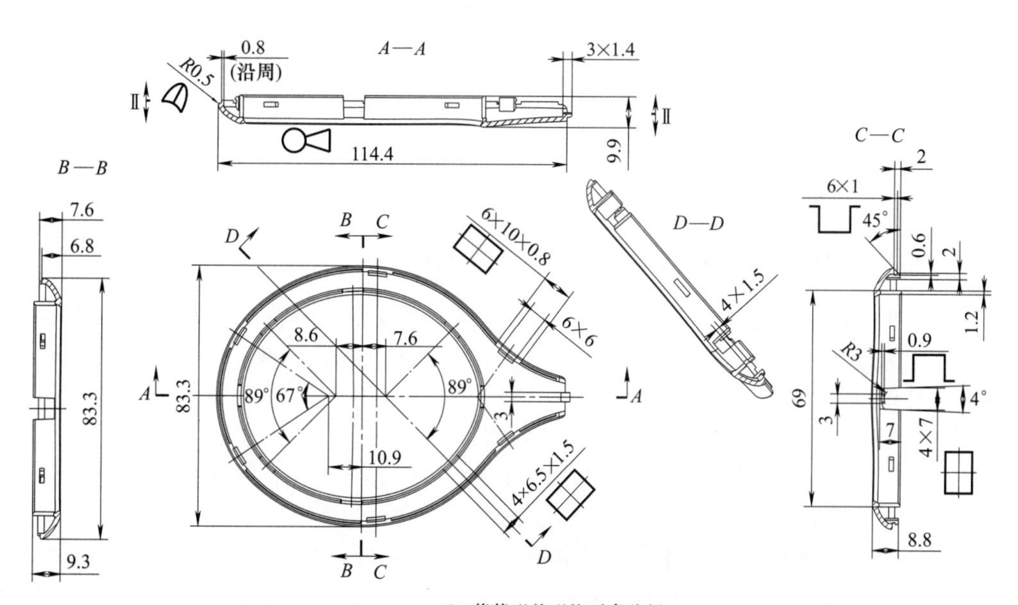

(b) 葫芦形盖形体要素分析

图 9-11

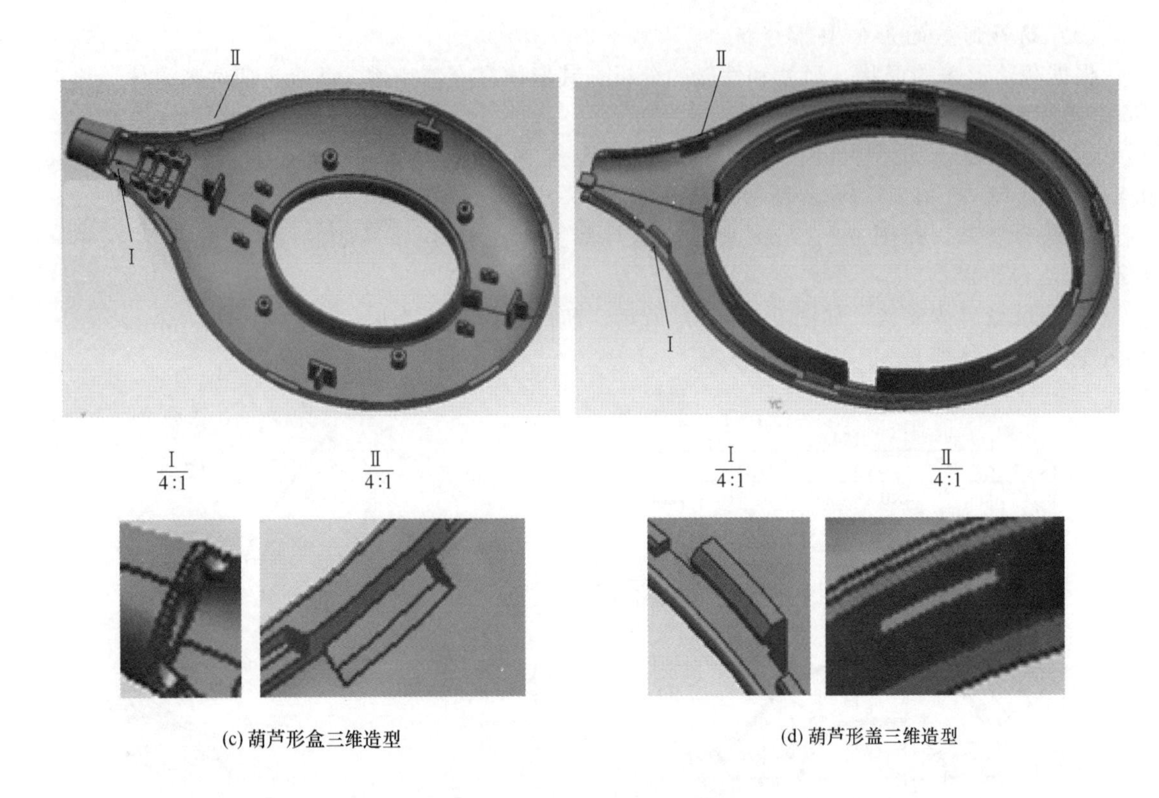

(c) 葫芦形盒三维造型　　(d) 葫芦形盖三维造型

图 9-11　葫芦形盒与盖形体要素的分析

—表示型孔要素；—表示圆柱体要素；—表示型槽要素；—表示凸台障碍体要素；

—表示凹坑障碍体要素；—表示弓形高障碍体要素；—表示压铸件的型面应有外观要素

④ 弓形高障碍体要素。如图 9-11（b）所示，葫芦形盒存在着 $R0.5$mm 的弓形高障碍体要素。

⑤ 外观要素。如图 9-11（b）所示，葫芦形盒外表面存在着外观要素。

⑥ 批量要素。葫芦形盖为轿车上零部件，批量为特大量。

在分别对葫芦形盒与盖进行了形体要素分析之后，只要找对和找全了葫芦形盒与盖的形体要素，之后确定压铸模的结构方案就能有的放矢。

9.3.2 葫芦形盒与盖压铸模结构方案可行性分析

由于对葫芦形盒与盖进行了详细和全面的形体要素分析，在制订压铸模结构方案时，便可以根据盒与盖每项要素，寻找到相对应的模具结构方案。最后，再对所有的方案进行协调，形成整体的方案。

（1）葫芦形盒压铸模结构方案可行性分析

对于葫芦形盒压铸模结构方案的可行性分析，可以先结合葫芦形盒每项形体要素确定压铸模的结构方案，然后再进行综合协调成总体方案。

① 制订型孔要素的模具方案。对于葫芦形盒存在着侧向的 $\phi8.2$mm×8.5mm 和 $\phi6$mm×$R4.1$mm×3.4mm×(10−8.5) mm 型孔，应该采用斜导柱滑块抽芯机构来实现型孔的抽芯。对于存在着轴向的 2×$\phi1.5$mm×4.4mm 及 4×$\phi1.5$mm×3.5mm 型孔要素，应在动模嵌件上镶嵌相应的型芯，利用动、定模闭合后合金熔体的注入，成型这些型孔，还可利用动、定模开

启后顶杆和斜推杆顶出葫芦形盒。

② 制订圆柱体要素的模具方案。对于葫芦形盒存在着轴向 4×ϕ3.5mm×3.8mm、2×1.2mm×2 和 4×1.2mm×2mm 圆柱体要素，可以在动模嵌件上加工出型孔来成型这些圆柱体。

③ 制订凸台要素的模具方案。对于葫芦形盒存在着 4×0.9mm×1.2mm×6.8mm 和 4×4mm×3.5mm 凸台要素，可以在动模嵌件上加工出凸台的型腔来成型这些圆柱体。

④ 制订凹坑障碍体要素的模具方案。对于葫芦形盒存在着 6×0.7mm×0.5mm×1.1mm×1.3mm×45°凹坑障碍体要素，可以采用斜推杆内抽芯兼脱模机构来实现该形体要素的抽芯与脱模。

⑤ 制订弓形高障碍体要素的模具方案。对于葫芦形盒存在着 R0.5mm 弓形高障碍体要素，由于其会阻碍葫芦形盒的脱模，可以应用分型面来消除弓形高障碍体对脱模的阻挡作用。

⑥ 制订外观要素的模具方案。对于葫芦形盒外表面存在着外观要素，应运用加工中心铣出成型外形面的型腔，精加工后的型腔还需要进行抛光。

⑦ 制订批量要素的模具方案。以一模二腔成型葫芦形盒与盖，模具结构必须是高度自动化且具有长的寿命，以适应特大批量的加工。

(2) 葫芦形盖压铸模结构方案可行性分析

对于葫芦形盖压铸模结构方案的可行性分析，也需要对每项形体要素制订出模具方案后再统一进行协调。不同的是，除了要协调葫芦形盖压铸模每项结构方案之外，还需要协调与葫芦形盒的模具结构方案。

① 制订型槽要素的模具方案。葫芦形盖存在着 4×7×4°×7mm 型槽要素，可在动模嵌件上以镶嵌件来成型这些型槽。对于 6×10mm×0.8mm 型槽要素，可以采用斜推杆内抽芯机构，也可以采用斜导柱滑块外抽芯机构。需要协调葫芦形盒的模具结构方案。对于 4×6.5mm×1.5mm 型槽要素，只能采用斜推杆内抽芯机构，不能采用斜导柱滑块外抽芯机构是因为成型葫芦形盒和盖的空间有限。

② 制订凸台要素的模具方案。葫芦形盖存在着轴向 3mm×R3mm×0.9mm×3mm×1.4mm 凸台要素，可在动模嵌件加工出型腔来成型该凸台。

③ 制订凹坑障碍体要素的模具方案。对于葫芦形盖存在着 6×1mm×2×0.6mm×45°×2mm 凹坑障碍体要素，可以采用斜推杆内抽芯机构，也可以采用斜导柱滑块外抽芯机构。具体采用哪种抽芯机构，需要协调葫芦形盒的模具结构方案来决定。

④ 制订弓形高障碍体要素的模具方案。葫芦形盒存在着 R0.5mm 弓形高障碍体要素，会阻碍葫芦形盒的脱模，可以应用分型面的办法来消除弓形高障碍体对脱模的阻挡作用。

⑤ 制订外观要素的模具方案。葫芦形盒外表面存在着外观要素，应运用加工中心铣出成型外形面的型腔，精加工后的型腔还需要进行抛光。

⑥ 制订批量要素的模具方案。以一模二腔成型葫芦形盒与盖，模具结构要高度自动化和高寿命，以适应特大批量的加工。

(3) 葫芦形盒与盖压铸模结构的综合总体方案的可行性分析

葫芦形盒与盖压铸模要同时要成型盒与盖，由于葫芦形盖 6×10mm×0.8mm 型槽和 6×1mm×2×0.6mm×45°×2mm 凹坑障碍体，可以采用斜推杆内抽芯兼脱模机构，也可以采用斜导柱滑块外抽芯机构。对于成型中部葫芦形盖型槽和凹坑障碍体，若采用斜导柱滑块外抽芯机构，受到了空间位置的限制，故只能采用斜推杆内抽芯兼脱模机构。而对于葫芦形盖瓶颈端型槽和凹坑障碍体，因受到葫芦形盒斜导柱滑块外抽芯机构结构的影响，也不能采用斜导柱滑块外抽芯机构。只有葫芦形盖底端的型槽和凹坑障碍体，由于没有受到葫芦形盒抽芯机构结构的影响，可以采用斜导柱滑块外抽芯机构。

根据上述模具结构的分析，葫芦形盒抽芯机构可以设计一处斜导柱滑块外抽芯机构，六处斜推杆内抽芯兼脱模机构。而葫芦形盖可设计二处斜导柱滑块外抽芯机构，八处斜推杆内抽芯兼脱模机构。

9.3.3 葫芦形盒与盖压铸模定、动模嵌件的设计

葫芦形盒与盖压铸模的定、动模嵌件和分型面的设计，如图 9-12 所示。盒与盖主体分型面应设计在 $R0.5$mm 弓形高“障碍体”的象限点处，对于盒与盖瓶颈端的 $\phi 8.2$mm 型孔的分型面则应设在轴线处。定、动模嵌件的外形尺寸应与定、动模板型腔的尺寸以 H6/n7 进行配合。成型葫芦形盒上的圆柱孔、圆柱体和凸台的型孔与镶嵌件脱模方向的型面均需要制作拔模斜度为 1°30′。由于铝硅铜合金具有热胀冷缩的特性，模具工作件成型面的尺寸必须是：图纸尺寸＋图纸尺寸×0.7%（收缩率）。定模型芯的型腔加工粗糙度必须为 $Ra0.4$，不能存在刀痕和接痕。

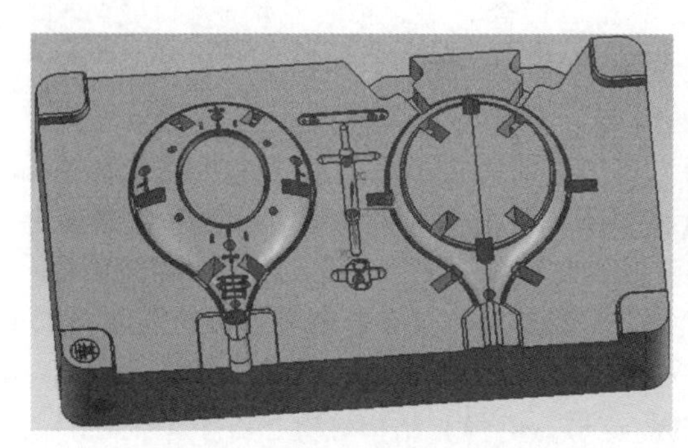

(a) 葫芦形盒与盖压铸模动模嵌件的设计

(b) 葫芦形盒与盖压铸模定模嵌件的设计

图 9-12 葫芦形盒与盖压铸模定、动模嵌件的设计

9.3.4 葫芦形盒与盖压铸模抽芯与脱模机构的设计

葫芦形盒与盖形体具有多种形体要素，造成了压铸模需要选用二种多处的抽芯机构。只有实现了对这些形体要素的抽芯，才能实现对葫芦形盒与盖的脱模。

9.3.4.1 葫芦形盒与盖压铸模斜导柱滑块抽芯机构的设计

如图 9-13 所示，该图主要表示出了葫芦形盒 $\phi 8.2$mm×8.5mm 和 $\phi 6$mm×$R4.1$mm×3.4mm×(10−8.5) mm 型孔要素的斜导柱滑块外抽芯机构的抽芯。对于葫芦形盖只表示了其在型芯兼顶杆 8 作用下的脱模过程。

① 葫芦形盒与盖压铸模处于闭模状态。如图 9-13（a）所示，定模和动模闭合，对于葫芦形盒模具部分而言，型芯 14 和滑块 16 在斜导柱 12 的作用下实现复位运动。在回程杆和弹簧（图中未表示）的作用下，推件板 1、安装板 2 和型芯兼顶杆 8、10 做复位运动。楔紧块 15 的斜面楔紧滑块 16 的斜面，是为了防止型芯 14 和滑块 16 在大的压铸力和保压力作用下出现移动而造成型孔深度和壁厚尺寸不符合图纸要求。

② 葫芦形盒与盖压铸模处于开模与抽芯状态。如图 9-13（b）所示，定模和动模开启，斜导柱 12 拨动型芯 14 和滑块 16，可实现 13mm 的抽芯运动。当滑块 16 底面的半球形凹坑移至限位销 17 处，限位销 17 在弹簧 18 的作用下进入半球形凹坑锁住型芯 14 和滑块 16，以防止在

抽芯运动的惯性作用下冲出动模板 3。

③ 葫芦形盒与盖压铸模处于脱模状态。如图 9-13（c）所示，当压铸机顶杆推动推件板 1、安装板 2 和型芯兼顶杆 8、10 做脱模运动时，型芯兼顶杆 8、10 与众多斜推杆可将盒与盖顶出模具型腔。

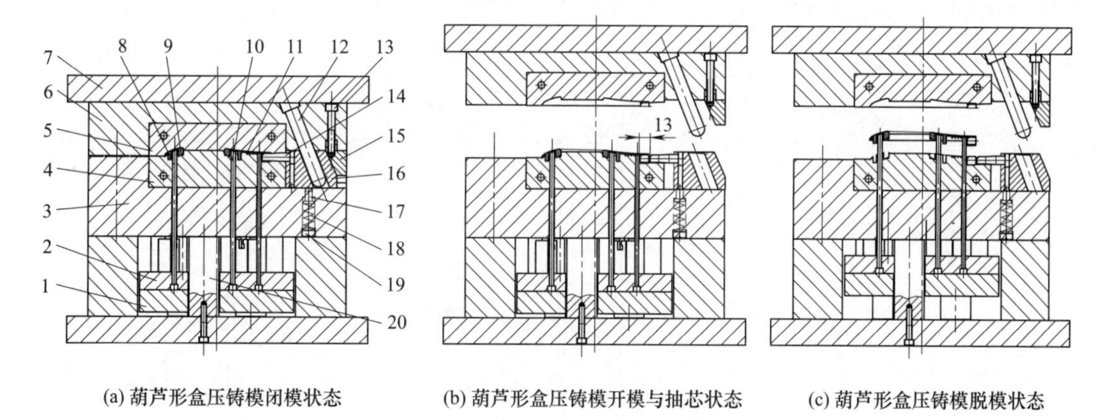

(a) 葫芦形盒压铸模闭模状态　(b) 葫芦形盒压铸模开模与抽芯状态　(c) 葫芦形盒压铸模脱模状态

图 9-13　葫芦形盒压铸模斜导柱滑块抽芯机构的设计

1—推件板；2—安装板；3—动模板；4—动模嵌件；5—定模嵌件；6—定模板；7—定模垫板；8,10—型芯兼顶杆；9—盖；11—盒；12—斜导柱；13—内六角螺钉；14—型芯；15—楔紧块；16—滑块；17—限位销；18—弹簧；19—螺塞；20—推件板导柱

9.3.4.2　葫芦形盖压铸模斜导柱滑块外抽芯与斜推杆内抽芯机构的设计

如图 9-14 所示，由于葫芦形盖形体上存在着 4×6.5mm×1.5mm 型槽和 6×1mm×2×0.6mm×45°×2mm 凹坑障碍体要素，葫芦形盖压铸模需要设置二处斜导柱滑块抽芯机构和八处斜推杆抽芯机构。

① 葫芦形盖压铸模处于闭模状态。如图 9-14（a）所示，压铸模动、定模闭合，斜导柱 14 拨动滑块 16 复位，楔紧块 15 楔紧滑块 16 斜面。在回程杆和弹簧（图中未表示）的作用下，推件板 2、安装板 3 和顶杆的复位，使得安装板 3 上的工字形槽块 5 带动斜推杆 6 上端沿着动模嵌件 8 的斜槽向下向左做复位运动，下端可在工字形槽块 5 的槽内移动。当合金熔体经浇注系统进入盒与盖的型腔，冷却成型葫芦形盒与盖。

② 葫芦形盖压铸模处于开模与抽芯状态。如图 9-14（b）所示，定、动模的开启，使得葫芦形盖外形部分被打开，斜导柱 14 才能迫使限位销 7 压缩弹簧 17 进入孔中，拨动滑块 16 做 10mm 距离的抽芯运动。

③ 葫芦形盖压铸模处于脱模状态。如图 9-14（c）所示，由于压铸机的顶杆推动推件板 2、安装板 3、斜推杆 6 和顶杆做脱模运动。斜推杆 6 的上端可沿着动模嵌件 8 的斜槽向上做脱模和向右做抽芯运动，下端可在工字形槽块 5 的槽中移动。

由于葫芦形盖在压铸模中做二处斜导柱滑块抽芯运动，消除了对葫芦形盖脱模的阻挡作用。而压铸模的斜推杆抽芯运动，一方面实现了对盖的型孔抽芯运动，另一方面又实现了对盖的脱模运动。

9.3.4.3　葫芦形盒与盖压铸模斜推杆内抽芯机构的设计

上述对葫芦形盒与盖压铸模的三处斜导柱滑块抽芯和二处斜推杆抽芯运动作了介绍，剩下的便是斜推杆抽芯运动。

① 葫芦形盒和盖压铸处于模闭模状态。如图 9-15（a）所示，定、动模合模，推件板 2、安装板 3 在弹簧 16 与回程杆 17 的作用下复位，安装板 3 上的工字形槽块 4、15 分别带动着二

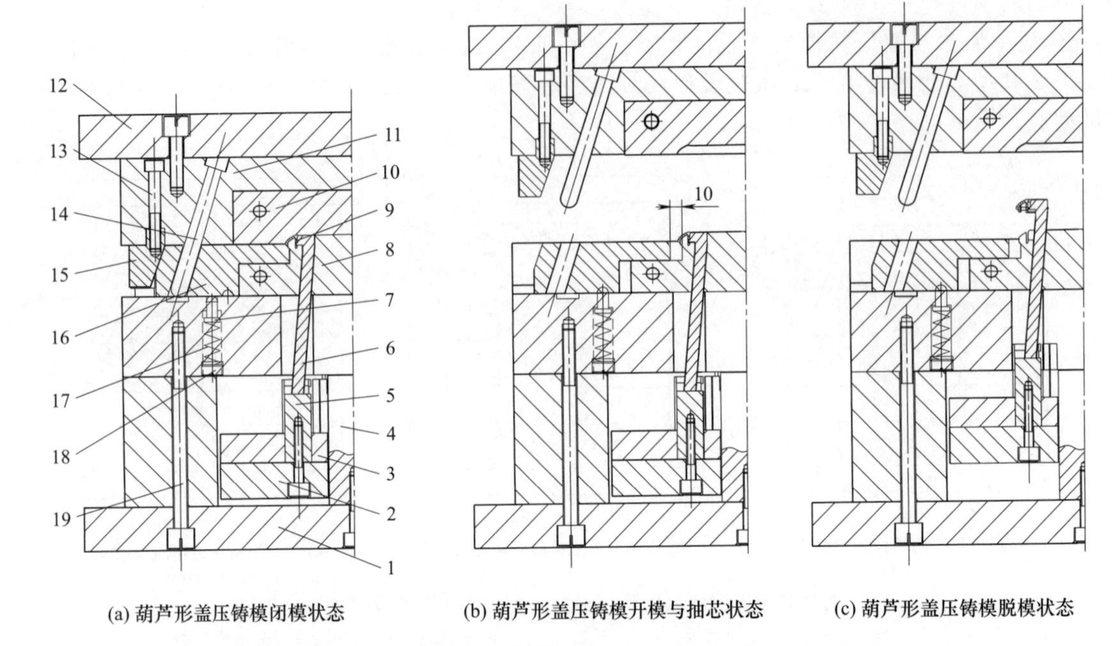

(a) 葫芦形盖压铸模闭模状态　(b) 葫芦形盖压铸模开模与抽芯状态　(c) 葫芦形盖压铸模脱模状态

图 9-14　葫芦形盖压铸模斜导柱滑块外抽芯与斜推杆内抽芯机构的设计

1—底板；2—推件板；3—安装板；4—推件板导柱；5—工字形槽块；6—斜推杆；7—限位销；8—动模嵌件；9—盖；10—定模嵌件；11—定模板；12—定模垫板；13,19—内六角螺钉；14—斜导柱；15—楔紧块；16—滑块；17—弹簧；18—螺塞

处斜推杆 5、14 沿着动模嵌件 7 的斜槽做向左与向右抽芯及向下的复位运动。合金熔体注入模具型腔后冷却，成型葫芦形盒和盖。

② 葫芦形盒和盖压铸模处于开模与抽芯状态。如图 9-15（b）所示，定、动模开启，葫芦形盒和盖的外形模具模腔被打开，有利于葫芦形盒和盖脱模。

③ 葫芦形盒和盖压铸模处于脱模状态。如图 9-15（c）所示，在压铸机顶杆的作用下，推件板 2、安装板 3 和顶杆做脱模运动，安装板 3 上的工字形槽块 4、15 分别着推动二处斜推杆 5、14 的上端沿着动模嵌件 7 的斜槽做向左与向右的抽芯及向上的脱模运动。斜推杆 5、14 的下端，可在工字形槽块 4、15 的工字形槽移动。

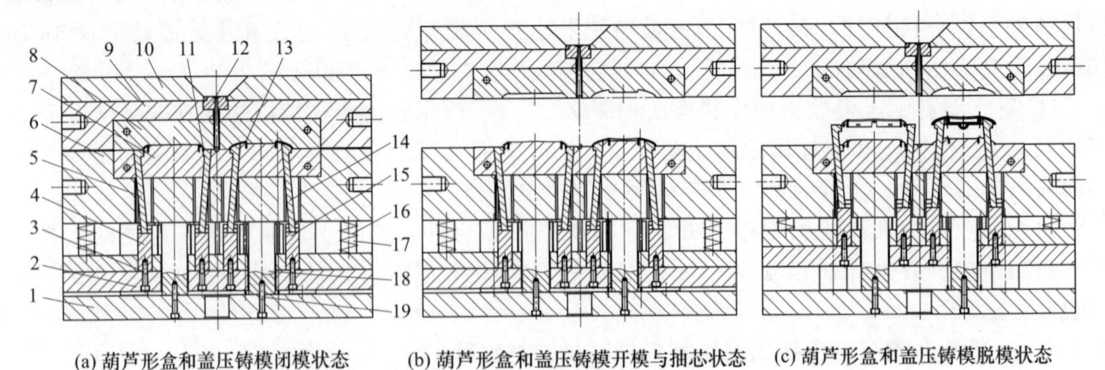

(a) 葫芦形盒和盖压铸模闭模状态　(b) 葫芦形盒和盖压铸模开模与抽芯状态　(c) 葫芦形盒和盖压铸模脱模状态

图 9-15　葫芦形盒与盖压铸模斜推杆内抽芯机构的设计

1—底板；2—推件板；3—安装板；4,15—工字形槽块；5,14—斜推杆；6—动模板；7—动模嵌件；8—定模嵌件；9—定模板；10—定模垫板；11—盖；12—浇口套；13—盒；16—弹簧；17—回程杆；18—推件板导柱；19—内六角螺钉

9.3.5 葫芦形盒与盖压铸模结构的设计

葫芦形盒与盖压铸模结构由模架、浇注系统、冷却系统、动定型腔与型芯、定模部分与动模部分、斜导柱滑块抽芯机构、斜推杆内抽芯兼脱模机构、脱冷凝料机构、回程机构、导准构件等组成。正确地选取模具工作件新型钢材和热表处理方法，对特大批量产品的压铸加工具有十分重要的意义。上述任何一个部分出现了问题，对产品的压铸加工都会带来负面的影响。

(1) 葫芦形盒与盖压铸模分型面设计

由于葫芦形盒和盖存在着 $R0.5$mm 弓形高“障碍体”要素，葫芦形盒还存在 $\phi8.2$mm×8.5mm 和 $\phi6$mm×$R4.1$mm×3.4mm×(10－8.5) mm 型孔要素对模具分型的影响，分型面的设计应如图 9-16 所示，才可避免上述形体要素对模具分型的阻挡作用。

(2) 葫芦形盒与盖压铸模浇注系统与冷却系统的设计

压铸模需要有浇注系统，才能使合金熔体流进葫芦形盒与盖模具的型腔。冷却系统可以控制模温，防止制品因过热而降低材料力学性能。

① 浇注系统的设计。如图 9-16 所示，合金熔体从浇口套 5 的主浇道流入定模嵌件 3 与动模嵌件 7 中分流道和冷料穴中，最后通过浇口分别进入葫芦形盒与盖压铸模的型腔中。

② 冷却系统的设计。如图 9-16 所示，压铸模在连续加工葫芦形盒和盖过程中，铝硅铜合金熔体将热量传递给模具工作件，导致模温不断提高。当模温超过铝硅铜合金材料过热温度后，会导致材料力学性能的降低，这样模具需要设置冷却系统来控制模温。冷却水可分别从冷却水接头 42、52 进入动模板 8、动模嵌件 7 和定模板 2、定模嵌件 3 的通道中，再从另一冷却水接头 42、52 流出，将热量带走起到降低模温的作用。螺塞 40、56 和 O 形密封圈 37 是为了防止冷却水泄漏而设置的。

(3) 葫芦形盒与盖压铸模脱模机构、脱浇口冷凝料与回程机构的设计

压铸件和浇注系统冷凝料冷却成型后，需要从模具中脱模，依靠的是脱模机构。压铸件脱模之后，抽芯机构和脱模机构必须恢复到初始位置，才能进行产品下一工序的自动循环加工，依靠的是模具回程机构。

① 脱模机构的设计。如图 9-16 所示，脱模机构由安装板 10，推件板 11，型芯兼顶杆 13、15、51，工字形槽块 33、48、50 和斜推杆 32、43、44 组成。当压铸机顶杆作用于脱模机构脱压铸件时，葫芦形盒与盖在型芯兼顶杆 13、15、51 和斜推杆 32、43、44 的共同作用下被顶离动模型腔。

② 脱浇口冷凝料机构的设计。如图 9-16 所示，脱浇口冷凝料机构由安装板 10、推件板 11 和拉料杆 6 组成。动、定模开启时，拉料杆 6 上 Z 字形钩可将浇口套 5 中主浇道的冷凝料拉出。脱模时，拉料杆 6 又可将分流道中的冷凝料推出。只有清除了浇注系统的冷凝料，才能进行下一工序的加工。

③ 回程机构的设计。如图 9-16 所示，回程机构由安装板 10、推件板 11、弹簧 45、回程杆 46 组成。脱模机构顶脱压铸件时，压铸机顶杆作用于脱模机构，压缩弹簧 45。压铸机顶杆撤离后，使得作用于脱模机构的外力消失，弹簧 45 恢复的弹力便可推动脱模机构复位。但弹簧 45 使用时间长了会失效，这时便可依靠回程杆 46 复位。动、定模合模时，定模板 2 推动着回程杆 46、安装板 10、推件板 11 精确复位，以便脱模机构自动进行下一工序加工。

(4) 葫芦形盒与盖压铸模导准构件的设计

定模与动模部分开、闭模运动的定位与运动导向，是依靠着四组导套 38 和导柱 39；安装板 10、推件板 11 的脱模和回程运动导向是依靠着四根推件板导柱 25。这样才可以确保模具型芯和型腔的对位和细小顶杆不被折断。

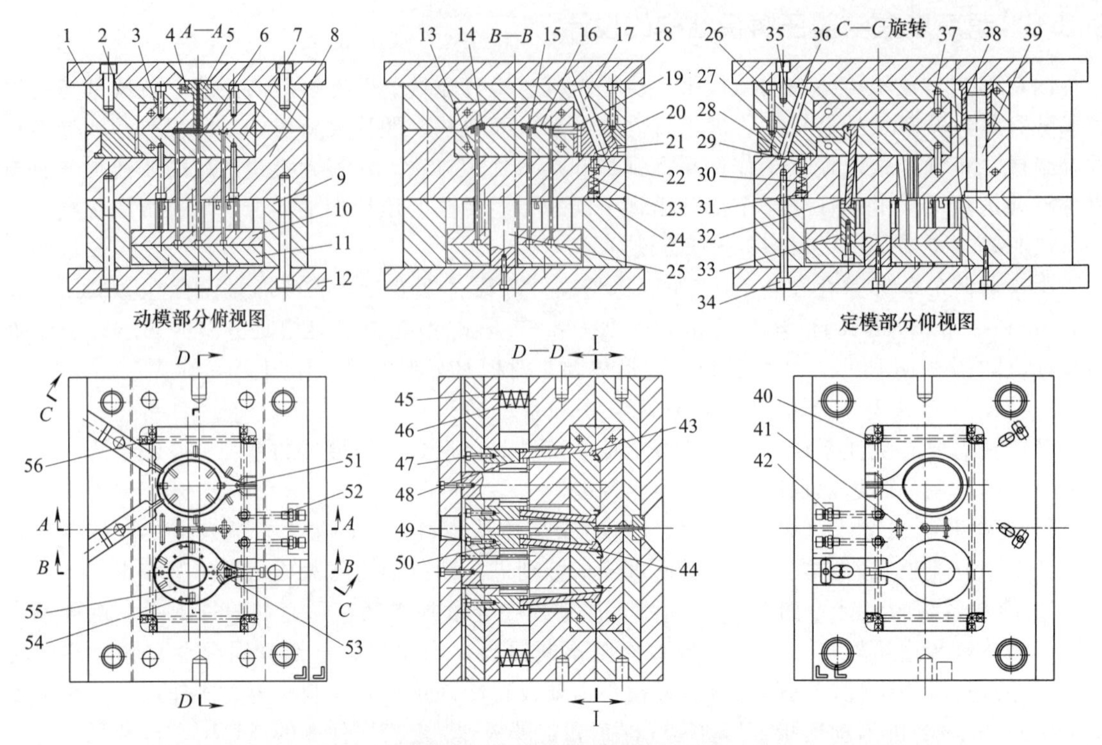

(a) 葫芦形盒与盖压铸模结构设计二维图

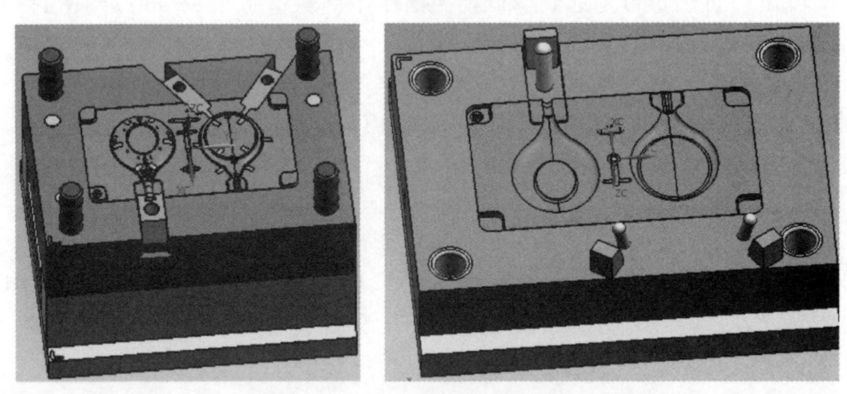

(b) 葫芦形盒与盖压铸模结构设计三维造型

图 9-16　葫芦形盒与盖压铸模结构设计

1—底板；2—定模板；3—定模嵌件；4,41—圆柱销；5—浇口套；6—拉料杆；7—动模嵌件；8—动模板；9—模脚；10—安装板；11—推件板；12—底板；13,15,51—型芯兼顶杆；14—盖；16—盒；17,36—斜导柱；18,26,47,49—内六角螺钉；19—型芯；20,27—楔紧块；21,28—滑块；22,29—限位销；23,30,45—弹簧；24,31,40,56—螺塞；25—推件板导柱；32,43,44—斜推杆；33,48,50—工字形槽块；34,35—沉头螺钉；37—O 形密封圈；38—导套；39—导柱；42,52—冷却水接头；46—回程杆；53,55—圆柱型芯；54—顶杆

压铸件的压铸模结构设计，只有在妥善解决了压铸模分型面的设置、抽芯机构、脱模回程机构、浇注系统、冷却系统、导向构件的设计和模具成型面的计算，才能加工出合格的压铸件。

由于对葫芦形盒与盖进行了细致和正确的形体分析，使得压铸模结构可行性分析方案和压铸模结构设计正确无误，从而使得葫芦形盒与盖压铸加工的形状和尺寸能够全部符合压铸件图纸的要求。由于葫芦形件盒与盖形状和重量还是存在着差异，试模时可以根据出现的缺陷调整浇口的宽度和深度。

通过对葫芦形盒与盖形体要素的可行性分析，找出了盒上的型孔、圆柱体、凸台、凹坑障碍体、弓形高障碍体、外观和批量要素，盖上的型槽、凸台、凹坑障碍体、弓形高障碍体外观和批量要素。根据盒与盖形体要素的要求，制订出了相对应的模具结构可行性方案，又根据盒与盖模具结构的特点调整了部分结构。对盒采用了一处斜导柱滑块抽芯和六处斜推杆内抽芯兼脱模机构；对盖采用了二处斜导柱滑块抽芯和十处斜推杆内抽芯兼脱模机构，从而使得盒与盖能顺利地加工和脱模。定模型腔采用了数控加工和抛光工艺，保证了盒与盖外观要求。选用了新型模具钢材，真空炉淬火后进行软氮化处理，确保了模具使用寿命。故此，盒与盖的压铸加工才能高效、高质量地进行。

压铸模结构设计案例：一模多件成型

为了提高压铸模加工效率，在压铸件用材相同的前提下，压铸模时常会在一副模具中同时成型加工多个相同的压铸件，也可能在一副模具中同时成型加工多种不同的压铸件。一副模具同时成型加工多个相同压铸件的压铸模，只要注意各个模腔的流道距离相等就可以了；一副模具中同时成型加工多种不同的压铸件，则需要计算各型腔合金液流量平衡值，必须根据计算设计浇注系统的尺寸。

10.1 轿车象鼻形盒座与盒盖的压铸模结构设计

轿车的象鼻形盒座与盒盖为特大批量生产，适用于压铸生产。因此，在制订压铸模结构可行性方案时，先要进行盒座与盒盖的形体分析。在盒座与盒盖形体分析之后，就必须针对每项形体分析要素，制订出相应的解决措施。在压铸模结构可行性方案论证之后，才能进行压铸模结构的设计或造型。

10.1.1 盒座和盒盖形体分析

象鼻形盒座简称盒座，象鼻形盒盖简称盒盖。盒座与盒盖是一种外形如象鼻子一样盒状压铸件，它们是依靠盒座 7 处凸台与盒盖 7 处型槽相扣连接的。盒座与盒盖材料为铝硅铜合金，收缩率为 0.7%。盒座二维图如图 10-1 (a) 所示，盒盖二维图如图 10-1 (b) 所示，盒座三维造型如图 10-1 (c) 所示，盒盖三维造型如图 10-1 (d) 所示。分型面 Ⅰ—Ⅰ 如图 10-1 (a)、(b) 的 A—A 剖视图所示。

10.1.1.1 盒座的形体要素分析

(1) 平行开闭模方向的型孔要素

如图 10-1 (a) 俯视图所示，在盒座的形体上存在着 2×6×4.9mm×ϕ6mm×60°和 2×ϕ1.9mm 平行开闭模方向的花键孔和型孔要素，还存在 ϕ16.9mm、ϕ19.3mm 半圆形型孔和 25.1mm 型孔。

(2) 垂直与倾斜开闭模方向型孔、半圆形型孔和型孔要素

如图 10-1 (a) 所示，在盒座形体上存在着 ϕ2.3mm×1.2mm×0.5mm×90°、ϕ1.9mm×5.7mm、ϕ19.8×39°×28°、ϕ16.3mm×51°×24°的垂直与倾斜开闭模方向的型孔要素和

2.3mm×5mm 型槽要素。

（3）平行开闭模方向的圆柱体要素

如图 10-1（a）的俯视图所示，在象鼻形盒座的形体上存在着 2×ϕ8.5mm 和 2×ϕ4.5mm 平行开闭模方向的圆柱体要素。

（4）弓形高要素

如图 10-1（a）的 $B—B$ 剖视图所示，在象鼻形盒座的形体上存在着 ϕ4mm×5.2mm×

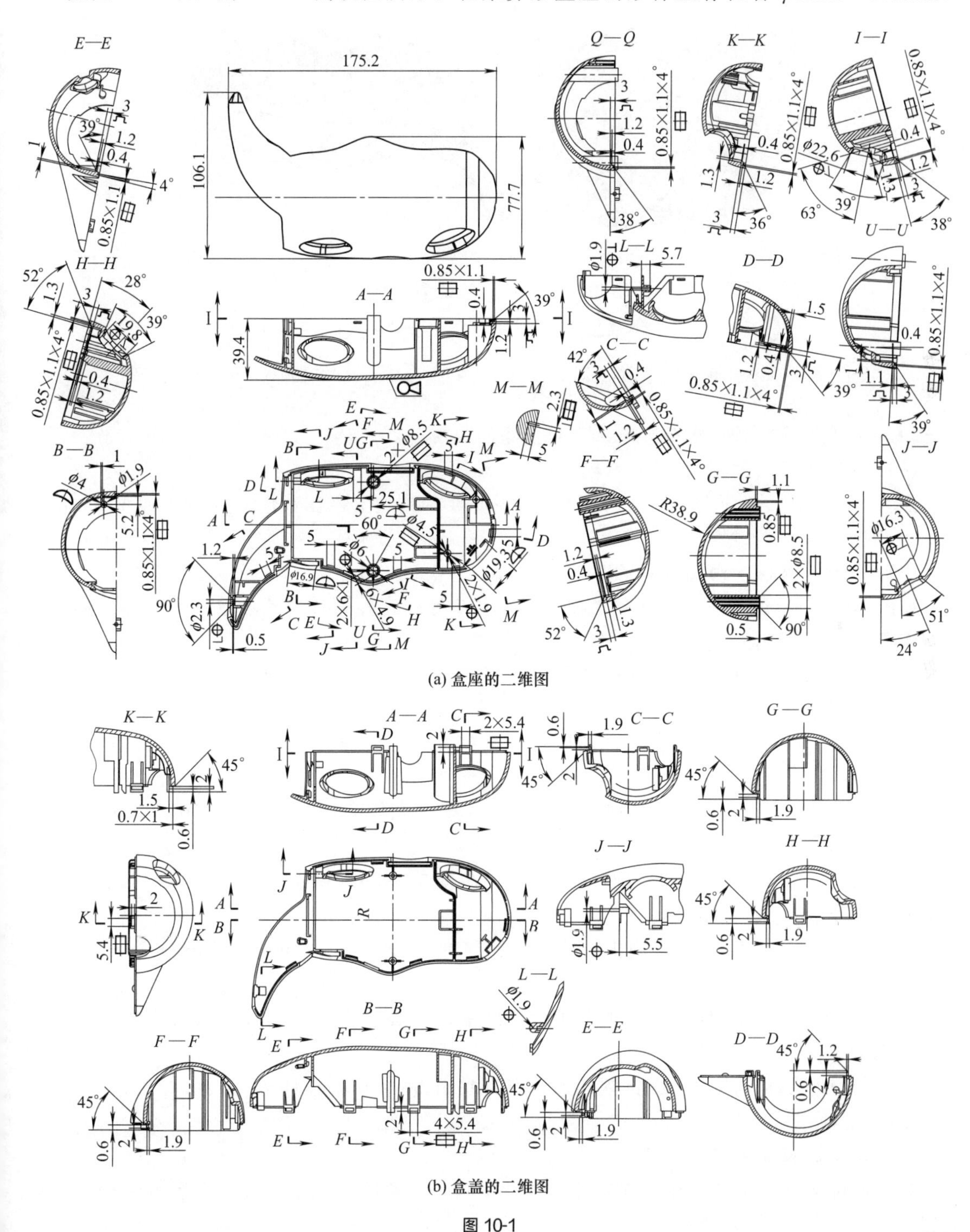

(a) 盒座的二维图

(b) 盒盖的二维图

图 10-1

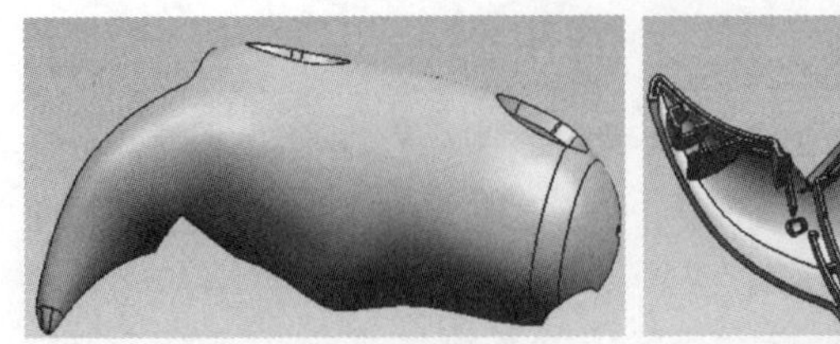
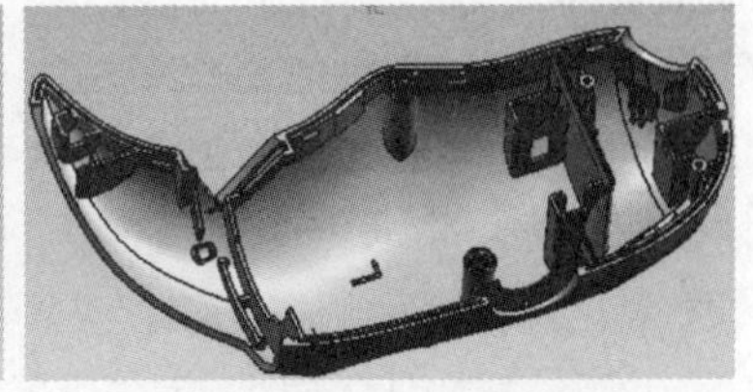

(c) 盒座的三维造型

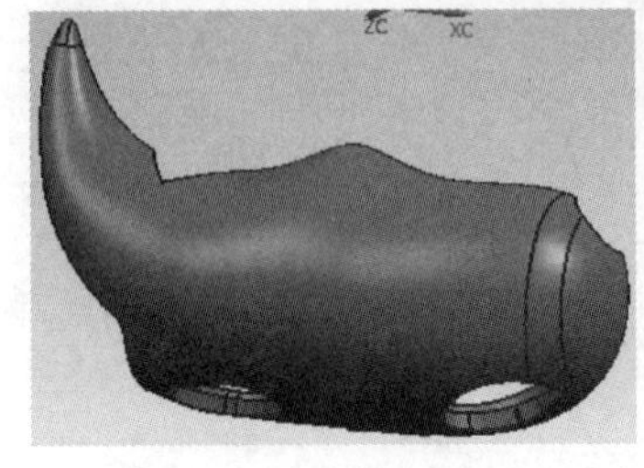
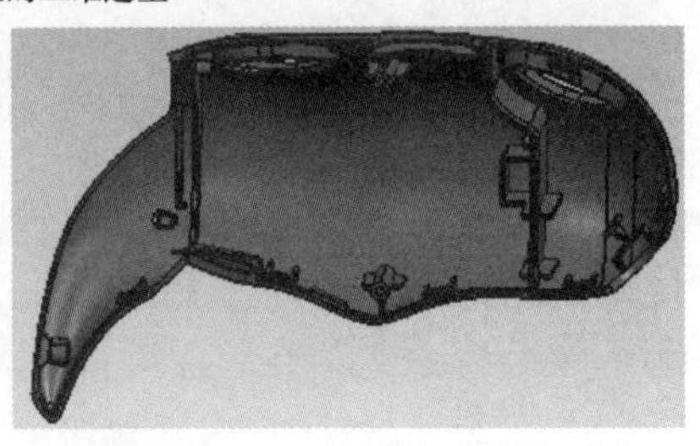

(d) 盒盖的三维造型

图 10-1　盒座与盒盖的形体分析

—表示型孔要素；—表示型槽要素；—表示凸台“障碍体”要素；

—表示弓形高“障碍体”要素；—表示圆柱体要素；—表示型面应该有“外观”要求

1mm 的弓形高要素，该弓形高要素影响着盒座的脱模。

(5) 平行开闭模方向的型槽要素

如图 10-1 (a) 的俯视图所示，在象鼻形盒座的形体周边上存在着长短不一的 5×0.85mm×1.1mm 型槽要素。

(6) 垂直开闭模方向上的凸台障碍体要素

如图 10-1 (a) 所示，在盒座的形体上存在着 7 处凸台障碍体要素，这些凸台障碍体要素影响着象鼻形盒座的脱模。

① 如图 10-1 (a) 的 C—C 剖视图所示，存在着 0.4mm×1.2mm×1mm×3mm×42°×5mm 凸台要素。

② 如图 10-1 (a) 的 E—E 剖视图所示，存在着 0.4mm×1.2mm×1mm×3mm×39°×5mm 凸台要素。

③ 如图 10-1 (a) 的 F—F 剖视图所示，存在着 0.4mm×1.2mm×1.3mm×3mm×52°×5mm 凸台要素。

④ 如图 10-1 (a) 的 K—K 剖视图所示，存在着 0.4mm×1.2mm×1.3mm×3mm×36°×5mm 凸台要素。

⑤ 如图 10-1 (a) 的 D—D 剖视图所示，存在着 0.4mm×1.2mm×1.5mm×3mm×39°×5mm 凸台要素。

⑥ 如图 10-1 (a) 的 H—H 剖视图所示，存在着 0.4mm×1.2mm×1.3mm×3mm×52°×5mm 凸台要素。

⑦ 如图 10-1 (a) 的 D—D 剖视图所示，存在着 0.4mm×1.1mm×1mm×3mm×39°×5mm 凸台要素。

(7) 盒座的批量和外观要素

盒座是轿车的零部件，属于特大批量生产。同时，盒座外观不允许存在模具结构和缺陷痕迹。

在确定压铸模结构方案之前，需要针对上述 7 项形体分析出来的象鼻形盒座形体要素制订对应模具结构措施。

10.1.1.2 盒盖的形体要素分析

盒盖形状结构大部分与盒座相同，只有部分内表面与盒座不同，所以只需分析与盒盖不同的部分。

① 盒盖形体上存在着 ϕ22.6mm×41°×60°、ϕ21.5mm×49°×60°、ϕ16.6mm×2.1mm×ϕ19.2mm×50°×64°倾斜开闭模方向型孔要素，ϕ1.9mm×5.4mm 垂直型孔要素，2×ϕ2.5mm 平行开闭模方向型孔要素。

② 盒盖形体上存在着 7 处垂直开闭模方向 2mm×5.4mm 型槽要素。

③ 盒座的形体上存在着 2×ϕ5mm 平行开闭模方向的圆柱体要素。

④ 盒座的形体上存在着 ϕ4mm×1mm×2mm×5.8mm 弓形高障碍体要素。

⑤ 盒座的形体周边存在着 6 处 1.2mm×1mm×2°垂直开闭模方向的凹槽要素。

10.1.2 盒座和盒盖压铸模结构方案可行性分析

需要根据盒座与盒盖形体分析的型孔、型槽、凸台、圆柱体、弓形高障碍体、批量和外观 7 种要素，寻找到解决它们的模具结构措施。

10.1.2.1 盒座压铸模结构方案可行性分析

① 解决平行开闭模方向型孔要素的措施。由于在盒座形体上存在着 2×6×4.9mm×ϕ6mm×60°和 2×ϕ1.9mm 平行开闭模方向花键孔和型孔要素，还存在着 ϕ16.9mm、ϕ19.3mm 半圆形型孔和 25.1mm 型孔，可以采用镶嵌型芯和动模嵌件上加工整体型芯来成型这些型孔。

② 解决垂直与倾斜开闭模方向型孔型孔要素的措施。由于在盒座形体上存在着 ϕ2.3mm×1.2mm×0.5mm×90°、ϕ1.9mm×5.7mm、ϕ19.8mm×39°×28°和 ϕ16.3mm×51°×24°的垂直与倾斜开闭模方向的型孔要素和 2.3mm×5mm 型槽要素，可以采用 5 处斜导柱滑块外抽芯机构。

③ 解决平行开闭模方向圆柱体要素的措施。由于在盒座形体上存在着 2×ϕ8.5mm 和 2×ϕ4.5mm 平行开闭模方向的圆柱体要素，可以在中、动模嵌件上加工相应的型孔成型这些圆柱体的型孔。

④ 解决弓形高要素的措施。由于在盒座的形体上存在着 7×ϕ4mm×5.2mm×1mm 的弓形高要素，可以采用斜推杆内抽芯。

⑤ 解决平行开闭模方向的型槽要素的措施。由于在盒座形体周边上存在着长短不一的 5×0.85mm×1.1mm 型槽要素，可以在中模嵌件上加工相应的型芯成型这些型槽要素。

⑥ 解决垂直开闭模方向上的凸台障碍体要素的措施。由于在盒座的形体上存在着 7 处凸台障碍体要素。这些凸台障碍体要素影响着盒座的脱模，可以采用斜推杆内抽芯。

⑦ 解决盒座的批量和外观要素的措施。采用一模二腔的压铸模能够自动进行成型加工，采用新型模具钢和热处理提高模具工作件的寿命。为了使得盒座的外表面不存在着模具结构的痕迹，对于定模型腔可采用加工中心进行加工后，研磨型腔模。

由此可见，盒座压铸模结构方案具有 5 处斜导柱滑块外抽芯机构和 8 处斜推杆内抽芯机构。

10.1.2.2 盒盖压铸模结构方案可行性分析

盒盖与盒座形体要素相同部分，可以采用与盒座相同压铸模结构方案。盒盖压铸模结构方案可行性分析，可对相同和不同部分进行分析。

① 解决平行开闭模方向的凸台要素的措施。由于在盒盖的形体周边上存在着长短不一的

5×0.85mm×1.1mm 凸台要素，可在中模嵌件上加工出凹槽来成型。

② 解决垂直与倾斜开闭模方向型孔型孔要素的措施。由于在盒盖形体上存在 ϕ22.6mm×41°×60°、ϕ21.5mm×49°×60°、ϕ16.6mm×2.1mm×ϕ19.2mm×50°×64°倾斜开闭模方向型孔要素和 ϕ1.9mm×5.4mm 垂直型孔要素，可以采用四处斜导柱滑块外抽芯机构。对于 2×ϕ2.5mm 平行开闭模方向型孔要素，可以采用镶嵌的型芯。

③ 解决 7 处垂直开闭模方向 2mm×5.4mm 型槽要素和 1 处 ϕ4mm×5.2mm×1mm 的弓形高要素，可以采用 8 处斜推杆内抽芯机构。

④ 解决 6 处 1.2mm×1mm×2°垂直开闭模方向的凹槽要素，可在动模型芯上加工出相应的凸台。

由此可见，盒盖压铸模结构方案具有 4 处斜导柱滑块外抽芯机构和 8 处斜推杆内抽芯机构。

压铸模的结构方案可行性分析，需要根据上述形体分析的要素，选择适合的模具结构机构来完成。压铸模采用一模二腔，需要采用共 9 处斜导柱滑块外抽芯机构，还需要采取 16 处斜推杆内抽芯兼脱模机构。如此多的抽芯机构，还需要考虑它们的空间位置干涉问题。

10.1.3 盒座和盒盖的压铸模结构设计

盒盖与盒座的压铸模结构由模架、浇注系统、冷却系统、动定型腔与型芯、定模部分、中模部分与动模部分、斜导柱滑块外抽芯机构、斜推杆内抽芯兼脱模机构、脱模机构、脱冷凝料机构、回程机构、导准构件等组成，任何一个部分出现了问题，对产品的压铸加工都会带来负面影响。

10.1.3.1 盒盖与盒座压铸模分型面的设计

如图 10-2（a）的 B—B 旋转剖视图所示，分型面Ⅰ—Ⅰ将压铸模分成定模部分和中模部分，分型面Ⅱ—Ⅱ将压铸模分成动模部分和中模部分。中模部分和定模部分的开启，可以实现主流道、分流道中的冷凝料脱离中模型腔和浇口套；中模部分与动模部分的开启，可以实现盒盖与盒座浇注系统中的冷凝料脱模；定、中、动模的闭合，可以成型盒盖与盒座。

10.1.3.2 盒盖与盒座压铸模的模架

如图 10-2（a）所示，模架由动模板 1，中模板 6，内六角螺钉 10、21、26、37、44、52、56、57、62、63、66、71、74、78、81，定模板 11，浇口套 13，拉料杆 17，安装板 18，推件板 19，底板 20，顶杆 75、83，弹簧 43，回程杆 42，推板导柱 45，O 形密封圈 46，冷却水接头 47，管螺孔螺塞 48，隔离片 49，导柱 53，导套 54、55 及台阶螺钉 85 组成。

10.1.3.3 盒座和盒盖压铸模中、动模型芯的设计

压铸模为一模二腔结构，如图 10-2（a）所示。中、动模嵌件的外形尺寸应与中、动模板型腔的尺寸以 H6/n7 进行配合。成型盒座和盒盖压铸模上所有与脱模方向平行的型面，均需要制作 1°30′的拔模斜度。由于铝硅铜合金具有热胀冷缩的特性，模具工作件成型面的尺寸为：图纸尺寸＋图纸尺寸×0.7%（收缩率）。

10.1.3.4 盒座和盒盖脱模、脱浇注系统冷凝料和回程机构的设计

① 脱盒座和盒盖机构。如图 10-2（a）所示，分型面Ⅱ—Ⅱ开启后，在压铸机顶杆作用下，安装板 18、推件板 19、顶杆 75 及 83 和斜推杆 23、59、60、65、68、69、72、76、79 共同作用，可将盒座和盒盖顶离动模嵌件 2 的型面。

② 脱浇注系统冷凝料机构。如图 10-2（a）所示，分型面Ⅰ—Ⅰ开启后，先是由拉料杆 17 将主流道和中模浇注系统冷凝料从浇口套 14 的主流道拉出，再在顶杆 75、83 和拉料杆 17 的作用下顶脱模。

③ 中模开模构件。如图 10-2（a）所示，4 个台阶螺钉 85 可将动模板 1 和中模板 6 连接在一起。分型面Ⅰ—Ⅰ开启后，可使中模板 6 挂在定模板 11 的导柱 53 上，中间有足够空间可以让浇注系统冷凝料掉落。

④ 回程机构。如图 10-2（a）所示，脱盒座和盒盖及脱浇注系统冷凝料机构，在完成了脱盒座和盒盖及冷凝料之后，必须恢复至脱模之前的位置。在压铸机顶杆退回后，安装在回程杆

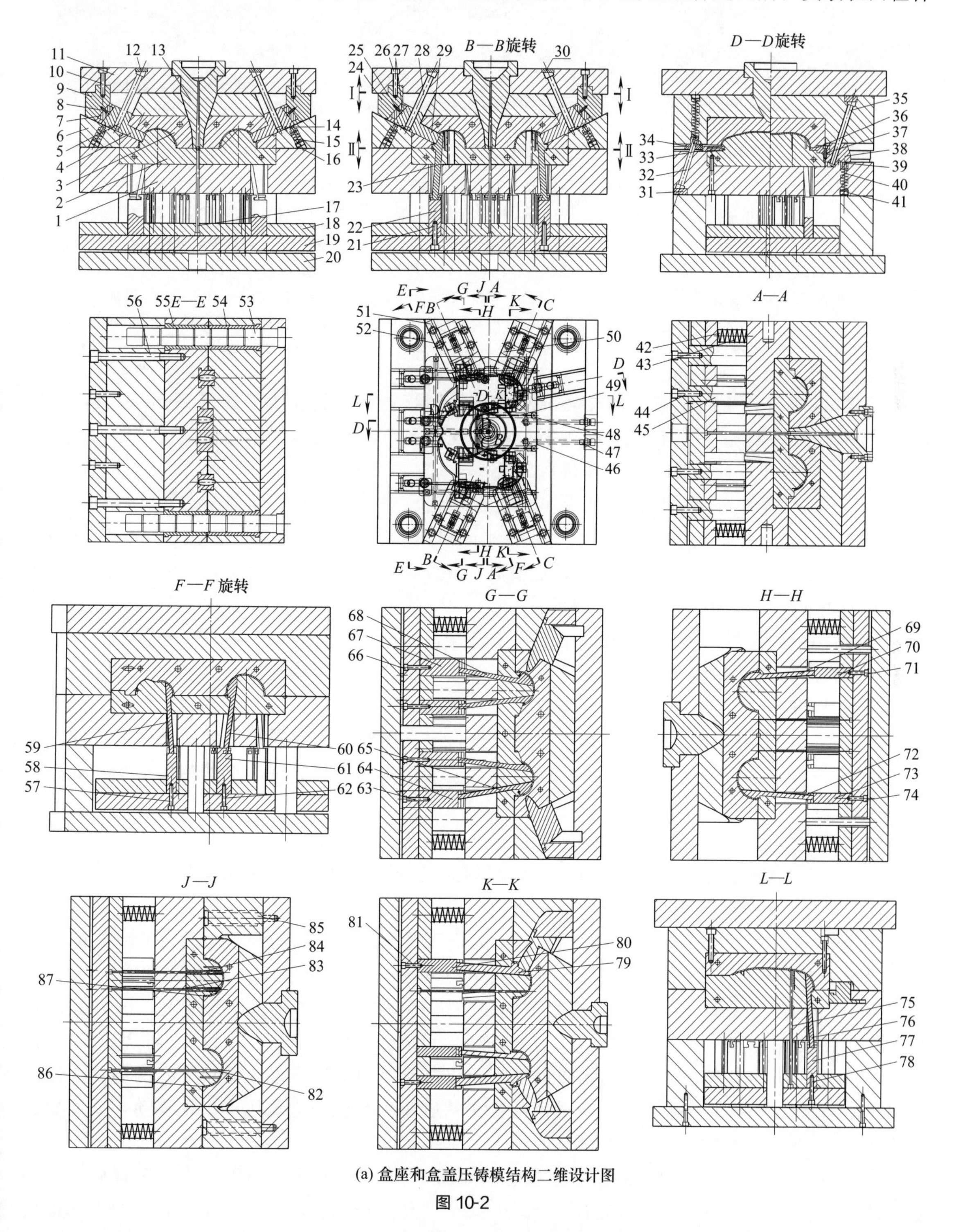

(a) 盒座和盒盖压铸模结构二维设计图

图 10-2

(b) 盒座和盒盖压铸模中、定模结构三维造型图

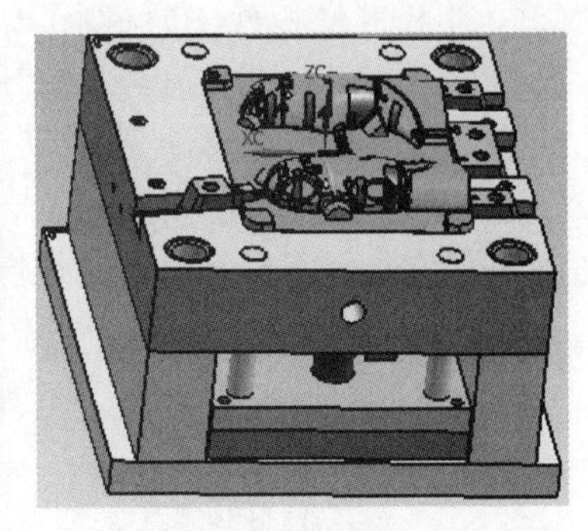

(c) 盒座和盒盖压铸模动模三维造型图

图 10-2 盒座与盒盖压铸模结构设计

1—动模板；2—动模嵌件；3—中模嵌件；4,29,34,38—滑块；5,28,32,35—斜导柱；6—中模板；7,27—垫片；8,25—沉头螺钉；9,24—楔紧块；10,21,26,37,44,52,56,57,62,63,66,71,74,78,81—内六角螺钉；11—定模板；12,30,31,41—垫块；13—浇口套；14,39—限位销；15,40,43—弹簧；16,41—螺塞；17—拉料杆；18—安装板；19—推件板；20—底板；22,58,61,64,67,70,73,77,80—T形槽块；23,59,60,65,68,69,72,76,79—斜推杆；33,36,82—型芯；42—回程杆；45—推板导柱；46—O形密封圈；47—冷却水接头；48—管螺孔螺塞；49—隔离片；50,51—滑块导板；53—导柱；54,55—导套；75,83—顶杆；84—花键孔型芯；85—台阶螺钉；86—象鼻形盒盖；87—象鼻形盒座

42 上弹簧 43 恢复弹力的作用下，脱模机构可恢复到其初始位置。为防止弹簧 43 失效，回程杆 42 可推着安装板 18 及脱模机构精确复位，实现循环自动脱模与复位功能。

10.1.3.5 盒座和盒盖压铸模导准构件的设计

由于定、中模部分与动模部分需要准确定位，定、中模部分与动模部分之间开闭模运动也需要精准导向。同时，定中模开启后，中模部分需要有导柱 53 的支撑，故导柱 53 只能安装在定模部分。定、中模之间的定位，主要是依靠 4 组导套 54、55 和导柱 53 的配合精度，如图 10-2（a）的 $E—E$ 剖视图所示。

只有妥善解决了压铸模分型面的设置，抽芯机构、脱模、回程机构、浇注系统、冷却系统、导向构件的设计和模具成型面的计算，才能加工出合格的压铸件。

10.1.3.6 盒座和盒盖压铸模斜导柱滑块外抽芯机构的设计

根据盒座和盒盖的模具结构方案可行性分析，对盒座模具需要采用五处斜导柱滑块抽芯机构和八处斜推杆内抽芯兼脱模机构，对盒盖模具需要采用四处斜导柱滑块抽芯机构和八处斜推杆内抽芯兼脱模机构。

（1）盒座和盒盖倾斜孔的压铸模斜导柱滑块外抽芯机构的设计

1）盒座与盒盖的 $\phi16.3\text{mm}\times51°\times24°$ 倾斜孔压铸模斜导柱滑块外抽芯机构的设计

此处需要采用二处斜导柱滑块外抽芯机构的措施。

① 压铸模闭模状态。如图 10-3（a）所示，当压铸模闭合时，斜导柱 9 插入滑块 8 的斜孔内，滑块 8 在斜导柱 9 的拨动下，滑块 8 底面半圆形坑作用于限位销 16 并压缩弹簧 18。使得限位销 16 进入其安装孔内，可实现滑块 8 的复位运动。同时，在回程杆及其上弹簧的共同作用下，推件板 21、安装板 20、斜推杆、拉料杆 13 和顶杆可精准复位至盒座 11 与盒盖 14 脱模之前的位置，能实现盒座与盒盖循环自动加工。以沉头螺钉 5 固定在楔紧块 6 上的垫片 4 的斜面可楔紧滑块 8 的斜面，是为了防止滑块 8 在大的压铸力和保压力作用下出现移动，从而导致盒座 11 和盒盖 14 型孔尺寸不符合图纸的要求。

② 压铸模分型面Ⅰ—Ⅰ开启与抽芯状态。如图 10-3（b）所示，分型面Ⅰ—Ⅰ开启使斜导柱 9 拨动滑块 8，可实现 2 处 $\phi16.3\text{mm}\times51°\times24°$型孔的抽芯运动。当滑块 8 底面的半球形坑

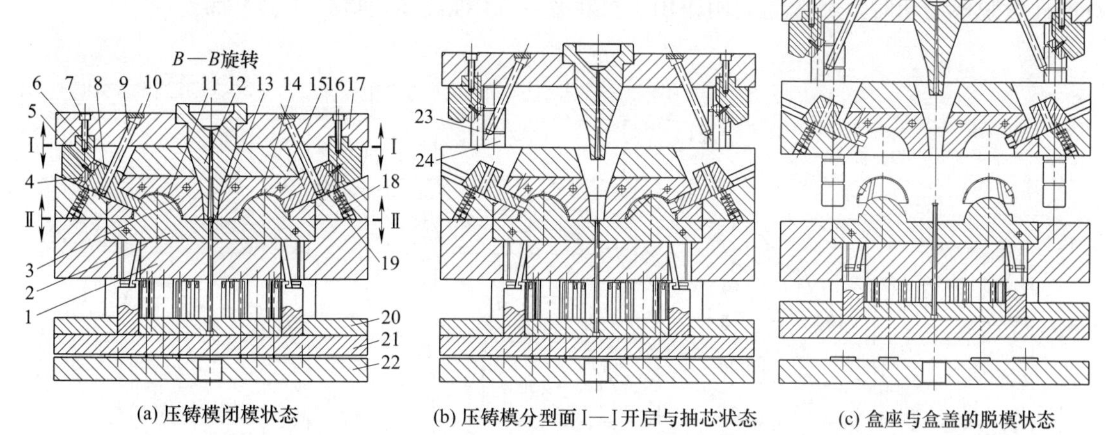

(a) 压铸模闭模状态　(b) 压铸模分型面Ⅰ—Ⅰ开启与抽芯状态　(c) 盒座与盒盖的脱模状态

图 10-3　盒座与盒盖 ϕ16.3mm×51°×24°孔的压铸模斜导柱滑块外抽芯机构的设计

1—动模板；2—动模嵌件；3—中模嵌件；4—垫片；5—沉头螺钉；6—楔紧块；7—内六角螺钉；8—滑块；9—斜导柱；10—垫块；11—盒座；12—浇口套；13—拉料杆；14—盒盖；15—中模板；16—限位销；17—定模板；18—弹簧；19—螺塞；20—安装板；21—推件板；22—底板；23—台阶螺钉；24—导柱

移至限位销 16 的位置时，限位销 16 在弹簧 18 的作用下进入了半球形坑，锁住滑块 8，以防止滑块 8 在抽芯运动的惯性作用下冲出中模板 15，还可使成型盒座 11 和盒盖 14 上部的模具结构被打开，有利于盒座 11 和盒盖 14 的脱模。

③ 盒座与盒盖的脱模状态。如图 10-3（c）所示，当分型面Ⅱ—Ⅱ开启时，中模板 15 由 4 根台阶螺钉 23 挂在 4 根导柱 24 上，在拉料杆 13 的拉动下浇注系统冷凝料脱模。当压铸机顶杆推动推件板 21、安装板 20、顶杆和斜推杆做脱模运动时，在它们共同作用下可将盒座 11 和盒盖 14 推离动模嵌件 2 的型面。

由于盒座与盒盖的 2 处 ϕ19.8mm×39°×28°倾斜孔的压铸模斜导柱滑块外抽芯机构的设计，与 ϕ16.3mm×51°×24°孔的设计相同，也需要采用 2 处斜导柱滑块抽芯机构的措施，不做重复叙述。

2）盒座 2.3mm×5mm 型槽和 ϕ2.3mm×1.2mm×0.5mm×90°型孔外抽芯机构的设计

盒座 2.3mm×5mm 型槽与开闭模方向斜交，ϕ2.3mm×1.2mm×0.5mm×90°型孔与开闭模方向垂直，因此需要采用斜导柱滑块外抽芯机构。

① 压铸模闭模状态。如图 10-4（a）所示，当压铸模闭合时，斜导柱 7、18 插入滑块 8、19 的斜孔内，滑块 8、19 在斜导柱 7、18 的拨动作用下，滑块 8、19 底面半圆形凹坑作用于限位销 20 并压缩弹簧 21。使得限位销 20 进入其安装孔内，可实现滑块 8、19 的复位运动。同时，在回程杆及其上弹簧的共同作用下，推件板 1、安装板 2、斜推杆和顶杆可精准复位至盒座 14 脱模之前的位置，以便实现盒座 14 的循环自动加工。

② 压铸模定、中、动模开启与抽芯状态。如图 10-4（b）所示，型面Ⅰ—Ⅰ开启，中模板 11 由四根台阶螺钉 24 拉着挂在四根导柱 25 上。在拉料杆的作用下将浇注系统的冷凝料拉脱模。分型面Ⅱ—Ⅱ开启，使斜导柱 7、18 拨动滑块 8、19，实现 2.3mm×5mm 型槽和 ϕ2.3mm×1.2mm×0.5mm×90°型孔的抽芯运动。当滑块 8、19 底面的半球形坑移至限位销 20 的位置时，限位销 20 在其上弹簧 21 的作用下进入了半球形坑可锁住滑块 8、19，以防止滑块 8、19 在抽芯运动的惯性作用下冲出中模板 11；还会使成型盒座 14 上部的模具结构被打开，有利于盒座 14 的脱模。

③ 盒座脱模状态。如图 10-4（c）所示，当压铸机顶杆推动推件板 1、安装板 2、顶杆和斜推杆做脱模运动时，在它们共同作用下可将盒座 14 推离动模嵌件 4 的型面。

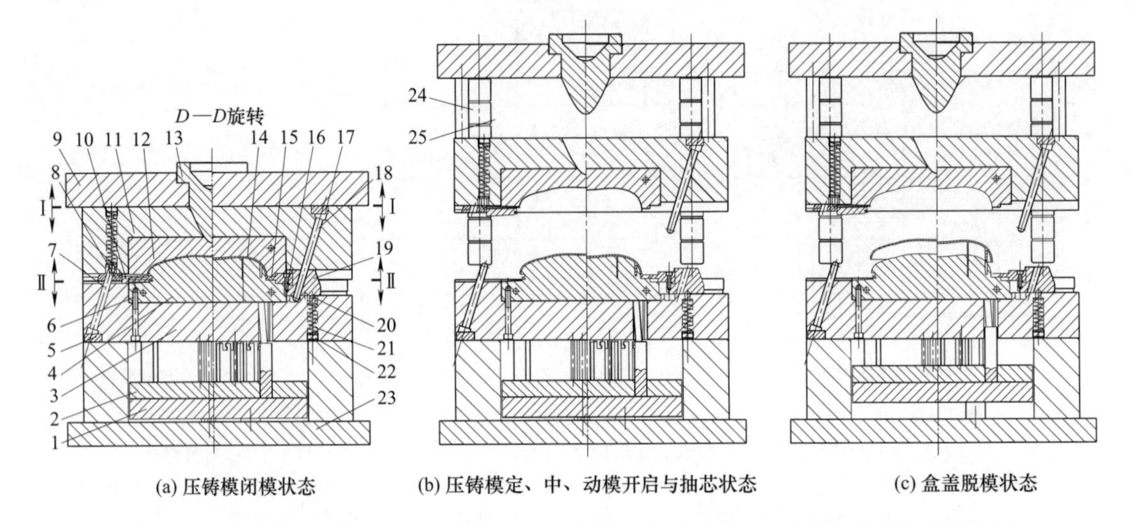

(a) 压铸模闭模状态　(b) 压铸模定、中、动模开启与抽芯状态　(c) 盒盖脱模状态

图 10-4 盒座 2.3mm×5mm 型槽和 ϕ2.3mm×1.2mm×0.5mm×90° 型孔外抽芯机构设计

1—推件板；2—安装板；3—动模板；4—动模嵌件；5,17—垫片；6,16—内六角螺钉；7,18—斜导柱；8,19—滑块；9—定模板；10,16—型芯；11—中模板；12—中模嵌件；13—浇口套；14—盒座；15—抽芯型芯；20—限位销；21—弹簧；22—螺塞；23—底板；24—台阶螺钉；25—导柱

盒座的 ϕ1.9mm×5.7 型孔与盒盖的 ϕ1.9mm×5.7、ϕ2.3mm×1.2mm×0.5mm×90°型孔的抽芯也可采用斜导柱滑块外抽芯机构，结构和原理与上述内容相同，不做重复叙述。

（2）盒座和盒盖压铸模斜推杆内抽芯兼脱模机构的设计

由于盒座上存在一处弓形高和七处凸台障碍体，需要八处推杆内抽芯兼脱模机构。而盒盖上存在一处弓形高障碍体和七处垂直开闭模方向的型槽，也需要八处推杆内抽芯兼脱模机构。

1）盒座和盒盖压铸模斜推杆内抽芯兼脱模机构的设计（一）

由于盒座上存在一处 ϕ4mm×5.2mm×1mm 的弓形高要素和七处凸台障碍体，盒盖上存在一处 ϕ4mm×5.2mm×1mm 的弓形高要素和七处型槽要素，需要采用四处推杆内抽芯兼脱模机构。

① 压铸模闭模状态。如图 10-5（a）所示，脱模机构恢复到初始位置，二处弓形高斜推杆 8 在动模嵌件 6 的斜槽作用下，一方面向下移动，另一方面分别向左向右移动。二处型槽斜推杆 13 在动模嵌件 6 的斜槽作用下，也一方面向下移动，另一方面分别向左向右移动，四处斜推杆的下端可在 T 形槽滑块 4、14 的槽中滑动。四处斜推杆的成型面及动模嵌件 6 的成型面与中模嵌件 11 组合成型腔，当合金熔体进入模腔后，可以成型盒座和盒盖。

② 动、中、定模开启与抽芯状态。如图 10-5（b）所示，分型面Ⅰ—Ⅰ开启后，中模板 7 由四根台阶螺钉 18 拉着并挂在四根导柱 19 上。在拉料杆的作用下可将浇注系统的冷凝料拉推脱模。分型面Ⅱ—Ⅱ开启，使成型盒座 10 和盒盖 12 上部的模具结构被打开，有利于盒座 10 和盒盖 12 的脱模。

③ 盒座和盒盖脱模状态。如图 10-5（c）所示，当压铸机顶杆推动推件板 1、安装板 3、顶杆和弓形高斜推杆 8、型槽斜推杆 13 时，在它们共同作用下可将盒座 10 推离动模嵌件 6。弓形高斜推杆 8、型槽斜推杆 13 在动模嵌件 6 的斜槽作用下，一方面向上移动，另一方面分别向右向左做抽芯与脱模运动，四处斜推杆的下端可在 T 形槽滑块 14 的槽中滑动。顶杆直接

做脱模运动，十六处斜推杆和顶杆联合可将盒座10和盒盖12顶离动模嵌件6的型面。

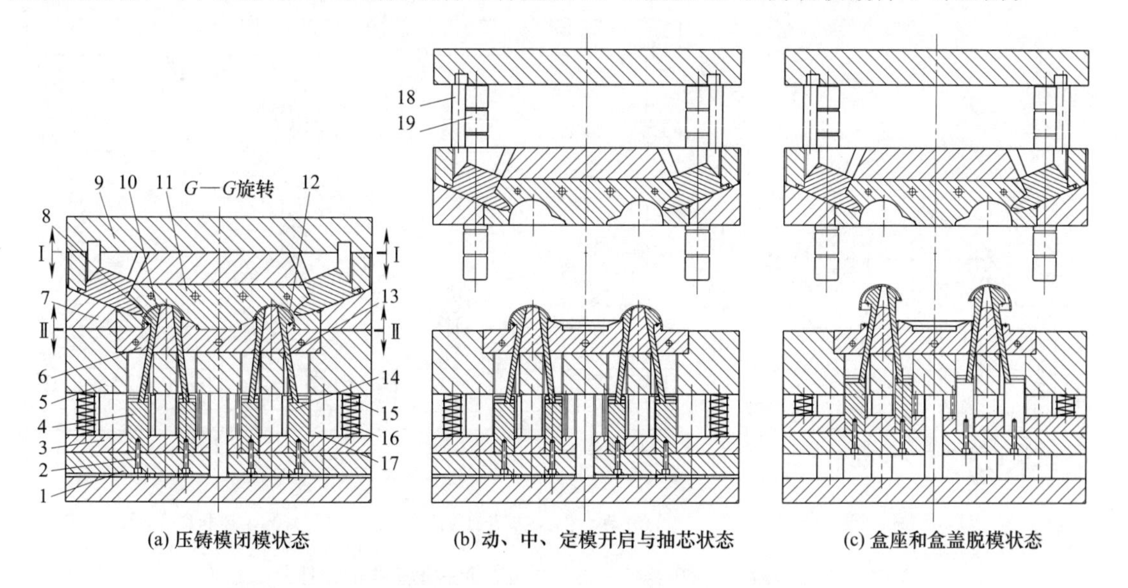

图10-5 盒座和盒盖压铸模斜推杆内抽芯兼脱模机构的设计（一）

1—推件板；2—内六角螺钉；3—安装板；4,14—T形槽滑块；5—动模板；6—动模嵌件；7—中模板；8—弓形高斜推杆；9—定模板；10—盒座；11—中模嵌件；12—盒盖；13—型槽斜推杆；15—回程杆；16—弹簧；17—推板导柱；18—台阶螺钉；19—导柱

2）盒座和盒盖压铸模斜推杆内抽芯兼脱模机构的设计（二）

如图10-6（a）的 *K*—*K* 剖视图所示，由于盒座上存在着0.4mm×1.3mm×3mm×1.2mm×36°的凸台障碍体，盒盖上存在着2×1.9mm×0.6mm×5mm×45°型槽要素，需要采用三处推杆内抽芯兼脱模机构。

① 压铸模闭模状态。如图10-6（a）所示，脱模机构恢复到初始位置后，一处凸台斜推杆9在动模嵌件6的斜槽作用下，一方面向下移动，另一方面向左移动。二处型孔斜推杆12、15在动模嵌件6的斜槽作用下，也一方面向下移动，另一方面分别向左向右移动，三处斜推杆下端可在T形槽滑块16、19槽中滑动。三处斜推杆的成型面及动模嵌件6的成型面与中模嵌件13型面组合成型腔。当合金熔体进入到模腔后，便可成型盒座10和盒盖14。

② 动、中、定模开启与抽芯状态。如图10-6（b）所示，分型面Ⅰ—Ⅰ开启后，中模板7由四根台阶螺钉21拉着并挂在四根导柱22上。在拉料杆的作用下可将浇注系统的冷凝料拉脱模。分型面Ⅱ—Ⅱ的开启，使得成型盒座10和盒盖14上部的模具结构被打开，有利于盒座10和盒盖14的脱模。

③ 盒座和盒盖脱模状态。如图10-6（c）所示，当压铸机顶杆推动推件板1、安装板3、顶杆11和凸台斜推杆9、型孔斜推杆12、15，在它们共同作用下可将象鼻形盒座10和盒盖14推离动模嵌件6。凸台斜推杆9及型孔斜推杆12、15在动模嵌件6的斜槽作用下，一方面向上移动，另一方面分别向右向左作抽芯与脱模运动。顶杆11可直接做脱模运动，三处斜推杆和顶杆11联合可将盒座10和盒盖14顶离动模嵌件6型面。

盒座上其他0.4mm×1.3mm×3mm×1.2mm×36°的凸台障碍体及盒盖上其他2×1.9mm×0.6mm×5mm×45°型槽要素，同样可以采用上述的斜推杆内抽芯兼脱模机构。

10.1.3.7 盒座和盒盖的压铸模浇注系统与冷却系统的设计

压铸模浇注系统的设计采用是潜伏式点浇口，模腔为一模二腔，为了能够脱浇注系统的冷

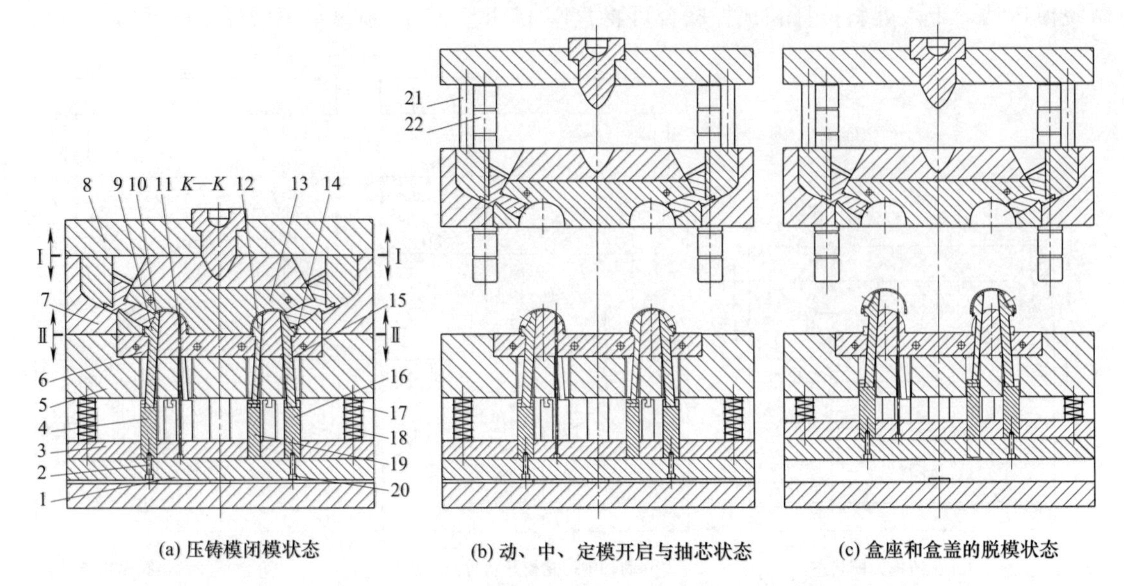

图 10-6 盒座和盒盖压铸模斜推杆内抽芯兼脱模机构的设计（二）

1—推件板；2—内六角螺钉；3—安装板；4—E 形槽滑块；5—动模板；6—动模嵌件；7—中模板；8—定模板；9—凸台斜推杆；10—盒座；11—顶杆；12,15—型孔斜推杆；13—中模嵌件；14—盒盖；16,19—T 形槽滑块；17—回程杆；18—弹簧；20—内六角螺钉；21—台阶螺钉；22—导柱

凝料，压铸模采用了二处分型面三模板的模架。

(1) 压铸模冷却系统的设计

压铸模冷却系统的设计包括动模和中模冷却系统的设计。压铸模在连续加工盒座和盒盖过程中，合金熔体将热量传递给模具工作件，导致模温不断提高。当模温超过合金材料过热温度后，会导致材料力学性能的降低。为了确保铝硅铜合金的性能，模具需要设置冷却系统来控制模温。

① 动模冷却系统的设计。如图 10-7（a）所示，分别在动模嵌件 4 和动模板 6 中加工出冷却水通道，在动模嵌件 4 纵向与横向终端均需加工出管螺纹孔，管螺纹孔中安装有螺塞 9 及隔离片 10，螺塞 9 是为了防止冷却水泄漏。在冷却水通道盲孔中设置隔离片 10 是让冷却水在隔离成两半的孔中能够循环流动。动模嵌件 4 和动模板 6 的垂直方向安装有 O 形密封圈 7，目的也是防止冷却水的泄漏，动模板 6 的水平方向安装有冷却水接头 8。冷却水能从一处的冷却水接头 8 流入，经冷却水通道，又从另一处的冷却水接头 8 流出。将动模中的热量带走，起到降低模具温度的目的。

② 中模冷却系统的设计。如图 10-7（b）所示，同上，冷却水从一处的冷却水接头 12 流入，经冷却水通道，从另一处的冷却水接头 12 流出。将模具中的热量带走，起到降低模具温度的目的。

(2) 盒座和盒盖压铸模浇注系统的设计

压铸模的浇注系统是合金熔体从浇口套 14 主流道流入压铸模型腔的通道，浇注系统的设计会影响到盒座和盒盖的质量。压铸模浇注系统的设计如图 10-7 所示，在动、中模上分别加工出半边的分流道 2、15 和点浇口 1、16，动、中模合模后才能形成整体的浇注系统。合金熔体从定模浇口套 14 的主流道流入分流道 2、15，再经点浇口 1、16 流入盒座和盒盖的型腔。冷却成型后，动、中模开启，由斜推杆和顶杆将盒座和盒盖顶脱模。浇注系统冷凝料则由拉料杆 3 和顶杆 11 顶脱模。

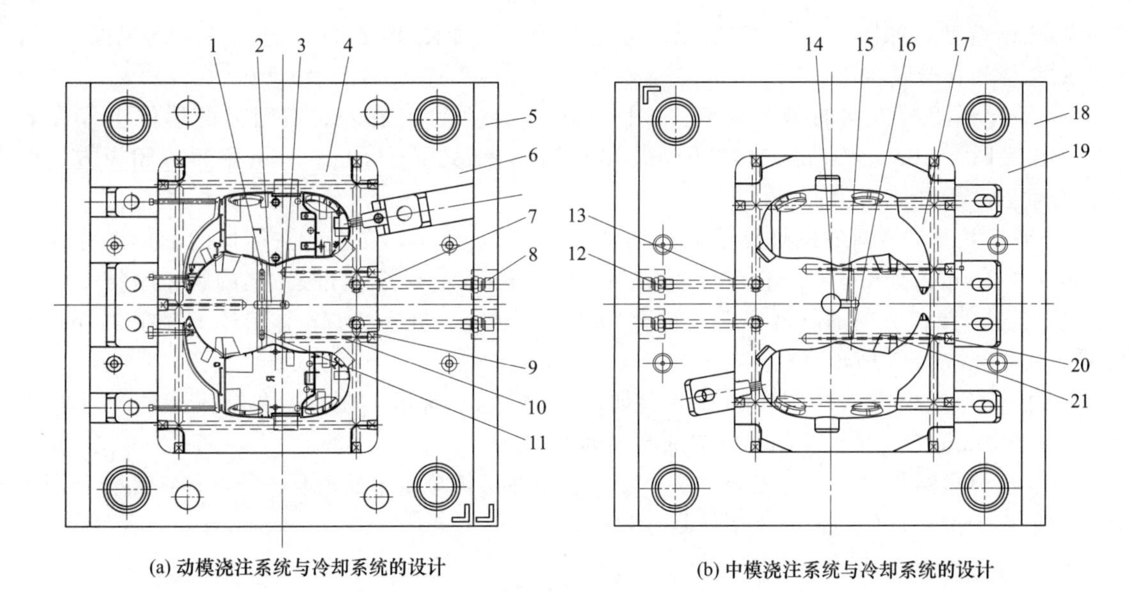

图 10-7　动中模浇注系统与冷却系统的设计

1,16—点浇口；2,15—分流道；3—拉料杆；4—动模嵌件；5—底板；6—动模板；7,13—O形密封圈；8,12—冷却水接头；9,20—螺塞；10,21—隔离片；11—顶杆；14—浇口套；17—中模嵌件；18—定模板；19—中模板

由于对盒座和盒盖进行了细致和正确的形体分析，使压铸模结构可行性分析方案和压铸模结构设计正确无误，从而使盒座和盒盖压铸加工的形状、尺寸和精度全部符合压铸件图纸的要求。

通过对象鼻形盒座与盒盖的形体分析，找出了盒座形体上存在的型槽、型孔、凸台、弓形障碍体和批量要素，也找出了盒盖存在的型槽、型孔、弓形障碍体和批量要素。对于平行开闭模方向型孔要素，采用了在动、中模上镶嵌型芯的措施；对于垂直和倾斜开闭模方向上的凸台、型槽和型孔要素，则采用了斜导柱滑块外抽芯和斜推杆内抽芯机构的措施。盒座模采用了五处外抽芯和八处内抽芯机构，盒盖采用了四外抽芯和八处内抽芯机构。如此，该模具共有九处外抽芯和十六处内抽芯机构，模具结构复杂但合理，还采用了能同时成型盒座与盒盖的三模板压铸模结构，故不仅完全符合图纸要求，还使盒座与盒盖能顺利地进行高质量加工。

10.2　一模成型五种轿车零部件压铸模的结构设计

在一副压铸模中，要同时成型材质相同、形状对称、大小相同及形状和大小不同的五种压铸件，其压铸模结构设计的难度远大于设计单件及多件形状和大小相同压铸件的压铸模。这种压铸模的结构不仅要确保所有压铸件顺利地成型、抽芯和脱模，还要确保每个压铸件充实，不存在缺陷。

10.2.1　五种轿车零部件形体分析

本例中，五种压铸件中有左、右箱体，弓形件，板筋件和弧桥状壳体，五种零部件因形状、尺寸和用途各不相同，它们的形体分析必须逐一进行。五种压铸件的材料为铝硅铜合金，收缩率为0.7%。

(1) *左、右箱体的形体分析*

这是形状和尺寸左右对称的结构件，左件二维图如图10-8（a）所示，右件对称。左、右箱体的三维造型，如图 10-8（e）所示。分型面Ⅰ—Ⅰ如图 10-8（a）的 A—A 剖视图所示，左、右箱体形体分析如下。

① 平行开闭模方向的型孔要素。如图 10-8（a）所示，在左、右箱体的形体上存在着 φ2.5mm×13.4mm、φ2.5mm×17.9mm、φ3.3mm 和 φ3.5mm×1.5mm 平行开闭模方向的型孔要素。

② 平行开闭模方向的圆柱体要素。如图 10-8（a）所示，在左、右箱体的形体上存在着 φ5mm×2.2mm、φ5mm×2mm 和 φ3.6mm×19.1mm×4°平行开闭模方向的圆柱体要素。

③ 平行开闭模方向的凸台要素。如图 10-8（a）所示，在左、右箱体形体上存在 3.7mm×2.3mm×0.8mm×45°凸台要素。

④ 平行开闭模方向的圆锥体要素。如图 10-8（a）所示，在左、右箱体形体上存在着 φ9.5mm×9mm×13°平行开闭模方向的圆锥体要素。

只要压铸模结构可行性方案中有解决左、右箱体形体分析中的型孔、圆柱体、凸台和圆锥体几种要素的措施，所制订的方案就是有效的。

（2）弓形件的形体分析

这是一种由圆柱体和带槽状圆柱体及多种型槽形状的弓形组合体，弓形件二维图如图 10-8（b）所示，三维造型如图 10-8（f）所示，分型面Ⅱ—Ⅱ如图 10-8（b）的右视图所示，弓形件形体分析如下。

① 垂直开闭模方向的型孔要素。如图 10-8（b）所示，在弓形件上存在着 2×φ2.5mm×5.5mm 垂直开闭模方向的型孔要素。

② 平行开闭模方向的圆柱体要素。如图 10-8（b）所示，在弓形件上存在着 φ9mm×13.8mm 和 2×φ5.5mm×29.4mm 的平行开闭模方向的圆柱体要素。

③ 平行开闭模方向的型槽要素。如图 10-8（b）所示，在弓形件上存在着 15.6mm×6mm×5.6mm×21.3mm、2×2.7mm×13.7mm×145°和（45.1－15.6）mm×5.6mm×2.8mm 平行开闭模方向的型槽要素。

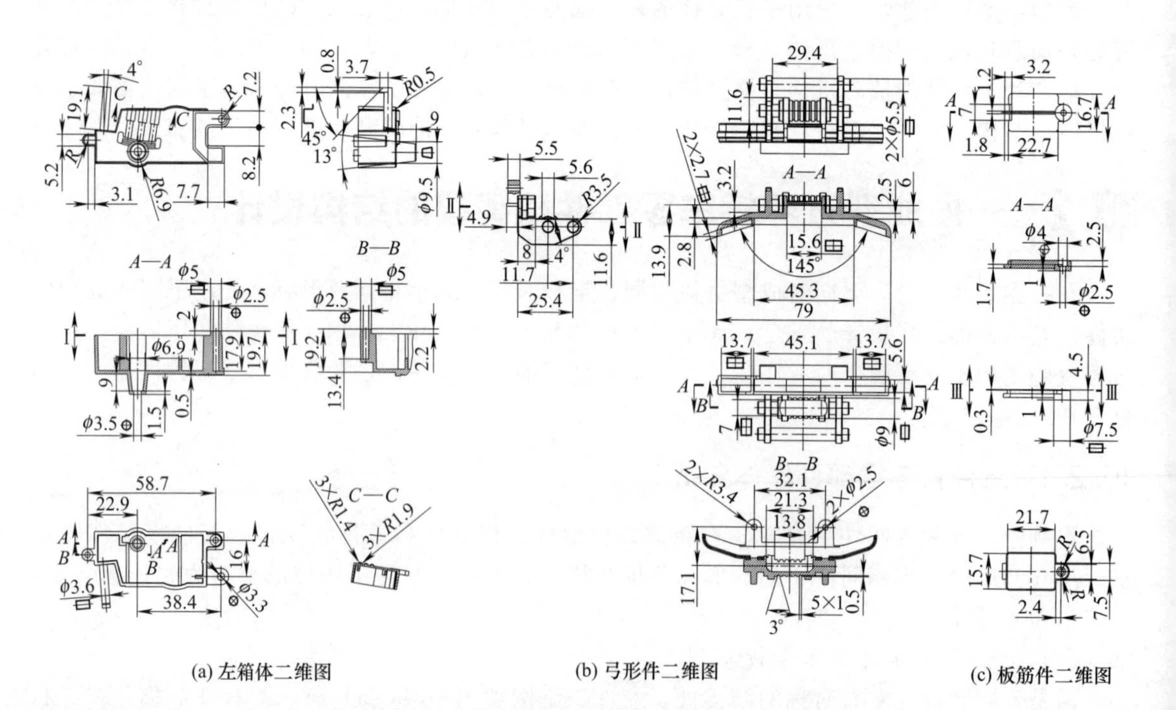

(a) 左箱体二维图　(b) 弓形件二维图　(c) 板筋件二维图

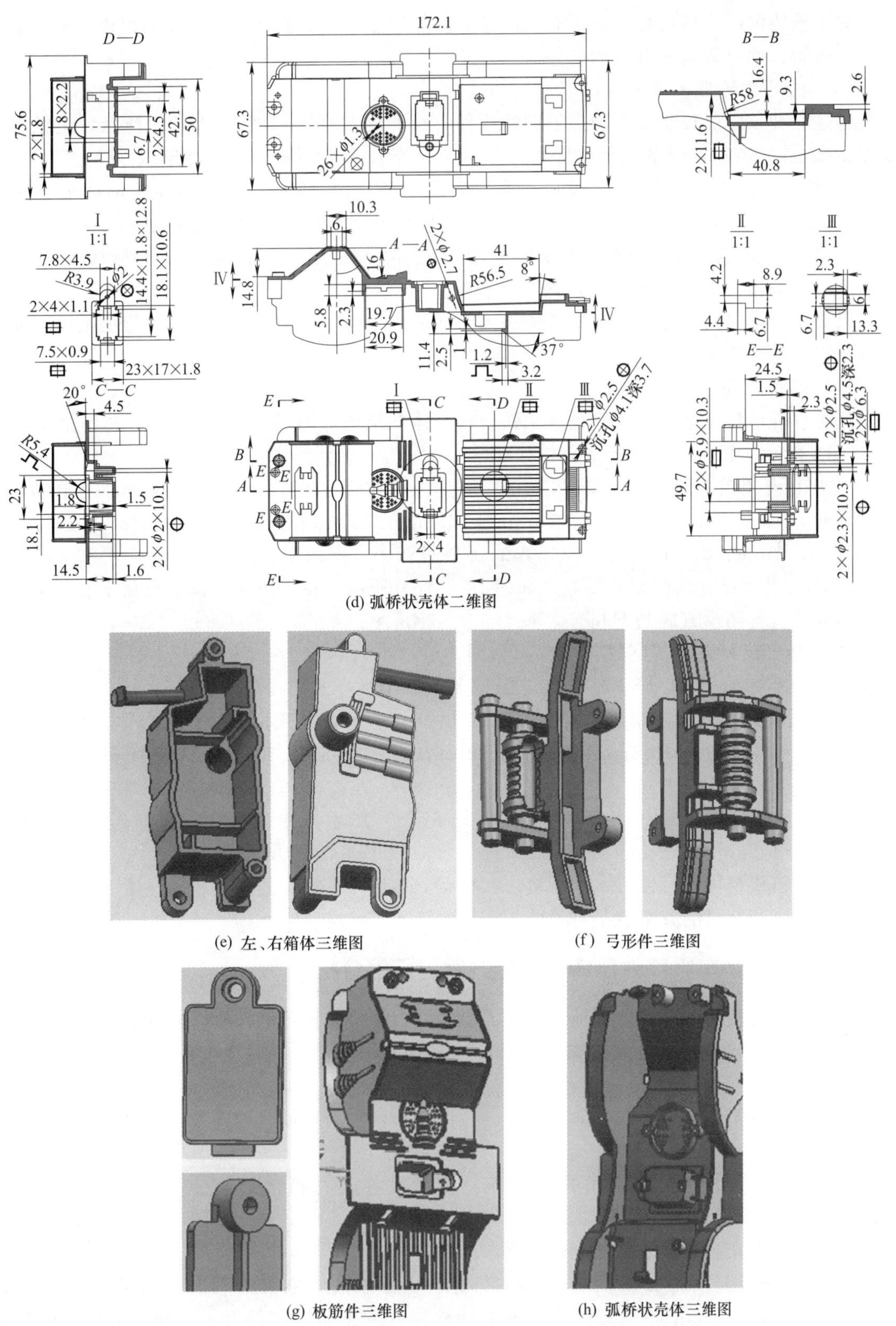

(d) 弧桥状壳体二维图

(e) 左、右箱体三维图

(f) 弓形件三维图

(g) 板筋件三维图

(h) 弧桥状壳体三维图

图 10-8 五种轿车零部件形体要素可行性分析

—表示型孔要素；—表示型槽要素；—表示凸台要素；—表示圆柱体要素；—表示圆锥体要素

只要压铸模结构可行性方案中有解决弓形件形体分析中的型孔、圆柱体和型槽几种要素的措施，所制订的方案就是有效的。

(3) 板筋件的形体分析

这是一种长方形板状带有加强筋的结构件，板筋件二维图如图 10-8 (c) 所示，三维造型如图 10-8 (g) 所示，分型面Ⅲ—Ⅲ如图 10-8 (c) 的主视图所示，筋板件形体分析如下。

① 平行开闭模方向的台阶型孔要素。如图 10-8 (c) 所示，在板筋件的形体上存在着 ϕ4mm×2.5mm/ϕ2.5mm×(4.5−2.5) mm 平行开闭模方向的台阶型孔要素。

② 平行开闭模方向的圆柱体要素。如图 10-8 (c) 所示，在板筋件的形体上存在着 ϕ7.5mm×1mm 平行开闭模方向的圆柱体要素。

只要压铸模结构可行性方案中有解决板筋件形体分析中的型孔和圆柱体要素的措施，所制订的方案就是有效的。

(4) 弧桥状壳体的形体分析

这是一种形状复杂的弧桥状壳体，弧桥状壳体二维图如图 10-8 (d) 所示，三维造型如图 10-8 (h) 所示。弧桥状壳体形体分析如下。

① 平行开闭模方向的型孔要素。如图 10-8 (d) 所示，在弧桥状壳体的形体上存在着 2×ϕ4.5mm×2.3mm/2.5mm、2×ϕ2.3mm×10.3mm、2×ϕ4.1mm×3.7mm/ϕ2.5mm、2×ϕ2mm×10.1mm、ϕ2mm 和 26×ϕ1.3mm 平行开闭模方向的型孔。

② 垂直开闭模方向的型孔要素。如图 10-8 (d) 所示，在弧桥状壳体的形体上存在着 2×ϕ2.7mm 垂直开闭模方向的型孔。

③ 平行开闭模方向的圆柱体要素。如图 10-8 (d) 所示，在弧桥状壳体的形体上存在着 2×ϕ6.3mm×2.3mm 和 2×ϕ5.9×10.3mm 平行开闭模方向的圆柱体。

④ 平行开闭模方向的型槽要素。如图 10-8 (d) 所示，在弧桥状壳体的形体上存在着Ⅰ、Ⅱ、Ⅲ和 2×11.6mm×R48mm×4.5mm、2×4mm×1.1mm、7.5×0.9mm 平行开闭模方向的型槽。

⑤ 平行开闭模方向的凸台要素。如图 10-8 (d) 所示，在弧桥状壳体的形体上存在着 R5.4mm 和 1.2mm×3.2mm×2.5mm×1mm×37°平行开闭模方向的凸台。

只要压铸模结构可行性方案中有解决弧桥状壳体形体分析中的型孔、圆柱体、型槽和凸台要素的措施，所制订的方案就是有效的。

10.2.2 五种轿车零部件压铸模结构方案可行性分析

根据对五种轿车零部件的形体分析，需要制订出解决五种零部件形体分析中的型孔、圆柱体、圆锥体、凸台和型槽要素的措施。

(1) 制订左、右箱体的压铸模结构方案可行性分析

针对左、右箱体形体分析中的型孔、圆柱体、凸台和圆锥体几种要素，应该采取相对应的措施。

① 解决平行开闭模方向型孔的措施。由于在左、右箱体形体上存在着 ϕ2.5mm×13.4mm、ϕ2.5mm×17.9mm、ϕ3.3mm 和 ϕ3.5mm×1.5mm 平行开闭模方向的型孔要素，可在动模嵌件上安装相应的型芯进行成型。

② 解决平行开闭模方向的圆柱体的措施。由于在左、右箱体形体上存在着 ϕ5mm×2.2mm 和 ϕ5mm×2mm 平行开闭模方向的圆柱体，可在动模嵌件上加工相应的型孔进行成型。对于 ϕ3.6mm×19.1mm×4°平行开闭模方向的圆柱体，则需要在定、动模嵌件上加工出型孔进行成型。

③ 解决平行开闭模方向的凸台要素的措施。由于在左、右箱体形体上存在 3.7mm×2.3mm×0.8mm×45°凸台要素，可在定、动模嵌件上加工出型槽进行成型。

④ 解决平行开闭模方向的圆锥体的措施。由于在左、右箱体形体上存在着 ϕ9.5mm×9mm×13°平行开闭模方向的圆锥体要素，可在动模嵌件上加工出圆锥形型孔进行成型。

(2) 制订弓形件的压铸模结构方案可行性分析

针对弓形件形体分析中的型孔、圆柱体和型槽要素，采取相对应的措施。

① 解决弓形件形体上垂直开闭模方向型孔的措施。由于在弓形件上存在着 2×ϕ2.5mm×5.5mm 垂直开闭模方向的侧向型孔要素，可采取斜导柱滑块外抽芯机构。

② 解决弓形件形体上平行开闭模方向的圆柱体的措施。由于在弓形件上存在着 ϕ9mm×13.8mm 和 2×ϕ5.5mm×29.4mm 的平行开闭模方向的圆柱体，可在定、动模嵌件加工出相应的型腔进行成型。

③ 解决弓形件形体上平行开闭模方向型槽的措施。由于在弓形件上存在着 15.6mm×6mm×5.6mm×21.3mm、2×2.7mm×13.7mm×145°和（45.1－15.6）mm×5.6mm×2.8mm 平行开闭模方向的型槽，可在动模嵌件加工出相应的型芯进行成型。

(3) 制订板筋件的压铸模结构方案可行性分析

针对板筋件形体分析中的型孔和圆柱体，采取相对应的措施。

① 解决板筋件上平行开闭模方向的台阶型孔的措施。由于在板筋件的形体上存在着 ϕ4mm×2.5mm/ϕ2.5mm×(4.5－2.5) mm 平行开闭模方向的台阶型孔，可在动模部分采用顶杆和顶管组合结构进行台阶型孔的成型与脱模。

② 解决板筋件上平行开闭模方向的圆柱体的措施。由于在板筋件的形体上存在着 ϕ7.5mm×1mm 平行开闭模方向的圆柱体，可在动模嵌件上加工出相对应的型孔进行成型。

(4) 制订弧桥状壳体的压铸模结构方案可行性分析

针对弧桥状壳体形体分析中的平行与垂直开闭模方向型孔、圆柱体、型槽和凸台，采取相对应的措施。

① 解决弧桥状壳体上平行开闭模方向型孔的措施。由于在弧桥状壳体的形体上存在着 2×ϕ4.5mm×2.3mm/2.5mm、2×ϕ2.3mm×10.3mm、2×ϕ4.1mm×3.7mm/ϕ2.5mm、2×ϕ2mm×10.1mm、ϕ2mm 和 26×ϕ1.3mm 平行开闭模方向的型孔，可分别在定、动模嵌件上安装型芯成型这些型孔。

② 解决弧桥状壳体上垂直开闭模方向的型孔要素。由于在弧桥状壳体的形体上存在着 2×ϕ2.7mm 垂直开闭模方向的型孔，因其中一型孔处于二种模具型腔的中间，可采用斜推杆内抽芯机构。

③ 解决弧桥状壳体上平行开闭模方向的圆柱体要素。由于在弧桥状壳体的形体上存在着 2×ϕ6.3mm×2.3mm 和 2×ϕ5.9×10.3mm 平行开闭模方向的圆柱体，可分别在定、动模嵌件上加工相对应的型孔成型这些圆柱体。

④ 解决弧桥状壳体上平行开闭模方向的型槽要素。由于在弧桥状壳体的形体上存在着 2×11.6mm×R48mm×4.5mm、2×4mm×1.1mm、7.5×0.9mm 平行开闭模方向的型槽，可分别在定、动模嵌件上安装相对应的型芯成型这些型槽。

⑤ 解决弧桥状壳体上平行开闭模方向的凸台要素。由于在弧桥状壳体的形体上存在着 R5.4mm 和 1.2mm×3.2mm×2.5mm×1mm×37°平行开闭模方向的凸台，可分别在定、动模嵌件上加工相对应的型槽成型这些凸台。

进行压铸模结构方案可行性分析的目的，便是针对每个压铸件的每项形体要素采取解决的措施，并协调所有的措施不冲突。

10.2.3 五种轿车零部件压铸模定、动模型芯的设计

为了使五种轿车零部件更容易脱模，定、动模所有平行开闭模方向的型面和型腔面都应制造 1°30′的脱模斜度。

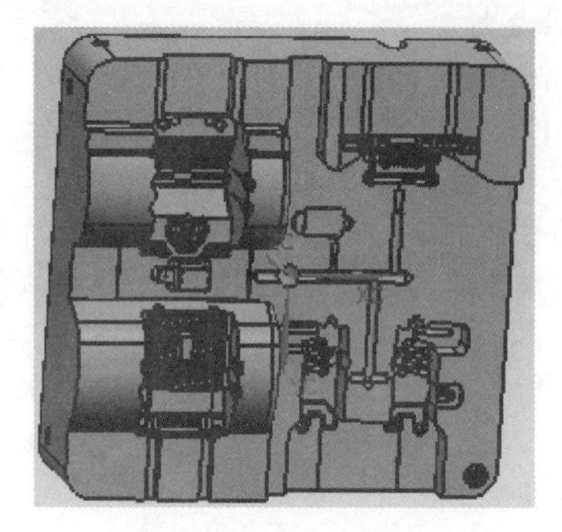

(a) 压铸模定模型芯的设计

(b) 压铸模动模型芯的设计

图 10-9 压铸模定、动模型芯的设计

① 五种轿车零部件定模型芯的设计。定模型芯三维造型如图 10-9（a）所示。由于材料热胀冷缩的原因，动模型芯的尺寸应该是：零部件图纸尺寸＋零部件图纸尺寸×铝硅铜合金的收缩率（0.7%）。

② 五种轿车零部件动模型芯的设计。动模型芯三维造型如图 10-9（b）所示。由于材料热胀冷缩的原因，定模型芯的尺寸应该是：零部件图纸尺寸＋零部件图纸尺寸×铝硅铜合金的收缩率（0.7%）。

10.2.4 压铸模中弓形件斜导柱滑块外抽芯机构的设计

五种轿车零部件中的弓形件上存在 2×ϕ2.5mm×5.5mm 垂直开闭模方向的侧向型孔要素，可采取斜导柱滑块外抽芯机构。

① 压铸模的合模状态。如图 10-10（a）所示，定、动模闭合时，定模嵌件 16 与动模嵌件 17 之间形成的模腔可以成型弓形件 10 和左、右箱体 13 及其他三件压铸件。斜导柱 9 插入滑块 5 的斜孔中，可拨动滑块 5 与侧型芯 7，迫使限位销 4 压缩弹簧 3 进入安装孔中做复位运动。楔紧块 6 用内六角螺钉 8 与定模板 15 连在一起，楔紧块 6 的斜面能楔紧滑块 5 的斜面，可防止滑块 5 在大的压铸力和保压力作用下产生位移。

② 压铸模的开模抽芯状态。如图 10-10（b）所示，当定、动模开启时，斜导柱 9 拨动滑块 5 与侧型芯 7 作抽芯运动，以便于弓形件 10 能够顺利脱模。此时，滑块 5 下端面的半球形窝处在限位销 4 的位置上，限位销 4 在弹簧 3 的弹力作用下进入半球形窝。这样可锁住滑块 5，防止滑块 5 在抽芯运动的惯性作用下脱出动模板 18。

③ 压铸模的脱模状态。如图 10-10（c）所示，当压铸机的顶杆推动推件板 21 和安装板 20 时，在安装其上的顶杆 1、19 和顶管 12 的作用下，可将弓形件 10 和左、右箱体 13 顶出动模型腔。

10.2.5 压铸模中弧桥状壳体斜推杆内抽芯机构的设计

五种轿车零部件中的弧桥状壳体上存在着 2×ϕ2.7mm 垂直开闭模方向的型孔，因为其中一型孔处于二种模腔之间，可采用斜推杆内抽芯机构。

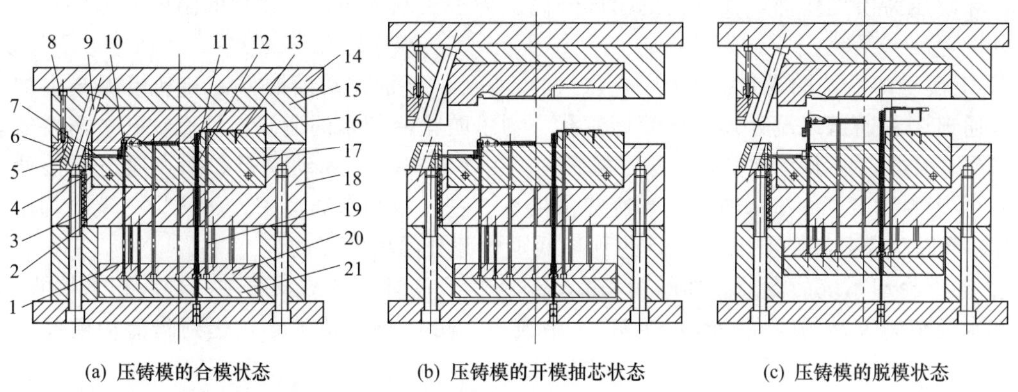

(a) 压铸模的合模状态　　(b) 压铸模的开模抽芯状态　　(c) 压铸模的脱模状态

图 10-10　压铸模的弓形件斜导柱滑块抽芯机构的设计

1,19—顶杆；2—螺塞；3—弹簧；4—限位销；5—滑块；6—楔紧块；7—侧型芯；8—内六角螺钉；9—斜导柱；10—弓形件；11—底板型芯；12—顶管；13—左、右箱体；14—定模垫板；15—定模板；16—定模嵌件；17—动模嵌件；18—动模板；20—安装板；21—推件板

① 压铸模的合模状态。如图 10-11（a）所示，压铸件脱模后，恢复弹力的弹簧 13 可先行将脱模机构和斜推杆 8 初步推回到初始位置。定、动模闭合时，定模板 4 可推着回程杆 14 及脱模机构精确地恢复到初始位置。此时，斜推杆 8 在动模嵌件 2 的斜槽作用下，一方面做向左向右的复位运动，另一方面做向下的复位运动。斜推杆 8 的左、右端的 ϕ2.7mm 圆柱体便可成型弧桥状壳体侧面的 2×ϕ2.7mm 侧向孔。

② 压铸模的开模状态。如图 10-11（b）所示，当定模部分开启之后，五个压铸件的定模部分的型面被打开后，才能实施对五个压铸件的脱模。

③ 压铸模的脱模状态。如图 10-11（c）所示，当压铸机顶杆推动安装板 10、推件板 11、斜推杆 8 和顶杆 15 时，斜推杆 8 在动模嵌件 2 的斜槽作用下，一方面做向右向左抽芯运动，另一方面做向上的脱模运动。斜推杆 8 配合着顶杆 15 做脱模运动，五个压铸件即可脱模。

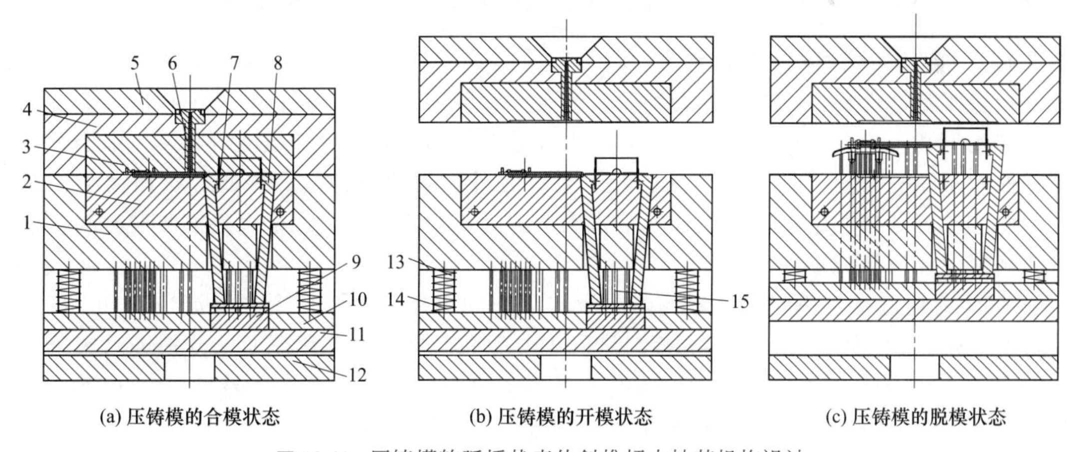

(a) 压铸模的合模状态　　(b) 压铸模的开模状态　　(c) 压铸模的脱模状态

图 10-11　压铸模的弧桥状壳体斜推杆内抽芯机构设计

1—动模板；2—动模嵌件；3—定模嵌件；4—定模板；5—定模垫板；6—浇口套；7—弧桥状壳体；8—斜推杆；9—T 形滑槽板；10—安装板；11—推件板；12—底板；13—弹簧；14—回程杆；15—顶杆

10.2.6　五种轿车零部件压铸模的浇注和冷却系统的设计

（1）压铸模的冷却系统的设计

由于压铸件成型加工需要循环注入铝硅铜合金熔体，成型冷却后脱模。铝硅铜合金熔体的

热量传导给压铸模工作件，使它们的温度升高。为了控制压铸模工作件的温度，需要在定、动模部分设置冷却系统。

① 定模冷却系统的设计。如图 10-12（a）所示，分别在动模嵌件 4 和动模板 5 中加工出冷却水通道，在通道终端处加工出管螺纹孔，为了防止冷却水的泄漏，管螺纹孔中需要安装螺塞 7，冷却水进、出水处应安装冷却水接头 6，在动模嵌件 4 和动模板 5 垂直通道交接处需要安装 O 形密封圈 8。冷却水通过一端冷却水接头 6 进入冷却水通道中，又从另一端冷却水接头 6 流出，可以将模具中的热量带走，达到降低定模部分温度的目的。

② 动模冷却系统的设计。如图 10-12（c）所示，同理，冷却水通过一端冷却水接头 17 进入冷却水通道，又从另一端冷却水接头 17 中流出，可以将热量带走，达到降低动模部分温度的目的。

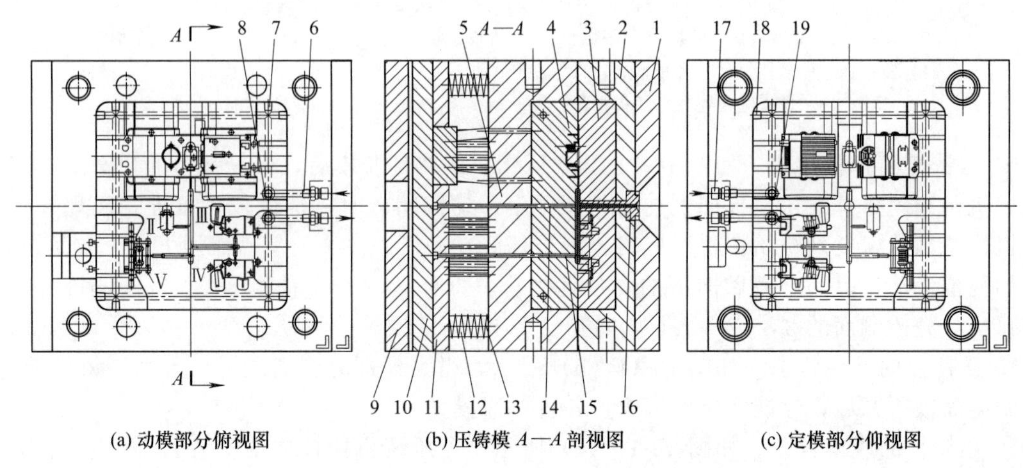

图 10-12　压铸模的冷却系统的设计

1—定模垫板；2—定模板；3—定模嵌件；4—动模嵌件；5—动模板；6,17—冷却水接头；7,18—螺塞；8,19—O 形密封圈；9—底板；10—推件板；11—安装板；12—回程杆；13—弹簧；14—拉料杆；15—顶杆；16—浇口套

（2）压铸模的浇注系统的设计

五种轿车零部件存在五处模具的型腔，铝硅铜合金熔体从压铸机的喷嘴中喷出，经过浇口套中的主流道和多个分流道和浇口，才能流入五处模具的型腔，冷却成型后脱模。由于五种轿车零部件除了左、右箱体是大小相同、形状对称之外，其他三种零部件的形状和大小相差甚远。因此注入五处模腔中的铝硅铜合金熔体流量不同，但都必须要保证五处模腔被充满，也就是说要确保浇注系统流量平衡。

① 熔体充模过程。铝硅铜合金熔体经浇口套中的主流道流入二个主分流道 1 和 2，如图 10-13（a）所示。熔体经分流道 1 和浇口进入Ⅰ号型腔。熔体经分流道 2 又分别进入次分流道 2_1、2_2 和 2_3，次分流道 2_1 和 2_3 的熔体经各自的浇口可分别进入Ⅱ、Ⅴ号型腔。次分流道 2_2 的熔体流入次分流道 2_{21} 和 2_{22}，再经浇口分别进入Ⅲ和Ⅳ号型腔。

② 压铸模浇注系统的平衡定量计算。如图 10-13（b）所示，根据各浇口平衡值（BGV）相同的原则。

型腔熔体注入量平衡值计算：

$$\mathrm{BGV}_n=\frac{F_n}{\sqrt{L_{yn}}L_{gn}} \tag{10-1}$$

$$F_n=w_n h_n \tag{10-2}$$

式中　BGV_n——第 n 号型腔熔体注入量平衡值；

F_n——第 n 号型腔的浇口截面积，mm^2；

L_{yn}——第 n 号型腔所流经的流道长度，mm；

L_{gn}——第 n 号型腔的浇口长度，mm；

w_n——第 n 号型腔浇口截面的宽度，mm；

h_n——第 n 号型腔浇口截面的深度，mm。

a. 型腔Ⅰ浇口截面积与浇口宽度及深度计算：

$$BGV_{\mathrm{I}}=\frac{F_{\mathrm{I}}}{\sqrt{L_{y\mathrm{I}}}L_{g\mathrm{I}}}=\frac{4\times1.2}{\sqrt{21}\times14.1}=0.074$$

$$h_{\mathrm{I}}=F_{\mathrm{I}}/w_{\mathrm{I}}=4\times1.2/4=1.2\ (\mathrm{mm})$$

b. 型腔Ⅱ浇口截面积与浇口宽度及深度计算：

$$F_{\mathrm{II}}=BGV_{\mathrm{I}}\times\sqrt{L_{y\mathrm{II}}}\times L_{g\mathrm{II}}=0.074\times\sqrt{25+20}\times1.7=0.84\ (\mathrm{mm}^2)$$

$$h_{\mathrm{II}}=F_{\mathrm{II}}/w_{\mathrm{II}}=0.84/4=0.21\ (\mathrm{mm})$$

c. 型腔Ⅲ的浇口截面积与浇口宽度及深度计算：

$$F_{\mathrm{III}}=BGV_{\mathrm{I}}\times\sqrt{L_{y\mathrm{III}}}\times L_{g\mathrm{III}}=0.074\times\sqrt{25+24.5+55+12.1}\times2.8=2.24\ (\mathrm{mm}^2)$$

$$h_{\mathrm{III}}=F_{\mathrm{III}}/w_{\mathrm{III}}=2.24/2=1.12\ (\mathrm{mm})$$

d. 型腔Ⅳ的浇口截面积与浇口宽度及深度计算：

$$F_{\mathrm{IV}}=BGV_{\mathrm{I}}\times\sqrt{L_{y\mathrm{IV}}}\times L_{g\mathrm{IV}}=0.074\times\sqrt{25+24.5+55+12.1}\times3.5=2.8\ (\mathrm{mm}^2)$$

$$h_{\mathrm{IV}}=F_{\mathrm{IV}}/w_{\mathrm{IV}}=2.8/2=1.4\ (\mathrm{mm})$$

e. 型腔Ⅴ的浇口截面积与浇口宽度及深度计算：

$$F_{\mathrm{V}}=BGV_{\mathrm{I}}\times\sqrt{L_{y\mathrm{V}}}\times L_{g\mathrm{V}}=0.074\times\sqrt{25+24.5+10.5+50}\times1.8=1.40\ (\mathrm{mm}^2)$$

$$h_{\mathrm{V}}=F_{\mathrm{V}}/w_{\mathrm{V}}=1.40/2=0.70\ (\mathrm{mm})$$

将五个型腔浇口的宽度和深度初步计算好后，还需要根据试模出现的缺陷修理浇口的长度、宽度和深度进行修理。

③ 压铸模浇注系统的平衡性修理。虽然浇注系统熔体注入量定性分析是平衡的，但各处的型腔熔体注入量毕竟不同，且平衡定量计算后浇口宽度、深度和长度也存在着加工的差异，试模时便需要根据试模件的状况来修理浇口的宽度、深度和长度。

修理原则：一模多型腔成型的压铸件一般存在着填充不足和缩痕等缺陷，特别是在型腔不

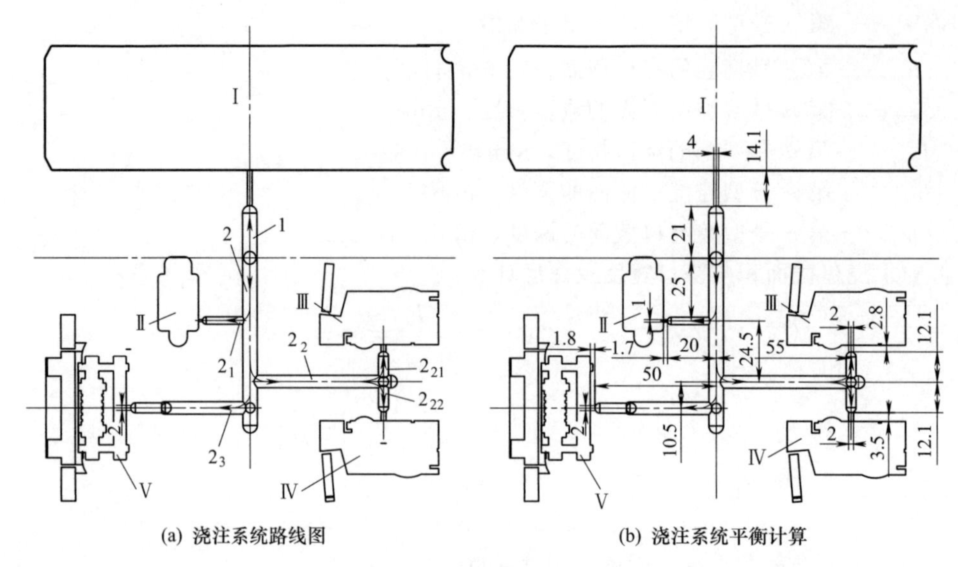

图 10-13 压铸模的浇注系统的设计

Ⅰ～Ⅴ—压铸件型腔符号；1，2，2_1，2_2，2_{21}，2_{22}，2_3—压铸模分流道符号

同或型腔分流道长度不等的情况下，进入型腔中熔体流量不平衡，更容易产生这些缺陷。通过调整浇口的宽度与深度，可以使注入的熔体流量达到平衡。型腔的压铸件出现填充不足时，只需将这一型腔浇口的宽度修稍宽些。若某型腔的压铸件出现了缩痕，只需将这一型腔浇口的深度修稍深些。若既出现了填充不足，又出现了缩痕，那么浇口的宽度和深度尺寸都要修大一些。不等距多型腔和距浇口远的型腔，应缩短其浇口长度来提高填充速度。

10.2.7 五种轿车零部件压铸模结构的设计

压铸模结构由模架、浇注系统、冷却系统、动定型腔与型芯、定模部分与动模部分、抽芯机构、脱模机构、脱冷凝料机构、回程机构和导向构件等组成。

(1) 模架

如图 10-14 (a) 所示，由动模板 1，定模板 4，定模垫板 5，顶杆 7、12、25，内六角螺钉 8、19，安装板 9，推件板 10，底板 11，螺塞 13、26、38，弹簧 14、36，限位销 15，顶管 23、29，模脚 27，浇口套 32，拉料杆 34，回程杆 35，冷却水接头 37，O 形密封圈 39，圆柱销 40，以及导套 41 和导柱 42 组成。模架是整副模具的机构、系统和结构件的安装平台。

(2) 脱浇注冷凝料机构系统的设计

如图 10-14 (a) 所示，由安装板 9、推件板 10 和拉料杆 34 组成。当定、动模开启时，拉料杆 34 上的 Z 形钩可将浇口套 32 中的主流道冷凝料拉出。在压铸机顶杆推动下的推件板 10、安装板 9 和拉料杆 34，先是将浇口处的冷凝料切断，然后将主流道和分流道中的冷凝料推出动模浇注系统型腔。

(3) 压铸模回程机构的设计

如图 10-14 (a) 所示，由安装板 9、推件板 10、回程杆 35 和弹簧 36 组成。压铸件脱模之后，由于压铸机顶杆的退出，作用于脱模机构的外力消失，弹簧 36 的弹力恢复，脱模机构可初步恢复到初始位置。为了防止弹簧 36 长时间使用失效，造成脱模机构不能完全恢复到初始位置，需要利用回程杆 35 复位。当定、动模闭模时，定模板 4 推着回程杆 35、安装板 9 和推件板 10 准确复位，以准备下次脱模，以实现自动循环压铸加工。

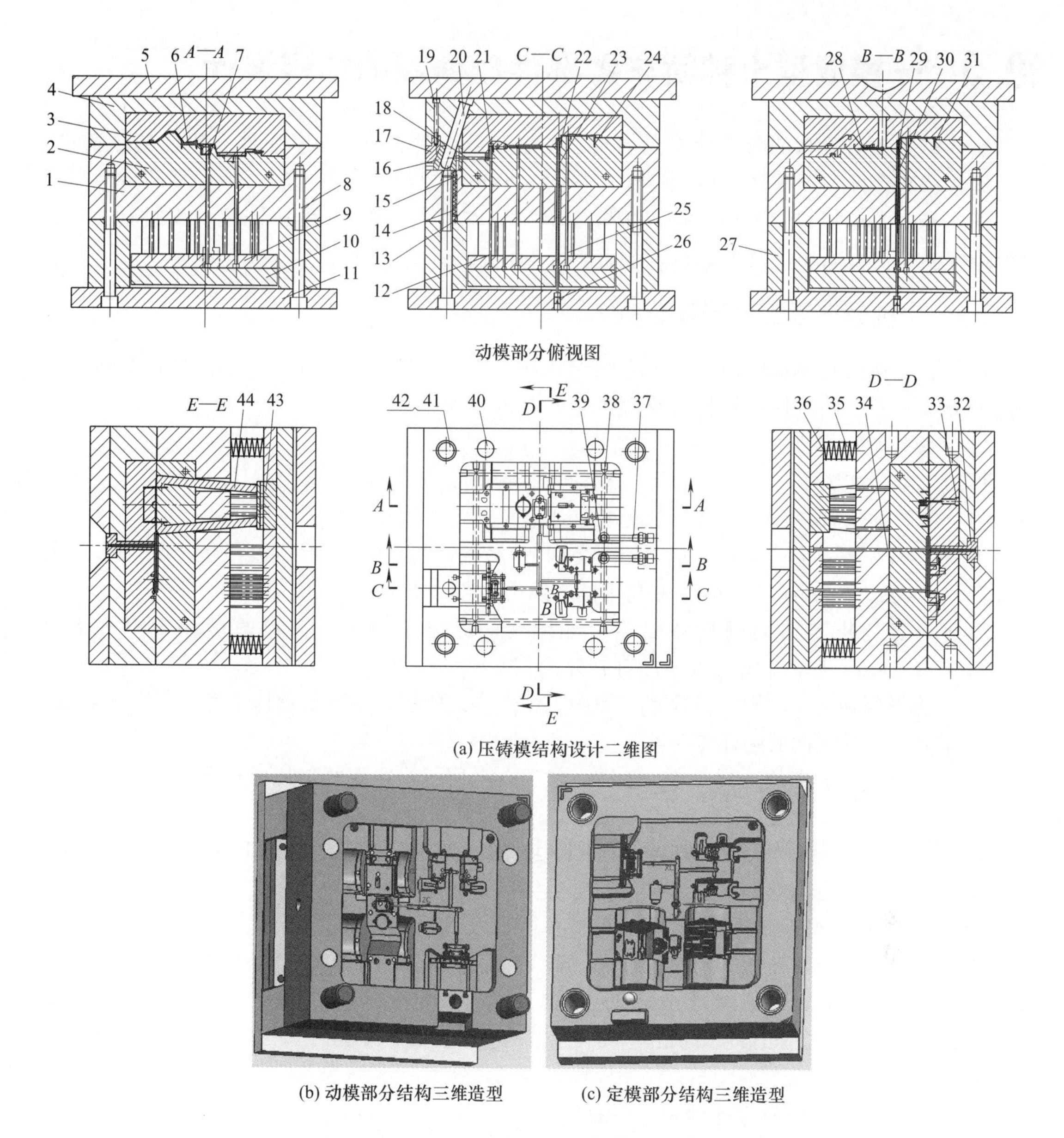

图 10-14 五种轿车零部件压铸模结构的设计

1—动模板；2—动模嵌件；3—定模嵌件；4—定模板；5—定模垫板；6—弧桥状壳体；7,12,25—顶杆；8,19—内六角螺钉；9—安装板；10—推件板；11—底板；13,26,38—螺塞；14,36—弹簧；15—限位销；16—滑块；17—楔紧块；18—侧向型芯；20—斜导柱；21—弓形件；22—底板型芯；23,29—顶管；24—左箱体；27—模脚；28—板筋件；30—底板型芯；31—左箱体；32—浇口套；33—定模型芯；34—拉料杆；35—回程杆；37—冷却水接头；39—O 形密封圈；40—圆柱销；41—导套；42—导柱；43—T 形滑槽板；44—斜推杆

（4）导准构件

如图 10-14（a）所示，由四组导套 41 和导柱 42 组成，导准构件可以确保定、动模开闭模运动的导向。

对五种压铸件形体分析的正确性，保证了压铸模结构方案可行性分析和压铸模结构设计的正确性，从而使五种压铸件加工的形状和尺寸全部符合图纸要求，能做到同时加工 5 件压铸件的高效率生产。

10.3 一模成型十种轿车零部件压铸模的结构设计

本节实例介绍轿车的板、槽形凸台件、Z字形凸台件、轴、n字形件、双柱链、扁锥轴、弧形钉、多凸台件和凹槽件十种压铸件，它们的形状尺寸较小，重量轻。除了多凸台件需要成型2件，其他的形状和大小都不同。如果要单品种成型，需要10副压铸模。现将这10种11个压铸件放在同一副压铸模中成型，节省了9副模具。

10.3.1 十种轿车零部件形体分析

这种需要在一副模具中加工十种不同形状和大小压铸件的压铸模，它们的形体分析必须逐一进行分析。这些压铸件的材料为锌铜合金，收缩率为0.6%。

（1）板的形体分析

板的二维图如图10-15（a）所示，板的三维造型如图10-16（a）所示。分型面Ⅰ—Ⅰ，如图10-15（a）的主视图所示，板形体分析如下。

① 平行开闭模方向的型孔要素。如图10-15（a）所示，在板的形体上存在着2×ϕ1.5mm×1mm和4.5mm×7.8mm×1mm平行开闭模方向的型孔要素。

② 平行开闭模方向的圆柱体要素。如图10-15（a）所示，在板的形体上存在着2×ϕ0.3mm×0.2mm平行开闭模方向的圆柱体要素。

③ 垂直开闭模方向的圆柱体要素。如图10-15（a）所示，在板的形体上存在着2×ϕ1mm×0.3mm垂直开闭模方向的圆柱体要素。

④ 平行开闭模方向的凸台要素。如图10-15（a）所示，在板的形体上存在0.3mm×1mm×0.15mm和0.6mm×1.8mm×0.07凸台要素。

⑤ 平行开闭模方向的型槽要素。如图10-15（a）所示，在板的形体上存在着4×0.1mm×0.1mm平行开闭模方向的型槽要素。

（2）槽形凸台件的形体分析

槽形凸台件二维图如图10-15（b）所示，三维造型如图10-16（b）所示，分型面Ⅰ—Ⅰ如图10-15（b）所示。在槽形凸台件上存在着0.5mm×0.5mm×0.8mm、0.14mm×0.14mm×0.2mm、0.3mm×0.6mm×0.2mm和0.5mm×0.6mm×0.8mm平行开闭模方向的型槽要素。

（3）Z字形凸台件的形体分析

Z字形凸台件二维图如图10-15（c）所示，三维造型如图10-16（c）所示，分型面Ⅰ—Ⅰ如图10-15（c）的主视图所示。在Z字形凸台件的形体上存在着4×ϕ0.4mm×0.2mm平行开闭模方向的圆柱体要素。

（4）轴的形体分析

轴的二维图如图10-15（d）所示，三维造型如图10-15（d）所示，分型面Ⅰ—Ⅰ如图10-15（d）的右视图所示，轴的形体分析如下。

① 平行开闭模方向的圆柱体要素。如图10-15（d）所示，在轴的形体上存在着0.4mm×0.4mm×0.4mm×0.2mm六方体和ϕ0.6mm×0.1mm平行开闭模方向的圆柱体要素。

② 垂直开闭模方向的圆柱体要素。如图10-15（d）所示，在轴的形体上存在着ϕ2.3mm×1.7mm、ϕ1.5mm×1.1mm、2mm×2mm×1.5mm和1.5mm×1.5mm×1.6mm垂直开闭模方向的圆柱体和柱体要素。

③ 平行开闭模方向的型槽要素。如图10-15（d）所示，在轴的形体上存在着0.4mm×

0.4mm×0.4mm 平行开闭模方向的型槽要素。

④ 圆周上的凹槽要素。如图 10-15（d）所示，在轴的圆周上存在着 4×R0.5mm×0.7mm 凹槽要素。

（5）n 字形件的形体分析

n 字形件二维图如图 10-15（e）所示，三维造型如图 10-16（e）所示，分型面Ⅰ—Ⅰ如图 10-15（e）的主视图所示，n 字形件的形体分析如下。

① 平行开闭模方向的圆柱体要素。如图 10-15（e）所示，在 n 字形件的形体上存在着

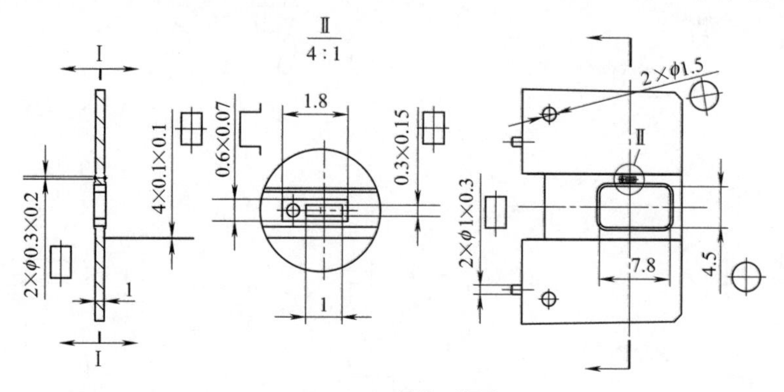

(a) 板的二维图

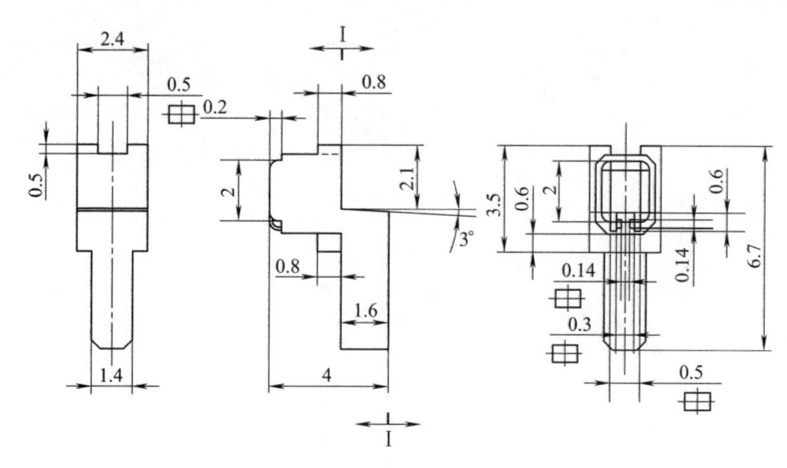

(b) 槽形凸台件二维图

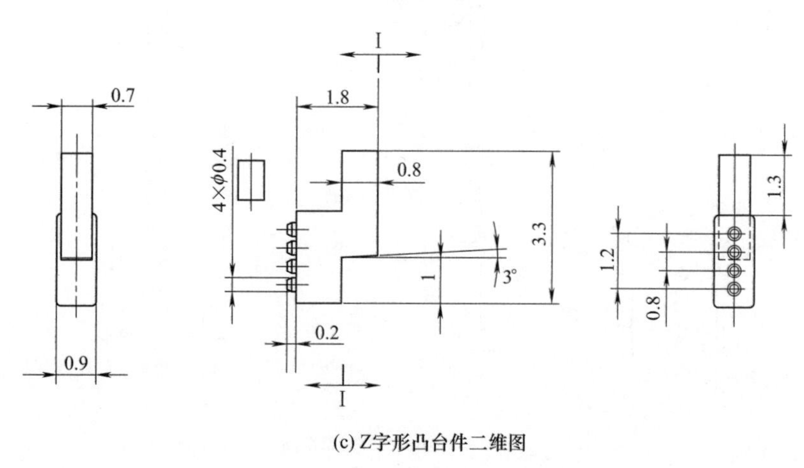

(c) Z字形凸台件二维图

图 10-15

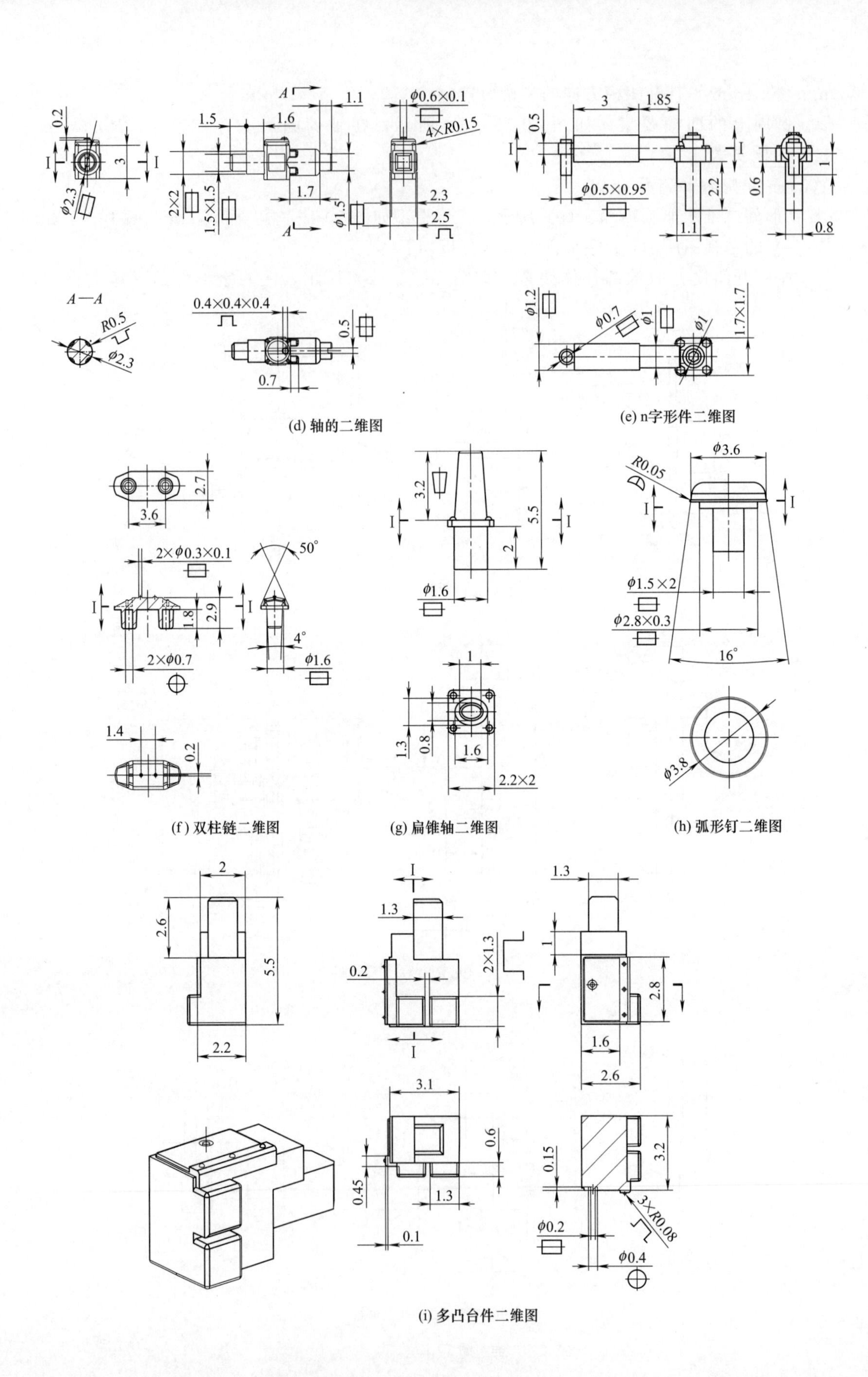

(d) 轴的二维图

(e) n字形件二维图

(f) 双柱链二维图

(g) 扁锥轴二维图

(h) 弧形钉二维图

(i) 多凸台件二维图

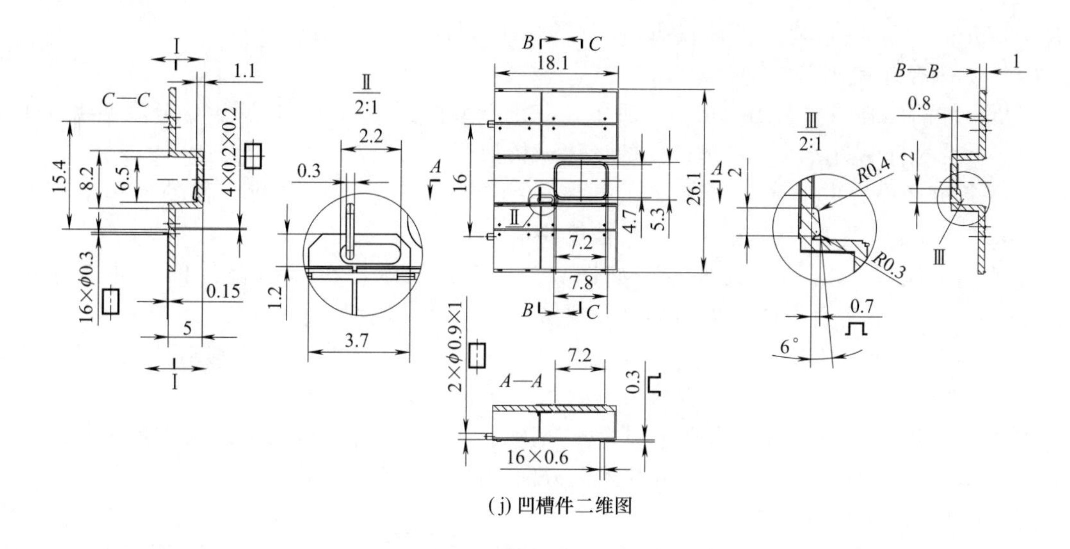

(j) 凹槽件二维图

图 10-15 轿车零部件二维图

—表示型孔要素；—表示型槽要素；—表示凸台要素；—表示圆柱体要素；

—表示圆锥体要素；—表示凹坑要素；—表示弓形高障碍体

φ0.5mm×0.95mm、φ0.7mm×0.5mm 和 1.1mm×0.8mm×2.2mm 平行开闭模方向的圆柱体要素。

② 垂直开闭模方向的圆柱体要素。如图 10-15（e）所示，在 n 字形件的形体上存在着 φ1.2mm×3mm 和 φ1mm×1.85mm 垂直开闭模方向的圆柱体要素。

（6）双柱链的形体分析

双柱链二维图如图 10-15（f）所示，三维造型如图 10-16（f）所示，分型面Ⅰ—Ⅰ如图 10-15（f）的主视图所示，双柱链的形体分析如下。

① 平行开闭模方向的型孔要素。如图 10-15（f）所示，在双柱链的形体上存在着 2×φ0.7mm×1.8mm 平行开闭模方向的型孔要素。

② 平行开闭模方向的圆柱体要素。如图 10-15（f）所示，在双柱链的形体上存在着 φ1.6mm×1.8mm 和 2×φ0.3mm×0.1mm 平行开闭模方向的圆柱体要素。

（7）扁锥轴的形体分析

扁锥轴的二维图如图 10-15（g）所示，三维造型如图 10-16（g）所示，分型面Ⅰ—Ⅰ如图 10-15（g）的左视图所示，扁锥轴的形体分析如下。

① 平行开闭模方向的扁锥体要素。如图 10-15（f）所示，在扁锥轴的形体上存在着 0.8mm×1.3mm/1mm×1.6mm×3.2mm 平行开闭模方向的扁锥体要素。

② 平行开闭模方向的圆柱体要素。如图 10-15（f）所示，在扁锥轴的形体上存在着 φ1.6mm×2mm 平行开闭模方向的圆柱体要素。

（8）弧形钉的形体分析

弧形钉的二维图如图 10-15（h）所示，三维造型如图 10-16（h）所示，分型面Ⅰ—Ⅰ如图 10-15（h）的左视图所示，弧形钉的形体分析如下。

① 平行开闭模方向的圆锥体要素。如图 10-15（h）所示，在弧形钉的形体上存在着 φ1.5mm×2mm 和 φ2.8mm×0.3mm 平行开闭模方向的圆锥体要素。

② 垂直开闭模方向的弓形高障碍体要素。如图 10-15（h）所示，在弧形钉的形体上存在

着 $R0.05mm\times\phi3.6mm$ 垂直开闭模方向的弓形高障碍体。

(9) 多凸台件的形体分析

多凸台件的二维图如图 10-15 (i) 所示，三维造型如图 10-16 (i) 所示，分型面Ⅰ—Ⅰ如图 10-15 (i) 的右视图所示，多凸台件的形体分析如下。

① 平行开闭模方向的圆柱体要素。如图 10-15 (i) 所示，在多凸台件的形体上存在着 $\phi0.2mm\times0.15mm$ 垂直开闭模方向的圆柱体要素。

② 平行开闭模方向的型孔要素。如图 10-15 (i) 所示，在多凸台件的形体上存在着 $\phi0.4mm\times0.15mm$ 垂直开闭模方向的型孔要素。

③ 平行开闭模方向的凸台要素。如图 10-15 (i) 所示，在多凸台件的形体上存在着 $3\times R0.08mm$ 垂直开闭模方向的凸台要素。

④ 垂直开闭模方向的凸台障碍体要素。如图 10-15 (i) 所示，在多凸台件的形体上存在着 $2\times1.3mm\times1.3mm\times0.6mm$ 垂直开闭模方向的凸台障碍体要素。

(10) 凹槽件的形体分析

凹槽件的二维图如图 10-15 (j) 所示，三维造型如图 10-16 (j) 所示，分型面Ⅰ—Ⅰ如图 10-15 (j) 的右视图所示，凹槽件的形体分析如下。

① 平行开闭模方向的圆锥体要素。如图 10-15 (j) 所示，在凹槽件的形体上存在着 $16\times\phi0.3mm\times0.15mm$ 平行开闭模方向的圆柱体要素。

② 垂直开闭模方向的圆柱体要素。如图 10-15 (j) 所示，在凹槽件的形体上存在着 $2\times\phi0.9mm\times1mm$ 垂直开闭模方向的圆柱体要素。

③ 平行开闭模方向的型槽要素。如图 10-15 (j) 所示，在凹槽件的形体上存在着 $4\times0.2mm\times0.2mm$ 平行开闭模方向的型槽要素。

④ 平行开闭模方向的凸台要素。如图 10-15 (j) 所示，在凹槽件形体上存在 $0.7mm\times6^{\circ}\times2mm\times R0.3mm\times R0.4mm$ 和 $16\times0.6mm\times0.3mm$ 平行开闭模方向的凸台要素。

只要压铸模结构可行性方案中有能够解决上述 10 种压铸件形体分析中的型孔、圆柱体、锥体、型槽、凸台、凹坑和弓形高等要素的措施，所制订的方案就是有效的。

10.3.2 十种轿车零部件压铸模结构方案可行性分析

根据对十种轿车零部件形体的分析，需要制订出解决十种零部件形体分析中的型孔、圆柱体、锥体、型槽、凸台、凹坑和弓形高要素的措施。

(1) 板的压铸模结构方案可行性分析

针对板的形体分析中的型孔、圆柱体、凸台和型槽几种要素，采取相对应的措施。

① 解决平行开闭模方向型孔的措施。由于在板的形体上存在着 $2\times\phi1.5mm\times1mm$ 和 $4.5mm\times7.8mm\times1mm$ 平行开闭模方向的型孔要素，这些型孔可在动模嵌件上安装相应的型芯进行成型。

② 解决平行开闭模方向的圆柱体的措施。由于在板的形体上存在着 $2\times\phi0.3mm\times0.2mm$ 平行开闭模方向的圆柱体，可在定、动模嵌件上加工相应的型孔进行成型。

③ 解决垂直开闭模方向的圆柱体的措施。由于在板的形体上存在着 $2\times\phi1mm\times0.3mm$ 垂直开闭模方向的圆柱体，可在圆柱体水平轮廓线设置分型面，分别在定、动模嵌件上加工相应的型孔进行成型。

④ 解决平行开闭模方向的凸台要素的措施。由于在板的形体上存在着 $0.3mm\times\phi1mm\times0.3mm$ 平行开闭模方向的凸台要素，可在定模嵌件上加工出型槽进行成型。

⑤ 解决平行开闭模方向型槽的措施。由于在板的形体上存在着 $4\times0.1mm\times0.1mm$ 平行

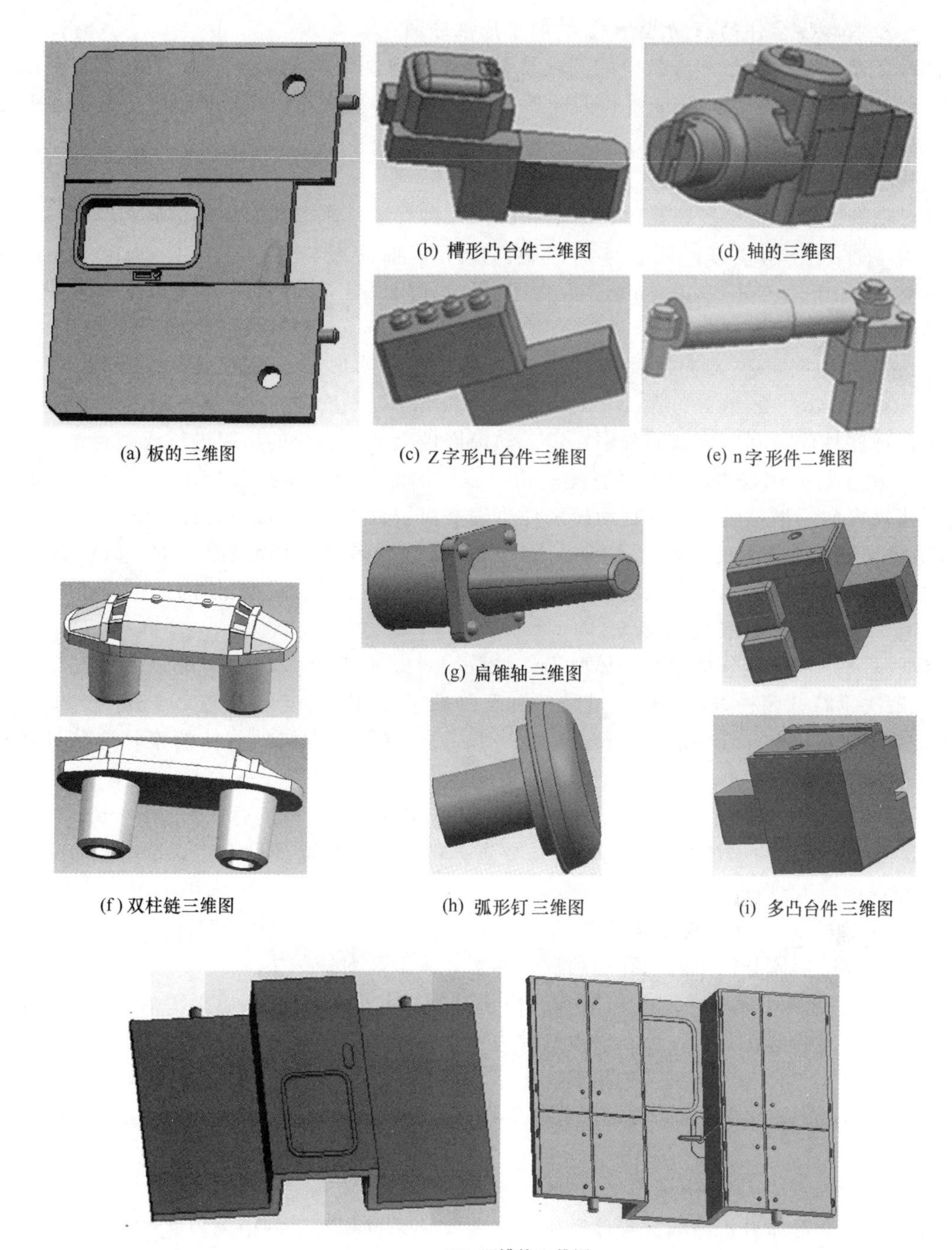

(a) 板的三维图　(b) 槽形凸台件三维图　(c) Z字形凸台件三维图　(d) 轴的三维图　(e) n字形件二维图　(f) 双柱链三维图　(g) 扁锥轴三维图　(h) 弧形钉三维图　(i) 多凸台件三维图　(j) 凹槽件三维图

图 10-16　轿车零部件三维图

开闭模方向的型槽要素，可在定、动模嵌件上加工出凸台进行成型。

(2) 槽形凸台件压铸模结构方案可行性分析

针对槽形凸台件形体分析中的型槽要素，采取相对应的措施。由于在槽形凸台件上存在着0.5mm×0.5mm×0.8mm、0.14mm×0.14mm×0.2mm、0.3mm×0.6mm×0.2mm和0.5mm×0.6mm×0.8mm平行开闭模方向的型槽要素，可在定模嵌件上安装镶嵌件进行成型。

（3）Z字形凸台件的压铸模结构方案可行性分析

针对Z字形凸台件形体分析中的圆柱体要素，采取相对应的措施。由于在Z字形凸台件上存在着4×ϕ0.4mm×0.2mm平行开闭模方向的圆柱体要素，可在定模嵌件上加工型孔进行成型。

（4）轴的压铸模结构方案可行性分析

针对轴的形体分析中的圆柱体、型槽和凹槽几种要素，采取相对应的措施。

① 解决平行开闭模方向圆柱体的措施。由于在轴的形体上存在着0.4mm×0.4mm×0.4mm×0.2mm六方体和ϕ0.6mm×0.1mm平行开闭模方向的圆柱体要素，可在定模嵌件上加工相应的型腔进行成型。

② 解决垂直开闭模方向圆柱体的措施。由于在轴的形体上存在着ϕ2.3mm×1.7mm、ϕ1.5mm×1.1mm、2mm×2mm×1.5mm和1.5mm×1.5mm×1.6mm垂直开闭模方向的柱体要素，这些柱体可利用分型面分别在定、动模嵌件上加工相应的型腔进行成型。

③ 解决平行开闭模方向型槽的措施。由于在轴的形体上存在着0.4mm×0.4mm×0.4mm平行开闭模方向的型槽要素，可在动模嵌件上安装镶嵌件进行成型。

④ 解决轴的圆周上的凹槽要素的措施。由于在轴的形体上存在着4×R0.5mm×0.7mm凹槽要素，可利用分型面分别在定、动模嵌件上加工出凸台进行成型。

（5）n字形件压铸模结构方案可行性分析

针对n字形件形体分析中的柱体要素，采取相对应的措施。

① 解决平行开闭模方向柱体的措施。由于在n字形件形体上存在着ϕ0.5mm×0.95mm、ϕ0.7mm×0.5mm和1.1mm×0.8mm×2.2mm平行开闭模方向的柱体要素，这些柱体可在动模嵌件上加工相应的型腔进行成型。

② 解决垂直开闭模方向圆柱体的措施。由于在n字形件形体上存在着ϕ1.2mm×3mm和ϕ1mm×1.85mm垂直开闭模方向的圆柱体要素，可利用分型面分别在定、动模嵌件上加工相应的型腔进行成型。

（6）双柱链压铸模结构方案可行性分析

针对双柱链形体分析中的型孔和圆柱体要素，采取相对应的措施。

① 解决平行开闭模方向型孔的措施。由于在双柱链形体上存在着2×ϕ0.7mm×1.8mm平行开闭模方向的型孔要素，可在动模嵌件上安装相应的型芯进行成型。

② 解决平行开闭模方向型孔的措施。由于在双柱链形体上存在着ϕ1.6mm×1.8mm和2×ϕ0.3mm×0.1mm平行开闭模方向的圆柱体要素，可分别在动模嵌件和定模嵌件上加工相应的型孔进行成型。

（7）扁锥轴压铸模结构方案可行性分析

针对扁锥轴形体分析中的扁锥体和圆柱体要素，采取相对应的措施。

① 解决平行开闭模方向扁锥体的措施。由于在扁锥轴形体上存在着0.8mm×1.3mm/1mm×1.6mm×3.2mm平行开闭模方向的扁锥体要素，可在定模嵌件上加工扁锥体孔进行成型。

② 解决平行开闭模方向圆柱体的措施。由于在扁锥轴形体上存在着ϕ1.6mm×2mm平行开闭模方向的圆柱体要素，可分别在动模嵌件上加工相应的型孔进行成型。

（8）弧形钉压铸模结构方案可行性分析

针对弧形钉形体分析中的圆锥体和弓形高要素，采取相对应的措施。

① 解决平行开闭模方向圆锥体的措施。由于在弧形钉形体上存在着ϕ1.5mm×2mm和ϕ2.8mm×0.3mm平行开闭模方向的圆锥体要素，可在动模嵌件上加工相应的型腔进行

成型。

② 解决垂直开闭模方向弓形高障碍体的措施。由于在弧形钉形体上存在着 R0.05mm×ϕ3.6mm 垂直开闭模方向的弓形高障碍体要素，可以弓形高障碍体上的素线为分型面，分别在定、动模嵌件上加工相应的型孔进行成型。

(9) 多凸台压铸模结构方案可行性分析

针对多凸台件形体分析中的圆柱体、型孔和凸台要素，采取相对应的措施。

① 解决平行开闭模方向圆柱体的措施。由于在多凸台件形体上存在着 ϕ0.2mm×0.15mm 平行开闭模方向的圆柱体要素，可在定模嵌件上加工相应的型腔进行成型。

② 解决平行开闭模方向型孔要素的措施。由于在多凸台件形体上存在着 ϕ0.4mm×0.15mm 平行开闭模方向的型孔要素，可在定模嵌件上安装相应的型芯进行成型。

③ 解决平行开闭模方向凸台要素的措施。由于在多凸台件形体上存在着 3×R0.08mm 垂直开闭模方向的凸台要素，可在定模嵌件上加工相应的型腔进行成型。

④ 解决垂直开闭模方向的凸台障碍体要素的措施。由于在多凸台件形体上存在着 2×1.3mm×1.3mm×0.6mm 垂直开闭模方向的凸台障碍体要素，需要采用斜导柱滑块抽芯机构。

(10) 凹槽件压铸模结构方案可行性分析

针对凹槽件形体分析中的圆柱体、型槽和凸台要素，采取相对应的措施。

① 解决平行开闭模方向的圆柱体要素的措施。由于在凹槽件的形体上存在着 16×ϕ0.3mm×0.15mm 平行开闭模方向的圆柱体要素，在动模嵌件上加工相应的型孔进行成型。

② 解决垂直开闭模方向的圆柱体要素的措施。由于在凹槽件的形体上存在着 2×ϕ0.9mm×1mm 垂直开闭模方向的圆柱体要素，利用分型面分别在定、动模嵌件上加工相应的型孔进行成型。

③ 解决平行开闭模方向的型槽要素的措施。由于在凹槽件的形体上存在着 4×0.2mm×0.2mm 平行开闭模方向的型槽要素，可分别在定、动模嵌件上加工相应的型孔进行成型。

④ 解决平行开闭模方向的凸台要素的措施。在凹槽件的形体上存在 0.7mm×6°×2mm×R0.3mm×R0.4mm 和 16×0.6mm×0.3mm 平行开闭模方向的凸台要素，可在定模嵌件上加工型腔进行成型。

压铸模结构方案可行性分析便是要针对每个压铸件的每项形体要素采取解决措施，并要协调所有的措施不冲突。

10.3.3 十种轿车零部件压铸模定、动模型芯的设计

由于十种轿车零部件在成型过程中会热胀冷缩，定、动模型芯尺寸为：图纸尺寸+图纸尺寸×锌铜合金的收缩率（0.6%）。所有平行开闭模方向的型面和型腔面，都应制造 1°30′的脱模斜度。这样在轿车零部件成型脱模冷却收缩后，才会符合图纸上给定的尺寸。定模型芯三维造型如图 10-17（a）所示。动模型芯三维造型如图 10-17（b）所示。

10.3.4 压铸模中轴和多凸台件的斜导柱滑块外抽芯机构的设计

如图 10-15（d）所示，在轴的形体上存在着 0.4mm×0.4mm×0.4mm 平行开闭模方向的型槽要素，如图 10-15（i）所示，在二件多凸台件的形体上存在着 2×1.3mm×1.3mm×0.6mm 垂直开闭模方向的凸台障碍体要素。需要采用斜导柱滑块外抽芯机构进行抽芯后，才能进行轴和二件多凸台件脱模。

① 压铸模的合模状态。如图 10-18（a）所示，定、动模闭合时，定模嵌件 4 与动模嵌件 2

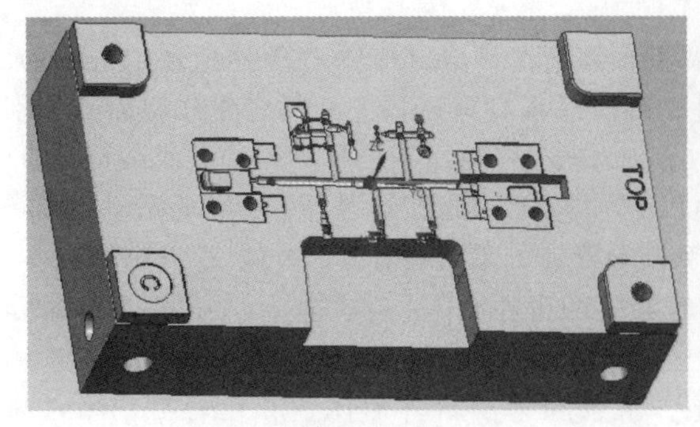

(a) 压铸模动模型芯

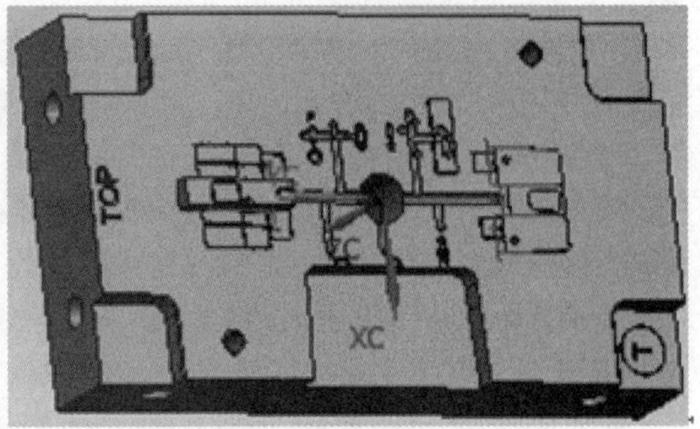

(b) 压铸模定模型芯

图 10-17 压铸模定、动模型芯三维造型

之间形成的模腔可以成型二件多凸台件 18 和其他 9 件压铸件。因为斜导柱 9 插入滑块 10 斜孔中，可拨动滑块 10 做复位运动，并迫使限位销 12 压缩弹簧 13 进入限位销 12 安装孔中。楔紧块 11 是用内六角螺钉与定模板 6 连接在一起，楔紧块 11 的斜面楔紧滑块 10 的斜面，可防止滑块 10 在大的压铸力和保压力作用下位移。

② 压铸模的开模抽芯状态。如图 10-18（b）所示，定、动模开启时，斜导柱 9 拨动滑块 10 作抽芯运动，以便于轴和二件多凸台件 18 能够顺利脱模。此时，滑块 10 下端面的半球形窝处在限位销 12 的位置上，限位销 12 在弹簧 13 弹力的作用下进入半球形窝，可锁住滑块 10。以防止滑块 10 在抽芯运动的惯性作用下，脱出动模板 1。

③ 压铸模的脱模状态。如图 10-18（c）所示，当压铸机的顶杆推动推件板 16 和安装板 15 时，在其上安装的拉料杆 19 和顶杆 20 的作用下，可将浇注系统冷凝料及轴和二件多凸台件 18 顶出动模型腔。

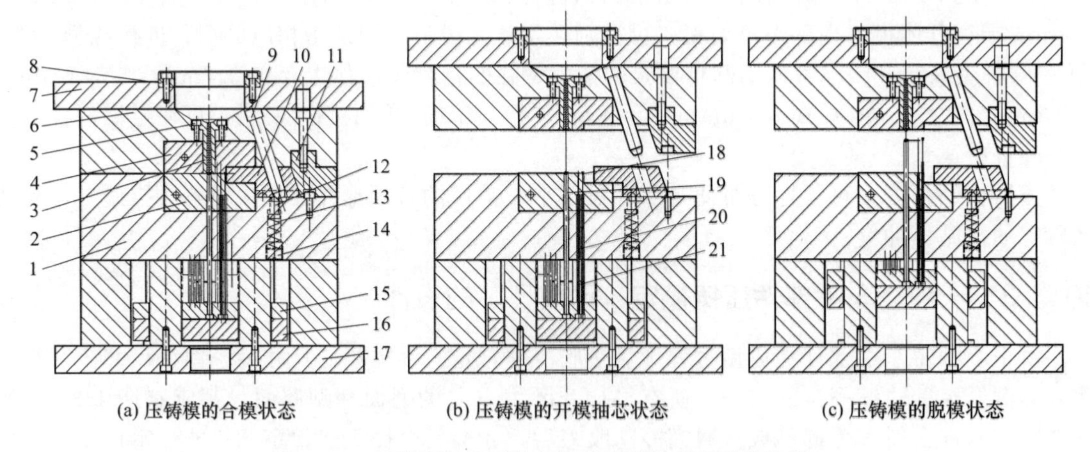

(a) 压铸模的合模状态 (b) 压铸模的开模抽芯状态 (c) 压铸模的脱模状态

图 10-18 压铸模的弓形件斜导柱滑块抽芯机构的设计

1—动模板；2—动模嵌件；3—浇口套；4—定模嵌件；5—内六角螺钉；6—定模板；7—定模垫板；8—定位圈；9—斜导柱；10—滑块；11—楔紧块；12—限位销；13—弹簧；14—螺塞；15—安装板；16—推件板；17—底板；18—多凸台件；19—拉料杆；20—顶杆；21—套管

10.3.5 十种轿车零部件压铸模的浇注和冷却系统的设计

（1）压铸模的浇注系统的设计

十种轿车零部件在压铸模中共存在着十一处型腔，锌铜合金熔体需要从压铸机的喷嘴

中流出，经过主流道和多个分流道和浇口，才能流入十一处模具型腔，冷却成型后脱模。十种轿车零部件除了二件多凸台件大小和形状相同之外，其他九种零部件的形状和大小相差甚远。

① 压铸模的浇注系统平衡定性分析。由于注入十一处型腔中的锌铜合金熔体流量不同，还必须要保证所有型腔都被充满，压铸件不能出现缩痕，也就是说要确保十一处型腔注入的熔体流量平衡。

熔体充模过程：如图 10-19 所示，锌铜合金熔体，经浇口套中的主流道分别流入左、右二处分流道Ⅰ和Ⅱ，分流道Ⅰ的熔体可直接流入 6 号型腔，同时可分别流入次分流道$Ⅰ_1$、$Ⅰ_2$、$Ⅰ_3$。分流道$Ⅰ_1$和$Ⅰ_3$的熔体最后流入 1 和 5 号型腔，而分流道$Ⅰ_2$的熔体，可流入再次分流道$Ⅰ_{21}$和$Ⅰ_{22}$，最后流进 2、3 和 4 号型腔。分流道Ⅱ的熔体可直接流入 11 号型腔，同时，可流入次分流道$Ⅱ_1$、$Ⅱ_2$，次分流道$Ⅱ_2$的熔体可流入 10 号型腔。分流道$Ⅱ_1$的熔体流入次分流道$Ⅱ_{11}$和$Ⅱ_{12}$，次分流道$Ⅱ_{11}$的熔体可流入再次分流道$Ⅱ_{111}$、$Ⅱ_{112}$、$Ⅱ_{113}$，最后流入 7、8 和 9 号型腔。

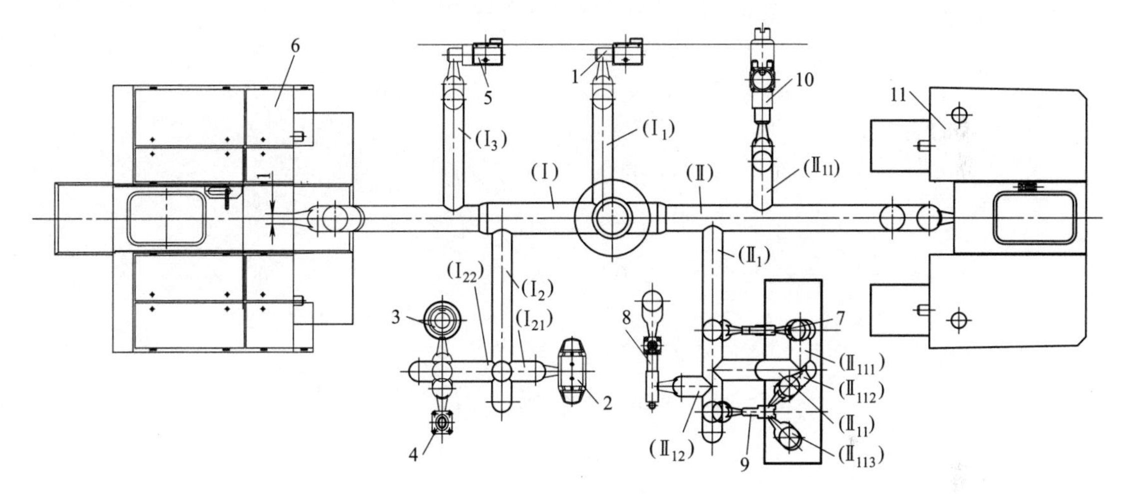

图 10-19 熔体充模过程

1～11—型腔

② 压铸模的浇注系统平衡定量计算。如图 10-19 与图 10-20（c）所示，根据平衡定性分析、各浇口平衡值（BGV）相同的原则，由型腔熔体注入量平衡值的计算，可以得出浇口的宽度（w）、深度（h）和长度（L）。

型腔熔体注入量平衡值的计算见式（10-1）、式（10-2）。

a. 型腔 1 浇口截面积、浇口宽度及深度计算：

$$\mathrm{BGV}_1=\frac{F_1}{\sqrt{L_{y1}}L_{g1}}=\frac{1.2\times1.2}{\sqrt{1+14.2}\times1.2}=0.308$$

$$h_1=F_1/w_1=1.2\times1.2/1.2=1.2\ (\mathrm{mm})$$

其中，F_1（浇口截面）=浇口宽度 1.2mm×浇口深度 1.2mm；L_{y1}（流道长度）=1mm+14.2mm；L_{g1}（浇口长度）≈1.2mm。

b. 型腔 2 浇口截面积、浇口宽度及深度计算：

$$F_2 = BGV_1 \times \sqrt{L_{y2}} \times L_{g2}$$
$$= 0.308 \times \sqrt{10.1+15+4.4} \times 1.2$$
$$= 2.01\ (\text{mm}^2)$$
$$h_2 = F_2/1.2 = 2/1.2 = 1.68\ (\text{mm})$$

c. 型腔 3 的浇口截面积、浇口宽度及深度计算：

$$F_3 = BGV_1 \times \sqrt{L_{y3}} \times L_{g3}$$
$$= 0.308 \times \sqrt{10.1+15+6+2} \times 1.2$$
$$= 2.13\ (\text{mm}^2)$$
$$h_3 = F_3/1.2 = 2.13/1.2 = 1.78\ (\text{mm})$$

d. 型腔 4 的浇口截面积、浇口宽度及深度计算：

$$F_4 = BGV_1 \times \sqrt{L_{y4}} \times L_{g4}$$
$$= 0.308 \times \sqrt{10.1+15+6+2} \times 1.2$$
$$= 2.13\ (\text{mm}^2)$$
$$h_4 = F_4/1.2 = 2.13/1.2 = 1.78\ (\text{mm})$$

e. 型腔 5 的浇口截面积、浇口宽度及深度计算：

$$F_5 = BGV_1 \times \sqrt{L_{y5}} \times L_{g5}$$
$$= 0.308 \times \sqrt{16+14.2} \times 1.2$$
$$= 2.03\ (\text{mm}^2)$$
$$h_5 = F_5/1.2 = 2.03/1.2 = 1.69\ (\text{mm})$$

f. 型腔 6 的浇口截面积、浇口宽度及深度计算：

$$F_6 = BGV_1 \times \sqrt{L_{y6}} \times L_{g6}$$
$$= 0.308 \times \sqrt{16+14.9} \times 1.2$$
$$= 2.05\ (\text{mm}^2)$$
$$h_6 = F_6/1.2 = 2.05/1.2 = 1.71\ (\text{mm})$$

g. 型腔 7 的浇口截面积、浇口宽度及深度计算。由于该压铸件的尺寸偏小，可以采用双浇口的措施来确保流量平衡。

(a)

$$F_{71} = BGV_{71} \times \sqrt{L_{y71}} \times L_{g71}$$
$$= 0.308 \times \sqrt{10+11+2} \times 1$$
$$= 1.48\ (\text{mm}^2)$$
$$h_{71} = F_{71}/0.6 = 1.48/1.2 = 2.47\ (\text{mm})$$

(b)

$$F_{72} = BGV_{72} \times \sqrt{L_{y72}} \times L_{g72}$$
$$= 0.308 \times \sqrt{10+1+8.8-1.5} \times 1$$
$$= 1.32\ (\text{mm}^2)$$
$$h_{72} = F_{72}/0.6 = 1.32/0.6 = 2.2\ (\text{mm})$$

h. 型腔 8 浇口截面积、浇口宽度及深度计算：

$$F_8 = BGV_1 \times \sqrt{L_{y8}} \times L_{g8}$$
$$= 0.308 \times \sqrt{10+11+5.5+4.1} \times 1.3$$
$$= 2.21\ (\text{mm}^2)$$

$$h_8 = F_8/1.2 = 2.21/1.2 = 1.84\ (\text{mm})$$

i. 型腔 9 浇口截面积、浇口宽度及深度计算：

$$\begin{aligned} F_9 &= \text{BGV}_1 \times \sqrt{L_{y9}} \times L_{g9} \\ &= 0.308 \times \sqrt{10+11+3.9+4.1+2} \times 1 \\ &= 1.71\ (\text{mm}^2) \end{aligned}$$

$$h_9 = F_9/1.2 = 1.71/1.2 = 1.43\ (\text{mm})$$

j. 型腔 10 浇口截面积、浇口宽度及深度计算。由于该压铸件的尺寸偏小，可以采用三浇口的措施来确保流量平衡。

$$\begin{aligned} F_{10} &= \text{BGV}_1 \times \sqrt{L_{y10}} \times L_{g10} \\ &= 0.308 \times \sqrt{15+8} \times 1.2 \\ &= 1.77\ (\text{mm}^2) \end{aligned}$$

$$h_{10} = F_{10}/(0.4 \times 3) = 1.77/1.2 = 1.48\ (\text{mm})$$

k. 型腔 11 浇口截面积、浇口宽度及深度计算：

$$\begin{aligned} F_{11} &= \text{BGV}_1 \times \sqrt{L_{y11}} \times L_{g11} \\ &= 0.308 \times \sqrt{10+23.2} \times 1.3 \\ &= 2.31\ (\text{mm}^2) \end{aligned}$$

$$h_{11} = F_{11}/1.2 = 2.31/1.2 = 1.93\ (\text{mm})$$

十一个型腔浇口的宽度和深度初步计算好后，还需要根据试模出现的缺陷修理浇口的长度、宽度和深度。

③ 压铸模的浇注系统平衡性修理。虽然各模腔浇注系统熔体注入量定性分析是平衡的，但各处的型腔熔体注入量毕竟不同，平衡定量计算也存在着加工的差异，试模时需要根据试模件的状况（填充不足和缩痕）来修理浇口的宽度和深度。修理原则：一模多型腔成型的压铸件，一般存在着填充不足和缩痕等缺陷，特别是在型腔不同或型腔分流道长度不等的情况下，进入型腔中熔体流量若不平衡，更容易产生这些缺陷。通过调整浇口的宽度与深度，可以使注入的熔体流量达到平衡。若型腔的压铸件出现填充不足，只需将这一型腔浇口的宽度稍修宽些。若某型腔的压铸件出现了缩痕，只需将这一型腔浇口的深度稍修深些。若既出现了填充不足，又出现了缩痕，那么浇口的宽度和深度尺寸都要修大一些。不等距多型腔，以及距浇口远的型腔，应缩短其浇口长度来提高填充速度。

（2）压铸模的冷却系统的设计

由于压铸件成型加工需要反复循环注入锌铜合金熔体，成型冷却后脱模，锌铜合金熔体热量传导给压铸模工作件，使得它们的温度得到提高。为了控制压铸模工作件的温度，需要在定、动模部分设置冷却系统。

① 动模冷却系统的设计。如图 10-20（a）所示，分别在动模嵌件 3 和动模板 2 中加工出冷却水通道，通道终端处加工出管螺纹孔。为了防止冷却水的泄漏，管螺纹孔中需要安装螺塞 4，进出水处应安装冷却水接头 6，在动模嵌件 3 和动模板 2 垂直通道交接处需要安装 O 形密封圈 5。当冷却水通过冷却水接头 6 进入冷却水通道中，又从冷却水接头 6 流出，冷却水可以将模具中的热量带走，达到降低动模部分温度的目的。

② 定模冷却系统设计。如图 10-20（b）所示，同理，冷却水通过冷却水接头 7 进入冷却水通道，又从冷却水接头 7 中流出冷却水，可以将热量带走，达到降低定模部分温度的目的。

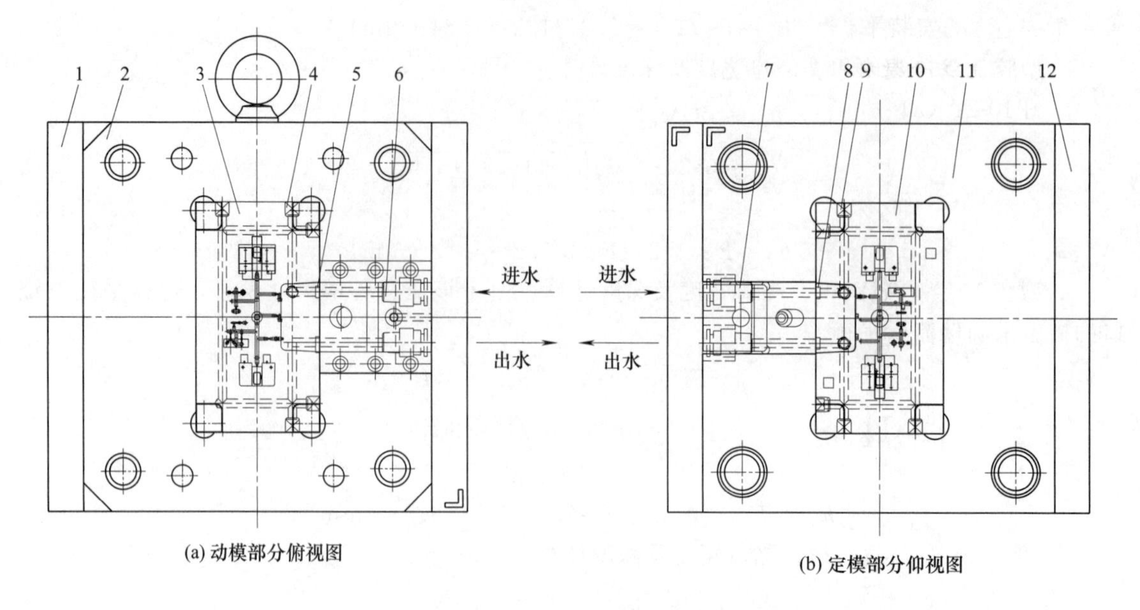

(a) 动模部分俯视图

(b) 定模部分仰视图

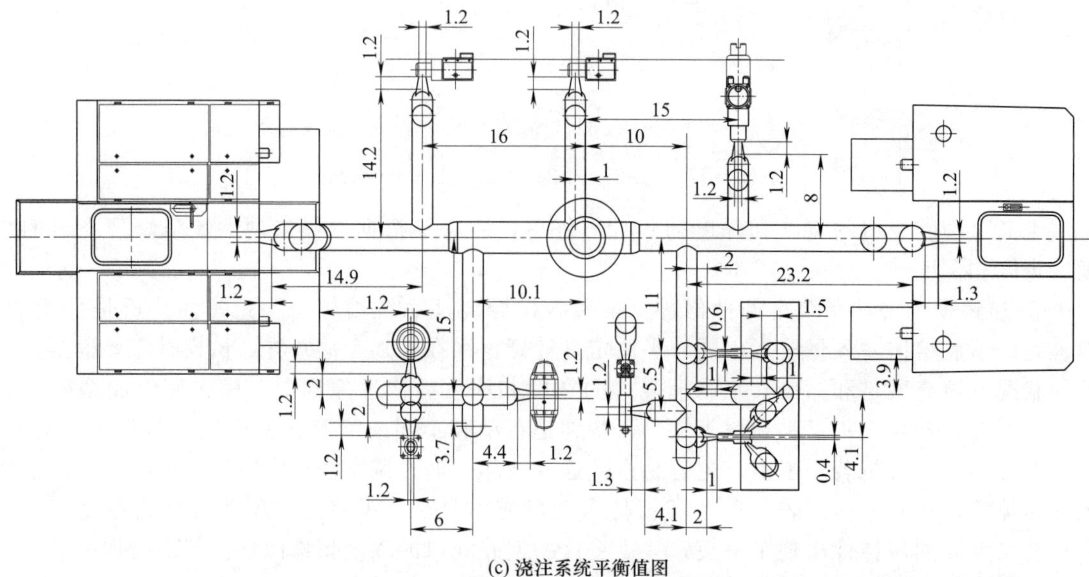

(c) 浇注系统平衡值图

图 10-20　压铸模浇注系统与冷却系统的设计

1—动模底板；2—动模板；3—动模嵌件；4,9—螺塞；5,8—O形密封圈；6,7—冷却水接头；10—定模嵌件；11—定模板；12—定模垫板

10.3.6　十种轿车零部件压铸模结构的设计

压铸模结构是由模架、浇注系统、冷却系统、动定型腔与型芯、定模部分与动模部分、抽芯机构、脱模机构、脱冷凝料机构、回程机构和导向构件等组成。

（1）模架

如图 10-21（a）所示，由动模板 1，浇口套 3，内六角螺钉 5，定模板 6，定模垫板 7，定位圈 8，限位销 12，弹簧 13、20、29，螺塞 14、35，安装板 15，推件板 16，底板 17，冷却水接头 18，O 形密封圈 19，顶杆 21、45，推板导柱 22，导套 23，导柱 24，回程杆 25，模脚 26，沉头螺钉 27，垫圈 28，限位块 30，拉料杆 43 和吊环 44 组成，模架是整副模具的机构、系统和结构件的安装平台。

(2) 脱浇注冷凝料机构系统的设计

如图 10-21 (a) 所示，由安装板 15、推件板 16 和拉料杆 43 组成。当定、动模开启时，

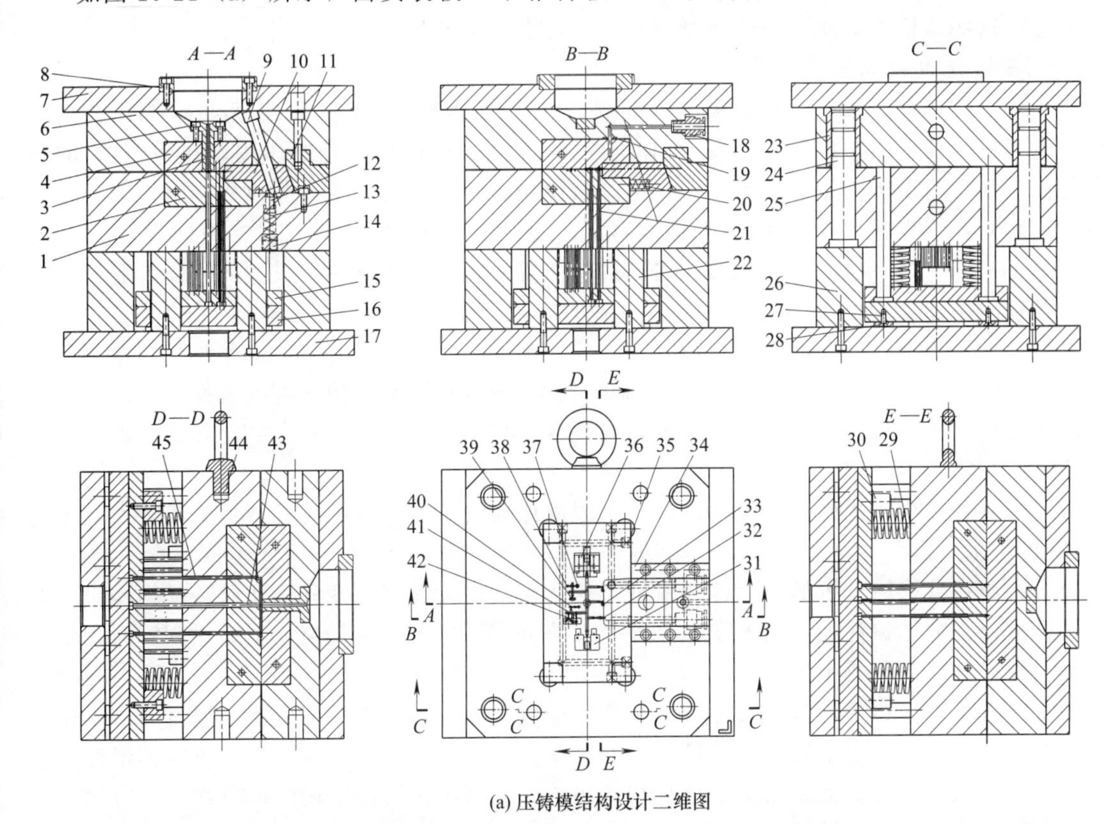

(a) 压铸模结构设计二维图

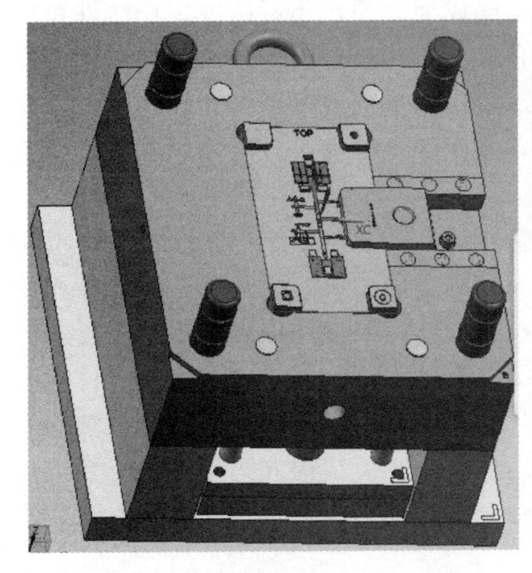

(b) 动模部分结构三维造型

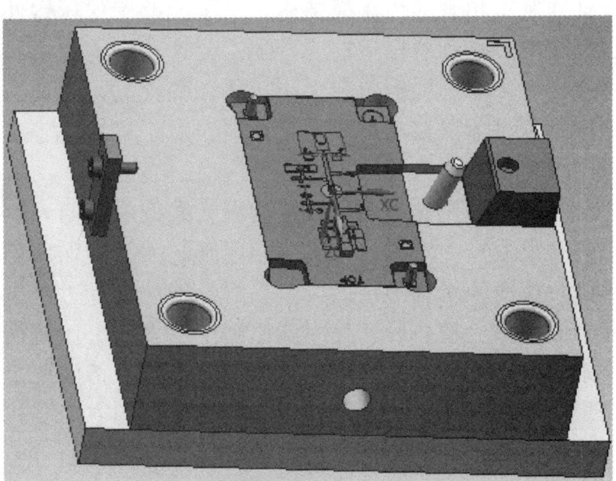

(c) 定模部分结构三维造型

图 10-21　轿车零部件压铸模结构的设计

1—动模板；2—动模嵌件；3—浇口套；4—定模嵌件；5—内六角螺钉；6—定模板；7—定模垫板；8—定位圈；9—斜导柱；10—滑块；11—楔紧块；12—限位销；13,20,29—弹簧；14,35—螺塞；15—安装板；16—推件板；17—底板；18—冷却水接头；19—O 形密封圈；21,45—顶杆；22—推板导柱；23—导套；24—导柱；25—回程杆；26—模脚；27—沉头螺钉；28—垫圈；30—限位块；31—板；32—轴；33—多凸台件；34—滑块压板；36—凹槽件；37—弧形钉；38—扁锥轴；39—双柱链；40—n 形件；41—Z 形凸台件；42—槽形凸台件；43—拉料杆；44—吊环

拉料杆 43 上的 Z 字形钩可将浇口套 3 中的主流道冷凝料拉出。在压铸机顶杆推动下的推件板 16、安装板 15 和拉料杆 43，先是将浇口处的冷凝料切断，然后将主流道和分流道中的冷凝料推出动模浇注系统的型腔。在所有浇注系统处都设有顶杆，推件板 16、安装板 15 的脱模运动，会使得这些顶杆将浇注系统的冷凝料顶出浇注系统的型腔。

(3) 压铸模回程机构的设计

如图 10-21 (a) 所示，由安装板 15、推件板 16、回程杆 25 和弹簧 29 组成。当压铸件脱模后，压铸机顶杆退回，由于安装板 15 和推件板 16 失去压铸机顶杆的作用，在弹簧 29 的弹力恢复作用下，脱模机构能够初步复位。但弹簧使用时间长了会失效，脱模机构就不能回复至原位，这时就要依靠回程杆 25 精确复位。当定、动模闭模时，定模板 6 可推着回程杆 25、安装板 15、推件板 16、顶杆 21 和 45 以及拉料杆 43 复位，以准备下一批成型的压铸件脱模，实现自动循环压铸加工。

(4) 导准构件和限位构件

如图 10-21 (a) 所示，由四组导套 23 和导柱 24 组成，导准向构件可以确保定、动模开闭模运动的导向，脱模机构的导向由四组推板导柱 22 保证，脱模机构的脱模距离由 4 组限位块 30 控制。

压铸模各种机构、构件、系统的设计，可以确保模具能够完成压铸成型加工工艺所赋予的运动和成型过程。

对十种压铸件形体分析的正确性，保证了压铸模结构方案可行性分析和压铸模结构设计的正确性，从而十种压铸件加工的形状和尺寸全部符合图纸要求，并每模一次能做到同时加工十种、十一件压铸件的高效率生产。

由于轿车十种压铸件形状和尺寸较小，适宜于放在同一副压铸模中成型。通过对这些压铸件进行的形体分析，找出了影响压铸模结构的这些形体上存在着的所有要素。再根据形体分析出来的要素，采取了与要素相对应的模具结构措施，制订出压铸模结构的可行性分析方案。故所设计和制造出来的压铸模结构，除了能够确保压铸件正确成型之外，还可以确保压铸件在加工过程中的抽芯和脱模运动，所加工的这些压铸件形状和尺寸，均符合压铸件图纸的要求。这种一模成型多个不同形状和大小压铸件的模具，还要通过对浇注系统进行平衡计算和修模，才可确保每件都无缩痕和填充不足缺陷。对于尺寸小于浇口宽度的压铸件，可以采用双浇口或三浇口的措施。

通过各个压铸件的压铸模结构设计案例的介绍，不管压铸件和压铸模结构怎样复杂，说明了我们必须遵守一定的设计程序和原则，才能确保压铸模结构正确无误。离开了这些设计程序和原则，压铸模结构必定以失败告终。即使设计过程中没有严格按照设计程序和原则进行，但设计者心中早已按照设计程序和原则走过多遍。压铸模结构设计程序：首先要进行压铸件的形体要素的可行性分析；然后根据压铸件形体分析的要素，找出与要素一一对应的压铸模结构方案和模具各种机构；找出最佳优化压铸模结构方案；找出最终压铸模结构方案；最后需要进行压铸模最薄弱构件的强度和刚性的校核。在上述内容得到全部验证，确认是正确的情况下，才能进行压铸模结构的造型和设计。

［1］ 压铸模设计手册编写组. 压铸模设计手册［M］. 北京：机械工业出版社，1981.
［2］ 金蕴琳，许宝成. 最新实用压铸技术［M］. 北京：兵器工业出版社，1993.
［3］ 文根保. 注塑模优化设计及成型缺陷解析［M］. 北京：化学工业出版社，2018.
［4］ 文根保. 复杂注塑模具设计新方法及案例［M］. 北京：化学工业出版社，2018.
［5］ 文根保. 复杂注塑模现代设计［M］. 北京：金盾出版社，2018.
［6］ 文根保. 现代结构设计实用技术［M］. 北京：机械工业出版社，2014.
［7］ 文根保，文莉，史文. 托板压铸模设计［J］. 模具制造，2009（8）：70-75.
［8］ 许赟和，文根保. 轿车点火开关锁壳压铸模结构设计［J］. 模具工业，2019（9）：51-56.
［9］ 许赟和，文根保. 轿车点火开关锁芯压铸模设计［J］. 模具制造，2019（创刊）：232-237.
［10］ 许赟和，文根保. 轿车凸轮箱压铸模结构设计［J］. 中国压铸，2020（143）：100-105.
［11］ 许赟和，文根保. 轿车优化点火开关锁壳和锁芯压铸模设计［J］. 模具工业，2020，46（07）：55-61.
［12］ 许赟和，文根保. 轿车点火开关锁壳和锁芯压铸模设计［J］. 模具工业，2020，46（08）：54-60.
［13］ 许赟和，文根保. 轿车限位座压铸模设计［J］. 模具制造，2020（11）：77-81.
［14］ 许赟和，文根保. 车油箱锁紧盖压铸模结构设计［J］. 模具制造，2021（237）：49-53.
［15］ 文根保，文莉，史文. 成型件的缺陷和解决方法［J］. 模具技术，2009（6）：34-38.
［16］ 文根保，李和平，文莉，等. 塑件成型缺陷分析与改进措施［J］. 模具工业，2009（11）：46-49，58.
［17］ 文根保，文莉，史文. 成型与成型痕迹技术［J］. 模具制造，2009（11）：115-121.
［18］ 文根保，文莉，史文. 多重要素类型的综合分析法在成型模结构设计方案中的应用［J］. 模具制造，2010（9）：43-49.
［19］ 文根保，文莉，史文. 汽车模具加工工艺与制造成本［J］. 金属加工，2012（10）：21-22.
［20］ 文根保，文莉，史文. 浅析新型热作模具钢的性能和用途［J］. 模具制造，2015：59-63.
［21］ 文根保，文莉，史文. 注射模与压铸模工作件新型钢材与热处理选用［J］. 中国模具信息，2021（4）：42-45.
［22］ 文根保，文莉，史文. 转换开关微收缩特性对超级精度孔加工的工艺方法影响［J］. 工程塑料应用，2016（8）：173-177.
［23］ 文根保，文莉，史文. 3 种新型模具材料的性能和用途［J］. 模具制造，2015：64-67.